Ernst Haeckel

Anthropogenie oder Entwicklungsgeschichte des Menschen

Erster Teil: Keimesgeschichte oder Ontogenie

bremen university press

Ernst Haeckel

Anthropogenie oder Entwicklungsgeschichte des Menschen

Erster Teil: Keimesgeschichte oder Ontogenie

ISBN/EAN: 9783955623302

Auflage: 1

Erscheinungsjahr: 2013

Erscheinungsort: Bremen, Deutschland

ANTHROPOGENIE

ODER

ENTWICKELUNGSGESCHICHTE

DES

MENSCHEN

KEIMES- UND STAMMES-GESCHICHTE

VON

ERNST HAECKEL

ERSTER TEIL

KEIMESGESCHICHTE ODER ONTOGENIE

SECHSTE VERBESSERTE AUFLAGE

MIT 30 TAFELN, 512 TEXTFIGUREN UND 60 GENETISCHEN TABELLEN

LEIPZIG   VERLAG VON WILHELM ENGELMANN   1910

KEIMESGESCHICHTE

DES

MENSCHEN

GEMEINVERSTÄNDLICHE

WISSENSCHAFTLICHE VORTRÄGE

VON

ERNST HAECKEL

PROFESSOR AN DER UNIVERSITÄT JENA

ERSTER TEIL DER ANTHROPOGENIE

SECHSTE VERBESSERTE AUFLAGE

LEIPZIG   VERLAG VON WILHELM ENGELMANN   1910

Je höher Du wirst aufwärts geh'n,

Dein Blick wird immer allgemeiner;

Ein desto größres Teil wirst Du vom Ganzen seh'n,

Und alles Einzelne immer kleiner.

Goethe.

Wenn Ihr vielleicht vermißt in diesem Buch die Einheit,

Statt großes Ganzen seht der Einzelheiten Kleinheit;

Doch eine Einheit ist, und doppelte darin:

Die Einheit in der Form, die Einheit auch im Sinn.

Friedrich Rückert.

Keimesgeschichte des Antlitzes.

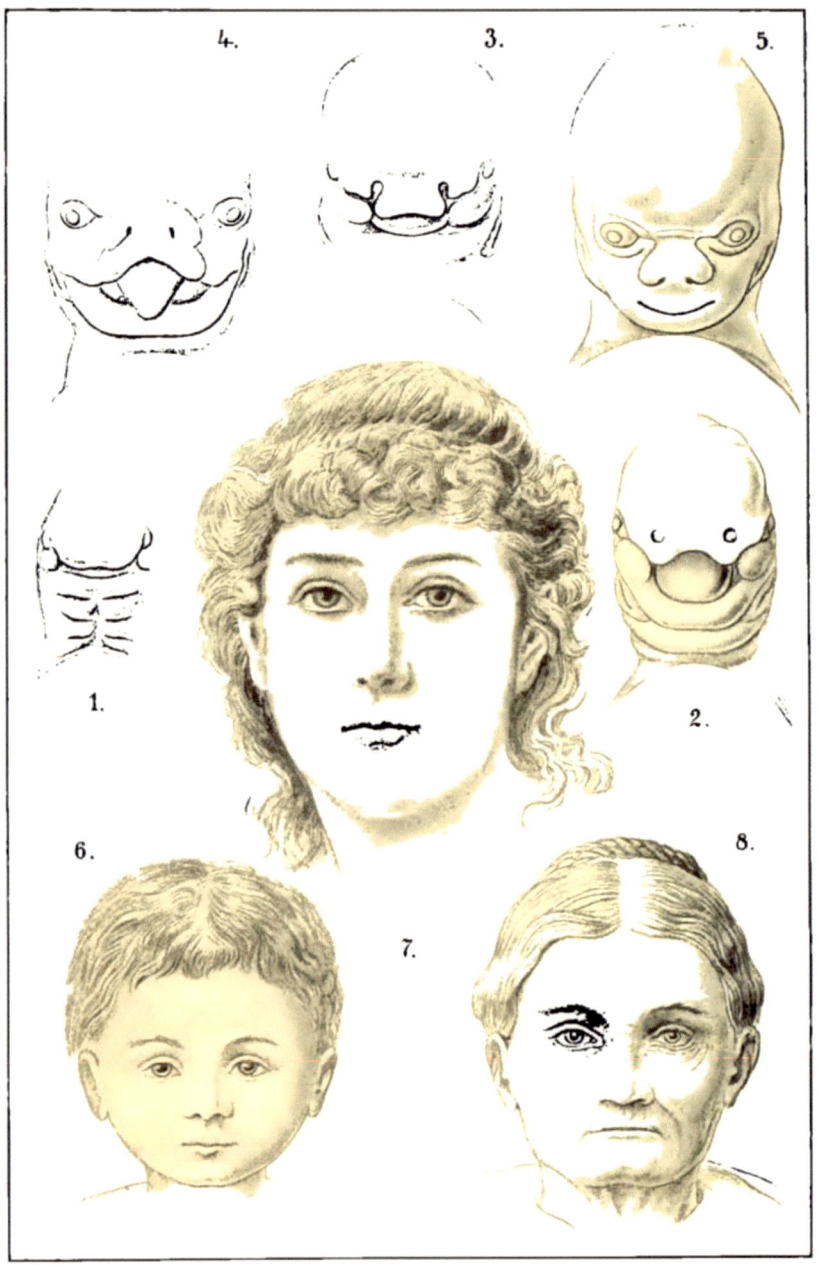

KEIMESGESCHICHTE

DES

MENSCHEN

Inhaltsverzeichnis.

Erster Teil.
Keimesgeschichte (Ontogenie).

Zweiter Teil.
Stammesgeschichte (Phylogenie).

Verzeichnis der Tafeln und ihrer Erklärung.

Verzeichnis der Textfiguren.

Verzeichnis der genetischen Tabellen.

II

Vorwort zur vierten Auflage.

Als im Jahre 1874 die erste Auflage der *Anthropogenie* erschien, und als drei Jahre später die dritte Auflage folgte, lagen die allgemeinen Verhältnisse unserer biologischen Wissenschaft ganz anders, als es heute der Fall ist. Der lebhafte Kampf um die Erkenntnis der höchsten Wahrheiten, welchen 1859 *Charles Darwin* durch sein epochemachendes Werk über den Ursprung der Arten hervorgerufen hatte, war damals zwar in der Hauptsache schon zu seinen Gunsten entschieden. Allein der wichtigste Folgeschluß der neuen, durch seine Selektionstheorie erst fest begründeten Abstammungslehre, ihre Anwendung auf den Menschen, stieß noch in weiten Kreisen auf den lebhaftesten Widerstand.

Den ersten Versuch, der hypothetischen Ahnenreihe des Menschen näher zu treten und die einzelnen historischen, zu seiner Bildung hinführenden Stufen der tierischen Organisation zu ermitteln, hatte ich 1866 in meiner *Generellen Morphologie* unternommen und 1868 in meiner *Natürlichen Schöpfungsgeschichte* weiter ausgeführt. Dabei war mir immer mehr die fundamentale Bedeutung klar geworden, welche der empirische Schatz der menschlichen Keimesgeschichte für die theoretische Konstruktion unserer Stammesgeschichte besitzt. Langjährige Beschäftigung mit der menschlichen Embryologie und akademische Vorlesungen über diese elementare Basis der physischen Anthropologie ermutigten mich, den schwierigen Versuch ihrer Anwendung auf unsere Phylogenie zu wagen.

Die volle Anwendung des Biogenetischen Grund-. gesetzes auf den Menschen schien mir um so mehr geboten und ergiebig, als die große Mehrzahl der Embryologen damals

II*

noch nichts davon wissen wollte. Das einzige, in vier Auflagen weit verbreitete Lehrbuch der Entwickelungsgeschichte des Menschen, welches seit dem Jahre 1859 diese Wissenschaft im Zusammenhange übersichtlich darstellte, dasjenige von *Albert Kölliker*, vertrat einen völlig entgegengesetzten Standpunkt; selbst noch in der neuesten Auflage desselben (1884) bleibt der verdienstvolle Verfasser bei der Ansicht, „daß die Entwickelungsgesetze der Organismen noch gänzlich unbekannt seien; es wird, im Gegensatze zu der *Darwin*schen allmählichen Umbildung der Organismen ineinander, eine sprungweise Umbildung angenommen".

Gegenüber diesen *dualistischen*, damals noch die weitesten Kreise beherrschenden Anschauungen versuchte ich nun 1874, in der ersten Auflage der Anthropogenie, meine *monistische* Auffassung der embryologischen Erscheinungen zum Ausdruck zu bringen. Dabei ging ich von folgenden leitenden Grundsätzen aus: 1) Es besteht ein unmittelbarer u r s ä c h l i c h e r Z u s a m m e n - h a n g zwischen den empirischen Tatsachen der menschlichen Keimesgeschichte und der hypothetischen Stammesgeschichte unseres Geschlechts, welche aus bekannten Gründen unserer direkten Beobachtung größtenteils entzogen ist. 2) Dieser mechanische Kausalnexus findet seinen einfachsten Ausdruck in dem B i o g e n e t i s c h e n G r u n d g e s e t z e : Die Ontogenie ist eine kurze und unvollständige Rekapitulation der Phylogenie. 3) Der phylogenetische Prozeß, die stufenweise Entwickelung der höheren Wirbeltierahnen des Menschen aus einer langen Reihe von niederen Tierformen, ist eine sehr verwickelte h i s t o r i s c h e E r - s c h e i n u n g , welche sich aus zahlreichen Vererbungs- und Anpassungs-Vorgängen zusammensetzt. 4) Jeder einzelne von diesen Vorgängen beruht auf p h y s i o l o g i s c h e n F u n k t i o n e n des Organismus und läßt sich entweder auf die Tätigkeit der Fortpflanzung (V e r e r b u n g) oder auf diejenige der Ernährung (A n - p a s s u n g) zurückführen. 5) Die Tatsachen der menschlichen Embryologie sind nur durch V e r e r b u n g von phylogenetischen Prozessen erklärbar, wobei jedoch die palingenetischen Erscheinungen kritisch von den cenogenetischen zu sondern sind. 6) Nur die p a l i n g e n e t i s c h e n Tatsachen (wie z. B. die vorübergehende Bildung der Chorda, der Urnieren, der Kiemenbogen) sind direkt für die Erkenntnis unserer tierischen Ahnenreihe zu verwerten, weil sie auf Vererbung von Anpassungen entwickelter Tiere beruhen. 7) Dagegen besitzen die c e n o g e n e t i s c h e n Tatsachen wie z. B. die embryonale Bildung des Dottersacks, der Allantois,

der paarigen Herzanlage) für unsere Phylogenie nur ein unter-
geordnetes oder indirektes Interesse, da sie durch Anpassung der
Keime an die Bedingungen ihrer embryonalen Entwickelung entstanden sind.   8) Die zahlreichen Lücken der Phylogenie, welche
in dem empirischen Materiale der Ontogenie offen bleiben, werden
größtenteils ausgefüllt durch die Paläontologie und die vergleichende Anatomie.

Die Anwendung dieser allgemeinen biogenetischen
Grundsätze auf den besonderen Fall der Entwickelungsgeschichte des Menschen, wie ich sie in der Anthropogenie zuerst
versuchte, mußte selbstverständlich — als erster selbständiger
Vorstoß auf einem noch unbetretenen Forschungsgebiete — sehr
unvollkommen ausfallen; seine Hauptwirkung konnte im besten
Falle darin bestehen, die neue Forschungsrichtung zur Geltung zu
bringen und andere Naturforscher anzuregen, in ihrem besonderen
Arbeitsgebiete ihren Wert zu erproben.   Daß die Anthropogenie
in diesem Sinne ihren Zweck vollkommen erreicht hat, scheint
mir aus der unbefangenen Vergleichung des damaligen Zustandes
unserer Wissenschaft mit dem gegenwärtigen zweifellos hervor-
zugehen.   Die große Mehrzahl der Naturforscher, welche seitdem
das anziehende Arbeitsfeld der vergleichenden Entwickelungsgeschichte betreten haben, ist heute von der Ueberzeugung durch-
drungen, daß die beiden von mir zuerst unterschiedenen Hauptzweige derselben, Ontogenie und Phylogenie, in dem
engsten ursächlichen Zusammenhange stehen, und daß die eine
ohne die andere nicht verstanden werden kann.   Die große Mehrzahl der brauchbaren Resultate, welche ihre fleißigen und gründ-
lichen Untersuchungen zu Tage gefördert haben, ist erst dadurch
in ihrem wahren Werte erkannt, daß die ontogenetischen Tatsachen ihre phylogenetische Erklärung gefunden haben.   Vor
25 Jahren noch, als die „Generelle Morphologie" erschien, galt
den meisten die menschliche Keimesgeschichte als ein wunder-
volles Märchen, in welchem eine Reihe der sonderbarsten
und rätselhaftesten Ereignisse ohne ersichtlichen Grund eines
inneren ursächlichen Zusammenhanges aneinander gekettet ist.
Heute dagegen erblicken wir in dieser Kette von wunderbaren
Verwandlungen eine geschichtliche Urkunde ersten
Ranges, einen Schöpfungsbericht, der uns über die wichtigsten
Veränderungen in Körperbau und Lebensweise, in innerer Struktur
und äußerer Gestaltung unserer tierischen Vorfahren bedeutungsvolle Aufschlüsse gibt.

Die glänzenden Fortschritte, welche die vergleichende Entwickelungsgeschichte in den beiden letzten Decennien gemacht
hat, werden häufig in äußerlichen Ursachen gesucht: in der großen
Anzahl neuer Arbeiter, welche sich diesem Gebiete zugewendet
haben, in der Vervollkommnung der technischen Untersuchungs-
Methoden, in der Ausbildung der dabei verwendeten Instrumente.
Gewiß sind diese Fortschritte, insbesondere diejenigen, die wir
dem vervollkommneten Mikroskop und Mikrotom verdanken, sehr
hoch zu schätzen, sie erhalten aber ihren vollen Wert erst durch
die Anwendung der phylogenetischen Methoden. Denn
diesen letzteren verdanken wir jene ungeheuere Erweiterung
unseres intellektuellen Gesichtskreises, welche uns gestattet, die
ganze Wunderwelt des organischen Lebens vom Anbeginn bis zur
Gegenwart als einen großen mechanischen Naturprozeß historisch
zu verstehen. Der Phylogenie „ist es vorbehalten, die bildenden
Kräfte des tierischen Körpers auf die allgemeinen Kräfte oder
Lebensrichtungen des Weltganzen zurückzuführen". Indem die
Stammesgeschichte ihr erklärendes Licht auf das rätselvolle Bild
der Keimesgeschichte fallen läßt, enthüllt sie uns die wahren Entwickelungsgesetze.

Daß dieser Weg hier allein zum Ziele führt, und daß die
Tatsachen der *Ontogenie* nur durch die Hypothesen der *Phylogenie* wirklich erklärt werden können, hat sich mit jedem Jahre
deutlicher herausgestellt. Mit jedem Jahre ist auch die Zahl und
das Gewicht der Tatsachen gewachsen, die wir zwei anderen
Forschungsgebieten entlehnen, den beiden großen Schwester-
wissenschaften der Paläontologie und der vergleichenden
Anatomie. Der tiefe innere Zusammenhang, in welchem die
historischen Urkunden dieser beiden Wissenschaften mit denjenigen
der Ontogenie stehen, tritt immer klarer und überzeugender hervor,
je mehr wir von allen drei Geschichtsquellen kennen lernen; immer
überzeugender ergibt sich daraus die Notwendigkeit, alle drei Urkunden gleichmäßig zu verwerten und kritisch vergleichend beim
Aufbau unserer Stammesgeschichte zu benutzen.

Diese leitenden Prinzipien, die ich schon in der ersten Auflage
uer Anthropogenie befolgte und geltend machte, habe ich in dieser
vierten Auflage weit umfassender angewendet und weit eingehender ausgeführt, entsprechend den großartigen Erweiterungen und
Vertiefungen, welche unser biologisches Wissen in den letzten
fünfzehn Jahren auf jenen drei Gebieten erfahren hat. In der
Anerkennung und Verwertung dieser biogenetischen Grundsätze

befinde ich mich in fundamentalem Gegensatze zu jener rein de-
skriptiven, sogenannten „e x a k t e n" Richtung der Entwickelungsgeschichte, welche die genaueste Beschreibung der embryologischen
T a t s a c h e n als ihre einzige rechtmäßige Aufgabe betrachtet.
Wenn diese „d e s k r i p t i v e E m b r y o l o g i e" trotz ihrer prinzipiellen Beschränkung zu einer Erklärung der von ihr beschriebenen Tatsachen sich zu erheben versucht, so nimmt sie den
stolzen Titel der *„physiologischen* Entwickelungsgeschichte" an;
sie glaubt, die wahren m e c h a n i s c h e n Ursachen jener ontogenetischen Tatsachen dann gefunden zu haben, wenn sie dieselben auf einfache p h y s i k a l i s c h e Verhältnisse, Krümmung und
Faltenbildung elastischer Platten, Einstülpung hohler Blasen u. s. w.
zurückführt.

Der Hauptfehler dieser sogenannten exakten oder physiologischen (— besser „p s e u d o m e c h a n i s c h e n" —) Richtung in
der Entwickelungsgeschichte liegt darin, daß sie höchst verwickelte
h i s t o r i s c h e Vorgänge als einfache p h y s i k a l i s c h e Erscheinungen auffaßt. Wenn z. B. das Markrohr am Keime der Wirbeltiere sich von der Hauptdecke abschnürt, oder wenn an seinem
angeschwollenen Vorderende die fünf Hirnblasen durch Querfalten
geschieden werden, so scheinen das, äußerlich betrachtet, sehr
einfache physikalische Vorgänge zu sein. Wirklich verständlich
werden uns dieselben aber erst, wenn wir sie auf ihre wahren
phylogenetischen Ursachen beziehen und uns überzeugen, daß
jeder dieser anscheinend einfachen Keimungsprozesse die e r b -
l i c h e, durch abgekürzte Vererbung modifizierte Wiederholung
einer langen h i s t o r i s c h e n Umbildungskette ist, an deren Zustandekommen in der Stammesgeschichte unserer tierischen Vorfahren Tausende von einzelnen Anpassungs- und Vererbungs-
Prozessen im Laufe von Jahrmillionen mitgearbeitet haben. Natürlich ist jeder einzelne dieser physiologischen Prozesse wieder zuletzt durch m e c h a n i s c h e Ursachen, durch physikalische und
chemische Erscheinungen bedingt gewesen; aber als längst voll-
zogene „prähistorische" Ereignisse sind dieselben unserer direkten
und exakten Untersuchung völlig entzogen.

Die Grundirrtümer jener anspruchsvoll auftretenden „E n t -
w i c k e l u n g s m e c h a n i k" und ihren prinzipiellen Gegensatz zu
unseren phylogenetischen Methoden habe ich bereits früher kritisch
beleuchtet, in meinen Schriften über „Ziele und Wege der heutigen
Entwickelungsgeschichte" (1875) und über „Ursprung und Entwickelung der tierischen Gewebe" (1884). Man hat sich vielfach

gewundert, wie eine so oberflächliche, bloß auf den äußeren
Schein der Keimungsvorgänge gerichtete und ihr inneres histo-
risches Wesen ignorierende Richtung längere Zeit hindurch
einen so ansehnlichen Erfolg erringen konnte. Die Lösung dieses
Rätsels dürfte vor allem in ihrer Beschränktheit zu suchen
sein. Diese Beschränkung der pseudomechanischen Schule zeigt
sich in dreifacher Beziehung: erstens beschränkt sie sich in der
Benutzung des empirischen Materials, indem sie von den drei
großen „Schöpfungsurkunden" nur eine einzige, die Ontogenie, in
Betracht zieht, die beiden anderen, Paläontologie und vergleichende
Anatomie, ignoriert; zweitens beschränkt sie sich in der wissenschaftlichen Methode, indem sie die genaueste, „mit Zirkel, Maß-
stab und Gewicht" ausgeführte Beschreibung der einzelnen Keimformen als einzige Aufgabe betrachtet; drittens endlich beschränkt
sie sich in der philosophischen Erkenntnis, indem sie jede Vergleichung mit verwandten Erscheinungen, sowie die Beziehungen
der einzelnen Teile zum Ganzen ausschließt. Diese dreifache Beschränkung — in sich eine dreifache Fehlerquelle von gefährlichster
Wirkung — findet aber an vielen Orten ein warmes Entgegen-
kommen, in einer Zeit, in welcher überhaupt der bor="niertenste
Spezialismus allenthalben seine Triumphe feiert, in welcher
das Studium der Geschichte auf den Kopf gestellt wird, und in
welcher jeder denkende Naturforscher, der den Zusammenhang
der Erscheinungen im Auge behält, als „Naturphilosoph" in den
Bann getan wird. Trotz alledem bleibt die Entwickelungsgeschichte eine historische, keine exakte Naturwissenschaft.

— — — — — — — — — — — — — — — —

Ueberzeugt, daß der hier vertretenen Richtung der Anthropogenie die Zukunft angehört, schließe ich mit dem Wunsche, daß
diese zeitgemäß umgearbeitete vierte Auflage gleich ihren Vor-
gängerinnen dazu beitragen möge, für die bedeutungsvollste Basis
der Anthropologie lebendiges Interesse in weiteren Kreisen
der Gebildeten anzuregen: „Erkenne dich selbst!" Das ist
der Quell aller Weisheit! Für die wahre Selbsterkenntnis des
Menschen ist aber die erste Vorbedingung die Kenntnis seiner
Entwickelungsgeschichte.

Jena, am 18. August 1891.

Ernst Haeckel.

Vorwort zur fünften Auflage.

Seit dem Erscheinen der ersten Auflage der *Anthropogenie*
sind nahezu dreißig Jahre verflossen, seit der vierten Auflage
zwölf Jahre. In diesem langen Zeitraum hat die wissenschaftliche
Erforschung des darin behandelten Gegenstandes außerordentliche
Fortschritte gemacht, sowohl *extensiv* durch die gewaltige Ausdehnung des Forschungsgebietes und die Zahl seiner Bearbeiter,
als *intensiv* durch die Vervollkommnung der Untersuchungs-
methoden und die tiefer gehende Ergründung der schwierigsten
Fragen. Es war daher keine leichte Aufgabe für mich, nach
Verfluß so langer Zeit und in vorgeschrittenem Alter den Versuch
einer neuen Umarbeitung meines Buches zu wagen. Daß ich
mich dennoch, nach längerem Zögern, dazu entschloß, geschah
aus folgenden Gründen.

Meine Anthropogenie war bei ihrem Erscheinen, 1874, in
doppelter Beziehung ein „Erster Versuch". Erstens griff ich
darin die schwierige, bis dahin noch nicht berührte Aufgabe an,
das *Biogenetische Grundgesetz* in seinem ganzen Umfange auf
den Menschen anzuwenden und aus den empirischen Tatsachen
seiner Keimesgeschichte den historischen Stufengang seiner
Stammesgeschichte hypothetisch zu ergründen. Zweitens aber
verband ich damit den noch schwierigeren Versuch, jene verwickelten ontogenetischen Tatsachen und die daran geknüpften
phylogenetischen Hypothesen nicht bloß dem engeren Kreise der
sachkundigen Fachgenossen vorzuführen, sondern durch *gemeinverständliche Darstellung* einem größeren gebildeten Leserkreise
zugänglich zu machen. In beiden Beziehungen ist mein Buch
seit dreißig Jahren das e i n z i g e Werk seiner Art geblieben, und

gerade in diesem Umstande erblickte ich die Verpflichtung, trotz seiner großen, mir wohlbekannten Mängel nochmals eine zeitgemäße Umarbeitung desselben zu unternehmen.

Die „gemeinverständliche" Bearbeitung des schwierigen und spröden Stoffes fand vielfache Mißbilligung. Viele gelehrte Fachgenossen vertraten die Ansicht, daß man einen so dunkeln, der gewöhnlichen Durchschnittsbildung so entlegenen Gegenstand, wie die menschliche Embryologie, überhaupt nicht „*populär*" darstellen könne und dürfe; noch verwerflicher aber sei es, dieses entlegene Gebiet der ontogenetischen *Tatsachen* mit luftigen phylogenetischen *Hypothesen* zu verknüpfen, welche „nicht sicher begründet" seien. Dieser esoterische Standpunkt, der in der deutschen Gelehrtenwelt weit verbreitet ist, wird bekanntlich auch gegen die populäre Verbreitung der ganzen Entwickelungslehre und der monistischen, darauf gegründeten Weltanschauung geltend gemacht. Ich habe diese engherzige Anschauung der deutschen „Fachgelehrten" niemals anzuerkennen vermocht und teile vielmehr die Auffassung unserer hochgebildeten Nachbarländer, daß der ganze weite Kreis der „*Gebildeten*" das Recht hat, an den größten und wichtigsten Fortschritten der Wissenschaft teilzunehmen, auch wenn deren allgemeine Ergebnisse großenteils „*hypothetisch*" sind und der herrschenden Weltanschauung widersprechen. Man denke nur an die Geologie! Von dieser Ueberzeugung geleitet, unternahm ich 1868 in meiner „Natürlichen Schöpfungsgeschichte" die schwierige Aufgabe, die moderne, von *Charles Darwin* begründete Entwickelungslehre einem größeren Leserkreise zugänglich zu machen und der *Phylogenie* ebenso allgemeine Anerkennung zu verschaffen, wie sie ihre anorganische Schwester, die *Geologie*, seit langer Zeit genießt. Die umfangreiche Korrespondenz, die sich an die zehn Auflagen jenes Buches knüpfte, hat mir den Beweis geliefert, daß dasselbe ein wahres Bedürfnis weiter gebildeter Kreise befriedigte. Dasselbe gilt von meinem Buche über die „Welträtsel", in dem ich 1899 die allgemeinen Ergebnisse meiner fünfzigjährigen Denkarbeit zusammenfaßte; wenn diese „Gemeinverständlichen Studien über monistische Philosophie" sich eines ungewöhnlichen Erfolges erfreuten, so schreibe ich denselben keineswegs einem besonderen Vorzuge meines Buches zu, sondern vielmehr dem lebhaften Wunsche weiter Bildungskreise, mit den Ergebnissen der fortgeschrittenen Naturphilosophie bekannt und von dem Aberglauben der herrschenden Theologie und Metaphysik befreit zu werden.

Das Interesse an der Keimesgeschichte der Tiere und Pflanzen, an dem beobachtenden und experimentellen Studium dieser geheimnisvollen Vorgänge, hat in den letzten Decennien eine überraschende, vor fünfzig Jahren nicht geahnte Ausdehnung erlangt. Jährlich erscheinen zahlreiche Spezialarbeiten, die einen einzelnen Gegenstand aus diesem unendlich anziehenden und unergründlich reichen Forschungsgebiete behandeln. Gut illustrierte Lehrbücher, Leitfaden und Handbücher erleichtern den Eingang in dieses wundervolle, früher so entlegene und abgeschlossene Erscheinungsreich. Aber leider fehlt vielen von diesen neueren ontogenetischen Arbeiten die allgemeine morphologische Vorbildung und die unentbehrliche Methode der Vergleichung mit den verwandten Erscheinungen, und zwar nicht nur die „vergleichende Embryologie", sondern auch die „vergleichende Anatomie", d. h. die kritische und philosophische Betrachtung der entwickelten Zustände des ganzen Formenkreises oder Stammes, zu welchem der betreffende Organismus gehört. Aber freilich gehört dazu wieder eine gründliche systematische Vorbildung, die Bekanntschaft mit den Verwandtschafts-Verhältnissen, auf deren Grund das „Natürliche System" die Klassen, Ordnungen, Familien u. s. w. ordnet. Wie tief uns eine solche „phyletische Systematik" in die Erkenntnis der Stammesgeschichte hineinführt, habe ich in den drei Bänden meiner „Systematischen Phylogenie" zu zeigen versucht (Berlin, 1894—96).

In noch höherem Grade als die vergleichende Anatomie und Systematik wird von den meisten Embryologen der Gegenwart die Paläontologie vernachlässigt; vielen bleibt sie überhaupt unbekannt. Und doch sind die *Petrefakten,* mit deren historischer Reihenfolge und systematischer Bedeutung uns die Versteinerungskunde bekannt macht, ebenso „handgreifliche" Dokumente der Stammesgeschichte, wie die *Embryonen,* die dem einseitigen Embryologen als einziges wissenswertes Forschungsobjekt gelten. Freilich müssen wir leider hinzufügen, daß auch die meisten Paläontologen nicht minder einseitig urteilen; gewöhnlich fehlt ihnen die nötige Vorbildung in vergleichender Anatomie und Ontogenie, die für die naturgemäße Beurteilung der versteinerten Organismen und ihre phylogenetische Deutung unentbehrlich ist.

Es war mein ernstes und beständiges Bestreben, bei der schwierigen Bearbeitung dieser fünften Auflage der Anthropogenie jene Einseitigkeiten zu vermeiden, und noch mehr, als in den früheren Auflagen, alle drei Urkunden der Stammes-

Geschichte vereint zur Geltung zu bringen. *Paläontologie, vergleichende Anatomie* und *Ontogenie* müssen sich gegenseitig ergänzen, um dem historischen Hypothesengebäude der *Phylogenie* jene Festigkeit und Bedeutung zu geben, nach welcher dasselbe, seiner großen Aufgabe entsprechend, streben muß. Um dieser schwierigen Aufgabe auch für den weiteren gebildeten Leserkreis gerecht zu werden, habe ich die Anzahl der erläuternden Illustrationen in dieser fünften Auflage ansehnlich vermehrt; die Zahl der Tafeln (ursprünglich 12) ist auf 30 gestiegen, die Zahl der Textfiguren von 210 auf 512; die Zahl der „Genetischen Tabellen" von 36 auf 60. Auch der Umfang des Textes ist bedeutend erweitert (in der ersten Auflage 46, in der vierten 57, jetzt 62 Druckbogen). Doch habe ich den äußeren Rahmen der dreißig Vorträge unverändert gelassen. Für die vorzügliche Ausstattung des Werkes und die Bereitwilligkeit zu seiner reichhaltigen Illustration bin ich der Verlagshandlung von *Wilhelm Engelmann* zu bestem Danke verpflichtet; für die sorgfältige Durchsicht der Korrekturen und die mühsame Revision des ausführlichen Registers meinem Schüler *Heinrich Schmidt* (Jena).

Im Einzelnen sind die meisten Vorträge wesentlich verbessert, viele ganz umgearbeitet. Dabei war ich bemüht, aus dem ungeheueren Schatze der modernen Literatur, die in das Unübersehbare wächst, wenigstens die wichtigsten Fortschritte auf den verschiedenen Forschungsgebieten nutzbar zu machen. Trotzdem sind vermutlich manche Irrtümer stehen geblieben. Das liegt in der Natur der verwickelten Aufgabe und den vielen Mängeln ihrer Lösungsmittel. Hoffentlich erreicht dessen ungeachtet das Buch seinen Hauptzweck, den denkenden Leser in das große Wundergebiet unserer menschlichen Entwickelungsgeschichte einzuführen und ihn zu Betrachtungen über seine Bedeutung anzuregen. Zu diesen „denkenden Lesern" rechne ich vor allen Lehrer, Aerzte und Studierende, außerdem aber auch jene zahlreichen gebildeten Männer und Frauen, denen der Wunsch am Herzen liegt, die volle Wahrheit über Entstehung und Entwickelung ihrer eigenen Person, volle Klarheit über die Stellung des Menschen in der Natur zu erlangen.

Jena, am 7. September 1903.

Ernst Haeckel.

Erster Vortrag.

Das Grundgesetz der organischen Entwickelung.

„Die Entwickelungsgeschichte der Organismen zerfällt in zwei nächst verwandte und eng verbundene Zweige: die Ontogenie oder die Entwickelungsgeschichte der organischen Individuen, und die Phylogenie oder die Entwickelungsgeschichte der organischen Stämme. Die Ontogenie ist die kurze und schnelle Rekapitulation der Phylogenie, bedingt durch die physiologischen Funktionen der Vererbung (Fortpflanzung) und Anpassung (Ernährung). Das organische Individuum wiederholt während des raschen und kurzen Laufes seiner individuellen Entwickelung die wichtigsten von denjenigen Formveränderungen, welche seine Voreltern während des langsamen und langen Laufes ihrer paläontologischen Entwickelung nach den Gesetzen der Vererbung und Anpassung durchlaufen haben."

Generelle Morphologie (1866).

Keimesgeschichte und Stammesgeschichte. Kausalnexus der Ontogenie und Phylogenie. Monismus und Dualismus. Palingenie und Cenogenie. Ortsverschiebungen und Zeitverschiebungen. Vererbung und Anpassung. Wert des Biogenetischen Grundgesetzes. Entwickelung der Formen und der Funktionen.

Inhalt des ersten Vortrages.

Allgemeine Bedeutung der Entwickelungsgeschichte des Menschen. Unkenntnis derselben in den sogenannten gebildeten Kreisen. Die beiden verschiedenen Teile der Entwickelungsgeschichte: Ontogenie oder Keimesgeschichte, und Phylogenie oder Stammesgeschichte. Ursächlicher Zusammenhang zwischen den beiden Entwickelungsreihen. Die Stammesentwickelung ist die Ursache der Keimesentwickelung. Die Ontogenie als Auszug oder Rekapitulation der Phylogenie. Unvollständigkeit dieses Auszuges. Das Biogenetische Grundgesetz. Vererbung und Anpassung sind die beiden formbildenden Funktionen oder die mechanischen Ursachen der Entwickelung. Ausschluß zwecktätiger Ursachen. Alleinige Gültigkeit mechanischer Ursachen. Verdrängung der dualistischen oder zwiespältigen durch die monistische oder einheitliche Weltanschauung. Prinzipielle Bedeutung der embryologischen Tatsachen für die monistische Philosophie. Palingenie oder Auszugsgeschichte und Cenogenie oder Störungsgeschichte. Entwickelungsgeschichte der Formen und der Funktionen. Notwendiger Zusammenhang der Physiogenie und Morphogenie. Die bisherige Entwickelungsgeschichte ist größtenteils eine Frucht der Morphologie, nicht der Physiologie. Die Entwickelungsgeschichte des Centralnervensystems (des Gehirns und Rückenmarks) geht Hand in Hand mit derjenigen der Geistestätigkeit oder der Seele.

Literatur:

Charles Darwin, *1859. Entwickelung und Embryologie (XIII. Kapitel des Werks: Ueber die Entstehung der Arten durch natürliche Zuchtwahl). Stuttgart.*

Fritz Müller, *1864. Für Darwin. Leipzig.*

Ernst Haeckel, *1866. Allgemeine Entwickelungsgeschichte. Zweiter Band der Generellen Morphologie. (II. Aufl. Prinzipien, 1906.) Berlin.*

D e r s e l b e, *1868. Natürliche Schöpfungsgeschichte. 11. Aufl. 1909. Berlin.*

D e r s e l b e, *1875. Ziele und Wege der heutigen Entwickelungsgeschichte. Jena.*

D e r s e l b e, *1899. Die Welträtsel. Gemeinverständliche Studien über monistische Philosophie. (10. Aufl. 1904.) Bonn. Volksausgabe, Leipzig, 250. Tausend.*

D e r s e l b e, *1904. Die Lebenswunder (Ergänzungsband zu den „Welträtseln"). Leipzig.*

Eduard Strasburger, *1874. Ueber die Bedeutung phylogenetischer Methoden für die Erforschung lebender Wesen. (Jenaische Zeitschr. für Naturw., Bd. VIII.)*

Herbert Spencer, *1876. Prinzipien der Biologie. Stuttgart.*

Otto Bütschli, *1881. Ueber die Bedeutung der Entwicklungsgeschichte für die Stammesgeschichte der Tiere. Leipzig.*

Ernst Mehnert, *1898. Biomechanik, erschlossen aus dem Prinzipe der Organogenese.*

Carl Gegenbaur, *1889. Ontogenie und Anatomie, in ihren Wechselbeziehungen betrachtet. (Morpholog. Jahrbuch, Bd. XV.) Leipzig.*

August Weismann, *1902. Vorträge über Descendenztheorie. (27. Vortrag: Biogenetisches Gesetz.) Jena.*

Richard Semon, *1904. Die Mneme als erhaltendes Prinzip im Wechsel des organischen Geschehens. Leipzig.*

Heinrich Schmidt *(Jena), 1902. Das Biogenetische Grundgesetz Ernst Haeckel's und seine Gegner. Odenkirchen. II. Aufl. Frankfurt a. M. 1909.*

Konrad Günther *1909. Vom Urtier zum Menschen. Ein Bilder-Atlas zur Abstammungs- und Entwickelungsgeschichte des Menschen. 90 Tafeln. Stuttgart.*

I.

Meine Herren!

Das Gebiet von Naturerscheinungen, in welches ich Sie durch
diese Vorträge über Entwickelungsgeschichte des Menschen einzuführen wünsche, nimmt in dem weiten Reiche naturwissenschaftlicher
Forschung eine ganz eigentümliche Stellung ein. Es gibt wohl
keinen Gegenstand wissenschaftlicher Untersuchung, welcher den
Menschen näher berührt und dessen Erkenntnis dem Menschen
mehr angelegen sein sollte, als der menschliche Organismus selbst.
Unter allen den verschiedenen Zweigen aber, welche die Naturgeschichte des Menschen oder die „Anthropologie" umfaßt,
sollte eigentlich die natürliche Entwickelungsgeschichte desselben
die lebendigste Teilnahme erwecken. Denn sie gibt uns den
Schlüssel zur Lösung der größten Rätsel, an denen die menschliche Wissenschaft seit Jahrtausenden arbeitet. Das Rätsel von
dem eigentlichen Wesen des Menschen, oder die sogenannte Frage
von „der Stellung des Menschen in der Natur", und was damit zusammenhängt, die Fragen von der Vergangenheit, der ältesten
Geschichte, der gegenwärtigen Wesenheit und der Zukunft des Menschen, alle diese höchst wichtigen Fragen hängen unmittelbar und
auf das engste mit demjenigen Zweige der Naturlehre zusammen,
den wir Entwickelungsgeschichte des Menschen oder
mit einem Worte „Anthropogenie"[1]) nennen. Und dennoch
ist es eine zwar höchst erstaunliche, aber unbestreitbare Tatsache,
daß die Entwickelungsgeschichte des Menschen gegenwärtig noch
keinen Bestandteil der allgemeinen Bildung ausmacht. In Wahrheit sind noch heute unsere sogenannten „gebildeten Kreise" mit
den allerwichtigsten Verhältnissen und mit den allermerkwürdigsten
Erscheinungen, welche uns die Anthropogenie darbietet, größtenteils
unbekannt.

Als Beleg für diese erstaunliche Tatsache führe ich nur an,
daß die meisten sogenannten „Gebildeten" nicht einmal wissen, daß

1*

sich jedes menschliche Individuum aus einem Ei entwickelt, und daß dieses Ei nichts anderes ist als eine einfache Zelle, wie jedes Tierei oder Pflanzenei. Ebenso fremd ist wohl den meisten die Tatsache, daß bei der Entwickelung dieser kugelförmigen Eizelle sich anfangs ein Körper bildet, der völlig vom ausgebildeten menschlichen Körper verschieden ist und keine Spur von Aehnlichkeit mit diesem besitzt. Die meisten „Gebildeten" haben niemals einen solchen menschlichen Keim oder E m b r y o [2]) aus früher Zeit der Entwickelung gesehen und wissen nicht, daß derselbe von anderen Tierembryonen gar nicht zu unterscheiden ist. Dieser Keim ist anfänglich weiter nichts als ein kugeliger Zellenhaufen, dann eine einfache Hohlkugel, deren Wand eine Zellenschicht bildet. Später erlangt derselbe zu einer gewissen Zeit im wesentlichen den anatomischen Bau eines Lanzettierchens, dann eines Fisches, noch später den typischen Körperbau von Amphibien und Säugetieren. Bei weiterer Entwickelung dieser letzteren erscheinen zuerst Formen, welche auf der tiefsten Stufe der Säugetierreihe stehen: Gestaltungen, welche den Schnabeltieren, dann solche, welche den Beuteltieren nächst verwandt sind, und erst später solche Formen, welche die größte Aehnlichkeit mit Affen besitzen, bis endlich zuletzt, als Schlußresultat, die eigentlich menschliche Form zum Vorschein kommt. Diese bedeutungsvollen Tatsachen sind, wie gesagt, in den weitesten Kreisen noch jetzt fast unbekannt: so unbekannt, daß sie bei ihrer gelegentlichen Erwähnung gewöhnlich bezweifelt oder geradezu als fabelhafte Erfindungen angesehen werden. Jedermann weiß, daß sich der Schmetterling aus der Puppe, und diese Puppe aus einer davon ganz verschiedenen Raupe, sowie die Raupe aus dem Ei des Schmetterlings entwickelt. Aber mit Ausnahme der Aerzte wissen nur wenige, daß der M e n s c h während seiner individuellen Entwickelung innerhalb des Mutterleibes eine Reihe von V e r w a n d l u n g e n durchmacht, die nicht weniger erstaunlich und merkwürdig sind als die allbekannte Metamorphose des Schmetterlings.

Gewiß darf schon an sich die Betrachtung dieser merkwürdigen Formenreihe, welche der Mensch während seiner embryonalen Entwickelung durchläuft, Anspruch auf allgemeines Interesse erheben. Aber eine ungleich höhere Befriedigung wird unser Verstand dann gewinnen, wenn wir diese wunderbaren Tatsachen auf ihre wirklichen U r s a c h e n beziehen, und wenn wir in ihnen Naturerscheinungen verstehen lernen, die von der allergrößten Bedeutung für das gesamte menschliche Wissensgebiet sind. Diese Bedeutung betrifft zunächst insbesondere die „natürliche Schöpfungs-geschichte", ferner die Seelenkunde oder Psychologie, im Anschlusse daran aber, wie wir sogleich sehen werden, die gesamte Philosophie. Da nun in der Philosophie die allgemeinsten Ergebnisse des gesamten menschlichen Erkenntnisstrebens gesammelt sind, so werden alle menschlichen Wissenschaften mehr oder minder von der Entwickelungsgeschichte des Menschen berührt und beeinflußt werden müssen.

Indem ich nun in diesen Vorträgen den Versuch unternehme, Sie mit den wichtigsten Grundzügen dieser bedeutungsvollen Erscheinungen bekannt zu machen und auf deren Ursachen hinzuführen, werde ich Begriff und Aufgabe der menschlichen Entwickelungsgeschichte bedeutend weiter fassen, als es gewöhnlich geschieht. Die akademischen Vorlesungen über diesen Gegenstand, wie sie seit einem halben Jahrhundert an den deutschen Hochschulen gehalten werden, sind fast ausschließlich für Mediziner berechnet. Allerdings hat ja auch zunächst der Arzt das größte Interesse, die Entstehung der körperlichen Organisation des Menschen kennen zu lernen, mit welcher er täglich in seinem Berufe sich praktisch beschäftigt. Eine solche spezielle Darstellung der individuellen Entwickelungsvorgänge, wie sie in jenen embryologischen Vorlesungen bisher üblich war, darf ich hier nicht zu geben wagen, weil die meisten von Ihnen keine menschliche Anatomie studiert haben und mit dem Körperbau des entwickelten Menschen nicht vertraut sind. Ich muß mich deshalb darauf beschränken, viele Verhältnisse nur in allgemeinen Umrissen zu betrachten, und kann nicht auf alle die merkwürdigen, aber sehr verwickelten und schwer darstellbaren Einzelheiten eingehen, welche insbesondere bei der speziellen Entwickelungsgeschichte der menschlichen Organe zur Sprache kommen, und für deren volles Verständnis eine genaue Kenntnis der menschlichen Anatomie erforderlich ist. Doch werde ich mich bestreben, in diesem Teile der Wissenschaft so populär als möglich zu sein. Auch läßt sich in der Tat eine befriedigende allgemeine Vorstellung von dem Gange der embryonalen Entwickelung des Menschen gewinnen, ohne daß man zu sehr auf die anatomischen Einzelheiten einzugehen braucht. Wie bereits in anderen Zweigen der Naturwissenschaft neuerdings vielfach mit Erfolg versucht worden ist, das Interesse weiterer gebildeter Kreise daran zu erwecken, so wird es mir hoffentlich auch auf diesem spröden Gebiete gelingen. Allerdings stellt dasselbe in mancher Beziehung uns mehr Hindernisse entgegen, als jedes andere.

Die Entwickelungsgeschichte des Menschen, wie sie bisher in den akademischen Vorlesungen für Mediziner vorgetragen worden ist, hat gewöhnlich nur die sogenannte Embryologie[3]) oder richtiger Ontogenie[4]), die „individuelle Entwickelungsgeschichte" des menschlichen Organismus, behandelt. Diese ist aber nur der erste Teil, unserer Aufgabe, nur die erste Hälfte der Entwickelungsgeschichte des Menschen in dem weiteren Sinne, in welchem wir uns hier mit derselben beschäftigen wollen. Dieser gegenüber steht als zweite Hälfte, als zweiter, ebenso wichtiger und interessanter Teil, die Entwickelungsgeschichte des menschlichen Stammes, die Phylogenie[5]): das ist die Verwandlungsgeschichte der verschiedenen Tierformen, aus denen sich im Laufe ungezählter Jahrtausende allmählich das Menschengeschlecht hervorgebildet hat. Ihnen allen ist die gewaltige wissenschaftliche Bewegung bekannt, welche seit dem Jahre 1859 der große englische Naturforscher *Charles Darwin* durch sein berühmtes Buch über die Entstehung der Arten hervorgerufen hat. Als wichtigste unmittelbare Folge hat dieses epochemachende Werk neue Forschungen über den Ursprung des Menschengeschlechts veranlaßt, welche dessen allmähliche Entwickelung aus niederen Tierformen unzweifelhaft nachgewiesen haben. Wir nennen die Wissenschaft, welche diesen Ursprung des Menschengeschlechts aus dem Tierreiche zu erkennen bemüht ist, die Phylogenie oder Stammesgeschichte des Menschen. Die wichtigste Quelle, aus welcher die letztere schöpft, ist eben die Ontogenie oder Keimesgeschichte, die individuelle Entwickelungsgeschichte. Außerdem aber liefern auch die Tatsachen der Paläontologie oder Versteinerungskunde ihr die wertvollsten Stützpunkte, und in noch viel höherem Maße die vergleichende Anatomie oder Morphologie.

Diese beiden Teile unserer Wissenschaft, einerseits die Ontogenie oder Keimesgeschichte, andererseits die Phylogenie oder Stammesgeschichte, stehen im allerengsten Zusammenhange, und die eine kann ohne die andere gar nicht verstanden werden. Erst durch die innige Wechselwirkung beider Zweige, durch die gegenseitige Ergänzung der „Keimes- und Stammesgeschichte", erhebt sich die Biogenie[6]) (oder die „organische Entwickelungsgeschichte" im weitesten Sinne) zum Range einer philosophischen Naturwissenschaft. Denn der Zusammenhang zwischen beiden Zweigen ist nicht äußerer, oberflächlicher, sondern tief innerer, ursächlicher Natur. Diese wichtige Erkenntnis ist erst eine Errungenschaft der neuesten Zeit und findet ihren klarsten und präzisesten Ausdruck in dem um-

fassenden Gesetze, welches ich das Grundgesetz der organischen Entwickelung oder kurz das „Biogenetische
Grundgesetz" [7]) genannt habe. Dieses fundamentale Gesetz, auf
das wir immer wieder zurückkommen werden und von dessen Anerkennung das ganze innere Verständnis der Entwickelungsgeschichte abhängt, läßt sich kurz in dem Satze ausdrücken: Die
Keimesgeschichte ist ein Auszug der Stammesgeschichte; oder mit anderen Worten: Die Ontogenie ist
eine Rekapitulation der Phylogenie; oder etwas aus-
führlicher: Die Formenreihe, welche der individuelle Organismus
während seiner Entwickelung von der Eizelle an bis zu seinem
ausgebildeten Zustande durchläuft, ist eine kurze, gedrängte Wiederholung der langen Formenreihe, welche die tierischen Vorfahren
desselben Organismus oder die Stammformen seiner Art von den
ältesten Zeiten der sogenannten organischen Schöpfung an bis auf
die Gegenwart durchlaufen haben.

Die ursächliche oder kausale Natur des Verhältnisses, welches
die Keimesgeschichte. mit der Stammesgeschichte verbindet, ist in
den Erscheinungen der Vererbung und der Anpassung begründet. Wenn wir diese richtig verstanden und ihre fundamentale
Bedeutung für die Formbildung der Organismen erkannt haben,
dann können wir noch einen Schritt weiter gehen und können sagen:
Die Phylogenese ist die mechanische Ursache der
Ontogenese. Die Stammesentwickelung bewirkt nach den physiologischen Gesetzen der Vererbung und Anpassung alle die Vorgänge,
welche in der Keimesentwickelung summiert und kondensiert zu
Tage treten.

Die Kette von verschiedenartigen Tiergestalten, welche nach
der Descendenztheorie die Ahnenreihe oder Vorfahrenkette jedes
höheren Organismus, und also auch des Menschen, zusammensetzen,
stellt immer ein zusammenhängendes Ganzes dar. Wir können
diese ununterbrochene Gestaltenfolge mit der Buchstabenreihe des
Alphabets bezeichnen: A, B, C, D, E u. s. w. bis Z. In schein-
barem Widerspruch hierzu führt uns die individuelle Entwickelungsgeschichte oder die Ontogenie der meisten Organismen nur einen
Bruchteil dieser Formenreihe vor Augen, so daß die lückenhafte
embryonale Gestaltenkette etwa lauten würde: A, B, D, F, H, K,
M u. s. w. oder in anderen Fällen: B, D, H, L, M, P u. s. w. Es
sind also hier gewöhnlich viele einzelne Entwickelungsformen aus
der ursprünglich ununterbrochenen Formenkette ausgefallen. Auch
sind häufig, um bei diesem Bilde des wiederholten Alphabets zu

bleiben, einzelne oder viele Buchstaben der Stammformen an der entsprechenden Stelle der Keimformen durch gleichlautende Buchstaben eines anderen Alphabets ersetzt. So finden wir z. B. oft an Stelle des lateinischen B und D ein griechisches B und Δ. Hier ist also die Schrift des Biogenetischen Grundgesetzes verändert oder „gefälscht", während sie im ersteren Falle abgekürzt war. Um so wichtiger ist es, daß trotzdem die R e i h e n f o l g e der Formen dieselbe bleibt, und daß wir im stande sind, den ursprünglichen Zusammenhang derselben zu erkennen.

In der Tat existiert immer ein gewisser Parallelismus der beiden Entwickelungsreihen. Aber dieser wird dadurch verwischt, daß meistens in der o n t o g e n e t i s c h e n Entwickelungsfolge vieles fehlt und verloren gegangen ist, was in der p h y l o g e n e t i s c h e n Entwickelungskette früher existiert und wirklich gelebt hat. Wenn der Parallelismus beider Reihen vollständig wäre, und wenn dieses große Grundgesetz von dem K a u s a l n e x u s d e r O n t o g e n i e u n d P h y l o g e n i e im eigentlichen Sinne des Wortes unmittelbar nachzuweisen wäre, so würden wir bloß mit Hilfe des Mikroskopes und des anatomischen Messers die Formenreihe festzustellen haben, welche das befruchtete Ei des Menschen bis zu seiner vollkommenen Ausbildung durchläuft; wir würden dadurch sofort uns ein vollständiges Bild von der merkwürdigen Formenreihe verschaffen, welche die tierischen Vorfahren des Menschengeschlechts von Anbeginn der organischen Schöpfung an bis zum ersten Auftreten des Menschen durchlaufen haben. Jene Wiederholung der Keimesgeschichte durch die Stammesgeschichte ist aber nur in seltenen Fällen ziemlich vollständig und entspricht nur selten der ganzen Buchstabenreihe des Alphabets. In den allermeisten Fällen ist vielmehr dieser Auszug sehr unvollständig, vielfach durch Ursachen, die wir später kennen lernen werden, verändert, gestört oder „gefälscht". Wir sind daher meistens nicht im stande, alle verschiedenen Formzustände, welche die Vorfahren jedes Organismus durchlaufen haben, unmittelbar durch die Ontogenie im einzelnen festzustellen; vielmehr stoßen wir gewöhnlich — und so auch in der Phylogenie des Menschen — auf mannigfache Lücken. Zwar können wir diese Lücken mit Hilfe der vergleichenden Anatomie zum größten Teil in befriedigender Weise überbrücken, aber doch nicht unmittelbar vor dem wißbegierigen Auge durch ontogenetische Beobachtung ausfüllen. Um so wichtiger ist es, daß wir eine ganze Anzahl von niederen Tierformen kennen, welche noch jetzt in der individuellen Entwickelungsgeschichte des Menschen vertreten sind.

Hier dürfen wir mit der größten Sicherheit aus der Beschaffenheit der vorübergehenden individuellen Form auf die einstmalige Beschaffenheit der tierischen Ahnenform Schlüsse ziehen.

Um nur einige Beispiele anzuführen, so können wir aus der Tatsache, daß das menschliche Ei eine einfache Z e l l e ist, unmittelbar auf eine uralte einzellige Vorfahrenform des Menschengeschlechts (einer *Amoeba* ähnlich) schließen. Ebenso läßt sich aus der Tatsache, daß der menschliche Embryo anfänglich bloß aus zwei einfachen Keimblättern besteht (G a s t r u l a), unmittelbar ein sicherer Schluß auf die uralte Ahnenform der zweiblätterigen *Gastraea* ziehen. Eine spätere Embryonalform des Menschen (C h o r d u l a) deutet ebenso bestimmt auf eine uralte wurmähnliche Ahnenform hin, die in den heutigen Seescheiden oder Ascidien ihre nächsten Verwandten besitzt (*Prochordonia*). Dann folgt ein höchst bedeutungsvoller Keimzustand (A c r a n i a), in welchem unser schädelloser Keim im wesentlichen den Körperbau des *Amphioxus* besitzt. Welche niederen Tierformen aber zwischen der Gastraea und der Chordula, zwischen dieser und dem Amphioxus die Vorfahrenreihe des Menschen zusammensetzten, das läßt sich nur indirekt und annähernd mit Hilfe der vergleichenden Anatomie und Ontogenie erraten. Hier sind im Verlaufe der historischen Entwickelung (durch abgekürzte Vererbung) allmählich verschiedene ontogenetische Zwischenformen ausgefallen, welche phylogenetisch (in der Vorfahrenkette) existiert haben müssen. Aber trotz dieser zahlreichen und bisweilen sehr fühlbaren Lücken existiert doch im ganzen durchaus kein Widerspruch zwischen beiden Entwickelungsreihen. Vielmehr wird es eine Hauptaufgabe dieser Vorträge sein, die innere Harmonie und den ursprünglichen Parallelismus beider Reihen nachzuweisen. Ich hoffe Sie durch Anführung zahlreicher Tatsachen zu überzeugen, wie wir aus der faktisch bestehenden, jeden Augenblick zu demonstrierenden embryonalen Formenreihe die wichtigsten Schlüsse auf den Stammbaum des Menschen ziehen können. Wir werden dadurch in den Stand gesetzt, uns ein allgemeines Bild von der bunten Formenreihe der Tiere zu entwerfen, welche als direkte Vorfahren des Menschen in dem langen Laufe der organischen Erdgeschichte aufeinander folgten.

Natürlich wird es bei dieser phylogenetischen Deutung der ontogenetischen Erscheinungen vor allem darauf ankommen, scharf und klar zwischen den ursprünglichen palingenetischen und den späteren cenogenetischen Vorgängen der Entwickelung zu unterscheiden. P a l i n g e n e t i s c h e P r o z e s s e [8]) oder k e i m e s -

geschichtliche Wiederholungen nennen wir alle jene Erscheinungen in der individuellen Entwickelungsgeschichte, welche
durch die konservative Vererbung getreu von Generation zu
Generation übertragen worden sind und welche demnach einen
unmittelbaren Rückschluß auf entsprechende Vorgänge in der
Stammesgeschichte der entwickelten Vorfahren gestatten. Cenogenetische Prozesse[9]) hingegen oder keimesgeschicht-
liche Störungen nennen wir alle jene Vorgänge in der Keimesgeschichte, welche nicht auf solche Vererbung von uralten Stammformen zurückführbar, vielmehr erst später durch Anpassung
der Keime oder der Jugendformen an bestimmte Bedingungen
der Keimesentwickelung hinzugekommen sind. Diese cenogenetischen Erscheinungen sind fremde Zutaten, welche durchaus
keinen unmittelbaren Schluß auf entsprechende Vorgänge in der
Stammesgeschichte der Ahnenreihe erlauben, vielmehr die Erkenntnis der letzteren geradezu fälschen und verdecken.

Für die wissenschaftliche Phylogenie, welche aus dem vorhandenen empirischen Materiale der Ontogenie, der vergleichenden
Anatomie und der Paläontologie auf die längst entschwundenen
historischen Prozeß der Stammesgeschichte Schlüsse ziehen will,
muß natürlich jene kritische Unterscheidung der primären palingenetischen und der sekundären cenogenetischen Prozesse von der
größten Bedeutung sein. Sie ist für den Entwickelungsforscher
von derselben Bedeutung, wie für den Philologen die kritische
Unterscheidung der echten und unechten Stellen in den Werken
eines alten Schriftstellers, die Sonderung des ursprünglichen Textes
und der späteren Zusätze und Fälschungen. Zwar ist jene Unterscheidung der „Palingenesis oder Auszugsentwickelung"
und der „Cenogenesis oder Störungsentwickelung"
bisher von vielen Naturforschern nicht entfernt gewürdigt worden.
Ich halte sie aber für die erste Bedingung jedes wahren Verständnisses der Entwickelungsgeschichte, und ich glaube, daß man
demgemäß in der Keimesgeschichte geradezu zwei verschiedene
Hauptteile unterscheiden muß: die Palingenie oder Auszugsgeschichte und die Cenogenie oder Störungsgeschichte.

Um sofort an einigen Beispielen aus der Anthropogenie diese
höchst wichtige Unterscheidung zu erläutern, so müssen wir beim
Menschen, wie bei allen anderen höheren Wirbeltieren, folgende
Vorgänge in der Keimesgeschichte als palingenetische Prozesse auffassen: die Bildung der beiden primären Keimblätter und
des Urdarms, die ungegliederte Anlage des dorsalen Nervenrohrs,

das Auftreten eines einfachen Achsenstabes (Chorda) zwischen Markrohr und Darmrohr, die vorübergehende Bildung der Kiemenbogen
und Kiemenspalten, der Urnieren u. s. w. Alle diese und viele
andere wichtige Erscheinungen sind offenbar von den uralten Vorfahren der Säugetiere getreu durch beständige Vererbung übertragen und demnach unmittelbar auf entsprechende paläontologische
Entwickelungsvorgänge in deren Stammesgeschichte zu beziehen.
Hingegen ist das durchaus nicht der Fall bei folgenden Keimungs-
vorgängen, die wir als cenogenetische Prozesse zu beurteilen haben: die Bildung des Dottersackes, der Allantois und
Placenta, des Amnion, Serolemma und Chorion, überhaupt der
verschiedenen Eihüllen und der entsprechenden Blutgefäßveräste-
lungen; ferner die paarige Anlage des Herzschlauches, die vorübergehende Trennung von Urwirbelplatten und Seitenplatten, der sekundäre Verschluß der Bauchwand und Darmwand, die Bildung des
Nabels u. s. w. Alle diese und viele andere Erscheinungen sind
offenbar nicht auf entsprechende Verhältnisse einer früheren selbständigen und völlig entwickelten Stammform zu beziehen, vielmehr
lediglich durch Anpassung an die eigentümlichen Bedingungen
des Keimlebens oder Embryolebens (innerhalb der Eihüllen) entstanden. Mit Rücksicht hierauf werden wir jetzt unserem Biogenetischen Grundgesetze folgende schärfere Fassung geben müssen:
„Die Keimesentwicklung (*Ontogenesis*) ist eine gedrängte
und abgekürzte Wiederholung der Stammesentwickelung
(*Phylogenesis*); und zwar ist diese Wiederholung um so vollständiger, je mehr durch beständige Vererbung die ursprüngliche Auszugsentwickelung (*Palingenesis*) beibehalten wird;
hingegen ist die Wiederholung um so unvollständiger, je mehr durch
wechselnde Anpassung die spätere Störungsentwickelung
(*Cenogenesis*) eingeführt wird"[10].

Die cenogenetischen Störungen oder Fälschungen des ursprünglichen palingenetischen Entwickelungsganges beruhen zum großen
Teile auf einer allmählich eingetretenen Verschiebung der
Erscheinungen, welche durch die Anpassung an die veränderten
embryonalen Existenzbedingungen im Laufe vieler Jahrtausende
langsam bewirkt worden ist. Diese Verschiebung kann sowohl den
Ort, als die Zeit der Erscheinung betreffen. Jene erstere nennen
wir Heterotopie, diese letztere Heterochronie.

Die „Ortsverschiebungen" oder Heterotopien betreffen
zunächst die Zellen oder die Elementarteile, aus denen sich die
Organe zusammensetzen; weiterhin aber auch die Organe selbst.

So nehmen z. B. die Gonaden oder Geschlechtsdrüsen beim Embryo des Menschen und der meisten höheren Tiere aus dem mittleren Keimblatte ihre erste Entstehung. Hingegen belehrt uns die vergleichende Ontogenie der niederen Tiere, daß dieselben ursprünglich nicht hier, sondern in einem der primären Keimblätter entstanden sind. Allmählich haben aber die Keimzellen ihre ursprüngliche Lage so geändert und sind so frühzeitig aus ihrer Ursprungsstätte in das mittlere Keimblatt hinüber gewandert, daß sie gegenwärtig hier wirklich zu entstehen scheinen. Eine ähnliche Heterotopie erleiden die Urnierengänge der höheren Wirbeltiere, welche ursprünglich in der äußeren Haut gelegen haben. Auch bei der Entstehung des Mesoderms selbst spielen die Ortsverschiebungen, welche mit Wanderungen der Embryonalzellen aus einem Keimblatt in das andere verbunden sind, eine sehr wichtige Rolle.

Nicht minder bedeutungsvoll sind die cenogenetischen „Zeitverschiebungen" oder Heterochronien. Sie äußern sich darin, daß die Reihenfolge, in der die Organe nacheinander auftreten, in der Keimesgeschichte anders ist, als man nach der Stammesgeschichte erwarten sollte. Wie bei der Heterotopie die Raumfolge, so wird bei der Heterochronie die Zeitfolge „gefälscht". Diese Fälschung kann sowohl eine Beschleunigung als eine Verzögerung in der Erscheinung der Organe bewirken. Als eine Beschleunigung oder Verfrühung, als eine „ontogenetische Acceleration" müssen wir z. B. in der Keimesgeschichte des Menschen ansehen: das frühzeitige Auftreten des Herzens, der Kiemenspalten, des Gehirns, der Augen u. s. w. Offenbar erscheinen diese Organe im Verhältnis zu anderen viel früher, als es ursprünglich in der Stammesgeschichte der Fall war. Das Umgekehrte gilt von der verspäteten Ausbildung des Darmkanals, der Leibeshöhle, der Geschlechtsorgane. Hier liegt offenbar eine Verzögerung oder Verspätung, eine „ontogenetische Retardation" vor.

Die hohe Bedeutung und strenge Gesetzmäßigkeit dieser zeitlichen Verschiebungen in der Ontogenie hat neuerdings namentlich *Ernst Mehnert* eingehend studiert in seinem Werke über „Biomechanik, erschlossen aus dem Prinzipe der Organogenese" (Jena 1898). Er formuliert sein „Grundgesetz der Organogenese" in folgenden Worten: „Die Schnelligkeit des ontogenetischen Entfaltungsprozesses eines Organs ist proportional seiner zur Zeit eingehaltenen Entwicklungshöhe. Sie steigt mit der Zunahme und sinkt mit der Wiederaufgabe der einmal erreichten Entwickelungshöhe." Indem *Mehnert* hervorhebt, daß das Biogenetische Grundgesetz durch die Angriffe seiner Gegner nicht erschüttert worden ist, fügt er hinzu: „Wohl kaum hat je eine andere Erkenntnis mehr zum Aufblühen der Embryologie geführt, wie gerade diese, und die Aufstellung desselben gehört zu den lapidarsten Errungenschaften der Biologie überhaupt. Erst seitdem dieses Gesetz in Fleisch und Blut der Forscher übergegangen war, und dieselben sich gewöhnt hatten, in den Embryonalstadien einen Ausdruck ihrer Phylogenie zu erblicken, dauert der große Aufschwung, den die embryologische Forschung seit mehr als zwei Decennien nahm." Der beste Beweis für die Richtigkeit dieser Auffassung liegt darin, daß jetzt in allen Gebieten der Embryologie mit dem Biogenetischen Grundgesetze fruchtbar gearbeitet wird, und daß mittels desselben alljährlich Tausende von glänzenden Erfolgen erzielt werden, die ohne dasselbe nicht erreichbar sind.

Nur wenn man die cenogenetischen Vorgänge im Verhältnis zu den palingenetischen kritisch würdigt, und wenn man beständig auf die Abänderungen Rücksicht nimmt, welche die Auszugsentwickelung durch die Störungsentwickelung erleiden kann, wird man die fundamentale Bedeutung des Biogenetischen Grundgesetzes erkennen und dasselbe als wichtigstes Erklärungsprinzip der Entwickelungsgeschichte verwerten können. Bei einer solchen kritischen Verwertung bewährt sich dasselbe aber auch stets als der „rote Faden", an dem wir alle einzelnen Erscheinungen dieses wunderbaren Gebietes aufreihen können: als der „Ariadnefaden", mit dessen Hilfe allein wir im stande sind, den Weg des Verständnisses durch dieses verwickelte Formenlabyrinth zu finden. Mit vollem Rechte konnten daher die beiden Zoologen *Sarasin* in ihrer Entwickelungsgeschichte der *Ichthyophis* sagen, daß „die Bedeutung des Biogenetischen Grundgesetzes zur Erkenntnis längst abgelaufener Vorgänge für den Zoologen ebenso hoch anzuschlagen ist, wie für den Astronomen die Spektralanalyse".

Schon in früherer Zeit, als man mit der Entwickelungsgeschichte des menschlichen und des tierischen Individuums zuerst genauer bekannt wurde — und dies ist kaum neunzig Jahre her! — wurde man im höchsten Grade durch die wunderbare Aehnlichkeit überrascht, welche zwischen den ontogenetischen Formen oder den individuellen Entwickelungsstufen sehr verschiedener Tiere besteht; man wies schon damals auf die merkwürdige Aehnlichkeit hin, welche zwischen ihnen und gewissen entwickelten Tierformen verwandter niederer Gruppen existiert. Bereits die älteren Naturphilosophen (*Oken, Treviranus* u. a.) erkannten ganz richtig, daß

solche niedere Tierformen gewissermaßen im Systeme des Tierreiches eine vorübergehende individuelle Entwickelungsform höherer
Gruppen bleibend darstellen oder fixieren. Der berühmte Anatom
Meckel sprach schon 1821 von einer „Gleichung zwischen der Entwickelung des Embryo und der Tierreihe". *Baer* erläuterte schon
1828 kritisch die Frage, wie weit innerhalb des Wirbeltiertypus
die Keimformen der höheren Tiere die bleibenden Formen der
niederen durchlaufen. Aber man war damals nicht im stande, diese
überraschende Aehnlichkeit zu verstehen und richtig zu deuten.
Gerade die Eröffnung dieses Verständnisses verdanken wir der
Descendenztheorie; denn sie stellt zum ersten Male die
Erscheinungen der Vererbung einerseits. der Anpassung
anderseits in das gehörige Licht; sie erklärt uns die fundamentale
Bedeutung ihrer beständigen Wechselwirkung für die Entstehung
der organischen Formen. Erst *Darwin* zeigte uns, welche wichtige
Rolle hierbei der unaufhörliche, zwischen allen Organismen statt-
findende „Kampf ums Dasein" spielt, und wie unter seinem
Einflusse (durch „natürliche Züchtung") neue Arten von
Organismen lediglich durch die Wechselwirkung von Vererbung und
Anpassung entstanden sind und noch fortwährend entstehen. Erst
durch den Darwinismus wurde uns der Weg des wahren Verständnisses für jene unendlich wichtigen Beziehungen zwischen den beiden Teilen der organischen Entwickelungsgeschichte eröffnet,
zwischen der Ontogenie und der Phylogenie.

Die Erscheinungen der Vererbung und der Anpassung
sind in Wahrheit die beiden formbildenden physiologischen
Funktionen der Organismen; wenn wir diese nicht gehörig berück-
sichtigen, so ist jedes tiefere Verständnis der Entwickelungsgeschichte vollkommen unmöglich. Daher hatten wir bis auf *Darwin*
überhaupt keine klare Vorstellung von dem eigentlichen Wesen und
von den Ursachen der Keimesentwickelung. Man konnte sich die
sonderbare Formenreihe durchaus nicht erklären, welche der Mensch
während seiner embryonalen Entwickelung durchläuft; man begriff
nicht, warum diese seltsame Reihe von verschiedenen tierähnlichen
Formen in der Ontogenese erscheint. Früher nahm man sogar allgemein an, daß der Mensch im Ei bereits mit allen seinen Teilen
vorgebildet existiere, und daß die Entwickelung desselben nur eine
Auswickelung der Gestalt, ein einfaches Wachstum sei. Dies ist jedoch
keineswegs der Fall. Vielmehr führt der ganze individuelle Ent-
wickelungsprozeß eine zusammenhängende Reihe von verschiedenartigen Tierformen an unseren Augen vorüber; und diese mannig-

faltigen Tierformen zeigen sehr verschiedene äußere und innere Bildungsverhältnisse. W a r u m nun jedes menschliche Individuum diese Formenreihe während seiner embryonalen Entwickelung durch- laufen muß, das ist uns erst durch *Lamarcks* und *Darwins* Ab- stammungslehre oder Descendenztheorie verständlich geworden. Durch diese Theorie haben wir erst d i e   b e w i r k e n d e n   U r - s a c h e n, die wahren *causae efficientes* der individuellen Entwicke- lung kennen gelernt; durch diese Theorie sind wir erst zu der Einsicht gelangt, daß solche   m e c h a n i s c h e   Ursachen allein genügen, um die individuelle Entwickelung des Organismus zu be- wirken, und daß es dazu nicht noch der früher allgemein ange- nommenen planmäßigen oder   z w e c k t ä t i g e n   Ursachen (*causae finales*) bedarf.   Allerdings spielen diese   Z w e c k u r s a c h e n   auch heute noch in der herrschenden Schulphilosophie eine große Rolle; aber in unserer neuen Naturphilosophie sind wir im stande, die- selben durch jene   W e r k u r s a c h e n   völlig auszuschließen.

Indem ich dieses Verhältnis schon jetzt berühre, glaube ich auf einen der wichtigsten Fortschritte hinzuweisen, der überhaupt im Gebiete der menschlichen Erkenntnis während des letzten Menschenalters stattgefunden hat.   Die Geschichte der Philosophie zeigt uns, daß fast allgemein in der gegenwärtigen Weltanschauung, wie in derjenigen des Altertums, die zwecktätigen Ursachen als die eigentlichen Grundursachen der Erscheinungen in der organi- schen Natur, und namentlich im Menschenleben, angesehen werden. Die herrschende „Zweckmäßigkeitslehre" oder Teleologie, besonders auf die Autorität von *Kant* gestützt, nimmt an, daß die Erschei- nungen des organischen Lebens und namentlich diejenigen der Ent- wickelung nur durch zweckmäßige Ursachen erklärbar, hingegen einer mechanischen, d. h. einer rein naturwissenschaftlichen Er- klärung durchaus nicht zugänglich seien.   Nun sind aber gerade die schwierigsten Rätsel, welche uns in dieser Beziehung bisher vor- gelegen haben und welche nur durch die Teleologie lösbar schienen, durch die Descendenztheorie in mechanischem Sinne gelöst worden. Die durch letztere bewirkte Umgestaltung der Entwickelungs- geschichte des Menschen hat hier die größten Hindernisse tat- sächlich beseitigt.   Wir werden im Verlaufe unserer Untersuchungen klar erkennen, wie die wunderbarsten, bisher für unzugänglich gehaltenen Rätsel in der Organisation des Menschen und der Tiere durch *Darwins* Reform der Entwickelungslehre einer natür- lichen Auflösung, einer mechanischen Erklärung durch zwecklos tätige Ursachen zugänglich geworden sind.   Ueberall werden wir

dadurch in den Stand gesetzt, unbewußte, n o t w e n d i g wirkende
Ursachen an die Stelle der bewußten, z w e c k t ä t i g e n Ursachen
zu setzen [11]).

Wenn unsere neue Entwickelungslehre weiter nichts als dies
geleistet hätte, so würde jeder tiefer denkende Mensch zugeben
müssen, daß dadurch allein schon ein ungeheurer Fortschritt in
der Erkenntnis gewonnen sei. Denn infolgedessen muß in der
gesamten Philosophie jene Richtung endgültig zur Herrschaft gelangen, welche wir die einheitliche oder m o n i s t i s c h e nennen, im
Gegensatze zu der d u a l i s t i s c h e n oder zwiespältigen, welche
bisher in der spekulativen Philosophie herrschend war [12]). Hier ist
der Punkt, wo die Entwickelungsgeschichte des Menschen unmittelbar und am tiefsten in die Fundamente der P h i l o s o p h i e eingreift.
Diese überaus wichtigen Beziehungen habe ich eingehend erörtert
in meinem Buche über „D i e W e l t r ä t s e l, Gemeinverständliche
Studien über monistische Philosophie" (1899) und in dessen Ergänzungsband: „Die L e b e n s w u n d e r" (1904). Der erste Teil
desselben zeigt, wie die ganze moderne Anthropologie durch ihre
erstaunlichen Entdeckungen in der zweiten Hälfte des 19. Jahrhunderts dazu geführt hat, unsere Weltanschauung auf eine feste
monistische Basis zu gründen. Unser Körperbau wie unser Leben,
unsere Keimesgeschichte wie unsere Stammesgeschichte überzeugen
uns, daß im Menschenleben dieselben Naturgesetze herrschen, wie
in der übrigen Welt. Allein schon aus diesem Grunde ist es
höchst wünschenswert, ja eigentlich unerläßlich, daß jeder denkende,
nach philosophischer Erkenntnis strebende Mensch, und vor allem
der Philosoph von Fach, sich mit den wichtigsten Tatsachen unseres
Forschungsgebietes bekannt macht.

Die Bedeutung der ontogenetischen Tatsachen ist in dieser
Beziehung so groß und springt so sehr in die Augen, daß noch
in neuester Zeit die dualistische und teleologische Philosophie diese
ihr höchst unbequemen Tatsachen einfach durch Leugnen zu beseitigen gesucht hat. So ging es z. B. mit der Tatsache, daß
sich der Mensch aus einem Ei entwickelt, und daß dieses Ei eine
einfache Zelle ist, wie die Eizelle aller anderen Tiere. Nachdem ich
in der „Natürlichen Schöpfungsgeschichte" (1868) diese fundamentale
Tatsache erörtert und auf ihre unermeßliche Bedeutung hingewiesen hatte, wurde dieselbe in mehreren theologischen Zeitschriften
als eine böswillige Erfindung von mir ausgegeben. Ebenso leugnete
man die bedeutungsvolle T a t s a c h e, daß die Embryonen von Mensch
und Hund in einem gewissen Stadium ihrer Entwickelung sich kaum

voneinander unterscheiden lassen. Wenn wir nämlich den menschlichen Embryo in der dritten oder vierten Woche seiner Entwickelung untersuchen, so finden wir seine Gestalt und Zusammensetzung
gänzlich verschieden von der des vollkommen entwickelten Menschen,
hingegen fast übereinstimmend mit derjenigen, welche der Affe, der
Hund, das Kaninchen und andere Säugetiere in demselben Stadium
der Ontogenese darbieten. Wir finden einen bohnenförmigen, sehr
einfach gebildeten Körper, der hinten mit einem Schwanz, an den
Seiten mit zwei Paar Ruderflossen versehen ist, die den Flossen
der Fische, aber keineswegs den Gliedmaßen des Menschen und
der Säugetiere ähnlich sind. Fast die ganze vordere Körperhälfte
bildet ein unförmlicher Kopf ohne Gesicht, an dessen Seite sich
Kiemenspalten und Kiemenbogen wie bei den Fischen befinden (vgl.
Tafel XIII am Ende des XIV. Vortrages). Auf diesem Stadium seiner
Entwickelung unterscheidet sich der menschliche Embryo in keiner
wesentlichen Beziehung von dem gleichalterigen Embryo eines Affen,
Hundes, Pferdes, Rindes u. s. w. Auch diese bedeutungsvolle Tatsache ist in jedem Augenblick durch Vergleichung der betreffenden
Embryonen des Menschen, des Hundes, des Kaninchens u. s. w.
leicht und unmittelbar zu beweisen. Trotzdem haben die Theologen
und die teleologischen Philosophen sie für eine Erfindung des
Materialismus ausgegeben; sogar Naturforscher, denen die Tatsache wohl bekannt sein mußte, haben dieselbe zu leugnen versucht.

Es kann wohl kein glänzenderer Beweis für die unermeßliche prinzipielle Bedeutung dieser embryologischen Tatsachen zu Gunsten der monistischen Philosophie geliefert werden,
als diese Versuche ihrer dualistischen Gegner, sie einfach durch
Leugnen oder Totschweigen aus der Welt zu schaffen. Freilich
sind sie für die letzteren im höchsten Grade unbequem und mit
ihrer teleologischen Weltanschauung ganz unverträglich. Um so
mehr werden wir unserseits bemüht sein, sie in das gehörige Licht
zu stellen. Wir teilen vollständig die Ansicht des berühmten
englischen Naturforschers *Huxley*, welcher in seinen trefflichen
„Zeugnissen für die Stellung des Menschen in der Natur" bemerkt:
„Obgleich diese Tatsachen von vielen anerkannten Lehrern des
Volkes ignoriert werden, so sind sie doch leicht nachzuweisen und
mit Uebereinstimmung von allen Männern der Wissenschaft angenommen; während anderseits ihre Bedeutung so groß ist, daß diejenigen, welche sie gehörig erwogen haben, meiner Meinung nach
wenig andere biologische Offenbarungen finden werden, die sie überraschen können."

Als unsere Hauptaufgabe werden wir hier zunächst nur die Entwickelungsgeschichte der Körperform des Menschen und seiner Organe, die äußeren und inneren Gestaltungsverhältnisse betrachten. Doch will ich schon hier darauf aufmerksam machen, daß damit Hand in Hand die Entwickelungsgeschichte der Leistungen oder Funktionen geht. Ueberall in der Anthropologie, wie in der Zoologie (von der die erstere ja nur ein Teil ist), überall in der Biologie sind diese beiden Zweige der Forschung unzertrennlich verbunden. Ueberall ist die eigentümliche Form des Organismus und seiner Organe, innere wie äußere, unmittelbar verknüpft mit der eigentümlichen Lebenserscheinung oder der physiologischen Funktion, welche von diesem Organismus und seinen Organen ausgeübt wird. Diese innige Beziehung zwischen Form und Funktion, zwischen Werkzeug und Arbeit, zeigt sich auch in der Entwickelung des Organismus und aller seiner Teile. Die Entwickelungsgeschichte der Formen, welche uns zunächst beschäftigt, sollte daher zugleich Entwickelungsgeschichte der Funktionen sein, und zwar gilt das vom menschlichen Organismus gerade so gut, wie von jedem anderen Organismus.

Allerdings muß ich hier gleich hinzufügen, daß unsere Kenntnisse von der Entwickelung der Funktionen noch nicht entfernt so weit gediehen sind, als diejenigen von der Entwickelung der Formen. Ja, bisher ist eigentlich die gesamte Entwickelungsgeschichte oder Biogenie, und zwar sowohl die Ontogenie als die Phylogenie, fast ausschließlich Entwickelungsgeschichte der Formen gewesen; die Biogenie der Funktionen existiert kaum dem Namen nach. Das ist lediglich die Schuld der Physiologie, die sich bisher nur sehr wenig um die Entwickelungsgeschichte gekümmert hat. Erst in neuerer Zeit haben *W. Engelmann, W. Preyer, M. Verworn* und einige andere Physiologen begonnen, auch der Ontogenie der Funktionen näher zu treten.

Schon seit langer Zeit sind die beiden Hauptzweige biologischer Forschung, Morphologie und Physiologie, auseinander gegangen und haben verschiedene Wege eingeschlagen. Das ist ganz naturgemäß. Denn sowohl die Ziele als die Methoden beider Zweige sind verschieden. Die Morphologie oder Formenlehre strebt nach dem wissenschaftlichen Verständnis der organischen Gestalten, der inneren und äußeren Formverhältnisse. Die Physiologie oder Funktionslehre hingegen sucht die Erkenntnis der organischen Funktionen, der Tätigkeiten oder Lebenserscheinungen [13]). Nun hat sich aber, besonders in den letzten fünfzig Jahren, die Physiologie viel einseitiger entwickelt als die Morphologie. Nicht allein hat sie die v e r g l e i c h e n d e Methode, durch welche die letztere die größten Resultate erzielte, nur wenig angewendet, sondern auch die E n t w i c k e l u n g s g e s c h i c h t e sehr vernachlässigt. So ist es denn gekommen, daß in den letzten Decennien die Morphologie weitaus die Physiologie überflügelt hat, obgleich die letztere es liebt, sehr vornehm auf die erstere herabzusehen. Die Morphologie hat auf dem Wege der vergleichenden Anatomie und Ontogenie die größten Resultate erzielt, und fast alles, was ich Ihnen über ˙die Entwickelungsgeschichte des Menschen in diesen Vorträgen zu sagen habe, ist durch die Anstrengungen der Morphologen, nicht der Physiologen, gewonnen worden. Ja, die einseitige Richtung der heutigen Physiologie geht sogar so weit, daß sie die Erkenntnis der wichtigsten Entwickelungs-F u n k t i o n e n, der V e r e r b u n g und A n p a s s u n g, bisher vernachlässigt und selbst diese rein p h y s i o l o g i s c h e Aufgabe meistens den Morphologen überlassen hat. Fast alles, was wir bis jetzt von der Vererbung und von der Anpassung wissen, verdanken wir den Morphologen, nicht den Physiologen. Letztere bearbeiten noch ebensowenig die Funktionen der Entwickelung, als die Entwickelung der Funktionen.

Es wird daher erst die Aufgabe einer zukünftigen P h y s i o g e n i e sein, die Entwickelungsgeschichte der Funktionen mit gleichem Eifer und Erfolg in Angriff zu nehmen, wie dies für die Entwickelungsgeschichte der Formen von der M o r p h o g e n i e längst geschehen ist [14]). Wie innig beide zusammenhängen, will ich Ihnen nur an ein paar Beispielen erläutern. Das Herz des menschlichen Embryo zeigt ursprünglich eine sehr einfache Beschaffenheit, wie sie sich nur bei Ascidien und anderen niederen Tieren permanent vorfindet; damit ist zugleich eine höchst einfache Art des Blutkreislaufes verbunden. Wenn wir nun andererseits sehen, daß mit der fertigen Herzform des Menschen eine von der ersteren gänzlich verschiedene und viel verwickeltere Funktion des Blutkreislaufes zusammenhängt, so wird sich bei Untersuchung der Entwickelung des Herzens ganz von selbst unsere ursprünglich morphologische Aufgabe zugleich zu einer physiologischen erweitern. Dabei wird sich deutlich herausstellen, daß die Ontogenie des Herzens nur durch seine Phylogenie verständlich wird, ebenso in Beziehung auf die Funktion als auf die Form. Dasselbe gilt von allen anderen Organen und ihren Leistungen. So liefert uns z. B. die Entwickelungsgeschichte des Darmkanals, der Lunge, der Geschlechtsorgane durch die genaue vergleichende Erforschung der

Formentwickelung zugleich die wichtigsten Aufschlüsse über die Entwickelung der entsprechenden Funktionen dieser Organe.

In der klarsten Weise tritt uns dieses bedeutungsvolle Verhältnis bei der Entwickelungsgeschichte des Nervensystems entgegen. Dieses Organsystem vermittelt in der Oekonomie des menschlichen Körpers die Arbeitsleistung der Empfindung, die Tätigkeit des Willens, und endlich die höchsten psychischen Funktionen, diejenigen des Denkens; kurz alle die verschiedenen Leistungen, welche den besonderen Gegenstand der Psychologie oder Seelenlehre bilden. Die neuere Anatomie und Physiologie hat uns überzeugt, daß diese Seelenfunktionen oder Geistestätigkeiten unmittelbar von der feineren Struktur und Zusammensetzung des Zentralnervensystems, von den inneren Bauverhältnissen des Gehirns und des Rückenmarks abhängig sind. Hier befindet sich die höchst verwickelte Zellenmaschinerie, deren physiologische Funktion das menschliche Seelenleben ist. Sie ist so verwickelt, daß diese Leistung den meisten Menschen noch heute als übernatürlich, als nicht mechanisch erklärbar erscheint.

Nun liefert uns aber die individuelle Entwickelungsgeschichte über die allmähliche Entstehung und stufenweise Ausbildung dieses wichtigsten Organsystems die überraschendsten und bedeutungsvollsten Aufschlüsse. Denn die erste Anlage des Zentralnervensystems beim menschlichen Embryo erfolgt in derselben einfachsten Form, wie bei allen anderen Wirbeltieren. In der äußeren Rückenhaut bildet sich ein Markrohr, und aus diesem zunächst ein ganz einfaches Rückenmark ohne Gehirn, wie es bei dem niedersten Wirbeltiere, beim Amphioxus, zeitlebens das Seelenorgan darstellt. Erst später bildet sich aus dem vordersten Ende dieses Rückenmarks ein Gehirn hervor, und zwar ein Gehirn von einfachster Form, wie es bei niederen Fischen beständig ist. Schritt für Schritt entwickelt sich dieses einfache Gehirn dann weiter, durch Formen hindurch, welche denjenigen der Amphibien, der Reptilien, der Schnabeltiere, der Beuteltiere, der Halbaffen entsprechen. Erst zuletzt erhebt sich das Gehirn zu derjenigen höchst organisierten Form, welche die Affen vor den übrigen Wirbeltieren auszeichnet, und welche schließlich in der menschlichen Gehirnbildung ihre höchste Blüte erreicht.

Ganz entsprechende Vorgänge stufenweiser Ausbildung lehrt die vergleichende Physiologie. Schritt für Schritt vervollkommnet sich mit jener fortschreitenden Entwickelung der Gehirn-Form die eigentümliche Funktion desselben, die Seelentätigkeit.

Wir werden daher durch die Entwickelungsgeschichte des Zentralnervensystems zum ersten Male in die Lage versetzt, auch die natürliche Entstehung des menschlichen Seelenlebens, die allmähliche historische Ausbildung der menschlichen Geistestätigkeit zu begreifen. Nur mit Hilfe der Ontogenie vermögen wir zu erkennen, wie diese höchsten und glänzendsten Funktionen des tierischen Organismus historisch sich entwickelt haben. Mit einem Worte: die Entwickelungsgeschichte des Rückenmarks und Gehirns im menschlichen Embryo leitet uns unmittelbar zu der Erkenntnis der Phylogenie des menschlichen Geistes, jener allerhöchsten Lebenstätigkeit, die wir heute beim entwickelten Menschen als etwas so Wunderbares und Uebernatürliches zu betrachten gewohnt sind. Gewiß gehört gerade dieses Resultat der entwickelungsgeschichtlichen Forschung zu den größten und bedeutendsten. Glücklicherweise ist unsere ontogenetische Erkenntnis des menschlichen Zentralnervensystems so befriedigend und steht in solcher erfreulichen Uebereinstimmung mit den ergänzenden Resultaten der vergleichenden Anatomie und Physiologie, daß wir dadurch eine klare Einsicht in eines der höchsten philosophischen Probleme, in die Phylogenie der Psyche oder die Stammesgeschichte der menschlichen Geistestätigkeit erlangen. Die wertvollste Unterstützung erhalten wir dabei durch deren Keimesgeschichte, durch die Ontogenie der Psyche. Diesen wichtigen Teil der Psychologie hat vor Allen *W. Preyer* begründet, in seinen interessanten Werken über „Die Seele des Kindes" und „Spezielle Physiologie des Embryo" [15]); ferner *Milicent Washburn Shinn*, „The Biography of a Baby" (1900).

Es sind jetzt 44 Jahre verflossen, seitdem ich in meiner Generellen Morphologie die Phylogenie als selbständige Wissenschaft begründet und ihre innige kausale Beziehung zur Ontogenie nachgewiesen habe; — und 38 Jahre, seitdem ich in der Gastraeatheorie die Probe auf ihre Richtigkeit gemacht und sie an dem Beispiel der Keimblättertheorie durchgeführt habe. Beim Rückblick auf diesen Zeitraum dürfen wir fragen, was innerhalb desselben durch das Biogenetische Grundgesetz (— neuerdings auch oft als „Rekapitulations-Theorie" bezeichnet —) geleistet worden ist? Die unbefangene Antwort kann nur lauten, daß sich dasselbe in Hunderten von tüchtigen Arbeiten fruchtbar bewährt hat, und daß mittels desselben Tausende von wichtigen Erkenntnissen gewonnen sind, welche ohne dasselbe überhaupt nicht zu erreichen waren.

An zahlreichen und zum Teil heftigen Angriffen gegen meine
Auffassung des innigen Kausalnexus zwischen Ontogenese und
Phylogenese hat es allerdings nicht gefehlt; allein ihre Gegner
haben bisher keine andere befriedigende Erklärung für diese bedeutungsvolle Erscheinung geben können. Das gilt namentlich
von jener einseitigen Richtung der neueren sogenannten „Entwickelungsmechanik", welche die Berechtigung der Phylogenie
überhaupt bestreitet, und welche die verwickelten historischen Prozesse der Ontogenese unmittelbar aus sich heraus erklären will,
durch einfache physikalische Vorgänge: Krümmung und Faltung
von Blättern durch Elastizität, Entstehung von Höhlen durch ungleiche Gewebespannung, Bildung von Fortsätzen durch ungleiches
Wachstum etc. Diese ontogenetischen Vorgänge selbst aber fordern
wieder ihre ursächliche Erklärung, und diese ist zum größten
Teile nur in den entsprechenden phylogenetischen Veränderungen
der langen Vorfahrenreihe zu finden, in den physiologischen Prozessen der Vererbung und der Anpassung.

Eine gute Uebersicht, Kritik und Widerlegung der mannigfachen Angriffe, welche das Biogenetische Grundgesetz erfuhr, hat
Heinrich Schmidt (Jena) in seiner interessanten Broschüre ge-
geben: „Das Biogenetische Grundgesetz *Ernst Haeckels* und seine
Gegner" (Frankfurt a. M. 1909). *Schmidt* zeigt, daß hervorragende
Botaniker dasselbe ebenso anerkannt und mit Erfolg verwertet
haben, wie angesehene Zoologen; es gilt ebenso allgemein für die
Entwickelungsgeschichte der Pflanzen wie der Tiere; ebenso für
die Entwickelung des Seelenlebens im Kinde wie in der ganzen
Menschheit (Sprache, Kunst, Philosophie). Hingegen ist kein
Gegner desselben im stande gewesen, etwas Besseres an seine
Stelle zu setzen. Viele Angriffe beruhen auch bloß auf Miß-
verständnissen, wie sie in einem so schwierigen und verwickelten
Erscheinungsgebiete zu entschuldigen sind — oder auf schiefer
Beurteilung des überaus wichtigen Verhältnisses der Ceno-
genese zur Palingenese. Im Gegensatze dazu wächst beständig die Einsicht in die Wechselbeziehungen dieser beiden Er-
scheinungsreihen und die Ueberzeugung von der Wahrheit des
Satzes: „Die Phylogenesis ist die mechanische Ursache der Ontogenesis."

Zweiter Vortrag.

Die ältere Keimesgeschichte.

„Wer die Generation erklären will, der wird den organischen Körper und dessen Teile, woraus er besteht, zum Vorwurf nehmen und hierüber philosophieren müssen; er wird zeigen müssen, wie diese Teile entstanden sind, und wie sie in der Verbindung, in welcher sie miteinander stehen, entstanden sind. Wer aber eine Sache nicht aus der Erfahrung unmittelbar, sondern aus ihren Gründen und Ursachen erkennt, wer also durch diese, nicht durch die Erfahrung, gezwungen wird zu sagen: „ „die Sache muß so und sie kann nicht anders sein, sie muß sich notwendig so verhalten, sie muß diese Eigenschaften haben und andere kann sie nicht haben" " — der sieht die Sache nicht nur historisch, sondern wirklich philosophisch ein, und er hat eine philosophische Kenntnis von ihr. Eine solche philosophische Erkenntnis von einem organischen Körper, die von der bloß historischen sehr verschieden ist, wird unsere Theorie der Generation sein."   *Caspar Friedrich Wolff* (1764).

Aristoteles. — Malpighi. — Präformations-Theorien. Ovulisten (Haller, Leibniz). Animalkulisten (Leeuwenhoek, Spallanzani). Epigenesis-Theorie. Caspar Friedrich Wolff.

Inhalt des zweiten Vortrages.

Literatur:

Aristoteles, Fünf Bücher von der Zeugung und Entwickelung der Tiere. Griechisch und Deutsch von Aubert und Wimmer. 1860. Leipzig.

Theodor Gomperz, *1909. Aristoteles als Naturforscher. (Griechische Denker, Bd. III, Kapitel 11—14.) Leipzig.*

Fabricius ab Aquapendente, *1600. De formato foetu. 1604 De formatione foetus.*

William Harvey, *1652. Exercitationes de generatione animalium. Amsterdam.*

Johann Swammerdam, *1680. Bibel der Natur. Leipzig.*

Marcello Malpighi, *1687. De formatione pulli. De ovo incubato. Bologna.*

Caspar Friedrich Wolff, *1759. Theoria generationis. Halle. 2. Aufl. Deutsch. Berlin 1764. Deutsch mit Anmerkungen von Paul Samassa. Leipzig 1896.*

Derselbe, *1769. De formatione intestinorum. Petersburg. Deutsch 1812, Halle.*

Alfred Kirchhoff, *1868. Caspar Friedrich Wolff, sein Leben und seine Bedeutung für die Lehre von der organischen Entwickelung. Jenaische Zeitschr. f. Naturw., Bd. IV, S. 193.*

Johannes Müller, *1833. Handbuch der Physiologie des Menschen. (4. Aufl. 1844.) VIII. Buch: Von der Entwickelung. Koblenz.*

Albert Kölliker, *1861. Entwickelungsgeschichte des Menschen und der höheren Tiere. Historische Einleitung. 2. Aufl. 1879. Leipzig.*

Oskar Hertwig, *1906. Handbuch der vergleichenden und experimentellen Entwickelungslehre der Wirbeltiere. Bd. I: Einleitung und allgemeine Literatur-Uebersicht. Jena.*

Carl Gegenbaur, *1909. Lehrbuch der Anatomie des Menschen. 8. Aufl. von Max Fürbringer. (Geschichtlicher Abriß, S. 6—44.) Leipzig.*

II.

Meine Herren!

Beim Eintritt in jede Wissenschaft ist es in vielen Beziehungen vorteilhaft, zunächst einen Blick auf ihren Entwickelungsgang zu werfen. Der bekannte Grundsatz, daß „jedes Gewordene nur durch sein Werden erkannt werden kann", findet auch auf die Wissenschaft selbst seine Anwendung. Indem wir die stufenweise Ausbildung und das allmähliche Wachstum derselben verfolgen, werden wir uns über ihre Aufgaben und Ziele am klarsten verständigen. Zugleich werden wir einsehen, daß der heutige Zustand der Entwickelungsgeschichte des Menschen mit seinen vielen Eigentümlichkeiten nur dann richtig verstanden werden kann, wenn wir den historischen Entwickelungsgang unserer Wissenschaft in Betracht ziehen. Diese Betrachtung wird uns nicht lange aufhalten. Denn die Entwickelungsgeschichte des Menschen gehört zu den allerjüngsten Naturwissenschaften, und zwar gilt das von beiden Teilen derselben, sowohl von der Keimesgeschichte oder Ontogenie, als auch von der Stammesgeschichte oder Phylogenie.

Wenn wir von den gleich zu besprechenden ältesten Keimen der Wissenschaft im klassischen Altertum absehen, so beginnt eigentlich die wahre Entwickelungsgeschichte des Menschen als Wissenschaft erst mit dem Jahre 1759, in welchem einer der größten deutschen Naturforscher, *Caspar Friedrich Wolff*, seine „Theoria generationis" veröffentlichte. Das war der erste Grundstein zu einer wahren Keimesgeschichte der Tiere. Erst fünfzig Jahre später, 1809, publizierte *Jean Lamarck* seine „Philosophie zoologique", den ersten Versuch, Grundlagen für eine Stammesgeschichte zu finden; und abermals ein halbes Jahrhundert später, im Jahre 1859, erschien *Darwins* Werk, welches wir als die erste wissenschaftliche Ausführung dieses Versuchs betrachten müssen. Ehe wir jedoch auf diese eigentliche tiefe Begründung der menschlichen

Entwickelungsgeschichte näher eingehen, wollen wir einen flüchtigen Blick auf jenen großen Philosophen und Naturforscher des Altertums werfen, der in diesem Gebiete wie in vielen anderen Zweigen naturwissenschaftlicher Forschung während eines Zeitraumes von mehr als zweitausend Jahren einzig dasteht, auf den „Vater der Naturgeschichte": *Aristoteles*.

Die hinterlassenen naturwissenschaftlichen Schriften des *Aristoteles* beschäftigen sich mit sehr verschiedenen Seiten biologischer Forschung; das umfassendste Werk ist die berühmte „Geschichte der Tiere". Nicht weniger interessant aber ist eine kleinere Schrift, „Ueber Zeugung und Entwickelung der Tiere" (*„Peri Zoon Geneseos"*) [16]. Dieses Werk behandelt speziell die Entwickelungsgeschichte und ist schon deshalb von hohem Interesse, weil es das älteste seiner Art ist, und das einzige, welches uns aus dem klassischen Altertum einigermaßen vollständig überliefert wurde. Gleich den anderen naturwissenschaftlichen Schriften des *Aristoteles* hat auch dieses inhaltsreiche Werk die ganze Wissenschaft zwei Jahrtausende hindurch beherrscht. Unser Philosoph war ein ebenso scharfsinniger Beobachter, als genialer Denker. Aber während seine philosophische Bedeutung niemals zweifelhaft war, sind seine Verdienste als beobachtender Naturforscher erst neuerdings gehörig gewürdigt worden. Die Naturforscher, die um die Mitte des neunzehnten Jahrhunderts seine naturwissenschaftlichen Schriften einer genauen Untersuchung unterzogen, wurden durch eine unerwartete Fülle von interessanten Mitteilungen und merkwürdigen Beobachtungen überrascht.

Bezüglich der Entwickelungsgeschichte ist hier besonders hervorzuheben, daß *Aristoteles* dieselbe bei Tieren aus sehr verschiedenen Klassen verfolgte, und daß er namentlich im Gebiete der niederen Tiere bereits mehrere der merkwürdigsten Tatsachen kannte, mit denen wir erst in den Jahren 1830—1860 aufs neue bekannt geworden sind. So steht es z. B. fest, daß er mit der ganz eigentümlichen Fortpflanzungs- und Entwickelungsweise der Tintenfische oder Cephalopoden vertraut war, bei welchen ein Dottersack aus dem Munde des Embryo heraushängt. Er wußte ferner, daß aus den Eiern der Bienen, auch wenn dieselben nicht befruchtet werden, sich Embryonen entwickeln; diese sogenannte „Parthenogenesis" oder die jungfräuliche Zeugung der Bienen ist erst in unseren Tagen durch den verdienstvollen Münchener Zoologen *Siebold* bestätigt worden: derselbe beobachtete, daß sich männliche Bienen aus unbefruchteten Eiern, weibliche hingegen nur aus befruchteten Eiern entwickeln [17]. *Aristoteles* erzählt ferner, daß einzelne Fische (aus der Gattung *Serranus*) Zwitter seien, indem jedes Individuum männliche und weibliche Organe besitze und sich selbst befruchten könne; auch das ist neuerdings bestätigt worden. Ebenso war ihm bekannt, daß der Embryo mancher Haifische durch eine Art Mutterkuchen oder Placenta, ein ernährendes blutreiches Organ, mit dem Mutterleibe verbunden ist, wie dies sonst nur bei den höheren Säugetieren und beim Menschen der Fall ist. Diese Placenta des Haifisches galt lange Zeit als Fabel, bis der Berliner Zoologe *Johannes Müller* im Jahre 1839 die Tatsache als richtig erwies. So ließen sich aus der Entwickelungsgeschichte des *Aristoteles* noch eine Menge von merkwürdigen Beobachtungen anführen, die beweisen, wie genau dieser große Naturforscher (— wahrscheinlich auf viele Vorgänger gestützt! —) mit ontogenetischen Tatsachen vertraut, und wie weit er in dieser Beziehung der folgenden Zeit vorausgeeilt war.

Bei den meisten Beobachtungen begnügte er sich nicht mit der Mitteilung des Tatsächlichen, sondern knüpfte daran Betrachtungen über dessen Bedeutung. Einige von diesen theoretischen Reflexionen sind deshalb von besonderem Interesse, weil sich darin eine richtige Grundanschauung vom Wesen der Entwickelungsvorgänge erkennen läßt. Er faßt die Entwickelung des Individuums als eine Neubildung auf, bei welcher die verschiedenen Körperteile nacheinander entstehen. Wenn das menschliche oder tierische Individuum sich im mütterlichen Körper oder im Ei außerhalb desselben entwickelt, so soll zuerst das Herz entstehen, welches er als Anfangs- und Mittelpunkt des Körpers betrachtet. Nach der Bildung des Herzens treten dann die anderen Organe auf, die inneren früher als die äußeren, die oberen (welche über dem Zwerchfell liegen) früher als die unteren (welche unter demselben sich finden). Sehr frühzeitig bildet sich das Gehirn, aus welchem dann die Augen hervorwachsen. Diese Behauptungen sind in der Tat ganz zutreffend. Suchen wir uns überhaupt aus diesen Angaben des *Aristoteles* ein Bild von seiner Auffassung der Entwickelungsvorgänge zu machen, so können wir wohl darin eine dunkle Ahnung derjenigen ontogenetischen Theorie finden, welche wir heute die E p i g e n e s i s nennen und welche erst zweitausend Jahre später durch *Wolff* tatsächlich als die allein richtige nachgewiesen wurde. Dafür ist namentlich der Umstand sehr bezeichnend, daß *Aristoteles* die Ewigkeit des Individuums in jeder Beziehung leugnete. Er behauptete, ewig könne vielleicht die Art oder die Gattung

sein, die aus den gleichartigen Individuen gebildet werde; allein
das Individuum selbst sei vergänglich: es entstehe neu während des
Zeugungsaktes und gehe beim Tode zu Grunde.

Während der zwei Jahrtausende, die auf *Aristoteles* folgen,
ist von keinem irgend wesentlichen Fortschritt in der Zoologie überhaupt, und in der Entwickelungsgeschichte im besonderen, zu be-
richten. Man begnügte sich damit, seine zoologischen Schriften
auszulegen, abzuschreiben, vielfach durch Zusätze zu verunstalten
und sie in andere Sprachen zu übersetzen. Selbständige Forschungen wurden während dieses langen Zeitraumes fast gar nicht
angestellt. Namentlich legte während des christlichen Mittelalters
die Ausbildung und Ausbreitung einflußreicher Glaubensvorstellungen der selbständigen naturwissenschaftlichen Forschung
überhaupt unüberwindliche Hindernisse in den Weg, und lange war
von einer neuen Aufnahme der biologischen Forschungen gar keine
Rede. Selbst als im sechszehnten Jahrhundert die menschliche Anatomie wieder zu erwachen begann und zum ersten Male wieder
selbständige Untersuchungen über den Körperbau des ausgebildeten
Menschen angestellt wurden, wagten doch die Anatomen nicht, ihre
Beobachtungen noch weiter auf die Beschaffenheit des noch nicht
ausgebildeten menschlichen Körpers, auf die Bildung und Entwickelung des Embryo auszudehnen. Die damals herrschende Scheu
vor derartigen Forschungen hatte vielerlei Ursachen. Sie erscheint
natürlich, wenn man bedenkt, daß durch die Bulle des Papstes
Bonifacius VIII. der große Kirchenbann über alle ausgesprochen
war, die eine menschliche Leiche zu zergliedern wagten. Wenn
nun schon die anatomische Untersuchung des entwickelten menschlichen Körpers für ein fluchwürdiges Verbrechen galt: um wieviel
sträflicher und gottloser mußte die Untersuchung des im Mutterleibe verborgenen kindlichen Körpers erscheinen, den der Schöpfer
selbst durch seine verborgene Lage dem neugierigen Blicke der
Naturforscher absichtlich entzogen zu haben schien! Die christ-
liche Kirche, die zu jener Zeit viele Tausende wegen Mangels an
Rechtgläubigkeit martern, hinrichten und verbrennen ließ, ahnte
schon damals mit richtigem Instinkte die ihr drohende Gefahr von
seiten ihrer emporwachsenden Todfeindin, der Naturwissenschaft;
ihre Allmacht wußte dafür zu sorgen, daß letztere keine zu raschen
Fortschritte machte.

Erst als durch die Reformation die allumfassende Macht der
alleinseligmachenden Kirche gebrochen war und ein neuer frischer
Geisteshauch die geknechtete Wissenschaft aus den eisernen Fesseln

der Glaubenshaft zu erlösen begann, konnte mit der Wiederauf-
nahme anderer naturwissenschaftlicher Forschungen auch die Anatomie und Entwickelungsgeschichte des Menschen sich wieder freier
bewegen. Doch blieb die Ontogenie hinter der Anatomie weit zurück.
Erst im Beginne des siebzehnten Jahrhunderts erschienen die ersten
ontogenetischen Schriften. Den Anfang machte der italienische
Anatom *Fabricius ab Aquapendente*, Professor in Padua, der in
zwei Schriften (*De formato foetu*, 1600, und *De formatione foetus*,
1604) die ältesten Abbildungen und Beschreibungen von Embryonen
des Menschen und anderer Säugetiere, sowie des Hühnchens veröffentlichte. Aehnliche unvollkommene Darstellungen gaben dem-
nächst *Spigelius* (*De formato foetu*, 1631), der Engländer *Needham*
(1667) und sein berühmter Landsmann *Harvey* (1652), derselbe,
der den Blutkreislauf im Tierkörper entdeckte und den wichtigen
Ausspruch tat: „*Omne vivum ex ovo*" (Alles Lebendige entsteht
aus einem Ei). Der holländische Naturforscher *Swammerdam* veröffentlichte in seiner „Bibel der Natur" die ersten Beobachtungen
über die Embryologie des Frosches und die sogenannte „Furchung"
seines Eidotters. Die bedeutendsten ontogenetischen Untersuchungen
aus dem siebzehnten Jahrhundert waren aber diejenigen des berühmten Italieners *Marcello Malpighi* aus Bologna, der ebenso
in der Zoologie wie in der Botanik bahnbrechend auftrat. Seine
beiden Abhandlungen „*De formatione pulli*" und „*De ovo incubato*"
(1687) enthalten die erste zusammenhängende Darstellung der Entwickelung des Hühnchens im bebrüteten Ei.

Hier muß ich gleich einiges über die große Bedeutung bemerken, welche gerade das H ü h n c h e n für unsere Wissenschaft
besitzt. Die Bildungsgeschichte des Hühnchens, wie überhaupt aller
Vögel, stimmt in ihren wesentlichen Grundzügen vollständig mit
derjenigen aller anderen höheren Wirbeltiere, also auch des Menschen, überein. Die drei höheren Wirbeltierklassen: Säugetiere,
Vögel und Reptilien (Eidechsen, Schlangen, Schildkröten u. s. w.)
zeigen vom Anfang ihrer individuellen Entwickelung an in allen
wesentlichen Grundzügen der Körperbildung, und insbesondere ihrer
ersten Anlage, eine so überraschende Aehnlichkeit, daß man sie
lange Zeit hindurch gar nicht unterscheiden kann (vergl. Taf. VIII
bis XIII). Schon längst wissen wir, daß wir bloß die Entwickelung eines Vogelkeimes, als des am leichtesten zugänglichen Embryo, zu verfolgen brauchen, um uns über die wesentlich gleiche
Entwickelungsweise der Säugetiere (also auch des Menschen) zu
unterrichten. Schon als man um die Mitte und das Ende des sieb-

zehnten Jahrhunderts menschliche Embryonen und überhaupt Säuge-
tier-Embryonen aus früheren Stadien zu untersuchen begann, erkannte man sehr bald diese höchst wichtige Tatsache. Dieselbe
ist sowohl in theoretischer wie in praktischer Beziehung von der
größten Bedeutung. Für die T h e o r i e der Entwickelung lassen sich
aus dieser gleichartigen Beschaffenheit der Embryonen von sehr verschiedenen Tieren die wichtigsten Schlüsse ziehen. Für die P r a x i s
der ontogenetischen Untersuchung aber ist dieselbe deshalb un-
schätzbar, weil die sehr genau bekannte Ontogenie der Vögel die
nur sehr lückenhaft untersuchte Embryologie der Säugetiere auf
das vollständigste ergänzt und erläutert. Hühnereier kann man
jederzeit in beliebiger Menge haben und durch ihre künstliche Bebrütung die Entwickelung des Embryo Schritt für Schritt verfolgen.
Hingegen ist die Entwickelungsgeschichte der Säugetiere viel
schwieriger zu untersuchen, weil hier der Embryo nicht isoliert in
einem großen gelegten Ei, in einem selbständigen Körper sich
entwickelt, sondern vielmehr das kleine Ei im mütterlichen Körper
eingeschlossen und bis zur Reife verborgen bleibt. Daher ist es
sehr schwer, alle die einzelnen Stadien der Entwickelung behufs
einer zusammenhängenden Untersuchung sich in größerer Menge
zu verschaffen, abgesehen von äußeren Gründen, wie den bedeutenden Kosten, den technischen Schwierigkeiten und mannigfaltigen
anderen Hindernissen, auf welche größere Untersuchungsreihen an
befruchteten Säugetier-Eiern stoßen. Deshalb ist seit jener Zeit
bis auf den heutigen Tag das bebrütete Hühner-Ei das Objekt
geblieben, welches bei weitem am häufigsten und genauesten
untersucht wird. Besonders mit Hilfe der vervollkommneten Brüt-
maschinen kann man sich überall und zu jeder Zeit Hühner-
Embryonen in jedem beliebigen Stadium der Entwickelung und in
gewünschter Anzahl verschaffen, und so Schritt für Schritt ihre
Ausbildung im Zusammenhang untersuchen.

Die Entwickelungsgeschichte des bebrüteten Hühnchens wurde
nun schon gegen Ende des siebzehnten Jahrhunderts durch *Malpighi* so weit gefördert und in den wesentlichsten gröberen und
äußeren Verhältnissen erkannt, als es durch die unvollkommene
Untersuchung mit den damaligen Mikroskopen überhaupt möglich
war. Natürlich war die Vervollkommnung des Mikroskopes und
der technischen Untersuchungs-Methoden eine notwendige Vorbedingung für genauere embryologische Untersuchungen. Denn die
Wirbeltier-Embryonen sind in ihren ersten Entwickelungsstadien
so klein und zart, daß man ohne ein gutes Mikroskop und ohne

Anwendung besonderer technischer Hilfsmittel überhaupt nicht tiefer in ihre Erkenntnis einzudringen im stande ist. Die praktische Anwendung dieser mannigfaltigen Hilfsmittel und die wesentliche Verbesserung der Mikroskope erfolgte aber erst im Anfange des neunzehnten Jahrhunderts.

In der ganzen ersten Hälfte des achtzehnten Jahrhunderts, in welcher die systematische Naturgeschichte der Tiere und Pflanzen durch *Linnés* hochberühmtes „*Systema naturae*" einen so gewaltigen Aufschwung nahm, machte die Entwickelungsgeschichte so gut wie gar keine Fortschritte. Erst im Jahre 1759 trat in *Caspar Friedrich Wolff* der Genius auf, der dieser Wissenschaft eine ganz neue Wendung geben sollte. Bis auf diesen Zeitpunkt beschäftigte sich die damalige Embryologie fast ausschließlich mit unglücklichen und irreführenden Versuchen, aus dem bis dahin erworbenen dürftigen Beobachtungsmaterial verschiedene Entwickelungs-Theorien aufzubauen.

Die Theorie, welche damals zur Geltung kam und während des ganzen achtzehnten Jahrhunderts fast allgemeiner Anerkennung sich erfreute, hieß früher gewöhnlich die Theorie der Auswickelung oder E v o l u t i o n; besser wird sie als Theorie der Vorbildung oder P r ä f o r m a t i o n bezeichnet [18]. Ihr wesentlicher Inhalt besteht in folgender Vorstellung: Bei der individuellen Entwickelung jedes Organismus, jedes Tieres und jeder Pflanze, und ebenso auch des Menschen, findet keinerlei wirkliche Neubildung statt; sondern bloß ein Wachstum und eine Entfaltung von Teilen, die alle bereits seit Ewigkeit vorgebildet und fertig dagewesen sind, wenn auch nur sehr klein und in ganz zusammengefaltetem Zustande. Jeder organische Keim enthält also bereits alle Körperteile und Organe in ihrer späteren Form, Lagerung und Verbindung präformiert oder vorgebildet; mithin ist der ganze Entwickelungsgang des Individuums, der ganze ontogenetische Prozeß nichts weiter als eine „E v o l u t i o n" im strengsten Sinne des Wortes, d. h. eine A u s w i c k e l u n g   e i n g e w i c k e l t e r   p r ä f o r m i e r t e r   T e i l e. Also z. B. in jedem Hühnerei finden wir nicht etwa eine einfache Zelle, die sich teilt, deren Zellengenerationen die Keimblätter bilden und durch vielfache Veränderung, Sonderung und Neubildung endlich den Vogelkörper zu stande bringen; sondern in jedem Hühnerei ist von Anfang an ein vollständiges Hühnchen mit allen seinen Teilen präformiert und zusammengewickelt enthalten. Nur sind diese Organe so klein und zart, oder so durchsichtig, daß man sie unter dem Mikroskope nicht erkennen kann. Bei der Ent-

wickelung des bebrüteten Hühnereies werden diese Teile bloß
größer und derber; sie werden auseinandergelegt und wachsen.

Sobald diese Theorie konsequent weiter ausgebildet wurde,
mußte sie notwendig zur „Einschachtelungslehre" führen.
Danach soll von jeder Tierart und Pflanzenart ursprünglich nur
ein Paar oder ein Individuum geschaffen worden sein; dieses eine
Individuum enthielt aber bereits die Keime von sämtlichen anderen
Individuen in sich eingeschachtelt, die von dieser Art jemals gelebt
haben und später noch leben werden. Da zu jener Zeit das Alter
der Erde, entsprechend der biblischen Schöpfungsgeschichte, allgemein auf fünf- bis sechstausend Jahre geschätzt wurde, glaubte
man ungefähr berechnen zu können, wie viel Keime von jeder
Organismenart während dieses Zeitraums gelebt und also bereits
in dem ersten „geschaffenen" Individuum der Species eingeschachtelt
existiert hatten. Auch auf den Menschen wurde diese Theorie
mit logischer Konsequenz ausgedehnt und demgemäß behauptet,
daß unsere gemeinsame Stammmutter Eva in ihrem Eierstock bereits
die Keime von sämtlichen Menschenkindern ineinander geschachtelt
enthalten habe.

Zunächst bildete sich diese Einschachtelungstheorie in der
Weise aus, daß man, wie gesagt, die weiblichen Individuen als
die ineinander geschachtelten Schöpfungswesen ansah. Man glaubte,
von jeder Species sei ursprünglich nur ein Pärchen geschaffen
worden; das weibliche Individuum habe aber bereits in seinem
Eierstock die sämtlichen Keime aller Individuen beiderlei Geschlechts in sich eingeschachtelt enthalten, die überhaupt von dieser
Art sich entwickeln sollten. Ganz anders gestaltete sich aber die
Präformationstheorie, als der holländische Mikroskopiker *Leeuwenhoek* im Jahre 1690 die menschlichen Samenfäden oder Spermato-
zoen entdeckte und nachwies, daß in der schleimigen Flüssigkeit
des Sperma oder des männlichen Samens eine große Menge von
äußerst feinen, lebhaft beweglichen Fäden existieren (vgl. hierzu
den VII. Vortrag). Diese überraschende Entdeckung wurde sofort
dahin gedeutet, daß die lebendigen, munter in der Samenflüssigkeit
umherschwimmenden Körperchen wahre Tiere, und zwar die vorgebildeten Keime der künftigen Generation seien. Wenn bei der
Befruchtung die beiderlei Zeugungsstoffe, männliche und weibliche,
zusammenkommen, sollten diese fadenförmigen „Samentierchen"
in den fruchtbaren Boden des Eikörpers eindringen und hier, wie
das Samenkorn der Pflanze im fruchtbaren Erdboden, zur Auswickelung gelangen. Jedes einzelne Samentierchen des Menschen

ist demnach bereits ein H o m u n c u l u s, ein kleiner ganzer Mensch;
alle einzelnen Körperteile sind in demselben bereits vollständig
vorgebildet und erleiden nur eine einfache Auswickelung und
Vergrößerung, sobald sie in den dafür günstigen Boden des weiblichen Eies gelangen. Auch diese Theorie wurde konsequent dahin
ausgebildet, daß in jedem einzelnen fadenförmigen Körper die
sämtlichen folgenden Generationen seiner Nachkommen in äußerster
Feinheit und winzigster Größe sich eingeschachtelt befänden. Die
Samendrüse oder der Hoden des Adam enthielt also bereits die
Keime aller Menschenkinder, die unseren Erdplaneten jemals be-
völkert haben, gegenwärtig bewohnen und in aller Zukunft, „bis
zum Ende der Welt", beleben werden.

Natürlich mußte diese „männliche Einschachtelungslehre" sich
der bisher gültigen weiblichen von Anfang an schroff gegenüber-
stellen. Das Gemeinsame beider bestand nur in der falschen Vorstellung, daß überhaupt vielfach ineinander geschachtelte Keime
von zahllosen Generationen fertig vorgebildet in jedem Organismus
existieren; eine Vorstellung, die eigentlich auch der wunderlichen
Prolepsis-Theorie von *Linné* zu Grunde lag. Die beiden entgegengesetzten Einschachtelungs-Theorien begannen alsbald sich lebhaft
zu befehden; und es entstanden in der Physiologie des achtzehnten
Jahrhunderts zwei große, scharf getrennte Heerlager, die sich auf
das schroffste gegenüberstanden und heftig bekämpften: die
Animalkulisten und die Ovulisten. Der Streit zwischen diesen
Parteien muß uns heutzutage sehr belustigend erscheinen, da die
Theorie der einen ebenso vollständig in der Luft schwebt, wie
die der anderen. Wie *Alfred Kirchhoff* in seiner vortrefflichen
biographischen Skizze von *Wolff* sagt, „ließ sich dieser Streit
ebensowenig entscheiden, wie die Frage, ob die Engel in dem
östlichen oder westlichen Himmelsraume wohnen".

Die A n i m a l k u l i s t e n oder die Spermagläubigen hielten die
beweglichen Samenfäden für die wahren Tierkeime und stützten
sich dabei einerseits auf die lebhafte Bewegung, anderseits auf die
Form dieser Samentierchen. Diese zeigen nämlich beim Menschen,
wie bei der großen Mehrzahl der übrigen Tiere, einen länglichrunden, eiförmigen oder birnförmigen Kopf, ein dünnes Mittelstück
und einen äußerst dünnen, haarfein ausgezogenen und sehr langen
Schwanz (Fig. 20). In Wahrheit ist das ganze Gebilde nur eine
einfache Zelle, und zwar eine Geißelzelle; der Kopf ist der Zellenkern, umgeben von etwas Zellsubstanz, die sich in das dünnere
Mittelstück und den haarfeinen, beweglichen Schwanz fortsetzt;

letzterer ist der „Geißel" oder dem Flimmerfaden anderer Geißelzellen gleichbedeutend. Die Animalkulisten aber hielten den Kopf
für einen wahren Tierkopf und den übrigen Körper für einen
ausgebildeten Tierkörper. Vorzüglich waren es *Leeuwenhoek,
Hartsoeker* und *Spallanzani,* welche diese phantastische „Prä-
delineations-Theorie" verteidigten.

Die entgegengesetzte Partei, die O v u l i s t e n (Ovisten) oder
Eigläubigen, die an der älteren Evolutionstheorie festhielten, behaupteten dagegen, daß das Ei der wahre Tierkeim sei, und daß
die Zoospermien bei der Befruchtung nur den Anstoß zur Auswickelung des Eies gäben, in welchem alle Generationen ineinander
eingeschachtelt zu finden wären. Diese Ansicht blieb während
des ganzen achtzehnten Jahrhunderts bei der großen Mehrzahl der
Biologen in unbestrittener Geltung, trotzdem *Wolff* schon 1759 ihre
Unhaltbarkeit nachgewiesen hatte. Vorzüglich verdankte sie ihre
Geltung dem Umstande, daß die berühmtesten Autoritäten der damaligen Biologie und Philosophie sich zu ihren Gunsten erklärten,
unter ihnen namentlich *Haller, Bonnet* und *Leibniz.*

Albrecht von Haller, Professor in Göttingen, der oft der Vater
der Physiologie genannt wird, war ein sehr gelehrter und vielseitig
gebildeter Mann; aber in Bezug auf tiefere Auffassung der Naturerscheinungen nahm er keineswegs eine sehr hohe Stufe ein und
hat sich am besten selbst charakterisiert in dem berühmten und
viel zitierten Ausspruche: „Ins Innere der Natur dringt kein er-
schaffener Geist — glückselig, wem sie nur die äußere Schale weist!"
Die beste Antwort auf diese „schale" Naturbetrachtung hat *Goethe*
in dem herrlichen Gedicht gegeben, das mit den Worten schließt:

> „Natur hat weder Kern noch Schale,
> Alles ist sie mit einem Male!
> Dich prüfe Du nur allermeist,
> Ob Du Kern oder Schale seist!"

Doch hat es trotzdem auch neuerdings nicht an Versuchen
gefehlt, *Hallers* „schalen" Standpunkt zu verteidigen: insbesondere
hat *Wilhelm His* denselben bewundernd in Schutz genommen.

Haller vertrat die Evolutionstheorie in seinem berühmten
Hauptwerke, den „*Elementa Physiologiae*", auf das entschiedenste
mit den Worten: „E s g i b t k e i n W e r d e n! *(Nulla est epigenesis!)*. Kein Teil im Tierkörper ist vor dem anderen gemacht
worden, und alle sind zugleich erschaffen *(Nulla in corpore animali
pars ante aliam facta est, et omnes simul creatae existunt)."* Er
leugnete also eigentlich jede wahre E n t w i c k e l u n g in natür-

lichem Sinne und ging darin sogar so weit, daß er selbst beim neugeborenen Knaben die Existenz des Bartes, beim geweihlosen Hirschkalbe die Existenz des Geweihes behauptete; alle Teile sollten schon fertig da sein und nur dem menschlichen Auge vorläufig verborgen sein. *Haller* berechnete sogar die Zahl der Menschen, welche Gott am sechsten Tage seines Schöpfungswerkes auf einmal geschaffen und im Eierstock der Mutter Eva eingeschachtelt hatte. Er taxiert sie auf 200000 Millionen, indem er die Zeit seit der Erschaffung der Welt auf 6000 Jahre, das durchschnittliche Menschenalter auf 30 Jahre und die Zahl der gleichzeitig lebenden Menschen auf 1000 Millionen anschlägt. Und allen diesen blühenden Unsinn nebst den daraus gezogenen Konsequenzen verteidigt der berühmte *Haller* auch dann noch mit bestem Erfolge, nachdem bereits der tiefblickende *Wolff* die wahre Epigenesis entdeckt und durch Beobachtung bewiesen hatte!

Unter den Philosophen war es vor allen der hochberühmte *Leibniz*, der die Präformationstheorie annahm und durch seine große Autorität, wie durch seine geistreiche Darstellung, ihr zahlreiche Anhänger zuführte. Gestützt auf seine Monadenlehre, wonach Seele und Leib sich in ewig unzertrennlicher Gemeinschaft befinden und in ihrer Zweieinigkeit das Individuum, die „Monade" bilden, wendete *Leibniz* die Einschachtelungstheorie ganz folgerichtig auch auf die Seele an und leugnete für diese eine wahre Entwickelung ebenso wie für den Körper. In seiner Theodicee sagt er z. B.: „So sollte ich meinen, daß die Seelen, welche eines Tages menschliche Seelen sein werden, im Samen, wie jene von anderen Species, dagewesen sind, daß sie in den Voreltern bis auf Adam, also seit dem Anfange der Dinge, immer in der Form organisierter Körper existiert haben."

Die wichtigsten tatsächlichen Stützen schien die Einschachtelungstheorie durch die Beobachtungen eines ihrer eifrigsten Anhänger, *Bonnet*, zu erhalten. Dieser entdeckte 1745 zuerst bei den Blattläusen die sogenannte „J u n g f e r n z e u g u n g" oder Parthenogenesis, eine interessante Art der Fortpflanzung, die neuerdings bei vielen verschiedenen Gliedertieren, namentlich Krebsen und Insekten durch *Siebold* und andere nachgewiesen worden ist[17]). Bei diesen und anderen niederen Tieren gewisser Gattungen kann das Weibchen sich mehrere Generationen hindurch fortpflanzen, ohne von einem Männchen befruchtet worden zu sein. Man nennt solche Eier, die zu ihrer Entwickelung der Befruchtung nicht bedürfen, „falsche Eier", Pseudova oder Parthenova. *Bonnet* beobachtete nun zum ersten

Male, daß eine weibliche Blattlaus, welche er in klösterlicher Zucht vollständig abgeschlossen und vor jeder männlichen Gemeinschaft geschützt hatte, nach viermaliger Häutung am elften Tage eine lebendige Tochter, innerhalb der nächsten 20 Tage sogar noch 94 Töchter gebar, und daß diese alle, ohne jemals mit einem Männchen zusammenzukommen, sich alsbald wieder auf dieselbe jungfräuliche Weise vermehrten. Da schien nun allerdings der handgreifliche Beweis für die Wahrheit der Einschachtelungstheorie, und zwar im Sinne der Ovulisten, vollständig geliefert zu sein; und es war nicht wunderbar, daß dieselbe nun fast allgemeine Anerkennung fand.

So stand die Sache, als plötzlich im Jahre 1759 der jugendliche *Caspar Friedrich Wolff* auftrat und mit seiner neuen Epigenesistheorie den gesamten Präformationstheorien den Todesstoß gab. *Wolff* war 1733 zu Berlin geboren, der Sohn eines Schneiders, und machte seine naturwissenschaftlichen und medizinischen Studien zunächst in Berlin am Collegium medico-chirurgicum unter dem berühmten Anatomen *Meckel*, später in Halle. Hier bestand er im 26. Lebensjahre seine Doktorprüfung und verteidigte am 28. November 1759 in seiner Doktordissertation die neue Lehre von der wahren Entwickelung, die „Theoria generationis" auf Grund der Epigenesis. Diese Dissertation gehört trotz ihres geringen Umfanges und ihrer schwerfälligen Sprache zu den wertvollsten Schriften im ganzen Gebiete der biologischen Literatur. Sie ist ebenso ausgezeichnet durch die Fülle der neuen und sorgfältigen Beobachtungen, wie durch die weitreichenden und höchst fruchtbaren Ideen, welche überall aus den Beobachtungen abgeleitet und zu einer lichtvollen und durchaus naturwahren Theorie der Entwickelung verknüpft sind. Trotzdem hatte diese merkwürdige Schrift zunächst gar keinen Erfolg. Obgleich die naturwissenschaftlichen Studien infolge der von *Linné* gegebenen Anregung zu jener Zeit mächtig emporblühten, obgleich Botaniker und Zoologen bald nicht mehr nach Dutzenden, sondern nach Hunderten zählten, bekümmerte sich doch fast niemand um *Wolffs* Theorie der Generation. Die Wenigen aber, die sie gelesen hatten, hielten sie für grundfalsch, so besonders *Haller*. Obgleich *Wolff* durch die exaktesten B e o b a c h t u n g e n die Wahrheit der Epigenesis bewies und die in der Luft schwebenden Hypothesen der Präformationstheorie widerlegte, blieb dennoch der „exakte" Physiologe *Haller* der eifrigste Anhänger der letzteren und verwarf die richtige Lehre von *Wolff* mit seinem diktatorischen Machtspruche: *Nulla est epigenesis!* Auch behauptete er, daß durch die Epigenesislehre die Religion gefährdet werde! Kein Wunder, wenn die ganze Gesellschaft der physiologischen Gelehrten in der zweiten Hälfte des achtzehnten Jahrhunderts sich dem Machtspruche dieses physiologischen Papstes unterwarf und die Epigenesis als gefährliche Neuerung bekämpfte. Mehr als ein halbes Jahrhundert mußte vergehen, bis *Wolffs* Arbeiten die verdiente Anerkennung fanden. Erst nachdem *Meckel* im Jahre 1812 eine andere höchst wichtige Schrift *Wolffs*: „Ueber die Bildung des Darmkanals" (aus dem Jahre 1768) ins Deutsche übersetzt und auf die außerordentliche Bedeutung derselben aufmerksam gemacht hatte, fing man an, sich wieder mit ihm zu beschäftigen; und doch war dieser bereits verschollene Schriftsteller unter allen Naturforschern des achtzehnten Jahrhunderts am tiefsten in das Verständnis des lebendigen Organismus eingedrungen.

So unterlag denn damals, wie es so oft in der Geschichte der menschlichen Erkenntnis zu geschehen pflegt, die emporstrebende neue Wahrheit dem übermächtigen Irrtum, der durch die Macht der Autorität getragen wurde. Die sonnenklare Erkenntnis der Epigenesis vermochte den dichten Nebel des Präformationsdogma nicht zu durchdringen, und ihr genialer Entdecker wurde im Kampf um die Wahrheit von der Uebermacht der Feinde besiegt. Jeder weitere Fortschritt in der Entwickelungsgeschichte war damit vorläufig gehemmt. Das bleibt um so mehr zu bedauern, als *Wolff* bei seiner ungünstigen äußeren Stellung dadurch schließlich gezwungen wurde, sein deutsches Vaterland zu verlassen. Von vornherein mittellos, hatte er nur unter großen äußeren Bedrängnissen seine klassische Arbeit vollenden können und war dann genötigt, sich als praktischer Arzt sein Brot zu verdienen. Während des siebenjährigen Krieges war er in den Lazaretten in Schlesien tätig, hielt in dem Breslauer Feldlazarett ausgezeichnete Vorlesungen über Anatomie und erregte dadurch die Aufmerksamkeit des hochgestellten Direktors des Lazarettwesens, *Cothenius*. Nach abgeschlossenem Frieden versuchte dieser hohe Gönner, *Wolff* in Berlin eine Lehrstelle zu verschaffen. Indessen scheiterte dies an der Engherzigkeit der Professoren des Berliner Collegium medicochirurgicum, welche jedem Fortschritt auf wissenschaftlichem Gebiet abgeneigt waren. Die Theorie der Epigenesis wurde von diesem hochgelehrten Kollegium als die gefährlichste Ketzerei verfolgt, ähnlich wie noch vor wenigen Decennien die Descendenztheorie. Obgleich *Cothenius* und andere Berliner Gönner sich warm für *Wolff* verwendeten, so war es doch nicht möglich, ihm auch nur die Erlaubnis zu verschaffen, öffentliche Vorlesungen über Physiologie in Berlin zu halten. Die Folge davon war, daß *Wolff* sich

gezwungen sah, einem ehrenvollen Rufe zu folgen, welchen die
Kaiserin Katharina von Rußland 1766 an ihn richtete. Er ging
nach Petersburg, wo er noch 27 Jahre seinen Forschungen lebte [19]).
Der Fortschritt, welchen *Wolff* in der gesamten Biologie an-
bahnte, war großartig. Die Masse von neuen wichtigen Beobachtungen und von fruchtbaren großen Ideen, welche in seinen Schriften
angehäuft sind, ist so gewaltig, daß wir erst allmählich im Laufe des
neunzehnten Jahrhunderts gelernt haben, ihren vollen Wert zu würdigen und ihre Bedeutung zu verstehen. Nach den verschiedensten
Richtungen hin hat *Wolff* der biologischen Erkenntnis die richtige
Bahn gebrochen. Erstens und vor allem hat er durch die Theorie
der E p i g e n e s i s überhaupt zum ersten Male das Verständnis
vom wahren W e s e n der organischen Entwickelung geöffnet. Er
wies überzeugend nach, daß die Entwickelung jedes Organismus
aus einer Kette von N e u b i l d u n g e n besteht, und daß weder im
Ei noch im männlichen Samen eine Spur von der Form des ausgebildeten Organismus existiert. Vielmehr sind dies einfache Körper,
welche eine ganz andere Bedeutung haben. Der Keim oder Embryo,
welcher sich daraus entwickelt, ist nach seiner inneren Zusammensetzung und äußeren Konfiguration von dem ausgebildeten Organismus völlig verschieden. Nirgends haben wir es da mit vorgebildeten
oder präformierten Teilen zu tun, nirgends mit Einschachtelung.
Wir können heutzutage diese Lehre von der Epigenesis kaum mehr
T h e o r i e nennen, weil wir uns von der Richtigkeit der T a t -
s a c h e völlig überzeugt haben und dieselbe jeden Augenblick mit
Hilfe des Mikroskopes demonstrieren können.

Den ausführlichen empirischen Beweis für die Epigenesis-
theorie lieferte *Wolff* in seiner klassischen Abhandlung „Ueber die
Bildung des Darmkanals" (1768). Im ausgebildeten Zustande ist
der Darmkanal des Huhnes ein sehr zusammengesetztes, langes
Rohr, an welchem Lungen, Leber, Speicheldrüsen und zahlreiche
kleinere Drüsen anhängen. *Wolff* zeigte nun, daß beim Hühnerembryo in der ersten Zeit der Bebrütung von diesem zusammengesetzten Rohre mit allen seinen mannigfaltigen Teilen noch gar
keine Spur vorhanden ist, sondern statt dessen ein flacher, blattförmiger Körper; und daß überhaupt der ganze Embryokörper in
frühester Zeit die Gestalt eines flachen, länglichrunden B l a t t e s besitzt. Wenn man bedenkt, wie schwierig damals, mit den schlechten
Mikroskopen des achtzehnten Jahrhunderts, eine genauere Untersuchung von so außerordentlich feinen und zarten Verhältnissen, wie
der ersten blattförmigen Anlage des Vogelkörpers, war, so muß
man die seltene Beobachtungsgabe *Wolffs* bewundern, der gerade

in diesem dunkelsten Teile der Embryologie schon die wichtigsten Erkenntnisse tatsächlich feststellte. Er gelangte gerade durch diese sehr schwierige Untersuchung zu der richtigen Anschauung, daß bei allen höheren Tieren, wie bei den Vögeln, der ganze Embryokörper eine Zeitlang eine flache, dünne, blattförmige Scheibe darstellt; anfangs ist diese einfach, dann aber aus mehreren Schichten zusammengesetzt. Die tiefste von diesen Schichten oder Blättern ist der Darmkanal, dessen Entwickelung *Wolff* von Anfang an bis zu seiner Vollendung vollständig verfolgte. Er wies nach, wie die blattförmige Anlage desselben zuerst zu einer Rinne wird, wie die Ränder dieser Rinne sich gegen einander krümmen und zu einem geschlossenen Kanale verwachsen, und wie endlich zuletzt an diesem Rohre die beiden äußeren Oeffnungen (Mund und After) entstehen.

Aber auch die wichtige Tatsache entging *Wolff* nicht, daß in ganz ähnlicher Weise auch die übrigen Organsysteme des Körpers aus blattförmigen Anlagen sich zu Röhren gestalten. Auch das Nervensystem, das Muskelsystem, das Gefäßsystem mit allen den verschiedenen dazu gehörigen Organen entwickelt sich ebenso aus einer einfachen blattförmigen Anlage, wie das Darmsystem. Und so kommt *Wolff* schon 1768 zu der bedeutungsvollen Erkenntnis, welche erst ein halbes Jahrhundert später *Pander* zu der fundamentalen „Keimblättertheorie" gestaltete. Der Satz, in welchem *Wolff* den Grundgedanken der letzteren ausspricht, ist so merkwürdig, daß wir ihn hier wörtlich anführen: „Diese nicht etwa eingebildete, sondern auf den sichersten Beobachtungen begründete und höchst wunderbare Analogie von Teilen, die in der Natur so sehr voneinander abweichen, verdient die Aufmerksamkeit der Physiologen im höchsten Grade, indem man leicht zugeben wird, daß sie einen tiefen Sinn hat und in der engsten Beziehung mit der Erzeugung und mit der Natur der Tiere steht. Es scheint, als würden zu verschiedenen Malen hintereinander nach einem und demselben Typus verschiedene Systeme, aus welchen dann ein ganzes Tier wird, gebildet; und als wären diese darum einander ähnlich, wenn sie gleich ihrem Wesen nach verschieden sind. Das System, welches zuerst erzeugt wird, zuerst eine eigentümliche bestimmte Gestalt annimmt, ist das Nervensystem. Ist dieses vollendet, so bildet sich die Fleischmasse, welche eigentlich den Embryo ausmacht, nach demselben Typus. Darauf erscheint ein drittes, das Gefäßsystem, das gewiß den ersteren nicht so unähnlich ist, daß nicht die als allen Systemen gemeinsam zukommend beschriebene Form in ihm leicht erkannt würde. Auf dieses folgt das vierte, der Darmkanal, der wieder nach demselben

Typus gebildet wird und als ein vollendetes, in sich geschlossenes Ganzes, den drei ersten ähnlich, erscheint." Mit dieser höchst wichtigen Entdeckung legte *Wolff* bereits den ersten Grund zu der fundamentalen „Keimblättertheorie", die durch *Pander* (1817) und *Baer* (1828) erst viel später vollständig entwickelt wurde. Wörtlich sind allerdings *Wolffs* Sätze nicht richtig; allein er näherte sich mit denselben der Wahrheit schon so weit, als es überhaupt damals möglich war.

Einen großen Teil seiner umfassenden Naturanschauung verdankt *Wolff* dem Umstande, daß er ein ebenso ausgezeichneter Botaniker als Zoologe war. Er untersuchte gleichzeitig auch die Entwickelungsgeschichte der Pflanzen und begründete zuerst im Gebiete der Botanik diejenige Lehre, welche später *Goethe* in seiner geistreichen Schrift von der Metamorphose der Pflanzen ausführte. *Wolff* hat zuerst nachgewiesen, daß sich alle verschiedenen Teile der Pflanzen auf das Blatt als gemeinsame Grundlage oder als „Fundamentalorgan" zurückführen lassen. Die Blüte und die Frucht mit allen ihren Teilen bestehen nur aus umgewandelten Blättern. Diese Erkenntnis mußte *Wolff* um so mehr überraschen, als er auch bei den Tieren, ebenso wie bei den Pflanzen, eine einfache blattförmige Anlage als die erste Form des embryonalen Körpers entdeckte.

So finden wir demnach bei *Wolff* bereits die deutlichen Keime derjenigen Theorien, welche erst viel später andere geniale Naturforscher zur Grundlage des morphologischen Verständnisses vom Tier- und Pflanzenkörper erheben sollten. Noch höher wird aber unsere Bewunderung für diesen erhabenen Genius steigen, wenn wir in ihm sogar dem ersten Vorläufer der berühmten Zellentheorie begegnen. In der Tat hat *Wolff* bereits, wie *Huxley* zuerst zeigte, eine deutliche Ahnung von dieser fundamentalen Theorie gehabt, indem er kleine mikroskopische Bläschen als die Elementarteile ansah, aus denen sich die Keimblätter aufbauen.

Endlich ist noch besonders auf den mechanistischen Charakter der tiefen philosophischen Reflexionen aufmerksam zu machen, welche *Wolff* überall an seine bewunderungswürdigen Beobachtungen knüpfte. *Wolff* war ein großer monistischer Naturphilosoph im besten Sinne des Wortes. Freilich wurden seine philosophischen Untersuchungen ebenso wie seine empirischen über ein Jahrhundert hindurch ignoriert. Um so mehr wollen wir hervorheben, daß sich dieselben streng in der Bahn unseres kausalen Monismus bewegten.

———

Dritter Vortrag.

Die neuere Keimesgeschichte.

„Die Entwickelungsgeschichte ist der wahre Lichtträger für Untersuchungen über organische Körper. Bei jedem Schritte findet sie ihre Anwendung, und alle Vorstellungen, welche wir von den gegenseitigen Verhältnissen der organischen Körper haben, werden den Einfluß unserer Kenntnisse der Entwickelungsgeschichte erfahren. Es wäre eine fast endlose Arbeit, den Beweis für alle Zweige der Forschung führen zu wollen." *Karl Ernst von Baer* (1828).

Christian Pander (1817). Karl Ernst von Baer (1828). Robert Remak (1850). Keimblättertheorie. Schichtung des Tierkörpers. Parablastentheorie. Symbiose der Wirbeltiere. Gastraeatheorie.

Inhalt des dritten Vortrages.

Literatur:

Karl Ernst von Baer, 1828. Entwickelungsgeschichte der Tiere. Beobachtung und Reflexion. Königsberg.

Robert Remak, 1850. Untersuchungen über die Entwickelung der Wirbeltiere. Berlin.

Albert Kölliker, 1861. Entwickelungsgeschichte des Menschen und der höheren Tiere. (2. Aufl. 1884.) Leipzig.

Ernst Haeckel, 1866. Generelle Ontogenie (Allgemeine Entwickelungsgeschichte der organischen Individuen). V. Buch der „Generellen Morphologie" (Bd. II, p. 1—300).

Francis Balfour, 1880. Handbuch der vergleichenden Embryologie. Jena.

Oscar Hertwig, 1886. Lehrbuch der Entwickelungsgeschichte des Menschen und der Wirbeltiere. 8. Aufl. 1906. Jena.

Derselbe, 1900. Die Elemente der Entwickelungslehre des Menschen und der Wirbeltiere. (Grundriß.) 3. Aufl. 1907. Mit 385 Abbildungen. Jena.

Derselbe, 1901—1906. Handbuch der vergleichenden und experimentellen Entwickelungslehre der Wirbeltiere. (Großes Sammelwerk.) Jena.

Wilhelm Roux, 1895—1909. Archiv für Entwickelungsmechanik der Organismen. Bd. I—XX. Leipzig.

Korschelt und Heider, 1890—1909. Lehrbuch der vergleichenden Entwickelungsgeschichte der wirbellosen Tiere. Jena.

Julius Kollmann, 1898. Lehrbuch der Entwickelungsgeschichte des Menschen. Jena.

Heinrich Ernst Ziegler, 1902. Lehrbuch der vergleichenden Entwickelungsgeschichte der niederen Wirbeltiere. Jena.

Robert Bonnet, 1907. Lehrbuch der Entwickelungsgeschichte. Berlin.

Alexander Gurwitsch, 1907. Atlas und Grundriß der Embryologie der Wirbeltiere und des Menschen. 59 Tafeln. München.

Julius Kollmann, 1907. Handatlas der Entwickelungsgeschichte des Menschen. Mit 769 Figuren. Jena.

III.

Meine Herren!

Wenn' wir in unserer historischen Uebersicht über den Entwickelungsgang der menschlichen Ontogenie verschiedene Hauptabschnitte unterscheiden wollen, so können wir deren füglich drei nennen. Der erste Abschnitt hat uns im vorigen Vortrage beschäftigt und umfaßt die gesamte Vorbereitungsperiode der embryologischen Untersuchungen: er reicht von *Aristoteles* bis auf *Caspar Friedrich Wolff*, bis zum Jahre 1759, in dem die grundlegende *Theoria generationis* erschien. Der zweite Abschnitt, mit dem wir uns jetzt beschäftigen wollen, dauert genau ein Jahrhundert, nämlich bis zum Erscheinen des *Darwin*schen Werkes über den Ursprung der Arten, welches 1859 die gesamte Biologie und vor allem die Ontogenie in ihren Fundamenten umgestaltete. Die dritte Periode würde von *Darwin* erst ihren Ausgang nehmen. Wenn wir der zweiten Periode demnach gerade die Dauer eines Jahrhunderts zuschreiben, so ist das insofern nicht ganz richtig, als das *Wolff*sche Werk ein halbes Jahrhundert hindurch, bis zum Jahre 1812, fast ganz unbeachtet blieb. Während dieser ganzen Zeit, während 53 Jahren, erschien auch nicht ein einziges Buch, welches auf der von *Wolff* erschlossenen Bahn fortgeschritten wäre und welches seine Entwickelungstheorie weiter ausgeführt hätte. Nur gelegentlich wurden die vollkommen richtigen und unmittelbar auf Beobachtung der Tatsachen gegründeten Anschauungen *Wolffs* erwähnt, aber als irrtümlich verworfen; die Gegner desselben, die Anhänger der damals herrschenden, falschen Präformationstheorie, würdigten ihn nicht einmal einer Widerlegung. Diese ungerechte Verkennung ist hauptsächlich der außerordentlichen Autorität des berühmten *Albrecht von Haller* zu verdanken; sie ist eines der erstaunlichsten Beispiele für den Einfluß, welchen eine mächtige Autorität als solche gegenüber der klaren Erkenntnis der Tatsachen auf lange Zeit hin auszuüben vermag.

Die allgemeine Unbekanntschaft mit *Wolffs* Werken ging so
weit, daß im Anfange unseres Jahrhunderts zwei Naturphilosophen
in Jena, *Oken* (1806) und *Kieser* (1810), selbständige Untersuchungen
über die Entwickelung des Darms beim Hühnchen anstellen und
auf die richtige Spur der Ontogenie kommen konnten, ohne von
der wichtigen Arbeit *Wolffs* über denselben Gegenstand etwas zu
wissen; sie traten in seine Fußtapfen, ohne es zu ahnen. Das läßt
sich leicht durch die Tatsache beweisen, daß sie nicht so weit
kamen, wie *Wolff* selbst. Erst als im Jahre 1812 *Meckel* das Buch
Wolffs über die Entwickelung des Darmkanals ins Deutsche übersetzt und auf seine hohe Bedeutung hingewiesen hatte, wurden
plötzlich den anatomischen und physiologischen Gelehrten die
Augen geöffnet. Bald darauf sehen wir eine ganze Anzahl von
Biologen damit beschäftigt, von neuem embryologische Untersuchungen anzustellen und *Wolffs* Theorie der Epigenesis aus-
zubauen.

Die Universität Würzburg war der Ort, von welchem diese
Neubelebung der Ontogenie und die weitere Fortbildung der Epigenesistheorie ausging. Dort lehrte damals ein ausgezeichneter
Biologe, *Döllinger,* der Vater des berühmten Münchener Theologen,
der später durch seine unerschrockene Opposition gegen das neue
Dogma der päpstlichen Unfehlbarkeit sich so hohe Verdienste erworben hat. *Döllinger* war ein ebenso scharf denkender Naturphilosoph, als genau beobachtender Biologe; er hegte für die Entwickelungsgeschichte das größte Interesse und beschäftigte sich viel mit
derselben. Doch hat er selbst keine größere Arbeit auf diesem
Gebiete zu stande gebracht. Da kam im Jahre 1816 ein junger, eben
promovierter Doktor der Medizin nach Würzburg, den wir gleich
als den bedeutendsten Nachfolger *Wolffs* kennen lernen werden,
Karl Ernst von Baer. Die Gespräche, welche dieser mit *Döllinger* über Entwickelungsgeschichte führte, wurden die Veranlassung zu ausgedehnten neuen Untersuchungen. Der letztere
sprach nämlich den Wunsch aus, daß unter seiner Leitung ein
junger Naturforscher von neuem selbständige Beobachtungen über
die Entwickelung des Hühnchens während der Bebrütung des Eies
in Angriff nehmen möge. Da weder er selbst noch *Baer* über die
ziemlich bedeutenden Geldmittel verfügten, welche damals eine Brüt-
maschine und die Verfolgung des bebrüteten Eies, sowie die für
unerläßlich gehaltene genaue Abbildung der beobachteten Entwickelungsstadien durch einen geübten Künstler erforderten, so
wurde die Ausführung der Untersuchung *Christian Pander* über-

tragen, einem begüterten Jugendfreunde *Baers*, welchen dieser bewogen hatte, nach Würzburg zu kommen. Für die Anfertigung der nötigen Kupfertafeln wurde ein geschickter Künstler, *Dalton*, gewonnen.

Da bildete sich, wie *Baer* sagt, „jene für die Naturwissenschaft ewig denkwürdige Verbindung, in welcher ein in physiologischen Forschungen ergrauter Veteran (*Döllinger*), ein von Eifer für die Wissenschaft glühender Jüngling (*Pander*) und ein unvergleichlicher Künstler (*Dalton*) sich verbanden, um durch vereinte Kräfte eine feste Grundlage für die Entwickelungsgeschichte des tierischen Organismus zu gewinnen". In kurzer Zeit wurde die Entwickelungsgeschichte des Hühnchens, an welcher *Baer* zwar nicht unmittelbar, aber doch mittelbar den lebhaftesten Anteil nahm, so weit gefördert, daß *Pander* bereits in seiner 1817 erschienenen Dissertation [20]) zum ersten Male feste Grundzüge der Entwickelungsgeschichte des Hühnchens auf dem Fundamente von *Wolffs* Theorie entwerfen konnte; er hat zuerst die von letzterem vorbereitete Keimblätter-Theorie klar ausgesprochen und die von ihm geahnte Entwickelung der zusammengesetzten Organsysteme aus einfachen blattförmigen Primitivorganen durch die Beobachtung nachgewiesen. Nach *Pander* zerfällt die blattförmige Keimanlage des Hühnereies schon vor der zwölften Stunde der Bebrütung in zwei verschiedene Schichten, ein äußeres seröses Blatt und ein inneres muköses Blatt (oder Schleimblatt); zwischen beiden entwickelt sich später eine dritte Schicht, das Gefäßblatt.

Karl Ernst von Baer, welcher zu *Panders* Untersuchungen wesentlich mit Veranlassung gegeben und nach seinem Weggange von Würzburg das lebhafteste Interesse dafür bewahrt hatte, begann seine eigenen, viel umfassenderen Forschungen 1819. Als reife Frucht derselben veröffentlichte er nach neun Jahren sein berühmtes Werk über „Entwickelungsgeschichte der Tiere; Beobachtung und Reflexion". Noch heute gilt dieses klassische Buch mit Recht für ein wahres Muster von sorgfältiger empirischer Beobachtung, verbunden mit geistvoller philosophischer Spekulation. Der erste Teil erschien im Jahre 1828, der zweite neun Jahre später, im Jahre 1837 [21]). *Baers* Werk blieb das sichere Fundament, auf welchem die ganze nachfolgende Entwickelungsgeschichte bis auf den heutigen Tag fortgebaut hat. Es überflügelte seine Vorgänger, namentlich auch *Pander*, so weit, daß es nächst den *Wolff*schen Arbeiten als die wichtigste Basis der neueren Ontogenie zu betrachten ist. Da nun *Baer* zu den größten Naturforschern des

neunzehnten Jahrhunderts zählte und auch auf andere Zweige der
Biologie einen vielfach fördernden Einfluß ausgeübt hat, so dürfte
es von Interesse sein, über seine äußeren Lebensschicksale einige
Mitteilungen hier einzufügen.

Karl Ernst von Baer ist 1792 in Esthland auf Piep, dem
kleinen Gute seines Vaters, geboren. Er machte seine Studien von
1810 bis 1814 in Dorpat und ging dann nach Würzburg, wo
Döllinger ihn nicht allein in die vergleichende Anatomie und Ontogenie einführte, sondern auch namentlich durch seine naturphilosophische Richtung höchst befruchtend und anregend auf ihn wirkte.
Von Würzburg kam Baer nach Berlin und dann, einer Aufforderung
des Physiologen Burdach folgend, nach Königsberg, wo er mit einigen
Unterbrechungen bis 1834 Vorlesungen über Zoologie und Entwickelungsgeschichte hielt und seine wichtigsten Arbeiten vollendete. Im
Jahre 1834 ging er nach Petersburg als Mitglied der dortigen Aka-
demie, verließ aber hier fast gänzlich sein früheres Arbeitsfeld und
beschäftigte sich mit verschiedenen, von diesem weit abliegenden
naturwissenschaftlichen Forschungen, namentlich mit geographischen,
geologischen, ethnographischen und anthropologischen Untersuchungen. Während der letzten vierzig Jahre änderten sich auch mehr
und mehr die allgemeinen philosophischen Anschauungen des altern-
den Baer. Er unterlag jener merkwürdigen psychologischen
Metamorphose, welche ich in meinem Buche über die „Welträtsel" (S. 107) besprochen habe, ebenso wie Kant, Virchow, Wundt
und andere berühmte Naturforscher. Während der jugendliche
Baer konsequenter Vertreter der monistischen Weltanschauung
war und in seinem Hauptwerke (besonders in der Vorrede und
am Schlusse) die Einheit der naturgesetzlichen Entwickelung
betonte, wandte sich derselbe später immer mehr einer mystischen
und teleologischen Naturbetrachtung zu; und zuletzt gelangte er
durch seinen anthropistischen Dualismus sogar zu einer seltsamen
Form des theosophischen Aberglaubens (ähnlich wie Newton).
Seine letzten Lebensjahre brachte er in Dorpat zu, wo er 1876
starb. Bei weitem seine bedeutendsten Arbeiten sind diejenigen über
die Entwickelungsgeschichte der Tiere; sie wurden fast alle in
Königsberg gefertigt, wenn auch teilweise erst später veröffentlicht.
Die Verdienste derselben sind, ebenso wie die der Wolffschen
Schriften, sehr vielseitig und erstrecken sich über das ganze Ge-
biet der Ontogenie nach den verschiedensten Richtungen hin.

Zunächst bildete Baer die fundamentale Keimblätter-
Theorie im ganzen wie im einzelnen so klar und vollständig

durch, daß dieselbe seitdem allgemein als der notwendige Ausgangspunkt für alle ontogenetischen Forschungen gilt. *Baer* nahm
an, daß bei allen Wirbeltieren in derselben Weise zuerst zwei,
und darauf vier Keimblätter sich bilden; und daß durch deren
Umwandlung in Röhren die ersten Fundamentalorgane
des Körpers entstehen. Nach *Baer* ist die erste Anlage des Wirbeltierkörpers, welche auf dem kugeligen Dotter des befruchteten
Eies sichtbar wird, eine länglich-runde Scheibe, die sich zunächst
in zwei Blätter oder Schichten spaltet. Aus der oberen Schicht
oder dem animalen Blatte entwickeln sich alle Organe, welche
die Erscheinungen des animalen Lebens bewirken: die Funktionen
der Empfindung, der Bewegung, der Deckung des Körpers. Aus
der unteren Schicht oder dem vegetativen Blatte gehen alle
die Organe hervor, welche die Vegetation des Körpers vermitteln:
die Lebenserscheinungen der Ernährung, der Verdauung, der Blutbildung und der Atmung; ferner die Funktionen der Absonderung,
der Fortpflanzung u. s. w.

Jedes dieser beiden ursprünglichen Keimblätter spaltet sich
nach *Baer* wieder in zwei dünnere, übereinanderliegende Blätter
oder Lamellen. Die beiden Lamellen des oberen oder animalen
Blattes nennt er Hautschicht und Fleischschicht. Aus der ober-
flächlichsten dieser beiden Lamellen, aus der Hautschicht,
bildet sich die äußere Haut, die Bedeckung des Körpers, und das
Zentralnervensystem (Rückenmarksrohr, Gehirn), sowie die Sinnesorgane. Aus der darunter gelegenen Fleischschicht entwickeln
sich die Muskeln oder Fleischteile und das innere Knochengerüst,
kurz die Bewegungsorgane des Körpers. In ganz ähnlicher Weise
zerfällt nun nach *Baer* zweitens auch das untere oder vegetative
Keimblatt in zwei Lamellen, die er als Gefäßschicht und Schleimschicht bezeichnet. Aus der äußeren von beiden, aus der Gefäßschicht, entstehen das Herz und die Blutgefäße, die Milz
und die übrigen sogenannten Blutgefäßdrüsen, die Nieren und Geschlechtsdrüsen. Aus der tiefsten, vierten Schicht endlich, aus der
Schleimschicht, entwickelt sich die innere ernährende Haut
des Darmkanals und aller seiner Anhänge, Leber, Lunge, Speicheldrüsen u. s. w. Wie *Baer* die Bedeutung dieser vier sekundären Keimblätter im ganzen richtig erkannt hatte, so verfolgte er auch weiter mit großem Scharfsinn deren Umbildung
in die röhrenförmigen Fundamentalorgane. Er löste zuerst das
schwierige Problem, wie sich aus dieser vierfach geschichteten
flachen, blattförmigen Keimscheibe der ganz anders

gestaltete Körper des Wirbeltieres entwickelt, und zwar dadurch, daß diese Blätter zu R ö h r e n werden. Die flachen Blätter krümmen sich infolge bestimmter Wachstumsverhältnisse; die Ränder der gewölbten Blätter wachsen gegeneinander und nähern sich immer mehr; schließlich verwachsen sie an den Berührungsstellen. So wird aus dem flachen Darmblatte ein hohles Darmrohr, aus dem flachen Markblatte ein hohles Nervenrohr, aus dem Hautblatte ein Hautrohr u. s. w.

Unter den zahlreichen und großen einzelnen Verdiensten, welche sich *Baer* um · die Ontogenie, besonders der Wirbeltiere erwarb, ist hier zunächst die E n t d e c k u n g d e s m e n s c h l i c h e n E i e s hervorzuheben. Allerdings hatten schon die meisten früheren Naturforscher angenommen, daß sich der Mensch gleich den übrigen Tieren aus einem Ei entwickle. Nahm ja doch die Präformationstheorie an, daß alle vergangenen, gegenwärtigen und zukünftigen Generationen des Menschengeschlechts in den Eiern der Mutter Eva eingeschachtelt vorhanden gewesen seien. Aber tatsächlich blieb das wahre Ei des Menschen und der übrigen Säugetiere bis zum Jahre 1827 unbekannt. Dieses Ei ist nämlich außerordentlich klein, ein kugeliges Bläschen von nur $^1/_{10}$ Linie oder 0,2 mm Durchmesser, welches man unter günstigen Umständen wohl mit bloßen Augen als ein Pünktchen erkennen, unter ungünstigen aber nicht unterscheiden kann. Dieses Bläschen entwickelt sich im Eierstock des Weibes in eigentümlichen, viel größeren, kugeligen Bläschen, die man nach ihrem Entdecker *Graaf* die Graafschen Follikel nannte und früher allgemein für die wirklichen Eier hielt. Erst im Jahre 1827 wies *Baer* nach, daß diese Graafschen Follikel nicht die wahren Eier des Menschen sind, sondern daß die letzteren viel kleiner sind und in den ersteren verborgen liegen (vergl. den Schluß des XXIX. Vortrags).

Baer war ferner der erste, der die sogenannte K e i m b l a s e der Säugetiere beobachtete, d. h. die kugelige Blase, die zunächst aus dem befruchteten Eie sich entwickelt, und deren dünne Wand aus einer einzigen Schicht von regelmäßigen vieleckigen Zellen zusammengesetzt ist (vergl. Fig. 109 im XII. Vortrag). Eine andere Entdeckung *Baers*, welche große Bedeutung für die typische Auffassung des Wirbeltierstammes und der charakteristischen Organisation dieser auch den Menschen umfassenden Tiergruppe erlangte, war der Nachweis des A c h s e n s t a b e s oder der *Chorda dorsalis*. Das ist ein langer, dünner, zylindrischer Knorpelstab, welcher durch die Längsachse des ganzen Körpers beim Embryo

aller Wirbeltiere hindurchgeht, sehr frühzeitig sich entwickelt und die
erste Anlage des Rückgrats, des festen Achsenskelettes der Wirbeltiere darstellt.   Bei dem niedersten aller Wirbeltiere, dem merkwürdigen Lanzettierchen *(Amphioxus)*, bleibt sogar zeitlebens das
ganze innere Skelett auf diese Chorda beschränkt. Aber auch beim
Menschen und bei allen höheren Wirbeltieren entwickelt sich rings um
die Chorda erst nachträglich das Rückgrat und später der Schädel.

So wichtig nun auch diese und viele andere Entdeckungen
Baers für die Ontogenie der Wirbeltiere waren, so gewannen doch
seine Untersuchungen vorzugsweise dadurch die größte Bedeutung,
daß er zum ersten Male die Entwickelungsgeschichte des Tierkörpers v e r g l e i c h e n d in Angriff nahm.   Allerdings waren es
zunächst die Wirbeltiere (namentlich die Vögel und Fische), deren
Ontogenese *Baer* vorzugsweise verfolgte.   Aber er beschränkte
sich keineswegs auf diese allein, sondern zog auch die verschiedenen
wirbellosen Tiere in den Kreis seiner Untersuchungen.   Das all-
gemeinste Resultat dieser vergleichend-embryologischen Untersuchungen bestand darin, daß *Baer* vier völlig verschiedene Ent-
wickelungsweisen, und entsprechend vier verschiedene große Hauptgruppen des Tierreiches annahm.   Diese Hauptgruppen oder Typen
sind: 1) die W i r b e l t i e r e *(Vertebrata)*; 2) die G l i e d e r t i e r e
(Articulata); 3) die W e i c h t i e r e *(Mollusca)* und 4) die niederen
Tiere, welche damals alle irrtümlich als sogenannte S t r a h l -
t i e r e *(Radiata)* zusammengefaßt wurden.   *George Cuvier* hatte
im Jahre 1812 zum ersten Male diese vier Hauptgruppen des
Tierreiches unterschieden und gezeigt, daß dieselben im ganzen
inneren Bau, in der Zusammensetzung und Lagerung der Organ-
Systeme, sehr wesentliche und typische Unterschiede besitzen; daß
hingegen alle Tiere eines und desselben Typus, z. B. alle Wirbeltiere, trotz der größten äußeren Verschiedenheit doch im inneren
Bau wesentlich übereinstimmen.   *Baer* aber führte zuerst den Nachweis, daß sich diese vier Hauptgruppen auch in völlig verschiedener
Weise aus dem Ei entwickeln, und daß die Reihenfolge der embryonalen Entwickelungsformen bei allen Tieren eines Typus von
Anfang an dieselbe, hingegen bei den verschiedenen Typen verschieden ist.   Bis auf jene Zeit war man bei der Klassifikation des
Tierreiches stets bestrebt gewesen, alle Tiere von den niedersten
bis zu den höchsten, vom Infusorium bis zum Menschen, in eine
einzige zusammenhängende Formenkette zu ordnen; es galt
fast allgemein der falsche Satz, daß vom niedersten Tiere bis
zum höchsten nur eine einzige ununterbrochene Stufenleiter der

Entwickelung vorhanden sei. Dagegen führten *Cuvier* und *Baer* den Nachweis, daß diese Anschauung grundfalsch sei, und daß vielmehr vier gänzlich verschiedene Typen der Tiere sowohl hinsichtlich des anatomischen Baues, wie der embryonalen Entwickelung unterschieden werden müßten.

Infolge dieser Entdeckung gelangte *Baer* weiterhin zur Aufstellung eines sehr wichtigen Gesetzes, das wir ihm zu Ehren das *Baer*sche Gesetz nennen wollen, und das er selbst in folgenden Worten ausspricht: „Die Entwickelung eines Individuums einer bestimmten Tierform wird von zwei Verhältnissen bestimmt: erstens von einer fortgehenden Ausbildung des tierischen Körpers durch wachsende histologische und morphologische Sonderung; zweitens zugleich durch Fortbildung aus einer allgemeineren Form des Typus in eine mehr besondere. Der Grad der Ausbildung des tierischen Körpers besteht in einem größeren oder geringeren Maße der Heterogenität der Elementarteile und der einzelnen Abschnitte eines zusammengesetzten Apparates, mit einem Worte, in der größeren histologischen und morphologischen Sonderung (Differenzierung). Der Typus dagegen ist das Lagerungsverhältnis der organischen Elemente und der Organe. Der Typus ist von der Stufe der Ausbildung durchaus verschieden, so daß derselbe Typus in mehreren Stufen der Ausbildung bestehen kann, und umgekehrt dieselbe Stufe der Ausbildung in mehreren Typen erreicht wird." Daraus erklärt sich die Erscheinung, daß die vollkommensten Tiere jedes Typus, z. B. die höchsten Gliedertiere und Weichtiere, viel vollkommener organisiert, d. h. viel stärker differenziert sind, als die unvollkommensten Tiere jedes anderen Typus, z. B. die niedersten Wirbeltiere und Strahltiere.

Dieses „*Baer*sche Gesetz" hat die größte Bedeutung für die fortschreitende Erkenntnis der tierischen Organisation gewonnen, obgleich wir erst später durch *Darwin* in den Stand gesetzt wurden, seine wahre Bedeutung zu erkennen und zu würdigen. Wir wollen hier gleich die Bemerkung einfügen, daß das wahre Verständnis desselben nur durch die Descendenztheorie möglich ist, durch die Anerkennung der höchst wichtigen Rolle, welche die Vererbung und die Anpassung bei der organischen Formbildung spielen. Wie ich in meiner Generellen Morphologie (Bd. II, S. 10) gezeigt habe, ist der „Typus der Entwickelung" die mechanische Folge der Vererbung; der „Grad der Ausbildung" aber ist die mechanische Folge der Anpassung.

Vererbung und Anpassung sind die mechanischen Faktoren der
organischen Formbildung, welche erst durch *Darwins* Selektionstheorie in die Ontogenese eingeführt wurden, und durch welche
wir erst zum Verständnis des *Baer*schen Gesetzes gelangt sind.
Die epochemachenden Arbeiten *Baers* regten ein außerordent-
liches Interesse für embryologische Untersuchungen in weiteren
Kreisen an. Wir sehen daher in der Folgezeit eine große Anzahl
von Beobachtern das neu entdeckte Forschungsgebiet betreten und
mit rühmlichem Fleiße durch zahlreiche einzelne Entdeckungen in
kurzer Zeit bedeutend erweitern. Zunächst schlossen sich an *Baer*
an die vortrefflichen Untersuchungen von *Heinrich Rathke* in
Königsberg (gest. 1860); er hat sowohl die Entwickelungsgeschichte
der Wirbellosen (Krebse, Insekten, Mollusken), als auch namentlich
diejenigen der Wirbeltiere (Fische, Schildkröten, Schlangen, Krokodile) vielfach gefördert. Ueber die Keimesgeschichte der Säugetiere erhielten wir die ersten umfassenden Aufschlüsse durch die
sorgfältigen Untersuchungen von *Wilhelm Bischoff* in München;
seine Entwickelungsgeschichte des Kaninchens (1840), des Hundes
(1842), des Meerschweinchens (1852) und des Rehes (1854) bilden
hier bleibend die wichtigste Grundlage. Um diese Zeit nahm auch
die Keimesgeschichte der wirbellosen Tiere einen bedeutenden
Aufschwung; bahnbrechend wurden auf diesem dunkeln Gebiete
namentlich die Untersuchungen des berühmten Berliner Zoologen
Johannes Müller über die Sterntiere oder Echinodermen; ferner
diejenigen von *Albert Kölliker* in Würzburg über die Tintenfische oder Cephalopoden, von *Siebold* und von *Huxley* über
Würmer und Pflanzentiere, von *Fritz Müller* (Desterro) über die
Crustaceen, von *Weismann* über die Insekten u. s. w. Die Zahl
der Arbeiter auf diesem Gebiete ist neuerdings sehr gewachsen
und hat eine Fülle von neuen und überraschenden Entdeckungen
geliefert [22]. Doch sieht man es vielen neueren Arbeiten über Keimesgeschichte an, daß ihre Verfasser zu wenig mit der v e r -
g l e i c h e n d e n A n a t o m i e und S y s t e m a t i k vertraut sind.
Ganz vernachlässigt wird von den meisten Arbeitern leider die
P a l ä o n t o l o g i e, obwohl diese interessante Wissenschaft die
wichtigsten Grundlagen für die Phylogenie liefert und demnach
oft auch für die Ontogenie die bedeutungsvollsten Aufschlüsse gibt.
Ein sehr intensiver Fortschritt unserer allgemeinen Erkenntnis
geschah im Jahre 1839, in welchem die Z e l l e n t h e o r i e begründet, und damit auch für die Entwickelungsgeschichte plötzlich
ein neues Gebiet der Forschung eröffnet wurde. Nachdem zuerst

4*

der berühmte Botaniker *M. Schleiden* in Jena 1838 mittelst des
Mikroskops die Zusammensetzung jedes Pflanzenkörpers aus zahllosen elementaren Formbestandteilen, den sogenannten Zellen,
nachgewiesen hatte, wendete unmittelbar darauf ein Schüler von
Johannes Müller, Theodor Schwann in Berlin, diese Entdeckung
auf den Tierkörper an[23]). Er zeigte, daß auch im Leibe der verschiedensten Tiere bei mikroskopischer Untersuchung der Gewebe
überall dieselben Zellen als die wahren, einfachen Bausteine des
Organismus sich nachweisen lassen. Alle die mannigfaltigen Gewebe
des Tierkörpers, namentlich die so sehr verschiedenen Gewebe
der Nerven, Muskeln, Knochen, äußeren Haut, Schleimhaut u. s. w.
sind ursprünglich aus weiter nichts zusammengesetzt als aus Zellen;
und dasselbe gilt von allen verschiedenen Geweben des Pflanzenkörpers. Diese Zellen sind selbständige lebendige Wesen; sie sind
die Staatsbürger des Staates, den der ganze vielzellige Organismus
darstellt. Diese wichtige Erkenntnis mußte natürlich auch der
Entwickelungsgeschichte unmittelbar zu gute kommen, indem sie
viele neue Fragen anregte; so namentlich die Fragen: Welche
Bedeutung haben denn die Zellen für die Keimblätter? Sind die
Keimblätter bereits aus Zellen zusammengesetzt, und wie verhalten
sie sich zu den Zellen der später erscheinenden Gewebe? Wie
verhält sich das Ei zur Zellentheorie? Ist das Ei selbst eine Zelle,
oder ist es aus solchen zusammengesetzt? Das waren die bedeutungsvollen Fragen, welche durch die Zellentheorie jetzt zunächst in die
Embryologie eingeführt wurden.

Für die richtige Beantwortung dieser Fragen, die von vielen
Forschern in sehr verschiedenem Sinne versucht wurde, sind vor
allen die ausgezeichneten „Untersuchungen über die Entwickelung
der Wirbeltiere" von *Robert Remak* in Berlin (1851) entscheidend
geworden. Dieser talentvolle Naturforscher verstand es, die großen
Schwierigkeiten, welche die *Schleiden-Schwannsche* Zellentheorie
in ihrer ersten Fassung der Embryologie in den Weg gelegt hatte,
durch eine angemessene Reform derselben zu beseitigen. Allerdings hatte schon der Berliner Anatom *Carl Boguslaus Reichert*
einen Versuch gemacht, die Entstehung der Gewebe zu erklären.
Allein dieser Versuch mußte gründlich mißlingen, da es diesem
unklaren Kopfe sowohl an jedem richtigen Verständnis der
Entwickelungsgeschichte und der Zellentheorie im allgemeinen,
wie an gesunden Anschauungen vom Bau und der Entwickelung
der Gewebe im besonderen fehlte. Wie ungenau *Reicherts* Beobachtungen und wie falsch die daraus gezogenen Schlüsse waren,

das ergibt sich aus jeder genaueren Prüfung seiner angeblichen Entdeckungen. Beispielsweise sei hier nur angeführt, daß derselbe das ganze äußere Keimblatt, aus welchem die wichtigsten Körperteile (Gehirn, Rückenmark, Oberhaut u. s. w.) entstehen, für eine vergängliche „Umhüllungshaut" des Embryo erklärte, die gar nicht an der Körperbildung selbst sich beteiligte. Die Anlagen der einzelnen Organe sollten großenteils nicht aus den ursprünglichen Keimblättern, sondern unabhängig davon einzeln aus dem Eidotter entstehen und erst nachträglich zu jenen hinzutreten. *Reicherts* verkehrte embryologische Arbeiten wußten sich nur dadurch ein vorübergehendes Ansehen zu verschaffen, daß sie mit ungewöhnlicher Anmaßung auftraten und die *Baersche* Keimblättertheorie als Irrlehre nachzuweisen behaupteten; und zwar in einer so unklaren und verworrenen Darstellung, daß eigentlich niemand sie recht verstehen konnte. Gerade deshalb aber fanden sie die Bewunderung manchen Lesers, der hinter diesen dunkeln Orakeln und Mysterien irgend einen tiefen Weisheitskern vermutete. Dieselbe Erscheinung wiederholt sich auch heute wieder nicht selten, namentlich gegenüber den konfusen Arbeiten mancher moderner „Entwickelungsmechaniker" (z. B. *Driesch* und Genossen).

In die arge Verwirrung, welche *Reichert* angerichtet hatte, brachte erst *Remak* volles Licht, indem er in der einfachsten Weise die Entwickelung der Gewebe aufklärte. Nach seiner Auffassung ist d a s E i d e r T i e r e s t e t s e i n e e i n f a c h e Z e l l e; die Keimblätter, welche sich aus dem Ei entwickeln, sind nur aus Zellen zusammengesetzt; und diese Zellen, welche allein die Keimblätter bilden, entstehen ganz einfach durch fortgesetzte, wiederholte Teilung aus der ersten ursprünglich einfachen Eizelle. Dieselbe zerfällt zunächst in 2, dann in 4 Zellen; aus diesen 4 Zellen entstehen 8, dann 16, 32 u. s. w. Es entsteht also bei der individuellen Entwickelung jedes Tieres, ebenso wie jeder Pflanze, zunächst immer aus der einfachen Eizelle durch wiederholte Teilung derselben ein Haufen von Zellen, wie früher schon (1844) *Kölliker* (von den Cephalopoden) richtig behauptet hatte. Die Zellen dieses Haufens breiten sich flächenartig aus und setzen Blätter zusammen: und jedes dieser Blätter ist ursprünglich nur aus einerlei Zellenart zusammengesetzt. Die Zellen der verschiedenen Blätter bilden sich verschieden aus, vermehren und differenzieren sich; endlich erfolgt innerhalb der Blätter die weitere Sonderung (Differenzierung) und Arbeitsteilung (Ergonomie) der Zellen, aus welchen alle die verschiedenen Gewebe des Körpers hervorgehen.

Das sind die höchst einfachen Grundzüge der Histogenie
oder der Lehre von der Entwickelung der Gewebe, welche zuerst
von *Remak* und *Kölliker* in dieser umfassenden Weise durchgeführt wurde. Indem namentlich *Remak* den Anteil näher feststellte, welchen die verschiedenen Keimblätter an der Bildung der
verschiedenen Gewebe und Organsysteme besitzen, und indem er
die Theorie der Epigenesis auch auf die Zellen und die aus ihnen
zusammengesetzten Gewebe anwendete, erhob er die Keimblättertheorie, wenigstens innerhalb des Wirbeltierstammes, auf eine hohe
Stufe der Vollendung.

Aus den beiden Keimblättern, welche die erste einfache blattförmige Anlage des Wirbeltierkörpers oder die sogenannte „Keimscheibe" zusammensetzen, entstehen nach *Remak* zunächst dadurch
drei Blätter, daß sich das untere Blatt in zwei Lamellen spaltet;
diese drei Blätter haben ganz bestimmte Beziehungen zu den verschiedenen Geweben. Es entwickeln sich nämlich erstens aus dem
äußeren oder oberen Blatt lediglich die Zellen, welche die äußere
Oberhaut (Epidermis) unsers Körpers samt den dazu gehörigen
Anhangsgebilden (Haaren, Nägeln u. s. w.) zusammensetzen, also
die äußere Decke, welche den ganzen Körper überzieht: außerdem
entstehen aber merkwürdigerweise aus demselben oberen Blatte
noch die Zellen, aus welchem das Zentralnervensystem, Gehirn und
Rückenmark sich aufbauen. Es entstehen zweitens aus dem inneren
oder unteren Keimblatt bloß die Zellen, welche das Darmepithelium
bilden, d. h. die ganze innere Auskleidung vom Darmkanal und von
allem, was daran hängt (Lunge, Leber, Bauchspeicheldrüse u. s. w.):
also die Gewebe, welche die Nahrung des tierischen Körpers
aufnehmen und die Verarbeitung derselben besorgen. Endlich
drittens entwickeln sich aus dem dazwischen liegenden mittleren
Blatte alle übrigen Gewebe des Wirbeltierkörpers: Fleisch und
Blut, Knochen und Bindegewebe u. s. w. *Remak* wies dann
ferner nach, daß dieses mittlere Blatt, welches er motorisch-
germinatives Blatt nennt, sich sekundär wieder in zwei Blätter
spaltet. Wir finden also zusammen wieder dieselben vier Blätter,
die schon *Baer* angenommen hatte. Die äußere Spaltungslamelle
des mittleren Blattes (*Baers* „Fleischschicht") nennt *Remak* Haut-
platte (besser: Hautfaserplatte); sie bildet die äußere Leibeswand
(Lederhaut, Muskeln u. s. w.). Die innere Spaltungslamelle desselben (*Baers* „Gefäßschicht") nennt er Darmfaserplatte; sie bildet
die äußere Umhüllung des Darmkanals mit dem Gekröse, dem
Herzen, den Blutgefäßen u. s. w.

Auf der festen Grundlage, welche *Remak* so für die Entwickelungsgeschichte der Gewebe, die sogenannte H i s t o g e n i e , lieferte,
sind in neuerer Zeit unsere Kenntnisse im einzelnen vielfach weiter
ausgebildet worden.   Allerdings ist auch mehrfach der Versuch
gemacht worden, *Remaks* Lehren teilweise zu beschränken oder
auch ganz umzugestalten.   Insbesondere sind der Berliner Anatom
Reichert und der Leipziger Anatom *Wilhelm His* bemüht gewesen, in umfangreichen Arbeiten eine neue Anschauung von der
Entwickelung des Wirbeltierkörpers zu begründen, wonach die
Grundlage des letzteren nicht ausschließlich durch die beiden primären Keimblätter gebildet wird.   Indessen sind diese Arbeiten so
sehr ohne die unentbehrliche Würdigung der vergleichenden Anatomie, ohne tieferes Verständnis der Ontogenesis und ohne jede
Rücksicht auf die Phylogenesis ausgeführt, daß sie nur einen vorübergehenden Erfolg haben konnten.   Nur durch den gänzlichen
Mangel an Kritik und an historischem Verständnis der Entwicke-
lungs-Vorgänge läßt es sich erklären, daß die wunderlichen Theorien
von *Reichert* und *His* von Vielen als große Fortschritte angestaunt
werden konnten.

Im Jahre 1868 veröffentlichte *Wilhelm His* seine umfangreichen „Untersuchungen über die erste Anlage des Wirbeltier-
leibes", eines der sonderbarsten Erzeugnisse der ganzen ontogenetischen Literatur.   Indem der Verfasser glaubt, durch die genaueste
Beschreibung der Keimesgeschichte des Hühnchens allein, ohne jede
Rücksicht auf vergleichende Anatomie und Phylogenie, zu einer
„m e c h a n i s c h e n " Entwickelungstheorie gelangen zu können,
gerät er auf Irrwege, die in der gesamten, an solchen doch leider
nicht armen, biologischen Literatur ihres Gleichen suchen.   Als
Endresultat seiner mühseligen Untersuchungen verkündet *His*,
„daß ein verhältnismäßig einfaches Wachstumsgesetz das einzig
Wesentliche bei der ersten Entwickelung ist.   Alle Formung, be-
stehe sie in Blätterspaltung, in Faltenbildung oder in vollständiger
Abgliederung, geht als eine Folge aus jenem Grundgesetz hervor."
Leider sagt uns der Autor nur nicht, worin dieses allumfassende
„W a c h s t u m s g e s e t z " denn eigentlich besteht; ebensowenig als
andere Gegner der Selektionstheorie, die an deren Stelle ein großes
„E n t w i c k e l u n g s g e s e t z " annehmen, uns von der Natur desselben irgend etwas zu sagen wissen.   Hingegen läßt sich aus
dem Studium der ontogenetischen Arbeiten von *His* bald erkennen, daß in seiner Vorstellung die bildende „M u t t e r N a t u r"
weiter nichts als eine geschickte K l e i d e r m a c h e r i n ist.   Durch

verschiedenartiges Zuschneiden der Keimblätter, Krümmen und
Falten, Zerren und Spalten derselben gelingt es der genialen
Schneiderin leicht, alle die mannigfaltigen Formen der Tierarten
durch „Entwickelung" (!) zu stande zu bringen. Vor allem spielen
die Krümmungen und Faltungen in dieser S c h n e i d e r t h e o r i e
die wichtigste Rolle. „Nicht nur die Abgrenzung von Kopf und
Rumpf, von rechts und links, von Stamm und Peripherie, nein,
auch die Anlage der Gliedmaßen, sowie die Gliederung des Ge-
hirns, der Sinnesorgane, der primitiven Wirbelsäule, des Herzens
und der zuerst auftretenden Eingeweide lassen sich mit zwingender
Notwendigkeit als mechanische Folgen der ersten F a l t e n -
e n t w i c k e l u n g demonstrieren!" Am seltsamsten ist, wie die
Schneiderin bei Fabrikation der zwei Paar Gliedmaßen verfährt:
„Ihre Anlage wird, den vier Ecken eines Briefes ähnlich, durch die
Kreuzung von vier, den Körper umgrenzenden Falten bestimmt."
Doch wird diese herrliche „Briefcouverttheorie" der Wirbeltierbeine
noch übertroffen durch die „ H ö l l e n l a p p e n - T h e o r i e", welche
His von der Entstehung der r u d i m e n t ä r e n O r g a n e gibt;
„Organe, denen (wie der Hypophysis und der Schilddrüse) bis jetzt
keine physiologische Rolle sich hat zuteilen lassen: es sind em-
bryonale Residuen, d e n A b f ä l l e n v e r g l e i c h b a r, w e l c h e
b e i m Z u s c h n e i d e n e i n e s K l e i d e s auch bei der sparsamsten
Verwendung des Stoffes s i c h n i c h t v ö l l i g v e r m e i d e n
l a s s e n" (!). Hier wirft also die schneidernde Natur die über-
flüssigen Gewebslappen einfach hinter den Ofen, in die „Hölle"!
Ganz irreführend und unhaltbar war auch die K o n k r e s c e n z -
T h e o r i e, die *His* 1891 aufstellte. Danach sollten die Axen-
Organe der Wirbeltiere, d. h. die unpaaren, in der Mittelebene des
Körpers gelegenen Teile (Nervenrohr, Chorda, Herz u. s. w.) durch
mediane Verwachsung von zwei seitlichen, ursprünglich ganz getrennten Körperhälften zu stande kommen. Auch hier sollten einfache physikalische Kräfte auf die embryonale Faltenanlage so
einwirken, daß eine Verlötung der Axial-Gebilde aus zwei selbständigen Seitenhälften stattfindet.

Die weitaus wichtigste und umfassendste unter den eigentümlichen ontogenetischen Theorien von *His* war seine berühmte P a r a -
b l a s t e n t h e o r i e. Danach ist der Körper des Menschen und
aller anderen Wirbeltiere ursprünglich aus zwei verschiedenen
Organismen zusammengesetzt, entstanden aus zwei völlig getrennten
Keimanlagen, Hauptkeim und Nebenkeim. Nur der H a u p t k e i m
oder A r c h i b l a s t entsteht aus der befruchteten Eizelle und wird

von den beiden primären Keimblättern gebildet, die aus deren
wiederholter Teilung hervorgehen. Dagegen der N e b e n k e i m
oder P a r a b l a s t entwickelt sich nicht aus den letzteren, sondern
aus Bestandteilen des weißen Nahrungsdotters; die Zellen, welche
denselben zusammensetzen, sind Abkömmlinge von Follikelzellen
der Membrana granulosa und aus dem Eierstock des Weibes in
den Dotter von außen eingewandert. Der Parablast ist also eine
„rein mütterliche Mitgift", während der Archiblast allein als Produkt der befruchteten Eizelle von beiden Eltern stammt und deren
Eigenschaften auf das Kind erblich überträgt. Aus dem mütter--
lichen Nebenkeim entwickeln sich parthenogenetisch die Gewebe
des Blutsystems und die Bindesubstanzen (Knorpel, Knochen u. s. w.);
während aus dem geschlechtlich erzeugten Hauptkeim alle übrigen
Gewebe des Vertebratenkörpers entstehen (Nerven, Muskeln, Epithelien, Drüsen u. s. w.). Beide Keime sind ursprünglich völlig
selbständig, „scharf getrennt sowohl in genetischer Hinsicht, als in
histologischer und physiologischer". Der Organismus der Wirbeltiere ist demnach ein D o p p e l w e s e n, entstanden durch S y m -
b i o s e, durch nachträgliche Verwachsung von zwei ursprünglich
völlig getrennten Tieren. Wie jede Flechte aus zwei völlig verschiedenen Pflanzen sich zusammensetzt, aus einem Pilz und einer
Alge, so ist nach *His* jedes Wirbeltier zusammengesetzt aus zwei
völlig verschiedenen Tieren, aus einem Archiblasten und einem
Parablasten. Welche weitreichenden allgemeinen Folgerungen sich
aus dieser S y m b i o s e d e r W i r b e l t i e r e ergeben, habe ich in
meiner Schrift über „Ursprung und Entwickelung der tierischen
Gewebe" gezeigt (1884, S. 22).

Die Parablastentheorie sowohl als die übrigen ontogenetischen
Theorien von *His* erregten bei ihrer Publikation großes Aufsehen
und haben mehrere Decennien hindurch eine große Anzahl von
Schriften hervorgerufen. *His* gab an, die kompliziertesten Vorgänge der organischen Körperbildung (wie z. B. die Gehirnent-
wickelung) in der einfachsten Weise mechanisch erklären und als
unmittelbare Folgen aus einfachen physikalischen Prozessen (z. B.
ungleichen Spannungsverhältnissen einer elastischen Platte) ableiten zu können. Nun ist ja bekanntlich eine m e c h a n i s c h e
oder m o n i s t i s c h e Erklärung, d. h. die Zurückführung aller
Naturerscheinungen auf physikalische und chemische Prozesse, in
der Tat das Endziel der heutigen Naturwissenschaft, und dieses
Ziel würde erreicht sein, wenn es gelingen würde, diese
Bildungsprozesse in mathematische Formeln zu bringen. *His* hat es

daher auch in seinen ontogenetischen Arbeiten nicht an Zählungen
und Messungen fehlen lassen und durch Zugabe mathematischer
Tabellen den Anschein „exakter" Gelehrsamkeit erweckt. Nur
Schade, daß dieselben völlig wertlos sind und zum wirklichen
Verständnis der „exakt" behandelten Keimungsvorgänge nicht das
Geringste beitragen. Im Gegenteil versperren sie den einzig
wahren Weg der Erklärung, indem sie die phylogenetische Methode
ausschließen; diese soll ein „weiter Umweg" sein, „dessen die ontogenetischen Tatsachen (als unmittelbare Folgen physiologischer
Entwickelungsprinzipien) zu ihrer Erklärung gar nicht bedürfen".
Was *His* als einen einfachen physikalischen Prozeß betrachtet,
z. B. die Faltenbildung der Keimblätter (bei Entstehung des
Medullarrohrs, des Darmrohrs u. s. w.), ist in Wahrheit das unmittelbare Ergebnis der **Wachstumsverhältnisse der einzelnen Zellen**, welche jene Organanlagen zusammensetzen;
diese Verhältnisse selbst aber sind von den Eltern und Voreltern
durch **Vererbung** übertragen und nur die **erbliche** Wiederholung von zahllosen phylogenetischen Veränderungen, welche in
der Stammesgeschichte jener Vorfahren während ungezählter Jahrtausende sich abgespielt haben.

Natürlich ist ursprünglich jede dieser historischen Veränderungen selbst wieder durch **Anpassung** bedingt, also physiologisch auf mechanische Ursachen zurückzuführen. Leider fehlt uns
nur jede Möglichkeit, dieselben direkt zu untersuchen. Nur durch
phylogenetische Hypothesen können wir uns eine ungefähre
Vorstellung von den historischen Ereignissen dieser längst vergangenen Stammesgeschichte erwerben. Ich habe den Gegensatz
dieser phylogenetischen Theorien zu jenen künstlichen, **pseudomechanischen** oder tektogenetischen Hypothesen von *His* ausführlich begründet in meiner Schrift über „Ziele und Wege der
heutigen Entwickelungsgeschichte" (1875). Zugleich habe ich hier
auch eine Kritik der sonderbaren Entwickelungstheorien gegeben,
welche *Alexander Goette* in seiner umfangreichen, in deskriptiver
Beziehung ausgezeichneten Entwickelungsgeschichte der Unke
(1875) aufgestellt hat, sowie der theosophischen und mystischen
Ansichten von *Louis Agassiz*. In anderen Wissenschaften sind
ähnliche Verirrungen heutzutage kaum noch möglich. In der
Entwickelungsgeschichte erklärt sich ihr Vorkommen einesteils
aus der großen Schwierigkeit der höchst verwickelten Aufgabe,
andernteils aus der ungenügenden philosophischen Bildung, welche
viele neuere Arbeiter auf diesem Gebiete besitzen. Uebrigens

ist zu bemerken, daß die pseudo-mechanische Methode von *His* zwar vielfach bewundert, aber von keinem einzigen Forscher weiter ausgebildet oder praktisch mit Erfolg angewendet worden ist. Irgend welche brauchbare R e s u l t a t e sind damit n i c h t erzielt worden.

Alle guten neueren Untersuchungen über die Ontogenese der Tiere haben nur zu einer Befestigung und weiteren Ausbildung der Keimblättertheorie im Sinne von *Baer* und *Remak* geführt. Als der wichtigste Fortschritt in dieser Beziehung ist hervorzuheben, daß neuerdings dieselben beiden primären Keimblätter, aus denen sich der Leib aller Wirbeltiere (mit Inbegriff des Menschen) aufbaut, auch bei allen wirbellosen Tieren (mit einziger Ausnahme der niedersten Gruppe, der einzelligen Urtiere oder Protozoen) nachgewiesen worden sind. Schon im Jahre 1849 hatte der ausgezeichnete englische Naturforscher *Huxley* dieselben bei den Medusen entdeckt. Er hob hervor, daß die beiden Zellenschichten, aus welchen sich der Körper dieser Pflanzentiere entwickelt, sowohl in morphologischer als in physiologischer Beziehung den beiden ursprünglichen Keimblättern der Wirbeltiere entsprechen. Das äußere Keimblatt, aus welchem sich die äußere Haut und das Fleisch entwickelt, nannte dann *Allman* (1853) E k t o d e r m oder „Außenblatt"; das innere Keimblatt, welches die Organe der Ernährung und Fortpflanzung bildet, E n t o d e r m oder „Innenblatt". Im Jahre 1867 und in den folgenden Jahren wurde alsdann die weite Verbreitung derselben beiden Keimblätter in verschiedenen Gruppen der wirbellosen Tiere nachgewiesen. Namentlich fand sie der unermüdliche russische Zoologe *Kowalevsky* bei den verschiedensten Abteilungen der Wirbellosen wieder, bei den Würmern, Manteltieren, Sterntieren, Weichtieren, Gliedertieren u. s. w.

Ich selbst habe in meiner 1872 erschienenen Monographie der Kalkschwämme den Nachweis geführt, daß dieselben beiden primären Keimblätter auch dem Körper der Schwämme oder Spongien zu Grunde liegen, und daß dieselben durch alle verschiedenen Tierklassen hindurch, von den Schwämmen bis zum Menschen hinauf, als gleichwertig oder homolog anzusehen sind. Diese H o m o l o g i e d e r b e i d e n p r i m ä r e n K e i m b l ä t t e r erstreckt sich auf sämtliche M e t a z o e n oder „gewebebildenden Tiere", d. h. auf das ganze Tierreich, mit einziger Ausnahme der niedersten Hauptabteilung, der einzelligen Urtiere oder Protozoen. Diese niedrig organisierten Tiere bringen es überhaupt noch nicht zur Bildung von Keimblättern, und infolgedessen auch nicht zur

Ausbildung von wahren Geweben. Vielmehr besteht der ganze Körper der Urtiere entweder bloß aus einer einzigen Zelle (wie bei den Amöben und Infusorien), oder aus einem losen Aggregate von wenig differenzierten Zellen, oder er erreicht noch nicht einmal den Formwert einer Zelle (wie bei den Moneren). Bei allen übrigen Tieren aber entstehen aus der Eizelle zunächst immer zwei primäre Keimblätter, das äußere, animale Keimblatt (Ektoderm, Epiblast oder Ektoblast), und das innere, vegetale Keimblatt (Entoderm, Hypoblast oder Endoblast); aus diesen erst entstehen die verschiedenen Gewebe und Organe. Das erste und älteste Organ aller dieser Metazoen ist der Urdarm (*Progaster*) und seine Oeffnung der Urmund (*Prostoma*). Die charakteristische gemeinsame Keimform aller Metazoen, welche diese einfachste Bildung des zweiblättrigen Tierkörpers vorübergehend zeigt, ist die Gastrula; sie ist aufzufassen als die erbliche Wiederholung einer uralten gemeinsamen Stammform der Metazoen, der Gastraea. Das gilt ebenso von den Schwämmen und den übrigen Pflanzentieren, wie von den Würmern; es gilt ebenso von den Weichtieren, Sterntieren und Gliedertieren, wie von den Wirbeltieren. Alle diese Tiere kann man unter der Bezeichnung Darmtiere oder Metazoen zusammenfassen, im Gegensatze zu den stets darmlosen Urtieren oder Protozoen.

Die wichtigen Folgerungen, welche sich aus dieser Auffassung für die Morphologie und Systematik der Tiere ergeben, habe ich in meinen Studien zur Gastraeatheorie (1873) weiter ausgeführt[24]). Das Reich der Metazoen teilte ich daselbst in zwei Hauptgruppen, in niedere und höhere Darmtiere. Zu den ersteren gehören die Cölenterien oder *Coelenterata* (auch Zoophyten oder Niedertiere genannt). Bei den niederen Formen dieser Hauptgruppe besteht der ganze Körper zeitlebens bloß aus den beiden primären Keimblättern, mit bald mehr, bald weniger differenzierten Zellen; das ist der Fall bei den Gasträaden, den einfachen Schwämmen (Protospongien), den Hydropolypen und niederen Medusen. Bei den höheren Formen der Cölenterien hingegen (den Korallen, höheren Medusen, Ctenophoren und Platoden) entwickelt sich zwischen jenen beiden Grenzblättern ein Mittelblatt oder Mesoderm von oft bedeutendem Umfang; es fehlt aber noch Blut und Leibeshöhle.

Die zweite Hauptgruppe der Metazoen bezeichnete ich als Cölomarien oder *Bilaterata* (zweiseitige Obertiere oder Bilaterien). Sie besitzen allgemein eine Leibeshöhle (*Coeloma*) und meistens auch Blut und Blutgefäße. Es gehören dahin die sechs höheren Stämme des Tierreichs, die Wurmtiere und die aus diesen hervorgegangenen Weichtiere, Sterntiere, Gliedertiere, Manteltiere und Wirbeltiere. Bei allen diesen Bilaterien baut sich der zweiseitige oder bilaterale Körper aus v i e r   s e k u n d ä r e n K e i m b l ä t t e r n auf, von denen die beiden inneren die Darmwand, die beiden äußeren die Leibeswand zusammensetzen. Zwischen beiden Blätterpaaren liegt die weite L e i b e s h ö h l e (*Coeloma*).

Obwohl ich in meinen Studien zur Gastraeatheorie die große morphologische Bedeutung der Leibeshöhle besonders betonte und die Bedeutung der vier sekundären Keimblätter für die Organisation aller Cölomarien nachzuweisen mich bemühte, vermochte ich doch die schwierige Frage über die Art ihrer Entstehung nicht befriedigend zu lösen. Dies gelang erst acht Jahre später den sorgfältigen und ausgedehnten vergleichenden Untersuchungen der Gebrüder *Oscar* und *Richard Hertwig*. In ihrer gedankenreichen „C ö l o m t h e o r i e", Versuch einer Erklärung des mittleren Keimblattes (1881), wiesen sie nach, daß bei der großen Mehrzahl der Metazoen, und namentlich bei allen Wirbeltieren, die Leibeshöhle in gleicher Weise entsteht, durch Einstülpung von ein paar Entodermsäcken. Diese paarigen C ö l o m t a s c h e n wachsen vom Urmunde der Gastrula aus zwischen ihre beiden primären Keimblätter hinein. Die innere Lamelle der zweiblätterigen Cölomtaschen (Visceralblatt) legt sich an das Entoderm an; ihre äußere Lamelle hingegen (Parietalblatt) verbindet sich mit dem Ektoderm. So entsteht innen die zweiblättrige Darmwand, außen die zweiblättrige Leibeswand; zwischen beiden der Hohlraum des Cöloms, durch Verschmelzung des rechten und linken Cölomsackes gebildet[25]).

Die zahlreichen neuen Gesichtspunkte und allgemeinen Auffassungen, welche aus meiner Gastraeatheorie und aus der Cölomtheorie von *Hertwig* sich ergaben, riefen eine große Anzahl von Schriften über die Blättertheorie hervor. Die große Mehrzahl derselben war anfangs auf ihre Widerlegung, später auf ihre Bestätigung gerichtet. In den letzten Jahren sind die Grundzüge beider Theorien von den kompetentesten Naturforschern fast allgemein angenommen worden, so daß dadurch eine erfreuliche Klarheit in diesem früher so dunkeln und widerspruchsreichen Gebiete gewonnen ist. Diese Lösung der großen ontogenetischen Streitfragen ist um so wertvoller, als damit zugleich die Ueberzeugung von der Notwendigkeit ihrer phylogenetischen Beurteilung und Erklärung sich Bahn gebrochen hat.

Das Interesse und die Teilnahme an ontogenetischen Untersuchungen ist durch diese Anerkennung und Verwertung der phylogenetischen Methoden im Laufe der letzten dreißig Jahre außerordentlich gewachsen. Hunderte von fleißigen und talentvollen Beobachtern sind jetzt mit dem Ausbau der vergleichenden Keimesgeschichte und ihrer Verwertung für die Stammesgeschichte beschäftigt, während deren Zahl vor wenigen Decennien kaum einige Dutzend betrug. Es würde viel zu weit führen, wollte ich in dieser kurzen historischen Uebersicht auch nur die wichtigsten unter den zahllosen wertvollen Schriften anführen, durch welche seitdem die ontogenetische Literatur bereichert worden ist. Verzeichnisse derselben finden sich in den neueren Lehrbüchern der Entwickelungsgeschichte von *Kölliker*, *Balfour*, *Hertwig*, *Kollmann*, *Korschelt* und *Heider* (vgl. S. 42).

Die „Entwickelungsgeschichte des Menschen und der höheren Tiere" von *Albert Kölliker*, deren erste Auflage im Jahre 1861 erschien, hatte damals das große Verdienst, in übersichtlicher Form die zerstreuten embryologischen Kenntnisse zu sammeln und auf Grund der Zellentheorie, sowie der *Remak*schen Keimblättertheorie einheitlich darzustellen. Leider war der verdienstvolle Würzburger Anatom, dem die vergleichende Anatomie, Histologie und Ontogenie so viele wertvolle Arbeiten verdankt, ein Gegner der Descendenztheorie im allgemeinen und des Darwinismus im besonderen. Er hat daher auch die von mir durchgeführte phylogenetische Deutung der ontogenetischen Erscheinungen zurückgewiesen und die Gastraeatheorie verworfen. Hingegen schrieb *Kölliker* den entgegengesetzten tektogenetischen Theorien von *His* die größte prinzipielle Bedeutung zu und trug durch seine hohe Autorität zu deren vorübergehender Anerkennung sehr viel bei [26]).

Ganz auf dem phylogenetischen Standpunkte stehen dagegen die anderen, vorher angeführten Lehrbücher der Keimesgeschichte. *Francis Balfour* hat in seinem „Handbuch der vergleichenden Embryologie" (1880) die sehr zerstreute und umfangreiche Literatur sorgfältig zusammengestellt und kritisch verwertet; zugleich hat er der Gastraeatheorie dadurch eine breitere Basis gegeben, daß er in allen einzelnen Hauptgruppen des Tierreichs die Entstehung der Organsysteme aus den Keimblättern vergleichend darstellt und die von mir aufgestellten Prinzipien eingehender empirisch begründet. Wie erstaunlich sich in den letzten Decennien die Forschungen auf diesem Gebiete ausgedehnt haben, zeigt eine Vergleichung jenes

Werkes mit dem vortrefflichen, 1890 erschienenen Lehrbuch der vergleichenden Entwickelungsgeschichte der wirbellosen Tiere von *Korschelt* und *Heider*. Für diejenigen Leser der Anthropogenie, welche durch die nachfolgenden Vorträge über Keimesgeschichte des Menschen zu eingehenderen Studien darüber angeregt werden sollten, sind namentlich die Lehrbücher von *Julius Kollmann* und *Oscar Hertwig* zu empfehlen. Das Lehrbuch der Entwickelungs-geschichte des Menschen von *Kollmann* (1898) sowie sein großer Handatlas derselben (1907) zeichnen sich durch klare Darstellung und sehr schöne originelle Abbildungen aus; der Verfasser steht voll auf dem Standpunkt des Biogenetischen Grundgesetzes und verwertet dasselbe überall in fruchtbarster Weise. Das ist nicht der Fall in dem neuen Lehrbuch der Entwickelungsgeschichte des Menschen und der Wirbeltiere von *Oscar Hertwig* (8. Aufl. 1906). Dieser verdienstvolle Berliner Anatom wird neuerdings vielfach als Gegner des Biogenetischen Grundgesetzes zitiert, ob-wohl er schon vor 30 Jahren den hohen Wert desselben in seinen Untersuchungen über Bau und Entwickelung der Plakoidschuppen selbst nachgewiesen hat. Seine neuere schwankende Haltung er-klärt sich zum Teil durch die Furcht, welche die modernen „exakten" Biologen vor *Hypothesen* haben, obwohl ohne diese in der Erklärung der Tatsachen überhaupt Nichts zu erreichen ist. Dagegen ist der rein beschreibende Teil der Keimesgeschichte, die *deskriptive Embryologie*, in dem Lehrbuche von *Oscar Hertwig* sehr ausführlich und zuverlässig. Einen kürzeren Auszug geben dessen „Elemente der Entwickelungslehre" (Jena 1900); eine sehr reichhaltige Sammlung von Einzelarbeiten zahlreicher Autoren sein umfangreiches „Handbuch der vergleichenden und experimentellen Entwickelungslehre der Wirbeltiere" (Jena 1901—1906).

Ein neues Gebiet der ontogenetischen Forschung ist im letzten Decennium des neunzehnten Jahrhunderts mit vielem Eifer in Angriff genommen worden, dasjenige der E x p e r i m e n t a l - E m b r y o l o g i e. Die hohe Bedeutung, welche die Anwendung des physikalischen Experimentes auf den lebenden Organismus seit einem Jahrhundert erlangt hat, und die wichtigen Aufschlüsse, welche ihm die Physiologie für die Erforschung der Lebenserschei-nungen verdankt, haben dazu geführt, dasselbe auch auf die Keimes-entwickelung anzuwenden. Die ersten Versuche der Art habe ich selbst im Jahre 1866, während meines viermonatlichen Aufenthalts auf der kanarischen Insel Lanzerote, unternommen. Ich untersuchte dort eingehend die bis dahin fast unbekannte O n t o g e n i e   d e r

Siphonophoren oder Staatsquallen. Die Keime dieser Tiere, die sich frei im Wasser entwickeln und eine sehr merkwürdige Verwandlung durchmachen, durchschnitt ich auf frühen Bildungsstufen in mehrere Stücke und sah nun aus jedem Stücke ein ganzes Tier (— bald mehr, bald weniger vollständig, je nach der Größe des Teilstückes —) sich entwickeln. Die seltsamen Larven (zum Teil ganz monströse Formen), die sich aus denselben entwickelten, habe ich auf Tafel 11—14 meiner Entwickelungsgeschichte der Siphonophoren abgebildet (Utrecht 1869).

Später haben mehrere meiner Schüler solche Versuche auch an den Keimen der Wirbeltiere (namentlich des Frosches) und an vielen Wirbellosen angestellt. Insbesondere hat *Wilhelm Roux* dieselben sehr ausgedehnt und auf sie eine besondere Theorie der „Entwickelungsmechanik" gegründet, die zu sehr verschiedenen Auffassungen und zu lebhaften Debatten geführt hat. *Roux* gibt auch seit 1895 ein besonderes „Archiv für Entwickelungsmechanik" heraus. Die darin enthaltenen zahlreichen neueren Arbeiten tragen einen sehr verschiedenen Charakter. Viele liefern wertvolle Beiträge zur Physiologie und Pathologie des Embryo. Das pathologische Experiment, d. h. die Versetzung des Keimes unter abnorme Bedingungen, hat hier vielfach zu interessanten Ergebnissen geführt; wie ja schon längst die Physiologie des normalen Organismus durch die Pathologie des kranken vielfach gefördert worden ist. Andere solche entwickelungsmechanische Arbeiten kehren wieder zu der falschen, oben beleuchteten Methode von *His* zurück (S. 55); diese führen auf Irrwege. Dasselbe gilt von jenen zahlreichen Arbeiten der modernen Entwickelungsmechanik, welche die Paläontologie ignorieren und sich in bewußten Gegensatz zur Descendenztheorie und zu deren wichtigstem ontogenetischem Fundamente, zum Biogenetischen Grundgesetze, stellen. Dieses selbst aber ist, richtig aufgefaßt, kein Gegner der wahren Entwickelungsmechanik, sondern die beste und unentbehrlichste Stütze derselben. Unbefangenes Nachdenken und gebührende Berücksichtigung der Paläontologie und der vergleichenden Anatomie müssen die einsichtigen Entwickelungs-Mechaniker zu der Ueberzeugung führen, daß die von ihnen gefundenen Tatsachen (— wie der ganze Prozeß der Ontogenese! —) ohne die Descendenztheorie und ohne das Biogenetische Grundgesetz überhaupt nicht zu verstehen sind.

Vierter Vortrag.

Die ältere Stammesgeschichte.

„Es würde leicht sein, zu zeigen, daß die Organisations-Charaktere des Menschen, deren man sich bedient, um aus dem Menschengeschlecht und seinen Rassen eine besondere Familie zu bilden, alle das Produkt von alten Abänderungen in seinen Handlungen und von Gewohnheiten sind, welche er angenommen hat und welche den Individuen seiner Art eigentümlich geworden sind. Indem die vollkommenste Rasse der Affen durch die Umstände gezwungen wurde, sich an den aufrechten Gang zu gewöhnen, gelangte sie zur Herrschaft über die anderen Tierrassen. Infolge dieser absoluten Herrschaft und ihrer neuen Bedürfnisse änderte sie ihre Lebensgewohnheiten und erwarb stufenweise Veränderungen ihrer Organisation und zahlreiche neue Eigenschaften; vor allen die bewunderungswürdige Fähigkeit zu sprechen."

Jean Lamarck (1809).

Begriff der Art oder Species. Abstammungslehre oder Descendenztheorie. Umbildungslehre oder Transformismus. Immanuel Kants Kosmogenie. Mechanismus und Teleologie. Jean Lamarck (1809). Wolfgang Goethe (1780—1832).

Inhalt des vierten Vortrages.

Literatur:

Jean Lamarck, *1809. Philosophie Zoologique. (2. Aufl. 1873.) Paris. Deutsche Uebersetzung von Arnold Lang. (1879.) Jena.*

Arnold Lang, *1889. Zur Charakteristik der Forschungswege von Lamarck und Darwin. Jena.*

Alpheus Packard, *1897. Lamarck and New-Lamarckism. Philadelphia.*

Derselbe, *1901. Lamarck the founder of evolution. His life and Work. New York.*

Ernst Krause, *1880. Erasmus Darwin und seine Stellung in der Geschichte der Descendenztheorie. Leipzig.*

Derselbe, *1885. Charles Darwin und sein Verhältnis zu Deutschland. Leipzig.*

Derselbe (= Carus Sterne), *1889. Die allgemeine Weltanschauung in ihrer historischen Entwickelung. Charakterbilder aus der Geschichte der Naturwissenschaften. Stuttgart.*

Wolfgang Goethe, *1780—1832. Bildung und Umbildung organischer Naturen etc.*

L. Kalischer, *1878. Goethes Verhältnis zur Naturwissenschaft und seine Bedeutung in derselben. Berlin.*

Rudolf Magnus, *1906. Goethe als Naturforscher. Leipzig.*

Wilhelm Bölsche, *1907. Goethe im 20. Jahrhundert. Berlin.*

Reinhold Treviranus, *1802. Biologie oder Philosophie der lebenden Natur. Bremen.*

Lorenz Oken, *1809. Naturphilosophie. Jena.*

Fritz Schultze, *1875. Kant und Darwin. Ein Beitrag zur Geschichte der Entwickelungslehre. Jena.*

Ernst Haeckel, *1882. Die Naturanschauung von Darwin, Goethe und Lamarck. (Vortrag in Eisenach.) Jena.*

Derselbe, *1909. Das Weltbild von Darwin und Lamarck (Festrede zur hundertjährigen Geburtstagsfeier von Charles Darwin). Leipzig.*

IV.

Meine Herren!

Die individuelle Entwickelungsgeschichte des Menschen und der Tiere, deren Geschichte wir in den letzten beiden Vorträgen überblickt haben, war bis vor vierzig Jahren eine vorwiegend deskriptive Wissenschaft. Die älteren Forschungen auf diesem Gebiete waren vor allem bemüht, durch sorgfältige Beobachtungen die wunderbaren Tatsachen festzustellen, welche bei der Entwickelung des Tierkörpers aus der Eizelle auftreten. Hingegen hat man bis vor vierzig Jahren nicht gewagt, die Frage nach den eigentlichen Ursachen dieser merkwürdigen Erscheinungen aufzuwerfen. Während eines vollen Jahrhunderts, vom Jahre 1759, wo *Wolffs* grundlegende *Theoria generationis* erschien, bis zum Jahre 1859, wo *Darwin* sein berühmtes Buch „über die Entstehung der Arten" veröffentlichte, blieben die eigentlichen Gründe der Keimesentwickelung völlig verborgen. Während dieser hundert Jahre hat niemand ernstlich daran gedacht, die wahren Ursachen der Formveränderungen, welche bei der Entwickelung jedes tierischen Organismus auftreten, ins Auge zu fassen. Vielmehr galt diese Aufgabe für so schwierig, daß sie die Kräfte der menschlichen Erkenntnis überhaupt zu übersteigen schien. Erst *Charles Darwin* war es vorbehalten, uns in die Kenntnis dieser wahren Ursachen einzuführen. In diesem Umstande liegt für uns die Veranlassung, diesen genialen Naturforscher, der überhaupt auf dem ganzen Gebiete der Biologie eine vollständige Umwälzung hervorgerufen hat, auch auf dem Gebiete der Ontogenie als den Begründer einer neuen Periode zu bezeichnen. Allerdings hat *Darwin* selbst sich mit embryologischen Untersuchungen nicht eingehend beschäftigt und auch in seinem berühmten Hauptwerke die Erscheinungen der individuellen Entwickelung nur beiläufig berührt; allein er hat durch seine Reform der Descendenztheorie und durch die Aufstellung der von ihm sogenannten Selektionstheorie uns die Mittel an die Hand

5*

gegeben, die Ursachen der Formenentwickelung zu erkennen. Darin liegt nach meiner Auffassung vorzugsweise die
außerordentliche Bedeutung, welche dieser große Naturforscher
für das gesamte Gebiet der Entwickelungsgeschichte besitzt.

Indem wir nun jetzt einen Blick auf diese jüngste Periode
ontogenetischer Forschung werfen, treten wir damit zugleich in den
zweiten Teil der organischen Entwickelungsgeschichte ein, in die
Stammesgeschichte oder Phylogenie. Schon im ersten
Vortrage habe ich auf den außerordentlich wichtigen und innigen
kausalen Zusammenhang hingewiesen, welcher zwischen beiden
Hauptzweigen der Entwickelungsgeschichte existiert, zwischen der
Entwickelungsgeschichte des Individuums und derjenigen aller
seiner Vorfahren. Wir haben diesen Zusammenhang in dem Biogenetischen Grundgesetze ausgedrückt: die kurze Ontogenese oder die Entwickelung des Individuums ist eine schnelle
und zusammengezogene Wiederholung, eine gedrängte Rekapitulation der langen Phylogenese oder der Entwickelung der Art
(Species). In diesem Satze liegt eigentlich alles Wesentliche eingeschlossen, was die Ursachen der Entwickelung betrifft, und
diesen Satz werden wir im Verlaufe dieser Vorträge überall zu
begründen, seine Wahrheit durch Anführung tatsächlicher Beweise
überall zu stützen suchen. Mit Beziehung auf seine ursächliche
oder kausale Bedeutung können wir den Inhalt des Biogenetischen
Grundgesetzes vielleicht noch besser so ausdrücken: „Die Entwickelung der Arten (Species) und der Stämme (Phylen) enthält
in den physiologischen Funktionen der Vererbung und Anpassung die bedingenden Ursachen, auf denen die Entwickelung
der organischen Individuen beruht"; oder ganz kurz: „Die Phylogenesis ist die mechanische Ursache der Ontogenesis".

Daß wir jetzt im stande sind, diese früher für ganz unzugänglich gehaltenen Ursachen der individuellen Entwickelung zu verfolgen und in ihrem Wesen zu erkennen, das verdanken wir *Darwin*,
und deshalb bezeichnen wir mit seinem Namen eine neue Periode
der Entwickelungsgeschichte. Bevor wir aber die große Er-
kenntnistat betrachten, durch welche uns *Darwin* den Weg zum
Verständnis der Entwickelungsursachen eröffnet hat, müssen wir
einen flüchtigen Blick auf die Bestrebungen werfen, welche frühere
Naturforscher auf dasselbe Ziel gerichtet hatten. Der historische
Ueberblick über diese Bestrebungen wird noch kürzer ausfallen,
als derjenige über die Arbeiten auf dem Gebiete der Ontogenie.

Eigentlich sind nur sehr wenige Namen hier zu nennen. An der Spitze steht der große französische Naturforscher *Jean Lamarck*, welcher im Jahre 1809 zum ersten Male die sogenannte Descendenztheorie oder Abstammungslehre als wissenschaftliche Theorie begründete. Aber schon vorher hatten unser bedeutendster Philosoph, *Kant*, und unser größter Dichter, *Goethe*, mit ähnlichen Ideen sich getragen. Doch blieben ihre bezüglichen Vorstellungen im achtzehnten Jahrhundert fast unbemerkt. Erst die „Naturphilosophie", im Anfang des neunzehnten Jahrhunderts, ging darauf ein. In der ganzen früheren Zeit hat man die Frage nach der E n t s t e h u n g d e r   A r t e n , in der die Stammesgeschichte eigentlich gipfelt überhaupt niemals ernstlich aufzuwerfen gewagt; sie galt fast allgemein für ein unlösbares Rätsel.

Die ganze Phylogenie des Menschen sowohl als auch der übrigen Tiere hängt auf das innigste mit der Frage von der Natur der Arten oder Species zusammen, mit dem Problem, wie die einzelnen Tierformen, die wir im System als Species unterscheiden entstanden sind. Der B e g r i f f   d e r   A r t   o d e r   S p e c i e s tritt hierbei in den Vordergrund. Bekanntlich wurde dieser Begriff von *Linné* aufgestellt, der 1735 in seinem berühmten „Systema naturae" zum ersten Male eine genaue Unterscheidung und Benennung der Tier- und Pflanzen-Arten versuchte und ein geordnetes Verzeichnis der damals bekannten Arten aufstellte. Seitdem blieb die „Species" in der „beschreibenden Naturgeschichte", in der systematischen Zoologie und Botanik, der wichtigste und unentbehrlichste Kollektivbegriff, obgleich unaufhörliche Streitigkeiten über die eigentliche Bedeutung desselben geführt wurden.

Was ist denn eigentlich diese „organische Art oder Species"? *Linné* selbst machte sich darüber keine klaren wissenschaftlichen Vorstellungen. Vielmehr stützte er sich auf die mythologischen Anschauungen, welche der herrschende Kirchenglaube auf Grund der mosaischen Schöpfungsgeschichte darüber eingeführt hatte und welche bis heute in ziemlich allgemeiner Geltung geblieben sind. Ja, er knüpfte sogar unmittelbar an die mosaische Schöpfungsgeschichte an; wie es dort geschrieben steht, nahm er an, daß von jeder Tier- und Pflanzenart ursprünglich nur ein Paar geschaffen sei, wie es bei Moses heißt: „ein Männlein und ein Fräulein"; die sämtlichen Individuen jeder Art seien die Nachkommen dieses zuerst am sechsten Schöpfungstage geschaffenen Urpaares. Für diejenigen Organismen, welche Zwitter oder Hermaphroditen sind, d. h. beiderlei Geschlechtsorgane in ihrem Körper vereinigt tragen, war es nach *Linnés* Ansicht genügend, daß nur ein einziges Individuum geschaffen sei, da ein solches die Fähigkeit zur Fortpflanzung der Art bereits vollständig besessen habe. Bei der weiteren Ausbildung dieser mythologischen Vorstellungen schloß sich *Linné* auch darin noch an Moses an, daß er die sogenannte „Sintflut" und den damit zusammenhängenden Mythus von der Arche Noah für die Chorologie der Organismen, d. h. für die Lehre von der geographischen und topographischen Verbreitung der Tier- und Pflanzenarten verwertete. Mit Moses nahm er an, daß damals durch eine große allgemeine Ueberschwemmung der Erde alle Pflanzen, Tiere und Menschen zu Grunde gegangen seien; nur je ein Paar wäre für die Erhaltung der Arten gerettet, in der Arche Noah aufbewahrt und nach beendigter Sintflut auf dem Berge Ararat an das Land gesetzt worden. Der Berg Ararat schien ihm für diese Landung deshalb besonders geeignet, weil er in einem warmen Klima sich bis über 16 000 Fuß Höhe erhebt und also in seinen Höhenzonen die verschiedenen Klimate besitzt, die für die Erhaltung der verschiedenen Tierarten notwendig waren. Die an ein kaltes Klima gewöhnten Tiere konnten auf die Höhe des Berges hinaufsteigen, die an ein warmes Klima gewöhnten an den Fuß hinabgehen und die Bewohner der gemäßigten Zone auf der Mitte des Berges sich aufhalten; von hier aus konnte aufs neue die Aubreitung der verschiedenen Tier- und Pflanzenarten über die Erdoberfläche stattfinden.

Von einer wissenschaftlichen Ausbildung der Schöpfungsgeschichte konnte zu *Linnés* Zeit schon deshalb keine Rede sein, weil eine ihrer wichtigsten Grundlagen, die Petrefaktenkunde oder Paläontologie, damals noch gar nicht existierte. Nun hängt aber gerade die Lehre von den Versteinerungen, von den übrig gebliebenen Resten der ausgestorbenen Tier- und Pflanzenarten, auf das engste mit der ganzen Schöpfungsgeschichte zusammen. Die Frage, wie die heute lebenden Tier- und Pflanzenarten entstanden sind, ist ohne Rücksicht auf jene nicht zu lösen. Allein die Kenntnis dieser Versteinerungen fällt in viel spätere Zeit, und als den eigentlichen Begründer der wissenschaftlichen Paläontologie können wir erst *George Cuvier* nennen, den bedeutendsten Zoologen, der nächst *Linné* das Tiersystem bearbeitete und im Beginne des neunzehnten Jahrhunderts eine vollständige Reform der systematischen Zoologie herbeiführte. Der Einfluß dieses berühmten Naturforschers, welcher vorzugsweise in den ersten drei Decennien desselben eine außerordentlich fruchtbare Wirksamkeit entfaltete,

war so groß, daß er fast in allen Teilen der wissenschaftlichen
Zoologie, namentlich aber in der Systematik, in der vergleichenden
Anatomie und in der Versteinerungskunde, neue Bahnen eröffnete.
Es ist deshalb von Wichtigkeit, die Anschauungen ins Auge
zu fassen, welche sich *Cuvier* vom Wesen der Art bildete. In
dieser Beziehung schloß er sich an *Linné* und die mosaische
Schöpfungsgeschichte an, obgleich ihm der Anschluß durch seine
Kenntnis der versteinerten Tierformen sehr erschwert wurde. Er
zeigte zum ersten Male in klarer Weise, daß auf unserem Erdballe
eine Anzahl von ganz verschiedenen Bevölkerungen gelebt habe.
Er zeigte ferner, daß wir mehrere verschiedene Hauptabschnitte
in der Erdgeschichte unterscheiden müssen, deren jeder eine ganz
eigentümliche, nur ihm zukommende Bevölkerung von Tieren und
Pflanzen aufzuweisen hat.

Natürlich mußte sich *Cuvier* unmittelbar die Frage aufdrängen,
woher diese verschiedenen Bevölkerungen gekommen seien, ob sie
im Zusammenhange miteinander stünden oder nicht. Er beant-
wortete diese Frage verneinend und behauptete, daß die verschiedenen Schöpfungen völlig unabhängig voneinander seien, daß also
der übernatürliche Schöpfungsakt, durch welchen nach der herrschenden Schöpfungsgeschichte die Tier- und Pflanzen-Arten entstanden seien, mehrere Male stattgefunden haben müsse. Demnach
mußte eine Reihe von ganz verschiedenen Schöpfungsperioden aufeinander gefolgt sein, und im Zusammenhange damit mußten
wiederholt großartige Umwälzungen der gesamten Erdoberfläche,
Revolutionen und Kataklysmen, ähnlich der mythischen Sintflut,
stattgefunden haben. Diese Katastrophen und Umwälzungen be-
schäftigten *Cuvier* um so mehr, als zu jener Zeit die Geologie
ebenfalls sich mächtig zu rühren begann, und große Fortschritte in
der Erkenntnis vom Bau und der Entstehung des Erdkörpers gemacht wurden. Von anderer Seite, insbesondere durch den berühmten Geologen *Werner* und seine Schule, wurden die verschiedenen
Schichten der Erdrinde genau untersucht, die Versteinerungen,
welche in diesen Schichten eingeschlossen sind, systematisch be-
arbeitet, und auch diese Untersuchungen führten zu der Annahme
verschiedener Schöpfungsperioden. In jeder Periode zeigte sich die
anorganische Erdrinde, die aus verschiedenen Schichten zusammengesetzte Oberfläche der Erde, ebenso verschieden beschaffen, wie die
Bevölkerung von Tieren und Pflanzen, welche damals auf derselben
lebte. Indem *Cuvier* diese Ansicht mit den Ergebnissen seiner
paläontologischen und zoologischen Untersuchungen kombinierte

und über den ganzen Entwickelungsgang der Schöpfung klar zu
werden suchte, gelangte er zu der Hypothese, welche man die
Kataklysmen- oder Katastrophen-Theorie, die Lehre von
den gewaltsamen Revolutionen des Erdballs zu nennen pflegt. Nach
dieser Lehre haben auf unserer Erde wiederholt zu bestimmten
Zeiten Umwälzungen stattgefunden, durch welche die ganze lebende
Bevölkerung plötzlich vernichtet wurde, und am Ende jeder dieser
Katastrophen hat eine totale Neuschöpfung der Organismen stattgefunden. Da wir letztere uns nicht auf natürlichem Wege erklären
können, müssen wir dafür übernatürliche Eingriffe des Schöpfers in
den natürlichen Gang der Dinge annehmen. Diese Revolutionslehre,
welche *Cuvier* in einem besonderen, auch ins Deutsche übersetzten
Werke behandelte, wurde bald allgemein anerkannt und blieb ein
halbes Jahrhundert hindurch in der Biologie herrschend.

Allerdings wurde schon vor achtzig Jahren *Cuviers* Katastrophenlehre von seiten der Geologen gründlich widerlegt, und
zwar zuerst durch den englischen Geologen *Charles Lyell*, den
bedeutendsten Naturforscher, der dieses Gebiet beherrschte. Er
führte in seinen bahnbrechenden „*Principles of geology*" schon im
Jahre 1830 den Nachweis, daß jene Lehre falsch sei, insoweit sie
die Erdrinde selbst betreffe; daß man, um den Bau und die Entwickelung der Gebirge zu begreifen, keineswegs zu übernatürlichen
Ursachen oder zu allgemeinen Katastrophen seine Zuflucht nehmen
müsse; vielmehr seien zur Erklärung dieser Erscheinungen die
gewöhnlichen Ursachen ausreichend, welche noch jetzt in jeder
Stunde an der Umbildung und Umarbeitung unserer Erdoberfläche
tätig sind. Diese Ursachen sind die atmosphärischen Einflüsse, das
Wasser in seinen verschiedenen Formen, als Schnee und Eis, Nebel
und Regen, der fließende Strom und die Brandung des Meeres;
endlich die vulkanischen Erscheinungen, welche durch die glut-
flüssige innere Erdmasse bewirkt werden. In überzeugender Weise
wurde von *Lyell* der Nachweis geführt, daß diese natürlichen
Ursachen vollständig ausreichen, um alle Erscheinungen im Bau
und in der Entwickelung der Erdrinde zu erklären. Daher wurde
in kurzer Zeit auf dem Gebiete der Geologie die Lehre *Cuviers*
von den Umwälzungen und Neuschöpfungen ganz verlassen.

Trotzdem blieb diese Theorie auf dem Gebiete der Biologie
noch dreißig Jahre lang in unangefochtener Geltung. Die gesamten
Zoologen und Botaniker, soweit sie sich überhaupt auf Gedanken
über die Entstehung der Organismen einließen, hielten fest an
Cuviers falscher Lehre von den wiederholten Neuschöpfungen und

den damit verbundenen Revolutionen der Erdoberfläche. Das ist gewiß eines der merkwürdigsten Beispiele, wie zwei nahe verwandte Wissenschaften lange Zeit hindurch einen ganz verschiedenen Weg nebeneinander einschlagen; die eine, die Biologie, bleibt auf dem dualistischen Wege weit zurück und leugnet überhaupt die Möglichkeit, die „Schöpfungsfragen" durch natürliche Erkenntnis zu lösen; die andere, die Geologie, ist daneben auf dem monistischen Wege schon weit vorgeschritten und hat dieselben Fragen durch Erkenntnis der wahren Ursachen gelöst.

Um zu begreifen, welche völlige Resignation während des 'Zeitraumes von 1830—1859 mit Bezug auf die Entstehung der Organismen, auf die Schöpfung der Tier- und Pflanzen-Arten, in der Biologie herrschte, führe ich Ihnen aus meiner eigenen Erfahrung die Tatsache an, daß ich während meiner ganzen Universitäts-Studien niemals ein Wort über diese wichtigste Grundfrage der Biologie gehört habe. Ich hatte während dieser Zeit (1852—1857) das Glück, die ausgezeichnetsten Lehrer auf allen Gebieten der organischen Naturwissenschaft zu hören: keiner derselben hat je von dieser Grundfrage gesprochen; keiner von ihnen hat die Frage von der Entstehung der Arten auch nur einmal berührt. Niemals wurden die früher gemachten Versuche, die Entstehung der Tier- und Pflanzenarten zu begreifen, auch nur mit einem Worte hervorgehoben; niemals wurde die höchst bedeutende „*Philosophie zoologique*" von *Lamarck*, die diesen Versuch schon im Jahre 1809 unternahm, überhaupt der Erwähnung für wert gehalten. Sie werden daher den kolossalen Widerstand begreifen, den *Darwin* fand, als er zum ersten Male diese Frage wieder in Angriff nahm. Sein Versuch schien zunächst völlig in der Luft zu schweben und auf gar keine früheren Vorarbeiten sich zu stützen. Das ganze Problem der Schöpfung, die ganze Frage nach der Entstehung der Organismen, galt in der Biologie noch bis zum Jahre 1859 für supranaturalistisch und transscendental; ja selbst auf dem Gebiete der spekulativen Philosophie, wo man doch von verschiedenen Seiten auf diese Frage hingedrängt wurde, hatte niemand gewagt, ernstlich dieselbe in Angriff zu nehmen.

Dieser letzte Umstand ist wohl hauptsächlich durch den dualistischen Standpunkt *Immanuel Kants* und durch die außerordentliche Bedeutung zu erklären, welche dieser einflußreichste unter den neueren Philosophen bis auf unsere Zeit behauptet hat. Während nämlich dieser große Genius, gleich bedeutend als Naturforscher wie als Philosoph, auf dem Gebiete der anorganischen

Natur sehr wesentlich an einer „natürlichen Schöpfungsgeschichte"
arbeitete, vertrat er in Bezug auf die Entstehung der Organismen
meistens den supranaturalistischen Standpunkt. Einerseits machte
Kant in seiner „allgemeinen Naturgeschichte und Theorie des
Himmels" den glücklichsten und bedeutendsten „Versuch, die Ver-
fassung und den mechanischen Ursprung des ganzen Weltgebäudes
nach *Newton*schen Grundsätzen abzuhandeln", d. h. mit anderen
Worten, m e c h a n i s c h zu begreifen, monistisch zu erkennen; und
dieser Versuch, durch natürliche wirkende Ursachen (*causae
efficientes*) den Ursprung der ganzen Welt zu erklären, bildet noch
heute die Basis unserer ganzen natürlichen Kosmogenie. Anderseits aber behauptete *Kant*, daß das hier angewendete „Prinzip
des M e c h a n i s m u s der Natur, o h n e d a s e s o h n e d i e s k e i n e
N a t u r w i s s e n s c h a f t g e b e n k a n n", für die Erklärung der
o r g a n i s c h e n Naturerscheinungen, und namentlich der Entstehung der Organismen, durchaus nicht hinreichend sei; daß man
für die Entstehung dieser z w e c k m ä ß i g eingerichteten Naturkörper vielmehr übernatürliche zwecktätige Ursachen (*causae
finales*) annehmen müsse. Ja, er behauptete sogar: „Es ist ganz
gewiß, daß wir die organisierten Wesen und deren innere Möglichkeit nach bloß mechanischen Prinzipien der Natur nicht einmal
zureichend kennen lernen, viel weniger uns erklären können, und
zwar so gewiß, daß man dreist sagen kann: Es ist für Menschen
ungereimt, auch nur einen solchen Anschlag zu fassen, oder zu
hoffen, daß noch etwa dereinst ein *Newton* aufstehen könne, der
auch nur die Erzeugung eines Grashalmes nach Naturgesetzen,
die keine Absicht geordnet hat, begreiflich machen werde; sondern
man muß diese Einsicht dem Menschen schlechterdings absprechen."
Damit hat *Kant* ganz entschieden den dualistischen und teleologischen Standpunkt bezeichnet, den er in der organischen Naturwissenschaft beibehielt [27]).

Allerdings hat *Kant* diesen Standpunkt bisweilen verlassen
und namentlich an einigen sehr merkwürdigen Stellen, die ich in
meiner „Natürlichen Schöpfungsgeschichte" (im fünften Vortrage)
ausführlich besprochen habe, sich in ganz entgegengesetztem, mo-
nistischem Sinne ausgesprochen. Ja, man könnte ihn auf Grund
dieser Stellen, wie ich dort hervorhob, sogar geradezu als einen
Anhänger der Descendenztheorie bezeichnen. Mehrere, sehr bedeutungsvolle Aeußerungen, welche *Fritz Schultze* in seiner
interessanten Schrift: „*Kant* und *Darwin*" wieder an das Licht
gezogen hat, könnten dazu berechtigen, *Kant* als einen der ältesten

Propheten des Darwinismus zu betrachten. Er spricht bereits mit voller Klarheit den großen Gedanken einer allumfassenden einheitlichen Entwickelung aus; er nimmt eine „Abartung von dem Urbilde der Stammgattung durch natürliche Wanderungen" an. Ja, *Kant* behauptet sogar, daß „die ursprüngliche Gangart des Menschen die vierfüßige gewesen ist, daß die zweifüßige sich erst allmählich entwickelt, und daß der Mensch erst allmählich sein Haupt über seine alten Kameraden, die Tiere, so stolz erhoben hat". Allein diese klaren monistischen Aeußerungen sind doch, im ganzen genommen, nur einzelne Lichtblicke, und für gewöhnlich hielt *Kant* in der Biologie an jenen dunkeln dualistischen Vorstellungen fest, wonach in der organischen Natur ganz andere Kräfte walten, als in der anorganischen. Diese dualistische oder zwiespältige Naturauffassung ist auch noch heute in der Philosophie der Schule vorherrschend, und noch heute betrachten die meisten Philosophen diese beiden Erscheinungsgebiete als ganz verschieden, einerseits das anorganische Naturgebiet, die sogenannte „leblose" Natur, wo nur mechanische Gesetze (*causae efficientes*) mit Notwendigkeit, ohne bewußten Zweck, wirken sollen; anderseits das Gebiet der belebten organischen Natur, wo alle Erscheinungen in ihrem tiefsten Wesen und ersten Entstehen nur begreiflich werden sollen durch Annahme vorbedachter Zwecke oder sogenannter zwecktätiger Ursachen (*causae finales*).

Unter der Herrschaft dieser falschen dualistischen Vorurteile galt demnach bis zum Jahre 1859 die Frage nach der Entstehung der Tier- und Pflanzenarten und die damit zusammenhängende Frage nach der „Schöpfung des Menschen" in den weitesten Kreisen überhaupt nicht als Gegenstand wissenschaftlicher Erkenntnis. Trotzdem begannen schon im Anfange des neunzehnten Jahrhunderts einzelne sehr bedeutende Geister, unbeirrt durch die herrschenden Dogmen, jene Fragen ernstlich in Angriff zu nehmen. Insbesondere gebührt dieses Verdienst der sogenannten „Schule der älteren Naturphilosophie", welche so vielfach verleumdet worden ist, und welche in Frankreich vorzugsweise durch *Jean Lamarck, Buffon, Geoffroy St. Hilaire* und *Blainville*, in Deutschland durch *Wolfgang Goethe, Reinhold Treviranus, Schelling* und *Lorenz Oken* vertreten war.

Derjenige geistvolle Naturphilosoph, der in der kühnsten und umfassensten Weise jene dunkeln Fragen angriff, war *Jean Lamarck*. Derselbe ist am 1. August 1744 zu Bazentin in der Picardie geboren, der Sohn eines Edelmanns, der ihn für den theologischen Beruf bestimmte. Er wandte sich jedoch zunächst dem ruhmverheißenden Kriegerstande zu, zeichnete sich als sechzehn-jähriger Knabe in dem für die Franzosen unglücklichen Gefecht bei Lippstadt in Westfalen durch Tapferkeit aus und lag dann einige Jahre in Garnison im südlichen Frankreich. Hier lernte er die interessante Flora der Mittelmeerküste kennen und wurde durch sie bald ganz für das Studium der Botanik gewonnen. Er gab seine Offizierstelle auf und veröffentlichte schon im Jahre 1778 seine grundlegende *Flore française*. Lange Zeit hindurch konnte er keine wissenschaftliche Stellung erlangen; erst in seinem fünf-zigsten Lebensjahre (1794) erhielt er eine dürftige Professur für Zoologie am Museum des Pariser Pflanzengartens. Hierdurch wurde er tiefer in die Zoologie hineingeführt, in deren Systematik er bald ebenso wertvolle und bedeutende Arbeiten lieferte, wie vordem in der systematischen Botanik. 1802 veröffentlichte er seine „*Con-sidérations sur les corps vivants*", in denen die ersten Keime seiner Descendenztheorie liegen. 1809 erschien die höchst be-deutende „*Philosophie zoologique*", das Hauptwerk, in welchem er diese Theorie ausführte. 1815 publizierte er die umfangreiche Naturgeschichte der wirbellosen Tiere (*Histoire naturelle des animaux sans vertèbres*), in deren Einleitung dieselbe ebenfalls entwickelt ist. Um diese Zeit erblindete *Lamarck* vollständig. Das neidische Schicksal war ihm niemals hold. Während sein glücklicher Hauptgegner, *Cuvier*, in Paris die höchsten Stufen wissenschaftlichen Ruhmes und einflußreicher Stellung erklomm, mußte der große *Lamarck*, der ihm in Bezug auf umfassende Spekulation und großartige Naturauffassung weit überlegen war, in einsamer Abgeschiedenheit mit der bittern Not des Lebens kämpfen und konnte keine Anerkennung erringen. Er beschloß 1829 sein arbeitsreiches Leben unter den dürftigsten äußeren Verhältnissen [28]).

Lamarcks Philosophie zoologique war der erste wissenschaft-liche Entwurf einer wahren Entwickelungsgeschichte der Arten, einer „natürlichen Schöpfungsgeschichte" der Pflanzen, der Tiere und des Menschen. Die Wirkung dieses merkwürdigen gedankenreichen Buches war aber gleich der des grundlegenden *Wolff*schen Werkes, nämlich gleich Null; beide fanden kein Verständnis und keine An-erkennung bei den befangenen Zeitgenossen. Kein Naturforscher fühlte sich damals veranlaßt, sich ernstlich um dieses Buch zu be-kümmern und die darin niedergelegten Keime der wichtigsten bio-logischen Fortschritte weiter zu entwickeln. Die bedeutendsten Bo-taniker und Zoologen verwarfen dasselbe ganz und hielten es keiner

Widerlegung für bedürftig. *Cuvier*, der gleichzeitig mit *Lamarck* in Paris lehrte und arbeitete, hat es nicht der Mühe wert gefunden, in seinem Berichte über die Fortschritte der Naturwissenschaften, in dem die geringfügigsten Beobachtungen Platz fanden, diesen größten „Fortschritt" auch nur mit einer Silbe zu erwähnen. Kurz, *Lamarcks* zoologische Philosophie teilte das Schicksal von *Wolffs* Entwickelungstheorie und wurde ein halbes Jahrhundert hindurch allgemein ignoriert und totgeschwiegen. Sogar die deutschen Naturphilosophen, namentlich *Oken* und *Goethe*, die gleichzeitig mit ähnlichen Spekulationen sich trugen, scheinen *Lamarcks* Werk nicht gekannt zu haben. Wären sie damit bekannt gewesen, so würden sie durch dasselbe wesentlich gefördert worden sein und hätten wohl schon damals die Entwickelungstheorie viel weiter ausgebaut, als es ihnen möglich geworden ist.

Um Ihnen eine Vorstellung von der hohen Bedeutung der *Philosophie zoologique* zu geben, will ich nur einige der wichtigsten von *Lamarcks* Ideen hier kurz andeuten. Es gibt nach seiner Auffassung keinen wesentlichen Unterschied zwischen lebendiger und lebloser Natur; die ganze Natur ist eine einzige zusammenhängende Erscheinungswelt, und dieselben Ursachen, welche die leblosen Naturkörper bilden und umbilden, dieselben Ursachen sind allein auch in der lebendigen Natur wirksam. Demgemäß haben wir auch dieselbe Forschungs- und Erklärungsmethode für die eine wie für die andere anzuwenden. Das Leben ist nur ein physikalisches Phänomen. Alle Organismen, die Pflanzen, die Tiere und an ihrer Spitze der Mensch, sind in ihren inneren und äußeren Formverhältnissen ganz ebenso wie die Mineralien und alle leblosen Naturkörper nur durch mechanische Ursachen (*causae efficientes*), ohne zwecktätige Ursachen (*causae finales*), zu erklären. Dasselbe gilt von der Entstehung der verschiedenen Arten. Für diese können wir naturgemäß keinen ursprünglichen Schöpfungsakt, ebensowenig wiederholte Neuschöpfungen (wie bei *Cuviers* Katastrophenlehre), sondern nur natürliche, ununterbrochene und notwendige Entwickelung annehmen. Der ganze Entwickelungsgang der Erde und ihrer Bewohner ist kontinuierlich, zusammenhängend. Alle verschiedenen Tier- und Pflanzen-Arten, die wir jetzt vorfinden, und die jemals gelebt haben, alle haben sich auf natürlichem Wege aus früher dagewesenen und davon verschiedenen Arten hervorgebildet; alle stammen von einer einzigen oder von wenigen gemeinsamen Stammformen ab. Diese ältesten Stammformen können nur ganz einfache und niedrigste Organismen gewesen sein, durch Urzeugung aus anorganischer Materie entstanden. Die Arten oder Species der Organismen sind beständig durch Anpassung an die wechselnden äußeren Lebensverhältnisse (namentlich durch Uebung und Gewohnheit) umgeändert worden und haben ihre Umbildung durch Vererbung auf die Nachkommen übertragen.

Das sind die Grundzüge der Theorie *Lamarcks*, die wir heute Abstammungslehre oder Umbildungslehre nennen, und die *Darwin* erst fünfzig Jahre später zur Anerkennung gebracht und durch neue Beweisgründe fest gestützt hat. *Lamarck* ist also der eigentliche Begründer dieser D e s c e n d e n z t h e o r i e oder Transmutations-Theorie, und es ist nicht richtig, wenn noch heute häufig *Darwin* als der erste Urheber derselben genannt wird. *Lamarck* war der erste, welcher die natürliche Entstehung aller Organismen, mit Inbegriff des Menschen, als wissenschaftliche Theorie formulierte und zugleich die beiden extremsten Konsequenzen dieser Theorie zog: nämlich erstens die Lehre von der Entstehung der ältesten Organismen durch Urzeugung, und zweitens die Abstammung des Menschen von den menschenähnlichsten Säugetieren, den Affen.

Diesen letzteren wichtigen Vorgang, der uns hier vorzugsweise interessiert, suchte *Lamarck* durch dieselben bewirkenden Ursachen zu erklären, welche er auch für die natürliche Entstehung der Tier- und Pflanzenarten in Anspruch nahm. Als die wichtigsten dieser Ursachen betrachtet er die Uebung und Gewohnheit (A n p a s s u n g) einerseits, die V e r e r b u n g andererseits. Die bedeutendsten Umbildungen in den Organen der Tiere und Pflanzen sind nach ihm durch die Funktion, durch die Tätigkeit dieser Organe selbst entstanden, durch die Uebung oder Nichtübung, durch den Gebrauch oder Nichtgebrauch derselben. Um ein paar Beispiele anzuführen, so haben der Specht und der Kolibri ihre eigentümliche lange Zunge durch die Gewohnheit erhalten, ihre Nahrung mittels der Zunge aus engen tiefen Spalten oder Kanälen herauszuholen; der Frosch hat die Schwimmhäute zwischen seinen Zehen durch die Schwimmbewegungen ʿselbst erworben; die Giraffe hat ihren langen Hals durch das Hinaufstrecken desselben nach den Zweigen der Bäume erhalten u. s. w. Allerdings sind die Gewohnheit, der Gebrauch oder Nichtgebrauch der Organe als bewirkende Ursachen der organischen Formbildung von höchster Wichtigkeit; allein sie reichen doch für sich allein nicht aus, um die Umbildung der Arten zu erklären.

Als zweite nicht minder wichtige Ursache muß vielmehr mit dieser Anpassung die V e r e r b u n g zusammenwirken, wie das auch

Lamarck ganz richtig erkannte. Er behauptete nämlich, daß an sich zwar die Veränderung der Organe durch Uebung oder Gebrauch bei jedem einzelnen Individuum zunächst nur sehr unbedeutend sei, daß sie aber durch Häufung oder Kumulation der Einzelwirkungen sehr bedeutend werde, indem sie sich von Generation zu Generation vererbe und so summiere. Das war ein vollkommen richtiger Grundgedanke. Allein es fehlte *Lamarck* noch vollständig das Prinzip, welches *Darwin* erst später als den wichtigsten Faktor in die Umbildungstheorie einführte, nämlich das Prinzip der natürlichen Züchtung im Kampfe ums Dasein. Teils der Umstand, daß *Lamarck* nicht zur Entdeckung dieses außerordentlich wichtigen Kausalverhältnisses gelangte, teils der niedrige Zustand aller biologischen Wissenschaften zu jener Zeit verhinderten ihn, seine Theorie von der gemeinsamen Abstammung der Tiere und des Menschen fester zu begründen.

Auch die Entstehung des Menschen aus dem Affen suchte *Lamarck* vor allem durch Fortschritte in den Lebensgewohnheiten der Affen zu erklären: durch fortschreitende Entwickelung und Uebung ihrer Organe, und Vererbung der so erworbenen Vervollkommnungen auf die Nachkommen. Unter diesen Vervollkommnungen betrachtet *Lamarck* als die wichtigsten den aufrechten Gang des Menschen, die verschiedene Gestaltung der Hände und Füße, die Ausbildung der Sprache und die damit verbundene höhere Entwickelung des Gehirns. Er nahm an, daß die menschenähnlichsten Affen, welche die Stammeltern des Menschengeschlechtes wurden, den ersten Schritt zur Menschwerdung dadurch getan hätten, daß sie die kletternde Lebensweise auf Bäumen aufgaben und sich an den aufrechten Gang gewöhnten. · Infolgedessen trat die dem Menschen eigentümliche Haltung und Umbildung der Wirbelsäule und des Beckens, sowie die Differenzierung der beiden Gliedmaßenpaare ein: das vordere Paar entwickelte sich zu Händen, die bloß zum Greifen und Tasten dienten; das hintere Paar wurde nur noch zum Gehen gebraucht und bildete sich dadurch zum reinen Fuße aus.

Infolge dieser ganz veränderten Lebensweise und infolge der Korrelation oder Wechselbeziehung der verschiedenen Körperteile und ihrer Funktionen traten nun aber auch bedeutende Veränderungen in anderen Organen und in deren Funktionen ein. So wurde namentlich infolge der veränderten Nahrung der Kieferapparat und das Gebiß, sowie im Zusammenhang damit die ganze Gesichtsbildung verändert. Der Schwanz, der nicht mehr gebraucht wurde, ging allmählich verloren. Da aber diese Affen in Gesellschaften beisammen lebten und geordnete Familienverhältnisse besaßen (wie es noch jetzt bei den höheren Affen der Fall ist), so wurden vor allen diese geselligen Gewohnheiten oder die sogenannten „sozialen Instinkte" höher entwickelt. Die bloße Lautsprache der Affen wurde zur Wortsprache des Menschen; aus den konkreten Eindrücken wurden die abstrakten Begriffe gesammelt. Stufe für Stufe entwickelte sich so das Gehirn in Korrelation zum Kehlkopf, das Organ der Seelentätigkeit in Wechselwirkung zum Organ der Sprache.   In diesen höchst wichtigen Ideen *Lamarcks* liegen bereits die ersten und ältesten Keime zu einer wahren Stammesgeschichte des Menschen. (Vgl. *Packard*, Lamarck 1901.)

Unabhängig von *Lamarck* beschäftigte sich gegen Ende des vorigen und im Beginne dieses Jahrhunderts mit dem Schöpfungsproblem auch die ältere d e u t s c h e Naturphilosophie, insbesondere *Reinhold Treviranus* in seiner Biologie (1802) und *Lorenz Oken* in seiner Naturphilosophie (1809). Ich habe dieselben in meiner „Natürlichen Schöpfungsgeschichte" besprochen (IV. Vortrag, 10. Aufl., S. 83—95). Hier wollen wir nur jenes strahlenden Genius gedenken, dessen transformistische Ideen uns ganz besonders interessieren müssen, unseres größten Dichters, *Wolfgang Goethe*. Bekanntlich wurde *Goethe* durch sein offenes Auge für alle Schönheiten der Natur und durch sein tiefes Verständnis ihres Wirkens schon frühzeitig zu den verschiedensten naturwissenschaftlichen Studien angeregt. Sie blieben sein ganzes Leben hindurch die Lieblingsbeschäftigung seiner Mußestunden. Insbesondere hat ihn die Farbenlehre zu der bekannten umfangreichen Arbeit veranlaßt. Die wertvollsten und bedeutendsten von *Goethes* Naturstudien sind aber diejenigen, welche sich auf die organischen Naturkörper, auf „das Lebendige, dieses herrliche, köstliche Ding" beziehen. Ganz besonders tiefe Forschungen stellte er im Gebiete der Formenlehre, der M o r p h o l o g i e an. Hier erzielte er mit Hilfe der vergleichenden Anatomie viele glänzende Resultate und eilte seiner Zeit weit voraus. Die Wirbeltheorie des Schädels, die Entdeckung des Zwischenkiefers beim Menschen, die Lehre von der Metamorphose der Pflanzen u. s. w. sind hier besonders hervorzuheben [29]. Diese morphologischen Studien führten nun *Goethe* zu Untersuchungen über „B i l d u n g u n d U m b i l d u n g o r g a n i s c h e r N a t u r e n", die wir zu den ältesten Keimen der Stammesgeschichte rechnen müssen. Er kommt dabei der Descendenztheorie so nahe, daß wir ihn nächst *Lamarck* zu den ältesten Begründern derselben

zählen können.   Allerdings hat *Goethe* niemals eine zusammenhängende wissenschaftliche Darstellung seiner Entwickelungstheorie
gegeben; aber wenn Sie seine geistvollen vermischten Aufsätze „zur
Morphologie" lesen, so finden Sie darin eine Menge der trefflichsten
Ideen versteckt.   Einige derselben sind geradezu als Grundgedanken
der Abstammungstheorie zu bezeichnen.   Als Belege will ich hier
nur ein paar der merkwürdigsten Sätze anführen: „Dies also hätten
wir gewonnen, ungescheut behaupten zu dürfen, daß alle voll-
kommeneren organischen Naturen, worunter wir Fische, Amphibien,
Vögel, Säugetiere und an der Spitze der letzteren den Menschen
sehen, alle nach einem Urbilde geformt seien, das nur in seinen
sehr beständigen Teilen mehr oder weniger hin- und herweicht,
und sich noch täglich durch Fortpflanzung aus- und umbildet"
(1796).   Das „Urbild" der Wirbeltiere, nach dem auch der Mensch
geformt ist, entspricht unserer „gemeinsamen Stammform des Vertebratenstammes", aus welcher alle verschiedenen Arten der Wirbeltiere durch „tägliche Ausbildung, Umbildung und Fortpflanzung"
entstanden sind.   An einer anderen Stelle sagt *Goethe* (1807): „Wenn
man Pflanzen und Tiere in ihrem unvollkommensten Zustande betrachtet, so sind sie kaum zu unterscheiden.   So viel aber können
wir sagen, daß die aus einer kaum zu sondernden Verwandtschaft als
Pflanzen und Tiere nach und nach hervortretenden Geschöpfe nach
zwei entgegengesetzten Seiten sich vervollkommnen, so daß die
Pflanze sich zuletzt im Baume dauernd und starr, das Tier im Menschen zur höchsten Beweglichkeit und Freiheit sich verherrlicht."

Daß *Goethe* in diesen und anderen Aussprüchen den inneren
verwandtschaftlichen Zusammenhang der organischen Formen nicht
bloß bildlich, sondern im genealogischen Sinne auffaßt, geht noch
deutlicher aus einzelnen merkwürdigen Stellen hervor, in denen er
sich über die Ursachen der äußeren Arten-Mannigfaltigkeit einerseits, der inneren Einheit des Baues andererseits äußert.   Er nimmt
an, daß jeder Organismus durch das Zusammenwirken zweier ent-
gegengesetzter Gestaltungskräfte oder Bildungstriebe entstanden
ist: Der innere Bildungstrieb, die „Zentripetalkraft", der Typus
oder der „S p e z i f i k a t i o n s t r i e b" sucht die organischen Species-
formen in der Reihe der Generationen beständig gleich zu erhalten: das ist die V e r e r b u n g.   Der äußere Bildungstrieb hingegen, die „Zentrifugalkraft", die Variation oder der „M e t a m o r-
p h o s e n t r i e b" wirkt durch die beständige Veränderung der
äußeren Existenzbedingungen fortwährend umbildend auf die
Arten ein: das ist die A n p a s s u n g.   Mit dieser bedeutungsvollen

Anschauung trat *Goethe* bereits nahe an die Erkenntnis der beiden
großen mechanischen Faktoren heran, die wir als die wichtigsten
bewirkenden Ursachen der Speciesbildung in Anspruch nehmen.
Allerdings muß man, um *Goethes* morphologische Ansichten
richtig zu würdigen, den ganzen eigentümlichen Gang seiner
monistischen Naturforschung und seiner pantheistischen Weltanschauung im Zusammenhang erfassen. Sehr bezeichnend dafür ist
insbesondere das lebendige, warme Interesse, mit welchem er noch
bis zu seinen letzten Lebenstagen die gleichgerichteten Bestrebungen
der französischen Naturphilosophen und namentlich den Kampf
zwischen *Cuvier* und *Geoffroy St. Hilaire* verfolgte (vergl. den
IV. Vortrag in meiner „Natürlichen Schöpfungsgeschichte“, S. 77
bis 80). Auch muß man einigermaßen mit *Goethes* Sprache und
Gedankengang vertraut sein, um die mannigfachen, auf die Abstammungslehre bezüglichen, oft gelegentlich hingeworfenen Aeußerungen richtig zu verstehen. Wer unseren großen Dichter und
Denker überhaupt nicht kennt, wird sonst leicht fehlgehen.

In einem Vortrage, welchen ich 1882 auf der Versammlung
deutscher Naturforscher und Aerzte in Eisenach hielt, habe ich
versucht, „die Naturanschauung von *Darwin, Goethe* und *Lamarck*“
eingehend zu vergleichen und in ihrer hohen Bedeutung für die
p a n t h e i s t i s c h e P h i l o s o p h i e zu beleuchten. Nach meiner
Ueberzeugung standen diese drei großen Geisteshelden auf demselben Boden des M o n i s m u s oder der einheitlichen, naturwissenschaftlichen Weltanschauung; sie hegten dieselbe fundamentale
Ueberzeugung von der E i n h e i t G o t t e s u n d d e r N a t u r,
welche schon *Spinoza* und *Giordano Bruno* vertraten, und welcher
Goethe in seinen herrlichen Betrachtungen über „Gott und Welt“
einen so formvollendeten Ausdruck gegeben hat. Daraus erklärt
sich auch das lebendige Interesse, welches unser größter Dichter
für jene höchsten Fragen der Biologie bis zum letzten Atemzuge
bewahrte. Aus den zahlreichen Sätzen, die ich in meiner Generellen
Morphologie als Leitworte über die einzelnen Kapitel gesetzt habe,
geht klar hervor, wie tief *Goethe* den inneren genetischen Zusammenhang der mannigfaltigen organischen Formen erfaßte. Er
näherte sich damit schon gegen Ende des achtzehnten Jahrhunderts
den Prinzipien der natürlichen Stammesgeschichte so sehr, daß er
als einer der ersten Vorläufer *Darwins* aufgefaßt werden kann,
wenngleich er nicht dazu gelangte, die Descendenztheorie nach
Art von *Lamarck* in ein wissenschaftliches System zu bringen[29].

Fünfter Vortrag.

Die neuere Stammesgeschichte.

„Betrachtet man die embryologische Bildung des Menschen, die Homologien, welche er mit den niederen Tieren darbietet, die Rudimente, welche er behalten hat, und die Fälle von Rückschlag, denen er ausgesetzt ist, so können wir uns teilweise in unserer Phantasie den früheren Zustand unserer ehemaligen Urerzeuger konstruieren, und können dieselben annäherungsweise in der zoologischen Reihe an ihren gehörigen Platz bringen. Wir lernen daraus, daß der Mensch von einem behaarten Vierfüßler abstammt, welcher mit einem Schwanze und zugespitzten Ohren versehen, wahrscheinlich in seiner Lebensweise ein Baumtier und ein Bewohner der alten Welt war. Dieses Wesen würde, wenn sein ganzer Bau von einem Zoologen untersucht worden wäre, unter die Affen klassifiziert worden sein, so sicher, als es der gemeinsame und noch ältere Erzeuger der Affen der alten und neuen Welt worden wäre."

Charles Darwin (1871).

Selektionstheorie. Der Kampf ums Dasein. Charles Darwin (1859). Entstehung der Arten. Abstammung des Menschen. Induktionsbeweise. Deduktionsschlüsse.

6*

Inhalt des fünften Vortrages.

Verhältnis der neueren zur älteren Stammesgeschichte. Charles Darwins Werk von der Entstehung der Arten. Ursachen seines außerordentlichen Erfolges. Die Selektionstheorie oder Züchtungslehre: die Wechselwirkung der Vererbung und Anpassung im Kampfe ums Dasein. Darwins Lebensverhältnisse. .Seine Weltumsegelung. Sein Großvater Erasmus. Sein Studium der Haustiere und Kulturpflanzen. Vergleich der künstlichen mit der natürlichen Züchtung. Der Kampf ums Dasein. Notwendige Anwendung der Descendenztheorie auf den Menschen. Die „Abstammung des Menschen vom Affen". Thomas Huxley. Carl Vogt. Friedrich Rolle. Die Stammbäume in der Generellen Morphologie und der Natürlichen Schöpfungsgeschichte. Die genealogische Alternative. Die Abstammung des Menschen vom Affen als Deduktionsgesetz aus der Descendenztheorie abgeleitet. Die Descendenztheorie als größtes biologisches Induktionsgesetz. Grundlagen dieser Induktion. Die Paläontologie. Die vergleichende Anatomie. Die Lehre von den rudimentären Organen (Unzweckmäßigkeitslehre oder Dysteleologie). Stammbaum des natürlichen Systems. Chorologie. Oekologie. Ontogenie. Widerlegung des Speciesdogma. Der analytische Beweis für die Descendenztheorie in der Monographie der Kalkschwämme. Stellung der modernen Anthropologie.

Literatur:

Charles Darwin, *1859. Ueber den Ursprung der Arten im Tier- und Pflanzenreiche durch natürliche Züchtung. (6. Aufl. 1876.) Stuttgart.*

D e r s e l b e, *1871. Die Abstammung des Menschen und die geschlechtliche Zuchtwahl.*

D e r s e l b e, *1881. Gesammelte Werke. 13 Bände. Stuttgart.*

D e r s e l b e, *1887. Leben und Briefe. Herausgegeben von seinem Sohne Francis Darwin. 3 Bände. Stuttgart.*

Ernst Haeckel, *1866. Generelle Phylogenie. (Allgemeine Entwickelungsgeschichte der organischen Stämme.) VI. Buch der „Generellen Morphologie" (Bd. II).*

D e r s e l b e, *1868. Natürliche Schöpfungsgeschichte. (11. Aufl. 1909.) Berlin.*

D e r s e l b e, *1899. Die Welträtsel. Gemeinverständliche Studien über monistische Philosophie. (10. Aufl. 1908.). Die Lebenswunder (Ergänzungsband 1904). Leipzig.*

D e r s e l b e, *1902. Gemeinverständliche Vorträge und Abhandlungen aus dem Gebiete der Entwickelungslehre. Bonn.*

Kosmos, *1877 – 1886. Bd. I—XIX. Zeitschrift für einheitliche Weltanschauung auf Grund der Entwickelungslehre. Unter Mitwirkung von Charles Darwin und Ernst Haeckel herausgegeben von Ernst Krause.*

Ernst Krause *(Carus Sterne), 1879. Werden und Vergehen. Eine Entwickelungsgeschichte des Naturganzen in gemeinverständlicher Fassung. (4. Aufl. 1900).*

Wilhelm Bölsche, *1894. Entwickelungsgeschichte der Natur. 2 Bände. Neudamm.*

D e r s e l b e, *1900. Vom Bacillus zum Affenmenschen. Leipzig.*

Alfred Wallace, *1891. Der Darwinismus. Braunschweig.*

Carl Nägeli, *1884. Mechanisch-physiologische Theorie der Abstammungslehre. Leipzig.*

Hugo Spitzer, *1886. Beiträge zur Descendenztheorie und zur Methodologie der Naturwissenschaft. Graz.*

August Weismann, *1902. Vorträge über Descendenztheorie. Jena.*

Hermann Braus, *1906. Die Morphologie als historische Wissenschaft. Leipzig.*

Ernst Haeckel, *1894. Systematische Phylogenie. Entwurf eines Natürlichen Systems der Organismen auf Grund ihrer Stammesgeschichte. 3 Bände. Berlin.*

V.

Meine Herren!

Die Fortschritte unserer allgemeinen Naturerkenntnis, welche wir *Darwins* Werk „Ueber den Ursprung der Arten im Tier- und Pflanzenreiche" verdanken, sind so bedeutend, daß wir in der ganzen Geschichte der Naturwissenschaften kaum einen ähnlichen weitgreifenden Fortschritt verzeichnen können. Die Literatur des Darwinismus wächst von Tag zu Tage, und nicht allein in der Zoologie und Botanik, im Gebiete der Fachwissenschaften, die zunächst durch die *Darwin*sche Theorie berührt und reformiert sind, sondern weit darüber hinaus, in viel größeren Kreisen, wird dieselbe mit einem Eifer und Interesse behandelt, wie es noch bei keiner wissenschaftlichen Theorie der Fall gewesen ist. Dieser außerordentliche Erfolg erklärt sich vorzüglich aus zwei verschiedenen Umständen. Erstens sind alle einzelnen Naturwissenschaften, und vor allem die Biologie, in dem letzten halben Jahrhundert ungemein rasch fortgeschritten und haben für die natürliche Entwickelungstheorie eine Masse von neuen empirischen Beweisgründen geliefert. Je weniger *Lamarck* und die älteren Naturphilosophen mit ihrem ersten Versuche, die Entstehung der Organismen und des Menschen vernünftig zu erklären, Anerkennung fanden, desto durchschlagender war das Resultat des zweiten Versuchs von *Darwin*, der sich auf viel größere Massen von sicher erkannten Tatsachen stützen konnte. Jene Fortschritte benutzend, konnte er mit ganz anderen wissenschaftlichen Beweismitteln operieren, als es *Lamarck* und *Geoffroy*, *Goethe* und *Treviranus* möglich gewesen war. Zweitens aber müssen wir hervorheben, daß *Darwin* seinerseits das besondere Verdienst besitzt, die ganze Frage von einer völlig neuen Seite in Angriff genommen und zur Begründung der Abstammungslehre eine selbständige Theorie ausgedacht zu haben, die wir im eigentlichen Sinne die *Darwin*sche Theorie oder den D a r w i n i s m u s nennen.

Ohne Erfolg hatte *Lamarck* die Umbildung der Organismen, welche von gemeinsamen Stammformen abstammen, größtenteils durch die Wirkung der Gewohnheit, der Uebung der Organe, andererseits allerdings auch durch Zuhilfenahme der Vererbungs-Erscheinungen zu erklären versucht. Um so größer war der Erfolg *Darwins*, welcher selbständig auf einer ganz neuen Basis die Umbildung der verschiedenen Tier- und Pflanzenformen mit Hilfe der Anpassung und Vererbung mechanisch zu erklären versuchte. Zu dieser „Züchtungslehre oder Selektionstheorie" gelangte *Darwin* auf Grund folgender Betrachtung. Er verglich die Entstehung der mannigfaltigen Rassen von Tieren und Pflanzen, die der Mensch künstlich hervorzubringen im stande ist, die Züchtungsverhältnisse der Gartenkunst und Haustierzucht, mit der Entstehung der wilden Arten von Tieren und Pflanzen im natürlichen Zustande. Hierbei fand er, daß ähnliche Ursachen, wie wir sie bei der künstlichen Züchtung unserer Haustiere und Kulturpflanzen zur Umbildung der Formen benutzen, auch in der freien Natur wirksam sind. Die wirksamste von allen dabei mitwirkenden Ursachen nannte er den „Kampf ums Dasein". Der Kern dieser eigentlichen *Darwin*schen Theorie besteht in folgendem einfachen Gedanken: der Kampf ums Dasein erzeugt planlos in der freien Natur auf ähnliche Weise neue Arten, wie der Wille des Menschen planvoll im Kulturzustande neue Rassen züchtet. Ebenso wie der Gärtner und der Landwirt für seinen Vorteil und nach seinem Willen neue Kulturformen züchtet, indem er die Verhältnisse der Vererbung und Anpassung zur Umbildung der Formen zweckmäßig benutzt, ebenso bildet beständig der Kampf ums Dasein die Formen der Tiere und Pflanzen im wilden Zustande unbewußt um. Dieser Kampf ums Dasein, oder die Mitbewerbung der Organismen um die notwendigen Existenzbedingungen wirkt allerdings planlos; aber dennoch gestaltet er in ähnlicher Weise die Organismen zweckmäßig aus. Indem unter seinem Einflusse die Verhältnisse der Vererbung und Anpassung in die innigste Wechselbeziehung treten, müssen notwendig neue Formen oder Abänderungen entstehen, die für die Organismen selbst von Vorteil, also zweckmäßig sind, trotzdem in Wahrheit kein vorbedachter Zweck ihre Entstehung veranlaßte. Dieser einfache Grundgedanke ist der eigentliche Kern des Darwinismus oder der „Selektionstheorie". *Darwin* erfaßte diesen Grundgedanken schon sehr frühzeitig, hat aber über zwanzig Jahre hindurch mit bewunderungswürdigem Fleiße empirisches Material zu seiner festen Begründung gesammelt, ehe er seine Theorie veröffentlichte. Ueber den Weg, auf welchem er dazu gelangte, sowie über seine Schriften und seine Schicksale, habe ich in meiner „Natürlichen Schöpfungsgeschichte" (XI. Auflage, S. 111 —156) das Wichtigste mitgeteilt. Nähere interessante Angaben enthält seine ausführliche Biographie, 1887 in drei Bänden von seinem Sohne veröffentlicht. Hier will ich nur ganz kurz einige der wichtigsten Verhältnisse berühren [30]). *Charles Darwin* ist am 12. Februar 1809 zu Shrewsbury in England geboren, woselbst sein Vater *Robert* praktischer Arzt war. Sein Großvater, *Erasmus Darwin*, war ein denkender Naturforscher, der im Sinne der älteren Naturphilosophie arbeitete und gegen Ende des achtzehnten Jahrhunderts mehrere naturphilosophische Schriften veröffentlichte. Die bedeutendste von diesen ist die 1794 erschienene „Zoonomie", in welcher er ähnliche Ansichten wie *Goethe* und *Lamarck* aussprach, ohne jedoch von den gleichen Bestrebungen dieser Zeitgenossen etwas zu wissen. *Erasmus Darwin* übertrug nach dem Gesetze der latenten Vererbung oder des „Atavismus" einen Teil seiner eigentümlichen Talente auf seinen Enkel *Charles*, ohne daß dieselben an seinem Sohne *Robert* zur Erscheinung kamen. Diese Tatsache ist für den merkwürdigen Atavismus, den *Charles Darwin* selbst so vortrefflich erörtert hat, von hohem Interesse. Uebrigens überwog in den Schriften des Großvaters *Erasmus* die plastische Phantasie gar zu sehr den kritischen Verstand, während bei seinem Enkel *Charles* beide in richtigem Gleichgewichtsverhältnisse standen. Da gegenwärtig viele Naturforscher von beschränktem Geiste die Phantasie in der Biologie für überflüssig halten und ihren eigenen Mangel daran für einen großen und „exakten" Vorzug ansehen, so will ich Sie bei dieser Gelegenheit auf einen treffenden Ausspruch eines geistvollen Naturforschers aufmerksam machen, der selbst eines der Häupter der sogenannten „exakten" oder streng empirischen Richtung war. *Johannes Müller*, der deutsche *Cuvier*, dessen Arbeiten immer als Muster exakter Forschung gelten werden, erklärte die beständige Wechselwirkung und das harmonische Gleichgewicht von Phantasie und Verstand für die unentbehrliche Vorbedingung der wichtigsten Entdeckungen. (Ich habe diesen Ausspruch als Leitwort vor den XXI. Vortrag gesetzt.)

Charles Darwin hatte das Glück. nach Vollendung seiner Universitätsstudien im 22. Lebensjahr an einer zu wissenschaftlichen Zwecken veranstalteten Weltumsegelung teilnehmen zu können. Diese dauerte fünf Jahre und brachte ihm eine Fülle der lehrreichsten Anregungen und der großartigsten Naturanschauungen. Schon als er im Beginne derselben zuerst den Boden von Südamerika betrat, wurde er auf verschiedene Erscheinungen aufmerksam, die das große Problem seiner Lebensarbeit, die Frage nach der „Entstehung der Arten", in ihm anregten. Einesteils die lehrreichen Erscheinungen der geographischen Verbreitung der Arten, anderenteils die Beziehungen der lebenden zu den ausgestorbenen Species desselben Erdteils führten ihn auf den Gedanken, daß nahe verwandte Arten von einer gemeinsamen Stammform abstammen möchten. Als er dann nach der Rückkehr von seiner fünfjährigen Weltreise sich jahrelang auf das eifrigste mit dem systematischen Studium der Haustiere und Gartenpflanzen beschäftigte, erkannte er die offenbaren Analogien, welche sie in ihrer Bildung und Umbildung mit den wilden Arten im Naturzustande darbieten. Zu der Aufstellung des wichtigsten Punktes seiner Theorie, der natürlichen Züchtung durch den Kampf ums Dasein, gelangte er aber erst, nachdem er das berühmte Buch des National-Oekonomen *Malthus* „Ueber die Bevölkerungsverhältnisse" gelesen hatte. Hierbei wurde ihm sofort die Analogie klar, welche die wechselnden Beziehungen der Bevölkerung und Uebervölkerung in den menschlichen Kulturstaaten mit den sozialen Verhältnissen der Tiere und Pfanzen im Naturzustande besitzen. Viele Jahre hindurch sammelte er nun Material, um massenhafte Beweismittel zur Stütze dieser Theorie zusammenzubringen. Zugleich stellte er selbst als erfahrener Züchter wichtige Züchtungsversuche in Menge an und studierte namentlich die höchst lehrreiche Zucht der Haustauben. Die stille Zurückgezogenheit, in der er seit der Rückkehr von der Weltreise auf seinem Landgute Down unweit Beckenham (einige Meilen von London entfernt) lebte, gewährte ihm dazu die reichlichste Muße. Hier starb er am 19. April 1882, bis zu seinem Tode unermüdlich bestrebt, durch neue Untersuchungen seine epochemachende Theorie zu befestigen.

Erst im Jahre 1858 entschloß sich *Darwin*, gedrängt durch die Arbeit eines anderen Naturforschers, *Alfred Wallace,* der auf dieselbe Züchtungstheorie gekommen war, die Grundzüge seiner Lehre zu veröffentlichen; 1859 erschien dann sein Hauptwerk „Ueber die Entstehung der Arten", in welchem dieselbe ausführlich erörtert und mit den gewichtigsten Beweismitteln begründet ist. Da ich in meiner „Generellen Morphologie" und „Natürlichen Schöpfungsgeschichte" meine Auffassung derselben bereits ausführlich erörtert habe, will ich hier nicht länger dabei verweilen. und nur nochmals mit ein paar Worten den Kern der *Darwin*schen Theorie, auf dessen richtiges Verständnis alles ankommt, hervorheben. Dieser Kern enthält den einfachen Grundgedanken: der Kampf ums Dasein bildet im Naturzustande die Organismen um und erzeugt neue Arten mit Hülfe derselben Mittel, durch welche der Mensch neue Rassen von Tieren und Pflanzen im Kulturzustande hervorbringt. Diese Mittel bestehen in einer fortgesetzten Auslese oder S e l e k t i o n der zur Fortpflanzung gelangenden Individuen, wobei Vererbung und Anpassung in ihren gegenseitigen Wechselbeziehungen als umbildende Ursachen wirksam sind [31]).

Unabhängig von *Darwin* war auch sein jüngerer Landsmann, der berühmte Reisende *Alfred Wallace*, auf denselben Gedanken gekommen. Doch hat er die artenbildende Wirksamkeit der natürlichen Züchtung nicht so klar erkannt und so allseitig entwickelt, wie *Darwin*. Immerhin enthalten die Schriften von *Wallace*, insbesondere über Mimicry u. s. w., sowie sein treffliches Werk über „Geographische Verbreitung der Tiere", viele hübsche originale Beiträge zur Selektionstheorie. Leider ist dieser talentvolle Naturforscher später auf gefährliche Irrwege geraten, indem er sich von mystischem Spiritismus blenden ließ; als Gespensterseher und Geisterbeschwörer spielte er eine bedeutende Rolle in den spiritistischen Gesellschaften von London.

Die Wirkung von *Darwins* Hauptwerk „Ueber die Entstehung der Arten im Tier- und Pflanzenreich durch natürliche Züchtung" war außerordentlich bedeutend, wenn auch zunächst nicht innerhalb der Fachwissenschaft. Es vergingen einige Jahre, ehe die Botaniker und Zoologen sich von dem Erstaunen erholt hatten, in welches sie durch die neue Naturanschauung dieses großen reformatorischen Werkes versetzt waren. Die Wirkung des Darwinismus auf die Spezialwissenschaften, mit denen wir Zoologen und Botaniker uns beschäftigen, ist aber von Jahr zu Jahr glänzender hervorgetreten; in allen Gebieten der Biologie, besonders in der vergleichenden Anatomie und Ontogenie, in der zoologischen und botanischen Systematik hat er sich als befruchtendes Ferment bewährt. Schon jetzt ist dadurch eine mächtige Umwälzung in den herrschenden Ansichten herbeigeführt worden.

Nun war aber in dem ersten *Darwin*schen Werke von 1859 derjenige Punkt, welcher uns hier zunächst interessiert, die Anwendung der Abstammungslehre auf den Menschen, noch gar nicht berührt worden. Man hat sogar einige Jahre hindurch an der Behauptung festgehalten, daß *Darwin* nicht daran denke, seine Theorie

auf den Menschen anwenden zu wollen, und daß er vielmehr die
herrschende Ansicht teile, wonach dem Menschen eine ganz besondere Stellung in der Schöpfung notwendig vorbehalten werden
müsse. Nicht allein unwissende Laien (insbesondere viele Theologen),
sondern auch gelehrte Naturforscher behaupteten mit der größten
Naivetät, daß zwar die *Darwin*sche Theorie an sich gar nicht
anzufechten, vielmehr völlig richtig sei, daß man mittelst derselben
die Entstehung der verschiedenen Tier- und Pflanzenarten sehr
gut zu erklären im stande sei, daß aber die Theorie durchaus
nicht auf den Menschen angewendet werden könne.

Inzwischen wurde jedoch von einer großen Anzahl denkender
Leute, von Naturforschern sowohl als von Laien, die entgegengesetzte Ansicht ausgesprochen, und der Schluß gezogen, daß aus
der von *Darwin* reformierten Descendenztheorie mit logischer Notwendigkeit auch die Abstammung des Menschen von anderen tierischen Organismen, und zwar zunächst von affenähnlichen Säugetieren, gefolgert werden müsse. Die Berechtigung dieses weit-
tragenden Folgeschlusses wurde sogar schon sehr frühzeitig von
vielen denkenden Gegnern der Lehre anerkannt. Gerade weil
sie diese Konsequenz als unausbleiblich ansahen, glaubten Viele
die ganze Theorie verwerfen zu müssen.

Die erste wissenschaftliche Anwendung der *Darwin*schen
Theorie auf den Menschen geschah durch den berühmten Naturforscher *Thomas Huxley*, den ersten Zoologen Englands [32]). Dieser
geistvolle und kenntnisreiche Forscher, dem die zoologische Wissenschaft viele wertvolle Fortschritte verdankt, veröffentlichte im
Jahre 1863 eine kleine Schrift: „Zeugnisse für die Stellung des
Menschen in der Natur. Drei Abhandlungen: 1) Ueber die Naturgeschichte der menschenähnlichen Affen; 2) Ueber die Beziehungen
des Menschen zu den nächstniederen Tieren; 3) Ueber einige
fossile menschliche Ueberreste.“ In diesen drei außerordentlich
wichtigen und interessanten Abhandlungen ist mit völliger Klarheit
nachgewiesen, daß aus der Descendenztheorie notwendig die
vielbestrittene „Abstammung des Menschen vom Affen“
folgt. Wenn die Abstammungslehre überhaupt richtig ist, bleibt
nichts übrig, als die menschenähnlichsten Affen als diejenigen Tiere
anzusehen, aus welchen zunächst sich das Menschengeschlecht Stufe
für Stufe historisch entwickelt hat. Fast gleichzeitig erschien eine
größere Schrift über denselben Gegenstand von *Carl Vogt*: „Vorlesungen über den Menschen, seine Stellung in der Schöpfung und
in der Geschichte der Erde“. Ferner sind unter denjenigen Zoo-

logen, welche sofort nach dem Erscheinen von *Darwins* Werk die Descendenztheorie annahmen und förderten und in richtiger logischer Konsequenz die Abstammung des Menschen von niederen Tieren folgerten, namentlich noch *Gustav Jaeger* [33]) und *Friedrich Rolle* zu nennen. Der letztere veröffentlichte 1866 eine Schrift über „den Menschen, seine Abstammung und Gesittung, im Lichte der *Darwin*schen Lehre".

Gleichzeitig habe ich selbst im zweiten Bande meiner 1866 erschienenen „Generellen Morphologie der Organismen" den ersten Versuch gemacht, die Entwickelungstheorie auf die gesamte Systematik der Organismen mit Inbegriff des Menschen anzuwenden [34]). Ich habe dort die hypothetischen Stammbäume der einzelnen Klassen des Tierreiches, des Protistenreiches und des Pflanzenreiches so zu entwerfen versucht, wie es nach der *Darwin*schen Theorie nicht allein im Prinzip notwendig, sondern auch wirklich bis zu einem gewissen Grade der Wahrscheinlichkeit jetzt schon möglich ist. Denn wenn überhaupt die Abstammungslehre richtig ist, wie sie *Lamarck* zuerst bestimmt formuliert und *Darwin* später fest begründet hat, so muß man auch im stande sein, das natürliche System der Tiere und Pflanzen genealogisch zu deuten und die kleineren und größeren Abteilungen des Systems als Zweige und Aeste eines S t a m m b a u m e s hinzustellen. Die acht genealogischen Tafeln, welche ich dem zweiten Bande der „Generellen Morphologie" angehängt habe, sind die ersten derartigen Entwürfe. In dem 27. Kapitel derselben sind zugleich die wichtigsten Stufen in der Ahnenreihe des Menschen aufgeführt, soweit sie sich durch den Wirbeltierstamm hindurch verfolgen läßt. Insbesondere habe ich daselbst die systematische Stellung des Menschen in der Klasse der Säugetiere und die genealogische Bedeutung derselben festzustellen versucht, soweit dies damals möglich war. Diesen Versuch habe ich sodann wesentlich verbessert und in populärer Darstellung weiter ausgeführt im XXVI.—XXVIII. Vorträge meiner „Natürlichen Schöpfungsgeschichte" (1868; XI. verbesserte Auflage 1909 [35]). Eine schärfere kritische Begründung derselben gibt neuerdings meine Festschrift über „Unsere Ahnenreihe" (Progonotaxis hominis), Jena 1908.

Erst 1871, zwölf Jahre nach dem Erscheinen vom „Ursprung der Arten", trat *Darwin* mit dem berühmten Werke hervor, welches die vielbestrittene Anwendung seiner Theorie auf den Menschen enthält und somit die Krönung seines großartigen Lehrgebäudes vollzieht. Dieses wichtige Werk ist betitelt „D i e A b s t a m m u n g

des Menschen und die geschlechtliche Zuchtwahl"[36]).
Darwin hat hier den früher verschwiegenen Folgeschluß, daß
auch der Mensch sich aus niederen Tieren entwickelt haben muß,
mit der größten Offenheit und der schärfsten Logik gezogen, und
hat insbesondere die höchst wichtige Rolle auf das geistvollste
erörtert, welche sowohl bei der fortschreitenden Veredelung des
Menschen wie aller anderen höheren Tiere die geschlechtliche
Züchtung oder sexuelle Selektion spielt. Danach ist die sorgfältige
Auswahl, welche die beiden Geschlechter behufs ihrer geschlechtlichen Verbindung und Fortpflanzung aufeinander ausüben, und
der ästhetische Geschmack, den die höheren Tiere hierbei entwickeln, von größter Bedeutung für die fortschreitende Entwickelung der Formen und die Sonderung der Geschlechter. Indem bei
den einen Tieren sich die Männchen die schönsten Weibchen aus-
suchen, bei anderen umgekehrt die Weibchen nur die edelsten
Männchen wählen, wird der spezifische und zugleich der sexuelle
Charakter fortdauernd veredelt. Dabei entwickeln manche höhere
Tiere einen besseren Geschmack und ein unbefangeneres Urteil,
als der Mensch. Aber auch beim Menschen ist aus dieser sexuellen
Auswahl das veredelte Familienleben, die wichtigste Grundlage
der Kultur und der Staatenbildung entsprungen. Die Entstehung
des Menschengeschlechts beruht sicher zum großen Teile auf der
vervollkommneten geschlechtlichen Zuchtwahl, welche unsere
Ahnen bei ihrer Brautwahl ausübten (vergl. den XI. Vortrag
meiner Natürlichen Schöpfungsgeschichte, S. 249; und Bd. II
S. 244—247 der Generellen Morphologie).

Die allgemeinen Grundzüge des menschlichen Stammbaumes,
wie ich sie in der „Generellen Morphologie" und in der „Natürlichen
Schöpfungsgeschichte" aufgestellt habe, nahm *Darwin* im wesentlichen an und hob ausdrücklich hervor, daß ihn seine Erfahrungen
zu denselben Schlüssen geführt haben. Daß er selbst nicht gleich
in seinem ersten Werke die Anwendung der Descendenztheorie
auf den Menschen machte, war sehr weise und kann nur gebilligt
werden; denn diese Konsequenz war nur geeignet, die größten
Vorurteile gegen die ganze Theorie aufzuregen. Zunächst kam
es nur darauf an, der Abstammungslehre in Bezug auf die Tier-
und Pflanzenarten Geltung zu verschaffen. Ihre folgerichtige Anwendung auf den Menschen mußte dann selbstverständlich früher
oder später von selbst nachkommen.

Die richtige Auffassung dieses Verhältnisses ist von der größten
Bedeutung. Wenn überhaupt alle Organismen von einer gemein-

samen Wurzel abstammen, dann ist auch der Mensch in dieser gemeinsamen Descendenz mit inbegriffen. Wenn hingegen alle einzelnen Arten oder Organismenspecies für sich erschaffen worden sind, dann ist auch der Mensch ebenso „erschaffen, nicht entwickelt". Zwischen diesen beiden entgegengesetzten Annahmen haben wir in der Tat zu wählen, und diese entscheidende Alternative kann nicht oft und nicht scharf genug in den Vordergrund gestellt werden: Entweder sind überhaupt alle verschiedenen Arten des Tier- und Pflanzenreiches übernatürlichen Ursprungs, erschaffen, nicht entwickelt: und dann ist auch der Mensch ein Produkt eines übernatürlichen Schöpfungsaktes, wie alle die verschiedenen religiösen Glaubensvorstellungen annehmen. Oder aber, es haben sich die verschiedenen Arten und Klassen des Tier- und Pflanzenreiches aus wenigen gemeinsamen einfachsten Stammformen entwickelt, und dann ist auch der Mensch selbst eine letzte Entwickelungsfrucht des tierischen Stammbaums.

Man kann dieses fundamentale Verhältnis kurz in dem Satze zusammenfassen: Die Abstammung des Menschen von niederen Tieren ist ein besonderes Deduktionsgesetz, welches mit Notwendigkeit aus dem allgemeinen Induktionsgesetze der gesamten Abstammungslehre folgt. In diesem Satze läßt sich das Verhältnis am klarsten und einfachsten formulieren. Die Abstammungslehre ist im Grunde weiter nichts als ein großer Induktionsschluß, auf welchen wir durch die vergleichende Zusammenstellung der wichtigsten morphologischen und physiologischen Erfahrungen hingeführt werden. Nun müssen wir überall da nach den Gesetzen der Induktion schließen, wo wir nicht im stande sind, die Naturwahrheit auf dem untrüglichen Wege direkter Messung oder mathematischer Berechnung unmittelbar festzustellen. Bei der Erforschung der belebten Natur vermögen wir fast niemals ganz unmittelbar die Bedeutung der Erscheinungen vollständig zu erkennen und auf dem exakten Wege der Mathematik zu bestimmen, wie das bei der viel einfacheren Erforschung der anorganischen Naturkörper der Fall ist: in der Chemie und Physik, in der Mineralogie und der Astronomie. Besonders in der letzteren können wir immer den einfachsten und absolut sicheren Erkenntnispfad der mathematischen Berechnung benutzen. Allein in der Biologie ist dies aus vielen Gründen ganz unmöglich, und zwar zunächst deshalb, weil hier die meisten Erscheinungen sehr zusammengesetzt und viel zu verwickelt sind, als daß sie unmittelbar eine mathematische Analyse erlaubten. Die

große Mehrzahl aller biologischen Erscheinungsformen ist das Endresultat von verwickelten historischen Prozessen, die einer
weit zurückliegenden Vergangenheit angehören und größtenteils
nur hypothetisch zu erraten sind, Wir sind daher hier gezwungen,
induktiv vorzugehen, das heißt aus der Masse einzelner Beobachtungen allgemeine Schlüsse von annähernder Richtigkeit
Stufe für Stufe zu erobern. Diese Induktionsschlüsse können zwar
nicht absolute Sicherheit, wie die Sätze der Mathematik, bean-
spruchen; sie nähern sich aber um so mehr der Wahrheit und besitzen um so größere Wahrscheinlichkeit, je ausgedehnter die Er-
fahrungsgebiete sind, auf die wir uns dabei stützen. An der
Bedeutung dieser Induktionsgesetze ändert der Umstand
nichts, daß dieselben nur als vorläufige wissenschaftliche Errungenschaften betrachtet und durch weitere Fortschritte der Erkenntnis
möglicherweise verbessert oder vervollkommnet werden können.
Ganz dasselbe gilt von den meisten Erkenntnissen vieler anderer
Wissenschaften, z. B. der Geologie, der Archäologie. Wie sehr
auch im einzelnen solche induktive Erkenntnisse im Laufe der
Zeit verbessert und verändert werden mögen, die allgemeine Bedeutung ihres Inhalts kann davon ganz unberührt bleiben.

Wenn wir nun die Abstammungslehre im Sinne von *Lamarck*
und *Darwin* (oder den Transformismus) als ein Induktionsgesetz, und zwar als das größte von allen biologischen Induk-
tionsgesetzen betrachten, so stützen wir uns dabei in erster Linie
auf die Tatsachen der Paläontologie; denn durch die Versteinerungskunde werden uns die historischen Erscheinungen des
Artenwechsels unmittelbar bewiesen. Aus den Verhältnissen, unter
denen wir diese Versteinerungen oder Petrefakten in den geschichteten Gesteinen unserer Erdrinde begraben finden, ziehen wir erstens
den sicheren Schluß, daß sich die organische Bevölkerung der
Erde ebenso wie die Erdrinde selbst langsam und allmählich entwickelt hat; und zweitens den Schluß, daß Reihen von verschiedenen Bevölkerungen nacheinander in den verschiedenen Perioden
der Erdgeschichte aufgetreten sind. Die Geologie der Gegenwart
zeigt uns, daß die Entwickelung der Erde allmählich und ohne
gewaltsame totale Umwälzungen stattgefunden hat. Wenn wir nun
die verschiedenen Tier- und Pflanzenschöpfungen, welche im Laufe
der Erdgeschichte nacheinander aufgetreten sind, miteinander
vergleichen, so finden wir erstens eine beständige und allmähliche
Zunahme der Artenzahl von der ältesten bis zur neuesten Zeit; und
zweitens nehmen wir wahr, daß die Vollkommenheit der Formen

innerhalb jeder größeren Gruppe des Tierreiches und des Pflanzenreiches ebenfalls beständig zunimmt. So existierten z. B. von den
Wirbeltieren zuerst nur niedere Fische, dann höhere Fische; später
kommen die Amphibien. Noch später erst erscheinen die drei
höheren Wirbeltierklassen, die Reptilien, darauf die Vögel und die
Säugetiere; von den Säugetieren zeigen sich zuerst nur die unvollkommensten und niedersten Formen; erst sehr spät kommen
auch die höheren placentalen Säugetiere zum Vorschein, und zu
den spätesten und jüngsten Formen der letzteren gehört der Mensch.
Mithin nimmt die Vollkommenheit der Formen ebenso wie ihre
Mannigfaltigkeit von der ältesten Zeit bis zur Gegenwart beständig
zu. Das ist eine Tatsache von größter Bedeutung; nur durch die
Abstammungslehre läßt sie sich erklären und steht mit deren Gesetzen in vollkommener Harmonie. Die natürliche Zuchtwahl bedingt notwendig eine solche Zunahme an Zahl und Vollkommenheit der Arten, wie sie uns tatsächlich die historische Reihenfolge
der Versteinerungen vor Augen führt.

Eine zweite Erscheinungsreihe, welche für unser Induktionsgesetz von der größten Bedeutung ist, erkennen wir durch die
vergleichende Anatomie. Dieser Teil der Morphologie oder
Formenlehre vergleicht die entwickelten Formen der Organismen
und sucht in der bunten Mannigfaltigkeit der organischen Gestalten
das einheitliche Organisationsgesetz, oder wie man früher sagte,
den „gemeinsamen Bauplan" zu erkennen. Seit *Cuvier* im Anfange
des 19. Jahrhunderts diese Wissenschaft begründet hat, ist sie ein
Lieblingsstudium der hervorragendsten Naturforscher geblieben.
Schon vor ihm war *Goethe* durch den geheimnisvollen Reiz derselben
auf das mächtigste angezogen und in seine Studien „zur Morphologie"
hineingeführt worden. Insbesondere die vergleichende Osteologie,
die philosophische Betrachtung und Vergleichung des Knochengerüstes der Wirbeltiere — in der Tat einer der interessantesten
Teile — fesselte ihn mächtig und führte ihn zu seiner schon erwähnten Schädeltheorie. Die vergleichende Anatomie lehrt uns,
daß der innere Bau der zu jedem Stamme gehörigen Tierarten
und ebenso auch der Pflanzenformen jeder Klasse in allen wesentlichen Grundzügen die größte Uebereinstimmung besitzt. wenn auch
die äußeren Körperformen sehr verschieden sind. So zeigt der
Mensch in allen wesentlichen Beziehungen seiner inneren Organisation solche Uebereinstimmung mit den übrigen Säugetieren, daß
niemals ein vergleichender Anatom über seine Zugehörigkeit zu
dieser Klasse in Zweifel gewesen ist. Der ganze innere Aufbau des

menschlichen Körpers, die Zusammensetzung seiner verschiedenen
Organsysteme, die Anordnung der Knochen, Muskeln, Blutgefäße
u. s. w., die gröbere und feinere Struktur aller dieser Organe stimmt
mit derjenigen aller übrigen Säugetiere (z. B. Affen, Nagetiere,
Huftiere, Walfische, Beuteltiere u. s. w.) so sehr überein, daß dagegen die völlige Unähnlichkeit der äußeren Gestalt gar nicht ins
Gewicht fällt. Weiterhin erfahren wir durch die vergleichende
Anatomie, daß die Grundzüge der tierischen Organisation sogar
in den verschiedenen Klassen (im ganzen 50—60 an der Zahl) so
sehr übereinstimmen, daß füglich alle in 8—12 verschiedene Hauptgruppen gebracht werden können. Aber selbst in diesen wenigen
Hauptgruppen, den Stämmen oder Typen des Tierreiches, sind noch
gewisse Organe, vor allem der Darmkanal, als ursprünglich gleichbedeutend nachzuweisen. Wenn nun bei allen diesen verschiedenen
Tieren, trotz der größten Unähnlichkeit im Aeußeren, sich dennoch
eine so wesentliche Uebereinstimmung im Innern findet, so können
wir diese Tatsache nur mit Hülfe der Abstammungslehre erklären.
Nur wenn wir die innere Uebereinstimmung als Wirkung der V e r -
e r b u n g von gemeinsamen Stammformen betrachten, die äußere
Unähnlichkeit als Wirkung der A n p a s s u n g an verschiedene
Lebensbedingungen, läßt sich jene wunderbare Tatsache wirklich
begreifen und ursächlich erklären.

Durch diese Erkenntnis ist die vergleichende Anatomie selbst
auf eine höhere Stufe erhoben worden, und mit vollem Rechte
konnte *Gegenbaur* [37]), der bedeutendste neuere Vertreter dieser
Wissenschaft, sagen, daß mit der Descendenztheorie eine neue
Periode in der vergleichenden Anatomie beginne, und daß die erstere
an der letzteren zugleich einen Prüfstein finde. „Bisher besteht
keine vergleichend-anatomische Erfahrung, welche der Descendenztheorie widerspräche; vielmehr führen uns alle darauf hin. So wird
jene Theorie das von der Wissenschaft zurückempfangen, was sie
ihrer Methode gegeben hat: Klarheit und Sicherheit." Früher
hatte man sich immer nur über die erstaunliche Uebereinstimmung
der Organismen im inneren Bau gewundert, ohne sie erklären zu
können. Jetzt hingegen sind wir im stande, die Ursachen dieser
Tatsachen zu erkennen, und nachzuweisen, daß diese wunderbare
Uebereinstimmung einfach die notwendige Folge der Vererbung
von gemeinsamen Stammformen, die auffallende Verschiedenheit
der äußeren Formen aber die notwendige Folge der Anpassung
an die äußeren Existenzbedingungen ist. V e r e r b u n g und A n -
p a s s u n g allein geben ihre wirkliche Erklärung.

Ein besonderer Teil der vergleichenden Anatomie ist aber in dieser Beziehung von ganz hervorragendem Interesse und zugleich von der weitgreifendsten philosophischen Bedeutung. Das ist die Lehre von den r u d i m e n t ä r e n O r g a n e n oder nutzlosen Körperteilen; ich habe sie mit Rücksicht auf ihre philosophischen Konsequenzen geradezu die U n z w e c k m ä ß i g k e i t s l e h r e oder *Dysteleologie* genannt. Fast jeder Organismus (mit Ausnahme der niedrigsten und unvollkommensten), namentlich aber jeder hochentwickelte Tier- und Pflanzenkörper, und ebenso auch der Mensch, besitzt einzelne oder viele Körperteile, welche für den Organismus selbst unnütz, für seine Lebenszwecke gleichgültig, für seine Funktionen wertlos sind. So besitzen wir noch alle in unserem Körper verschiedene Muskeln, die wir niemals gebrauchen; z. B. Muskeln in der Ohrmuschel und in der nächsten Umgebung derselben. Bei den meisten, namentlich den spitzohrigen Säugetieren sind diese inneren und äußeren Ohrmuskeln von großem Nutzen, weil sie die Form und Stellung der Ohrmuschel vielfach verändern, um die Schallwellen möglichst gut aufzufangen. Beim Menschen hingegen und bei anderen stumpfohrigen Säugetieren sind dieselben Muskeln zwar noch vorhanden, aber von gar keinem Nutzen mehr. Da unsere Vorfahren sich schon längst ihren Gebrauch abgewöhnt haben, können wir sie jetzt nicht mehr in Bewegung setzen. Im inneren Winkel unseres Auges besitzen wir noch eine kleine halbmondförmige Hautfalte: diese ist der letzte Rest eines dritten inneren Augenlides, der sogenannten Nickhaut. Bei unseren uralten Verwandten, den Haifischen, und bei vielen anderen Wirbeltieren ist diese Nickhaut sehr entwickelt und für das Auge von großem Nutzen; bei uns ist sie verkümmert und völlig nutzlos. Wir besitzen am Darmkanal einen Anhang, der nicht nur ganz nutzlos ist, sondern sogar sehr schädlich werden kann, den sogenannten Wurmfortsatz des Blinddarms. Dieser kleine Darmanhang wird nicht selten Ursache einer tödlichen Krankheit. Wenn bei der Verdauung durch einen unglücklichen Zufall ein Traubenkern oder ein ähnlicher harter Körper in seine enge Höhlung gepreßt wird, so tritt eine heftige Entzündung ein, die oft tödlich verläuft. Dieser Wurmfortsatz besitzt für unseren Organismus absolut gar keinen Nutzen mehr; er ist das letzte gefährliche Uebɛrbleibsel eines Organes, welches bei unseren pflanzenfressenden Vorfahren viel umfangreicher und für die Verdauung von großem Nutzen war: wie dasselbe auch noch jetzt bei vielen Pflanzenfressern, z. B. bei Affen und Nagetieren, umfangreich und wichtig ist.

Aehnliche rudimentäre Organe finden sich bei uns, wie bei allen höheren Tieren, an den verschiedensten Körperteilen. Sie gehören zu den interessantesten Erscheinungen, mit welchen uns die vergleichende Anatomie bekannt macht: erstens weil sie die einleuchtendsten Beweise für die Descendenztheorie liefern, und zweitens, weil sie auf das schlagendste die herkömmliche teleologische Schulphilosophie widerlegen. Mit Hülfe der Abstammungslehre können wir diese merkwürdigen Erscheinungen sehr einfach erklären.

Wir müssen sie als Teile betrachten, welche im Laufe vieler Generationen allmählich außer Gebrauch gekommen, außer Dienst getreten sind. Mit dem abnehmenden Gebrauche und dem schließlichen Verluste der Funktion verfällt aber auch das Organ selbst Schritt für Schritt einer Rückbildung und verschwindet schließlich ganz. Auf andere Weise ist die Existenz der rudimentären Organe überhaupt nicht zu erklären. Deshalb sind sie auch für die Philosophie von der größten Bedeutung: sie beweisen klar, daß die mechanische oder monistische Auffassung der Organismen allein richtig, und daß die herrschende teleologische oder dualistische Beurteilung derselben ganz verkehrt ist. Die uralte Fabel von dem hochweisen Plane, wonach des „Schöpfers Hand mit Weisheit und Verstand alle Dinge geordnet hat", die leere Phrase von dem „zweckmäßigen Bauplane" der Organismen wird dadurch in der Tat gründlich widerlegt. Es können wohl kaum stärkere Gründe gegen die herkömmliche Teleologie oder Zweckmäßigkeitslehre aufgebracht werden, als die Tatsache, daß alle höher entwickelten Organismen solche rudimentären Organe besitzen.

Auch die beliebte Redensart von der „sittlichen Weltordnung" erscheint im Lichte dieser dysteleologischen Tatsachen nur noch als das, was sie in Wahrheit ist, als eine schöne Dichtung; sie wird durch die wirkliche Sachlage grausam Lügen gestraft. Nur der gelehrte Idealist und der wohlmeinende Optimist, der sein Auge der nackten Wirklichkeit verschließt, kann heute noch das Märchen von der „sittlichen Weltordnung" erzählen. Sie existiert in der Natur leider ebensowenig als im Menschenleben, in der Naturgeschichte sowenig als in der Kulturgeschichte. Der grausame und unaufhörliche „Kampf ums Dasein" ist die wahre Triebfeder der blinden „Weltgeschichte". Eine „sittliche Ordnung" und einen „zweckmäßigen Weltplan" können wir darin nur dann erblicken, wenn wir das Uebermaß der unsittlichen Gewaltherrschaft und der zweckwidrigen Organisation absichtlich ignorieren. Gewalt geht vor Recht, solange organisches Leben existiert.

Die breiteste induktive Grundlage erhält die Descendenztheorie durch das n a t ü r l i c h e S y s t e m der Organismen, welches alle die verschiedenen Formen stufenweise in kleinere und größere Gruppen nach dem Grade ihrer Formverwandtschaft ordnet. Diese Gruppenstufen oder K a t e g o r i e n des Systems, die Varietäten, Species, Genera, Familien, Ordnungen, Klassen u. s. w. zeigen unter sich stets solche Verhältnisse der Nebenordnung und Unterordnung, stets solche Beziehungen der Koordination und Subordination, daß man dieselben nur g e n e a l o g i s c h deuten und bildlich das ganze System nur unter der Form eines vielverzweigten Baumes darstellen kann. Dieser Baum ist der S t a m m b a u m der verwandten Formengruppen, und ihre Formverwandtschaft ist die wahre S t a m m v e r - w a n d t s c h a f t. Da eine andere Erklärung für die natürliche Baumform des Systems gar nicht gegeben werden kann, so dürfen wir sie mittelbar als einen gewichtigen Beweis für die Wahrheit der Abstammungslehre betrachten. Der kritische Ausbau natürlicher Stammbäume ist demgemäß keine leere Spielerei, sondern die höchste Aufgabe der modernen Systematik.

Zu den wichtigsten Erscheinungen, welche für das Induktionsgesetz der Descendenztheorie Zeugnis ablegen, gehört die geographische Verbreitung der Tier- und Pflanzenarten über die Erdoberfläche, sowie die topographische Verbreitung derselben auf den Höhen der Gebirge und in den Tiefen des Ozeans. Die wissenschaftliche Erkenntnis dieser Verhältnisse, die „V e r b r e i t u n g s - l e h r e" oder C h o r o l o g i e, ist nach *Alexander von Humboldts* Vorgange neuerdings mit lebhaftem Interesse in Angriff genommen worden. Jedoch beschränkte man sich bis auf *Darwin* lediglich auf die Betrachtung der chorologischen T a t s a c h e n und suchte vor allem die Verbreitungsbezirke der jetzt lebenden größeren und kleineren Organismengruppen festzustellen. Allein die U r s a c h e n dieser merkwürdigen Verbreitungs - Verhältnisse, die Gründe, warum die einen Gruppen nur dort, die anderen nur hier existieren, und warum überhaupt eine so mannigfaltige Verteilung der verschiedenen Tier- und Planzenarten stattfindet, alles das war man nicht zu erklären im stande. Auch hier liefert uns erst die Abstammungslehre den Schlüssel des Verständnisses; sie allein führt uns auf den richtigen Weg der Erklärung, indem sie uns zeigt, daß die verschiedenen Arten und Artengruppen von gemeinsamen Stammarten abstammen, deren vielverzweigte Nachkommenschaft sich durch W a n d e r u n g oder M i g r a t i o n allmählich über alle Teile der Erde zerstreute. Für jede Artengruppe aber muß ein

7*

sogenannter „Schöpfungsmittelpunkt" oder eine gemeinsame Ur-
heimat angenommen werden; das ist die Ursprungsstätte, auf
der sich die gemeinsame Stammart der Artengruppe zuerst entwickelte, und von der aus sich ihre nächste Nachkommenschaft
nach verschiedenen Richtungen verbreitete. Einzelne von diesen
ausgewanderten Arten wurden wieder Stammformen für neue Artengruppen; diese zerstreuten sich abermals durch aktive und passive
Wanderung, und so fort. Indem sich jede ausgewanderte Form
in der neuen Heimat neuen Existenzbedingungen anpaßte, wurde
sie umgebildet und gab neuen Formenreihen den Ursprung.

Diese höchst wichtige Lehre von den aktiven und passiven
Wanderungen hat zuerst *Darwin* mit Hülfe der Descendenztheorie begründet und dabei namentlich die Bedeutung der wichtigen
chorologischen Beziehungen zwischen der lebenden Bevölkerung
jedes Erdteils und den fossilen Vorfahren und Verwandten derselben richtig hervorgehoben. In vorzüglicher Weise hat dieselbe
sodann *Moritz Wagner* unter der Bezeichnung Migrations-
theorie weiter ausgebildet [38]). Jedoch hat dieser berühmte Reisende
die Bedeutung seiner Wanderungstheorie nach unserer Ansicht
insoweit überschätzt, als er sie für eine notwendige Bedingung
der Entstehung neuer Arten erklärt, dagegen die Selektionstheorie
nicht für richtig hält. Nun stehen aber diese beiden Theorien
keineswegs in prinzipiellem Gegensatze zueinander. Vielmehr
ist die Migration, durch welche die Stammform einer neuen
Art isoliert wird, nur ein besonderer Fall der Selektion. Da
die großartigen und interessanten chorologischen Erscheinungs-
reihen sich einzig und allein durch die Descendenztheorie erklären
lassen, so müssen wir sie zu den wichtigsten induktiven Grundlagen
derselben rechnen. (Natürl. Schöpfungsg., XIV. Vortrag.)

Ganz dasselbe gilt von allen den merkwürdigen Erscheinungen,
welche wir im „Naturhaushalte", in der Oekonomie der Organismen
wahrnehmen. Alle die mannigfaltigen Beziehungen der Tiere und
Pflanzen zueinander und zur Außenwelt, mit denen sich die
Bionomie (*Oekologie* oder *Ethologie* der Organismen) beschäftigt, die interessanten Erscheinungen des Parasitismus, des
Familienlebens, der Brutpflege, des Sozialismus u. s. w., sie alle
sind einfach und natürlich nur durch die Lehre von der Anpassung
und Vererbung zu erklären. Während man früher gerade in diesen
Erscheinungen der Bionomie vorzugsweise die liebevollen Ein-
richtungen eines allweisen und allgütigen Schöpfers zu bewundern
pflegte, finden wir jetzt umgekehrt in ihnen vortreffliche Stützen

für die Abstammungslehre; denn ohne diese und ohne den „Kampf ums Dasein" sind dieselben überhaupt nicht zu begreifen.

Endlich ist als die wichtigste induktive Grundlage der Descendenztheorie nach meiner Ansicht die individuelle Entwickelungsgeschichte der Organismen hervorzuheben, die gesamte Keimesgeschichte oder O n t o g e n i e. Da aber unsere weiteren Vorträge diesen Gegenstand ganz speziell zu behandeln haben, brauche ich hier nichts weiter darüber zu sagen. Ich werde mich vielmehr bemühen, Ihnen Schritt für Schritt in den folgenden Vorträgen zu zeigen, wie die gesamten Erscheinungen der Keimesgeschichte eine zusammenhängende Beweiskette für die Wahrheit der Abstammungslehre bilden; denn nur durch die Stammesgeschichte sind sie zu erklären. Indem wir diesen e n g e n K a u s a l n e x u s z w i s c h e n O n t o g e n e s e u n d P h y l o g e n e s e benutzen und uns beständig auf unser Biogenetisches Grundgesetz stützen, werden wir im stande sein, die Abstammung des Menschen von niederen Tieren aus den Tatsachen seiner Keimesentwickelung Stufe für Stufe nachzuweisen.

Durch die allgemeine Annahme der Descendenztheorie ist die wichtige theoretische Frage von dem Wesen und dem Begriffe der A r t oder S p e c i e s, der eigentliche Angelpunkt aller Streitigkeiten über dieselbe, definitiv erledigt worden. Seit mehr als einem Jahrhundert ist diese Frage von den verschiedensten Gesichtspunkten aus erörtert worden, ohne daß irgend ein befriedigendes Resultat erreicht wurde. Tausende von Zoologen und Botanikern haben sich während dieses Zeitraumes tagtäglich mit der systematischen Unterscheidung und Beschreibung der Species beschäftigt, ohne sich über die Bedeutung derselben klar zu werden. Viele Hunderttausende von Tierarten und Pflanzenarten sind als „gute Arten" aufgestellt und benannt worden, ohne daß ihre Gründer die Berechtigung dazu nachweisen und die logische Begründung ihrer Unterscheidung geben konnten. Endlose Streitigkeiten über die leere Frage, ob die als Species unterschiedene Form eine „gute oder schlechte Art", eine „Species oder Varietät", eine „Subspecies oder Rasse" sei, sind zwischen den „reinen Systematikern" geführt worden, ohne daß dieselben sich nach Inhalt und Umfang dieser B e g r i f f e gefragt hätten. Hätte man sich ernstlich bemüht, über die letzteren klar zu werden, so würde man schon längst eingesehen haben, daß sie gar keine absolute Bedeutung besitzen, sondern nur Gruppenstufen oder Kategorien des Systems von ganz relativer und subjektiver Bedeutung sind.

Allerdings hat im Jahre 1857 ein berühmter und geistreicher,
aber sehr unzuverlässiger und dogmatischer Naturforscher, *Louis
Agassiz*, den Versuch gemacht, jenen „K a t e g o r i e n   d e s
S y s t e m e s" eine absolute Bedeutung beizulegen. Es geschah dies
in dem „Essay on classification", in welchem die Erscheinungen
der organischen Natur auf den Kopf gestellt und, statt aus natürlichen Ursachen erklärt, vielmehr durch das dreikantige Prisma
theologischer Träumerei betrachtet werden. Jede „gute Art oder
bona species" ist hiernach ein „verkörperter Schöpfungsgedanke
Gottes". Allein diese schöne Phrase hält vor der naturphilosophischen
Kritik ebensowenig Stand, wie alle anderen Versuche, den absoluten
Speciesbegriff zu retten. Ich glaube, dies genügend in der ausführlichen Kritik des morphologischen und physiologischen Species-
begriffes und der Kategorien des Systems bewiesen zu haben,
welche ich 1866 in der „Generellen Morphologie" gegeben habe
(Band II, S. 323 — 402). Der „göttliche Schöpfer" von *Agassiz* ist
weiter nichts, als ein idealisierter Mensch; ein phantasiereicher
Architekt, der immer „neue Baupläne" ersinnt und in neuen „Arten"
ausführt. (Vergl. *Carus Sterne*[39]) und den III. Vortrag der „Natürlichen Schöpfungsgeschichte", sowie meine „Ziele und Wege der
heutigen Entwickelungsgeschichte", Jena 1875.)

Nachdem mit *Louis Agassiz* 1873 der letzte geistreiche Ver-
teidiger der Artbeständigkeit und der Wunderschöpfung ins Grab
gestiegen, ist d a s   D o g m a   v o n   d e r   S p e c i e s k o n s t a n z   v e r -
l a s s e n. Die entgegengesetzte Behauptung, daß alle verschiedenen
Species von gemeinsamen Stammformen abstammen, stößt auf keine
ernstlichen Schwierigkeiten mehr. Alle die weitschweifigen Untersuchungen über das, was die Art eigentlich ist, und wie es möglich
ist, daß verschiedene Arten von einer Stammart abstammen, sind
gegenwärtig dadurch zu einem völlig befriedigenden Abschluß gediehen, daß die scharfen Grenzen zwischen Species und Varietät
einerseits, zwischen Species und Genus andererseits aufgehoben sind.
Den a n a l y t i s c h e n   B e w e i s dafür habe ich in meiner 1872 erschienenen Monographie der Kalkschwämme[40]) geliefert, indem ich
in dieser kleinen, aber höchst lehrreichen Tiergruppe die Variabilität
aller Species auf das genaueste untersucht und die Unmöglichkeit
dogmatischer Speciesunterscheidung im einzelnen dargetan habe.
Je nachdem der Systematiker hier die Begriffe vom Genus, Species
und Varietät weiter oder enger faßt, kann er in der kleinen Gruppe
der Kalkschwämme nur ein einziges Genus mit drei Species, oder
3 Gattungen mit 289 Arten, oder gar 113 Genera mit 591 Species

unterscheiden. Außerdem sind aber alle diese mannigfaltigen
Formen durch zahlreiche Zwischenstufen und Uebergangsformen
so zusammenhängend verbunden, daß man die gemeinsame Abstammung aller Calcispongien von einer einzigen Stammform, dem
Olynthus, mit überzeugender Sicherheit nachweisen kann.

Hierdurch glaube ich, die a n a l y t i s c h e   L ö s u n g   d e s   P r o -
b l e m s   v o n   d e r   E n t s t e h u n g   d e r   A r t e n gegeben und somit
die Forderung derjenigen Gegner der Descendenztheorie erfüllt
zu haben, die „im einzelnen" die Abstammung verwandter Arten
von einer Stammform nachgewiesen sehen wollten. Wem die
s y n t h e t i s c h e n Beweise für die Wahrheit der Abstammungslehre
nicht genügen, welche die vergleichende Anatomie und Ontogenie,
die Paläontologie und Dysteleologie, die Chorologie und Systematik
liefern, der mag die a n a l y t i s c h e n Beweise in der Monographie
der Kalkschwämme, ein Produkt fünfjähriger genauester Beobachtungen, zu widerlegen suchen. Ich wiederhole: Wenn man
der Descendenztheorie noch immer die Behauptnng entgegenhält,
daß die Abstammung aller Arten einer Gruppe bisher noch niemals
überzeugend im einzelnen nachgewiesen sei, so ist diese Behauptung
nunmehr völlig grundlos. Die Monographie der Kalkschwämme
liefert diesen analytischen Nachweis im einzelnen wirklich und, wie
ich überzeugt bin, mit unwiderleglicher Sicherheit. Jeder Naturforscher, der das umfangreiche, von mir benutzte Untersuchungs-
material durcharbeitet und meine Angaben prüft, wird finden, daß
man bei den Kalkschwämmen im stande ist, die Species Schritt für
Schritt auf dem Wege ihrer Entstehung, *in statu nascendi*, zu verfolgen. Wenn dies aber wirklich der Fall ist, wenn wir in einer
einzigen Klasse oder Familie die Abstammung aller Species von
einer gemeinsamen Stammform nachzuweisen im stande sind, dann
ist auch die Frage von der Descendenz des Menschen definitiv
gelöst, dann sind wir auch im stande, die Abstammung des Menschen
von niederen Tieren einleuchtend zu beweisen.

Damit ist auch die oft gestellte, und selbst in neuester Zeit
noch von namhaften Naturforschern wiederholte Forderung erledigt,
daß die Abstammung des Menschen von niederen Tieren, und
zunächst von Affen, erst noch „sicher bewiesen" werden müsse.
Diese „s i c h e r e n   B e w e i s e" sind längst vorhanden, und man
braucht nur seine Augen zu öffnen, um sie zu sehen. Ganz vergeblich suchen viele sogenannte „Anthropologen" diese Beweise
darin, daß unmittelbare Uebergangsformen zwischen Menschen und
Affen gefunden, oder gar aus einem lebenden Affen durch zweck-

mäßige Erziehung ein Mensch herangebildet werden müsse. Vielmehr liegen die überzeugenden „sicheren Beweise" in dem jetzt schon erworbenen reichen Erfahrungsmaterial klar vor. Die Quellenschätze der vergleichenden Anatomie und Ontogenie, ergänzt durch die Paläontologie, liefern uns die sichersten Beweisgründe der Phylogenie. Es kommt daher nicht darauf an, neue Beweise für die Stammesgeschichte des Menschen aufzufinden, sondern darauf, die vorhandenen „sicheren Beweise" gründlich kennen und richtig verstehen zu lernen.

Dieser Hinweis auf die verschiedenen Quellen der Phylogenie und auf ihre gegenseitige Ergänzung erscheint heute besonders dringend, weil die ungeheure Ausdehnung der Spezialforschung in allen Gebieten der Biologie, und die unübersehbare Anhäufung einzelner neuer Beobachtungen, vielfach zu einer sehr nachteiligen Einseitigkeit in deren Beurteilung und Verwertung geführt hat. Zahlreiche moderne Embryologen vertiefen sich unter Anwendung raffinierter neuer Methoden in das Detailstudium von kleinen Keimteilen und in deren „mechanische Analyse", ohne den ganzen Organismus im Auge zu behalten, und die wichtigen Beziehungen desselben zu seinen Stammverwandten, welche uns die vergleichende Anatomie und Systematik offenbart. Viele irreführende Theorien der modernen Entwickelungsmechanik würden nie aufgestellt worden sein, wenn die betreffenden Embryologen mit den bezüglichen Tatsachen der Paläontologie bekannt gewesen wären. Umgekehrt sind wieder die meisten Vertreter dieser letzteren Wissenschaft unbekannt mit den wichtigsten Ergebnissen der vergleichenden Ontogenie und verkennen daher den hohen Wert des Biogenetischen Grundgesetzes. So wichtig auch die genaueste Erforschung der Versteinerungen bleibt, so kann doch die hohe phylogenetische Bedeutung der fossilen Tier- und Pflanzenformen nur mit Hülfe der vergleichenden Anatomie und Ontogenie richtig erkannt werden. Ebenso müssen aber auch die Naturforscher der letzteren Gebiete beständig die Ergebnisse der Paläontologie im Auge behalten. Vergleichende Anatomen, welche bloß durch kritische Vergleichung der lebenden Formen, ohne Rücksicht auf ihre ausgestorbenen Stammesgenossen, deren Homologien und Verwandtschaftsbeziehungen feststellen wollen, werden zu keinen befriedigenden Ergebnissen kommen. Die sichere Begründung der wissenschaftlichen Phylogenie durch umsichtige Benutzung aller drei Geschichtsquellen hat neuerdings der verdienstvolle Paläontologe *Henry Osborn* in New York sehr treffend betont: wie ein Stuhl nur auf drei Beinen sicher stehen kann, so auch unsere Stammesgeschichte nur auf jenen drei Urkunden.

Als ich in meiner „Generellen Morphologie (1866) den ersten Versuch unternahm, die organische Formenwissenschaft durch die von *Charles Darwin* reformierte Descendenztheorie mechanisch zu begründen, stand ich mit diesem Versuche fast allein. Die Gegenüberstellung der Ontogenie und Phylogenie, sowie der Nachweis der innigsten kausalen Beziehungen zwischen diesen beiden Teilen der Entwickelungsgeschichte, den ich dort versuchte, stieß fast allgemein auf den lebhaftesten Widerstand. Es folgte ein Decennium des heftigsten „Kampfes ums Dasein" für die neue Lehre. Seit dreißig Jahren hat sich das Blatt völlig gewendet, und die phylogenetische Methode hat so allgemeinen Eingang und so fruchtbare Anwendung in allen Gebieten der Biologie gefunden, daß es überflüssig erscheint, ihre Geltung und ihre Erfolge hier noch näher zu erörtern. Die ganze morphologische Literatur der letzten drei Decennien legt dafür Zeugnis ab. Keine andere Wissenschaft aber ist dadurch so sehr in ihren tiefsten Fundamenten umgestaltet und zu so weitreichenden Folgerungen geführt worden, als diejenige, deren Grundzüge wir hier darlegen wollen, die monistische Anthropogenie.

Allerdings scheint dieser Behauptung der Umstand zu widersprechen, daß gerade der nächstverwandte Zweig der Biologie, die Anthropologie im engeren Sinne, sich diese Fortschritte der Anthropogenie nur wenig zu nutze gemacht hat oder sogar in bewußten Gegensatz dazu getreten ist. Das gilt besonders von derjenigen Richtung derselben, welche in der Deutschen Gesellschaft für Anthropologie dreißig Jahre hindurch herrschend geblieben war. Die Hauptschuld daran trug deren einflußreicher Präsident, der berühmte Pathologe *Rudolf Virchow*. Bis zu seinem Tode (am 5. September 1902) hat derselbe nicht aufgehört, die Descendenztheorie als eine unbewiesene Hypothese zu bekämpfen und deren wichtigste Folgerung, die Abstammung des Menschen von einer Reihe anderer Säugetiere, als einen phantastischen Traum zu verspotten. Wir erinnern nur an den seltsamen Satz, den er 1894 auf dem Anthropologen-Kongresse in Wien aussprach: daß der Mensch ebenso gut vom Schafe oder vom Elefanten, als vom Affen abstammen könne.

In demselben Sinne wie *Virchow* hat auch sein Gehülfe, der Sekretär der Deutschen Anthropologischen Gesellschaft, Professor *Johannes Ranke* in München, unermüdlich den Transformismus bekämpft; er hat das schwierige Kunststück zu stande gebracht, ein großes zweibändiges Werk, betitelt: „Der Mensch", zu schreiben, in welchem alle seine Organisation betreffenden Tatsachen im Gegensatze zu der Abstammungslehre beurteilt sind. Dieses Werk hat vermöge seiner vortrefflichen Illustration und der geschickten Zusammenstellung der interessantesten anatomischen und physiologischen Tatsachen (— jedoch mit Ausschluß der Geschlechtsorgane! —) eine sehr weite Verbreitung gefunden; da es aber weite gebildete Kreise in deren naturgemäßer Beurteilung irregeführt hat, so habe ich bereits in meiner „Natürlichen Schöpfungsgeschichte" dasselbe kritisch beleuchtet; ebendaselbst habe ich auch die bedauerlichen Angriffe von *Virchow* auf die Anthropogenie zurückgewiesen [1]).

Weder *Virchow* und *Ranke*, noch andere sogenannte „exakte Anthropologen" haben den Versuch gemacht, den Ursprung des Menschen auf irgend eine natürliche Weise zu erklären; sie haben diese „Fragen aller Fragen" entweder einfach als transcendent beiseite geschoben oder durch die mystische Annahme einer übernatürlichen „S c h ö p f u n g", also eines W u n d e r s beantwortet. Es wird unsere Aufgabe sein, hier zu zeigen, daß dieser Verzicht auf die vernünftige Beantwortung jener Frage unberechtigt ist; die reichen Erkenntnisse, die wir den gewaltigen Fortschritten der Biologie im neunzehnten Jahrhundert verdanken, reichen vollkommen aus, dieselbe v e r n u n f t g e m ä ß zu beantworten und die natürliche Stammesgeschichte des Menschen durch die wohlbekannten Tatsachen seiner Keimesgeschichte zu begründen.

---

1) Vergl. auch meine Schrift über „Freie Wissenschaft und freie Lehre", II. Aufl. (1908).

Sechster Vortrag.

Die Eizelle und die Amöbe.

„Als die Vorfahren aller höheren Tiere müssen wir ganz einfache einzellige Tiere ansehen, wie es noch heutzutage die in allen Gewässern verbreiteten Amöben sind. Daß auch die ältesten Urahnen des Menschengeschlechtes solche ganz einfache Urtiere vom Formwerte einer einzigen Zelle waren, ergibt sich mit vollster Klarheit aus der unumstößlichen Tatsache, daß sich jedes menschliche Individuum aus einem Ei entwickelt, und dieses Ei ist, wie das Ei aller anderen Tiere, eine einfache Zelle. Wenn man daher unsere Theorie von der tierischen Herkunft des Menschengeschlechts ,abscheulich, empörend und unsittlich' findet, so muß man ganz ebenso ,abscheulich, empörend und unsittlich' die feststehende und jeden Augenblick durch das Mikroskop zu zeigende Tatsache finden, daß das menschliche Ei eine einfache Zelle ist, und daß diese Zelle nicht von dem Ei der anderen Säugetiere zu unterscheiden ist." *Stammbaum des Menschengeschlechts* (1865).

Die Zelle oder Plastide, der Elementar-Organismus. Zellentheorie. Zusammensetzung der Zelle. Lebenstätigkeit der Zelle. Junge und reife Eizellen. Amöben und amöboide Zellen.

Inhalt des sechsten Vortrages.

Das Ei des Menschen und der Tiere ist eine einfache Zelle. Der entwickelte Mensch ist ein organisierter Zellenstaat. Autonome Zellen und Gewebszellen. Bedeutung und wesentlicher Inhalt der Zellentheorie. Begriff, Gestalt und Größe der Zelle. Zusammensetzung aus zwei Bestandteilen: Zellenkern (Nucleus, Karyoplasma); und Zellenleib (Cytosom, Cytoplasma). Aktives Plasma und passive Plasmaprodukte. Die Zelle als Elementar-Organismus oder als Individuum erster Ordnung. Plastiden oder Bildnerinnen. Ihre Lebenserscheinungen. Vegetale Funktionen (Ernährung, Fortpflanzung). Animale Funktionen (Bewegung, Empfindung). Die besondere Beschaffenheit der Eizelle. Dotter. Keimbläschen. Keimfleck. Eihülle, Ovolemma oder Chorion. Anwendung des Biogenetischen Grundgesetzes auf die Eizelle. Einzellige Organismen. Die Amöbe. Zusammensetzung und Lebenserscheinungen der Amöben. Amöboide Bewegungen. Amöboide Zellen im vielzelligen Organismus. Bewegungserscheinungen derselben und Aufnahme fester Stoffe. Fressende Blutzellen. Vergleich der Amöbe mit der Eizelle. Die amöboiden Eizellen der Schwämme und ihre Bewegungen. Rückschluß aus der einzelligen Keimform auf die einzellige Stammform.

Literatur:

Theodor Schwann, 1839. Mikroskopische Untersuchungen über die Uebereinstimmung in der Struktur und dem Wachstum der Tiere und Pflanzen. Berlin.

Johannes Müller, 1840. Handbuch der Physiologie des Menschen. 6.—8. Buch (Seelenleben, Zeugung, Entwickelung). Coblenz.

Albert Kölliker, 1852. Handbuch der Gewebelehre des Menschen. (VI. Aufl. 1896.)

Rudolf Virchow, 1856. Gesammelte Abhandlungen zur wissenschaftlichen Medizin.

Carl Gegenbaur, 1861. Ueber den Bau und die Entwickelung der Wirbeltiereier. (Archiv für Anatomie und Physiologie.) Berlin.

Ernst Haeckel, 1866. Allgemeine Strukturlehre und Individualitätslehre der Organismen. (III. Buch der Generellen Morphologie.) Berlin.

Eduard Van Beneden, 1870. Recherches sur la composition et la signification de l'œuf.

Walther Flemming, 1882. Zellsubstanz, Kern und Zellteilung. Leipzig.

Karl Frommann, 1887. Zelle, Ei und Befruchtung (Realencyklop. der Heilkunde).

Franz Leydig, 1885. Zelle und Gewebe (Lehrbuch der vergleichenden Histologie, 1857).

Philipp Stöhr, 1886. Lehrbuch der Histologie und der mikroskopischen Anatomie des Menschen. (13. Aufl. 1909.) Jena.

Arnold Lang, 1901. Lehrbuch der vergleichenden Anatomie. II. Protozoa. Jena.

Oscar Hertwig, 1893. Die Zelle und die Gewebe. Allgemeine Biologie, 1909. Jena.

Valentin Haecker, 1895. Eibildung und Eireifung. Archiv f. mikrosk. Anat.

Korschelt und Heider, 1902. Die Geschlechtszellen, ihre Entstehung, Reifung und Vereinigung. Lehrbuch der vergleich. Entwickelungsgesch. Allgem. Teil.

Wilhelm Waldeyer, 1902. Die Geschlechtszellen. Im Handbuch der Entwickelungslehre der Wirbeltiere von Oscar Hertwig. Jena.

Alexander Gurwitsch, 1904. Morphologie und Biologie der Zelle. Jena.

Max Fürbringer, 1909. Vom ersten Aufbau und von der Zusammensetzung des Körpers. Erster umgearbeiteter Band von Gegenbaurs „Lehrbuch der Anatomie des Menschen". Leipzig.

VI.

Meine Herren!

Um zu einem klaren Verständnis der Ontogenese oder der individuellen Entwickelung des Menschen zu gelangen, müssen wir unter den vielen wunderbaren und mannigfaltigen Vorgängen derselben die wichtigeren gehörig hervorheben, und von diesen bedeutenderen Anhaltspunkten aus die zahlreichen weniger wichtigen und bedeutsamen Erscheinungen beurteilen. Als der erste und sicherste Anhaltspunkt in dieser Beziehung, zugleich als der notwendige Ausgangspunkt unserer ontogenetischen Untersuchung, tritt uns die Tatsache entgegen, daß jeder Mensch sich aus einem Ei entwickelt, und daß dieses E i e i n e e i n f a c h e Z e l l e i s t. Diese m e n s c h l i c h e E i z e l l e ist in ihrer gesamten Form und Zusammensetzung nicht wesentlich von der Eizelle der übrigen S ä u g e - t i e r e verschieden, während bestimmte Unterschiede zwischen der reifen Eizelle der Säugetiere und derjenigen der übrigen Tiere nachzuweisen sind.

Dieser außerordentlich wichtigen Tatsache können nur wenige hinsichtlich ihrer fundamentalen Bedeutung an die Seite gestellt werden; trotzdem war sie im ersten Viertel des neunzehnten Jahrhunderts noch völlig unbekannt. Wie wir schon früher bemerkten, hat erst im Jahre 1827 *Carl Ernst von Baer* das Ei des Menschen und der Säugetiere tatsächlich durch Beobachtung nachgewiesen. Bis dahin hatte man irrtümlich größere Bläschen, in denen das wahre, viel kleinere Ei erst eingeschlossen ist, als Eier betrachtet. Die klare Erkenntnis, daß dieses Säugetierei eine einfache Zelle gleich dem Ei der übrigen Tiere ist, konnte natürlich erst gewonnen werden, seitdem überhaupt die Zellentheorie existierte. Diese wurde aber erst 1838 von *Schleiden* für die Pflanzen aufgestellt und von *Schwann* auf die Tiere ausgedehnt. Wie Sie bereits wissen, ist diese Zellentheorie von der größten Bedeutung für das ganze Verständnis des menschlichen Organismus und seiner Entwickelung. Es erscheint daher zweckmäßig, hier einige Worte über den gegenwärtigen Zustand der Zellentheorie und über die Bedeutung der daran geknüpften allgemeinen Anschauungen vorauszuschicken.

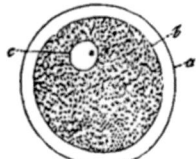

Fig. 1. Die Eizelle des Menschen, 100 mal vergrößert. Der kugelige Zellenleib (Cytoplasma und Dottermasse, *b*) ist von einer hellen Membran eingehüllt (Ovolemma oder Zona pellucida, Eihülle, *a*) und umschließt einen exzentrischen Kern (Keimbläschen, *c*). Vergl. Fig. 14, S. 125.

Um die Zellentheorie, die wichtigste elementare Grundlage unserer morphologischen und physiologischen Anschauungen, richtig zu würdigen, kommt es vor allem darauf an, daß man die Zelle als einen einheitlichen Organismus, als ein selbständiges lebendiges Wesen auffaßt. Wenn wir den entwickelten Körper der Tiere und Pflanzen, wie den des Menschen, durch anatomische Zergliederung in Organe zerlegen, und wenn wir dann weiter diese gröberen Formbestandteile oder Organe mit Hülfe des Mikroskops auf ihre feinere Zusammensetzuug untersuchen, so werden wir durch die Wahrnehmung überrascht, daß alle diese verschiedenen Teile aus einem und demselben Grundbestandteile oder Formelemente zusammengesetzt sind. Dieser allgemeine elementare Formbestandteil ist eben die Zelle. Es ist ganz gleich, ob wir ein Blatt, eine Blume oder eine Frucht, ob wir einen Knochen, einen Muskel, eine Drüse, ein Stück Haut u. s. w. auf diese Weise anatomisch untersuchen, überall begegnen wir einem und demselben Formelement, das man seit *Schleiden* Zelle nennt. Was diese Zelle eigentlich ist, darüber existieren zwar sehr verschiedene Ansichten; allein das Wesentliche unserer Anschauung von der Zelle beruht. darauf, daß wir dieselbe als selbständige Lebenseinheit ansehen müssen. Die kleine Zelle ist, wie *Brücke* sagt, ein „Elementar-Organismus", oder, wie *Virchow* sagt, ein „Lebensherd", ein Biomer. Am schärfsten wird sie vielleicht als die organische Einheit niedersten Ranges, als Individuum erster Ordnung bezeichnet; da die Zellen allein die aktiv tätigen Bildungsstätten aller Lebenserscheinungen sind, können wir sie auch Plastiden oder „Bildnerinnen" nennen (Generelle Morphologie, Bd. I, S. 269). Diese Einheit besteht sowohl in der anatomischen Form, als in der physiologischen Funktion. Bei den Protisten, bei den einzelligen Urpflanzen und Urtieren, besteht der ganze Organismus gewöhnlich zeitlebens nur aus einer einzigen autonomen Zelle.

Hingegen bei den Histonen, bei der großen Mehrzahl der Tiere und Pflanzen, stellt der Organismus bloß im ersten Anfange seiner individuellen Existenz eine einfache Zelle dar, späterhin bildet er eine Zellengesellschaft, oder richtiger einen organisierten Zellenstaat. Unser eigener Körper ist in Wirklichkeit nicht eine einfache Lebenseinheit, wie zunächst die allgemein gültige, naive Auffassung des Menschen annimmt. Vielmehr ist unser Leib in Wahrheit eine höchst zusammengesetzte soziale Gemeinschaft von zahllosen mikroskopischen Organismen, eine Kolonie oder ein Staat, der aus unzähligen selbständigen Lebenseinheiten besteht, aus verschiedenartigen Gewebezellen[41]).

Der Ausdruck Zelle, der übrigens schon lange vor der Zellentheorie bestand, ist eigentlich unglücklich gewählt; *Schleiden*, der ihn zuerst im Sinne der Zellentheorie in die Wissenschaft einführte, nannte die kleinen Elementarorganismen „Zellen", weil dieselben beim Durchschnitte der meisten Pflanzenteile als Kammern erscheinen, welche, ähnlich den Fächern oder Zellen einer Bienenwabe, mit festen Wänden zusammenstoßen und mit einer Flüssigkeit oder einer weichen, breiartigen Masse gefüllt sind. Dieser auch von *Schwann* angenommene Begriff von der Zelle, als ein geschlossenes Säckchen oder Bläschen, welches mit einer Flüssigkeit angefüllt und von einer festen Hülle oder Wand umgeben ist, hat sich lange Zeit hindurch erhalten; aber gerade auf die meisten Zellen des Tierkörpers ist er gar nicht anwendbar. Je weiter man in der Erkenntnis der Zellen des Tierkörpers gelangte, desto mehr sah man ein, daß man den Zellenbegriff ganz anders fassen müsse; denn die umhüllende Membran oder die feste Wand fehlt bei vielen (und besonders bei jungen) Zellen ganz. Gegenwärtig wird daher allgemein die Zelle definiert als ein lebendiges, festweiches Plasmakörperchen, d. h. als ein festflüssiges (weder festes, noch flüssiges), dichtes Klößchen, dessen eiweißartiger Körper einen festeren Kern einschließt. Eine Umhüllung oder Membran kann zwar vorhanden sein, wie es bei den meisten Pflanzenzellen der Fall ist; sie kann aber auch fehlen, wie bei den meisten Tierzellen. Ursprünglich fehlt sie immer. Die Gestalt der jungen Zellen ist meist rundlich, später höchst mannigfaltig. Als Beispiele vergleichen Sie die Zellen aus verschiedenen Teilen des menschlichen Körpers in Fig. 3—7.

Das Wesentliche des Zellenbegriffes im heutigen Sinne besteht also in der Zusammensetzung des Zellenkörpers aus zwei verschiedenen aktiven Teilen, einem inneren und einem äußeren.

Der innere kleinere Bestandteil ist der Zellenkern (*Nucleus*, Karyon oder *Cytoblastus*, Fig. 1 c, Fig. 2 k). Der äußere größere Bestandteil der Zelle, der den ersteren einschließt, ist der eigentliche Zellenleib (*Celleus*, Cytos oder *Cytosoma*). Die weiche lebendige Substanz, welche den beiden Formbestandteilen der Zelle zu Grunde liegt, besitzt eine eigentümliche chemische Zusammensetzung und gehört zur Gruppe der eiweißartigen Plasmakörper oder „Bildungsstoffe". Die wesentlichste und niemals fehlende Grundlage des Zellenkernes ist die Kernsubstanz (*Karyoplasma* oder Nuklein); diejenige des Zellenleibes, weicher als erstere, ist die Zellensubstanz (*Cytoplasma* oder Plastin). Im einfachsten

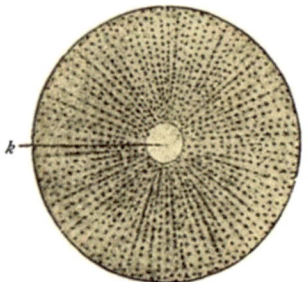

k —

Falle können beide Substanzen völlig einfach und homogen erscheinen, ohne weiter erkennbare Struktur. Gewöhnlich aber kann man in denselben mit Hülfe sehr starker Vergrößerungen feinere Bauverhältnisse, Plasmastrukturen, erkennen. Die wichtigsten und die weitest verbreiteten von diesen sind die faserigen oder netzförmigen „Fadenstrukturen" (*Frommann*) und die schaumartigen „Wabenstrukturen" (*Bütschli*).

Fig. 2. **Stammzelle eines Sterntieres** (Cytula oder „erste Furchungszelle" = befruchtete Eizelle) nach *Hertwig*. k Kern, Karyon oder Nucleus.

Die Gestalt der Zelle oder die äußere Form des „Elementarorganismus" zeigt eine endlose Mannigfaltigkeit, entsprechend der unbeschränkten Fähigkeit ihrer Anpassung an die verschiedensten Tätigkeiten und Existenzbedingungen. Im einfachsten Falle ist die Zelle kugelig (Fig. 2). Diese reguläre Kugelform findet sich namentlich bei solchen Zellen, welche die einfachsten Bauverhältnisse besitzen und welche sich frei und unabhängig von äußeren Druckverhältnissen in einer Flüssigkeit entwickeln. Nicht selten ist dann der Zellenkern ebenfalls kugelig und im Mittelpunkte des konzentrischen Zellenleibes eingeschlossen (Fig. 2 k). In anderen Fällen besitzen die Zellen gar keine bestimmte Form, weil dieselbe, infolge von automatischen Bewegungen, in beständiger langsamer Veränderung begriffen ist; so bei den Amöben (Fig. 15, 16) und den amöboiden Wanderzellen (Fig. 11), auch bei ganz jungen Eiern (Fig. 12). Gewöhnlich aber nimmt die Zelle im Laufe ihres Lebens eine ganz bestimmte Form an. In den Geweben des vielzelligen Tierkörpers, in denen zahlreiche gleichartige

Zellen nach bestimmten erblichen Gesetzen verbunden sind, wird
ihre Gestalt teils durch die Art dieser Verbindung, teils durch
ihre besondere Tätigkeit bedingt. So finden wir z. B. in der
Mundschleimhaut unserer Zunge ganz dünne und zarte Platten-
zellen oder Epithelzellen von rundlichen Umrissen (Fig. 3). In
unserer Oberhaut sind ähnliche, aber härtere Deckzellen mittels
gesägter Ränder ineinander gefügt (Fig. 4). In der Leber und in
anderen Drüsen sind dickere und weichere Zellen reihenweise aneinander gekettet (Fig. 5).

Die letztgenannten Gewebe (Fig. 3—5) gehören zu den einfachsten und ursprünglichsten Formen, zur Gruppe der D e c k e n -
g e w e b e o d e r E p i t h e l i e n. Bei diesen „p r i m ä r e n G e w e b e n"

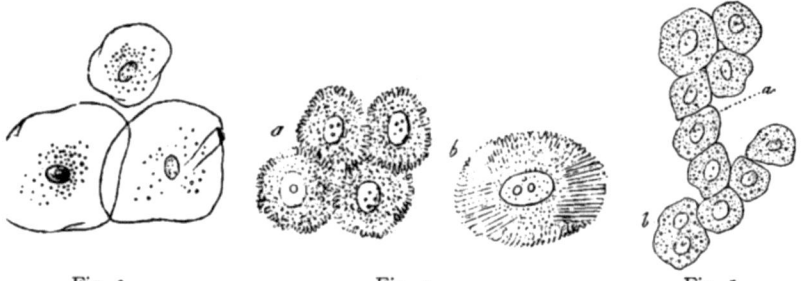

Fig. 3.   Fig. 4.   Fig. 5.

Fig. 3. **Drei Epithelzellen** von der Mundschleimhaut der Zunge.
Fig. 4. **Fünf Stachelzellen** oder Riffzellen, mit ineinander gefügten Rändern,
aus der Oberhaut oder Epidermis; eine davon (b) ist isoliert.
Fig. 5. **Zehn Leberzellen,** eine davon (b) mit zwei Kernen.

(zu denen auch die Keimblätter gehören) sind gleichartige einfache Zellen pflasterähnlich oder schichtenweise angeordnet. Verwickelter wird die Anordnung und Gestaltung bei den s e k u n d ä r e n
G e w e b e n, die aus jenen erst nachträglich hervorgehen, beim
Gewebe der Muskeln, Nerven, Knochen u. s. w. In den Knochen
z. B., die zur Gruppe der S t ü t z g e w e b e o d e r K o n n e k t i v e
gehören (Fig. 6), sind die Zellen sternförmig und hängen durch
zahlreiche, netzförmig verbundene Ausläufer zusammen; ebenso im
Zahngewebe (Fig. 7) und in anderen Formen des Stützgewebes, wo
zwischen den Zellen eine weiche oder feste „Zwischenzellmasse"
(Grundsubstanz oder Intercellularsubstanz) ausgeschieden ist.

Die G r ö ß e d e r Z e l l e n ist ebenfalls sehr verschieden. Die
überwiegende Mehrzahl der Elementar-Organismen ist dem bloßen
Auge unsichtbar und erst mittels des Mikroskopes zu erkennen
(durchschnittlich zwischen 0,01 und 0,1 mm). Es gibt jedoch viel

kleinere Plastiden, wie z. B. die berühmten Bakterien, die teilweise erst mit Hülfe der stärksten Vergrößerungen sichtbar werden. Anderseits wachsen viele Zellen zu beträchtlicher Größe heran und

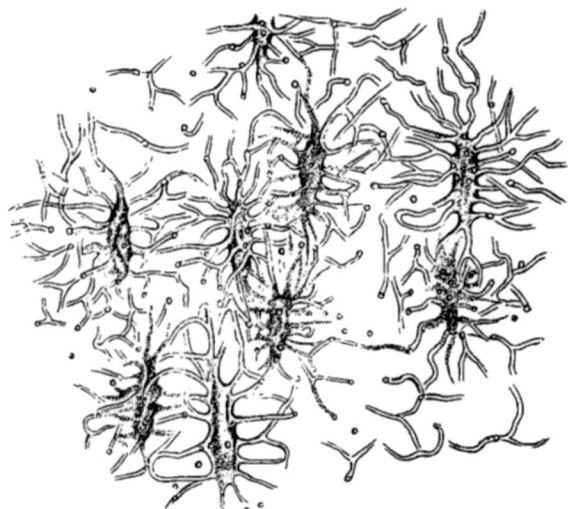

erreichen mehrere Millimeter oder CentimeterDurchmesser, so z. B. unter den einzelligen Protisten viele Rhizopoden (Radiolarien und Thalamophoren). Unter den Gewebezellen des Tierkörpers werden viele Muskelfasern und Nervenfasern länger als ein Decimeter oder selbst als ein Meter. Zu den größten Zellen gehören die dotterreichen Eizellen, so z. B. die gelbe „Dotterkugel" des Hühnereies, die wir nachher besprechen werden (Fig. 15, S. 127).

Fig. 6. **Neun sternförmige Knochenzellen** mit verästelten Ausläufern.

Ebenso wie die Größe und Gestalt der Zellen, ist auch ihre Zusammensetzung höchst mannigfaltig. In dieser Beziehung ist es vor allem wichtig, die aktiven und passiven Bestandteile der Elementarindividuen zu unterscheiden. Nur die ersteren, die aktiven Zellteile, sind wirklich lebendig und verursachen jene wunderbare Erscheinungswelt, die wir unter dem Begriff des „organischen Lebens" zusammenfassen; in

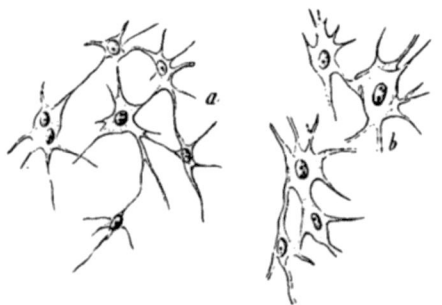

Fig. 7. **Elf sternförmige Zellen** aus dem Schmelzorgan eines Zahnes, durch ihre verästelten Ausläufer zusammenhängend.

erster Linie gehört dazu die innere Kernsubstanz (*Karyoplasma*), in zweiter Linie die äußere Zellsubstanz (*Cytoplasma*).

Erst in dritter Linie kommen dann die passiven Zellteile in Betracht, die sekundär von den letztern gebildet werden, und die ich im IX. Kapitel meiner „Generellen Morphologie" (S. 279) als Plasmaprodukte zusammengefaßt habe; diese sind teils äußere (Zellmembranen und Intercellularsubstanzen), teils innere (Zellsaft und Zellinhalt). (Vergl. hierzu die Tabelle S. 160.)

Der Zellenkern (*Nucleus* oder *Karyon*), meistens von einfacher rundlicher Form, ist ursprünglich ganz homogen (besonders bei ganz jugendlichen Zellen) und aus gleichartiger Kernsubstanz oder Karyoplasma gebildet (Fig. 2 *k*). Gewöhnlich aber wird der Kern später bläschenförmig, so daß man eine festere Kernbasis oder Kerngrundmasse (*Karyobasis*) und einen weicheren oder flüssigen Kernsaft (*Karyolymphe*) unterscheiden kann. Die Kernbasis bildet die umhüllende Membran des bläschenförmigen Kerns und meistens ein Gerüst oder Netzwerk von verästelten Fäden, welche von der Membran ausgehen und den mit Kernsaft gefüllten Hohlraum des Bläschens durchziehen. Dieses Kerngerüst (*Karyomitoma*) besteht aus zwei verschiedenen Substanzen, von denen die eine (*Chromatin*) durch Karmin und andere Farbstoffe intensiv gefärbt wird, die andere (*Achromin* oder *Linin*) hingegen nicht. In einer Masche des Kerngerüstes (oder auch an der Innenseite der Kernhaut) liegt gewöhnlich ein dunkler, stark lichtbrechender, fester Körper, der Kernkörper (*Nucleolus*); manche Zellkerne enthalten mehrere Nukleolen (so z. B. das Keimbläschen der Fischeier und der Amphibieneier).

Als ein sehr kleiner, aber besonders wichtiger Teil des Zellkerns ist neuerdings der Zentralkörper (*Centrosoma*) unterschieden worden, ein winziges Körnchen, das ursprünglich im Nucleus selbst liegt (so bei vielen Spermacyten, Carcinomzellen u. a.), gewöhnlich aber außerhalb desselben, im Cytoplasma; meistens strahlen feine Fäden im Cytoplasma davon aus. Aus den Lagebeziehungen des Centrosoma zu anderen Zellbestandteilen ergibt sich mit Wahrscheinlichkeit, daß dasselbe als Zentrum von Bewegungsvorgängen eine hohe physiologische Bedeutung besitzt; doch fehlt es in vielen Zellen.

Der Zellenleib (*Celleus* oder *Cytosoma*) besteht ursprünglich, und im einfachsten Falle, ebenfalls aus einem gleichartigen, festflüssigen Plasmakörper, aus der homogenen Zellsubstanz (*Cytoplasma*). Gewöhnlich aber wird nur der kleinere Teil desselben von der lebendigen aktiven Zellsubstanz gebildet (*Protoplasma*), hingegen der größere Teil von toten passiven Plasmaprodukten (*Metaplasma*). Unter diesen letzteren kann man zweckmäßig äußere und innere unterscheiden. A e u ß e r e P l a s m a p r o d u k t e (nach außen vom Protoplasma als feste „geformte Substanz" abgeschieden) sind die Zellhäute (Zellmembranen) und die Zwischenzellmassen (Intercellularsubstanzen). Die i n n e r e n P l a s m a p r o d u k t e sind teils flüssiger Z e l l s a f t (*Cytolymphe*), teils festere geformte Gebilde (*Paraplasma*). Gewöhnlich sind in den reiferen und differenzierten Zellen diese verschiedenen Bestandteile des Zellenleibes so angeordnet, daß das Protoplasma (ähnlich wie im bläschenförmigen Kern das Karyoplasma) ein Gerüstwerk bildet (*Cytomitoma*, Filarmasse oder Spongioplasma). Die Lücken dieses Z e l l g e r ü s t e s oder Maschenwerkes werden teils durch den flüssigen Zellsaft ausgefüllt (*Cytolymphe*), teils durch festere geformte Plasmaprodukte (Paraplasma oder Interfilarmasse); unter diesen sind von besonderer Wichtigkeit kleine Plasmakörnchen (*Granula* oder Mikrosomen) und Fettkörner (Liposomen). Außerdem können aber auch noch viele andere Produkte im Cytoplasma abgelagert werden. z. B. Konkremente, Kristalle, Drüsenkörner u. s. w.

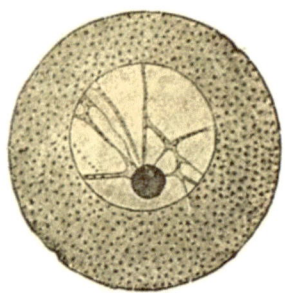

Fig. 8. **Unreife Eizelle eines Sterntieres.** Nach *Hertwig*. Der bläschenförmige Kern (das „Keimbläschen") ist kugelig, halb so groß wie die kugelige Eizelle, und umschließt ein Kerngerüst, in dessen Knotenpunkt ein dunkler Nucleolus („Keimfleck") liegt.

Die einfache kugelige E i z e l l e , von deren Betrachtung wir ausgingen (Fig. 1, 2), behält in vielen Fällen die indifferente Beschaffenheit einer typischen Urzelle bei. Als Gegenstück dazu und als Beispiel einer hoch differenzierten Plastide wollen wir jetzt einmal zum Vergleich eine große N e r v e n z e l l e oder Ganglienzelle aus dem Gehirn betrachten. Die Eizelle repräsentiert potentiell das ganze Tier; d. h. sie besitzt die Fähigkeit, aus sich allein den ganzen vielzelligen Tierkörper hervorzubilden; sie ist die gemeinsame Stammmutter aller der Generationen von zahllosen Zellen, die sich zu den verschiedenen Geweben des Tierkörpers ausbilden: sie vereinigt deren verschiedenartige Kräfte in gewissem Sinne in sich, aber nur potentiell, nur der Anlage nach. Im größten Gegensatze dazu ist die Nervenzelle des Gehirns (Fig. 9) höchst einseitig ausgebildet. Sie vermag nicht gleich der Eizelle zahlreiche Zellengenerationen zu erzeugen, von denen sich die einen zu Hautzellen, die anderen zu Fleischzellen, die dritten zu Knochenzellen umbilden.

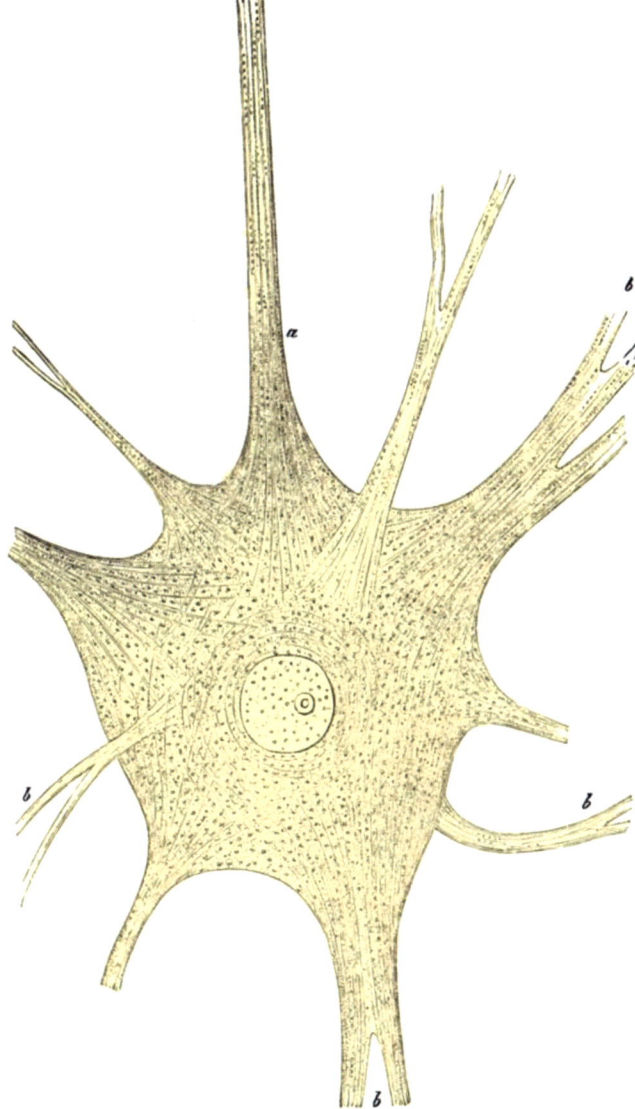

Fig. 9. **Eine große verästelte Nervenzelle oder „Seelenzelle"** aus
dem Gehirn eines elektrischen Fisches (Torpedo), 600 mal vergrößert.   In der Mitte der
Zelle liegt der große helle kugelige Kern (*Nucleus*), der ein Kernkörperchen (*Nucleolus*)
und in diesem einen Kernpunkt (*Nucleolinus*) umschließt.   Das Protoplasma der Zelle
ist in zahllose feine Fäden (oder Fibrillen) zerfallen, die in einer feinkörnigen Zwischen-
substanz eingebettet sind und sich in die verästelten Ausläufer der Zelle (*b*) fortsetzen.
Ein Ausläufer (*a*) geht in eine Nervenfaser über.   (Nach *Max Schultze*.)

Dagegen hat sich aber die gewaltige Nervenzelle zur Erfüllung der höchsten Lebensaufgaben ausgebildet; sie besitzt die Fähigkeit, zu empfinden, zu wollen, zu denken. Sie ist eine wahre S e e l e n z e l l e, ein Elementarorgan der Seelentätigkeit. Dementsprechend besitzt sie eine höchst verwickelte, feinere Struktur. Unzählige äußerst feine Fäden, vergleichbar den zahlreichen elektrischen Drähten einer großen Zentraltelegraphenstation, ziehen sich mannigfach durchkreuzt durch das feinkörnige Protoplasma der Nervenzelle hin und begeben sich in die verästelten Ausläufer, die von dieser Seelenzelle ausgehen und sie mit anderen Nervenzellen und Nervenfasern in Verbindung setzen (*a, b*). Kaum können wir die verwickelten Bahnen derselben in der feinkörnigen Grundsubstanz des Cytoplasmaleibes teilweise annähernd verfolgen.

Hier stehen wir vor einem höchst zusammengesetzten Apparate, dessen feinere Struktur wir auch mit Hülfe unserer stärksten Mikroskope kaum begonnen haben zu erkennen, dessen Bedeutung wir überhaupt mehr ahnen als erkennen können. Seine verwickelte Zusammensetzung entspricht der höchst zusammengesetzten psychischen Funktion. Und dennoch ist auch dieses Elementarorgan der Seelentätigkeit, welches sich zu Tausenden in unserem Gehirn findet, weiter nichts als eine einzige Zelle. Unser ganzes S e e l e n l e b e n ist weiter nichts, als das Gesamtresultat aus der vereinten Tätigkeit aller dieser Nervenzellen oder S e e l e n z e l l e n. In der Mitte jener Zelle liegt ein großer heller Kern, der ein kleines dunkles Kernkörperchen enthält. Auch hier, wie überall, bestimmt der Kern die Individualität der Zelle; er beweist, daß das ganze Gebilde trotz seiner verwickelten feineren Struktur doch nur den Formwert einer einzigen Zelle besitzt.

Im Gegensatz zu dieser höchst entwickelten und höchst einseitig differenzierten Seelenzelle (Fig. 9) ist unsere Eizelle (Fig. 1, 2) noch gar nicht differenziert. Doch müssen wir auch hier aus ihren Lebenseigenschaften auf eine höchst verwickelte chemische Zusammensetzung ihres Protoplasmakörpers, auf eine feine Molekularstruktur schließen, die unserem Auge völlig verborgen ist. Diese h y p o t h e t i s c h e M o l e k u l a r s t r u k t u r d e s P l a s m a wird zwar jetzt allgemein angenommen; sie ist aber niemals wirklich beobachtet und liegt weit jenseits der Grenzen unserer mikroskopischen Wahrnehmung; sie darf ja nicht — wie es oft geschieht — verwechselt werden mit den feineren Plasmastrukturen (Fasernetzen, Körnergruppen, Waben etc.), die wir wirklich mittels starker Vergrößerungen beobachten können.

Wenn wir die Zellen als die Elementar-Organismen oder Form-
Elemente, als die „Individuen erster Ordnung" bezeichneten, so bedarf diese Begriffsbestimmung eigentlich einer Einschränkung. Die
Zellen stellen nämlich keineswegs die allerniedrigste Stufe der
organischen Individualität dar, wie man gewöhnlich annimmt. Vielmehr gibt es noch einfachere Elementar-Organismen, die wir gleich
beiläufig berühren wollen und auf die wir später zurückkommen
werden. Das sind die C y t o d e n : lebende, selbständige Wesen,
welche bloß aus einem Stückchen P l a s s o n bestehen; ihr ganz
homogenes oder gleichartiges Körperchen besteht aus einer eiweißartigen Substanz, welche noch nicht in Karyoplasma und Cytoplasma
differenziert ist, sondern die Eigenschaften beider vereinigt enthält.
Solche einfache Cytoden sind die merkwürdigen M o n e r e n , vor
allen die C h r o m a c e e n und B a k t e r i e n . (Vergl. den XIX. Vortrag.) Streng genommen müssen wir also sagen: der Elementar-
organismus oder „das Individuum erster Ordnung" tritt in zwei
verschiedenen Stufen auf. Die erste und niedrigste Stufe ist die
C y t o d e , die bloß aus einem Stückchen Plasson oder ganz ein-
fachem „Urschleim" besteht. Die zweite und höhere Stufe ist die
Z e l l e , welche bereits in Kernsubstanz und Zellsubstanz gesondert
oder differenziert ist. Beide Stufen, Cytoden und Zellen, fassen
wir unter dem Begriffe der B i l d n e r i n n e n oder P l a s t i d e n
zusammen, weil sie in Wahrheit allein den Organismus bilden [42]).
Allein bei den höheren Tieren und Pflanzen kommen solche Cytoden
in der Regel nicht vor, sondern nur wirkliche Zellen, die einen
Kern enthalten. Bei diesen H i s t o n e n oder „Gewebebildnern"
(Metaphyten und Metazoen) ist also das Elementarindividuum
immer bereits aus zwei chemisch und morphologisch verschiedenen
Teilen zusammengesetzt, aus dem äußeren Zellenleib (*Cytosoma*)
und dem inneren Zellenkern (*Karyon*).

Um sich nun wirklich zu überzeugen, daß jede Zelle ein selbständiger Organismus ist, braucht man bloß die L e b e n s e r s c h e i -
n u n g e n und die Entwickelung eines solchen kleinen Wesens zu verfolgen. Man sieht dann, daß dasselbe alle die wesentlichen Lebenstätigkeiten vollzieht, welche der ganze Organismus ausübt, und zwar
ebensowohl die animalen als die vegetalen Funktionen. Jedes dieser
kleinen Wesen wächst und ernährt sich selbständig. Es nimmt Säfte
von außen auf, die es aus der umgebenden Flüssigkeit aufsaugt: ja
die nackten Zellen können sogar feste Körperchen an beliebigen
Stellen ihrer Oberfläche aufnehmen, also „fressen", ohne daß sie dazu
einen besonderen Mund und Magen nötig hätten (vergl. Fig. 19, S. 134).

Jede einzelne Zelle ist ferner im stande, sich fortzupflanzen. Diese Vermehrung geschieht in den meisten Fällen durch einfache T e i l u n g, bald direkt, bald indirekt; die einfache d i r e k t e (oder „amitotische„) Teilung ist seltener und kommt z. B. bei Blutzellen vor (Fig. 10). Dabei zerfällt zunächst der Kern durch Einschnürung n zwei gleiche Stücke; beide Hälften stoßen sich ab, und darauf schnürt sich das Protoplasma zwischen beiden dergestalt ein, daß es ebenfalls in zwei gleiche Stücke auseinandergeht.   Viel häufiger ist die i n d i r e k t e oder „mitotische" Zellteilung, bei welcher das Karyoplasma des Kerns und das Cytoplasma des Zellenleibes in eine eigentümliche Wechselwirkung treten, unter teilweiser Auf- lösung (*Karyolyse*), Bildung von Fadenknäueln und Schleifen (*Mitose*) und Bewegung der halbierten Plasmakörper gegen zwei polare, sich gegenseitig abstoßende Attraktions- zentren (*Karyokinese*, Fig. 11).

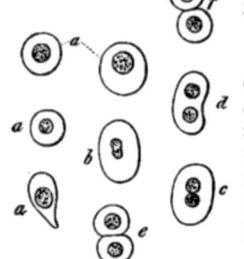

Fig. 10. **Blutzellen, welche sich durch direkte Teilung vermehren,** aus dem Blute eines jungen Hirsch- embryo. Jede Blutzelle hat ursprünglich einen Kern und ist kugelig (*a*). Sobald sie sich vermehren will, zerfällt zu- nächst der Zellenkern oder Nucleus in zwei Kerne (*b, c, d*). Dann schnürt sich auch der Protoplasmakörper zwischen den beiden Kernen ein, die sich voneinander entfernen (*e*). Endlich wird diese Einschnürung vollständig, und die ganze Zelle zerfällt in zwei Tochterzellen (*f*). (Nach *Frey*.)

Die verwickelten physiologischen Vorgänge, welche bei dieser M i t o s e stattfinden, sind neuerdings sehr genau untersucht worden; sie haben zur Erkenntnis bestimmter Entwickelungsgesetze ge- führt, welche für die V e r e r b u n g s - Fragen von großer Bedeutung sind.   Gewöhnlich spielen dabei zwei wesentlich verschiedene Be- standteile des Zellkernes eine wichtige Rolle, das C h r o m a t i n oder die „färbbare Kernsubstanz", das eine besondere Neigung besitzt, sich durch gewisse Farbstoffe (Karmin, Hämatoxylin u. s. w.) intensiv zu färben; und das A c h r o m i n (Linin oder Achromatin), die nicht färbbare, dieser Neigung entbehrende Kernsubstanz. Letztere bildet meistens in der sich zur Teilung anschickenden Zelle eine Spindel, an deren beiden Polen ein sehr kleines, eben- falls nicht färbbares Körnchen liegt, das Z e n t r a l k ö r p e r c h e n (*Centrosoma*); dieses wirkt als Anziehungsmittelpunkt in einer „Attraktionssphäre" auf die Protoplasmakörnchen in dem um- gebenden Zellenleib und erzeugt eine strahlenförmige Figur (Zell- stern, *Monaster*).   Die beiden Zentrosomen, an den Polen der Kernspindel gegenüberstehend, bilden den Doppelstern, *Amphiaster*

(Fig. 11 B, C). Das Chromatin bildet oft einen langen, unregelmäßig aufgewundenen Faden, den Knäuel (*Spirema*, Fig. A); bei beginnender Teilung sammelt es sich im Aequator der Zelle, zwischen beiden Sternpolen, und bildet hier einen Kranz von U-förmigen Schleifen (meist 4 oder 8 oder eine andere bestimmte

Kernfäden (Chromosomen)
(Färbbare Kernsubstanz, Chromatin)

A. **Mutterzelle**   Cyto-
(Knäuelform, Spirema)   soma

Kernmembran

Protoplasma des   Kernsaft
Zellenleibes

Strahlung im Cytoplasma
Centrosoma (Attraktionssphäre)

B. **Mutterstern**   Kernspindel (Achromin, nicht
mit beginnender Längsspaltung   färbbare Kernsubstanz)
der Schleifen (Kernmembran
ist aufgelöst)   Kernschleifen (Chromatin, färbbare Kernsubstanz)

Oberer Tochterkranz

C. **Die beiden Tochtersterne,**   Verbindungsfäden beider
entstanden durch Schleifenspaltung   Tochterkränze (Achromin)
des Muttersterns
(auseinander gerückt)   Unterer Tochterkranz

Doppelstern (Amphiaster)

Oberer Tochterkern

D. **Die beiden Tochterzellen,**
entstanden durch volle Trennung   Aequator-Einschnürung des
der beiden Kernhälften (Cyto-   Zellenleibes
somen im Aequator noch zu-
sammenhängend)
(Doppelknäuel, Dispirema)   Unterer Tochterkern

Fig. 11. **Indirekte oder mitotische Zellteilung** (mit Karyolyse und Karyokinese) aus der Haut einer Salamanderlarve. Nach *Rabl.*

Zahl). Die Schleifen spalten sich der Länge nach in zwei Hälften (B), und diese rücken dann auseinander, gegen die beiden Pole der Spindel hin (C). Hier bildet jede Gruppe einen neuen Kranz, der sich mit der entsprechenden Hälfte der geteilten Spindelmasse zu einem neuen Kern verbindet (D). Nun erst schnürt sich auch das

Protoplasma des Zellkörpers in der Mitte zwischen beiden neuen Tochterkernen ein, und die beiden Tochterzellen werden selbständig.

Zwischen dieser gewöhnlichen Mitose oder indirekten Zellteilung (— dem normalen Teilungsprozeß in den meisten Zellen der höheren Tiere und Pflanzen —) und der einfachen direkten Zellteilung (Fig. 10) gibt es alle verbindenden Zwischenstufen der Sonderung; unter Umständen kann auch die eine Art der Zellteilung in die andere übergehen (so z. B. bei der Dotterzellenteilung diskoblastischer Eier).

Auch mit den animalen Funktionen der Bewegung und Empfindung ist die Plastide begabt. Die einzelne Zelle ist im stande, sich zu bewegen und herumzukriechen, wenn sie Raum zu freier

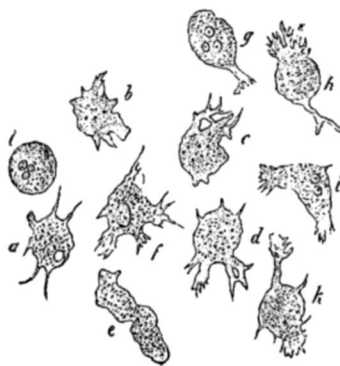

Fig. 12. **Bewegliche Zellen aus einem entzündeten Froschauge** (aus der wässerigen Feuchtigkeit des Auges oder dem Humor aqueus). Die nackten Zellen bewegen sich lebhaft kriechend umher, indem sie Amöben oder Rhizopoden gleich feine Fortsätze aus ihrem nackten Protoplasmakörper ausstrecken. Diese Fortsätze ändern beständig ihre Zahl, Gestalt und Größe. Der Kern dieser amöbenartigen Lymphzellen („Wanderzellen oder Planocyten") ist nicht sichtbar, weil ihn die zahlreichen feinen Körnchen verdecken, die in dem Protoplasma zerstreut sind. (Nach *Frey*.)

Bewegung hat und nicht durch eine feste Hülle daran gehindert ist; sie streckt dann oberflächlich fingerförmige Fortsätze aus, die sie bald wieder einzieht und wobei sie ihre Form wechselt (Fig. 12). Endlich ist die junge Zelle empfindlich, mehr oder weniger reizbar: auf Einwirkung von chemischen und mechanischen Reizen führt sie gewisse Bewegungen aus. Wir können also der einzelnen Zelle alle die wesentlichen Funktionen zuschreiben, die wir unter dem besonderen Gesamtbegriff des Lebens zusammenfassen: Empfindung, Bewegung, Ernährung, Fortpflanzung. Alle diese Eigenschaften, die das vielzellige hochentwickelte Tier besitzt, kommen auch bei der einzelnen Tierzelle schon vor, wenigstens in ihrem Jugendzustande. Ueber diese Tatsache existiert gegenwärtig kein Zweifel mehr, und wir können dieselbe also als die feste und bedeutungsvolle Grundlage unserer physiologischen Auffassung des Elementar-Organismus betrachten.

Ohne uns nun hier weiter auf die höchst interessanten Erscheinungen des Zellenlebens einzulassen, wollen wir sogleich die

Anwendung der Zellentheorie auf das Ei versuchen. Hier ergibt sich nun aus der vergleichenden Untersuchung das hochwichtige Resultat, daß jedes Ei ursprünglich eine einfache Zelle ist. Das ist deshalb von der größten Bedeutung, weil unsere ganze Ontogenie sich demnach in das Problem auflöst: „Wie entsteht aus einem einzelligen Organismus ein vielzelliger?" Jedes organische Individuum ist ursprünglich eine einfache Zelle und als solche ein Elementar-Organismus, oder ein Individuum erster Ordnung. Erst später entsteht durch wiederholte Teilung dieser Zelle ein Zellenhaufen, aus dem sich der vielzellige Organismus, ein Individuum höherer Ordnung, hervorbildet.

Wenn wir nun zunächst die ursprüngliche Beschaffenheit der Eizelle selbst etwas näher betrachten, so überzeugen wir uns von der außerordentlich wichtigen Tatsache, daß in ihrem jugendlichen Zustande die Eizelle bei allen Tieren und beim Menschen dieselbe einfache und indifferente Bildung besitzt (Fig. 13). Wir sind nicht im stande, irgend welche wesentlichen Unterschiede zwischen ihnen, weder hinsichtlich der äußeren Gestalt noch der inneren Zusammensetzung, aufzufinden. Späterhin sind die Eier, obwohl sie einzellig bleiben, doch sehr verschieden an Größe und Gestalt, schließen mannigfaltige Dotterkörperchen ein, haben verschiedene Umhüllungen u. s. w. Wenn man aber die Eier an ihrer Geburtsstätte aufsucht, da, wo sie entstehen, im Eierstock des weiblichen Tieres, so findet man diese Ureier in den ersten Stadien ihres Lebens immer von derselben Bildung; und zwar stellt jedes Urei ursprünglich eine ganz einfache, rundliche, nackte, bewegliche Zelle dar, welche keine Membran besitzt; sie besteht bloß aus einem Cytoplasmaklümpchen und dem davon umschlossenen Nucleus (Fig. 13). Diese beiden Teile führen beim Ei schon seit langer Zeit besondere Namen: man nennt nämlich den Zellenleib hier Dotter (*Vitellus*); und der Zellenkern führt den Namen des Keimbläschens (*Vesicula germinativa*). Der Kern ist bei der Eizelle in der Regel von weicher, meist bläschenartiger Beschaffenheit. Im Innern dieses Bläschens findet sich, wie bei vielen anderen Zellen, ein Kerngerüst und ein drittes, festes Körperchen eingeschlossen, welches man bei gewöhnlichen Zellen das Kernkörperchen nennt (*Nucleolus*). Bei der Eizelle heißt es Keimfleck (*Macula germinativa*). Endlich findet man in vielen Eiern (aber nicht in allen) innerhalb dieses Keimfleckes noch ein innerstes Pünktchen, einen Nucleolinus, welchen man Keimpunkt (*Punctum germinativum*) nennen kann. Indessen haben diese letzteren beiden Teile (Keim-

fleck und Keimpunkt), wie es scheint, nur eine untergeordnete Bedeutung; von fundamentaler Wichtigkeit sind nur die beiden ersten
Bestandteile: der Dotter und das Keimbläschen. An dem Dotter
ist der aktive Bildungsdotter (*Protoplasma*) von dem passiven
Nahrungsdotter (*Deutoplasma*) wohl zu unterscheiden.

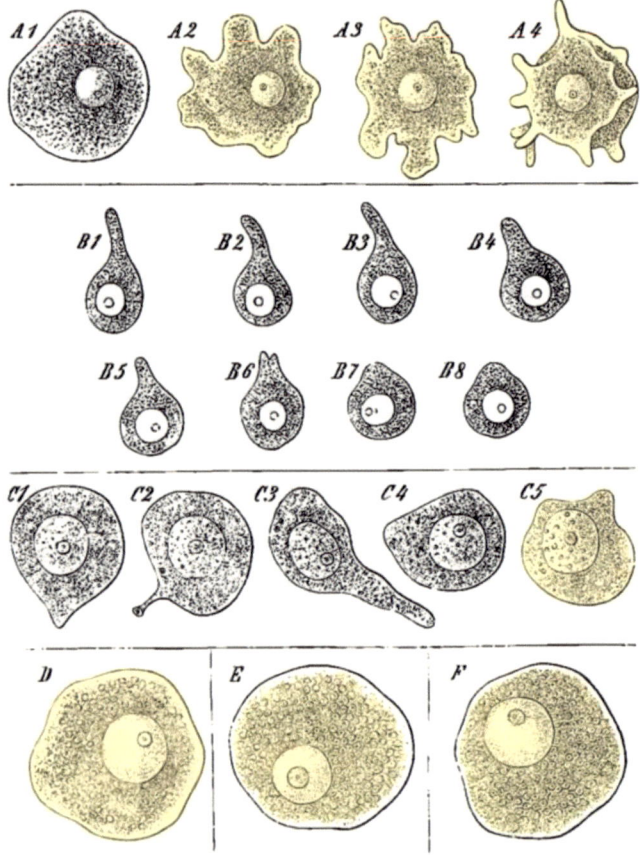

Fig. 13. **Ureier verschiedener Tiere, amöboide Bewegungen aus-
führend**, sehr stark vergrößert. Alle Ureier sind nackte formveränderliche Zellen.
In dem dunkeln feinkörnigen Protoplasma (Eidotter) liegt ein großer bläschenförmiger
Kern (Keimbläschen), und in diesem ein Kernkörperchen (Keimfleck), in dem oft
noch ein Keimpunkt sichtbar ist. Fig. *A*1—*A*4. Ein Urei eines Kalkschwammes
(*Leuculmis echinus*), in vier aufeinander folgenden Bewegungszuständen. Fig. *B*1—*B*8.
Ein Urei eines Schmarotzerkrebses (*Chondracanthus cornutus*), in acht aufeinander
folgenden Bewegungszuständen. (Nach *Eduard Van Beneden*.) Fig. *C*1—*C*5. Ureier
der Katze, in verschiedenen Bewegungszuständen. (Nach *Pflüger*.) Fig. *D*. Ein
Urei der Forelle. Fig. *E*. Ein Urei des Hühnchens. Fig. *F*. Ein Urei des
Menschen.

Bei vielen niederen Tieren (z. B. Schwämmen, Polypen, Medusen) behalten die nackten Eizellen ihre ganz einfache ursprüngliche Beschaffenheit bis zur Befruchtung bei. Bei den meisten Tieren aber erleiden sie schon vorher bestimmte Veränderungen: sie erhalten teils bestimmte Zusätze zum Dotter, welche die Ernährung des Eies vermitteln (Nahrungsdotter); teils äußere Hüllen

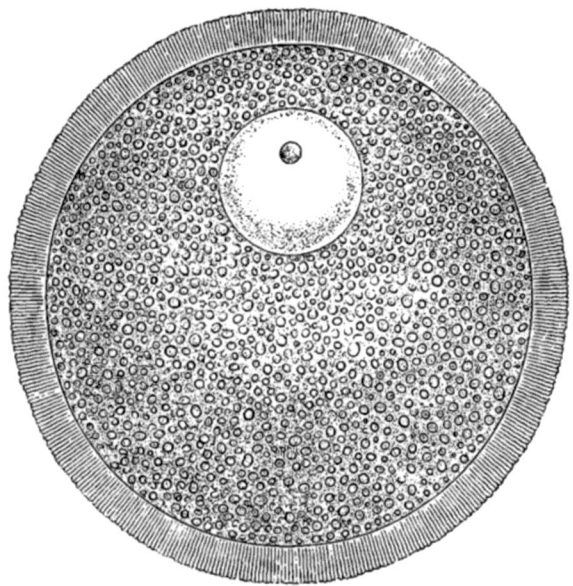

Fig. 14. **Das Ei des Menschen,** aus dem Eierstock des Weibes genommen, 500mal vergrößert. Das ganze Ei ist eine einfache kugelrunde Zelle. Die Hauptmasse der kugeligen Eizelle wird durch den körnigen E i d o t t e r (*Deutoplasma*) gebildet, welcher in dem aktiven Protoplasma gleichmäßig verteilt ist und aus zahllosen feinen Dotterkörnchen besteht. Oben im Eidotter liegt das helle kugelige K e i m b l ä s c h e n, welches dem Z e l l k e r n (Nucleus) entspricht. Dieses enthält ein dunkleres Körnchen, den K e i m f l e c k, welcher das K e r n k ö r p e r c h e n (Nucleolus) darstellt. Umschlossen ist der kugelige Dotter von der dicken hellen E i h ü l l e (*Ovolemma* oder Zona pellucida). Diese ist von sehr zahlreichen, radial gegen den Mittelpunkt der Kugel gerichteten haarfeinen Linien durchzogen, den P o r e n k a n ä l e n, durch welche bei der Befruchtung die fadenförmigen beweglichen Samenzellen in den Eidotter eindringen.

oder Membranen, welche zum Schutze desselben dienen (Eihüllen, Ovolemma oder Prochorion). Eine solche Hülle entsteht bei allen Säugetiereiern im Laufe der weiteren Ausbildung. Die kleine Kugel wird mit einer dicken Kapsel von vollkommen durchsichtiger, glasartiger Beschaffenheit umgeben, *Zona pellucida* oder *Ovolemma pellucidum* genannt (Fig. 14). Wenn wir diese letztere

recht genau mit dem Mikroskop betrachten, können wir darin sehr
feine radiale Striche wahrnehmen, welche die Zona durchziehen
und nichts anderes als sehr enge Kanäle sind. Das Ei des Menschen
ist von dem der meisten anderen Säugetiere sowohl im unreifen
als auch im ausgebildeten Zustande nicht zu unterscheiden. Seine
Form, seine Größe, seine Zusammensetzung bleibt überall nahezu
dieselbe. In völlig ausgebildetem Zustande beträgt sein Durchmesser durchschnittlich $^1/_{10}$ Linie oder 0,2 mm. Wenn man das
Säugetierei gehörig isoliert hat und auf einer Glasplatte gegen das
Licht hält, kann man es eben mit bloßem Auge als feines Pünktchen
erkennen. Dieselbe Größe haben die Eier der meisten höheren
Säugetiere. Fast immer beträgt der Durchmesser der kugeligen
Eizelle zwischen $^1/_{20}$ und $^1/_{10}$ Linie (0.1—0,2 mm). Immer hat sie
dieselbe Kugelform; immer dieselbe charakteristische dicke Hülle;
immer dasselbe helle kugelige Keimbläschen mit seinem dunkeln
Keimfleck. Auch wenn wir das beste Mikroskop mit der stärksten
Vergrößerung anwenden, sind wir nicht im stande, einen wesentlichen Unterschied zwischen dem Ei des Menschen, des Affen, des
Hundes u. s. w. zu entdecken. Damit soll nicht gesagt sein, daß
überhaupt keine Unterschiede zwischen den Eiern dieser verschiedenen Säugetiere existieren. Im Gegenteil müssen wir solche,
wenigstens mit Bezug auf die chemische Zusammensetzung, ganz
allgemein annehmen. Auch die Eier der Menschen sind unter
sich alle verschieden; denn sonst würde ja nicht aus jedem Ei eine
eigentümliche Person sich entwickeln. Nach dem Gesetze der
individuellen Ungleichheit müssen wir wohl voraussetzen,
daß „alle organischen Individuen von Beginn ihrer individuellen
Existenz an ungleich, wenn auch oft höchst ähnlich sind" (Gen.
Morph., Bd. II, S. 202). Freilich sind wir mit unseren rohen und
unvollkommenen Hülfsmitteln nicht im stande, diese feinen, individuellen Unterschiede, welche nur in der Molekularstruktur
zu suchen sind, wirklich zu erkennen. Für die gemeinsame Abstammung des Menschen und der übrigen Säugetiere bleibt aber
trotzdem die auffallende morphologische Aehnlichkeit ihrer Eier,
die uns als völlige Gleichheit erscheinen kann, sehr beweisend.
Denn die gleiche Keimform läßt auf eine gemeinsame Stammform
schließen. Hingegen sind auffallende Eigentümlichkeiten vorhanden, durch welche man sehr leicht das reife Ei der Säugetiere
von dem reifen Ei der Vögel, der Amphibien, der Fische und
anderer Wirbeltiere unterscheiden kann (vergl. den Schluß des
XXIX. Vortrages).

Auffallend verschieden ist das reife Vogelei (Fig. 15). In ihrer ersten Jugend freilich, als Urei (Fig. 13 E), ist auch diese Eizelle derjenigen der Säugetiere (Fig. 13 F) ganz ähnlich. Allein später nimmt sie noch innerhalb des Eileiters eine Masse von Nahrung in sich auf und verarbeitet diese zu dem bekannten mächtigen gelben Dotter. Wenn man ein ganz junges Ei im Eierstocke des Huhnes untersucht, so findet man eine einfache, kleine, nackte, amöboide Zelle, ganz gleich den jungen Eizellen anderer Tiere (Fig. 13). Später wächst es aber so beträchtlich, daß es sich zu der bekannten gelben Dotterkugel ausdehnt. Der Kern der Eizelle oder das Keimbläschen wird dadurch ganz an die Oberfläche der kugeligen Eizelle gedrängt und ist hier in eine geringe Menge von hellerem, sogenanntem weißen Dotter eingebettet. Dieser bildet daselbst einen kreisrunden, weißen Fleck, der unter dem Namen des Hahnentritts oder der Einarbe (*Cicatricula*) bekannt ist (Fig. 15 *b*). Von der Narbe aus setzt sich ein dünner

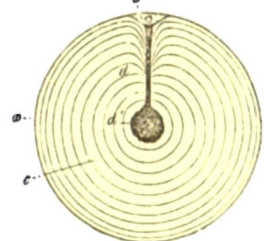

Fig. 15. **Eine reife Eizelle aus dem Eierstock eines Huhnes.** Der gelbe Nahrungsdotter (*c*) ist aus vielen konzentrischen Schichten (*d*) zusammengesetzt und von einer dünnen Dotterhaut (*a*) umhüllt. Der Zellenkern oder das Keimbläschen liegt oben in der Einarbe (*b*). Von da setzt sich der weiße Dotter bis in die zentrale Dotterhöhle fort (*d'*). Doch sind beide Dotterarten nicht scharf geschieden.

Strang von weißer Dottermasse durch den gelben Dotter hindurch bis zur Mitte der kugeligen Zelle fort, wo er in eine kleine, zentrale Kugel (die fälschlich sogenannte Dotterhöhle oder *Latebra*, Fig. 15 *d'*) anschwillt. Die gelbe Dottermasse, welche diesen weißen Dotter umgibt, erscheint am erhärteten Ei konzentrisch geschichtet (*c*). Aeußerlich ist der gelbe Dotter von einer zarten strukturlosen Dotterhaut (*Membrana vitellina*) umgeben (*a*).

Da die große gelbe Eizelle des Vogels bei den größten Vögeln mehrere Zoll Durchmesser erreicht und bläschenförmige Dotterkörperchen einschließt, glaubte man früher, sie nicht als einfache Zelle betrachten zu dürfen. Indessen wurde dieser Irrtum, welcher *His* und andere Embryologen zu ganz falschen Schlüssen noch neuerdings verleitete, schon im Jahre 1861 durch *Gegenbaur* widerlegt. Die unbefruchtete und ungeteilte Eizelle des Vogels bleibt mit ihrem einfachen Kerne eine wirkliche Zelle, mag dieselbe noch so sehr durch Produktion gelber Dottermasse anwachsen. Jedes Tier, welches einen einzigen Zellenkern enthält, jede Amöbe, jede Gregarine, jedes Infusionstierchen, ist einzellig, und bleibt einzellig, wenn es auch noch so viel verschiedene Stoffe frißt. Ebenso bleibt die Eizelle eine einfache Zelle, mag sie später noch so viel gelben Nahrungsdotter im Innern ihres Protoplasma anhäufen. *Gegenbaur* und *Van Beneden* haben dies in ihren trefflichen Arbeiten über die Eier der Wirbeltiere klar nachgewiesen [43]).

Anders verhält sich das Vogelei natürlich, sobald es befruchtet wird. Dann zerfällt sein Zellenkern durch wiederholte Teilung in viele Kerne, und ebenso teilt sich entsprechend das Protoplasma der Narbe oder des Hahnentrittes, welches dieselben umgibt. Dann besteht das Vogelei aus so vielen Zellen, als Kerne in der Narbe vorhanden sind. An dem befruchteten und gelegten Vogelei, das wir täglich verzehren, ist daher die gelbe Dotterkugel bereits ein vielzelliger Körper. Ihre Narbe ist aus vielen Zellen zusammengesetzt und wird nun gewöhnlich als K e i m s c h e i b e (oder *Discus blastodermicus*) bezeichnet. Wir kommen im IX. Vortrage auf diese *Discogastrula* zurück.

Nachdem das reife Vogelei (Fig. 15) aus dem Eierstock ausgetreten und im Eileiter befruchtet worden ist, umgibt sich dasselbe mit verschiedenen Hüllen, die von der Wand des Eileiters ausgeschieden werden. Zunächst um die gelbe Dotterkugel lagert sich die mächtige klare Eiweißschicht ab; ferner die äußere harte Kalkschale, an der innen noch eine feine Schalenhaut anliegt. Alle diese nachträglich um das Ei gebildeten Hüllen und Zusätze sind für die Bildung des Embryo von keiner Bedeutung; es sind Teile, die nur zum Schutze der ursprünglichen einfachen Eizelle dienen. Auch bei anderen Tieren finden wir oft außerordentlich große Eier mit mächtigen Hüllen, z. B. beim Haifische. Auch hier ist ursprünglich das Ei eigentlich im Wesen dasselbe wie beim Säugetier, nämlich eine ganz einfache, nackte Zelle. Dann aber wird auch hier, wie beim Vogel, eine beträchtliche Quantität von Nahrungsdotter innerhalb des ursprünglichen Eidotters angesammelt: Proviant für den entstehenden Embryo; außen um das Ei werden verschiedene Hüllen gebildet. Aehnliche innere und äußere Zugaben erhält die Eizelle auch bei vielen anderen Tieren. Dieselben haben aber überall nur eine physiologische, keine morphologische Bedeutung; sie sind von keinem direkten Einfluß auf die Gestaltung des Keimes selbst. Teils werden sie als Nahrungsmittel vom Embryo verzehrt, teils dienen sie nur als schützende Umhüllung desselben. Daher können wir sie hier ganz außer acht lassen und wollen uns nur an das Wichtigste halten: a n d i e w e s e n t -

liche Gleichheit der ursprünglichen Eizelle beim
Menschen und bei den übrigen Tieren (Fig. 13).

Lassen Sie uns nun hier zum ersten Male von unserem Biogenetischen Grundgesetze Gebrauch machen und unmittelbar dieses
fundamentale Kausalgesetz der Entwickelungsgeschichte auf die
Eizelle des Menschen anwenden. Wir kommen dann zu einem
höchst einfachen, aber höchst bedeutsamen Schlusse. Aus der
einzelligen Beschaffenheit des menschlichen Eies
und des Eies der übrigen Tiere folgt nach dem Biogenetischen Grundgesetze unmittelbar der Schluss,
daß alle Tiere mit Inbegriff des Menschen ursprünglich von einem einzelligen Organismus abstammen.
Wenn wirklich jenes Grundgesetz wahr ist, wenn wirklich die
Keimesgeschichte ein Auszug oder eine verkürzte Wiederholung
der Stammesgeschichte ist (— und wir können nicht daran
zweifeln —), dann müssen wir aus der Tatsache, daß alle Eier ursprünglich einfache Zellen sind, notwendig die Folgerung ziehen,
daß alle vielzelligen Organismen ursprünglich von einzelligen Organismen abstammen.   Da nun aber die ursprüngliche Eizelle beim
Menschen und allen Tieren dieselbe einfache und indifferente Beschaffenheit besitzt, so werden wir auch mit einiger Wahrscheinlichkeit annehmen dürfen, daß jene einzellige Stammform der
gemeinsame einzellige Stammorganismus für das ganze Tierreich, den Menschen mit inbegriffen, war.   Doch erscheint uns
diese letztere Hypothese keineswegs so notwendig und so absolut
sicher, wie jene erste Folgerung.

Der Rückschluß aus der einzelligen Keimform
auf die einzellige Stammform ist so einfach, aber doch auch
so bedeutungsvoll, daß nicht genug Gewicht auf denselben gelegt
werden kann. Wir müssen daher zunächst die Frage aufwerfen,
ob es vielleicht noch heutzutage einzellige Organismen gibt, aus
deren Form wir annähernd auf die einzellige Ahnenform der vielzelligen Organismen schließen dürfen. Die Antwort auf diese Frage
lautet: Allerdings! Ganz gewiß gibt es noch jetzt einzellige Organismen, die ihrer ganzen Beschaffenheit nach eigentlich weiter
nichts als eine permanente Eizelle sind. Es gibt selbständige einzellige Organismen von einfachster Beschaffenheit, die sich nicht
weiter entwickeln, die als einfache nackte Zellen ihr ganzes Leben
vollbringen und sich als solche fortpflanzen, ohne zu weiterer Ausbildung zu gelangen. Wir kennen jetzt eine große Anzahl solcher
einzelliger Organismen, z. B. die Gregarinen, Flagellaten, Acineten,

Infusorien u. s. w.   Indessen einer unter ihnen interessiert uns
vor allen anderen, weil er bei jener Frage sofort in den Vordergrund tritt, und als die der wirklichen Stammform am meisten
sich annähernde einzellige Urform angesehen werden darf. Dieser
Organismus ist die A m ö b e.

Unter dem Namen A m o e b a faßt man schon seit langer Zeit
eine Anzahl von mikroskopischen einzelligen Organismen zusammen,
welche keineswegs selten sind, sondern im Gegenteil sehr verbreitet vorkommen, namentlich im süßen Wasser, aber auch im
Meere; neuerdings hat man sie auch als Bewohner der feuchten
Erde kennen gelernt.   Es gibt auch parasitische Amöben, die als
Schmarotzer im Innern anderer Tiere wohnen.   Wenn man eine
solche lebende Amöbe in einem Tropfen Wasser unter das Mikroskop bringt und bei starker Vergrößerung
betrachtet, so erscheint dieselbe gewöhnlich
als ein rundliches Körperchen von ganz un-
regelmäßiger und vielfach wechselnder Form
(Fig. 16, 17). In der weichen, schleimigen

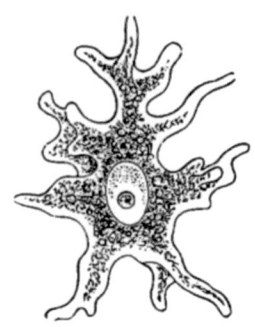

Fig. 16. **Eine kriechende Amöbe** (stark vergrößert). Der ganze Organismus hat den Formenwert
einer einfachen nackten Zelle und bewegt sich mittelst
der veränderlichen Fortsätze umher, welche von seinem
Protoplasmakörper ausgestreckt und wieder eingezogen
werden. Im Innern desselben ist der rundliche Zellenkern oder Nucleus mit seinem Kernkörperchen verborgen.

halbflüssigen Körpermasse, die aus Protoplasma besteht, bemerken
wir weiter nichts, als ein darin eingeschlossenes, festeres oder
bläschenförmiges Körperchen, den Zellenkern.   Dieser einzellige
Körper bewegt sich nun selbständig und kriecht auf dem Glase,
auf welchem wir ihn betrachten, in verschiedenen Richtungen
umher.   Die Ortsbewegung geschieht dadurch, daß der formlose
Körper an verschiedenen Teilen seines Umfanges fingerartige
Fortsätze ausstreckt, welche in langsamem, aber beständigem
Wechsel begriffen sind und die übrige Körpermasse nach sich
ziehen.   Nach einiger Zeit kann das Schauspiel sich ändern: die
Amöbe steht plötzlich still, zieht ihre Fortsätze ein und nimmt
Kugelgestalt an.   Bald aber beginnt sich das Schleimkügelchen
wieder auszubreiten, nach einer anderen Richtung hin Fortsätze
auszustrecken und sich aufs neue fortzubewegen.   Diese veränderlichen Fortsätze heißen S c h e i n f ü ß e oder P s e u d o p o d i e n,
weil sie sich physiologisch wie Füße verhalten und doch keine

besonderen Organe in morphologischem Sinne sind. Denn sie vergehen ebenso rasch, als sie entstehen, und sind weiter nichts als veränderliche Erhebungen der halbflüssigen, homogenen und strukturlosen Körpermasse.

Wenn man eine solche kriechende Amöbe mit einer Nadel berührt oder wenn man einen Tropfen Säure dem Wasser zusetzt, so zieht infolge dieses mechanischen oder chemischen Reizes der ganze Körper sich sofort zusammen. Gewöhnlich nimmt der Körper dann wieder Kugelgestalt an. Unter gewissen Umständen, z. B. wenn die Verunreinigung des Wassers länger andauert, beginnt auch wohl die Amöbe sich einzukapseln. Sie schwitzt eine homogene Hülle oder Kapsel aus, die alsbald erhärtet, und erscheint nun im Ruhezustand als eine kugelige Zelle, die von einer schützenden Membran umgeben ist. Ihre Nahrung nimmt die einzellige Amöbe entweder dadurch auf, daß sie unmittelbar aus dem Wasser aufgelöste Stoffe durch Imbibition aufsaugt, oder dadurch, daß sie fremde feste Körperchen, mit denen sie in Berührung kommt, in ihren Plasmaleib hineindrückt. Dies letztere kann man jeden Augenblick beobachten, indem man sie zum Fressen nötigt. Wenn man fein pulverisierte Farbstoffe, z. B. Karmin, Indigo, in das Wasser bringt, dann sieht man, wie der weiche Körper der Amöbe diese Farbstoffkörnchen in sich hineindrückt, wie die weiche Zellsubstanz über den Körnchen zusammenfließt. Die Amöbe kann so auf jeder Stelle ihrer Körperoberfläche Nahrung aufnehmen, ohne daß irgend welche besonderen Organe der Nahrungsaufnahme und Verdauung existieren, ohne daß ein wahrer Mund und ein wirklicher Darm vorhanden sind.

Indem nun die Amöbe auf solche Weise Nahrung aufnimmt und die gefressenen Körperchen in ihrem Protoplasma auflöst, wächst sie; und nachdem sie durch fortgesetzte Nahrungsaufnahme ein gewisses Maß des Umfangs erreicht hat, tritt ihre Fortpflanzung ein. Diese geschieht in der einfachsten Weise durch Teilung (Fig. 17). Zunächst zerfällt der innere Kern in zwei gleiche Stücke. Dann teilt sich auch das Protoplasma zwischen den beiden neuen Kernen, und die ganze Zelle zerfällt in zwei Tochterzellen, indem das Protoplasma um jeden der beiden Kerne sich ansammelt. Die dünne Brücke von Protoplasma, welche die beiden Tochterzellen anfangs noch verbindet, reißt bald durch. Wir finden hier die einfache Form der direkten Kernteilung. Ohne Mitose und Fadenbildung zerfällt zunächst der homogene Zellenkern unmittelbar in zwei Hälften; diese stoßen sich ab und wirken als Anziehungspunkte auf die umgebende Zellsubstanz oder das Protoplasma. Ebenso findet sich direkte Kernteilung auch bei der Fortpflanzung vieler anderer Protisten, während wieder andere einzellige Organismen die indirekte Zellteilung zeigen.

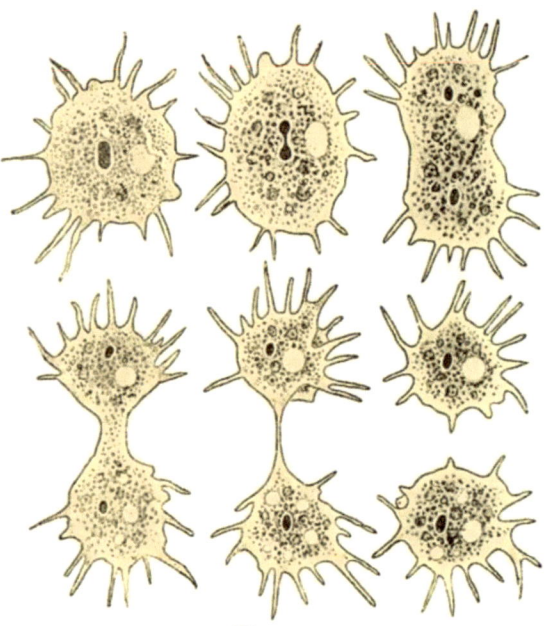

Fig. 17.

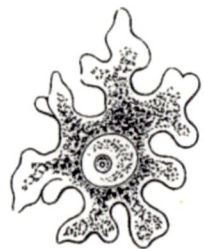

Fig. 18.

Fig. 17. **Teilung einer einzelligen Amöbe** (*Amoeba polypodia*) in sechs Stadien. Nach *F. E. Schulze*. Der dunkle Fleck ist der Zellenkern, der helle Fleck eine kontraktile Vakuole im Protoplasma. Letztere bildet sich in der einen Tochterzelle neu.

Fig. 18. **Eizelle eines Kalkschwammes** (Olynthus). Die Eizelle bewegt sich kriechend im Körper des Schwammes umher, indem sie formwechselnde Fortsätze ausstreckt. Sie ist von einer gewöhnlichen Amöbe nicht zu unterscheiden.

Obgleich die Amöbe also weiter nichts als eine einfache Zelle ist, so zeigt sie sich dennoch im stande, alle Funktionen des vielzelligen Organismus für sich zu vollziehen. Sie bewegt sich kriechend, sie empfindet, sie ernährt sich, sie pflanzt sich fort. Es gibt Arten von solchen Amöben, die man mit bloßem Auge ganz gut sehen kann; die meisten Arten aber sind mikroskopisch klein.

Weshalb wir nun gerade die A m ö b e n als diejenigen einzelligen
Organismen betrachten, deren phylogenetische Beziehungen zur
E i z e l l e besonders wichtig sind, das ergibt sich aus folgenden
Tatsachen.   Bei vielen niederen Tieren bleibt die Eizelle bis zur
Befruchtung in ihrem ursprünglichen nackten Zustande, bekommt
keine Hüllen und ist dann oft gar nicht von einer gewöhnlichen
Amöbe zu unterscheiden.   Gleich der letzteren können auch diese
nackten Eizellen Fortsätze ausstrecken und sich als Wanderzellen
umherbewegen.   Bei den Schwämmen oder Spongien kriechen diese
beweglichen Eizellen im mütterlichen Organismus wie selbständige
Amöben frei umher (Fig. 17).   Sie sind hier schon von früheren
Naturforschern beobachtet, aber für fremde Organismen, nämlich
für parasitische Amöben, gehalten worden, die als schmarotzende
Eindringlinge im Körper des Schwammes leben.   Erst später hat
man erkannt, daß diese angeblichen einzelligen Parasiten oder
Schmarotzer nichts weiter sind als die Eizellen des Schwammes
selbst.   Dieselbe merkwürdige Erscheinung finden wir auch bei
anderen niederen Tieren, z. B. bei den zierlichen, glockenförmigen
Pflanzentieren, die wir Polypen und Medusen nennen; auch bei
ihnen bleiben die Eier nackte, hüllenlose Zellen, welche amöbenartige Fortsätze ausstrecken, sich ernähren und bewegen; nach
erfolgter Befruchtung geht aus ihnen durch wiederholte Teilung
unmittelbar wieder der vielzellige Organismus hervor.
      Es ist also gewiß keine gewagte Hypothese, sondern eine ganz
nüchterne Schlußfolgerung, wenn wir gerade die A m ö b e als
denjenigen einzelligen Organismus betrachten, welcher uns eine
ungefähre Vorstellung von der alten gemeinsamen e i n z e l l i g e n
S t a m m f o r m aller Metazoen oder vielzelligen Tiere gibt.   Die
nackte einfache Amöbe besitzt einen indifferenteren und ursprüng-
licheren Charakter als alle anderen Zellen.   Dazu kommt noch der
Umstand, daß auch im erwachsenen Körper der vielzelligen Tiere
durch neuere Untersuchungen überall solche amöbenartige Zellen
nachgewiesen worden sind.   Sie finden sich z. B. im Blute des
Menschen neben den roten Blutzellen als sogenannte farblose Blut-
zellen; ebenso bei allen anderen Wirbeltieren.   Auch bei vielen
Wirbellosen kommen sie vor, z. B. im Blute der Schnecken; und
hier habe ich schon 1859 nachgewiesen, daß auch diese farblosen
Blutzellen, ganz gleich den selbständigen Amöben, geformte feste
Körperchen aufnehmen, also fressen können (P h a g o c y t e n , Fig. 19).
Neuerdings hat man die Erfahrung gemacht, daß viele verschiedene
Zellen, wenn sie nur Raum dazu haben, im stande sind, dieselben

Bewegungen auszuführen, umherzukriechen und zu fressen; sie verhalten sich durchaus wie Amöben (Fig. 12). Auch hat sich herausgestellt, daß solche W a n d e r z e l l e n oder P l a n o c y t e n eine große Rolle in der Physiologie und Pathologie des Menschen spielen (als Transportmittel von Nahrung, ansteckenden Krankheitsstoffen, Bakterien u. s. w.).

Die Fähigkeit zu diesen charakteristischen amöbenartigen Bewegungen der nackten Zellen beruht auf der Kontraktilität (oder automatischen Beweglichkeit) des Protoplasma. Dieselbe scheint eine allgemeine Lebenseigenschaft aller jugendlichen Zellen zu sein. Wo dieselben nicht von einer festen Membran umschlossen oder in ein „Zellengefängnis" eingesperrt sind, da können sie auch solche „a m ö b o i d e B e w e g u n g e n" ausführen. Das gilt von den

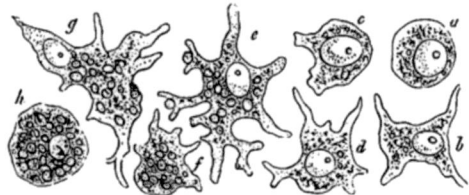

Fig. 19. **Fressende Blutzellen oder „Phagocyten" einer nackten Seeschnecke (Thetis),** stark vergrößert. An den Blutzellen dieser Schnecke ist von mir zum ersten Male die wichtige Tatsache beobachtet worden, daß die „Blutzellen der wirbellosen Tiere hüllenlose Protoplasmaklumpen sind, und mittels ihrer eigentümlichen Bewegungen, wie die Amöben, feste Stoffe in sich aufnehmen", also „fressen" können. Ich hatte (am 10. Mai 1859) in Neapel die Blutgefäße einer solchen Schnecke mit pulverisiertem und in Wasser fein zerteiltem Indigo injiziert und war nicht wenig erstaunt, nach einigen Stunden die Blutzellen selbst mit den feinen Indigokörnchen mehr oder weniger gefüllt zu finden. Bei wiederholten Injektionsversuchen gelang es mir, „die Aufnahme der Farbstoffteilchen selbst in das Innere der Blutzellen zu beobachten, welche ganz in der gleichen Weise wie bei den Amöben erfolgt". Das Nähere darüber habe ich in meiner Monographie der Radiolarien mitgeteilt (1862, S. 104, 105).

nackten Eizellen so gut wie von den anderen nackten Zellen, von den „Wanderzellen" verschiedener Art im Bindegewebe, von Mesenchymzellen, Lymphzellen, Schleimzellen u. s. w.

Durch unsere Untersuchung der Eizelle und ihre Vergleichung mit der Amöbe haben wir sowohl für die Keimesgeschichte wie für die Stammesgeschichte des Menschen eine vollkommen sichere und höchst wertvolle Grundlage gewonnen. Wir sind dadurch zu der Ueberzeugung gelangt, daß das menschliche Ei eine ganz einfache Zelle ist, daß sich diese Eizelle von derjenigen der übrigen Säugetiere nicht wesentlich unterscheidet, und daß wir daraus auf eine uralte einzellige Stammform zurückschließen dürfen, die einer Amöbe im wesentlichen gleich gebildet war.

Die Behauptung, daß die ältesten Vorfahren des Menschengeschlechts solche einfachen Zellen waren, und gleich der Amöbe ihr selbständiges einzelliges Dasein führten, ist nicht allein als eine leere naturphilosophische Träumerei verspottet, sondern auch in theologischen Zeitschriften als „abscheulich, empörend und unsittlich" mit Entrüstung zurückgewiesen worden. Wie ich aber schon 1865 in meinen Vorträgen „über die Entstehung und den Stammbaum des Menschengeschlechts" bemerkt habe, muß dieselbe fromme Entrüstung dann mit gleichem Rechte auch die „abscheuliche, empörende und unsittliche" T a t s a c h e treffen, daß sich jedes menschliche Individuum aus einer einfachen Eizelle entwickelt, daß diese menschliche Eizelle nicht von derjenigen der übrigen Säugetiere zu unterscheiden und in ihrer frühesten Jugend einer nackten Amöbe gleich ist.   Diese T a t s a c h e können wir jeden Augenblick unter dem Mikroskope demonstrieren, und es hilft nichts, wenn man sich vor dieser „unsittlichen" Tatsache die Augen zuhält. Sie bleibt ebenso unwiderleglich, wie die wichtigen Folgeschlüsse, welche wir daran geknüpft haben, und wie „die Wirbeltiernatur des Menschen" (XI. Vortrag).

Die außerordentliche Bedeutung, welche die Z e l l e n t h e o r i e für unsere gesamte Auffassung der organischen Natur gewonnen hat, zeigt sich hier in voller Klarheit.· Die „Stellung des Menschen in der Natur" wird elementar durch dieselbe erklärt. Ohne die Zellenlehre bleibt uns der Mensch ein unverständliches Rätsel. Deshalb sollten die P h i l o s o p h e n, und insbesondere die Psychologen, vor allem sich mit der Z e l l e n t h e o r i e gründlich vertraut machen.   Denn die M e n s c h e n s e e l e wird nur durch die Z e l l e n - s e e l e wahrhaft verstanden, und deren einfachste Form offenbart sich in der A m ö b e.   Nur derjenige, der die einfachen Seelentätigkeiten der einzelligen Urtiere und ihre stufenweise Entwickelung in der Reihe der niederen Tiere kennt, wird begreifen, wie sich daraus allmählich die verwickelten Seelenfunktionen der höheren Wirbeltiere, und an ihrer Spitze des Menschen, hervorbilden konnten.   Die sogenannten „Psychologen von Fach", denen jene unentbehrliche zoologische Vorbildung fehlt, sind dazu nicht im stande.

Unseren modernen idealistischen Metaphysikern und den mit ihnen verbündeten Theologen ist diese naturgemäße realistische Auffassung ein Gräuel.   Ganz befangen in ihren transcendenten und dualistischen Vorurteilen, bekämpfen sie nicht nur unsere monistische, auf Naturerkenntnis gegründete Weltanschauung,

sondern sogar die offenkundigen Tatsachen, welche derselben zu
Grunde liegen. Ein lehrreiches Beispiel dafür lieferte der angesehene Theologe *Willibald Beyschlag* in der akademischen Ge-
denkrede, die er am 12. Januar 1900 in Halle bei Gelegenheit der
„Jahrhundertfeier" hielt [44]). Der glaubenseifrige Redner protestierte
hier entrüstet gegen die „materialistischen Kärrner der Naturforschung, welche es unternahmen, unserem Volke das Adels-
diplom der Affenabstammung in die Wiege zu legen, und ihm
den Genius eines Shakespeare oder Goethe als die schließliche
Destillation aus einem Tropfen Urschleim begreiflich zu machen".
Ebenso protestierte ein anderer bekannter Theologe gegen die
„abscheuliche Vorstellung, daß die größten Genien der Menschheit, Luther und Christus, aus einer bloßen Protoplasmakugel entstanden sein sollten". Dem gegenüber zweifelt kein einziger
sachkundiger und urteilsfähiger Naturforscher an der historischen
T a t s a c h e, daß jene „größten Genien" geradeso wie alle anderen
Menschenkinder (— und alle anderen Wirbeltiere! —) sich aus
einer befruchteten Eizelle entwickelt haben, und daß diese einfache kernhaltige Plasmakugel diejenige chemische Konstitution
besaß, welche allen S ä u g e t i e r e i e r n wesentlich zukommt.

Die noch heute lebenden Amöben und die verwandten ein-
zelligen Organismen: Arcellen, Radiolarien u. s. w., sind für jene
Folgeschlüsse deshalb von hohem Interesse, weil sie uns die einzelne
Zelle in permanenter Selbständigkeit vorführen, als a u t o n o m e
Z e l l e. Hingegen ist der Organismus des Menschen und der
höheren Tiere nur in seinem frühesten Jugendzustande einzellig.
Sobald aber die Eizelle befruchtet ist, vermehrt sie sich durch
Teilung und bildet eine Gemeinde oder Kolonie von vielen sozialen
Zellen, einen Z e l l v e r e i n oder ein C o e n o b i u m. Diese sondern
oder differenzieren sich, und durch Arbeitsteilung der Zellen, durch
verschiedenartige Ausbildung derselben entstehen dann die mannigfachen G e w e b e, welche die verschiedenen Organe aufbauen.
Der entwickelte vielzellige Organismus des Menschen und aller
höheren Tiere und Pflanzen stellt dann ein H i s t o n oder einen
„G e w e b e k ö r p e r" dar, eine staatliche Gemeinschaft, die sich
aus mannigfaltigen G e w e b e z e l l e n zusammensetzt. Die zahlreichen elementaren Individuen in diesem Histon können zwar
sehr verschieden ausgebildet sein, waren aber doch ursprünglich
nur ganz einfache Zellen von gleichartiger Beschaffenheit, die
gleichwertigen „Staatsbürger" im Zellenstaat.

Siebenter Vortrag.

Die Befruchtung.

„Wenn der Naturforscher dem Gebrauche der Geschichtschreiber und Kanzelredner zu folgen liebte, ungeheure und in ihrer Art einzige Erscheinungen mit dem hohlen Gepränge schwerer und tönender Worte zu überziehen, so wäre hier der Ort dazu; denn wir sind an eines der großen Mysterien der tierischen Natur getreten, welche die Stellung des Tieres gegenüber der ganzen übrigen Erscheinungswelt enthalten. Die Beziehungen des Mannes und des Weibes zur Eizelle erkennen, heißt fast so viel, als alle jene Mysterien lösen. Die Entstehung und Entwickelung der Eizelle im mütterlichen Körper, die Uebertragung körperlicher und geistiger Eigentümlichkeiten des Vaters durch den Samen auf dieselbe, berühren alle Fragen, welche der Menschengeist je über des Menschen Sein aufgeworfen hat."

Rudolf Virchow (1848).

Wesen des Befruchtungsvorganges. Kopulation der beiderlei Geschlechtszellen. Eindringen der männlichen Spermazelle. Empfängnis der weiblichen Eizelle. Verschmelzung der beiderlei Zellkerne. Neubildung der Stammzelle. Befruchtung und Vererbung. Befruchtung und Unsterblichkeit.

Inhalt des siebenten Vortrages.

Die Bedeutung der geschlechtlichen Zeugung. Wesen der Befruchtung: Verschmelzung der weiblichen Eizelle und der männlichen Spermazelle. Verschiedene Formen der Spermien oder Spermazellen (gewöhnlich stecknadelförmige Geißelzellen). Theorie der Samentierchen (Spermatozoa). Vererbung von beiden Elternzellen. Die neugebildete Stammzelle oder Cytula. Ihr Zwittercharakter. Reifungsvorgänge der Eizelle: Auflösung des Keimbläschens und Ausstoßung des Richtungskörpers. Eindringen einer Spermazelle in den Leib der Eizelle; Bewegung und Verschmelzung der beiden Vorkerne. Entstehung des Stammkerns (Archikaryon), des Trägers der Vererbung. Aeltere Theorien der Befruchtung. Bedeutung und gleiche Beteiligung der beiderlei Geschlechtszellen. Männliche Mikrosporen und weibliche Makrosporen. Ueberfruchtung oder Polyspermie der chloroformierten Eizelle. Bedeutung dieser Tatsachen für die Psychologie, die Theorie der Zellseele und der persönlichen Unsterblichkeit. Alles Persönliche und Individuelle ist vergänglich.

———— ————

Literatur:

Oscar Hertwig, _1875—1890. Beiträge zur Kenntnis der Bildung, Befruchtung und Teilung des tierischen Eies. Morpholog. Jahrb., Bd. I, III, IV etc. Leipzig._

Eduard Van Beneden, _1875—1887. La maturation de l'œuf et la fécondation des mammifères etc. (Archives de Biologie, Tom. I—IV etc.) Bruxelles._

Eduard Strasburger, _1875—1898. Ueber Zellbildung, Zellteilung und Befruchtung._

Otto Bütschli, _1876. Studien über die ersten Entwickelungsvorgänge der Eizelle, die Zellteilung und die Konjugation der Infusorien. Frankfurt._

C. Kupffer und B. Benecke, _1878. Der Vorgang der Befruchtung am Ei der Neunaugen. Königsberg._

Albert Kölliker, _1885, 1886. Das Karyoplasma und die Vererbung (in Zeitschr. für wissensch. Zoologie, Bd. XLII, XLIV). Leipzig._

Oscar Hertwig und Richard Hertwig, _1885—1890. Experimentelle Studien am tierischen Ei. (Jen. Zeitschr. f. Naturw., Bd. XVIII—XXIV etc.) Jena._

Theodor Boveri, _1886—1902. Zellenstudien (Befruchtung, Richtungskörper u. s. w.). Das Problem der Befruchtung, 1902. Jena._

Johannes Rückert, _1891. Ueber Eireifung, Befruchtung, väterliche und mütterliche Kernsubstanz u. s. w. München._

August Weismann, _1883—1902. Ueber Vererbung, Kontinuität des Keimplasma, Richtungskörper, Amphimixis u. s. w. Jena._

Korschelt und Heider, _1902. Lehrbuch der vergleichenden Entwickelungsgeschichte der wirbellosen Tiere. Allgemeiner Teil. Jena._

Richard Hertwig, _1903. Eireife und Befruchtung. (I. Band des Handbuches der Entwickelungslehre der Wirbeltiere, von **Oscar Hertwig**.) Jena._

Wilhelm Bölsche, _1901. Das Liebesleben in der Natur. Eine Entwickelungsgeschichte der Liebe. 3 Bände. Leipzig._

———— ————

VII.

Meine Herren!

Die feste Grundlage aller Untersuchungen über Anthropogenie bildet die ontogenetische Erkenntnis, daß jeder Mensch im Beginne seiner individuellen Existenz eine einfache Zelle ist. Aus dieser Tatsache durften wir nach unserem Biogenetischen Grundgesetze den bedeutungsvollen phylogenetischen Schluß ziehen, daß auch die ältesten Vorfahren des Menschengeschlechts einfache einzellige Organismen waren; und unter diesen Protozoen konnten wir die indifferente Amöbenform als besonders wichtig bezeichnen (vergl. den VI. Vortrag). Die einstige Existenz solcher einzelligen Stammformen folgt unmittelbar aus den Erscheinungen, welche uns noch heute die befruchtete Eizelle in jedem Augenblick darbietet. Denn die Entwickelung des vielzelligen Organismus aus der letzteren, die Bildung der Keimblätter und der Gewebe erfolgt beim Menschen nach denselben Gesetzen, wie bei allen höheren Tieren. Es wird daher unsere nächste Aufgabe sein, die befruchtete Eizelle noch näher ins Auge zu fassen, und ebenso den Prozeß der Befruchtung, durch welchen dieselbe entsteht.

Der Vorgang der Befruchtung oder der geschlechtlichen Zeugung gehört zu jenen Erscheinungen, die man vorzugsweise mit dem mystischen Nebelschleier eines übernatürlichen Wunders zu umhüllen liebt. Wir werden aber gleich sehen, daß derselbe ein rein mechanischer Naturprozeß ist und sich auf bekannte physiologische Funktionen zurückführen läßt. Auch erfolgt die *Amphigonie* oder die geschlechtliche Zeugung beim Menschen genau in derselben Weise und mit Hülfe derselben Organe, wie bei allen übrigen Säugetieren. Die Paarung einer männlichen und einer weiblichen Person hat hier wie dort wesentlich den Zweck, die befruchtende Masse des männlichen Samens oder Sperma in den weiblichen Körper einzuführen, in dessen Geschlechtskanälen sie mit dem austretenden Ei zusammentrifft. Hier erfolgt durch deren Vermischung die Befruchtung.

Zunächst ist nun hier zu bemerken, daß dieser wichtige Vorgang keineswegs so allgemein in der Tier- und Pflanzenwelt verbreitet ist, wie man gewöhnlich annimmt. Vielmehr gibt es eine
große Anzahl von niederen Organismen, die sich beständig nur
ungeschlechtlich vermehren, durch Monogonie; vor allen die
geschlechtslosen Moneren (Chromaceen, Bakterien u. s. w.); aber
auch viele andere Protisten, z. B. die Amöben, Mycetozoen, Paulo-
tomeen, Diatomeen u. s. w. Bei diesen findet keinerlei Art von
Befruchtung statt; die Vermehrung der Individuen und die Erhaltung der Art beruht bei ihnen bloß auf der ungeschlechtlichen
Zeugung, die bald als Teilung, bald als Knospenbildung, bald als
Sporenbildung auftritt. Die Kopulation von zwei verwachsenden
Zellen, welche hier oft die Vermehrung einleitet, kann erst dann
als sexueller Akt betrachtet werden, wenn die beiden kopulierenden
Plastiden von ungleicher Größe oder Struktur sind (Mikrosporen
und Makrosporen). Hingegen ist bei allen höheren Organismen,
sowohl Tieren als Pflanzen, die geschlechtliche Fortpflanzung die
allgemeine Regel, und die ungeschlechtliche Vermehrung der Personen kommt daneben entweder gar nicht oder nur selten vor. Insbesondere findet sich bei den Wirbeltieren niemals „Jungfrauen-
zeugung oder *Parthenogenesis*". Das muß gegenüber dem
berühmten Dogma von der „unbefleckten Empfängnis" ausdrücklich hervorgehoben werden. So wenig beim Menschen, als
bei irgend einem anderen Wirbeltiere ist jemals solche „unbefleckte
Empfängnis" wirklich beobachtet worden [45]).

Die geschlechtliche oder sexuelle Fortpflanzung bietet bei den
verschiedenen Klassen der Tiere und Pflanzen ungemein mannigfaltige und interessante Verhältnisse dar, namentlich mit Rücksicht
auf die Vermittelung der Befruchtung, die Uebertragung des männlichen Sperma auf das weibliche Ei. Diese Verhältnisse sind nicht
allein für die Fortpflanzung selbst, sondern zugleich für die Entstehung der organischen Körperformen, und namentlich der Unterschiede beider Geschlechter, von der größten Bedeutung. Insbesondere treten hierbei Tiere und Pflanzen in die merkwürdigste
Wechselwirkung. Die ausgezeichneten Untersuchungen von *Charles
Darwin* und *Hermann Müller* „über die Befruchtung der Blumen
durch Insekten" haben uns darüber die interessantesten Nachweise
geliefert [46]). Infolge dieser Wechselwirkung entsteht ein sehr verwickelter anatomischer Geschlechtsapparat. Ebenso haben sich
auch beim Menschen und den höheren Tieren verwickelte Ein-
richtungen ausgebildet, welche teils die Ableitung der beiderlei

Geschlechtsprodukte, teils deren Vereinigung, die Befruchtung betreffen. So interessant diese Erscheinungen an sich sind, so können
wir doch hier nicht darauf eingehen, weil sie für das Wesen des
eigentlichen Befruchtungsprozesses nur eine untergeordnete oder
gar keine Bedeutung haben. Hingegen müssen wir um so schärfer
die Natur dieses Prozesses selbst, die Bedeutung der geschlechtlichen
Zeugung, ins Auge fassen.

Bei jedem Befruchtungsvorgange kommen, wie schon bemerkt,
zwei verschiedene Zellenarten in Betracht, eine weibliche und eine
männliche Zelle. Die w e i b l i c h e Z e l l e wird bei den Tieren allgemein als Ei oder Eizelle (*Ovulum*) bezeichnet, die männliche
als Spermazelle oder Samenzelle (*Spermium, Zoospermium, Spermatozoon*). Die weibliche E i z e l l e, deren Form und Zusammensetzung wir bereits genau betrachtet haben, ist bei allen Tieren
ursprünglich von derselben einfachen Beschaffenheit. Sie ist anfänglich weiter nichts als eine kugelige nackte Zelle, aus Protoplasma und Zellkern bestehend (Fig. 13, S. 124). Wenn diese Zelle
frei liegt, so daß sie sich bewegen kann, führt sie häufig langsame, amöbenartige Bewegungen aus, wie wir es am Ei der
Schwämme gesehen haben (Fig. 18, S. 132). Meistens aber wird
sie später in besondere, sehr verschieden gebildete und oft sehr
zusammengesetzte Hüllen und Schalen eingeschlossen. Die reife
Eizelle gehört im ganzen zu den größten Zellen, die es überhaupt
gibt. Sie erreicht kolossale Dimensionen, wenn große Mengen von
Nahrungsdotter darin aufgenommen werden, wie es bei den Vögeln,
Reptilien und vielen Fischen der Fall ist. Bei der großen Mehrzahl der Tiere ist die reife Eizelle dotterreich und viel größer als
alle übrigen Zellen.

Die andere Zelle, welche bei der Befruchtung in Betracht
kommt, die m ä n n l i c h e S p e r m a z e l l e, gehört umgekehrt zu
den kleinsten Zellen des Tierkörpers. Die Befruchtung geschieht
in der Regel dadurch, daß entweder innerhalb des weiblichen Körpers oder außerhalb desselben eine von dem männlichen Individuum
abgesonderte, schleimige Flüssigkeit mit der Eizelle in Berührung
gebracht wird. Diese Flüssigkeit heißt S p e r m a oder männlicher
Samen. Das Sperma ist gleich dem Speichel und dem Blute keine
einfache Flüssigkeit, sondern ein dichter Haufen von äußerst zahlreichen Zellen, die in einer verhältnismäßig geringen Quantität
von Flüssigkeit umherschwimmen. Nicht diese Flüssigkeit selbst,
sondern die darin schwimmenden, selbständigen, männlichen Zellen
bewirken die Befruchtung.

Die Spermazellen haben bei der großen Mehrzahl der Tiere zwei besondere Eigentümlichkeiten. Erstens sind sie außerordentlich klein, gewöhnlich die kleinsten Zellen des Organismus, und zweitens besitzen sie meistens eine eigentümliche lebhafte Bewegung, die man als Samenfäden-Bewegung bezeichnet. Im Zusammenhange mit dieser Bewegung steht die Form der Zellen. Bei den meisten Tieren, wie auch bei vielen niederen Pflanzen (nicht aber bei den höheren) besteht jede dieser Zellen aus einem sehr kleinen nackten Zellenkörper, der einen länglichen Kern umschließt, und einem langen schwingenden Faden, der sich an den Körper anschließt

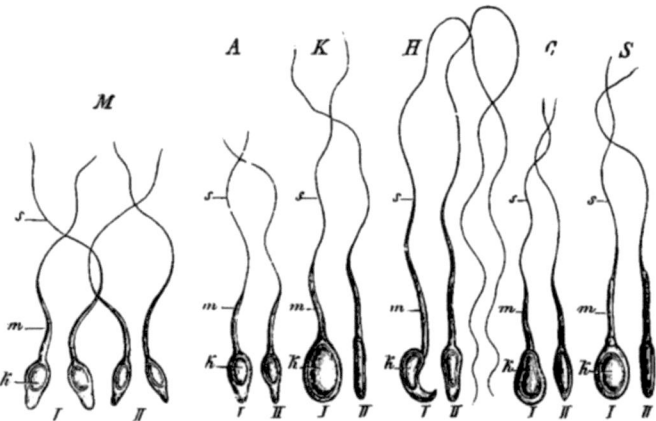

Fig. 20. **Samenzellen oder Spermien aus dem männlichen Samen verschiedener Säugetiere.** Der birnförmige plattgedrückte Kernteil der Samenzelle (der sogenannte „Kopf des Samentierchens") ist in *I* von der breiten, in *II* von der schmalen Seite gesehen. *k* Kern der Spermazellen. *m* Mittelstück derselben (Protoplasma). *s* Beweglicher, schwanzförmiger Anhang (Geißel). *M* Vier Spermazellen vom Menschen. *A* Zwei Spermazellen vom Affen; *K* vom Kaninchen; *H* von der Hausmaus; *C* vom Hund; *S* vom Schwein.

(Fig. 20). Es hat sehr lange gedauert, ehe man erkannte, daß diese Gebilde einfache Zellen sind. Früher hielt man sie allgemein für besondere Tiere und nannte sie „S a m e n t i e r e" (*Spermatozoa* oder *Spermatozoidia*); jetzt werden sie gewöhnlich als *Spermia* oder *Spermidia*, oder auch als S a m e n k ö r p e r c h e n (*Spermatosoma*) oder S a m e n f ä d e n (*Spermatofila*) bezeichnet (vergl. oben S. 34). Erst durch eingehende vergleichende Untersuchungen haben wir die sichere Ueberzeugung gewonnen, daß in der Tat jedes dieser sogenannten Samentierchen eine einfache Zelle ist. Beim Menschen haben sie dieselbe Form wie bei vielen anderen Wirbeltieren und wie bei der Mehrzahl der wirbellosen Tiere. In-

dessen besitzen bei manchen niederen Tieren die Samenzellen eine
ganz andere Form. So sind sie z. B. beim Flußkrebs große runde
Zellen, die sich nicht bewegen, versehen mit besonderen borsten-
förmigen starren Fortsätzen (Fig. 21 *f*). Ebenso haben dieselben
bei einigen Würmern eine ganz abweichende Gestalt, z. B. bei den
Fadenwürmern; bisweilen sind sie hier amöbenartig und gleichen
sehr kleinen Eizellen (Fig. 21 *c—e*). Aber bei den meisten niederen
Tieren, z. B. bei den Schwämmen und Polypen, haben sie dieselbe
„stecknadelförmige Gestalt" wie beim Menschen und den übrigen
Säugetieren (Fig. 21 *a*, *h*).

Nachdem der holländische Naturforscher *Leeuwenhoek* im Jahre
1677 zuerst diese fadenförmigen, lebhaft sich bewegenden Körperchen im männlichen Samen entdeckt hatte, glaubte man allgemein,
daß dieselben besondere, selbständige,
kleine Tierchen, gleich den Infusionstierchen seien, und nannte sie eben deshalb geradezu „S a m e n t i e r c h e n".

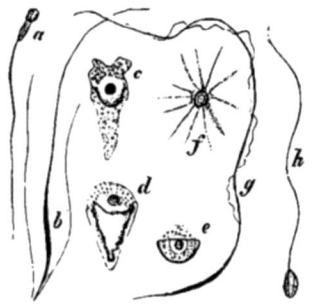

Fig. 21. **Samenzellen oder Spermidien
verschiedener Tiere.** (Nach *Lang.*) *a* von
einem Fisch, *b* von einer Turbellarie (mit zwei
Nebengeißeln), *c—e* von einem Nematoden (amöboide Spermazellen), *f* vom Flußkrebs (sternförmig),
g vom Salamander (mit undulierender Membran),
h von einem Ringelwurm (*a* und *h* die gewöhnliche „Stecknadelform").

Wir haben schon früher erwähnt, daß dieselben in der damals aufgestellten falschen Präformationstheorie eine große Rolle spielten,
weil man glaubte, daß der ganze entwickelte Organismus mit allen
seinen Teilen, nur sehr klein und noch unentfaltet, in jedem Samentierchen vorgebildet existiere (vgl. oben S. 34). Die letzteren
brauchten nur in den fruchtbaren Boden der weiblichen Eizelle einzudringen, damit sich der präformierte menschliche Körper entfalten
und mit allen seinen Teilen wachsen könne. Diese grundfalsche Ansicht ist jetzt vollständig widerlegt; wir wissen durch die genauesten
Untersuchungen, daß die beweglichen Samenkörperchen weiter
nichts als einfache echte Zellen sind, und zwar Zellen von derjenigen
Art, die man G e i ß e l z e l l e n nennt. In den früheren Darstellungen
hat man an jedem angeblichen „Samentierchen" einen Kopf, Rumpf
und Schwanz unterschieden. Der sogenannte „Kopf" (Fig. 20 *k*) ist
weiter nichts als der länglich-runde oder eirunde Zellenkern, der
Körper oder das Mittelstück (*m*) eine Anhäufung von Zellsubstanz
und der Schwanz (*s*) eine fadenförmige Verlängerung derselben.

Wir wissen außerdem jetzt, daß diese Samentierchen gar nicht einmal eine ganz besondere Zellenform darstellen; vielmehr kommen auch an vielen anderen Stellen des Tierkörpers ganz ähnliche bewegliche Zellen, sogenannte F l i m m e r z e l l e n vor. Haben diese Zellen zahlreiche kurze Fortsätze, so heißen sie W i m p e r z e l l e n; hat hingegen jede Flimmerzelle nur einen langen, peitschenförmigen Fortsatz (seltener zwei bis vier), so heißt sie G e i ß e l - z e l l e. Aehnliche Geißelzellen wie die Spermazellen sind z. B. die Darmzellen der Schwämme und der Nesseltiere.

Neuerdings hat eine sehr genaue Untersuchung der menschlichen Spermien, bei sehr starker Vergrößerung (Fig. 22 a, b) noch einige besondere Einzelheiten im feineren Bau der Geißelzelle erkennen lassen, welche dem Menschen und den Menschenaffen gemeinsam sind. Der Kopf (*k*) umschließt in einer dünnen Hülle von Cytoplasma den elliptischen Zellkern; er ist in der Vorderhälfte abgeplattet, so daß er in der Seitenansicht birnförmig erscheint (*b*). Am Mittelstück (*m*) kann man einen kurzen Hals und ein längeres Verbindungsstück (mit Centrosoma) unterscheiden. Der Schwanz besteht aus einem langen Hauptstück (*h*) und einem kurzen, sehr dünnen Endstück (*e*).

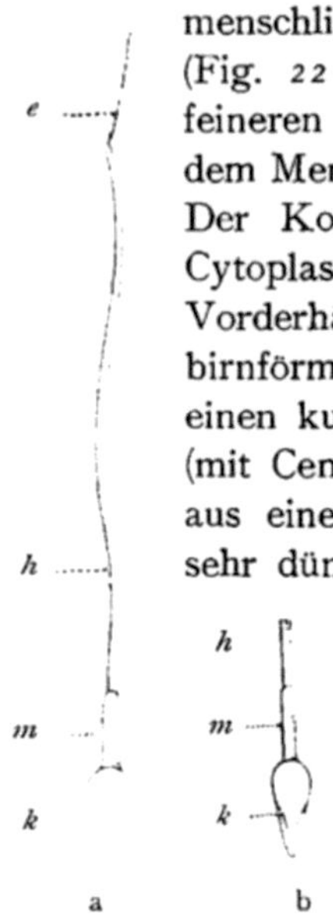

Der Vorgang der B e f r u c h t u n g bei der geschlechtlichen Zeugung beruht also im wesentlichen darauf, daß zwei verschiedene

Fig. 22. **Eine einzelne Samenzelle des Men-schen.** 2000 mal vergrößert. a von der breiten, b von der schmalen Seite. *k* Kopf (mit dem Kern), *m* Mittelstück, *h* Hauptstück, *e* Endstück. (Nach *Retzius*.)

Zellen zusammenkommen und miteinander verschmelzen oder verwachsen. Früher haben über diesen Akt die wunderbarsten Ansichten geherrscht. Man hat darin immer etwas durchaus Mystisches finden wollen und hat die verschiedensten Hypothesen darüber aufgestellt. Erst die letzten dreißig Jahre haben uns durch genauere Forschungen zu der Ueberzeugung geführt, daß der Vorgang der Befruchtung im Grunde sehr einfach ist und durchaus nichts besonders Geheimnisvolles an sich trägt. Er beruht im wesentlichen nur darauf, daß eine männliche Samenzelle mit einer weiblichen Eizelle verschmilzt. Die lebhaft bewegliche Spermazelle sucht sich vermittelst ihrer schlängelnden Bewegungen den Weg zur weiblichen Eizelle und dringt vermittels bohrender Bewegungen in ihren Körper ein (Fig. 23). Die Kerne der beiden Geschlechtszellen, durch gegenseitige „Wahlverwandtschaft" angezogen, nähern sich und verschmelzen miteinander.

Hier wäre nun ein sehr geeigneter Ort für den Dichter, das wunderbare Geheimnis des Befruchtungsvorganges in glänzenden Farben zu schildern und die Kämpfe der lebendigen „Samentierchen" zu beschreiben, die voll Begierde um die viel umworbene Eizelle herumtanzen, sich den Eingang durch die feinen Porenkanäle des Ovolemma streitig machen und dann „mit Bewußtsein" in das Protoplasma der Dottermasse hineintauchen, wo sie in selbstloser Hingabe an ihr besseres Ich sich vollständig auflösen. Auch könnten hier die Liebhaber der Teleologie die besondere Weisheit des Schöpfers bewundern, der in der Eihülle zahlreiche kleine Porenkanäle angebracht hat, damit die „Samentierchen" durch sie hindurchtreten können. Allein der kritische Natur-

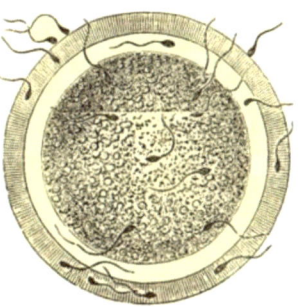

Fig. 23. Die Befruchtung der Eizelle durch die Samenzelle (von einem Säugetier). Eines von den vielen fadenförmigen, lebhaft beweglichen Spermidien dringt durch einen feinen Porenkanal der Eihaut in die körnige Masse des Dotters hinein. Der verborgene Kern der Eizelle ist hier nicht sichtbar.

forscher faßt diesen Vorgang, diese „Krone der Liebe", sehr nüchtern als den Verwachsungsprozeß zweier Zellen und die Verschmelzung ihrer Kernmassen auf. Die neue, so entstandene Zelle ist das einfache Kopulationsprodukt der beiden verschmolzenen Geschlechtszellen.

Die befruchtete Eizelle ist demnach ein ganz anderes Wesen als die unbefruchtete Eizelle. Denn da wir die Samenfäden oder Spermien so gut wie die Eizellen als echte Zellen auffassen, und da die Befruchtung wesentlich in der Verschmelzung der ersteren mit der letzteren besteht, so ist die daraus entstehende Zelle als ein ganz neuer, selbständiger Organismus zu betrachten. Sie enthält in der Zellsubstanz und der Kernsubstanz der eingetretenen Spermazelle einen Teil des väterlichen, männlichen Körpers, hingegen in dem damit vermischten Protoplasma und Karyoplasma der ursprünglichen Eizelle einen Teil des mütterlichen, weiblichen Körpers. Das geht eben unzweifelhaft daraus hervor, daß das Kind viele Eigenschaften von beiden

Eltern erbt. Die Vererbung vom Vater wird durch die Spermazelle, die Vererbung von der Mutter durch die Eizelle vermittelt. Aus der wirklichen Vermischung oder Verwachsung beider
Zellen entsteht erst die neue Zelle, welche die Grundlage des Kindes,
des neu erzeugten Organismus liefert. Mit Beziehung auf diese
sexuelle Mischung kann man auch sagen, daß die Stammzelle
ein einfachster Hermaphrodit oder Zwitter ist; sie vereinigt in sich beiderlei Geschlechtssubstanzen.

Um ein richtiges und klares Verständnis der Befruchtung zu
gewinnen, halte ich es für unerläßlich, dieses einfache, aber höchst
wichtige und oft nicht genügend gewürdigte Verhältnis als grund-
legend zu betonen. Ich bezeichne demnach die neue Zelle, aus
der eigentlich das Kind hervorgeht und welche gewöhnlich schlechtweg „die befruchtete Eizelle" oder „die erste Furchungskugel" genannt wird, mit einem besonderen Namen: als Stammzelle
(Cytula oder Archicytos), ihre Zellsubstanz als Stammplasma
(Archiplasma oder Cytuloplasma) und ihren Kern als Stammkern (Archikaryon oder Cytulokaryon). Der Name „Stammzelle"
scheint mir deshalb der einfachste und passendste, weil alle übrigen
Zellen des Organismus von ihr abstammen und weil sie im eigentlichsten Sinne der Stammvater und zugleich die Stammmutter aller
der zahllosen Zellengenerationen ist, aus denen sich später der
vielzellige Organismus zusammensetzt. Die höchst zusammengesetzte
molekulare Bewegung des Protoplasma, welche wir mit einem Wort
„Leben" nennen, ist natürlich in dieser Stammzelle etwas ganz
anderes als in den beiden verschiedenen Elternzellen, aus deren
Verschmelzung sie entstanden ist. Das Leben der Stammzelle oder Cytula ist das Produkt oder die Resultante
aus der väterlichen Lebensbewegung, welche durch
die Spermazelle, und aus der mütterlichen Lebensbewegung, welche durch die Eizelle übertragen wurde.
Nach dem Satze vom Parallelogramm der Kräfte kann man sagen,
daß die potentielle Energie oder die Spannkraft der Stammzelle die Diagonale des Parallelogramms ist, dessen beide
Seiten durch die Spannkräfte der väterlichen Spermazelle und der
mütterlichen Eizelle ausgedrückt werden. Die vereinigten Spannkräfte der letzteren, die Vererbungspotenzen, werden in
lebendige Kräfte umgesetzt, sobald nach ihrer Verschmelzung die
individuelle Entwickelung der Stammzelle beginnt.

Die vortrefflichen Beobachtungen der neueren Zeit haben
übereinstimmend gezeigt, daß die individuelle Entwickelung des

Menschen ebenso wie der übrigen Tiere mit der Bildung einer
solchen einfachen „Stammzelle" beginnt, und daß diese bei der
weiteren Entwickelung zunächst durch wiederholte Teilung (oder
„Furchung") in einen Haufen von Zellen zerfällt, die sogenannten
Furchungskugeln oder Furchungszellen (*Segmentella* oder *Blastomera*). Dagegen bestanden bis zum Jahre 1875 die lebhaftesten
Streitigkeiten darüber, w i e eigentlich die Stammzelle entsteht, und
w i e sich bei ihrer Bildung und im Befruchtungsakte selbst Eizelle
und Spermazelle zueinander verhalten.   Früher nahm man gewöhnlich an, daß der ursprüngliche Kern der Eizelle, das sogenannte
Keimbläschen, bei der Befruchtung unverändert erhalten bleibe und
unmittelbar in den Stammkern (den Kern der „ersten Furchungskugel") übergehe.   Dagegen gelangten die meisten neueren Beobachter zu der Ueberzeugung, daß das Keimbläschen früher
oder später zu Grunde gehe, und daß der Stammkern neu sich
bilde.   Aber auch darüber, wann und wie sich dieser neue Kern
der Stammzelle bilde, gingen die Ansichten noch sehr auseinander.
Die einen nahmen an, daß das Keimbläschen v o r der Befruchtung,
die anderen, daß es n a c h derselben verschwinde.   Einige behaupteten, daß es aus der Eizelle ausgestoßen werde, andere, daß
es sich im Dotter derselben auflöse.   Die einen waren der Ansicht,
daß es vollständig, die anderen, daß es nur teilweise zu Grunde gehe.

Die zahlreichen, bezüglich dieser höchst wichtigen Vorgänge
herrschenden Widersprüche und Unklarheiten sind heute glücklich
beseitigt; ihre Lösung begann im Jahre 1875, als fast gleichzeitig eine Anzahl von höchst sorgfältigen mikroskopischen Untersuchungen darüber veröffentlicht wurden, insbesondere von *Oscar
Hertwig* und *Eduard Strasburger* (beide damals in Jena), von
Eduard Van Beneden, O. Bütschli u. a.   Durch diese und zahlreiche nachfolgende Beobachter wurden wir allmählich zu einer erfreulichen Uebereinstimmung in der wesentlichen Auffassung der
Befruchtung geführt, und zu der Ueberzeugung, daß dieselbe
überall, im Tierreiche wie im Pflanzenreiche, auf denselben physiologischen Vorgängen beruht.   Besonders klar läßt sich dieselbe
erkennen an den Eiern der Sterntiere oder Echinodermen (See-
sterne, Seeigel, Seegurken u. s. w.); an diesen wurden auch die
bahnbrechenden Untersuchungen der Gebrüder *Oscar* und *Richard
Hertwig* angestellt.   Die wesentlichsten Ergebnisse derselben können
kurz folgendermaßen zusammengefaßt werden.

Der Befruchtung selbst gehen gewisse Veränderungen voraus,
welche für deren Zustandekommen sehr wesentlich und in der Regel

unerläßlich sind. Man faßt dieselben zusammen unter dem Begriffe der Reifungsvorgänge oder „Reife-Erscheinungen des
Eies". Dabei geht der ursprüngliche Kern der Eizelle, das „Keimbläschen" (S. 123) zu Grunde; ein Teil desselben wird ausgestoßen,
ein anderer Teil in der Zellsubstanz aufgelöst; nur ein ganz kleiner
Teil davon bleibt zurück und bildet die Grundlage für einen neuen
Kern, den „weiblichen Vorkern" (*Pronucleus femininus*).
Dieser allein ist es, der bei der Befruchtung mit dem entgegenkommenden Kern der befruchtenden Spermazelle, dem „männlichen Vorkern" (*Pronucleus masculinus*) verschmilzt.

Die Reifung der Eizelle beginnt zunächst mit einer Rückbildung des Keimbläschens oder des ursprünglichen Eizellenkerns

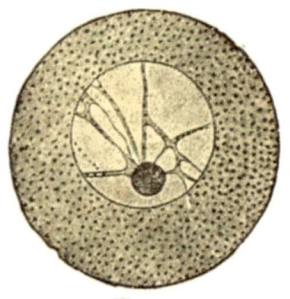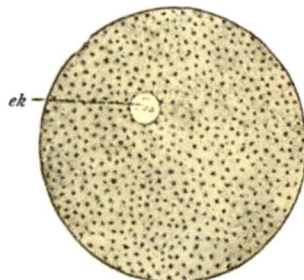

Fig. 24.   Fig. 25.

Fig. 24. Ein unreifes Sterntierei (Echinodermen-Ei), mit Kerngerüst und
dunklem Nucleolus in dem großen kugelförmigen Keimbläschen. Nach *Hertwig*.

Fig. 25. **Ein reifes Sterntierei** (Echinodermen-Ei), mit einem kleinen
homogenen Eikern, *e k*. Nach *Hertwig*.

Fig. 24). Wir hatten gesehen, daß derselbe bei den meisten unreifen Eiern eine große, helle, kugelige Blase darstellt; dieses
„Keimbläschen" umschließt einen zähflüssigen Kernsaft (*Karyolymphe*); das feste Kerngerüste (*Karyobasis*) setzt sich zusammen
aus der umhüllenden Kernmembran und einem Netzwerke von
Kernfäden, welche den mit Kernsaft gefüllten Hohlraum durch-
setzen; in einem Knotenpunkte des Netzwerks ist der dunkle, stark
lichtbrechende Kernkörper oder Nucleolus eingeschlossen. Bei der
eintretenden Reifung der Eizelle wird nun der weitaus größte Teil
des Keimbläschens in der Zelle aufgelöst: die Kernmembran und
das Fadennetz verschwinden; der Kernsaft verteilt sich im Protoplasma; ein kleiner Teil der Kernbasis wird ausgestoßen; ein
anderer kleiner Teil bleibt zurück und verwandelt sich in den
sekundären Eikern oder den „weiblichen Vorkern" (Fig. 25 *e k*).

Der kleine Teil der Kernbasis, welcher aus der reifenden Eizelle ausgestoßen wird, ist unter dem Namen der „R i c h t u n g s - k ö r p e r oder Polzellen" *(Polocyta)* bekannt; über ihre Entstehung und Bedeutung ist sehr viel gestritten worden, ohne daß man darüber zu voller Klarheit gelangt ist. Gewöhnlich erscheinen dieselben als zwei kleine runde Körner, von derselben Größe und Beschaffenheit, wie der zurückbleibende Vorkern. Die beiden Richtungskörper entstehen nacheinander durch Abschnürung oder Abspaltung von demjenigen Teile der Kernbasis, welcher auch den weiblichen Vorkern liefert. Die Chromosomen des Keim- bläschens ordnen sich dabei in eine charakteristische „Vierer- gruppe". Man kann daher diesen S p a l t u n g s p r o z e ß, an welchem auch der umgebende Teil des Protoplasma beteiligt ist, als eine zweimal wiederholte Zellteilung, oder richtiger Z e l l - k n o s p u n g, auffassen: denn die beiden Stücke, in welche jedes- mal die reifende Eizelle zerfällt, sind von sehr ungleicher Größe und Beschaffenheit. Die beiden kleinen Richtungskörper oder Polzellen sind abgelöste Zellknospen; ihre Abspaltung von der großen Mutterzelle geschieht unter denselben Erscheinungen, wie bei der gewöhnlichen „indirekten Zellteilung", mit Bildung von Kernspindel, Plasmasternen, Polstrahlung, Halbierung der Kern- spindel, Mitose u. s. w. Die Richtungskörper sind daher wahrschein- lich als „A b o r t i v e i e r" aufzufassen, oder als „rudimentäre Eier", die in ähnlicher Weise durch Spaltung aus einem einfachen „Urei" hervorgehen, wie bei der Spermatogenese mehrere Samenzellen aus einem Spermatoblasten oder einer „Samen-Mutterzelle" entstehen.

Auch die männlichen, im Hoden entstandenen Spermazellen müssen behufs künftiger Befruchtung einen ähnlichen Reifungs- prozeß durchmachen, wie die weiblichen, im Eierstock produzierten Eizellen. Bei dieser S p e r m a r e i f u n g zerfällt jede der ursprüng- lichen U r s a m e n z e l l e n *(Spermatoblasten* oder *Spermatogonien)* durch zweimalige Teilung in vier Tochterzellen, jede mit einem Viertel der ursprünglichen Kernsubstanz (des herediven Chromatins) ausgestattet; und jede von diesen vier Enkelzellen verwandelt sich in ein der Befruchtung fähiges *Spermium* oder *Spermatozoon.* Dadurch wird verhindert, daß die im Befruchtungsakt erfolgende Verschmelzung von zwei Zellkernen die Summierung der Chromo- somen und der Erbmasse des Chromatins auf das Doppelte herbei- führt. Da die beiden Polzellen ausgestoßen werden und außerhalb zu Grunde gehen, ohne irgend eine Bedeutung weiter für das reifende Ei zu besitzen, wollen wir nicht weiter auf dieselben eingehen.

Um so wichtiger ist dagegen der „w e i b l i c h e V o r k e r n"
(*Pronucleus femininus*), der nach Ausstoßung der Polzellen und
Auflösung des Keimbläschens noch allein übrig bleibt (Fig. 25 *e k*).
Dieses kleine runde Chromatin-Körperchen ist es, welches nun
innerhalb der großen reifen Eizelle als Anziehungspunkt auf das
eindringende männliche Samenkörperchen wirkt, und mit dessen
„Kopfe", dem m ä n n l i c h e n V o r k e r n (*Pronucleus masculinus*),
verschmilzt. Das Produkt dieser Verschmelzung, die den wichtigsten Teil des Befruchtungsaktes bildet, ist der S t a m m k e r n
oder der erste Furchungskern (*Archikaryon*), d. h. der Kern der
neu gebildeten kindlichen Stammzelle oder der „ersten Furchungszelle" (*Archicytos* oder *Cytula*). Dieser „Stammkern" ist der Ausgangspunkt der folgenden Keimungsprozesse.

Um die Einzelheiten dieses bedeutungsvollen Befruchtungsvorganges zu verfolgen, sind nach *Hertwigs* Entdeckung ganz vorzüglich die kleinen durchsichtigen Sterntiereier geeignet. Man
kann hier sehr leicht und erfolgreich die künstliche Befruchtung
ausführen und innerhalb zehn Minuten die Entstehung der Stammzelle Schritt für Schritt verfolgen. Wenn man reife Eier von Seesternen oder Seeigeln in ein Uhrgläschen mit Seewasser bringt
und dann ein Tröpfchen reifer Samenflüssigkeit zusetzt, so erfolgt
die Befruchtung jedes Eies schon innerhalb fünf Minuten. Tausende
der feinen, lebhaft beweglichen Geißelzellen, die wir als „Samenfäden" beschrieben haben (Fig. 20), stürzen auf die Eier zu, angezogen durch eine chemische Sinnesfunktion, die man als „G e r u c h"
bezeichnen kann. Aber nur ein einziges von diesen zahlreichen
berufenen „Samentierchen" ist das auserwählte, dasjenige, welches
sich zuerst mittelst der peitschenförmigen Bewegungen seines
Schwanzes der Eizelle genähert hat und sie mit dem Kopfe berührt.
An der Stelle, wo die Spitze seines Kopfes die Oberfläche des Eies
berührt, erhebt sich das Protoplasma des letzteren in Form einer
kleinen Warze, des „E m p f ä n g n i s h ü g e l s" (Fig. 26 *A*). In
diesen bohrt sich nun der Samenfaden mit seinem Kopfe ein, wobei
der außen befindliche Schwanz pendelnde Bewegungen ausführt
(Fig. 26 *B*, *C*). Bald verschwindet auch der Schwanz im Innern
der Eizelle. Gleichzeitig scheidet letztere, vom Empfängnishügel
ausgehend, eine äußere, dünne Dotterhaut ab (Fig. 26 *C*); durch
diese wird das Eindringen weiterer Samenfäden verhindert.

Im Innern der reifen Eizelle vollzieht sich nun rasch eine Reihe
von sehr wichtigen Veränderungen. Der birnförmige Kern der eingedrungenen Spermazelle oder der sogenannte „Kopf des Samen-

tierchens" wird größer und rundlicher und verwandelt sich in den
Spermakern oder männlichen Vorkern (Fig. 27 sk). Dieser
wirkt anziehend auf die feinen Körnchen oder Mikrosomen, die im
Protoplasma der Eizelle verteilt sind; dieselben ordnen sich in
Strahlen und bilden eine Sternfigur (Cytulaster). Noch stärker

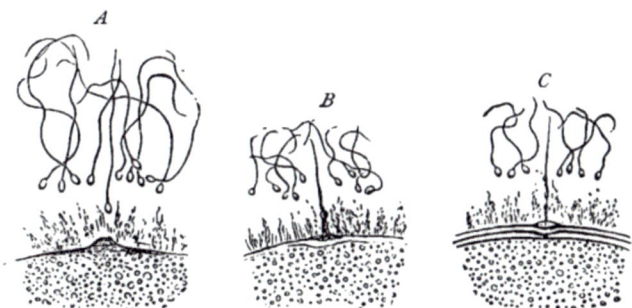

Fig. 26. **Befruchtung eines Seesterneies.** (Nach *Hertwig*.) Nur ein kleiner
Teil der Eioberfläche ist gezeichnet. Einer von den zahlreichen Samenfäden nähert
sich dem „Empfängnishügel" (*A*), berührt denselben (*B*) und dringt dann in das Protoplasma der Eizelle ein (*C*).

aber wirkt die Anziehungskraft oder „Wahlverwandschaft" zwischen
den beiden Kernen; beide wandern innerhalb des Dotters mit
wachsender Geschwindigkeit einander entgegen, und zwar der
männliche Spermakern (Fig. 28 sk) rascher als der weibliche

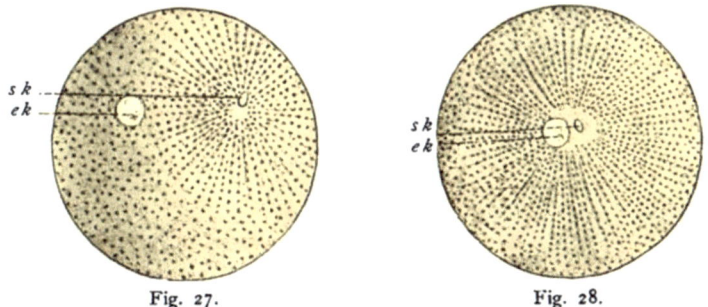

Fig. 27.   Fig. 28.
Befruchtung des Seeigeleies (nach *Hertwig*). In Fig. 27 rückt der kleine
Spermakern (*s k*) dem größeren Eikern (*e k*) entgegen; in Fig. 28 sind beide schon bis
fast zur Berührung genähert und von dem Strahlenmantel des Protoplasma eingehüllt.

Eikern (*e k*). Dabei nimmt der kleinere Spermakern den Strahlenmantel mit, welcher ihn in Form der „Sternfigur" umgibt. Endlich berühren sich die beiden Geschlechtskerne (gewöhnlich in der
Mitte der kugeligen Eizelle), lagern sich fest aneinander, platten

sich an den Berührungsflächen ab und verschmelzen hier zu einer einzigen Masse. Die kleine zentrale Nukleinkugel, welche diese vereinigte Kernmasse bildet, ist der S t a m m k e r n oder der „e r s t e F u r c h u n g s k e r n" (*Archikaryon*); die neugebildete Zelle, das Produkt der Befruchtung, ist unsere S t a m m z e l l e, die sogenannte „e r s t e F u r c h u n g s k u g e l" (*Cytula* oder *Archicytos*, neuerdings auch *Spermovium* genannt, Fig. 29).

Das einzig Wesentliche beim Vorgange der geschlechtlichen Zeugung und der Befruchtung ist also die Bildung einer neuen Zelle, der Stammzelle. Diese Cytula ist in allen Fällen das Verschmelzungsprodukt von zwei ursprünglich verschiedenen Zellen, der weiblichen Eizelle und der männlichen Spermazelle. Unzweifelhaft besitzt dieser Vorgang die höchste Bedeutung und muß unser größtes Interesse in Anspruch nehmen; denn alles, was später bei der Entwickelung dieser ersten Keimzelle und im Leben des daraus hervorgehenden Organismus geschieht, ist ursprünglich bedingt durch die chemische und morphologische Zusammensetzung der

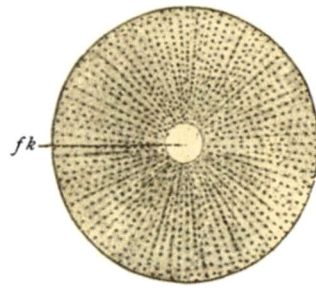

Stammzelle, ihres Kernes und ihres Leibes. Wir müssen daher der Entstehung und Bildung der Stammzelle unsere ganz besondere Aufmerksamkeit zuwenden.

Fig. 29. **Stammzelle oder Cytula eines Seeigels** („erste Furchungszelle" oder befruchtete Eizelle). Nach *Hertwig*. Im Zentrum der kugeligen Zelle liegt der kleine kugelige Stammkern oder Furchungskern (*f k*).

Die erste Frage, die uns hier entgegentritt, ist, wie sich die beiderlei verschiedenen aktiven Zellbestandteile, Kern und Protoplasma, bei dem Verschmelzungsprozesse eigentlich verhalten? Offenbar spielt der Nucleus dabei die Hauptrolle, und *Hertwig* faßt daher seine Befruchtungstheorie in dem Satze zusammen: „D i e B e f r u c h t u n g b e r u h t a u f d e r K o p u l a t i o n z w e i e r Z e l l k e r n e, die von einer männlichen und einer weiblichen Zelle abstammen". Da nun mit dem Prozesse der Fortpflanzung die Erscheinung der Vererbung untrennbar verknüpft ist, kann man daraus auch noch weiter folgern, daß jene beiden kopulierenden Zellkerne „die Träger für die Eigenschaften sind, welche von den Eltern auf ihre Nachkommen vererbt werden". In diesem Sinne hatte ich schon 1866 (im IX. Kapitel meiner „Generellen Morphologie") dem reproduktiven Z e l l k e r n die Funktion der Fort-

pflanzung und Vererbung, dem nutritiven Protoplasma hingegen die Rolle der Ernährung und Anpassung zugeschrieben.
Da nun bei der Befruchtung tatsächlich eine völlige Verschmelzung
der beiden sich gegenseitig anziehenden Kernsubstanzen stattfindet,
und da der so entstehende neue Kern (der Stammkern) tatsächlich
den ersten Ausgangspunkt für die ganze Entwickelung des neu
erzeugten Individuums bildet, so läßt sich daran weiter der Schluß
knüpfen, daß der männliche Spermakern ebenso die
Eigenschaften des Vaters, wie der weibliche Eikern
die Eigenschaften der Mutter erblich auf das Kind
überträgt. Indessen ist dabei nicht zu vergessen, daß außerdem beim Befruchtungsprozesse auch die Protoplasmaleiber der
beiderlei kopulierenden Zellen miteinander verschmelzen; der Zellenleib des eingedrungenen Samenfadens (Rumpf und Schwanz der
männlichen Geißelzelle) löst sich im Dotter der weiblichen Eizelle auf.
Wenn diese Verschmelzung auch nicht die hohe Bedeutung besitzt,
wie jene der beiden Kerne, so ist sie doch nicht außer acht zu
lassen; und wenn uns dieselbe auch noch nicht näher bekannt ist,
so deutet doch schon die Bildung der Sternfigur (die strahlige Anordnung der Mikrosomketten im Plasma) darauf hin (Fig. 27—29).

Auch die Wechselwirkung der beiderlei Zellteile muß dabei
erwogen werden. Die Bildung des Protoplasmasterns um den
eingedrungenen Spermakern und später um den kopulierten Stammkern erweckt zunächst die Vorstellung, daß dieser allein aktiv auf
die Anordnung der Körner und Fäden im Protoplasma wirkt.
Allein der reproduktive Kern selbst verändert dabei seine Größe,
Gestalt und Konsistenz, und wird seinerseits, schon durch die Bedingungen seiner Ernährung, von dem nutritiven Protoplasma beeinflußt. Wie innig die Wechselbeziehungen beider Teile sind,
ergibt sich ja schon aus den vorher betrachteten Reifungserschei-
nungen .des Eies, welche der Befruchtung vorausgehen, und aus
den Vorgängen der Eifurchung, welche ihr nachfolgen. Hier wie
dort beobachten wir jene verwickelten Erscheinungen der Karyokinese und Mitose, welche auch überall bei der gewöhnlichen
indirekten Zellteilung wiederkehren, und welche uns auf die bedeutungsvolle innige Wechselwirkung von Zellkern und
Zellsubstanz hinweisen. Hat man doch sogar jene Erscheinungen auch als Karyolyse bezeichnet, als eine wirkliche „Auflösung des Nucleus im Protoplasma". Bis zu einem gewissen
Grade kann diese zugegeben und dann für unsere Moneren-
theorie verwertet werden, für die Annahme, daß die ältesten

und einfachsten Organismen kernlose Plastiden waren, und daß
aus diesen erst sekundär die wirklich einzelligen Lebensformen
durch Sonderung von Kern und Zellenleib entstanden. (Vergl.
darüber den XIX. Vortrag.)

Die älteren Befruchtungstheorien irrten meistens insofern, als
sie das große Ei allein für die wesentliche Grundlage des erzeugten
kindlichen Organismus erklärten und dem kleinen Samenfaden nur
die Rolle zuschrieben, dessen Entwickelung anzuregen und einzu-
leiten. Der Anstoß, den der letztere dem ersteren geben sollte,
wurde bald mehr chemisch (als ein katalytischer Vorgang) aufgefaßt, bald mehr physikalisch (nach dem Prinzip der übertragenen
Bewegung), oder auch wohl ganz dualistisch (als ein völlig mysti-
scher oder transcendenter Prozeß). Dieser Irrtum erklärt sich teils
aus der damaligen unvollkommenen Kenntnis der Befruchtungs-
Tatsachen, teils aus der auffallend verschiedenen Größe der beiderlei
Geschlechtszellen. Die meisten früheren Beobachter nahmen an,
daß der Samenfaden überhaupt nicht in das Ei eindringe. Aber
selbst nachdem dies erwiesen war, glaubte man, daß er darin spur-
los verschwinde. Erst die ausgezeichneten Untersuchungen der
letzten drei Decennien, mit den sehr vervollkommneten technischen
Methoden der Neuzeit ausgeführt, haben jene irrtümlichen Auffassungen endgültig widerlegt. Es hat sich daraus ergeben, daß
die kleine Spermazelle der großen Eizelle nicht sub-
ordiniert, sondern koordiniert ist. Die Kerne beider Zellen,
als die Träger der erblichen Eigenschaften beider Eltern, sind
physiologisch von gleichem Werte.

In vielen Fällen ist es sogar gelungen, zu zeigen, daß selbst
die Menge der aktiven Kernsubstanz, welche bei der Kopulation
der beiden Geschlechtskerne verschmilzt, in beiden ursprünglich
dieselbe ist. *Eduard Van Beneden* hat nachgewiesen, daß bei dem
Ei des Pferdespulwurms (*Ascaris megalocephala*) die Vereinigung
der beiden Geschlechtskerne sich verspätet und erst dann abschließt,
wenn bereits die dadurch gebildete Stammzelle sich zu teilen beginnt. Die charakteristische Kernspindel, welche dabei entsteht,
und welche in die Kerne der beiden ersten Furchungstochterzellen
zerfällt, wird zur einen Hälfte vom Eikern, zur anderen Hälfte vom
Spermakern gebildet; von den vier „Tochterschleifen" der Furchungs-
spindel sind zwei männlicher und zwei weiblicher Herkunft.

Diese morphologischen Tatsachen stehen im vollen Einklange
mit der allbekannten physiologischen Erscheinung, daß jedes Kind
Eigenschaften von beiden Eltern erbt, und daß durchschnittlich

die letzteren dabei in gleichem Maße beteiligt sind. Ich sage „durchschnittlich"; denn ebenso bekannt ist es, daß jedes Kind, als ganzes Individuum betrachtet, entweder mehr dem Vater oder mehr der Mutter gleicht; mit Bezug auf die primären Sexualcharaktere (die Geschlechtsdrüsen) versteht sich das ja von selbst. Es wäre aber auch möglich, daß die Entscheidung über die letzteren — die wichtige Entscheidung, ob sich aus der befruchteten Eizelle ein Knabe oder ein Mädchen entwickelt — abhängig ist von einer geringen qualitativen oder quantitativen Differenz des Nukleins oder der chromatischen Kernsubstanz, welche von beiden Eltern im Befruchtungsakte zusammenkommt.

Die auffallenden Unterschiede der beiderlei Geschlechtszellen in Größe und Gestalt, welche jene älteren irrtümlichen Auffassungen veranlaßten, erklären sich leicht aus dem Prinzip der Arbeitsteilung oder Ergonomie. Die träge, unbewegliche Eizelle wird immer größer, je mehr Proviant sie für die Ausbildung des Keims in Form von Nahrungsdotter ansammelt. Die muntere, schwimmende Spermazelle wird umgekehrt immer kleiner und mobiler, je mehr sie genötigt ist, die erstere aufzusuchen, um sich in ihren Dotter einzubohren. Während diese Unterschiede bei den höheren Tieren sehr auffallend sind, treten sie bei vielen niederen Tieren weit weniger hervor. Bei denjenigen Protisten (einzelligen Urpflanzen und Urtieren), welche die ersten Anfänge der geschlechtlichen Zeugung besitzen, sind sogar die beiden kopulierenden Zellen ursprünglich ganz gleich. Der Befruchtungsakt ist hier weiter nichts als ein plötzliches Wachstum, wobei die ursprünglich einfache Zelle ihr Volumen verdoppelt und dadurch zur Fortpflanzung (Zellteilung) befähigt wird. Dann treten zuerst geringe Differenzen in der Größe der beiden Kopulationszellen auf; die kleineren Mikrosporen (oder Mikrogonidien) besitzen im übrigen die Gestalt der größeren Makrosporen (oder Makrogonidien). Erst wenn diese Größendifferenz bedeutender wird, treten dazu auch auffallende Unterschiede der Gestaltung; die ersteren werden zu den flinken Spermazellen, die letzteren zu den trägen Eizellen.

Mit dieser neuen Auffassung von der Aequivalenz der beiderlei Gonidien, der physiologischen Gleichwertigkeit der männlichen und weiblichen Geschlechtszelle, ihrem gleichen Anteil an dem Vererbungsvorgang, harmoniert nun auch die wichtige, von *Hertwig* (1875) festgestellte Tatsache, daß bei normaler Befruchtung nur eine einzige Samenzelle mit einer Eizelle kopuliert; die Membran, welche sofort nach dem Eindringen des ersten Samenfadens sich von der Oberfläche des Dotters abhebt,

(Fig. 26 C), verhindert den Eintritt weiterer „Samentierchen"; alle Nebenbuhler jenes glücklichen ersten Spermatozoon bleiben ausgeschlossen und sterben rettungslos. Wenn dagegen die Eizelle erkrankt, wenn sie durch niedere Temperatur in Kältestarre versetzt oder durch narkotische Mittel (Chloroform, Morphium, Nikotin etc.) betäubt wird, so können zwei oder mehrere Samenfäden in ihren Dotterleib eindringen; es tritt dann U e b e r f r u c h t u n g o d e r P o l y s p e r m i e ein. Je stärker *Hertwig* die Eizelle chloroformierte, desto größer war die Zahl der gierigen Samenfäden, welche sich in ihren bewußtlosen Leib einbohrten. Es erinnert diese merkwürdige Tatsache an die berüchtigten Orgien in katholischen Klöstern Spaniens, wo ein sinnlos berauschtes Mädchen vielen Mönchen als Lustobjekt dient; normalerweise hält dort sich jeder Mönch seine eigene „Nonne"; eine von den vielen moralischen Folgen des obligatorischen Cölibates.

Auch für die P s y c h o l o g i e sind diese merkwürdigen Tatsachen der Befruchtung von höchstem Interesse, insbesondere für die Lehre von der Z e l l s e e l e, welche ich für das naturgemäße Fundament der ersteren halte. Denn alle die wichtigen, vorher beschriebenen Vorgänge können nur dann verstanden und erklärt werden, wenn wir den beiden Geschlechtszellen eine Art niederer Seelentätigkeit zuschreiben. Beide e m p f i n d e n gegenseitig ihre Nähe, beide werden durch einen s i n n l i c h e n (wahrscheinlich dem Geruch verwandten) Trieb zueinander hingezogen; beide b e - w e g e n sich aufeinander zu und ruhen nicht, bis sie miteinander verschmelzen. Die Physiologen pflegen zwar zu sagen, daß es sich hier nur um eigentümliche, physikalisch-chemische Erscheinungen, und nicht um psychische handle; aber die letzteren können von den ersteren nicht getrennt werden. Auch die eigentlichen Seelentätigkeiten im engeren Sinne sind ja nur verwickeltere physikalische Vorgänge, „p s y c h o - p h y s i s c h e" Erscheinungen, die schließlich in allen Fällen durch die chemische Zusammensetzung ihres materiellen Substrates bedingt sind.

Diese monistische Auffassung wird dann besonders klar, wenn wir uns wieder an die fundamentale Bedeutung der Befruchtung für die Vererbung erinnern. Denn ebenso wie die feinsten körperlichen, werden bekanntlich auch die subtilsten geistigen Eigentümlichkeiten von den Eltern durch die Vererbung auf die Kinder übertragen. Dabei ist die chromatische Masse des männlichen Spermakerns als materieller Träger von derselben Bedeutung, wie die gleich große Karyoplasma-Masse des weiblichen Eikerns; durch erstere werden die individuellen Seelen-Eigentümlichkeiten des

Vaters, durch letztere diejenigen der Mutter vererbt. Die besondere Mischung beider elterlicher Zellkerne bedingt in jedem Kinde
dessen individuellen psychischen Charakter.

Aber auch eine andere hochwichtige Frage der Psychologie
— ja die wichtigste von allen! — wird durch die Befruchtungs-Entdeckungen der letzten 30 Jahre definitiv entschieden: die Frage von
der persönlichen Unsterblichkeit. Dieses Dogma, welches
uns bei den roheren Naturvölkern in den mannigfachsten und wunderlichsten Formen entgegentritt, spielt bekanntlich auch in den verfeinerten Vorstellungen vom Seelenleben der modernen Kulturvölker
immer noch eine bedeutende Rolle. Nun ist zwar die Unhaltbar
!·eit desselben schon während des letzten halben Jahrhunderts
immer klarer geworden, hauptsächlich durch die großen Fortschritte
der vergleichenden Morphologie und der experimentellen Physiologie,
der empirischen Psychologie und Psychiatrie, der monistischen
Anthropologie und Ethnologie. Aber durch keine Tatsache wird
dasselbe so einleuchtend widerlegt, wie durch die vorher geschilderten Elementarprozesse der Befruchtung. Denn die dabei eintretende Kopulation der beiden Geschlechtskerne
(Fig. 27—29) bezeichnet haarscharf den Augenblick, in
welchem das neue Individuum entsteht. Alle körperlichen Eigenschaften und geistigen Anlagen des neugeborenen
Kindes sind die Summe der erblichen Eigenschaften, welche es von
seinen Eltern und Voreltern auf dem Wege der geschlechtlichen
Zeugung erhalten hat. Alles, was der Mensch in seinem Leben
später durch die Tätigkeit seiner Organe und den Einfluß der
Außenwelt, durch Erziehung und Unterricht, mit einem Worte
durch Anpassung erwirbt, kann nicht jene individuelle Grundlage seines Wesens vernichten, welche er durch Vererbung von
seinen Eltern erhalten hat. Diese erbliche Anlage, das Wesen
jeder einzelnen Menschenseele, ist aber nichts „Ewiges", sondern
etwas Zeitliches und entsteht erst in dem Augenblicke, in
welchem der Spermakern des Vaters und der Eikern der Mutter
sich „zufällig" begegnen und vereinigen.

Offenbar widerspricht es der reinen Vernunft, ein „ewiges Leben
ohne Ende" für eine individuelle Erscheinung anzunehmen, deren
endlichen Anfang wir durch direkte sinnliche Beobachtung haarscharf bestimmen können. Eine solche individuelle Erscheinung
von beschränkter Zeitdauer ist aber die ununterbrochene Kette
von Plasmabewegungen, welche wir unter dem Begriffe
„Menschenseele" zusammenfassen. Diese Kette von Molekularbewegungen beginnt in dem Augenblick, in welchem der väterliche

Spermakern mit dem weiblichen Eikern verschmilzt. Von dem so entstandenen Stammkern wird sie bei dessen wiederholter Teilung auf alle die gleichartigen Zellen der Keimhaut übertragen, welche durch den Furchungsprozeß entstehen. Indem diese „Blastodermzellen" sich in die beiden primären Keimblätter der Gastrula verwandeln, tritt die erste Arbeitsteilung der Zellen ein, und diese setzt sich fort, wenn aus jenen die verschiedenen Gewebe hervorgehen. Dann sind es späterhin beim Menschen und den höheren Tieren nur die zentralen Nervenzellen, welche als die primären Elementarorgane der Seelentätigkeit tätig sind. Mit ihrem Tode erlischt die Seelentätigkeit ebenso vollständig, wie das Sehvermögen mit der Vernichtung der Augen aufhört.

Man hört noch oft die irrtümliche Meinung aussprechen, das Dogma der „persönlichen Unsterblichkeit" bilde eine unentbehrliche Grundlage der Religion und Sittlichkeit, ebenso wie der „Glaube an einen persönlichen Gott". Diese Meinung wird durch die Tatsachen der Geschichte vollständig widerlegt. Außerdem ist leicht einzusehen, daß alles „Persönliche" vergänglich sein muß, eine vorübergehende Erscheinungsform im Wechsel der natürlichen Entwickelungsvorgänge. Es ist daher auch ein bedenklicher Fehler, von einer „Unsterblichkeit der Einzelligen" zu sprechen, wie *Weismann* getan hat. Auch die einzelligen Individuen der Protisten (Urtiere und Urpflanzen) sind ebenso vergängliche Individuen, wie die vielzelligen Histonen, die gewebebildenden Pflanzen und Tiere; zu diesen letzteren gehört auch der Mensch. Unsere Menschenseele wird zwar noch oft als etwas ganz Besonderes betrachtet, und man schreibt ihr besondere Fähigkeiten zu, welche die stammverwandte Seele der Wirbeltiere nicht besitzen soll. Dieser Irrtum wird aber durch die unbefangene vergleichende Psychologie gründlich widerlegt. Auch werden wir sehen, daß sich die besonderen Organe der einzelnen Seelentätigkeiten beim Menschen ganz ebenso entwickeln, wie bei allen anderen Wirbeltieren.

Die allgemeine Bedeutung der Befruchtungsvorgänge für diese und andere Kardinalfragen leuchtet unmittelbar ein. Allerdings ist die Befruchtung beim Menschen (— obwohl sie alltäglich auf unserem Planeten sich unzählige Male wiederholt —) noch niemals in ihren Einzelheiten mikroskopisch untersucht worden, aus Gründen, die auf der Hand liegen. Allein die beiden Zellen, die einzig und allein dabei in Betracht kommen, die weibliche Eizelle und die männliche Spermazelle, verhalten sich beim Menschen genau so wie bei allen anderen Säugetieren; und dieselbe Gestalt, wie bei diesen, besitzt auch der menschliche Keim oder Embryo, der aus der Kopulation hervorgeht. Es zweifelt daher kein Natur-forscher, der diese Tatsachen kennt, daran, daß auch die einzelnen Vorgänge jener Kopulation beim Menschen dieselben sind, wie bei allen anderen Wirbeltieren[47]).

Die Stammzelle, die daraus hervorgeht, und mit der jeder Mensch seine Existenz beginnt, wird äußerlich sicher nicht zu unterscheiden sein von derjenigen anderer Säugetiere, z. B. des Kaninchens (Fig. 30). Auch beim Menschen ist diese Stammzelle von der ursprünglichen Eizelle sowohl in Bezug auf ihre Form-beschaffenheit (morphologisch), als in Bezug auf ihre materielle Zusammensetzung (chemisch), als endlich auch in Bezug auf ihre Lebenseigenschaften (physiologisch) sehr wesentlich verschieden. Sie ist zum Teil väterlichen, zum Teil mütterlichen Ursprungs. Es ist da-her nicht wunderbar, wenn das Kind, das sich aus dieser Stamm-zelle entwickelt, von beiden Eltern individuelle Eigenschaften erbt[48]).

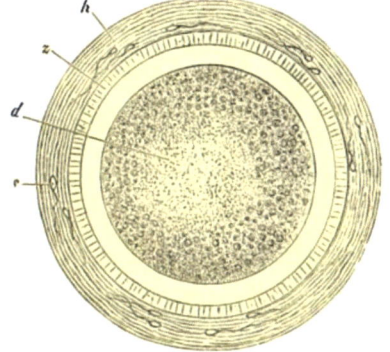

Fig. 30. **Stammzelle des Kaninchens,** 200mal vergrößert. Im körnigen Protoplasma der befruchteten Eizelle (*d*) schimmert in der Mitte der kleine helle Stammkern durch. *z* Ovo-lemma, mit Schleimhülle (*h*). *s* tote Spermien.

Die Lebenstätigkeiten einer jeden Zelle bilden eine Summe von mechanischen Prozessen, die im Grunde auf Bewegungen der kleinsten „Lebensteilchen" oder der Moleküle der lebendigen Sub-stanz beruhen. Wenn wir diese aktive Substanz allgemein als Plasson und ihre Moleküle als Plastidule bezeichnen, so können wir sagen, daß der individuelle physiologische Charakter einer jeden Zelle auf ihrer molekularen Plastidulbewegung beruht. Die Pla-stidulbewegung der Cytula ist demnach die Resul-tante aus den vereinigten Plastidulbewegungen der weiblichen Eizelle und der männlichen Spermazelle. Wenn wir die beiden letzteren als Seitenlinien im Parallelogramm der Kräfte betrachten, so ist die Plastidulbewegung der Stamm-zelle deren Diagonale. Die Bedeutung dieser Auffassung für die mechanische Erklärung der elementaren Entwickelungsvorgänge habe ich entwickelt in meiner Schrift über „die Perigenesis der Plastidule oder die Wellenzeugung der Lebensteilchen" (1876)[49]).

Erste Tabelle.

Uebersicht über die Zusammensetzung der organischen Zelle (des Elementar-Organismus).

Bestandteile erster Ordnung	Bestandteile zweiter Ordnung	Bestandteile dritter Ordnung	Bestandteile vierter Ordnung
I. Zellenkern. *Nucleus* oder *Karyon.* Ursprünglich aus homogener **Kernsubstanz** gebildet. *(Karyoplasma.)*	1. *Karyobasis* **Kerngrundmasse** (festere, geformte Kernmasse). 2. *Karyolymphe* **Kernsaft** (weichere, formlose Kernmasse).	1. *Karyomitoma* Kerngerüst zusammengesetzt aus A. Chromatin (färbbare Kernmasse) B. Achromin (nicht färbbare Kernmasse) C. Centrosoma Zentralkörper (nicht färbbar)	a) *Nucleolinus* Kernpunkt. b) *Nucleolus* Kernkörper. c) *Karyomiten* Kernfäden. d) *Karyotheke* Kernmembran.
II. Zellenleib. *Celleus* oder *Cytosoma.* —— Ursprünglich aus homogener **Zellsubstanz** gebildet. *(Cytoplasma.)*	1. *Protoplasma* **Aktive(lebendige) Zellsubstanz.** 2. *Metaplasma.* **Passive (tote) Zellsubstanz.** (Plasmaprodukte.) —— (In ganz jungen Zellen von primärer Beschaffenheit fehlt das Metaplasma, und der ganze Zellenleib besteht bloß aus homogenem Protoplasma.)	1. *Cytomitoma* Zellgerüst (gebildet aus Cytomiten oder Protoplasmafäden). 2. A. *Innere Plasmaprodukte.* (Innerhalb des Protoplasma abgelagert.) 2. B. *Aeußere Plasmaprodukte.* (Nach außen vom Protoplasma abgeschieden.)	1. *Filarmasse* oder *Spongioplasma* Fadengerüst oder Wabenwerk. a) *Paraplasma* Geformte Interfilarmasse. b) *Mikrosomen* oder *Granula* Plasmakörnchen. c) *Liposomen* Fettkörnchen. d) *Cytolymphe* Zellsaft. a) *Cytotheke* Zellhülle Zellmembran. b) *Intercellarsubstanzen* Zwischenzellmassen.

Achter Vortrag.

Die Gastraeatheorie.

„Die Gastrula halte ich für die wichtigste und bedeutungsvollste Embryonalform des Tierreichs. Bei Repräsentanten der verschiedensten Tierstämme besitzt die Gastrula ganz denselben Bau. Ueberall enthält ihr einfacher Körper eine zentrale Höhle (Urdarm), welche sich durch eine Mündung öffnet (Urmund); überall besteht die Wand der Höhle aus zwei Zellschichten oder Blättern: Entoderm oder vegetatives Keimblatt, und Exoderm oder animales Keimblatt. Aus dieser Identität schließe ich nach dem Biogenetischen Grundgesetze auf eine gemeinsame Descendenz der animalen Phylen von einer einzigen unbekannten Stammform, welche im wesentlichen der Gastrula gleichgebildet war: Gastraea."   *Biologie der Kalkschwämme* (1872).

--- ---

Eifurchung und Gastrulation. Die beiden Grenzblätter oder die primären Keimblätter. Hautblatt (Ektoderm) und Darmblatt (Entoderm). Urdarm und Urmund. Bildungsdotter und Nahrungsdotter. Holoblastische und meroblastische Eier. Gastrula und Gastraea.

Inhalt des achten Vortrages.

Literatur:

Ernst Haeckel, *1872. Die Keimblättertheorie und der Stammbaum des Tierreichs. (In: Biologie der Kalkschwämme, Bd. I, S. 464.) Berlin.*

Derselbe, *1873—1884. Studien zur Gastraeatheorie. (Jen. Zeitschr. f. Naturw., Bd. VIII, IX, XI, XVIII.) Jena.*

E. Ray-Lankester, *1873. On the primitive Cell-Layers of the embryo as the basis of genealogical classification of the animals. (Ann. Magaz. Nat. Hist., Vol. XI.)*

Derselbe, *1877. Notes on the embryology and classification of the animal kingdom. (Quart. Journ. of microsc. Science, Vol. XVII.) London.*

Francis Balfour, *1880. Handbuch der vergleichenden Embryologie. 2 Bände. Jena.*

Derselbe, *1880. On the structure and homology of the germinal layers of the embryo. (Quart. Journ. of microsc. Science.) London.*

A. Kowalevsky, *1867—1880. Entwickelungsgeschichte des Amphioxus, der Ascidien, der Sagitta, der Brachiopoden u. s. w. Petersburg.*

Carl Rabl, *1875—1880. Entwickelungsgeschichte der Mollusken (Süßwasserpulmonaten, Malermuschel u. s. w.). (Jen. Zeitschr. für Naturw., Bd. IX, X etc.) Jena.*

Berthold Hatschek, *1888. Furchung und Gastrulation. (In: Lehrbuch der Zoologie, S. 92—110.) Wien.*

Arnold Lang, *1888. Die Eifurchung und Gastrulation der Metazoen. (In: Lehrbuch der vergleichenden Anatomie, II. Kapitel, S. 115—131.) Jena.*

Wilhelm Roux, *1895. Gesammelte Abhandlungen über Entwickelungsmechanik der Organismen. Leipzig.*

Ludwig Rhumbler, *1902. Mechanik des Gastrulationsvorganges. Leipzig.*

Oscar Hertwig, *1903. Die Lehre von den Keimblättern. (Bd. I von O. Hertwig, Handbuch der Entwickelungslehre.) Jena.*

VIII.

Meine Herren!

Die ersten Vorgänge der individuellen Entwickelung, welche nach erfolgter Befruchtung der Eizelle und Bildung der Stammzelle eintreten, sind im ganzen Tierreiche wesentlich dieselben; sie beginnen überall mit der sogenannten Eifurchung und Keimblätterbildung. Nur die niedersten und einfachsten Tiere, die Urtiere oder Protozoen, machen davon eine Ausnahme; denn sie bleiben zeitlebens einzellig. Zu diesen Urtieren gehören die Amöben, Gregarinen, Rhizopoden, Infusorien u. s. w. Da ihr ganzer Organismus nur durch eine einzige Zelle repräsentiert wird, können sie niemals „Keimblätter", d. h. bestimmt geformte Zellenschichten bilden. Alle übrigen Tiere dagegen, alle Gewebtiere oder Metazoen (— wie wir sie im Gegensatz zu jenen Protozoen nennen —) bilden durch wiederholte Teilung der befruchteten Eizelle echte Keimblätter. Das gilt ebensowohl von den niederen Nesseltieren und Wurmtieren, wie von den höher entwickelten Weichtieren, Sterntieren, Gliedertieren und Wirbeltieren.

Bei allen diesen Metazoen oder vielzelligen Tieren sind die wichtigsten Vorgänge der Keimung im wesentlichen gleich, obgleich sie, äußerlich betrachtet, oft sehr verschieden erscheinen. Ueberall zerfällt die Stammzelle, welche aus der befruchteten Eizelle hervorgegangen ist, zunächst durch wiederholte Teilung in eine große Anzahl von einfachen Zellen. Diese Zellen sind alle direkte Nachkommen oder Descendenten der Stammzelle und werden aus später zu erörternden Gründen als Furchungszellen oder „Furchungskugeln" bezeichnet (*Blastomera* oder *Segmentella*). Der wiederholte Teilungsprozeß der Stammzelle, durch welchen die Furchungszellen entstehen, ist schon lange unter dem Namen der Eifurchung oder schlechtweg „Furchung" (*Segmentatio*) bekannt. Früher oder später treten die Furchungszellen zur Bildung einer runden (ursprünglich kugeligen) Keimblase (*Blastula*) zusammen; dann aber sondern sie sich in zwei wesentlich verschiedene Gruppen und ordnen sich in zwei getrennte Zellenschichten: die

11*

b e i d e n   p r i m ä r e n   K e i m b l ä t t e r. Diese umschließen eine
Verdauungshöhle, den U r d a r m, mit einer Oeffnung, dem U r -
m u n d. Die bedeutungsvolle Keimform, welche diese ältesten
Primitivorgane besitzt, nennen wir G a s t r u l a, den Vorgang ihrer
Entstehung G a s t r u l a t i o n. Dieser ontogenetische Vorgang
besitzt die höchste Bedeutung und ist der eigentliche Ausgangspunkt für die Gestaltung des vielzelligen Tierkörpers.

Die fundamentalen Keimungsprozesse der Eifurchung und der
Keimblätterbildung sind erst in den letzten vierzig Jahren vollkommen klar erkannt und in ihrer wahren Bedeutung richtig gewürdigt worden. Sie bieten in den verschiedenen Tiergruppen
mancherlei auffallende Verschiedenheiten dar, und es war nicht
leicht, die wesentliche Gleichheit oder Identität derselben im ganzen
Tierreiche nachzuweisen. Erst nachdem ich 1872 die G a s t r a e a -
t h e o r i e aufgestellt und später (1875) alle die einzelnen Formen
der Eifurchung und Gastrulabildung auf eine und dieselbe Grundform zurückgeführt hatte, konnte jene wichtige Identität als wirklich bewiesen angesehen werden. Es ist damit ein e i n h e i t l i c h e s
G e s e t z gewonnen, welches die ersten Vorgänge der Keimung
bei sämtlichen Tieren beherrscht.

Der M e n s c h verhält sich in Bezug auf diese ersten und wichtigsten Vorgänge jedenfalls durchaus gleich den übrigen höheren
Säugetieren, und zunächst den Affen. Da der menschliche Keim
oder Embryo selbst noch in einem viel späteren Stadium der Ausbildung, wo bereits Gehirnblasen, Augen, Gehörorgane, Kiemenbogen etc. angelegt sind, nicht wesentlich von dem gleichgeformten
Keime der übrigen höheren S ä u g e t i e r e verschieden ist (Taf. XIII,
erste Reihe), so dürfen wir mit voller Sicherheit annehmen, daß
auch die ersten Vorgänge der Keimung, der Eifurchung und Keimblätterbildung, dieselben sind. Wirklich beobachtet sind diese Verhältnisse allerdings bisher noch nicht. Denn es hat sich noch niemals Gelegenheit geboten, ein menschliches Weib unmittelbar nach
erfolgter Befruchtung zu zergliedern und die Stammzelle oder die
Furchungszellen in deren Eileiter aufzusuchen. Da aber sowohl
die jüngsten wirklich beobachteten menschlichen Embryonen (in
Form von Keimblasen), als auch die darauf folgenden weiter entwickelten Keimformen mit denjenigen des Kaninchens, des Hundes
und anderer höherer Säugetiere wesentlich übereinstimmen, so
wird kein vernünftiger Mensch daran zweifeln, daß auch die Eifurchung und Keimblätterbildung hier gerade so wie dort verläuft,
und wie es die Figuren 12—17 auf Taf. II schematisch darstellen.

Nun ist aber die besondere Form, welche die Eifurchung und Keimblätterbildung bei den Säugetieren besitzt, keineswegs die ursprüngliche, einfache und palingenetische Form der Keimung. Vielmehr ist dieselbe infolge von zahlreichen embryonalen Anpassungen sehr stark abgeändert, gestört oder cenogenetisch modifiziert. Wir können dieselbe daher unmöglich an und für sich allein verstehen. Vielmehr müssen wir, um zu diesem Verständnis zu gelangen, die verschiedenen Formen der Eifurchung und Keimblätterbildung im Tierreiche vergleichend betrachten; und vor allem müssen wir die ursprüngliche, *palingenetische* Form derselben aufsuchen, aus welcher die abgeänderte, *cenogenetische* Form der Säugetierkeimung erst viel später allmählich entstanden ist.

Diese ursprüngliche, p a l i n g e n e t i s c h e   F o r m   d e r   E i - f u r c h u n g   u n d   K e i m b l ä t t e r b i l d u n g besteht im Stamme der Wirbeltiere, zu welchem der Mensch gehört, heutzutage einzig und allein noch beim niedersten und ältesten Gliede dieses Stammes, bei dem wunderbaren Lanzettierchen oder *Amphioxus* (vergl. den XVI. und XVII. Vortrag, sowie Taf. XVIII und XIX). Dieselbe palingenetische Form der Keimung finden wir aber in ganz gleicher Weise auch noch bei vielen niederen, wirbellosen Tieren vor, so z. B. bei der merkwürdigen Seescheide (*Ascidia*), bei der Teichschnecke (*Limnaeus*), beim Pfeilwurm (*Sagitta*), ferner bei sehr vielen Sterntieren und Nesseltieren, so z. B. beim gewöhnlichen Seestern und Seeigel, bei vielen Medusen und Korallen und bei den einfachsten Schwämmen (*Olynthus*). Wir wollen hier als Beispiel die palingenetische Eifurchung und Keimblätterbildung einer achtzähligen Einzelkoralle betrachten, welche ich 1873 im Roten Meere entdeckt und in meinen „Arabischen Korallen" als *Monoxenia Darwinii* beschrieben habe [50]).

Die befruchtete Eizelle dieser Koralle (Fig. 31 *A, B*) zerfällt zunächst durch Teilung in zwei gleiche Zellen (*C*). Zuerst teilt sich der Kern der Stammzelle und das anhängende Centrosoma in zwei gleiche Hälften; diese stoßen sich ab, weichen auseinander und wirken als Anziehungsmittelpunkte auf das umgebende Protoplasma; infolgedessen schnürt sich das letztere durch eine Ringfurche ringsherum ein und geht ebenfalls in zwei gleiche Hälften auseinander. Jede der beiden so entstandenen „Furchungszellen" zerfällt auf dieselbe Weise wiederum in zwei gleiche Zellen, und zwar liegt die Trennungsebene dieser beiden letzteren senkrecht auf derjenigen der beiden ersteren (Fig. *D*). Die v i e r gleichen Furchungszellen (die Enkelinnen der Stammzelle) liegen in einer

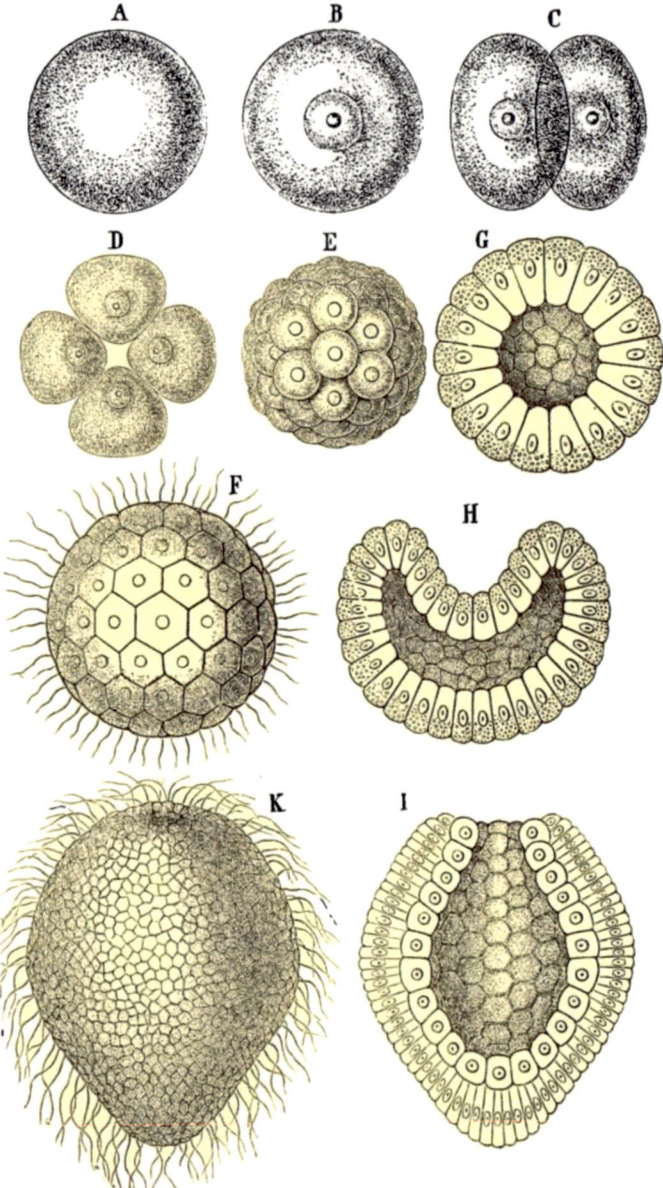

Fig. 31. **Gastrulation einer Koralle** (*Monoxenia Darwinii*). *A, B* Stamm-
zelle (Cytula) oder befruchtete Eizelle. In Fig. *A* (unmittelbar nach erfolgter Befruch-
tung) ist der Kern nicht sichtbar, in Fig. *B* (etwas später) sehr deutlich. *C* Zwei
Furchungszellen. *D* Vier Furchungszellen. *E* Maulbeerkeim (Morula). *F* Blasenkeim
(Blastula). *G* Blasenkeim im Durchschnitt. *H* Haubenkeim (Depula oder eingestülpter
Blasenkeim) im Durchschnitt. *I* Gastrula im Längsdurchschnitt. *K* Gastrula oder
Becherkeim, von außen betrachtet.

Ebene. Jetzt teilt sich jede derselben abermals in zwei gleiche
Hälften, und wiederum geht die Teilung des Zellkernes derjenigen
des umhüllenden Protoplasma voraus. Die so entstandenen a c h t
Furchungszellen zerfallen auf die gleiche Weise wieder in s e c h -
z e h n. Aus diesen werden durch abermalige Teilung 32 Furchungszellen. Indem jede von diesen sich halbiert, entstehen 64, weiterhin 128 Zellen u. s. w. [51]). Das Endresultat dieser wiederholten
gleichmäßigen Zweiteilung ist die Bildung eines kugeligen Haufens
von gleichartigen Furchungszellen, und diesen nennen wir M a u l -
b e e r k e i m (*Morula*). Die Zellen liegen so dicht gedrängt aneinander, wie die Körner einer Maulbeere oder Brombeere, und
daher erscheint die Oberfläche der Kugel im Ganzen höckerig
(Fig. *E*). [Vergl. auch Fig. 3 auf Taf. II [52]).]

Nachdem die Eifurchung dergestalt beendigt ist, verwandelt
sich der dichte Maulbeerkeim in eine hohle kugelige Blase. Wässe-
rige Flüssigkeit oder Gallerte sammelt sich in der Mitte der dichten
Kugel an; die Furchungszellen weichen auseinander und begeben
sich alle an die Oberfläche derselben. Hier platten sie sich durch
gegenseitigen Druck vielflächig ab, nehmen die Gestalt von abge-
stutzten Pyramiden an und ordnen sich in eine einzige Schicht
regelmäßig nebeneinander (Fig. *F, G*). Diese Zellenschicht heißt
die K e i m h a u t (*Blastoderma*); die gleichartigen Zellen, welche
dieselbe in einfacher Lage zusammensetzen, nennen wir K e i m -
h a u t z e l l e n (*Cellulae blastodermicae*), und die ganze hohle Kugel,
deren Wand die letzteren bilden, heißt K e i m h a u t b l a s e, auch
kurz „Keimblase" oder „Blasenkeim" (*Blastula* oder *Blastosphaera*,
früher *Vesicula blastodermica* genannt) [53]). Der innere Hohlraum
der Kugel, der mit klarer Flüssigkeit oder Gallerte gefüllt ist,
heißt „Furchungshöhle" (*Cavum segmentarium*) oder K e i m h ö h l e
(*Blastocoelon*).

Bei unserer Koralle, wie bei vielen anderen niederen Tieren,
beginnt schon jetzt der junge Tierkeim sich selbständig zu bewegen und im Wasser umherzuschwimmen. Es wächst nämlich aus
jeder Keimhautzelle ein dünner und langer, fadenförmiger Fortsatz
hervor, eine Peitsche oder Geißel; und diese führt selbständig
langsame, später raschere Schwingungen aus (Fig. *F*). Jede Keimhautzelle wird so zu einer schwingenden „Geißelzelle". Durch die
vereinigte Kraft aller dieser schwingenden Geißeln wird die ganze
kugelige Keimhautblase drehend oder rotierend im Wasser umher-
getrieben. Bei vielen anderen Tieren, insbesondere bei solchen,
wo sich der Keim innerhalb geschlossener Eihüllen entwickelt, bilden

sich die schwingenden Geißelfäden an den Keimhautzellen erst später oder kommen überhaupt nicht zur Ausbildung. Die Keimhautblase kann wachsen und sich ausdehnen, indem sich die Keimhautzellen durch fortgesetzte Teilung (in der Kugelfläche!) vermehren und im inneren Hohlraum noch mehr Flüssigkeit ausgeschieden wird. Es gibt noch heute einige Organismen, welche auf der Bildungsstufe der Blastula zeitlebens stehen bleiben, Hohlkugeln, welche durch Flimmerbewegung im Wasser umherschwimmen, und deren Wand aus einer einzigen Zellenschicht besteht: die Kugeltierchen (*Volvox*), die Flimmerkugeln (*Magosphaera, Synura*) u. a. Wir werden auf die hohe phylogenetische Bedeutung dieser wichtigen Tatsache später (im XIX. Vortrage) zurückkommen.

Jetzt tritt ein sehr wichtiger und merkwürdiger Vorgang ein, nämlich die Einstülpung der Keimblase (*Invaginatio blastulae*, Fig. *H*). Aus der Kugel mit einschichtiger Zellenwand wird ein Becher mit zweischichtiger Zellenwand (vergl. Fig. *G, H, I*). An einer bestimmten Stelle der Kugeloberfläche bildet sich eine Abplattung, die sich zu einer Grube vertieft. Diese Grube wird tiefer und tiefer; sie wächst auf Kosten der inneren Keimhöhle oder Furchungshöhle. Die letztere nimmt immer mehr ab, je mehr sich die erstere ausdehnt. Endlich verschwindet die innere Keimhöhle ganz, indem sich der innere, eingestülpte Teil der Keimhaut (oder die Wand der Grube) an den äußeren, nicht eingestülpten Teil derselben innig anlegt. Zugleich nehmen die Zellen der beiden Teile verschiedene Gestalt und Größe an; die inneren Zellen werden mehr rundlich, die äußeren mehr länglich (Fig. *I*). So bekommt der Keim die Gestalt eines becherförmigen oder krugförmigen Körpers, dessen Wand aus zwei verschiedenen Zellenschichten besteht, und dessen innere Höhlung sich am einen Ende (an der ursprünglichen Einstülpungsstelle) nach außen öffnet. Diese höchst wichtige und interessante Keimform nennen wir Becherkeim oder Becherlarve (*Gastrula*, Fig. 31, *I* im Längsschnitt, *K* von außen) [54].

Die bemerkenswerte Zwischenstufe der Entwickelung, welche beim Uebergang der Keimblase in die Becherlarve auftritt (Fig. *H*), habe ich in meiner „Natürlichen Schöpfungsgeschichte" (5. Aufl., S. 505) als Haubenkeim oder *Depula* unterschieden: „Auf diesem Zwischenzustand existieren nebeneinander zwei Höhlen im Keime: die ursprüngliche Keimhöhle (*Blastocoel*), in Rückbildung begriffen, und die Urdarmhöhle (*Progaster*), in Fortbildung befindlich. Letztere dehnt sich immer weiter aus auf Kosten der ersteren; doch bleibt bei vielen Metazoen ein Rest der Keimhöhle bestehen und kann eine „falsche Leibeshöhle" bilden (*Pseudocoel*). Diese letztere ist bisweilen ausgedehnt und wird auch öfters als die „primäre Leibeshöhle" der Metazoen bezeichnet, im Gegensatze

Fig. 33.   Fig. 34.   Fig. 35.   Fig. 36.

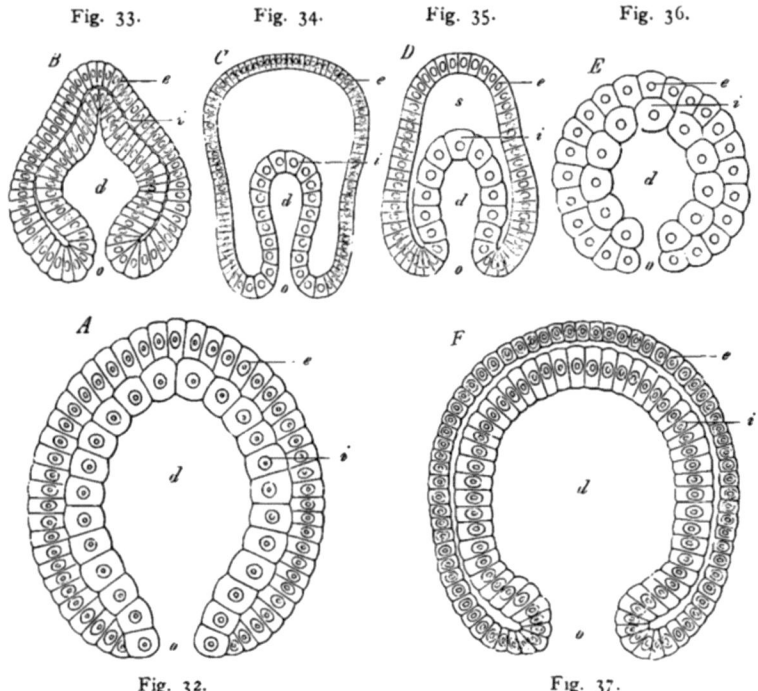

Fig. 32.   Fig. 37.

Fig. 32 (*A*).   **Gastrula eines einfachsten Urdarmtieres, einer Gastraeade** (*Gastrophysema*), *Haeckel*.
Fig. 33 (*B*).   **Gastrula eines Wurmes** (Pfeilwurm, *Sagitta*) nach *Kowalevsky*.
Fig. 34 (*C*).   **Gastrula eines Echinodermen** (Seestern, *Uraster*), nicht völlig eingestülpt (Depula), nach *Alexander Agassiz*.
Fig. 35 (*D*).   **Gastrula eines Arthropoden** (Urkrebs, *Nauplius*) (wie 34).
Fig. 36 (*E*).   **Gastrula eines Mollusken** (Teichschnecke, *Limnaeus*), nach *Carl Rabl*.
Fig. 37 (*F*).   **Gastrula eines Wirbeltieres** (Lanzettierchen, *Amphioxus*), nach *Kowalevsky*. (Frontal-Ansicht.)
Ueberall bedeutet: *d* Urdarmhöhle. *o* Urmund. *s* Furchungshöhle. *i* Entoderm (Darmblatt). *e* Ektoderm (Hautblatt).

zu der „sekundären Leibeshöhle" oder dem Enterocoel, welche später bei den Wirbeltieren aus dem Urdarm hervorwächst (vergl. den X. Vortrag).

Die Gastrula halte ich für die wichtigste und bedeutungsvollste Keimform des Tierreichs. Denn bei allen echten Tieren (nach Ausschluß der einzelligen Protozoen) geht aus der Eifurchung entweder eine reine, ursprüngliche, palingenetische Gastrula hervor (Fig. 31 *I*, *K*) oder doch eine gleichbedeutende cenogenetische Keimform, die sekundär aus der ersteren entstanden ist und sich unmittelbar darauf zurückführen läßt. Sicher ist es eine Tatsache von höchstem Interesse und von der größten Bedeutung, daß Tiere der verschiedensten Stämme: Wirbeltiere und Manteltiere, Weichtiere und Gliedertiere, Sterntiere und Wurmtiere, Nesseltiere und Schwammtiere sich aus einer und derselben Keimform entwickeln. Als redende Beispiele stelle ich hier einige reine Gastrulaformen aus verschiedenen Tierstämmen neben einander (Fig. 32—37, Erklärung oben).

Bei dieser außerordentlichen Bedeutung der Gastrula müssen wir die Zusammensetzung ihrer ursprünglichen Körperform auf das genaueste untersuchen. Gewöhnlich ist die typische reine Gastrula sehr klein, mit bloßem Auge nicht sichtbar oder höchstens unter günstigen Umständen als ein feiner Punkt erkennbar, meistens von $^1/_{20}$—$^1/_{10}$, seltener von $^1/_5$—$^1/_2$ mm Durchmesser (bisweilen mehr). Ihre Gestalt gleicht meistens einem rundlichen Becher; bald ist sie mehr eiförmig, bald mehr ellipsoid oder spindelförmig; bei einigen mehr halbkugelig oder fast kugelig, bei anderen wiederum mehr in die Länge gestreckt oder fast cylindrisch. Sehr charakteristisch ist die geometrische G r u n d f o r m des Körpers, welche durch e i n e   e i n z i g e   A c h s e   m i t   z w e i   v e r s c h i e d e n e n   P o l e n bestimmt wird. Diese Achse ist die Hauptachse oder Längsachse des späteren Tierkörpers; der eine Pol ist der Mundpol (Oralpol); der entgegengesetzte der Gegenmundpol (Aboralpol). Bei den Bilaterien oder den höheren Tieren mit zweiseitiger Grundform nimmt die cenogenetisch abgeänderte Gastrula gewöhnlich schon frühzeitig ebenfalls die bilaterale (dreiachsige) Grundform an (Fig. 41, S. 176). Durch die e i n a c h s i g e (oder m o n a x o n e) Grundform unterscheidet sich die Gastrula sehr wesentlich von der kugeligen Blastula und Morula, bei denen alle Körperachsen gleich sind. Der Querschnitt der primären Gastrula ist kreisrund.

Die innere Höhle des Gastrulakörpers bezeichne ich als U r d a r m (*Progaster* oder *Archenteron*) und seine Oeffnung als U r m u n d (*Prostoma* oder *Blastoporus*). Denn jene Höhle ist die ursprüngliche Ernährungshöhle des Körpers, und diese Oeffnung hat anfänglich zur Nahrungsaufnahme gedient. Später allerdings verhalten sich Urdarm und Urmund in den verschiedenen Tierstämmen sehr verschieden. Bei den meisten Nesseltieren und vielen Wurmtieren

bleiben sie zeitlebens bestehen. Bei den meisten höheren Tieren
hingegen, und so auch bei den Wirbeltieren, geht nur der größere
mittlere Teil des späteren Darmrohrs aus dem Urdarm hervor; die
spätere Mundöffnung bildet sich neu, während der Urmund zuwächst oder sich in den After umwandelt. Wir müssen also wohl
unterscheiden zwischen dem Urmund und Urdarm der Gastrula
einerseits, und zwischen dem Nachdarm und Nachmund des ausgebildeten Wirbeltieres andererseits [55]).
     Von der größten Bedeutung sind die beiden Zellenschichten,
welche die Urdarmhöhle umschließen und deren Wand allein zusammensetzen. Denn diese beiden Zellenschichten, die einzig und
allein den ganzen Körper bilden, sind nichts anderes als die beiden
primären Keimblätter oder die Urkeimblätter (*Blastophylla*).
Ihre fundamentale Bedeutung wurde schon in der historischen Einleitung (im III. Vortrage) hervorgehoben. Die äußere Zellenschicht
ist das Hautblatt oder *Ektoderma* (Fig. 32—37 e); die innere
Zellenschicht ist das Darmblatt oder *Entoderma* (*i*). Ersteres
wird auch oft als Ektoblast oder Epiblast, letzteres als Endoblast oder Hypoblast bezeichnet. Aus diesen beiden primären Keimblättern allein baut sich der ganze
Körper bei allen Metazoen oder vielzelligen Tieren
auf. Das Hautblatt liefert die äußere Oberhaut, das Darmblatt
hingegen die innere Darmhaut. Zwischen beiden Keimblättern
bildet sich später das mittlere Keimblatt (*Mesoderma*) und die mit
Blut oder Lymphe erfüllte Leibeshöhle (*Coeloma*).
     Die beiden primären Keimblätter wurden zuerst im Jahre 1817
von *Pander* beim bebrüteten Hühnchen klar unterschieden, das
äußere als seröses, das innere als muköses Blatt oder Schleimblatt (S. 45). Aber ihre volle Bedeutung wurde erst von *Baer* erkannt, welcher in seiner klassischen Entwickelungsgeschichte (1828)
das äußere als animales, das innere als vegetatives bezeichnete. Diese Bezeichnung ist insofern passend, als aus dem
äußeren Blatte vorzugsweise (wenn auch nicht ausschließlich) die
animalen Organe der Empfindung: Haut, Nerven und Sinnesorgane
entstehen; hingegen aus dem inneren Blatte vorzugsweise die vegetativen Organe der Ernährung und Fortpflanzung, namentlich der
Darm und das Blutgefäßsystem. Zwanzig Jahre später (1849) wies
dann *Huxley* darauf hin, daß bei vielen niederen Pflanzentieren,
namentlich Medusen, der ganze Körper eigentlich zeitlebens nur
aus diesen beiden primären Keimblättern besteht. Bald darauf
führte *Allman* (1853) für dieselben die Benennung ein, die bald

allgemein angenommen wurde; er nannte das äußere **Ektoderm** (Außenblatt), das innere **Entoderm** (Innenblatt). Aber erst seit dem Jahre 1867 wurde (vorzugsweise von *Kowalevsky*) durch vergleichende Beobachtung der Nachweis geführt, daß auch bei wirbellosen Tieren der verschiedensten Klassen, bei Wurmtieren, Weichtieren, Sterntieren und Gliedertieren der Körper sich aus denselben beiden primären Keimblättern aufbaut. Endlich habe ich selbst auch bei den niedersten Gewebtieren, bei den Schwämmen oder Spongien, dieselben (1872) nachgewiesen und zugleich in meiner Gastraeatheorie den Beweis zu führen gesucht, daß diese

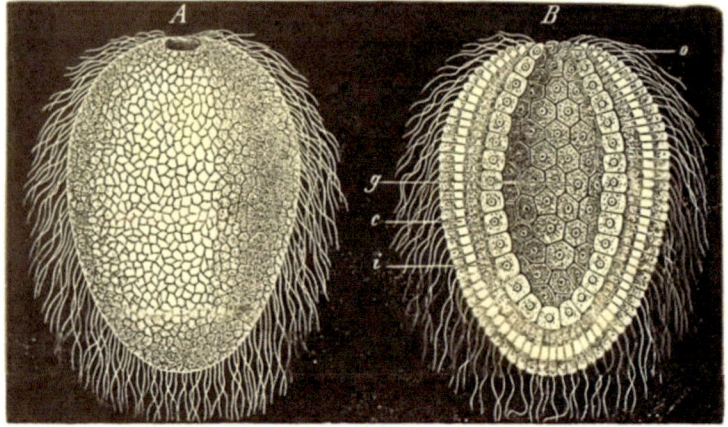

Fig. 38. Gastrula eines niederen Schwammes (Olynthus). *A* von außen, *B* im Längsschnitte durch die Achse. *g* Urdarm (primitive Darmhöhle). *o* Urmund (primitive Mundöffnung). *i* innere Zellenschicht der Körperwand (inneres Keimblatt, Entoderm, Endoblast oder Darmblatt). *e* äußere Zellenschicht (äußeres Keimblatt, Ektoderm, Ektoblast oder Hautblatt).

„Grenzblätter" überall, von den Schwämmen und Korallen bis zu den Insekten und Wirbeltieren hinauf, also auch beim Menschen als **gleichbedeutend** oder **homolog** aufzufassen sind. Diese fundamentale „Homologie der primären Keimblätter und des Urdarms" ist im Laufe der letzten dreißig Jahre durch die sorgfältigen Untersuchungen zahlreicher vortrefflicher Beobachter bestätigt und jetzt für sämtliche Metazoen fast allgemein anerkannt worden.

Gewöhnlich bieten auch schon am Gastrulakeim die **Zellen**, welche die beiden primären Keimblätter zusammensetzen, erkennbare Verschiedenheiten dar. Meistens (wenn auch nicht immer) sind die Zellen des Hautblattes oder Ektoderms (Fig. 38 *e*, 39 *e*)

kleiner, zahlreicher, heller, hingegen die Zellen des Darmblattes oder Entoderms (*i*) größer, weniger zahlreich und dunkler. Das Protoplasma der Ektodermzellen ist klarer und fester als die trübere und weichere Zellsubstanz der Entodermzellen; letztere sind meist viel reicher an Dotterkörnern (Eiweiß- und Fettkörnchen) als erstere. Auch besitzen die Darmblattzellen gewöhnlich eine stärkere Verwandtschaft zu Farbstoffen und färben sich in Karminlösung, Anilin u. s. w. rascher und lebhafter als die Hautblattzellen. Die Kerne der Entodermzellen sind meistens rundlich, diejenigen der Ektodermzellen hingegen länglich.

Diese physikalischen, chemischen und morphologischen Unterschiede der beiden Keimblätter, welche ihrem physiologischen Gegensatze entsprechen, sind auch insofern von hohem Interesse, als sie uns den ersten und ältesten Vorgang der Sonderung oder Differenzierung im Tierkörper vor Augen führen. Die K e i m h a u t (*Blastoderma*), welche die Wand der kugeligen Keimhautblase oder Blastula bildet (Fig. 31 *F*, *G*), besteht bloß aus einer einzigen Schicht von gleichartigen Zellen. Diese K e i m h a u t z e l l e n oder Blastodermzellen sind ursprünglich sehr regelmäßig und gleichartig gebildet, von ganz gleicher Größe, Form und Beschaffenheit. Meistens sind sie durch gegenseitigen Druck abgeplattet, sehr oft regelmäßig sechseckig. Sie bilden das e r s t e G e w e b e des Metazoen-Organismus, ein einfaches Zellenpflaster oder E p i t h e l i u m. Die Gleichmäßigkeit dieser Zellen verschwindet früher oder später während der Einstülpung der Keimhautblase. Die Zellen, welche den eingestülpten, inneren Teil derselben (das spätere Entoderm) zusammensetzen, nehmen gewöhnlich schon während des Einstülpungsvorganges selbst (Fig. 31 *H*) eine andere Beschaffenheit an, als die Zellen, welche den äußeren, nicht eingestülpten Teil (das spätere Ektoderm) konstituieren. Wenn der Einstülpungsprozeß vollendet ist, treten die histologischen Verschiedenheiten in den Zellen der beiden primären Keimblätter meist sehr auffallend hervor (Fig. 39). Die kleinen hellen Ektodermzellen (*e*) heben sich scharf von den größeren dunkeln Entodermzellen (*i*) ab. Häufig tritt diese Sonderung der beiden Zellenformen schon sehr frühzeitig während des Furchungsprozesses auf und ist an der Keimblase bereits sehr deutlich.

Wir haben bisher nur diejenige Form der Eifurchung und der Gastrula ins Auge gefaßt, welche wir aus vielen und gewichtigen Gründen als die u r s p r ü n g l i c h e, die p r i m o r d i a l e oder p a l i n g e n e t i s c h e aufzufassen berechtigt sind. Wir können sie die

äquale oder gleichmäßige Furchung nennen, weil die Furchungszellen zunächst (und oft bis zur Bildung des Blastoderms) gleich
bleiben.   Die daraus hervorgehende Gastrula bezeichnen wir als
Glocken-Gastrula oder *Archigastrula*.   In ganz gleicher Form,
wie bei unserer Koralle (Monoxenia, Fig. 31), treffen wir dieselbe
auch bei den niedersten Pflanzentieren an, bei Gastrophysema
(Fig. 32) und bei den einfachsten Schwämmen (Olynthus, Fig. 38);
ferner bei vielen Medusen und Hydrapolypen, bei niederen Würmern
verschiedener Klassen (Brachiopoden, Sagitta, Fig. 33), bei Manteltieren (Ascidia, Taf. XVIII, Fig. 1—4); sodann bei vielen Sterntieren
(Fig. 34), niederen Gliedertieren (Fig. 35)
und Weichtieren (Fig. 36); endlich ein wenig
modifiziert auch beim niedersten Wirbeltiere (Amphioxus, Fig. 37; Taf. XVIII,
Fig. 5—10).

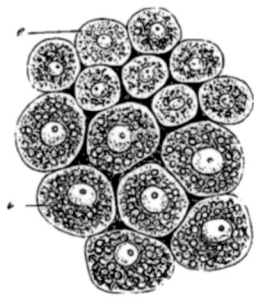

Fig. 39. **Zellen aus den beiden primären
Keimblättern** des Säugetieres (aus den beiden
Schichten der Keimhaut). *i* größere dunklere Zellen
der i n n e r e n Schicht, des v e g e t a t i v e n Keimblattes
oder E n t o d e r m s. *e* kleinere hellere Zellen der
ä u ß e r e n Schicht, des a n i m a l e n Keimblattes oder
E k t o d e r m s.

Die Gastrulation des Amphioxus ist deshalb von besonderem Interesse, weil dieses niederste und älteste aller Wirbeltiere die größte Bedeutung für die Phylogenie dieses Stammes,
also auch für unsere Anthropogenie besitzt (vergl. den XVI. und
XVII. Vortrag).   Wie die vergleichende Anatomie der Wirbeltiere
die verwickelten Verhältnisse im Körperbau der verschiedenen
Klassen durch divergente Entwickelung aus jenem einfachsten
„Urwirbeltier" ableitet, so führt die vergleichende Ontogenie
die verschiedenen sekundären Gastrulationsformen der Vertebraten
auf die einfache, primäre Keimblätterbildung des Amphioxus zurück.
Obwohl diese letztere, im Gegensatze zu den cenogenetischen Modifikationen der ersteren, im ganzen als palingenetisch zu betrachten
ist, so unterscheidet sie sich doch schon in einigen Punkten von der
ganz ursprünglichen Gastrulation, wie sie z. B. bei *Monoxenia*
(Fig. 31) und bei *Sagitta* vorliegt.   Aus der mustergültigen Darstellung von *Hatschek* (1881) geht hervor, daß die beiderlei Zellenarten der Keimblätter beim Amphioxus, wie bei vielen anderen
Tieren, schon frühzeitig während des Furchungsprozesses ungleiche
Beschaffenheit annehmen.   Nur die vier ersten Furchungszellen,
welche durch zwei vertikale, sich rechtwinklig schneidende Teilungs-

Ebenen getrennt werden, sind vollkommen gleich (Taf. XI, Fig. 8)
Die dritte, horizontale Furchungsebene liegt nicht im Aequator des
Eies, sondern ein wenig oberhalb desselben, so daß sie jene vier
Blastomeren in ungleiche Hälften teilt: vier obere kleinere und vier
untere größere; jene bilden die animale, diese die vegetale Hemisphäre. *Hatschek* sagt daher mit Recht, daß die Eifurchung des
Amphioxus keine streng äquale, sondern eine adäquale oder
„fastgleiche“ sei und sich der inäqualen nähere. Auch im weiteren
Verlaufe des Furchungsprozesses bleibt der Größenunterschied der
beiderlei Zellgruppen bemerkbar; die kleineren, animalen Zellen
der oberen Halbkugel teilen sich rascher als die größeren vegetalen

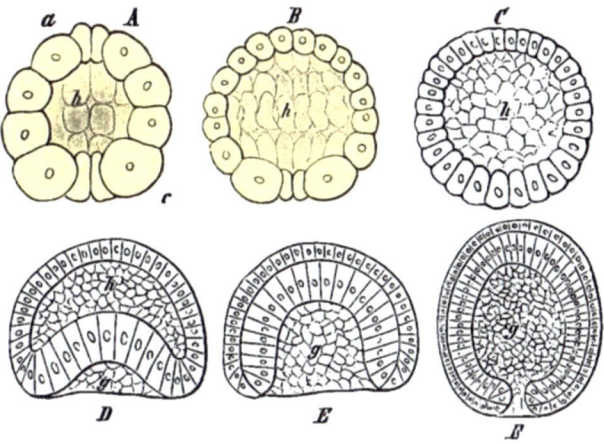

Fig. 40. **Gastrulation des Amphioxus,** nach *Hatschek* (vertikale Durchschnitte durch die Eiachse). *A, B, C* drei Stadien der Blastulabildung; *D, E* Einstülpung der Blastula; *F* fertige Gastrula. *h* Furchungshöhle. *g* Urdarmhöhle.

Zellen der unteren Hemisphäre (Fig. 40 *A, B*). Daher besteht denn
auch die Keimhaut, welche am Ende des Furchungsprozesses die
einschichtige Wand der kugeligen Keimblase bildet, nicht aus
lauter gleichartigen und gleich großen Zellen, wie bei *Sagitta* und
Monoxenia; sondern die Zellen der oberen Blastodermhälfte sind
zahlreicher und kleiner (Mutterzellen des Ektoderms), die Zellen
der unteren Hälfte weniger zahlreich, aber größer (Mutterzellen
des Entoderms); mithin ist auch die Furchungshöhle der Keimblase
(Fig. 40 *C, h*) nicht vollkommen kugelig, sondern ein abgeplattetes
Sphäroid, mit ungleichen Polen der vertikalen Achse. Während am
Vegetalpole der Achse die Blastula eingestülpt wird, nimmt der
Größenunterschied der Keimhautzellen beständig zu (Fig. 40 *D, E*);

er ist am auffallendsten, nachdem die Invagination vollendet und
die Furchungshöhle verschwunden ist (Fig. 40 F). Die größeren
vegetalen Zellen des Entoderms sind reicher an eingelagerten
Körnern (Lecithellen) und daher trüber als die kleineren und
helleren animalen Zellen des Ektoderms.

Aber nicht nur durch diese frühzeitige (oder cenogenetisch
vorzeitige!) Sonderung der beiderlei Keimblattzellen, sondern auch
noch durch eine andere wichtige Eigentümlichkeit entfernt sich
die adäquale Gastrulation des *Amphioxus* von der typischen
äqualen Eifurchung der *Sagitta*, der *Monoxenia* (Fig. 31) und des
Olynthus (Fig. 38). Die reine Archigastrula dieser letzteren ist
einachsig, ihr Querschnitt in der ganzen Länge kreisrund. Der
Vegetalpol der vertikalen Achse liegt genau in der Mitte des Urmundes. Bei der Gastrula des Amphioxus ist das nicht der Fall.

Schon während der Einstülpung seiner
Keimblase wird die ideale Achse nach
einer Seite gekrümmt, indem das Wachstum des Blastoderms (oder die Vermehrung seiner Zellen) an einer Seite
lebhafter ist als an der entgegengesetzten; die rascher wachsende und daher

Fig. 41. **Gastrula des Amphioxus in der
Seitenansicht von links** (optischer Medianschnitt).
Nach *Hatschek*. *g* Urdarm, *u* Urmund, *p* peristomale
Polzellen, *i* Entoderm, *e* Ektoderm, *d* Rückenseite,
v Bauchseite.

stärker gekrümmte Seite (Fig. 41 *v*) ist die künftige Bauchseite,
die entgegengesetzte flachere ist die Rückenseite (*d*). Der Urmund,
welcher ursprünglich, bei der typischen Archigastrula, am Vegetalpole der Hauptachse lag, ist aus diesem auf die Rückenseite verschoben; und während seine beiden Lippen ursprünglich in einer
auf der Hauptachse senkrechten Ebene lagen, sind sie jetzt so verschoben, daß diese Ebene (die Urmundebene) die Achse unter einem
schiefen Winkel schneidet. Die dorsale Lippe liegt daher mehr
oben und vorn, die ventrale Lippe mehr unten und hinten. In
dieser letzteren, am ventralen Uebergang des Entoderms in das
Ektoderm, liegen nebeneinander ein paar auffallend große Zellen,
eine rechte und eine linke (Fig. 41 *p*); das sind die bedeutungsvollen Urmundpolzellen, oder die „Urzellen des Mesoderms".

Durch diese wichtigen, schon im Laufe der Gastrulation auftretenden Sonderungen ist die ursprüngliche einachsige Grundform

der Archigastrula bei Amphioxus bereits in die d r e i a c h s i g e
übergegangen, und somit schon die z w e i s e i t i g e, dipleure oder
„bilateral-symmetrische" Grundform des Wirbeltieres bestimmt. Die
senkrechte Mittelebene oder Sagittalebene geht zwischen den beiden
Urmundpolzellen der Länge nach durch den Körper hindurch und
teilt ihn in zwei gleiche Hälften oder Antimeren, rechte und linke.
Der Urmund liegt am späteren Hinterende, etwas oberhalb des
Aboralpols der Längsachse. Senkrecht auf dieser Hauptachse steht
in der Medianebene die Pfeilachse (Sagittalachse) oder „Dorsoventralachse", welche die Mittellinien der flachen Rückenseite und
der gewölbten Bauchseite verbindet. Die horizontale Querachse
oder Lateralachse, senkrecht auf den beiden (ungleichpoligen)
Achsen, ist gleichpolig und geht quer herüber von rechts nach
links. Somit zeigt bereits die Gastrula des Amphioxus die charakteristische dipleure, bilaterale oder z w e i s e i t i g e G r u n d f o r m
des Wirbeltierkörpers, und diese hat sich von ihr aus auf alle
anderen modifizierten Gastrulaformen dieses Stammes übertragen.

Abgesehen von dieser zweiseitigen Grundform gleicht die
Gastrula des Amphioxus darin der typischen Archigastrula der
niederen Tiere (Fig. 32 —38), daß beide primäre Keimblätter noch
aus einer einzigen einfachen Zellenschicht bestehen. Offenbar ist
das die älteste und ursprünglichste Form des Metazoenkeims. Obgleich die vorher genannten Tiere den verschiedensten Klassen
angehören, so stimmen sie doch untereinander und mit vielen
anderen niederen Tieren darin überein, daß sie diese von ihren
ältesten gemeinsamen Vorfahren überkommene p a l i n g e n e t i s c h e
Form der Gastrulabildung durch konservative V e r e r b u n g bis auf
den heutigen Tag beibehalten haben. Bei der großen Mehrzahl
der Tiere ist das aber nicht der Fall. Vielmehr ist bei diesen der
ursprüngliche Vorgang der Keimung im Laufe vieler Millionen
Jahre allmählich mehr oder minder abgeändert, durch A n p a s -
s u n g an neue Entwickelungsbedingungen gestört und modifiziert
worden. Sowohl die Eifurchung als auch die darauf folgende
Gastrulation haben infolgedessen ein mannigfach verschiedenes
Aussehen gewonnen. Ja, die Verschiedenheiten sind im Laufe der
Zeit so bedeutend geworden, daß man bei den meisten Tieren die
Furchung nicht richtig gedeutet und die Gastrula überhaupt nicht
erkannt hat. Erst durch ausgedehnte v e r g l e i c h e n d e Untersuchungen, welche ich vor längerer Zeit (in den Jahren 1866—1875)
bei Tieren der verschiedensten Klassen angestellt habe, ist es mir
gelungen, in jenen anscheinend so abweichenden Keimungsprozessen

denselben gemeinsamen Grundvorgang nachzuweisen und alle verschiedenen Keimungsformen auf die eine, bereits beschriebene, ursprüngliche Form der Keimung zurückzuführen. Im Gegensatze zu
dieser primären palingenetischen Keimungsform betrachte ich alle
übrigen, davon abweichenden Formen als sekundäre, abgeänderte
oder c e n o g e n e t i s c h e. Die mehr oder minder abweichende
Gastrulaform, welche daraus hervorgeht, kann man allgemein als
sekundäre, modifizierte Gastrula oder M e t a g a s t r u l a bezeichnen.

Unter den zahlreichen und mannigfaltigen cenogenetischen
Formen der Eifurchung und Gastrulation unterscheide ich wieder
drei verschiedene Hauptformen: 1) die ungleichmäßige Furchung
(*Segmentatio inaequalis*, Taf. II, Fig. 7—17); 2) die scheibenförmige
Furchung (*Segmentatio discoidalis*, Taf. III, Fig. 18—24) und
3) die oberflächliche Furchung (*Segmentatio superficialis*, Taf. III
Fig. 25—30). Aus der ungleichmäßigen Furchung entsteht die
H a u b e n - Gastrula (*Amphigastrula*, Taf. II, Fig. 11 und 17); aus
der scheibenförmigen Furchung geht die S c h e i b e n - Gastrula hervor (*Discogastrula*, Taf. III, Fig. 24); aus der oberflächlichen
Furchung entwickelt sich die B l a s e n - Gastrula (*Perigastrula*,
Taf. III, Fig. 29). Bei den Wirbeltieren, die uns zunächst interessieren, kommt die letztere Form gar nicht vor; diese ist dagegen
die gewöhnlichste bei den Gliedertieren (Krebsen, Spinnen, Insekten u. s. w.). Die Säugetiere und Amphibien besitzen die ungleichmäßige Furchung und die Haubengastrula; ebenso die
Schmelzfische (Ganoiden) und die Rundmäuler (Pricken und Inger),
Hingegen finden wir bei den meisten Fischen und bei allen Reptilien und Vögeln die scheibenförmige Furchung und die Scheibengastrula. (Vergl. die Zweite Tabelle auf S. 186.)

Der weitaus wichtigste Vorgang, welcher die verschiedenen
cenogenetischen Formen der Gastrulation bedingt, ist die v e r -
ä n d e r t e E r n ä h r u n g d e s E i e s und die Anhäufung von
N a h r u n g s d o t t e r in der Eizelle. Unter diesem Begriffe fassen
wir verschiedene chemische Substanzen zusammen (hauptsächlich
Körner von Eiweiß- und Fettkörpern), welche ausschließlich als
Reservestoff oder Nahrungsmaterial für den Keim dienen. Da
der Keim der Metazoen in der ersten Zeit seiner Entwickelung
noch nicht im stande ist, selbständig sich Nahrung zu verschaffen
und daraus den Tierkörper aufzubauen, muß das nötige Material
dazu bereits in der Eizelle aufgespeichert sein. Wir unterscheiden
daher in den Eiern allgemein als zwei Hauptbestandteile den aktiven B i l d u n g s d o t t e r (*Protoplasma* oder *Vitellus formativus*)

und den passiven Nahrungsdotter (*Deutoplasma* oder *Vitellus nutritivus*, auch schlechtweg „Dotter". *Lecithus*, genannt). Bei den kleinen palingenetischen Eiern, deren Furchung wir vorher untersucht haben, sind die Dotterkörnchen so klein und so gleichmäßig im Protoplasma der Eizelle verteilt, daß die regelmäßige wiederholte Teilung derselben dadurch nicht beeinflußt wird. Bei der großen Mehrzahl der Tiereier hingegen ist die Masse des Dottervorrats mehr oder weniger ansehnlich, und derselbe ist in einem bestimmten Teile der Eizelle angehäuft, so daß man schon am unbefruchteten Ei diese „Proviantkammer" von dem Bildungsdotter deutlich unterscheiden kann. Gewöhnlich tritt dann eine polare Differenzierung der Eizelle in der Weise ein, daß eine Hauptachse an derselben erkennbar wird, und daß der Bildungsdotter (mit dem Keimbläschen) an einem Pole, der Nahrungsdotter hingegen am entgegengesetzten Pole dieser Eiachse sich anhäuft; ersterer heißt dann der animale Pol, letzterer der vegetale Pol der vertikalen Eiachse.

Bei solchen „telolecithalen Eiern" (z. B. bei den Cyclostomen und Amphibien, Taf. II, Fig. 7—11) erfolgt dann allgemein die Gastrulation in der Weise, daß bei der wiederholten Teilung des befruchteten Eies die animale (gewöhnlich obere) Hälfte sich rascher teilt als die vegetale (untere). Die Kontraktionen des aktiven Protoplasma, welche die fortgesetzte Zellteilung bewirken, finden in der unteren vegetalen Hälfte größeren Widerstand des passiven Deutoplasma als in der oberen animalen Hälfte. Daher finden wir in der letzteren zahlreichere, aber kleinere, in der ersteren weniger zahlreiche, aber größere Zellen. Die animalen Zellen liefern das äußere, die vegetalen das innere Keimblatt.

Obgleich diese „ungleichmäßige Furchung" der Rundmäuler, Ganoiden und Amphibien von der ursprünglichen „gleichmäßigen Furchung" (z. B. der Monoxenia, Fig. 31) sich auf den ersten Blick unterscheidet, haben doch beide Arten der Gastrulation das gemein, daß der Teilungsprozeß fortdauernd die ganze Eizelle betrifft; *Remak* nannte sie daher totale Eifurchung und die betreffenden Eier holoblastisch. Anders verhält es sich bei der zweiten Hauptgruppe der Eier, welche er jenen als meroblastische gegenüberstellte; dazu gehören die bekannten großen Eier der Vögel und Reptilien, sowie der meisten Fische. Die träge Masse des passiven Nahrungsdotters wird hier so groß, daß die Protoplasma-Kontraktionen des aktiven Bildungsdotters ihre Teilung nicht mehr zu bewältigen vermögen. Es erfolgt daher nur eine

partielle Eifurchung. Während das Protoplasma im animalen
Bezirk der Eizelle sich unter lebhafter Vermehrung der Kerne fortdauernd teilt, bleibt das Deutoplasma im vegetalen Bezirk mehr
oder weniger ungeteilt; es wird einfach als Nahrungsmaterial von
den sich bildenden Zellen aufgezehrt. Je größer die Masse des
angehäuften Proviants, desto mehr erscheint der Furchungsprozeß
lokal beschränkt. Jedoch kann derselbe noch lange Zeit (selbst
nachdem schon die Gastrulation mehr oder weniger vollendet ist)
in der Weise fortdauern, daß die im Deutoplasma verteilten vegetalen Zellkerne sich durch Teilung langsam vermehren; da jeder
derselben von einer geringen Menge Protoplasma umhüllt ist, kann
er sich später eine Portion des Nahrungsdotters aneignen und so
eine wahre „Dotterzelle" bilden (Merocyten). Wenn diese
vegetale Zellbildung sich noch längere Zeit fortsetzt, nachdem bereits die beiden primären Keimblätter gesondert sind, bezeichnet
man den Prozeß als „Nachfurchung" (*Waldeyer*).

Die meroblastischen Eier (Taf. III) finden sich bloß bei größeren
und höher entwickelten Tieren, und nur bei solchen, deren Embryo
längerer Zeit und reichlicher Ernährung zu seiner Entwickelung
innerhalb der Eihüllen bedarf. Je nachdem der Nahrungsdotter
zentral im Innern der Eizelle oder exzentrisch, an einer Seite derselben, angehäuft ist, unterscheiden wir zwei Gruppen von teil-
furchenden Eiern, periblastische und diskoblastische. Bei den
ersteren, den periblastischen Eiern, ist der Nahrungsdotter
zentral, im Innern der Eizelle eingeschlossen (daher sie auch „zentro-
lecithale Eier" genannt werden); der Bildungsdotter umgibt ersteren
blasenförmig, und daher erfährt derselbe eine oberflächliche oder
superficiale Furchung; eine solche findet sich im Stamme der
Gliedertiere, bei den Krebsen, Spinnen, Insekten u. s. w. (Taf. III,
Fig. 25—30). Bei den diskoblastischen Eiern hingegen häuft
sich der Nahrungsdotter einseitig, am vegetalen oder unteren Pole
der senkrechten Eiachse an, während am oberen oder animalen
Pole der Eikern und die Hauptmasse des Bildungsdotters liegt
(daher solche Eier auch telolecithale genannt werden). Die Eifurchung beginnt hier am oberen Pole und führt zur Bildung einer
dorsalen Keimscheibe. Das ist der Fall bei allen meroblastischen
Wirbeltieren, bei den meisten Fischen, den Reptilien und Vögeln,
und den eierlegenden Säugetieren (Schnabeltieren oder Monotremen).

Die Gastrulation der diskoblastischen Eier, die uns
hier zunächst interessiert, bietet der mikroskopischen Untersuchung
und der einheitlichen Erkenntnis außerordentliche Schwierigkeiten

dar. Diese zu überwinden ist erst den v e r g l e i c h e n d - ontogenetischen Untersuchungen gelungen, welche zahlreiche ausgezeichnete Beobachter während der letzten Decennien angestellt
haben; vor allen die Gebrüder *Hertwig, Rabl, Kupffer, Selenka,
Rückert, Goette, Rauber* u. a. Diese eingehenden und sorgfältigen,
mit Hülfe der vervollkommneten modernen Technik (Färbungs-
und Schnittmethoden) ausgeführten Untersuchungen haben in er-
freulichster Weise die Anschauungen bestätigt, welche ich zuerst
1875 in meiner Abhandlung über die „Gastrula und die Eifurchung
der Tiere" ausgeführt hatte. Da das klare Verständnis dieser
phylogenetisch begründeten Anschauungen nicht allein für die
Entwickelungsgeschichte im allgemeinen, sondern auch für die
Anthropogenie im besonderen von fundamentaler Bedeutung ist
gestatte ich mir, dieselben hier nochmals kurz mit Beziehung auf
den Vertebratenstamm zusammenzufassen:

1. Alle Wirbeltiere, mit Inbegriff des Menschen, sind phylogenetisch verwandt, Glieder eines einzigen natürlichen Stammes.
2. Daher müssen auch die ontogenetischen Grundzüge ihrer individuellen Entwickelung phylogenetisch zusammenhängen. 3. Da
die Gastrulation des Amphioxus die einfachsten Verhältnisse in der
ursprünglichen palingenetischen Form zeigt, muß diejenige der
übrigen Wirbeltiere sich von der ersteren ableiten lassen. 4. Die
cenogenetischen Abänderungen der letzteren werden um so bedeutender, je mehr Nahrungsdotter sich im Ei ansammelt. 5. Obgleich die Masse des Nahrungsdotters in den Eiern der diskoblastischen Wirbeltiere sehr groß werden kann, geht doch in allen
Fällen aus der Morula ebenso eine Keimblase oder Blastula hervor,
wie bei den holoblastischen Eiern. 6. Ebenso entsteht in allen
Fällen aus der Keimblase durch Einstülpung oder Invagination die
Gastrula. 7. Die Höhle, welche durch diese Einstülpung im Keim
entsteht, ist in allen Fällen der Urdarm (*Archenteron*) und seine
Oeffnung der Urmund (*Prostoma*). 8. Der Nahrungsdotter, gleichviel
ob groß oder klein, liegt stets in der Bauchwand des Urdarms;
die Zellen, welche nachträglich (durch „Nachfurchung") in demselben entstehen können (Merocyten), gehören ebenso dem inneren
Keimblatt oder Endoblast an, wie die Zellen, welche die Urdarmhöhle unmittelbar einschließen. 9. Der Urmund, welcher ursprünglich unten am Basalpol der vertikalen Achse liegt, wird durch
das Dotterwachstum nach hinten und dann nach oben auf die
Dorsalseite des Keimes gedrängt; die vertikale Achse des Urdarms
wird dadurch allmählich in horizontale Lage verlegt. 10. Der Ur-

mund kommt bei allen Wirbeltieren früher oder später zum Verschlusse und geht nicht in die bleibende Mundöffnung über; vielmehr entspricht der Urmundrand, das „Properistom", der späteren
Aftergegend. Von dieser bedeutungsvollen Stelle geht weiterhin
die Bildung des mittleren Keimblattes aus, das von hier aus
zwischen die beiden primären Keimblätter hineinwächst.

Die ausgedehnten vergleichenden Untersuchungen der vorher
erwähnten Forscher haben ferner ergeben, daß bei den diskoblastischen höheren Wirbeltieren (den drei Amnioten-Klassen) der lange
vergeblich gesuchte „U r m u n d" der Keimscheibe überall an deren
Hinterende sich findet und nichts anderes ist als die längst bekannte „P r i m i t i v r i n n e". Das ist eine in der hinteren Rückenfläche der scheibenförmigen Gastrula gelegene Rinne, die früher
irrtümlich mit dem Hinterteil des Medullarrohrs verwechselt
wurde. Allerdings steht sie mit diesem eine Zeitlang in direktem
Zusammenhang (durch den später zu besprechenden *Canalis neuro-
entericus*); allein ursprünglich ist sie nach Anlage und Bedeutung
ganz davon verschieden. Die beiden parallelen Längswülste, welche
diese schmale, in der Mittellinie gelegene „Primitivrinne" einschließen, sind die beiden U r m u n d l i p p e n, rechte und linke. Der
Urmund, der ursprünglich (bei den holoblastischen Wirbeltieren)
eine kleine kreisrunde Oeffnung ist, ändert also (infolge der wach-
senden Anhäufung des Nahrungsdotters und der dadurch bedingten
Ausdehnung der Bauchwand des Urdarms) nicht allein seine Lage
und Richtung, sondern auch seine Gestalt und Ausdehnung. Er
verwandelt sich zunächst in eine sichelförmige Querspalte („Sichelrinne"), an der wir eine ventrale (untere) und eine dorsale (obere)
Urmundlippe unterscheiden. Die breite Querspalte wird aber bald
schmäler und verwandelt sich in eine Längsspalte (ähnlich einer
„Hasenscharte"), indem rechte und linke Hälfte der „Sichelrinne" (die
sogenannten „Sichelhörner") sich verkürzen, der Mittelteil sich nach
vorn verlängert, und die beiden Hälften der dorsalen Oberlippe
nach vorn auswachsen. Letztere berühren sich später in der Medianlinie und bilden den wichtigen sogenannten „Primitivstreif".

Die Gastrulation läßt sich somit bei allen Wirbeltieren auf
einen und denselben Vorgang zurückführen. Ebenso lassen sich
auch die verschiedenen Formen derselben bei den wirbellosen Metazoen immer auf eine von jenen vier Hauptformen der Eifurchung
reduzieren. Mit Bezug auf die Unterscheidung der totalen und
partiellen Eifurchung stellt sich das Verhältnis der vier Eifurchungs-
Formen zueinander folgendermaßen:

I. Palingenetische (ursprüngliche) Furchung	1. Gleichmäßige Furchung (Glockengastrula)	A. Totale Furchung (ohne selbständigen Nahrungsdotter).
	2. Ungleichmäßige Furchung (Haubengastrula).	
II. Cenogenetische (durch Anpassung abgeänderte) Furchung	3. Scheibenartige Furchung (Scheibengastrula)	B. Partielle Furchung (mit selbständigem Nahrungsdotter).
	4. Oberflächliche Furchung (Blasengastrula)	

Die niedersten Metazoen, welche wir kennen, nämlich die niederen Pflanzentiere (Spongien, einfachste Polypen u. s. w.), bleiben zeitlebens auf einer Bildungsstufe stehen, welche von der Gastrula nur sehr wenig verschieden ist; ihr ganzer Körper ist nur aus zwei Zellenschichten oder Blättern zusammengesetzt. Diese Tatsache ist von außerordentlicher Bedeutung. Denn wir sehen, daß der Mensch, und überhaupt jedes Wirbeltier, rasch vorübergehend ein zweiblättriges Bildungsstadium durchläuft, welches bei jenen niedersten Pflanzentieren zeitlebens erhalten bleibt. Wenn wir hier wieder unser Biogenetisches Grundgesetz anwenden, so gelangen wir sofort zu folgendem hochwichtigen Schlusse: „Der Mensch und alle anderen Tiere, welche in ihrer ersten individuellen Entwickelungsperiode eine zweiblättrige Bildungsstufe oder eine Gastrulaform durchlaufen, müssen von einer uralten einfachen Stammform abstammen, deren ganzer Körper zeitlebens (wie bei den niedersten Pflanzentieren noch heute) nur aus zwei verschiedenen Zellenschichten oder Keimblättern bestanden hat." Wir wollen diese bedeutungsvolle uralte Stammform, auf welche wir später ausführlich zurückkommen müssen, vorläufig Gastraea (d. h. Urdarmtier) nennen.

Nach dieser Gastraeatheorie ist ein Organ bei allen vielzelligen Tieren ursprünglich von derselben morphologischen und physiologischen Bedeutung: der Urdarm; und ebenso müssen auch die beiden primären Keimblätter, welche die Wand des Urdarms bilden, überall als gleichbedeutend oder „homolog" angesehen werden. Diese wichtige „Homologie der beiden primären Keimblätter" wird einerseits dadurch bewiesen, daß überall die Gastrula ursprünglich auf dieselbe Weise entsteht, nämlich durch Einstülpung der Blastula; und andererseits dadurch, daß überall dieselben fundamentalen Organe aus den beiden Keimblättern hervorgehen. Ueberall bildet das äußere oder animale Keimblatt, das

Hautblattt oder Ektoderm, die wichtigsten Organe des
animalen Lebens: Hautdecke, Nervensystem, Sinnesorgane u. s. w.
Hingegen entstehen aus dem inneren oder vegetativen Keimblatt, aus dem Darmblatt oder Entoderm, die wichtigsten
Organe des vegetativen Lebens: die Organe der Ernährung, Verdauung, Blutbildung u. s. w.

Bei denjenigen niederen Pflanzentieren, deren ganzer Körper
zeitlebens auf der zweiblättrigen Bildungsstufe stehen bleibt, bei
den Gasträaden, den einfachsten Spongien (*Olynthus*) und Polypen
(*Hydra*), bleiben auch diese beiden Funktionsgruppen, animale und
vegetative Leistungen, scharf auf die beiden einfachen primären
Keimblätter verteilt.   Zeitlebens behält hier das äußere oder
animale Keimblatt die einfache Bedeutung einer umhüllenden
Decke (einer Oberhaut) und vollzieht zugleich die Bewegungen und
Empfindungen des Körpers.   Hingegen die innere Zellenschicht
oder das vegetative Keimblatt besitzt zeitlebens die einfache
Bedeutung des Darmepitheliums, einer ernährenden Darmzellen-
schicht und liefert außerdem häufig noch die Fortpflanzungszellen [40]).

Das bekannteste von diesen Gasträaden oder „Gastrula-
ähnlichen Tieren" ist der gemeine Süßwasserpolyp (*Hydra*). Allerdings besitzt dieses einfachste aller Nesseltiere noch einen Kranz
von Tentakeln oder Fangfäden, welcher den Mund umgibt. Auch
ist das äußere Keimblatt bereits etwas histologisch differenziert.
Aber diese Zutaten sind erst sekundär entstanden, und das innere
Keimblatt ist eine ganz einfache Zellenschicht geblieben. In der
Hauptsache hat auch die Hydra den einfachen Körperbau unserer
uralten Stammmutter *Gastraea* bis auf den heutigen Tag durch
zähe Vererbung getreu konserviert (vergl. den XIX. Vortrag).

Bei allen übrigen Tieren, und namentlich bei allen Wirbeltieren, erscheint die Gastrula nur als ein rasch vorübergehender
Keimzustand.   Hier verwandelt sich vielmehr bald das zweiblättrige
Stadium der Keimanlage zunächst in ein dreiblättriges und dann
in ein vierblättriges Stadium. Mit dem Zustandekommen von vier
übereinander liegenden Keimblättern haben wir dann
vorläufig wieder einen festen und sicheren Standpunkt gewonnen,
von welchem aus wir die weiteren, viel schwierigeren und verwickelteren Vorgänge der Ausbildung beurteilen und verfolgen
können (X. Vortrag: Coelomtheorie).

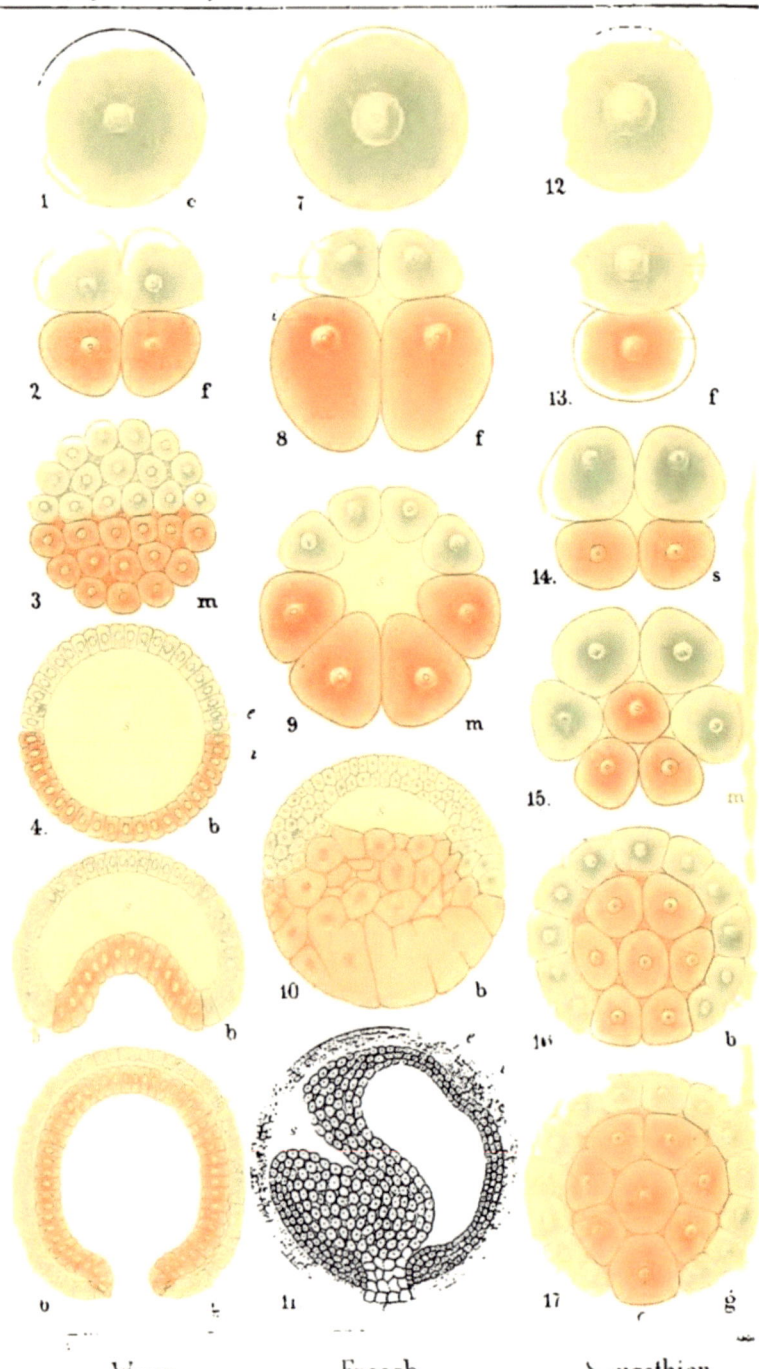

Wurm   Frosch   Saugethier

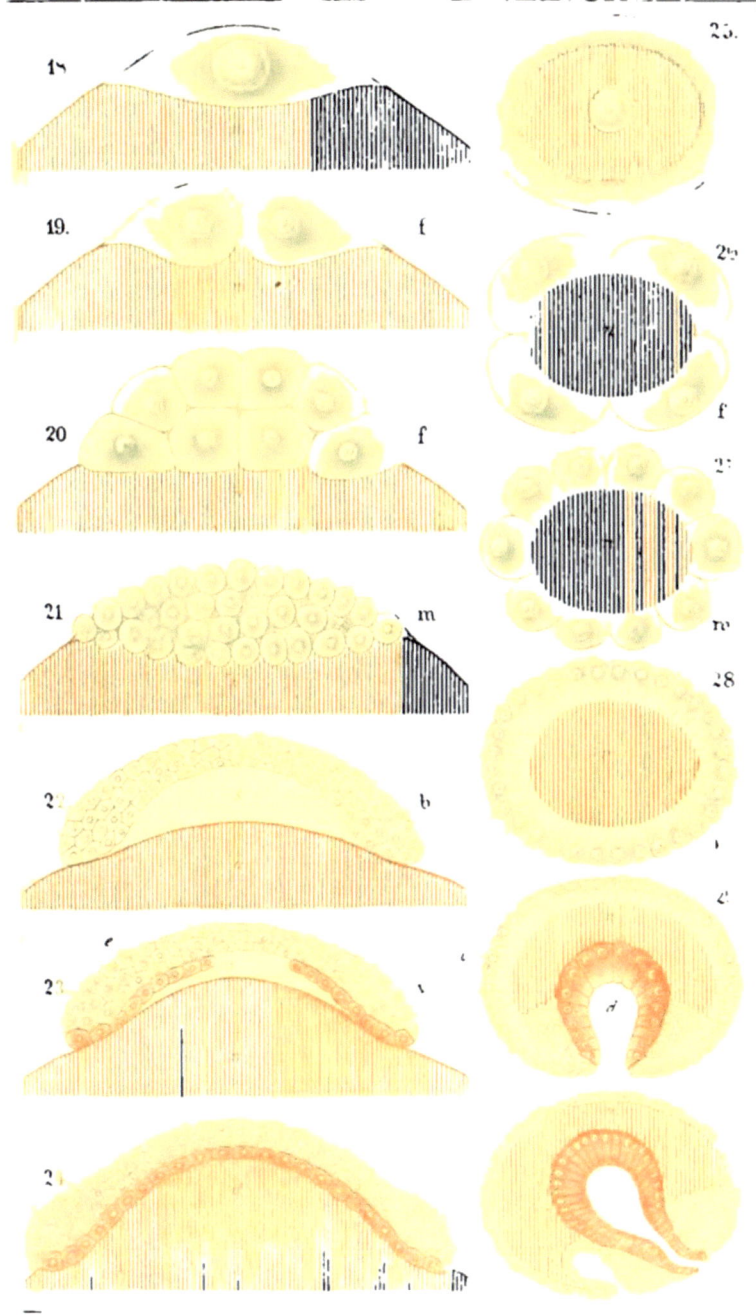

Erklärung von Tafel II und III.

Eifurchung und Gastrulabildung.

Die beiden Tafeln II und III sollen die wichtigsten Verschiedenheiten in der Eifurchung und Gastrulation der Tiere an schematischen Durchschnitten erläutern. Taf. II zeigt **holoblastische Eier** (mit totaler Furchung); Taf. III **meroblastische Eier** (mit partieller Furchung). Die animale Hälfte der Eier (Ektoderm) ist durch graue, die vegetale Hälfte (Entoderm nebst Nahrungsdotter) durch rote Farbe angedeutet. Der Nahrungsdotter ist senkrecht schraffiert. Alle Schnitte sind senkrechte Meridianschnitte (durch die Urdarmachse). Die Buchstaben bedeuten überall dasselbe: *c* Stammzelle (*cytula*). *f* Furchungszellen (*segmentella* oder *blastomera*). *m* Maulbeerkeim (*morula*). *b* Blasenkeim (*blastula*). *g* Becherkeim (*gastrula*). *s* Furchungshöhle (*blastocoelon*). *d* Urdarmhöhle (*progaster*). *o* Urmund (*prostoma*). *n* Nahrungsdotter (*lecithus*). *i* Darmblatt (*entoderma*). *e* Hautblatt (*ektoderma*).

Fig. 1—6. **Gleichmässige oder äquale Eifurchung** eines niederen Metazoon (*Sagitta, Ascidia*). Fig. 1. Stammzelle (Cytula). Fig. 2. Furchungsstufe mit vier Furchungszellen. Fig. 3. Maulbeerkeim (Morula). Fig. 4. Blasenkeim (Blastula). Fig. 5. Derselbe in Einstülpung oder Invagination (Depula). Fig. 6. Glockengastrula (Archigastrula). Vergl. Fig. 31—40, S. 166—175.

Fig. 7—11. **Ungleichmässige oder inäquale Eifurchung** eines Amphibiums (Frosch). Fig. 7. Stammzelle (Cytula). Fig. 8. Furchungsstufe mit vier Furchungszellen. Fig. 9. Maulbeerkeim (Morula). Fig. 10. Blasenkeim (Blastula). Fig. 11. Haubengastrula (Amphigastrula). Vergl. Fig. 42—53, S. 193—202.

Fig. 12—17. **Ungleichmässige oder inäquale Eifurchung** eines Säugetieres (Kaninchen). Fig. 12. Stammzelle (Cytula). Fig. 13. Furchungsstufe mit zwei Furchungszellen (*e* Mutterzelle des Ektoderm, *i* Mutterzelle des Entoderm). Fig. 14. Furchungsstufe mit vier Furchungszellen. Fig. 15. Beginnende Einstülpung des Blasenkeims. Fig. 16. Weiter vorgeschrittene Einstülpung. Fig. 17. Haubengastrula (Amphigastrula). Vergl. Fig. 66—75, S. 220—224.

Fig. 18—24. **Scheibenartige oder diskoidale Eifurchung** eines Knochenfisches (Labrus? Cottus?). Der größte Teil des Nahrungsdotters (*n*) ist weggelassen (vergl. Fig. 60—65, S. 213—217). Fig. 18. Stammzelle (Cytula). Fig. 19. Furchungsstufe mit zwei Zellen. Fig. 20. Furchungsstufe mit 32 Zellen. Fig. 21. Maulbeerkeim (Morula). Fig. 22. Blasenkeim (Blastula). Fig. 23. Derselbe in Einstülpung begriffen (Depula). Fig. 24. Scheibengastrula (Discogastrula).

Fig. 25—30. **Oberflächliche oder superficiale Eifurchung** eines Krebses (Peneus). Fig. 25. Stammzelle (Cytula). Fig. 26. Furchungsstufe mit acht Zellen (nur vier sind sichtbar). Fig. 27. Furchungsstufe mit 32 Zellen. Fig. 28. Maulbeerkeim (Morula) und zugleich Blasenkeim (Blastula). Fig. 29. Blasengastrula (Perigastrula). Fig. 30. Uebergang der Perigastrula in den Naupliuskeim; vor dem Urdarm (*d*) hat sich durch Einstülpung von außen die Schlundhöhle gebildet.

(Vergl. die folgenden Tabellen II—III.)

Zweite Tabelle.

Uebersicht über die wichtigsten Verschiedenheiten in der Eifurchung und Gastrulabildung der Tiere.

Die Tierstämme sind durch die Buchstaben *a—g* bezeichnet: *a* Pflanzentiere. *b* Wurmtiere. *c* Weichtiere. *d* Sterntiere. *e* Gliedertiere. *f* Manteltiere. *g* Wirbeltiere.

I. **Vollständige** **Furchung** *Segmentatio totalis* Holoblastische Eier. **Gastrula ohne gesonderten Nahrungsdotter** *Hologastrula.*	**I. Ursprüngliche Furchung** *(Segmentatio aequalis).* Archiblastische Eier **Glocken-Gastrula** *(Archigastrula).* Taf. II, Fig. 1—6.	*a.* Viele niedere Pflanzentiere. (Schwämme, Hydropolypen, Medusen, niedere Korallen). *b.* Viele niedere Wurmtiere (Sagitta, Phoronis, viele Nematoden u. s. w., Terebratula. Argiope, Pisidium). *c.* Einige niedere Weichtiere. *d.* Viele Sterntiere (Echinodermen). *e.* Wenige niedere Gliedertiere (einige Branchiopoden, Copepoden; Tardigraden, Pteromalinen). *f.* Viele Manteltiere. *g.* Die Schädellosen (Amphioxus).
	II. Ungleichmässige Furchung *(Segmentatio inaequalis).* Amphiblastische Eier **Hauben-Gastrula** *(Amphigastrula).* Taf. II, Fig. 7—17.	*a.* Zahlreiche Pflanzentiere (viele Schwämme, Medusen, Korallen, Siphonophoren, Ctenophoren). *b.* Die meisten Würmer. *c.* Die meisten Weichtiere. *d.* Viele Sterntiere (lebendig gebärende Arten und einige andere). *e.* Einige niedere Gliedertiere (sowohl Crustaceen, als Tracheaten). *f.* Viele Manteltiere. *g.* Cyclostomen, Aelteste Fische, Lurchfische, Amphibien, Säugetiere (ausgeschlossen die Monotremen).
II. **Unvollständige** **Furchung** *Segmentatio partialis* Meroblastische Eier. **Gastrula mit gesondertem Nahrungsdotter** *Merogastrula.*	**III. Scheibenförmige Furchung** *(Segmentatio discoidalis).* Diskoblastische Eier. **Scheiben-Gastrula** *(Discogastrula).* Taf. III, Fig. 18—24.	*c.* Tintenfische oder Cephalopoden. *e.* Manche Gliedertiere, Asseln, Skorpione u. a. *g.* Urfische, Knochenfische, Reptilien, Vögel, Monotremen.
	IV. Oberflächliche Furchung *(Segmentatio superficialis).* Periblastische Eier. **Blasen-Gastrula** *(Perigastrula).* Taf. III, Fig. 25—30.	*e.* Die große Mehrzahl der Gliedertiere (Crustaceen, Myriapoden, Arachniden, Insekten).

Dritte Tabelle.

Uebersicht über die vier ersten Keimungsstufen der Tiere mit Rücksicht auf die vier verschiedenen Hauptformen der Eifurchung.

A. Vollständige Eifurchung (Segmentatio totalis).		B. Unvollständige Eifurchung (Segmentatio partialis)	
a. Ursprüngliche oder primordiale Eifurchung	b. Ungleichmäßige oder inäquale Eifurchung	c. Scheibenartige oder discoidale Eifurchung	d. Oberflächliche oder superficiale Eifurchung
Beispiele: Monoxenia. Sagitta. Amphioxus.	Beispiele: Cyclostomen. Amphibien. Säugetiere.	Beispiele: Fische. Reptilien. Vögel.	Beispiele: Crustaceen. Arachniden. Insekten.
I a. **Archicytula** Archiblastische Stammzelle (Taf. II, Fig. 1). Eine einfache Zelle, in der Bildungsdotter und Nahrungsdotter nicht getrennt sind.	I b. **Amphicytula** Amphiblastische Stammzelle (Taf. II, Fig. 7, 12). Eine einachsige Zelle, die am animalen Pole Bildungsdotter, und am vegetalen Pole Nahrungsdotter enthält, beide nicht scharf getrennt.	I c. **Discocytula** Diskoblastische Stammzelle (Taf. III, Fig. 18). Eine sehr große, einachsige Zelle, die am animalen Pole Bildungsdotter, am vegetalen Pole Nahrungsdotter enthält, beide scharf getrennt.	I d. **Pericytula** Periblastische Stammzelle (Taf. III, Fig. 25). Eine große Zelle, die an der Peripherie Bildungsdotter, im Zentrum Nahrungsdotter enthält.
II a. **Archimorula** (Taf. II, Fig. 3). Ein solider, meist kugeliger Haufen von lauter gleichartigen Zellen.	II b. **Amphimorula** (Taf. II, Fig. 9). Ein rundlicher Haufen aus zweierlei Zellen gebildet, kleineren am animalen Pole, größeren am vegetalen Pole.	II c. **Discomorula** (Taf. III, Fig. 21). Eine flache Scheibe, aus gleichartigen Zellen zusammengesetzt, auf dem animalen Pole des Nahrungsdotters.	II d. **Perimorula** (Taf. III, Fig. 27). Eine geschlossene Zellen-schicht umschließt den ganzen zentralen Nahrungsdotter, welcher in Teilung begriffene Kerne einschließt.
III a. **Archiblastula** (Taf. II, Fig. 4). Eine hohle (meist kugelige) Blase, deren Wand aus einer einzigen Schicht gleichartiger Zellen besteht.	III b. **Amphiblastula** (Taf. II, Fig. 10). Eine rundliche Blase, deren Wand am animalen Pole aus kleinen, am vegetalen Pole aus großen Zellen besteht.	III c. **Discoblastula** (Taf. III, Fig. 22). Eine rundliche Blase, deren kleinere Hemisphäre aus den Furchungszellen, deren größere aus dem Nahrungsdotter besteht.	III d. **Periblastula** (Taf. III, Fig. 28). Eine geschlossene Blase; eine Zellen-schicht umschließt den ganzen zentralen Nahrungsdotter; alle Kerne sind an die Oberfläche gerückt.
IV a. **Archigastrula** Glockengastrula (Taf. II, Fig. 6). Fig. 32–38, S. 169. Urdarm leer, ohne Nahrungsdotter. Primäre Keimblätter einschichtig.	IV b. **Amphigastrula** Haubengastrula (Taf. II, Fig. 11, 17). Fig. 50, S. 199. Urdarm teilweis mit gefurchtem Nahrungsdotter erfüllt. Keimblätter oft mehrschichtig.	IV c. **Discogastrula** Scheibengastrula (Taf. III, Fig. 24). Fig. 62–65, S. 214. Urdarm von ungefurchtem Nahrungsdotter erfüllt. Flache Keimscheibe.	IV d. **Perigastrula** Blasengastrula (Taf. III, Fig. 29). Furchungshöhle von ungefurchtem Nahrungsdotter erfüllt. Urdarm oberflächlich.

Vierte Tabelle.

Uebersicht über einige der wichtigsten Variationen im Rhythmus der Eifurchung.

(Nur die erste Spalte [Sagitta] zeigt den ursprünglichen, palingenetischen Rhythmus der Furchung in regelmäßiger geometrischer Progression. Alle übrigen Spalten zeigen abgeleitete, cenogenetische Modifikationen. c = Stammzelle. s = Furchungszellen. e = Ektodermzellen. i = Entodermzellen.)

I. Pfeilwurm (Sagitta)	II. Amphibium (Frosch)	III. Säugetier (Kaninchen)	IV. Schnecke (Trochus)	V. Wurm (Fabricia)	VI. Wurm (Cyclogena)
$1c$	$1c$	$1c$	$1c$	$1c$	$1c$
$2s$	$2s$	$2s$ $(1e+1i)$	$2s$	$2s$ $(1e+1i)$	$2s$ $(1e+1i)$
$4s$	$4s$	$4s$ $(2e+2i)$	$4s$	$3s$ $(2e+1i)$	$3s$ $(2e-1i)$
$8s$	$8s$ $(4e+4i)$	$8s$ $(4e+4i)$	$8s$ $(4e+4i)$	$5s$ $(4e+1i)$	$4s$ $(3e+1i)$
	$12s$ $(8e+4i)$	$12s$ $(8e+4i)$	$12s$ $(8e+4i)$	$6s$ $(4e+2i)$	$5s$ $(3e+1i)$
$16s$	$16s$ $(8e+8i)$	$16s$ $(8e+8i)$	$20s$ $(16e+4i)$	$10s$ $(8e+2i)$	$6s$ $(5e+1i)$
	$24s$ $(16e+8i)$	$24s$ $(16e+8i)$	$24s$ $(16e+8i)$	$11s$ $(8e+3i)$	$7s$ $(6e+1i)$
$32s$	$32s$ $(16e+16i)$	$32s$ $(16e+16i)$	$40s$ $(32e+8i)$	$19s$ $(16e+3i)$	$8s$ $(7e+1i)$
	$48s$ $(32e+16i)$	$48s$ $(32e+16i)$	$44s$ $(32e+12i)$	$21s$ $(16e+5i)$	$9s$ $(8e+1i)$
$64s$ $(32e+32i)$	$64s$ $(32e+32i)$	$64s$ $(32e+32i)$	$76s$ $(64e+12i)$	$37s$ $(32e+5i)$	$10s$ $(9e+1i)$
	$96s$ $(64e+32i)$	$96s$ $(64e+32i)$	$84s$ $(64e+20i)$	$38s$ $(32e+6i)$	
$128s$ $(64e+64i)$	$160s$ $(128e+32i)$		$148s$ $(128e+20i)$	$70s$ $(64e+6i)$	

Neunter Vortrag.

Die Gastrulation der Wirbeltiere.

„Es ist klar, daß die ersten Keimungsprozesse der Säugetiere — und vor allen ihre Eifurchung und Gastrulation — keineswegs (wie man bisher irrtümlich glaubte) in einer sehr einfachen und ursprünglichen Form verlaufen, sondern im Gegenteil in einer sehr stark modifizierten, zusammengezogenen und abgekürzten Form. Die Keimung der Säugetiere ist sehr stark cenogenetisch verändert, stärker als bei allen anderen Wirbeltieren. Ihre amphiblastische Keimungsform ist wahrscheinlich durch Rückbildung des Nahrungsdotters aus der disko-blastischen Keimungsform ihrer Vorfahren entstanden."

Gastrulation der Säugetiere (1877).

Holoblastische Vertebraten: Acranier, Cyclostomen, Amphibien, Säugetiere. Meroblastische Vertebraten: Fische, Reptilien, Vögel. Archigastrula des Amphioxus. Amphigastrula der Cyclostomen und Amphibien. Discogastrula der Fische, Vögel, Reptilien und Monotremen. Epigastrula der Säugetiere.

Inhalt des neunten Vortrages.

Phylogenetische Einheit des Wirbeltierstammes. Ontogenetische Einheit seiner Gastrulation. Historische Beziehungen der holoblastischen und meroblastischen Vertebraten. Inäquale Eifurchung und Amphigastrula der Amphibien (der schwanzlosen Frösche und der geschwänzten Salamander). Ihre Furchungshöhle (Blastocöl) und Urdarmhöhle (Rusconische Nahrungshöhle). Ableitung der partiellen Eifurchung aus der totalen. Diskoblastische Wirbeltiere, mit Keimscheibe (scheibenförmige Gastrula). Pelagische Knochenfische mit kleinem und Haifische mit großem Nahrungsdotter. Epigastrula (oder quartäre Scheibengastrula) der Säugetiere. Das Hühnerei und sein großer Nahrungsdotter. Diskoidale Gastrulation der Sauropsiden (Reptilien und Vögel) und Monotremen. Die Primitivrinne des Amniotenkeims ist der Urmund ihrer Scheibengastrula. Phylogenetische Rückbildung des Nahrungsdotters bei den Säugetieren. Eierlegende und lebendig gebärende Mammalien. Gastrulation der Beutelratte und des Kaninchens. Superficiale Eifurchung der Gliedertiere.

Literatur:

Ernst Haeckel, *1875. Die Gastrula und die Eifurchung der Tiere (Jen. Zeitschr. für Naturw., Bd. IX). Gastrulation der Säugetiere (ebenda Bd. XI, 1877).*

Francis Balfour, *1880. Handbuch der vergleichenden Embryologie, Bd. II.*

Berthold Hatschek, *1881. Studien über Entwickelung des Amphioxus. Wien.*

Johannes Rückert, *1885—1889. Zur Keimblattbildung bei Selachiern.*

C. Kupffer, *1882—1887. Die Gastrulation an den meroblastischen Eiern der Wirbeltiere, und die Bedeutung des Primitivstreifs (Arch. f. Anat. u. Physiol.).*

Alexander Goette, *1875—1890. Beiträge zur Entwickelungsgeschichte der Wirbeltiere.*

A. Rauber, *1875—1883. Die erste Entwickelung des Kaninchens. Primitivrinne und Urmund. Ueber die Stellung des Hühnchens im Entwickelungsplan u. s. w.*

Eduard Van Beneden, *1880—1886. Recherches sur l'embryologie des Mammifères etc.*

Emil Selenka, *1883—1887. Studien über Entwickelungsgeschichte der Tiere.*

Carl Rabl, *1889. Theorie des Mesoderms. (Gastrulation der Vertebraten, S. 155—175.) Morpholog. Jahrbuch, Bd. XV. Leipzig.*

Paul Samassa, *1898. Studien über den Einfluß des Dotters auf die Gastrulation der Wirbeltiere. Leipzig.*

August Brauer, *1897—1902. Beiträge zur Kenntnis der Entwickelungsgeschichte und Anatomie der Gymnophionen. Jena.*

Ludwig Will, *1893. Beiträge zur Entwickelungsgeschichte der Reptilien (Gecko, Schildkröte, Eidechse). Jena.*

Theodor Morgan, *1897. The development of the Frog's egg. An Introduction to experimental Embryology. New York.*

Sobotta, *1897. Die Furchung des Wirbeltier-Eies. Jena.*

Richard Semon, *1894—1902. Zoologische Forschungsreisen in Australien. I. Entwickelungsgeschichte des Ceratodus. II. Monotremen und Marsupialien. Jena.*

Heinrich Ernst Ziegler, *1902. Lehrbuch der vergleichenden Entwickelungsgeschichte der niederen Wirbeltiere. Jena.*

IX.

Meine Herren!

Die bedeutungsvollen Vorgänge der Gastrulation, der Eifurchung und Keimblätterbildung, zeigen in den verschiedenen Klassen des Wirbeltierstammes sehr auffallende Unterschiede. Nur allein das niederste Wirbeltier, der *Amphioxus*, besitzt noch heute die ursprüngliche reine Form jener Vorgänge, die palin - genetische Gastrulation, die wir im vorhergehenden Vortrage betrachtet haben, und die zur Bildung der *Archigastrula* führt (Fig. 40, S. 175). Bei allen übrigen Vertebraten der Gegenwart sind jene grundlegenden Keimungsprozesse mehr oder minder ab- geändert und durch Anpassung an die Bedingungen der Keimes- entwickelung (vor allen durch Ausbildung und Umbildung des Nahrungsdotters) modifiziert; sie zeigen verschiedene cenogene- tische Formen der Keimblätterbildung und entwickeln sich da- her durch eine *Metagastrula*. Unter sich aber verhalten sich die einzelnen Klassen wieder sehr verschieden. Um die Einheit der Erscheinungen trotz dieser mannigfachen Unterschiede zu erkennen und ihren historischen Zusammenhang zu begreifen, ist es durch- aus notwendig, die Einheit des Wirbeltierstammes be- ständig im Sinne zu behalten. Diese „phylogenetische Einheit", die ich zuerst 1866 in meiner „Generellen Morphologie" systematisch entwickelt habe (II, S. CXVI—CLX), ist jetzt allgemein ange- nommen. Alle urteilsfähigen Zoologen sind jetzt übereinstimmend der Ansicht, daß alle Vertebraten, vom Amphioxus und den Fischen bis zum Affen und Menschen hinauf, ursprünglich von einer gemein- samen Stammform, einem „Urwirbeltier" abstammen. Also müssen auch die ontogenetischen Prozesse, mittels deren jedes einzelne In- dividuum der Wirbeltiere entsteht, ursprünglich aus einer gemein- samen Urform der Keimung ableitbar sein, und diese Urform liegt unzweifelhaft noch heute in der Ontogenie des Amphioxus vor.

Unsere nächste Aufgabe wird demnach sein, die verschiedenen Gastrulationsformen der Wirbeltiere kritisch zu vergleichen und phylogenetisch aus derjenigen des Lanzettierchens abzuleiten. Aeußerlich betrachtet zerfallen die ersteren zunächst in zwei Gruppen: die alten Cyclostomen, die ältesten Fische, die meisten Amphibien und die lebendig gebärenden Säugetiere besitzen holo- blastische Eier mit totaler inäqualer Furchung; hingegen die jüngeren Cyclostomen, die meisten Fische, die Cöcilien, Reptilien, Vögel und Monotremen haben meroblastische Eier mit par- tieller diskoidaler Furchung. Eine genauere kritische Vergleichung derselben wird uns jedoch zeigen, daß jene beiden Gruppen keine natürlichen Einheiten darstellen, und daß sehr verwickelte histo- rische Beziehungen zwischen ihren einzelnen Abteilungen existieren. Um sie richtig zu verstehen, müssen wir zunächst die einzelnen Modifikationen der Gastrulation in jenen Klassen näher betrachten. Wir beginnen mit derjenigen der Amphibien.

Das zugänglichste und passendste Untersuchungsobjekt liefern uns hier die Eier unserer einheimischen Amphibien, der schwanz- losen Frösche und Kröten, sowie der geschwänzten Salamander. Ueberall sind sie im Frühjahr in unseren Teichen und Tümpeln leicht massenhaft zu haben, und eine sorgfältige Beobachtung der Eier mit der Lupe genügt, um wenigstens das Aeußerliche der Eifurchung klar zu erfassen. Um freilich den ganzen Vorgang in seinem inneren Wesen richtig zu verstehen und die Bildung der Keimblätter und der Gastrula zu erkennen, muß man die Froscheier und die Salamandereier sorgfältig härten, durch die gehärteten Eier mit dem Rasiermesser oder Mikrotom möglichst dünne Schnitte legen und die gefärbten Schnitte unter einem starken Mikroskop auf das genaueste vergleichend untersuchen.

Die Eier der Frösche und Kröten haben eine kugelige Ge- stalt, einen mittleren Durchmesser von ungefähr 2 Millimeter und werden in großer Anzahl in Gallertmassen abgelegt, welche bei den Fröschen dicke Klumpen, bei den Kröten lange Schnüre bilden. Betrachten wir die undurchsichtigen, grau, braun oder schwärzlich gefärbten Eier genauer, so finden wir, daß ihre obere Hälfte dunkler, die untere heller gefärbt ist. Die Mitte der ersteren ist bei manchen Arten von schwarzer, die entgegengesetzte Mitte der letzteren von weißer Farbe [56]. Dadurch ist eine bestimmte A c h s e des Eies mit zwei verschiedenen Polen bezeichnet. Um eine klare Vor- stellung von der Furchung dieser Eier zu geben, ist nichts ge- eigneter als der Vergleich mit einer Erdkugel, auf deren Oberfläche verschiedene Meridiankreise und Parallelkreise aufgezeichnet sind. Denn die oberflächlichen Grenzlinien zwischen den verschiedenen

Zellen, welche durch die wiederholte Teilung der Eizelle entstehen, erscheinen auf der Oberfläche als tiefe F u r c h e n, und daher hat dieser ganze Vorgang den Namen F u r c h u n g erhalten [59]. In der Tat ist aber diese sogenannte „Furchung", die man früher als einen höchst wunderbaren Vorgang anstaunte, weiter nichts als eine gewöhnliche, oft wiederholte Zellenteilung. Daher sind auch die dadurch entstehenden „F u r c h u n g s k u g e l n", die *Segmentellen* oder *Blastomeren,* nichts anderes als echte Z e l l e n.

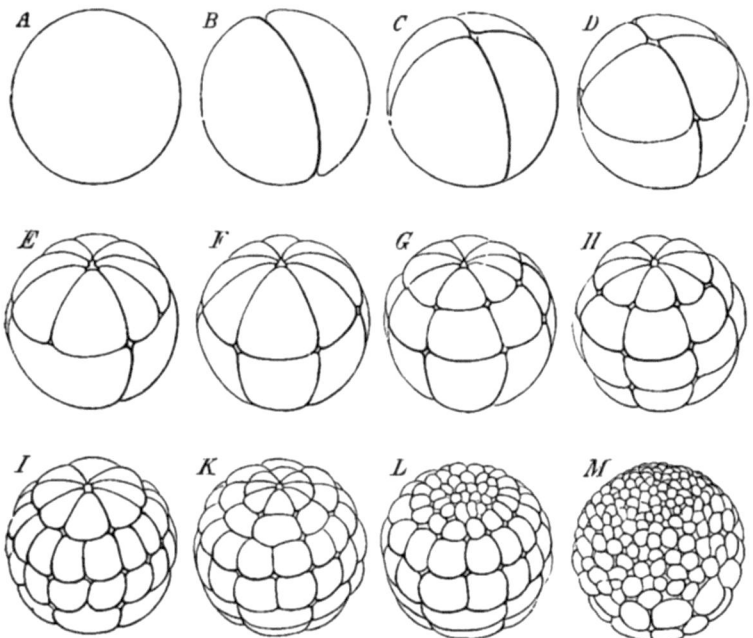

Fig. 42. **Die Furchung des Froscheies** (zehnmal vergrößert). *A* Stammzelle. *B* Die beiden ersten Furchungszellen. *C* 4 Zellen. *D* 8 Zellen (4 animale und 4 vegetative). *E* 12 Zellen (8 animale und 4 vegetative). *F* 16 Zellen (8 animale und 8 vegetative). *G* 24 Zellen (16 animale und 8 vegetative). *H* 32 Zellen. *I* 48 Zellen. *K* 64 Zellen. *L* 96 Furchungszellen. *M* 160 Furchungszellen (128 animale und 32 vegetative).

Die ungleichmäßige Furchung, welche wir am Amphibienei beobachten, ist nun vor allem dadurch ausgezeichnet, daß sie am oberen, dunkleren Pole (am Nordpole der Erdkugel bei unserem Vergleiche) beginnt und langsam nach dem unteren, helleren Pole (dem Südpole) hin fortschreitet. Auch bleibt während des ganzen Verlaufes der Eifurchung die obere, dunklere Halbkugel stets voraus, und ihre Zellen teilen sich viel lebhafter und rascher; daher erscheinen die Zellen der unteren Halbkugel stets größer und weniger zahlreich. Die Furchung der Stammzelle (Fig. 42 A) beginnt mit der Bildung einer vollständigen Meridianfurche, welche vom Nordpol ausgeht und im Südpol endet (B). Eine Stunde später entsteht auf dieselbe Weise eine zweite Meridianfurche, welche die erste unter rechtem Winkel schneidet (Fig. 42 C). Dadurch ist das Ei in 4 gleiche Kugelsegmente zerfallen. Jede dieser 4 ersten „Furchungszellen" besteht aus einer oberen dunkleren und einer unteren helleren Hälfte. Einige Stunden später entsteht eine dritte Furche, senkrecht auf den beiden ersten (Fig. 42 D). Diese Ringfurche wird gewöhnlich, aber nicht mit Recht, als „Aequatorialfurche" bezeichnet; denn sie liegt nördlich vom Aequator und wäre also eher dem nördlichen Wendekreise zu vergleichen. Das kugelige Ei besteht jetzt aus 8 Zellen, 4 kleineren oberen (nördlichen) und 4 größeren unteren (südlichen). Jetzt zerfällt jede der 4 ersteren durch eine vom Nordpol ausgehende Meridianfurche in zwei gleiche Hälften, so daß 8 obere auf 4 unteren Zellen liegen (Fig. 42 E). Erst nachträglich setzen sich die 4 neuen Meridianfurchen langsam auch auf die unteren Zellen fort, so daß die Zahl von 12 auf 16 steigt (F). Parallel der ersten horizontalen Ringfurche entsteht jetzt eine zweite, näher dem Nordpol, welche wir demnach dem „nördlichen Polarkreise" vergleichen können. Dadurch erhalten wir 24 Furchungszellen, 16 obere, kleinere und dunklere, 8 untere, größere und hellere (G). Aber bald zerfallen auch die letzteren in 16, indem sich ein dritter Parallelkreis in der südlichen Hemisphäre bildet; wir haben also zusammen 32 Zellen (H). Jetzt entstehen am Nordpol 8 neue Meridianfurchen, welche zunächst die oberen dunklen Zellenkreise, dann aber auch die unteren südlichen Kreise schneiden und endlich den Südpol erreichen. Dadurch bekommen wir nacheinander Stadien von 40, 48, 56 und endlich 64 Zellen (I, K). Die Ungleichheit zwischen den beiden Halbkugeln wird aber immer größer. Während die träge südliche Hemisphäre lange Zeit bei 32 Zellen stehen bleibt, furcht sich die lebhafte nördliche Halbkugel rasch zweimal hintereinander und zerfällt so erst in 64, darauf in 128 Zellen (L, M). Wir finden also jetzt ein Stadium, in welchem wir an der Oberfläche der Eikugel in der oberen dunkleren Hälfte 128 kleine Zellen, in der unteren Hälfte nur 32 große Zellen wahrnehmen, zusammen 160 Furchungszellen. Die Ungleichheit der beiden Hemisphären prägt sich weiterhin immer stärker aus; und während die nördliche Hemisphäre in eine sehr große Anzahl von kleinen Zellen zerfällt, besteht die südliche Halbkugel aus einer viel geringeren Anzahl von größeren Furchungszellen. Zuletzt umwachsen die oberen dunklen Zellen die Oberfläche des kugeligen Eies fast vollständig und nur am Südpole, in der Mitte der unteren Halbkugel, bleibt eine kleine kreisrunde Stelle übrig, an welcher die inneren, großen und hellen Zellen zu Tage treten. Dieses weiße Feld am Südpol entspricht, wie wir später sehen werden, dem U r m u n d e der Gastrula. Die ganze Masse der inneren größeren und helleren Zellen (samt diesem weißen Polfelde) gehört zum E n t o d e r m oder Darmblatt. Die äußere Umhüllung von dunkleren kleineren Zellen bildet das E k t o d e r m oder Hautblatt.

Die oft wiederholte Zellenteilung, welche so als „Furchung oder Segmentation" an der Oberfläche der Eikugel deutlich zu verfolgen ist, beschränkt sich aber nicht auf die letztere, sondern ergreift auch das ganze Innere der Kugel. Die Zellen teilen sich also auch in Flächen, welche konzentrischen Kugelflächen annähernd entsprechen; rascher in der oberen, langsamer in der unteren Hälfte. Inzwischen hat sich im Innern der Eikugel eine große, mit Flüssigkeit gefüllte Höhle gebildet: die F u r c h u n g s h ö h l e oder Keimhöhle (*Blastocoel*, Fig. 43—46 *F*, ferner *s* auf den Durchschnittsbildern Taf. II, Fig. 8—11). Die erste Spur dieser Höhle tritt inmitten der oberen Halbkugel auf, da, wo die drei ersten, aufeinander senkrechten Furchungsebenen sich schneiden (Taf. II, Fig. 8 *s*). Bei fortschreitender Furchung dehnt sie sich bedeutend aus und nimmt später eine fast halbkugelige Gestalt an (Fig. 43 *F*; Taf. II, Fig. 9 *s*, 10 *s*). Die gewölbte Decke dieser halbkugeligen Furchungshöhle wird von den kleineren und schwärzlich gefärbten Zellen des Hautblattes oder Ektoderms gebildet (Fig. 43 *D*); hingegen der ebene Boden derselben von den größeren und weißlich gefärbten Zellen des Darmblattes oder Entoderms (Fig. 43 *Z*). Der kugelige Froschkeim stellt jetzt eine modifizierte K e i m b l a s e oder *Blastula* dar, mit hohler Animalhälfte und solider Vegetalhälfte.

Jetzt entsteht durch E i n s t ü l p u n g vom unteren Pole her und durch Auseinanderweichen der weißen Entodermzellen neben der Furchungshöhle eine zweite, engere, aber längere Höhle (Fig. 43—46 *N*). Das ist die U r d a r m h ö h l e oder die Magenhöhle der Gastrula, *Progaster* oder *Archenteron*. Im Amphibienei wurde sie zuerst von *Rusconi* beobachtet und demnach die „Rusconische Nahrungshöhle" genannt. Im Meridianschnitt (Fig. 44) erscheint sie sichelförmig gekrümmt und reicht vom Südpol fast bis zum Nordpol hin, indem sie einen Teil der inneren Darm-

13*

zellenmasse nach oben hin (zwischen Furchungshöhle *F* und Rückenhaut *D*) einstülpt. Daß die Urdarmhöhle hier anfangs so eng ist,
liegt daran, daß sie größtenteils von Dotterzellen des Entoderms
ausgefüllt ist. Diese verstopfen auch die ganze weite Oeffnung des
U r m u n d e s und bilden hier den sogenannten „Dotterpfropf", der

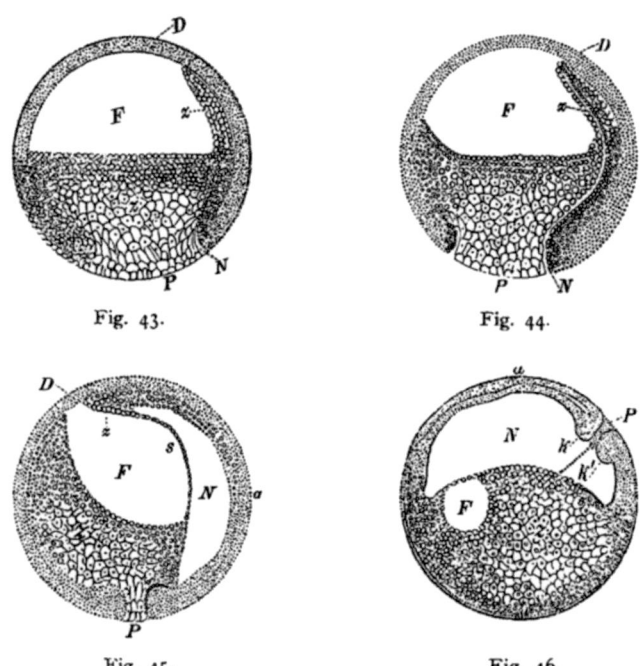

Fig. 43.　　　　　　　　　　　Fig. 44.

Fig. 45.　　　　　　　　　Fig. 46.

Fig. 43—46. **Vier Medianschnitte durch das gefurchte Ei der Kröte,**
in vier aufeinander folgenden Entwickelungsstufen. Die Buchstaben bedeuten überall
dasselbe: *F* Furchungshöhle. *D* Decke derselben. (*D* Rückenhälfte des Keimes,
P Bauchhälfte desselben). *P* Dotterpfropf (weißes kreisrundes Feld am unteren Pole).
Z Dotterzellen des Entoderms („Drüsenkeim" von *Remak*). *N* Urdarmhöhle (Progaster
oder Rusconische Nahrungshöhle). Der Urmund (Prostoma) ist durch den Dotterpfropf, *P*, verstopft. *s* Grenze zwischen Urdarmhöhle (*N*) und Furchungshöhle (*F*).
k k′ Durchschnitt durch den wulstigen kreisförmigen Lippenrand des Urmundes (oder
des sogenannten „Rusconischen Afters"). Die punktierte Linie zwischen *k* und *k′* deutet
die frühere Verbindung des Dotterpfropfes (*P*) mit der zentralen Dotterzellenmasse (*Z*)
an. In Fig. 46 hat sich das Ei um 90° gedreht, so daß der Rücken des Keimes (*R*)
nach oben sieht; die Bauchseite (*B*) ist jetzt nach unten gewendet. Nach *Stricker*.

an dem weißen kreisrunden Flecke des Südpols frei zu Tage tritt (*P*).
In der Umgebung desselben verdickt sich das Hautblatt wulstig
und bildet hier den „U r m u n d r a n d" (das *Properistoma*), die wichtigste Keimgegend (Fig. 46 *k*, *k′*). Bald dehnt sich die Urdarm-

höhle (N) immer weiter aus auf Kosten der Furchungshöhle (F),
und endlich verschwindet letztere ganz. Nur eine dünne Scheidewand (Fig. 45 s) trennt beide Höhlen. Der Teil des Keimes, unter
welchem sich die Urdarmhöhle entwickelt, ist die spätere Rückenfläche (D). Die Furchungshöhle liegt im vorderen, der Dotterpfropf
am hinteren Körperteile; die dicke, halbkugelige Masse der Dotterzellen bildet die Bauchwand des Urdarms.

Mit der Ausbildung des Urdarms hat unser Froschkeim die
Stufe der Gastrula erreicht (Taf. II, Fig. 11). Aber wie Sie sehen,
ist diese cenogenetische Amphibien-Gastrula sehr verschieden
von der früher betrachteten, echten, palingenetischen Gastrula
(Fig. 32—38). Bei der letzteren, der Glockengastrula (Archigastrula) ist der Körper einachsig. Die Urdarmhöhle ist leer, ihr
Urmund weit geöffnet. Sowohl das Hautblatt als das Darmblatt
besteht bloß aus einer einzigen Zellenschicht. Beide liegen dicht
aneinander, indem die Furchungshöhle durch den Einstülpungsprozeß völlig verschwunden ist. Ganz anders bei der Haubengastrula (Amphigastrula) unserer Amphibien (Fig. 43—46; Taf. II
Fig. 11). Hier bleibt die Furchungshöhle (F) noch lange Zeit neben
der Urdarmhöhle (N) bestehen. Die letztere ist größtenteils mit
Dotterzellen angefüllt und der Urmund dadurch fast ganz verstopft
(Dotterpfropf, P). Sowohl das Darmblatt (z) als das Hautblatt (a)
besteht aus mehreren Zellenschichten. Endlich ist auch die Grundform der ganzen Gastrula nicht mehr einachsig, sondern dreiachsig;
denn durch die exzentrische Entwickelung der Urdarmhöhle werden
die drei Richtachsen bestimmt, welche den zweiseitigen (oder bilateralen) Körper der höheren Tiere charakterisieren.

Bei der Entstehung dieser Haubengastrula können wir nicht
scharf die verschiedenen Abschnitte unterscheiden, die wir bei der
Glockengastrula als Maulbeerkeim und Blasenkeim aufeinander
folgen sahen. Das Studium der Morula (Taf. II, Fig. 9) ist ebensowenig scharf von dem der Blastula (Fig. 10) geschieden, als dieses
von dem der Gastrula (Fig. 11). Aber trotzdem wird es uns nicht
schwer fallen, den ganzen cenogenetischen oder gestörten Entwickelungsgang dieser Amphigastrula der Amphibien zurückzuführen auf die echte palingenetische Entstehung der Archigastrula
des Amphioxus.

Diese Zurückführung wird uns erleichtert, wenn wir im Anschlusse an die Gastrulation der schwanzlosen Amphibien (Frösche
und Kröten) noch einen Blick auf diejenige der geschwänzten
Amphibien, der Salamander, werfen. Denn bei einem Teile

dieser letzteren, die man erst neuerdings genauer untersucht hat, und die phylogenetisch älter sind, verlaufen die Vorgänge einfacher und klarer, als es bei den ersteren, schon länger bekannten der Fall ist. Insbesondere sind unsere gewöhnlichen Wassersalamander (*Triton taeniatus*) ein vorzügliches Beobachtungsobjekt; ihr Nahrungsdotter ist viel kleiner und ihr Bildungsdotter weniger durch schwarze Pigmentzellen getrübt als bei den Fröschen; auch hat ihre Gastrulation mehr den ursprünglichen palingenetischen Charakter beibehalten. Nachdem dieselbe zuerst (1879) durch *Scott* und *Osborn* beschrieben war, hat namentlich *Oscar Hertwig* (1881) sie sehr genau untersucht und mit Recht auf ihre große Bedeutung für das Verständnis der WirbeltierEntwickelung hingewiesen.

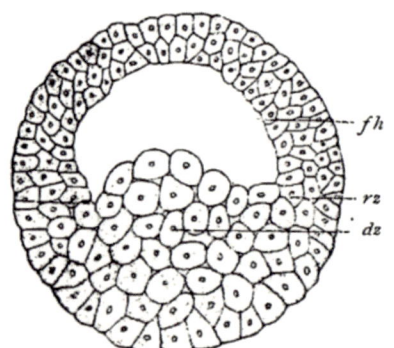

Fig. 47. **Keimblase des Wassersalamanders** (*Triton*). *fh* Furchungshöhle, *dz* Dotterzellen, *rz* Randzone. Nach *Hertwig*.

Die kugelige Keimblase von *Triton* (Fig. 47) besteht in der unteren, vegetalen Hälfte aus locker zusammengehäuften, dotterreichen Entodermzellen oder „Dotterzellen" (*dz*); die obere animale Hälfte hingegen umschließt die halbkugelige Furchungshöhle (*fh*), deren gewölbte Decke von 2—3 Lagen kleiner Ektodermzellen gebildet wird. Da, wo die letzteren in die ersteren übergehen (im Aequator der kugeligen Blase), liegt die „Randzone" (*rz*). An einer Stelle dieser Randzone erfolgt die Einstülpung, welche zur Bildung der Gastrula führt. Diese Invaginationsöffnung, der Urmund (Fig. 48 *u*), ist ein horizontaler Querspalt mit dorsaler Oberlippe und ventraler Unterlippe. Während der Urdarm (Fig. 49 *ud*) eingestülpt wird, bleibt anfangs noch ein Teil der Furchungshöhle (*fh*) bestehen. Bald aber wird sie kleiner (Fig. 49) und verschwindet zuletzt ganz. Bei der fertigen Gastrula (Fig. 50) besteht das

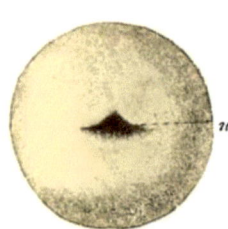

Fig. 48. **Keimblase von Triton** (*Blastula*), von außen betrachtet, mit dem Querspalt des Urmundes (*u*). Nach *Hertwig*.

äußere Keimblatt (*ak*) aus einer einzigen einfachen Schicht von hohen Cylinderzellen. Das innere Keimblatt (*ik*) ist in der oberen dorsalen Hälfte gleichfalls nur aus einer einzigen Zellenschicht zusammengesetzt; diese bildet die Decke der Urdarmhöhle. Der Boden der letzteren dagegen, oder die untere, ventrale Hälfte besteht aus vielen Lagen von großen Dotterzellen (*dz*). Dieser Teil des Entoderms, der auch als „D o t t e r k e i m '(*Lecithoblastus*)" unterschieden wird, ist beim Wassersalamander viel kleiner als beim Frosche. Aber auch hier ragt ein Fortsatz desselben als „Dotterpfropf" (Fig. 50 *p*) in den Urmund hinein. An den verdickten Rändern des letzteren beginnt die Bildung des mittleren Keimblattes (*mk*) [57]).

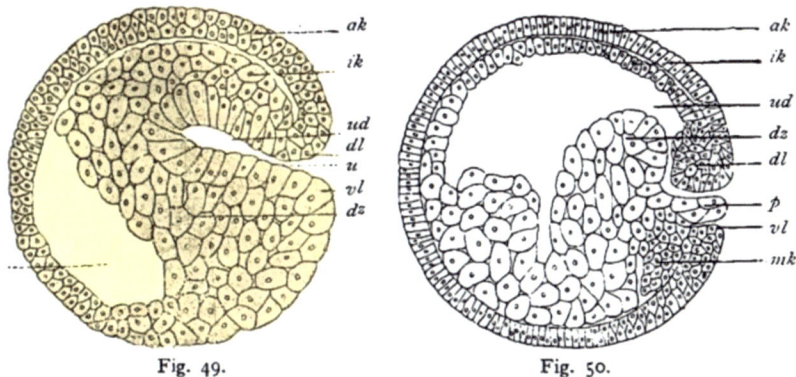

Fig. 49.   Fig. 50.

Fig. 49. Sagittalschnitt durch einen Kappenkeim *(Depula)* **von Triton** (Blasenkeim im Beginne der Gastrulation). *ak* äußeres Keimblatt, *ik* inneres Keimblatt, *fh* Furchungshöhle, *ud* Urdarm, *u* Urmund, *dl* und *vl* dorsale nnd ventrale Lippe des Urmundes, *dz* Dotterzellen. Nach *Hertwig.*
Fig. 50. Sagittalschnitt durch die Gastrula des Wassersalamanders *(Triton).* Nach *Hertwig.* Buchstaben wie in Fig. 49, außerdem: *p* Dotterpfropf, *mk* Anlage des mittleren Keimblattes.

Ganz ähnlich wie bei den meisten Amphibien verläuft die i n ä q u a l e F u r c h u n g auch bei einem Teile der Cyclostomen und bei den ältesten Fischen. Unter den C y c l o s t o m e n oder R u n d m ä u l e r n sind die allbekannten Pricken oder Neunaugen (*Petromyzontes*) von besonderem Interesse; denn sie stehen ihrer Organisation und Entwickelung nach in der Mitte zwischen den Schädellosen (*Acrania*) und den niedersten echten Fischen (*Selachii*); ich habe daher die Gruppe der Cyclostomen, die früher als echte Fische betrachtet wurden, schon 1866 von diesen abgetrennt und zum Range einer besonderen Wirbeltierklasse erhoben. Die Eifurchung unserer gewöhnlichen Flußpricke (*Petromyzon fluviatilis*) wurde schon 1856 von *Max Schultze,* später (1882) von *Scott* und (1890) von *Goette* beschrieben.

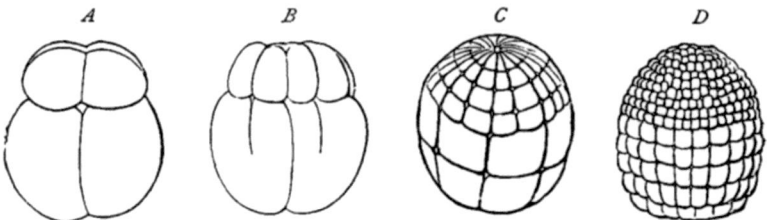

Fig. 51 *A—D.* **Eifurchung der Pricke** *(Petromyzon fluviatilis)* in vier auf-einander folgenden Stufen. Die kleinen Zellen der oberen (animalen) Halbkugel teilen sich viel rascher als die Zellen der unteren (vegetalen) Hemisphäre.

In derselben Form verläuft die inäquale totale Furchung auch bei den ältesten Fischen, bei denjenigen Selachiern

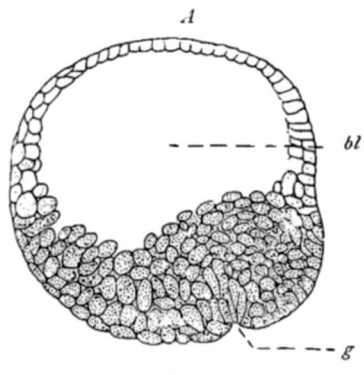

und Ganoiden, die sich unmittel-bar phylogenetisch an die Cyclo-stomen anschließen. Die Ur-fische (*Selachii*), die wir als die Stammgruppe der echten Fische anzusehen haben, galten bis vor kurzem allgemein für diskoblastisch; erst im Beginn des zwanzigsten Jahrhunderts wurde in Japan von *Bashford Dean* die wichtige Entdeckung gemacht, daß einer der ältesten heute

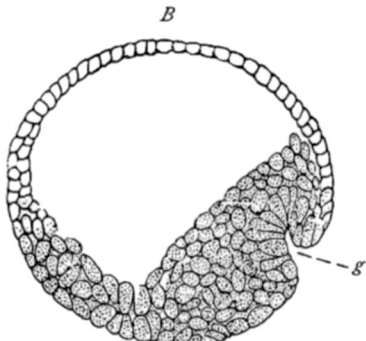

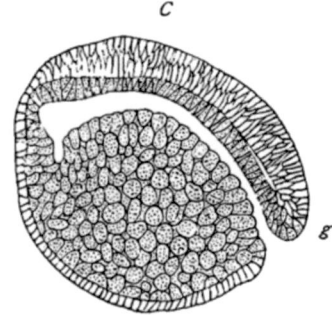

Fig. 52. **Gastrulation der Pricke** *(Petromyzon fluviatilis).* *A* Blastula, mit weiter Keimhöhle (Blastocoel, *bl*), *g* Beginn der Einstülpung. *B* Depula, mit fortgeschrittener Einstülpung vom Urmund aus (*g*). *C* Gastrula, mit vollendetem Urdarm, die Keimhöhle ist infolge der Einstülpung fast verschwunden.

noch lebenden Haifische, *Cestracion japonicus**), dieselbe totale inäquale Furchung besitzt, wie die amphiblastischen S c h m e l z - f i s c h e (*Ganoides*). Diese sind besonders deshalb interessant für unsere Frage, weil die wenigen heute noch lebenden Ueberreste dieser paläozoisch so formenreichen Abteilung uns noch drei ver- schiedene Moden der Gastrulation nebeneinander zeigen. Die ältesten und konservativsten Formen unter den modernen Ganoiden sind die gepanzerten S t ö r e (*Sturiones*), jene phyletisch höchst wichtigen Schmelzfische, deren Eier wir als K a v i a r genießen; ihre Furchung ist von derjenigen der Petromyzonten und Amphibien nicht wesentlich verschieden. Dagegen schließt sich der modernste der Schmelzfische, der schön gepanzerte Knochenhecht der Flüsse von Nordamerika (*Lepidosteus*), den Knochenfischen an und ist gleich diesen diskoblastisch. Eine dritte Gattung (*Amia*) steht in der Mitte zwischen den Stören und letzterem.

An die älteren Ganoiden schließt sich eng die Gruppe der L u r c h f i s c h e oder Lungenfische an (*Dipneusta* oder *Dipnoi*). Dieselbe steht in ihrer ganzen Organisation zwischen den kiemen- atmenden Fischen und den lungenatmenden Amphibien in der Mitte; sie teilt mit den ersteren die Körperform und Gestalt der Gliedmaßen, mit den letzteren die Bildung des Herzens und der Lunge. Von den älteren Lurchfischen (*Paladipneusta*) lebt nur noch eine einzige Form, der merkwürdige *Ceratodus* in Ost- Australien; seine amphiblastische Gastrulation ist uns erst kürzlich durch *Richard Semon* bekannt geworden (vergl. den XXI. Vor- trag). Nicht wesentlich verschieden ist diejenige der beiden modernen Lurchfische (*Neodipneusta*), von denen *Protopterus* in Afrika, *Lepidosiren* in Amerika lebt. (Vergl. Fig. 53.)

Alle diese a m p h i b l a s t i s c h e n W i r b e l t i e r e, *Petromyzon* und *Cestracion*, *Accipenser* und *Ceratodus*, weiterhin aber auch die *Salamander* und *Batrachier* gehören zu den a l t e n und k o n - s e r v a t i v e n Gruppen unseres Stammes; ihre ungleichmäßige Ei- furchung und Gastrulabildung bietet zwar mancherlei Eigentüm- lichkeiten dar, läßt sich aber doch immer noch verhältnismäßig leicht auf die ursprüngliche Eifurchung und Gastrulation des niedersten Wirbeltieres, des Amphioxus, zurückführen; und diese entfernt sich, wie wir gesehen haben, nur wenig von der einfachsten Archigastrula der *Sagitta* und *Monoxenia* (vergl. oben S. 169,

---

*) *Dean* (*Bashford*) Holoblastic cleavage in the egg of a Shark, *Cestracion japonicus* Macleay. Annotationes Zoologicae japonenses, Vol. IV, Tokyo 1901.

Fig. 31—38). Alle diese und viele andere Tierklassen stimmen darin überein, daß bei ihrer Eifurchung das g a n z e Ei durch wiederholte Teilung in eine große Anzahl von Zellen zerfällt. Alle diese Tiereier hatten wir nach *Remak* als G a n z f u r c h e n d e (*Holoblasta*) bezeichnet, weil ihr Zerfall in Zellen ein vollständiger oder t o t a l e r ist (Taf. II).

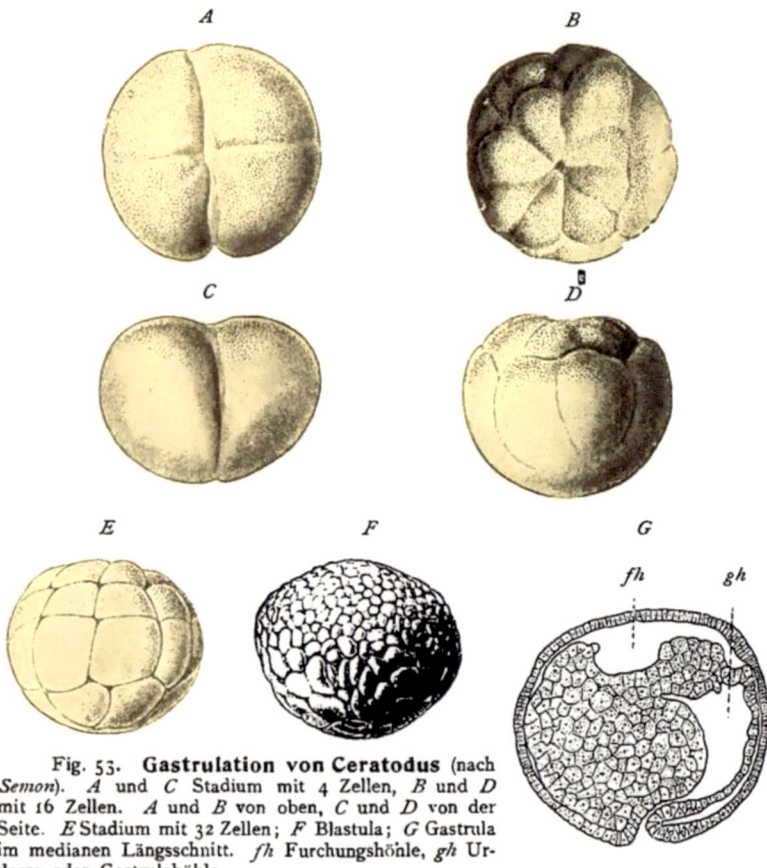

Fig. 53. **Gastrulation von Ceratodus** (nach *Semon*). *A* und *C* Stadium mit 4 Zellen, *B* und *D* mit 16 Zellen. *A* und *B* von oben, *C* und *D* von der Seite. *E* Stadium mit 32 Zellen; *F* Blastula; *G* Gastrula im medianen Längsschnitt. *fh* Furchungshöhle, *gh* Urdarm oder Gastrulahöhle.

Bei einer großen Anzahl von anderen Tierklassen ist das aber nicht der Fall, so namentlich im Stamme der Wirbeltiere bei den Vögeln, Reptilien und den meisten Fischen; im Stamme der Gliedertiere bei den Insekten, den meisten Spinnen und Krebsen; im Stamme der Weichtiere bei den Cephalopoden oder Tintenfischen. Bei allen diesen Tieren besteht schon die reife Eizelle, und ebenso die durch Befruchtung daraus entstehende Stammzelle aus jenen zwei verschiedenen und getrennten Bestandteilen, die wir als Bildungsdotter und Nahrungsdotter unterschieden hatten (S. 179). Der Bildungsdotter allein (*Vitellus formativus* oder *Morpholecithus*) besteht aus lebendigem Protoplasma und ist der aktive, entwickelungsfähige und kernhaltige Teil der Eizelle; er allein ist es, welcher sich bei der Eifurchung teilt und die zahlreichen Zellen erzeugt, aus denen sich der Embryo aufbaut. Der Nahrungsdotter hingegen (*Vitellus nutritivus* oder *Tropholecithus*) ist bloß ein passiver Teil des Inhalts der Eizelle, ein untergeordneter Einschluß, welcher Nahrungsmaterial oder Deutoplasma (Eiweiß, Fett u. s. w.) aufgespeichert enthält und so gewissermaßen eine Vorratskammer für den sich entwickelnden Embryo bildet. Der letztere entnimmt aus diesem Proviantmagazin eine Masse von Nahrungsstoff und zehrt es endlich vollständig auf. Indirekt ist so der Nahrungsdotter für die Keimung sehr wichtig. Direkt ist er aber gar nicht dabei beteiligt. Denn er unterliegt gar nicht oder erst später der Furchung und besteht überhaupt nicht aus Zellen. Bald ist der Nahrungsdotter kleiner, bald größer, meistens vielmals größer als der Bildungsdotter; und daher hielt man früher den ersteren für wichtiger als den letzteren. Da die Bedeutung dieser beiden Eibestandteile vielfach irrtümlich gedeutet wurde, muß man stets im Sinne behalten, daß der Nahrungsdotter erst sekundär in der primären Eizelle abgelagert ist; ein innerer Einschluß, aber kein äußerer Anhang derselben. Alle Eier, die einen solchen selbständigen Nahrungsdotter besitzen, nannten wir nach *Remak* Teilfurchende (*Meroblasta*); ihre Furchung ist eine unvollständige oder partielle (Taf. III).

Das Verständnis der partiellen Eifurchung und der eigentümlichen, daraus entstehenden Gastrulaform bietet große Schwierigkeiten dar; und erst in neuerer Zeit ist es uns durch vergleichende Untersuchung gelungen, dieselben zu beseitigen und auch diese cenogenetsiche Form der Gastrulation auf die ursprüngliche, palingenetische Form zurückzuführen. Verhältnismäßig leicht ist dies noch bei kleinen meroblastischen Eiern, welche sehr wenig Nahrungsdotter enthalten, so z. B. bei den pelagischen Eiern eines Knochenfisches, deren Entwickelung ich 1875 in Ajaccio auf Corsica beobachtete (Taf. III, Fig. 18—24). Ich fand dieselben in Gallertklumpen vereinigt, schwimmend an der Oberfläche des Meeres; und da die kleinen Eierchen vollkommen durchsichtig waren, konnte ich sehr bequem und Schritt für Schritt die

Entwickelung des Keimes verfolgen. Diese Eier sind glashelle und farblose·Kügelchen von wenig mehr als einem halben Millimeter Durchmesser (0,64—0,66 mm). Innerhalb einer strukturlosen, dünnen, aber festen Eihülle (*Ovolemma*, Fig. 54 c) liegt eine große, vollkommen klare und wasserhelle Eiweißkugel (*d*). An beiden Polen ihrer Achse hat diese Kugel eine grubenförmige Vertiefung. In der Grube am oberen animalen Pole (der am schwimmenden Ei nach unten gekehrt ist) liegt eine bikonvexe, aus Protoplasma gebildete Linse, welche den Stammkern (*k*) einschließt; das ist der Bildungsdotter der Stammzelle oder die „Keimscheibe" (*b*). Vom Umfang dieses linsenförmigen Bildungsdotters geht ringsum

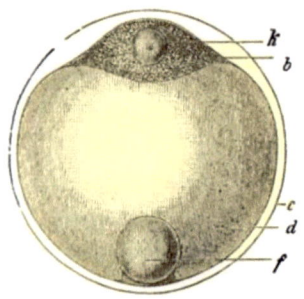

eine sehr dünne Protoplasmahaut aus, welche den Nahrungsdotter einhüllt, die „Rindenschicht". An dem entgegengesetzten vegetalen Pole des Eies, in der unteren Grube, liegt eine klare, einfache Fettkugel (*f*). Die kleine Fettkugel und die große Eiweißkugel zusammen bilden den N a h r u n g s - d o t t e r. Der Bildungsdotter allein unterliegt dem Furchungsprozeß, der den Nahrungsdotter zunächst gar nicht berührt.

Fig. 54. **Eizelle eines pelagischen Knochenfisches.** *b* Protoplasma der Stammzelle. *k* Kern derselben. *d* klare Eiweißkugel des Nahrungsdotters. *f* Fettkugel desselben. *c* äußere Eihülle oder Ovolemma.

Die Furchung des linsenförmigen Bildungsdotters (*b*) verläuft ganz unabhängig vom Nahrungsdotter und in ganz regelmäßiger geometrischer Progression (vergl. Taf. III, Fig. 18—24; nur der Bildungsdotter mit dem angrenzenden Teile des Nahrungsdotters (*n*) ist hier im senkrechten Durchschnitt [durch eine Meridianebene] dargestellt, hingegen der größere Teil des letzteren und die Eihülle weggelassen). Die Stammzelle (Fig. 18) zerfällt zunächst wiederum in zwei gleiche Furchungszellen (Fig. 19). Aus diesen werden durch wiederholte Teilung erst 4, dann 8, darauf 16 Zellen (Fig. 20). Aus diesen entstehen durch fortgesetzte gleichzeitige Teilung 32, dann 64 Zellen u. s. w. Alle diese Furchungszellen sind anfangs von gleicher Größe und Beschaffenheit; sie bilden, dicht aneinander gelagert, eine linsenförmige Masse (Taf. III, Fig. 21); vergleichbar dem kugeligen Maulbeerkeim der primordialen Furchung (*Morula*, Taf. II, Fig. 3). Später aber sondern sich die R a n d z e l l e n der Linse von den übrigen und wandern in den

Dotter und die Rindenschicht ein, sie bilden den „R i n d e n k e i m"
(*Periblast*, Fig. 55 *C, p*). Aus diesem linsenförmigen Maulbeerkeim entsteht nun ein Blasenkeim (*Blastula*), indem die Zellen
des Periblast sich unterhalb der Linse in z e n t r i p e t a l e r Richtung
verschieben (Taf. III, Fig. 22). Aus der regelmäßigen b i k o n -
v e x e n L i n s e wird eine u h r g l a s f ö r m i g e S c h e i b e mit verdickten Rändern. Wie das Uhrglas auf der Uhr, so liegt diese
konvexe Zellenscheibe auf der oberen, schwächer gewölbten Pol-
fläche des Nahrungsdotters auf. Indem sich zwischen Blastoderm
und Periblast Flüssigkeit ansammelt, entsteht eine kreisrunde,
niedrige Höhle (Fig. 22 *s*). Diese ist die Furchungshöhle und entspricht der zentralen Furchungshöhle der palingenetischen Blastula
(Taf. II, Fig. 4). Der schwach gewölbte Boden der niedrigen

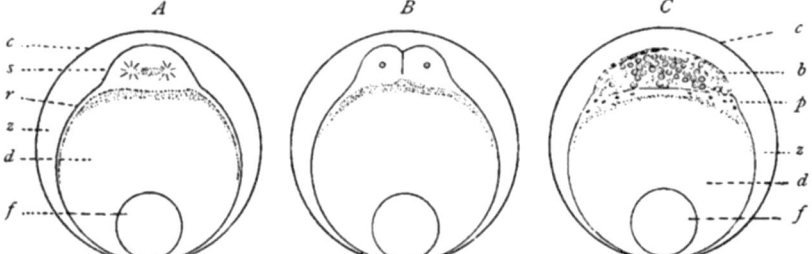

Fig. 55. **Eifurchung eines Knochenfisches.** (Vergl. Taf. III, Fig.18—24.)
A Erste Teilung der Stammzelle (*Cytula*). *B* Zerfall derselben in vier Furchungszellen (nur zwei sichtbar). *C* Die Keimscheibe ist zerfallen in das Blastoderm (*b*) und
den Periblast (*p*). *d* Nahrungsdotter, *f* Fettkugel, *c* Eihülle (Ovolemma), *z* Zwischenraum zwischen der Eihülle und dem Ei, mit klarer Flüssigkeit gefüllt.

Furchungshöhle wird vom Periblast und Nahrungsdotter (*n*), die
stark gewölbte Decke derselben von den Blastulazellen gebildet.
In der Tat ist unser Fischkeim jetzt eine B l a s e mit exzentrischer
Höhle, ebenso wie die Blastula des Frosches (Taf. II, Fig. 10) und
des Salamanders (Fig. 47). Während aber bei diesen Amphibien die
größere vegetale Hälfte der Keimblase von den großen Dotterzellen
gebildet ist, wird sie bei unserem Knochenfisch von dem Periblast
und dem strukturlosen, ungefurchten Nahrungsdotter eingenommen.
    Nunmehr folgt der wichtige Vorgang der E i n s t ü l p u n g,
welcher zur Gastrulabildung führt. Infolge einer weiteren Vermehrung und Verschiebung oder Wanderung der Blastulazellen
wachsen nämlich die verdickten Ränder der Zellenscheibe, welche
auf dem Nahrungsdotter aufliegen, z e n t r i p e t a l nach innen gegen
die Mitte der Furchungshöhle (Fig. 23 *s*). Die Einstülpung, die man

auch als Umschlag des Blastodermrandes bezeichnen kann, beginnt an einer Stelle, welche dem Urmundrande oder der späteren After-gegend entspricht. Das innere, eingestülpte Blatt, aus einer ein-fachen Zellenschicht bestehend, ist das Entoderm; es legt sich von unten unmittelbar an den oberen, mehrschichtigen Teil der Keim-haut, an das Ektoderm an. Dadurch verschwindet die Furchungs-höhle. Der Raum unterhalb des Entoderms entspricht der Ur-darmhöhle und wird von dem abnehmenden Nahrungsdotter (*n*) ausgefüllt. Damit ist die Gastrulabildung unseres Fisches vollendet.

Zum Unterschiede von den beiden früher betrachteten Haupt-formen der Gastrula nennen wir diese dritte Hauptform die Scheibengastrula (*Discogastrula*, Fig. 56). In der Tat bildet die Zellenmasse, welche dieselbe zusammensetzt, eine kreisrunde,

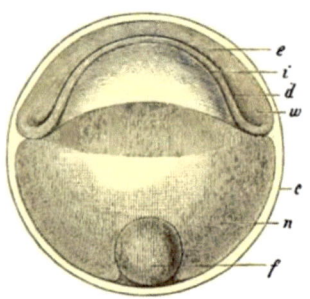

konkav-konvexe dünne Scheibe. Diese Scheibe ist mit ihrer inneren ausge-höhlten Fläche der gewölbten Ober-fläche des Nahrungsdotters (*n*) zuge-wendet. Dagegen ist ihre äußere

Fig 56. **Scheibengastrula** (*Discogastrula*) **eines Knochenfisches.** *e* Ektoderm. *i* Ento-derm. *w* Randwulst oder Urmund. *n* Eiweiß-kugel des Nahrungsdotters. *f* Fettkugel desselben. *c* Aeußere Eihülle (Ovolemma). *d* Grenze zwischen Entoderm und Ektoderm (früher Furchungshöhle).

Oberfläche konvex vorgewölbt, wie bei einem Schilde. Legen wir durch die Mitte der Gastrula (in einer Meridianebene des kugeligen Eies) einen senkrechten Durchschnitt, so finden wir, daß dieselbe aus mehreren Zellenschichten (und zwar in diesem Falle vier) zu-sammengesetzt ist (Taf. III, Fig. 24). Unmittelbar über dem Nah-rungsdotter liegt eine einzige Schicht von größeren Zellen (Fig. 24 *i*), welche sich durch ein weicheres, trüberes, grobkörniges Protoplasma auszeichnen und mit Karmin dunkelrot färben. Diese bilden das Darmblatt oder Entoderm, entstanden durch Hereinwachsen der Scheibenränder (eingestülpte Keimschicht). Die drei äußeren, darüber liegenden Schichten hingegen bilden das Hautblatt oder Ektoderm (Fig. 24 *e*). Sie bestehen aus kleineren Zellen, welche sich in Karmin nur schwach färben; ihr Protoplasma ist fester, klarer, feinkörniger. An dem verdickten Rande der Gastrula, dem Urmundrande (Randwulste oder Properistoma), gehen Ento-derm und Ektoderm ohne scharfe Grenze allmählich ineinander über (Fig. 56 *w*).

Neuerdings ist diese diskoidale Gastrulation der Knochenfische sehr genau von *Kupffer*, *Van Bambeke*, *Whitman*, *Wilson*, *Kopsch*, *H. E. Ziegler* u. a. beschrieben worden. Bei den meisten Teleostiern wird sie dadurch verwickelter und cenogenetisch stärker abgeändert, daß der Nahrungsdotter viel größer wird und einen umfangreichen kugeligen Körper darstellt, eine Emulsion von Eiweiß und Fettkugeln. Während des Wachstums der linsenförmigen Keimscheibe wandert am Rande derselben ein Teil der Zellkerne in den Dotter hinein und bildet einen sogenannten Periblast, der ringförmig das Blastoderm umgibt. Die unvollständig getrennten, so entstandenen „Dotterzellen" des Periblast werden auch als „Dottersyncytium" bezeichnet; sie werden mit dem Rest des Dotters als Nahrungsmaterial vom Keim verbraucht und beteiligen sich nicht am Aufbau des Embryokörpers. Das letztere gilt auch von der sogenannten Deckschicht, einer einfachen dünnen Lage von platten Epithelzellen, welche bei vielen Knochenfischen die oberste Schicht des Blastoderms bildet und an seinem Rande mit dem anstoßenden Teile des Periblast, dem „Keimwall", in Verbindung steht [56]).

Sehr ähnlich der diskoidalen Gastrulation der Knochenfische verläuft auch diejenige der Myxinoiden, jener merkwürdigen Cyclostomen oder „Rundmäuler", die parasitisch in der Leibeshöhle von Fischen leben und sich von den nächstverwandten Pricken (*Petromyzon*, S. 200) durch viele auffallende Merkmale unterscheiden. Während die amphiblastischen Eier der letzteren klein sind und gleich denjenigen der Amphibien sich entwickeln, werden die gurkenförmigen Eier der Myxinoiden mehrere Centimeter lang und bilden eine Discogastrula. Bisher ist dieselbe nur von einer Art (*Bdellostoma stouti*) beobachtet, von *Dean* und *Doflein* (1898).

Offenbar sind die wichtigsten Eigentümlichkeiten, welche die Scheibengastrula vor den früher betrachteten beiden Hauptformen der Gastrula auszeichnen, durch den großen Nahrungsdotter bedingt. Dieser nimmt am Aufbau der Keimblätter keinen direkten Anteil und füllt die Urdarmhöhle der Gastrula vollständig aus, indem er zugleich aus deren Mundöffnung weit hervorragt. Stellen wir uns vor, die ursprüngliche Glockengastrula (Fig. 32 bis 38) wolle einen kugeligen Nahrungsballen verschlucken, der viel größer ist als sie selbst, so wird sie sich beim Versuche dazu in derselben Weise scheibenförmig auf letzterem ausbreiten, wie es hier der Fall ist (Fig. 56). Wir können also die Scheibengastrula, durch die Zwischenstufe der Haubengastrula hindurch, von der

ursprünglichen Glockengastrula ableiten. Sie ist phylogenetisch
dadurch entstanden, daß sich am vegetalen Pole des Eies ein
Vorrat von Nahrungsmaterial ansammelte und so ein „Nahrungsdotter" im Gegensatze zum „Bildungsdotter" ausbildete. Trotzdem
entsteht aber auch hier, wie in den früheren Fällen, die Gastrula
durch Einstülpung oder Invagination der Blastula. Wir können demnach auch diese cenogenetische Form der s c h e i b e n f ö r m i g e n
E i f u r c h u n g (*Gastrulatio discoidalis*) wiederum auf die palingenetische Form der ursprünglichen Furchung zurückführen.

Während diese Zurückführung bei dem kleinen Ei unseres
pelagischen Knochenfisches noch ziemlich leicht und sicher ist, so
erscheint sie dagegen sehr schwierig und unsicher bei den großen
Eiern, welche wir bei der Mehrzahl der übrigen Fische, sowie bei
sämtlichen Reptilien und Vögeln finden. Hier ist nämlich der
Nahrungsdotter erstens unverhältnismäßig groß, ja sogar kolossal,
so daß dagegen der Bildungsdotter fast verschwindet; und zweitens
enthält der Nahrungsdotter eine Masse von verschiedenen geformten Bestandteilen, welche als „Dotterkörner, Dotterkugeln,
Dotterplättchen, Dotterschollen, Dotterblasen" u. s. w. bekannt sind.
Oft hat man diese geformten Dotterelemente sogar geradezu für
echte Zellen erklärt und ganz irrtümlich behauptet, daß aus diesen
Zellen ein Teil des Embryokörpers aufgebaut werde [59]. Das ist
aber durchaus nicht der Fall. Vielmehr bleibt der Nahrungsdotter
in allen Fällen, auch wenn er noch so groß wird — und auch
wenn Zellkerne während der Furchung vom Blastodermrande in
ihn einwandern und einen „Periblast" bilden — ein toter Vorrat
von Nahrungsmaterial, der während der Keimung in den entstehenden Darm aufgenommen und von dem Embryo verzehrt wird.
Der letztere entwickelt sich bloß aus dem lebendigen Bildungsdotter der Stammzelle. Das gilt ganz ebenso von unseren kleinen
Knochenfischeiern, wie von den kolossalen Eiern der Urfische,
Reptilien und Vögel.

Die G a s t r u l a t i o n d e r U r f i s c h e o d e r S e l a c h i e r (Haifische und Rochen), in neuerer Zeit namentlich von *Rückert, Rabl*
und *H. E. Ziegler* sehr genau untersucht, ist insofern von besonderer Bedeutung, als diese Gruppe unter den heute noch
lebenden Fischen die älteste darstellt und als ihre Gastrulation
unmittelbar aus derjenigen der Cyclostomen durch Anhäufung einer
größeren Menge von Nahrungsdotter abgeleitet werden kann.
Die ältesten Haifische (*Cestracion*) besitzen noch die von den
Cyclostomen vererbte inäquale Furchung. Während aber hier, wie

bei den Amphibien, das kleine Ei bei der Furchung vollständig
in Zellen zerfällt, ist das bei der großen Mehrzahl der Selachier
(oder Elasmobranchier) nicht mehr der Fall. Die Kontraktilität
des aktiven Protoplasma reicht hier nicht mehr aus, die gewaltig
angewachsene Masse des passiven Deutoplasma vollständig in Zellen
zu zerlegen; nur in dem oberen oder Dorsalteil ist das noch
möglich, nicht aber in dem unteren Ventralteil. Daher finden
wir bei den Urfischen eine Keimblase mit einer kleinen exzentrischen Furchungshöhle (Fig. 57 B), deren Wand sehr abweichende
Zusammensetzung zeigt. Nur die Decke (oder Oberwand) derselben besteht aus wirklichen Blastodermzellen und bildet die sogenannte „Keimscheibe" (kz): der Boden oder die Unterwand
hingegen wird durch die ungeteilte Dottermasse gebildet, in welcher
nur zerstreute Dotterkerne (dk) die Anwesenheit von „Elementar-

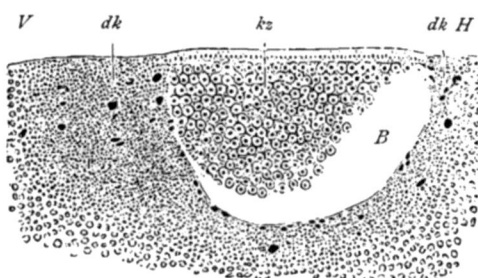

Fig. 57. **Medianschnitt
durch die Keimblase eines
Haifisches** (*Pristiurus*), nach
Rückert (von der linken Seite
gesehen; rechts ist das hintere
Ende, *H*, links das vordere
Ende, *V*). *B* Furchungshöhle,
kz Keimhautzellen, *dk* Dotterkerne.

Organismen" anzeigen. Der kreisrunde Rand der Keimscheibe
oder die dünne „Uebergangszone", welche Decke und Boden der
Furchungshöhle verbindet, entspricht der „Randzone" im Aequator
des Amphibieneies. In der Mitte des Hinterrandes derselben beginnt die Einstülpung des Urdarms (Fig. 58 ud); sie schreitet von
dieser Stelle (die dem Rusconischen After der Amphibien entspricht) allmählich nach vorne ringsherum fort, so daß der Urmund
zuerst halbmondförmig, später kreisrund wird und mit weiter
Oeffnung die Kugel des großen Nahrungsdotters umfaßt (*Discogastrula eurystoma*). An der Einstülpung beteiligen sich nicht
nur die deutlich gesonderten Cylinderzellen der Decke (die Blasto-
cyten), sondern auch die angrenzenden Teile des Dotters, welche
die Dotterkerne (dk) oder die Kerne der noch nicht gesonderten
Merocyten enthalten. Indem diese sich allmählich sondern und
zu selbständigen runden Entodermzellen werden, bilden sie die
Ventralwand des Urdarms; die Dorsalwand desselben wird durch
die cylindrischen Zellen gebildet, welche sich als zusammenhängende

einfache Zellenschicht während der nach vorn fortschreitenden
Einstülpung an die Innenseite der Decke der Furchungshöhle anlegen. So wird auch hier diese letztere allmählich verdrängt und
durch die Höhle des Urdarms (*ud*) ersetzt. Aber noch längere
Zeit besteht nur die Rückenwand dieser weitmündigen Discogastrula
aus zwei deutlichen Zellschichten (den primären Keimblättern),
während ihre Bauchwand durch die Dottermasse gebildet wird. Je
mehr die letztere allmählich aufgezehrt wird, desto kleiner wird der
weite Urmund. Die ventrale Lippe des Urmundes liegt bei dieser
Scheibengastrula vorn, die dorsale hinten.

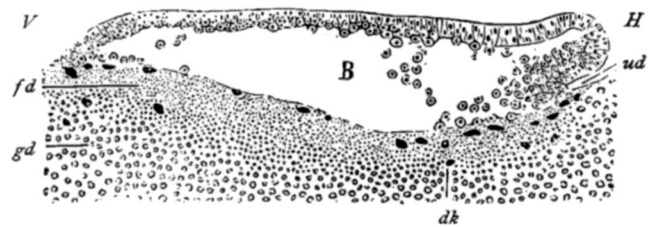

Fig. 58. **Medianschnitt durch die Keimblase eines Haifisches**
(*Pristiurus*) im Beginne der Gastrulation; nach *Rückert* (von der linken Seite gesehen).
V Vorderende, *H* Hinterende, *B* Furchungshöhle oder Blastocoel, *ud* erste Anlage des
Urdarms; *dk* Dotterkerne, *fd* feinkörniger Dotter, *gd* grobkörniger Dotter.

Wesentlich verschieden von dieser weitmündigen Discogastrula
der Selachier ist die viel jüngere D i s c o g a s t r u l a s t e n o s t o m a,
die engmündige S c h e i b e n g a s t r u l a d e r A m n i o t e n, der
Reptilien, Vögel und Monotremen; denn zwischen dieser und jener
liegt — als phylogenetische Zwischenstufe! — die holoblastische
Amphigastrula der Amphibien. Diese letztere ist aus der Amphigastrula der Ganoiden und Dipneusten entstanden, während die
scheibenförmige Amnioten-Gastrula wiederum durch Zunahme des
Nahrungsdotters aus der Amphibien-Gastrula hervorgegangen ist.
Diese phylogenetische Veränderung der Gastrulation zeigen uns
noch heute die merkwürdigen S c h l a n g e n l u r c h e (*Gymnophionen, Cöcilien* oder *Peromelen*); schlangenähnliche Amphibien,
welche in feuchter Erde der Tropenzone leben und in mehrfacher
Beziehung den Uebergang von den kiemenatmenden Amphibien
zu den lungenatmenden Reptilien erläutern. Ihre Keimesgeschichte
ist uns zuerst durch die schönen Untersuchungen der beiden Vettern
Sarasin an *Ichthyophis glutinosa* auf Ceylon (1887) bekannt geworden, weiterhin durch diejenigen von *August Brauer* an *Hypo-
geophis rostrata* auf den Seychellen (1897). Nur durch die histo-

rische Auffassung und kritische Vergleichung dieser verschiedenen
Formen wird die schwierige und so verschieden gedeutete Gastrulation der Amnioten verständlich.

Das Vogelei ist für uns von ganz besonderer Bedeutung,
weil die meisten und wichtigsten Untersuchungen über die Entwickelung der Wirbeltiere sich auf Beobachtungen am bebrüteten
Hühnerei gründen. Das Ei der Säugetiere ist viel schwieriger
zu erlangen und zu untersuchen, und aus diesen praktischen, neben-
sächlichen Gründen viel seltener genau verfolgt. Hingegen können
wir das Hühnerei jederzeit in beliebiger Menge erhalten und durch
künstliche Bebrütung desselben Schritt für Schritt jedes Stadium
der Veränderungen verfolgen, welche der daraus hervorgehende
Embryo im Laufe seiner Entwickelung erleidet. Das Vogelei
unterscheidet sich von dem kleinen Säugetierei wesentlich durch
seine sehr bedeutende Größe, indem sich innerhalb des ursprünglichen Dotters oder des Protoplasma der Eizelle eine sehr bedeutende Masse von fettreichem Nahrungsdotter ansammelt. Das ist
die gelbe Kugel, welche wir als nahrhaften „Eidotter" verzehren.
Um zu einem richtigen Verständnis des Vogeleies zu gelangen,
welches vielfach ganz falsch gedeutet worden ist, müssen wir dasselbe
in seinen allerjüngsten Zuständen aufsuchen und von Anfang seiner
Entwickelung an im Eierstock des Vogels verfolgen. Da sehen wir
denn, daß das ursprüngliche Vogelei eine ganz kleine und nackte,
einfache Zelle mit Kern ist, weder in der Größe noch in der Form
von der ursprünglichen Eizelle der Säugetiere und anderer Tiere
verschieden (vergl. Fig. 13 *E*, S. 124). Wie bei allen Schädeltieren
wird die ursprüngliche Eizelle oder das Urei (*Protovum*) von einer
zusammenhängenden Schicht kleinerer Zellen ringsum bedeckt, wie
von einem Epithel. Diese Epithelhülle ist der Eifollikel, aus
welchem die Eizelle später austritt. Unmittelbar darunter wird
vom Eidotter die strukturlose Dotterhaut ausgeschieden.

Sehr frühzeitig nun beginnt das kleine Urei des Vogels eine
Masse von Nahrungsstoff durch die Dotterhaut hindurch in sich
aufzunehmen und zu dem sogenannten „gelben Dotter" (dem Eigelb
oder Dottergelb) zu verarbeiten. Dadurch verwandelt sich das Urei in das Nachei (*Metovum*), welches vielmals größer ist als das
Urei, aber dennoch nur eine einzige, kolossal vergrößerte Zelle
darstellt. Durch die Ansammlung der mächtigen gelben Dottermasse im Innern der Protoplasmakugel wird der darin enthaltene
Kern (das „Keimbläschen") ganz an die Oberfläche der Dotterkugel
gedrängt. Hier ist derselbe von einer geringen Menge Protoplasma

14*

umgeben und bildet mit diesem zusammen den linsenförmigen „Bildungsdotter" (Fig. 59 b). Dieser erscheint außen auf der gelben Dotterkugel, an einer Stelle der Oberfläche, als ein kleines, kreisrundes weißes Fleckchen, der sogenannte „Hahnentritt oder die Einarbe" (*Cicatricula*). Von dieser Narbe aus geht ein fadenförmiger Strang von weißem Nahrungsdotter (d), der keine gelben Dotterkörner enthält und weicher als der gelbe Nahrungsdotter ist, radial bis in die Mitte der gelben Dotterkugel hinein und bildet hier eine kleine zentrale Kugel von Dotterweiß (Fig. 59 d). Diese ganze weiße Dottermasse ist aber nicht scharf von dem gelben Dotter getrennt, der auf erhärteten Eiern eine schwache Andeutung von konzentrischer Schichtung zeigt (Fig. 59 c). Wie an diesem kugeligen gelben Vogelei im Eierstock, so findet man auch an dem gelegten Hühnerei, wenn man die Eischale öffnet und den Dotter

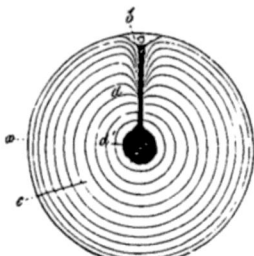

Fig. 59. **Eine reife Eizelle aus dem Eierstock eines Huhnes** (im Durchschnitt). Der gelbe Nahrungsdotter ist aus konzentrischen Schichten (c) zusammengesetzt und von einer dünnen Dotterhaut(a) umhüllt. Der Zellenkern oder das Keimbläschen bildet mit dem Protoplasma der Eizelle zusammen den „Bildungsdotter" (b) oder die „Narbe". Von da setzt sich der weiße Dotter (hier schwarz) bis in die Dotterhöhle fort (d'). Doch sind beide Dotterarten nicht scharf geschieden.

herausnimmt, an dessen Oberfläche eine kreisrunde, kleine weiße Scheibe, die der Narbe oder dem Hahnentritt entspricht. Jetzt ist diese kleine weiße „Keimscheibe" aber schon weit entwickelt und nichts anderes als die G a s t r u l a des Hühnchens. Aus ihr allein entsteht der Körper des letzteren. Die ganze gelbe und weiße Dottermasse ist völlig bedeutungslos für die Gestaltung des entstehenden Hühnchens, indem dieselbe nur als Nahrungsstoff von dem sich entwickelnden Embryo verbraucht, als Proviant verzehrt wird. Die klare, zähflüssige voluminöse Eiweißmasse, welche den gelben Dotter des Vogeleies umgibt, und ebenso die feste Kalkschale des letzteren werden erst innerhalb des Eileiters um das bereits befruchtete Vogelei herum gebildet.

Nachdem die Befruchtung des Vogeleies innerhalb des mütterlichen Körpers erfolgt ist, vollzieht sich an der linsenförmigen Stammzelle der Vorgang der flachen s c h e i b e n f ö r m i g e n F u r c h u n g (*Gastrula discoidalis*, Fig. 60). Zunächst entstehen aus der Stammzelle zwei gleiche Furchungszellen (A). Diese zerfallen

in 4 (*B*), darauf in 8, 16 (*C*), 32, 64 u. s. w. Immer geht der
Zellenteilung auch die Teilung des Kernes voraus. ,Die Trennungs-
flächen zwischen den Furchungszellen erscheinen an der freien
Oberfläche der „Narbe" als „Furchen". Die beiden ersten Furchen
stehen senkrecht aufeinander, im Kreuz (*B*). Darauf entstehen
zwei neue Furchen, welche die ersteren unter Winkeln von 45 °
schneiden. Die Narbe, die so zur „Keimscheibe" wird, bildet jetzt

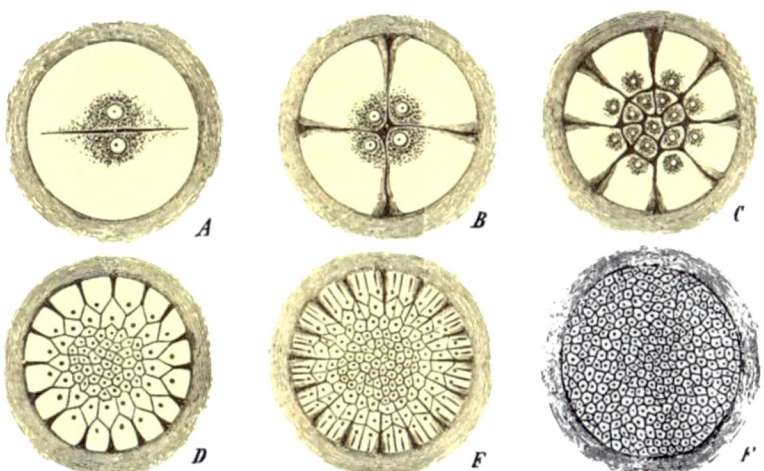

Fig. 60. **Schema der diskoidalen Furchung des Vogeleies** (ungefähr
10 mal vergrößert). Nur der B i l d u n g s d o t t e r (der Hahnentritt oder die Narbe) ist
an diesen 6 Figuren (*A—F*) dargestellt, weil an ihm allein sich die Furchung vollzieht.
Der viel größere N a h r u n g s d o t t e r, welcher bei der Furchung sich nicht beteiligt,
ist weggelassen und nur durch den äußeren dunklen Ring angedeutet. *A* Durch die
erste Furche zerfällt die Stammzelle in 2 Zellen. *B* Diese beiden ersten „Furchungs-
stücke" zerfallen durch eine zweite (auf der ersten senkrechte) Furche in 4 Zellen.
C Aus diesen 4 „Furchungsstücken" sind 16 Zellen geworden, indem zwischen den
beiden ersten Kreuzfurchen zwei andere radiale Furchen entstanden sind, und indem
die inneren Enden dieser 8-strahligen Segmente durch eine zentrale Ringfurche abgeschnitten sind. *D* Ein Stadium mit 16 peripherischen Radialfurchen und etwa 4 konzentrischen Ringfurchen. *E* Ein Stadium mit 64 peripherischen Radialfurchen und
etwa 6 Ringfurchen. *F* Durch fortgesetzte Bildung von Strahlfurchen und Ringfurchen
ist die ganze Narbe in einen Haufen kleiner Zellen zerfallen und bildet nunmehr den
linsenförmigen Maulbeerkeim (Morula). Immer geht der Furchenbildung die Teilung
der Kerne vorher.

einen achtstrahligen Stern. Indem nun um die Mitte eine Ringfurche entsteht, werden aus 8 dreieckigen Furchungszellen 16, von
denen 8 in der Mitte, 8 ringsherum liegen (*C*). Weiterhin wechseln
neue Ringfurchen und strahlige, gegen den Mittelpunkt gerichtete
Furchen mehr oder minder unregelmäßig miteinander ab (*D. E*).
Bei den meisten Amnioten erscheint schon von Anfang an die

Bildung konzentrischer und radialer Furchen sehr unregelmäßig, so auch beim Hühnerei. Das Endresultat des Furchungsprozesses ist aber auch hier die Bildung einer großen Menge kleiner Zellen von gleichartiger Beschaffenheit. Auch hier, wie beim Fischei, setzen diese Furchungszellen eine kreisrunde, linsenförmige Scheibe zusammen, welche dem Maulbeerkeim entspricht und in eine kleine Vertiefung des weißen Dotters eingebettet ist. Zwischen

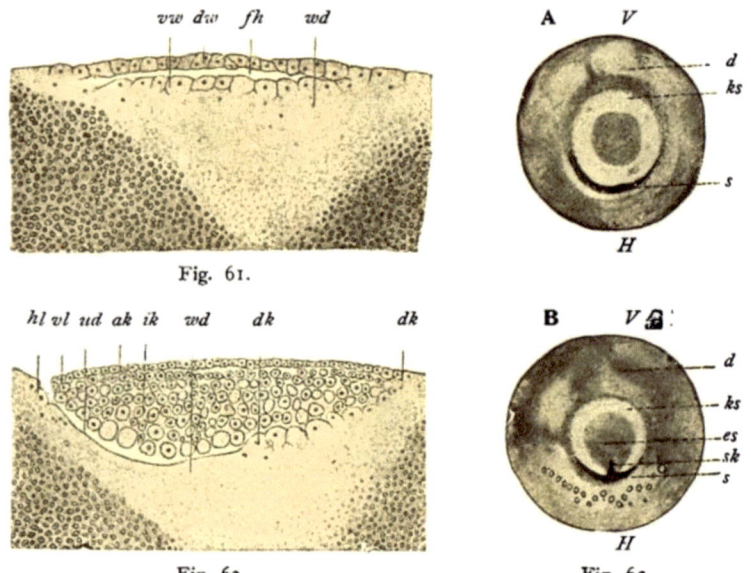

Fig. 61.

Fig. 63.   Fig. 62.

Fig. 61. **Vertikaler Durchschnitt durch die Keimblase eines Huhnes (Discoblastula).** *fh* Furchungshöhle, *dw* Dorsalwand derselben, *vw* Ventralwand, unmittelbar übergehend in den „weißen Dotter" (*wd*). Nach *Duval.*

Fig. 62. **Die Keimscheibe des Hühnereies im Beginne der Gastrulation;** *A* vor der Bebrütung, *B* in den ersten Stunden der Bebrütung. Nach *Koller.* *ks* Keimscheibe, *V* ihr vorderer, *H* ihr hinterer Rand; *es* Keimschild; *s* Sichelrinne, *ks* Sichelknopf; *d* Dotter.

Fig. 63. **Medianschnitt durch die Keimscheibe eines Zeisig (Discogastrula),** nach *Duval.* *ud* Urdarm, *vl, hl* vordere und hintere Lippe des Urmundes (oder der Sichelrinne); *ak* äußeres Keimblatt, *ik* inneres Keimblatt, *dk* Dotterkerne, *wd* weißer Dotter.

der linsenförmigen Scheibe der Morulazellen und dem darunter gelegenen „weißen Dotter" bildet sich nun durch Ansammlung von Flüssigkeit eine kleine Höhle, ähnlich wie bei den Fischen. So entsteht die eigentümliche und schwer zu erkennende Keimblase der Vögel (Fig. 61). Die kleine Furchungshöhle dieser stark cenogenetischen Blastula (*fh*) ist sehr flach und stark zu-

sammengedrückt. Die obere oder dorsale Wand (dw) wird aus
einer einzigen Schicht von helleren, deutlich gesonderten Epithelzellen gebildet; diese entspricht der oberen oder animalen Hemisphäre der Tritonblastula (Fig. 47, S. 198). Die untere oder ventrale
Wand des flachen Spaltraumes (vw) setzt sich dagegen aus größeren
und dunkleren Furchungszellen zusammen, welche zum Teil noch
nicht gesondert sind und unmittelbar in die Masse des darunter
liegenden weißen Dotters (wd) übergehen; sie entspricht der unteren
oder vegetalen Halbkugel der Keimblase des Wassersalamanders
(Fig. 47 dz). Die Kerne der Dotterzellen, welche sich hier besonders
am Rande der linsenförmigen Keimblase stark vermehren, wandern
als „Merocyten" in den weißen Dotter hinein, vermehren sich durch
Teilung und tragen selbst wieder zum weiteren Wachstum der
Keimscheibe bei, indem sie ihr Nahrungsmaterial zuführen.

Die Invagination der Vogelblastula oder die typische
Einstülpung der Keimblase geschieht auch hier wieder am hinteren
(aboralen) Pole der späteren Hauptachse, in der Mitte des hinteren
Randes der kreisrunden Keimscheibe (Fig. 62 s). Hier ist die Vermehrung der Furchungszellen am lebhaftesten; daher liegen hier
zahlreichere und kleinere Zellen als in der Vorderhälfte der Keimscheibe. Der Randwulst oder der verdickte Keimscheibenrand ist
hinten trüber, mehr weißlich und setzt sich schärfer von der Umgebung ab. In der Mitte seines Hinterrandes erscheint eine weiße,
halbmondförmige Rinne, die „Sichelrinne" von Koller (Fig. 62 s);
ein kleiner, nach vorn gerichteter Fortsatz in ihrer Mitte ist der
Sichelknopf (sk). Dieser bedeutungsvolle Spalt ist der Urmund,
den man hier schon seit langem als „Primitivrinne" beschrieben
hat. Macht man durch diesen Teil einen senkrechten Medianschnitt
(in der Mittelebene oder Sagittalebene), so sieht man, daß sich vom
Urmunde aus ein flacher und breiter Spaltraum unter die Keimscheibe nach vorn erstreckt; das ist der Urdarm (Fig. 63 ud).
Seine Decke oder Dorsalwand wird durch den eingestülpten oberen
Teil der Keimblase gebildet, deren Furchungshöhle nur noch als
ein unbedeutender Spaltraum sichtbar ist, oben von der einfachen
Zellenschicht des äußeren Keimblattes begrenzt (ak), unten von
der mehrfachen Zellenschicht des inneren Keimblattes (ik). Den
Boden des flachen Urdarms oder seine Ventralwand bildet der
weiße Dotter (wd), in welchem zahlreiche Dotterkerne (dk) verteilt
sind. Lebhafte Vermehrung dieser Merocyten ist am Rande der
Keimscheibe, und besonders in der Umgebung des sichelförmigen
Urmundes bemerkbar.

Schnitte durch spätere Zustände dieser scheibenförmigen Vogelgastrula lehren, daß die Urdarmhöhle, als flache Tasche vom Urmunde nach vorn sich ausdehnend, den ganzen Bezirk der kreisrunden, flach-linsenförmigen Keimblase unterhöhlt (Fig. 64 *ud*). Gleichzeitig verschwindet allmählich die spaltförmige Furchungshöhle, indem das eingestülpte innere Keimblatt (*ik*) sich von unten an das darüberliegende äußere Keimblatt (*ak*) anlegt. Der typische Prozeß der Invagination, obwohl sehr maskiert, ist also auch hier deutlich nachweisbar, wie zuerst *Goette* und *Rauber*, später *Duval* (Fig. 64) gezeigt haben.

Die älteren Embryologen (*Pander, Baer, Remak*), in neuerer Zeit namentlich *Kölliker, His* u. a. hatten behauptet, daß die beiden primären Keimblätter des Hühnereies — des ältesten und am meisten untersuchten Beobachtungsobjektes! — durch horizontale Spaltung einer einfachen „Keimscheibe" entstünden.

Fig. 64. **Längsschnitt durch die Scheibengastrula der Nachtigall,** nach *Duval.* *ud* Urdarm, *vl, hl* vordere und hintere Lippe des Urmundes; *ak, ik* äußeres und inneres Keimblatt; *vr* Vorderrand der Discogastrula.

Dieser herrschenden Ansicht gegenüber hatte ich schon in meiner „Gastraea-Theorie" (1873) die Behauptung aufgestellt, daß die scheibenförmige Gastrula der Vögel, gleich derjenigen aller anderen Wirbeltiere, durch Einstülpung (Einfaltung oder Invagination) entstehe, und daß dieser typische`Prozeß nur durch die kolossale Ausbildung des kugeligen Nahrungsdotters und die flache Ausbreitung der scheibenförmigen Keimblase an einer Stelle seiner Oberfläche eigentümlich abgeändert und verdeckt sei. Ich hatte damals diese Ansicht durch die monophyletische Abstammung der Wirbeltiere zu begründen versucht, und namentlich durch den Nachweis, daß die Vögel von den Reptilien, wie diese von den Amphibien abstammen. Wenn das aber richtig ist, so muß auch die scheibenförmige Gastrula jener Amnioten ebenso durch Einstülpung einer hohlen Keimblase entstanden sein, wie das von der haubenförmigen Gastrula der Amphibien, ihrer direkten Vorfahren, schon seit *Remak* und *Rusconi* bekannt ist. Die genauen und höchst sorgfältigen Beobachtungen der genannten Autoren (*Goette*,

Rauber, Duval) haben in neuerer Zeit dafür bei den Vögeln entscheidende Beweise geliefert, wie es bei den Reptilien durch die
schönen Beobachtungen von *Kupffer, Beneke, Wenkebach* u. a.
geschehen ist. An der schildförmigen K e i m s c h e i b e d e r E i -
d e c h s e n (Fig. 65), der·Krokodile, der Schildkröten und anderer
R e p t i l i e n findet sich in der Mitte des hinteren Randes (an derselben Stelle, wo die Sichelrinne der Vögel liegt) ein Querspalt (*u*),
der in einen flachen, taschenförmigen Blindsack hineinführt, den
U r d a r m. Die vordere (dorsale) und hintere (ventrale) Lippe des
Querspaltes verhalten sich ganz ebenso wie die Lippen des Urmundes (oder der Sichelrinne) bei den Vögeln [60]).

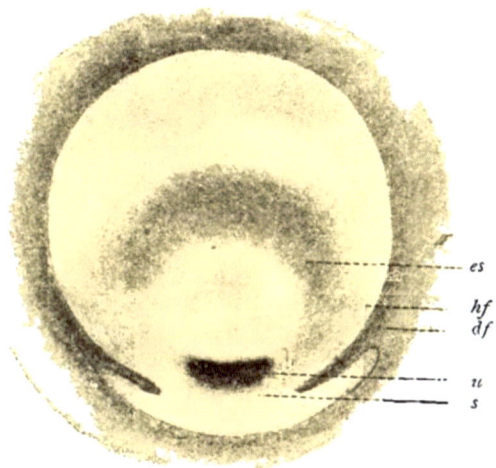

Fig. 65. **Keimscheibe der Eidechse** (*Lacerta agilis*), nach *Kupffer*. *u* Urmund, *s* Sichel, *es* Embryonalschild, *hf* und *df* heller und dunkler Fruchthof.

Von dieser besonderen Keimungsform der Sauropsiden (Rep-
tilien und Vögel) ist nun auch die G a s t r u l a t i o n d e r S ä u g e -
t i e r e abzuleiten. Denn diese jüngste und höchst entwickelte
Wirbeltierklasse ist, wie wir später sehen werden, erst in verhältnismäßig später Zeit aus einer älteren Reptiliengruppe, den
Tokosauriern, hervorgegangen; und all diese Amnioten müssen
von einer gemeinsamen älteren Stammform, den Protamnioten oder
Proreptilien, ursprünglich abstammen. Also muß auch die besondere
Keimungsform der Säugetiere durch cenogenetische Abänderungen
aus der älteren Gastrulationsform der Sauropsiden entstanden
sein. Die Anerkennung dieses Satzes ist die erste Vorbedingung

für das phylogenetische Verständnis der Keimblätterbildung der Säugetiere, und also auch des Menschen.

Diesen fundamentalen Satz habe ich zuerst 1877 in meinem Aufsatze „Ueber die Gastrulation der Säugetiere" aufgestellt und dadurch zu beweisen gesucht, daß ich eine **phylogenetische Rückbildung des Nahrungsdotters** und des Dottersackes auf dem Wege von den Proreptilien zu den Säugetieren annahm (l. c. p. 257). „Das cenogenetische Anpassungsverhältnis, welches die Rückbildung des rudimentären Dottersackes der Säugetiere veranlaßt hat, liegt klar auf der Hand. Es ist die Anpassung an den lange dauernden Aufenthalt im Uterus der lebendig gebärenden Säugetiere, deren Vorfahren sicher eierlegend waren. Indem der Proviantvorrat des mächtigen Nahrungsdotters, welchen die oviparen Vorfahren dem gelegten Ei mit auf den Weg gaben, durch die Anpassung an den längeren Aufenthalt im Fruchtbehälter bei ihren viviparen Epigonen überflüssig wurde, und indem hier das mütterliche Blut in der Uteruswand sich zur wichtigsten Nahrungsquelle gestaltete, mußte natürlich der überflüssig gewordene Dottersack durch embryonale Anpassung rückgebildet werden." (Nachträge zur Gastraeatheorie, 1877, S. 258.)

Diese meine Auffassung fand damals sehr wenig Anklang und wurde namentlich von *Kölliker, Hensen* und *His* entschieden bekämpft; trotzdem hat sie sich allmählich eingebürgert und hat neuerdings durch eine große Anzahl vortrefflicher Beobachtungen über die Gastrulation der Säugetiere eine sichere Begründung erfahren; vor allem durch die ausgezeichneten Untersuchungen von *Eduard Van Beneden* über die Kaninchen und Fledermäuse, von *Selenka* über die Beuteltiere und Nagetiere, von *Heape* und *Lieberkühn* über den Maulwurf, von *Kupffer* und *Keibel* über die Nagetiere, von *Bonnet* über die Wiederkäuer, u. a. Von allgemeinen vergleichenden Gesichtspunkten aus haben namentlich *Carl Rabl* in seiner Theorie des Mesoderms, *Oscar Hertwig* in der neuesten (VIII.) Auflage seines Lehrbuchs (1906), und *Hubrecht* in den „Studies in Mammalian Embryology" (1891) jene Auffassung unterstützt und die eigentümlich abgeänderte Keimung der Säugetiere von der Gastrulation der Reptilien abzuleiten versucht.

Inzwischen wurde auch (1884) durch die Beobachtungen von *Wilhelm Haacke* und *Caldwell* die sehr interessante, schon lange vermutete Tatsache erwiesen, daß die niedersten Säugetiere, die Schnabeltiere oder Monotremen, Eier legen, wie die Vögel

und Reptilien, und nicht lebendige Junge gebären, gleich den
übrigen Mammalien. Obgleich nun die Gastrulation der Monotremen erst 1894 durch *Richard Semon* tatsächlich bekannt
wurde, so konnte es doch bei der beträchtlichen Größe ihres
Nahrungsdotters keinem Zweifel unterliegen, daß ihre Eifurchung
diskoidal sein und in gleicher Weise zur Bildung einer sichel-
mündigen Discogastrula führen würde, wie bei den Reptilien und
Vögeln. Ich hatte daher die M o n o t r e m e n schon 1875 (in meiner
Abhandlung über „die Gastrula und die Eifurchung der Tiere",
S. 65) zu den d i s k o b l a s t i s c h e n Vertebraten gestellt. Diese
H y p o t h e s e wurde erst 19 Jahre später durch die sorgfältigen
Beobachtungen von *Semon* t a t s ä c h l i c h bestätigt; er hat die
erste Beschreibung und die richtige Deutung der diskoidalen
Gastrulation der Monotremen im zweiten Bande seines großen
Werkes „Zoologische Forschungsreisen in Australien" 1894 gegeben
(S. 59—74, Taf. 8, 9). Die befruchteten Eier der beiden noch
lebenden Monotremen (*Echidna* und *Ornithorhynchus*) sind von
einer festen Schale umschlossene Kugeln von 4—5 mm Durchmesser; sie wachsen aber während ihrer Entwickelung sehr beträchtlich; so daß das abgelegte Ei dreimal so groß ist (15—16 mm).
Die Struktur des voluminösen Dotters und insbesondere das Verhältnis des gelben und weißen Dotters ist ganz wie bei den
Sauropsiden (S. 212). Wie bei diesen erfolgt nun an der Stelle
der Oberfläche, an welcher der kleine Bildungsdotter und der von
ihm umschlossene Zellkern liegt, die partielle Furchung. Zuerst entsteht eine linsenförmige kreisrunde K e i m s c h e i b e (*Blastodiscus*).
Diese ist aus mehreren Zellschichten zusammengesetzt, breitet sich
dann aber rings um die Dotterkugel aus und wird so zu einer
einschichtigen Keimblase (*Blastula*). Denken wir uns den darin
enthaltenen Dotter aufgelöst und durch klare Flüssigkeit ersetzt,
so wird daraus die charakteristische Keimblase (*Vesicula blastodermica*) der höheren Säugetiere. Bei diesen verläuft die Gastrulation, wie *Semon* richtig hervorhebt, in zwei Phasen: erstens
Bildung des cenogenetischen Entoderms durch Delamination im
Zentrum, Weiterwuchern nach der Peripherie; zweitens Invagination.
Bei den Monotremen haben sich primitivere Zustände getreuer erhalten als bei den Reptilien und Vögeln. Bei diesen Sauropsiden
geht aus der Furchung schon vor Auftreten der Gastrula-Ein-
stülpung ein wenigstens in der Peripherie zweiblättriger Keim
hervor. Bei den Monotremen hingegen eilt die Bildung des cenogenetischen Entoderms der Invagination nicht zeitlich voraus; die

Keimblattbildung ist daher hier weniger stark modifiziert als bei den anderen Amnioten.

An die oviparen Monotremen, als die ältesten Säugetiere, schließen sich als zweite Subklasse zunächst die B e u t e l t i e r e (*Marsupialia*) an. Da hier aber bereits der Nahrungsdotter zurückgebildet ist und das kleine Ei sich im Leibe der Mutter entwickelt, ist hier die partielle Eifurchung wieder in die totale zurückverwandelt. Ein Teil der Beuteltiere zeigt noch Anklänge an die Verhältnisse der Monotremen, während ein anderer Teil derselben nach den schönen Untersuchungen von *Selenka* ein Verbindungsglied zwischen jenen und den Placentaltieren herstellt.

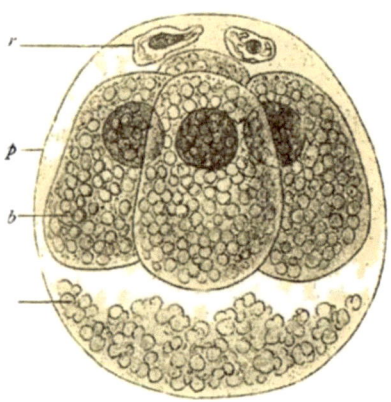

Fig. 66. **Ei des Opossum** (*Didelphys*) in **Vierteilung**, nach *Selenka*. *b* die 4 Blastomeren, *r* Richtungskörper, *c* kernlose Gerinnsel, *p* Eiweißhülle.

Das befruchtete Ei der B e u t e l r a t t e oder des Opossum (*Didelphys*) zerfällt nach *Selenka* zuerst in 2, dann in 4, darauf in 8 gleiche Zellen; die Eifurchung ist also anfangs eine äquale oder gleichmäßige. Erst im weiteren Verlaufe der Zellenteilung sondert sich eine größere, durch trüberes Plasma und größeren Gehalt an Dotterkörnern ausgezeichnete Zelle (die Mutterzelle des Entoderms, Fig. 67 *en*) von den übrigen Blastomeren ab; letztere vermehren sich rascher, erstere langsamer. Indem sich weiterhin reichliche Flüssigkeit in der Morula ansammelt, entsteht eine kugelige Keimblase, deren Wand von ungleicher Dicke ist, ähnlich der des Amphioxus (Fig. 40 *E*) und der Amphibien (Fig. 47). Die obere oder animale Hemisphäre wird von einer größeren Anzahl kleinerer Zellen gebildet, die untere oder vegetale Halbkugel hingegen von einer kleineren Anzahl größerer Zellen. Eine von diesen letzteren, durch besondere Größe ausgezeichnet (Fig. 67 *en*), liegt am Vegetalpol der Keimblasenachse, an der Stelle, wo sich später der Urmund (Prostoma) bildet. Diese ist die Mutterzelle des Entoderms, sie beginnt nun ebenfalls sich durch Teilung zu vermehren, und ihre Tochterzellen (Fig. 68 *i*) breiten sich, von dieser Stelle ausgehend, allmählich über die Innenfläche der Keimblase,

zunächst nur über ihre vegetale Halbkugel aus. Die trüberen Entodermzellen (*i*) unterscheiden sich anfangs durch mehr rundliche
und dunklere Kerne von den
höheren und helleren, mehr
länglichen Ektodermzellen (*e*);
später werden beide stark abgeplattet, die inneren Keimblattzellen noch mehr als die
äußeren.

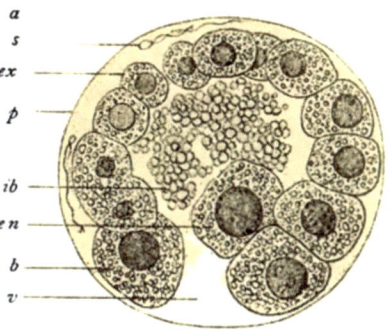

Sehr bemerkenswert sind
die kernlosen Dotterballen und
Gerinnsel (Fig. 68 *d*), welche
in der Flüssigkeit der Keimblase bei diesen Beuteltieren
sich finden; sie sind als die
Reste des phylogenetisch rückgebildeten Nahrungsdotters zu
deuten, welcher bei ihren Vor-

Fig. 67. **Keimblase des Opossum**
(*Didelphys*), nach *Selenka*. *a* Animalpol der
Blastula, *v* Vegetalpol, *en* Mutterzelle des
Entoderms, *ex* Ektodermzellen, *s* Spermien,
ib kernlose Dotterballen (Reste des Nahrungs-
dotters), *p* Eiweißhülle.

fahren, den Monotremen, ebenso wie bei den Reptilien entwickelt war.

Im weiteren Verlaufe der Gastrulation vom Opossum geht die
eiförmige Gestalt der Gastrula (Fig. 69) allmählich in die kugelige
über, indem eine größere
Menge von Flüssigkeit
sich in der Blase an-
sammelt. Zugleich breitet

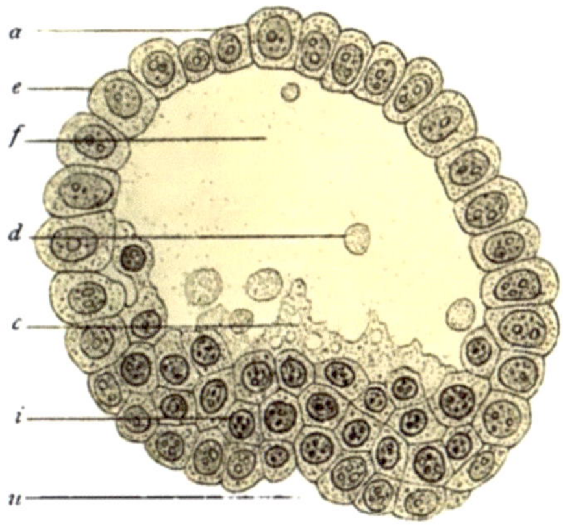

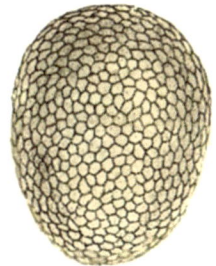

Fig. 68.   Fig. 69.

Fig. 68. **Keimblase des Opossum** (*Didelphys*) im Beginne der Gastrulation
nach *Selenka*. *e* Ektoderm, *i* Entoderm, *a* Animalpol, *u* Urmund am Vegetalpol,
f Furchungshöhle, *d* kernlose Dotterballen (Reste des reduzierten Nahrungsdotters),
c kernlose Gerinnsel (ohne Dotterkörner).
Fig. 69. **Eiförmige Gastrula des Opossum** (*Didelphys*), etwa 8 Stunden
alt, nach *Selenka* (von außen gesehen).

sich das Entoderm (Fig. 70 i) immer weiter an der Innenfläche des Ektoderms (e) aus. Es entsteht eine kugelige Blase, deren Wand aus zwei dünnen, einfachen Zellenschichten besteht; die Zellen des äußeren Keimblattes sind rundlicher, die des inneren platter. In der Gegend des Urmundes (p) sind die Zellen weniger flach und zeigen reichliche Vermehrung. Von hier geht auch die Bildung des Mesoderms aus, und zwar von der hinteren (ventralen) Lippe des Urmundes oder Prostoma, der sich in einen medianen Längsspalt, die Primitivrinne, auszieht.

Noch stärker cenogenetisch abgeändert und abgekürzt, als bei den Beuteltieren, erscheint die Gastrulation bei den Zotten-

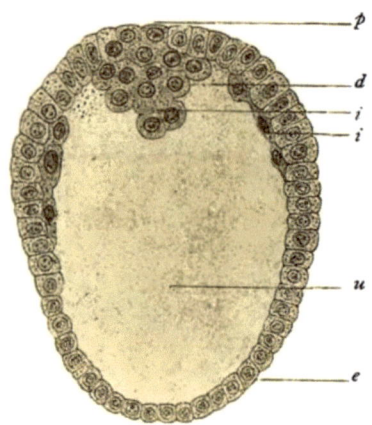

Fig. 70. **Längsschnitt durch die eiförmige Gastrula des Opossum** (Fig. 69). Nach *Selenka*. p Urmund (Prostoma), e Ektoderm, i Entoderm, d Dotterreste in der Urdarmhöhle (u).

tieren (*Placentalia*). Dieselbe ist erst im Jahre 1875 durch die ausgezeichneten Untersuchungen von *Eduard Van Beneden* bekannt geworden, und zwar zuerst am Ei des Kaninchens. Da aber auch der Mensch zu dieser Unterklasse gehört, und da seine noch unbekannte Gastrulation nicht wesentlich von derjenigen der anderen Placentaltiere verschieden sein wird, verdient sie die genaueste Untersuchung. Zunächst fällt hier die besondere Eigentümlichkeit auf, daß schon die beiden ersten Furchungszellen, welche aus der Teilung der befruchteten Eizelle (Fig. 71) hervorgehen, an Größe und Beschaffenheit verschieden sind; bald sind diese Unterschiede geringer (Fig. 72), bald auffallender. Die eine von diesen beiden ältesten Tochterzellen der Cytula — oder den „beiden ersten Blastomeren" — ist etwas größer, heller und durchsichtiger als die andere. Auch färbt sich die kleinere Furchungszelle in Karmin. Osmium u. s. w. viel intensiver als die größere. Durch wiederholte Teilung derselben entsteht nun eine Morula, und aus dieser eine Blastula, die in sehr eigentümlicher Weise sich in die stark modifizierte Gastrula verwandelt. Wenn die Zahl der Furchungszellen beim Säugetierkeim auf 96 gestiegen ist (beim Kaninchen ungefähr 70 Stunden nach der Befruchtung), nimmt der Keim eine

Form an, die der Amphigastrula sehr gleicht (Fig. 75; vergl.
Taf. II, Fig. 17, im Durchschnitt). Der kugelige Keim besteht aus

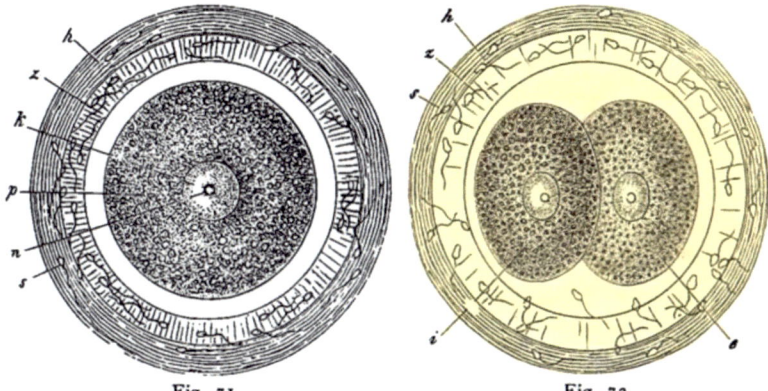

Fig. 71.   Fig. 72.

Fig. 71. **Stammzelle oder Cytula des Säugetiereies** (vom Kaninchen).
k Stammkern, *n* Kernkörperchen, *p* Protoplasma der Stammzelle, *z* veränderte Zona
pellucida, *h* äußere Eiweißhülle, *s* tote Spermazellen.

Fig. 72. **Beginnende Furchung des Säugetiereies** (vom Kaninchen). Die
Stammzelle ist in zwei ungleiche Zellen zerfallen, eine hellere (*e*) und eine dunklere (*i*),
z Zona pellucida, *h* äußere Eiweißhülle, *s* tote Spermazellen.

einer zentralen Masse von 32 weichen, rundlichen, dunkelkörnigen
Zellen, welche durch gegenseitigen Druck vieleckig abgeplattet

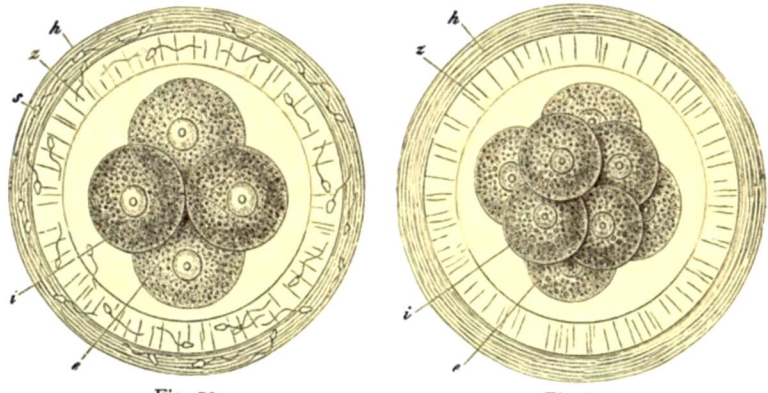

Fig. 73.   Fig. 74.

Fig. 73. **Die vier ersten Furchungszellen des Säugetiereies** (vom
Kaninchen). *e* Die beiden größeren Zellen (heller), *i* die beiden kleineren Zellen
(dunkler), *z* Zona pellucida, *h* äußere Eiweißhülle.

Fig. 74. **Säugetierei mit acht Furchungszellen** (vom Kaninchen). *e* Vier
größere, hellere Blastomeren, *i* vier kleinere, dunklere, *z* Zona pellucida, *h* äußere
Eiweißhülle.

sind und sich mit Osmiumsäure dunkelbraun färben (Fig. 75 *i*). Diese zentrale dunkle Zellenmasse ist umgeben von einer helleren kugeligen Hülle, gebildet aus 64 würfelförmigen, kleineren und feinkörnigen Zellen, die in einer einzigen Schicht nebeneinander liegen und sich durch Osmiumsäure nur sehr schwach färben (Fig. 75 *e*). Diejenigen Autoren, welche diese Keimform als die primäre Gastrula des Zottentieres betrachten, deuten die äußere Schicht als Ektoderm, die innere als Entoderm. Nur an einer einzigen Stelle ist die Ektoderm-hülle unterbrochen, indem 1, 2 oder 3 Entodermzellen hier frei zu Tage treten. Diese letzteren bilden den Dotterpfropf und füllen den Urmund der Gastrula aus (*o*). Diese zentrale Urdarmhöhle (*d*) ist von Entodermzellen erfüllt (Taf. II, Fig. 17). Die einachsige oder monaxone Grundform der Säugetiergastrula erscheint dadurch deutlich aus-gesprochen. Indessen bestehen über die wahre Natur dieser „*pro-visorischen Gastrula*" der Placen-talien und über ihre Beziehung zu der „Keimblase", in die sie sich verwandelt, noch heute sehr ver-schiedene Ansichten [61]).

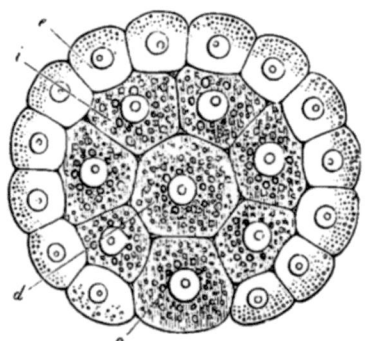

Fig. 75. **Gastrula des placen-talen Säugetieres** (Epigastrula, vom Kaninchen), im Längsschnitt durch die Achse. *e* Ektodermzellen (64, heller und kleiner), *i* Entodermzellen (32, dunkler und größer), *d* zentrale Entodermzelle, die Urdarmhöhle ausfüllend, *o* peripherische Entodermzelle, die Urmundöffnung ver-stopfend (Dotterpfropf im Rusconischen After).

Im weiteren Verlaufe der Gastrulation entsteht nämlich aus dieser eigentümlichen, soliden Amphigastrula der Placentaltiere ebenso eine große, kugelige „Keimblase", wie wir es vorher bei den Beuteltieren gefunden haben. Durch Ansammlung von Flüssig-keit bildet sich in der soliden Gastrula (Fig. 76 *A*) eine exzentrische Höhle, und zwar in der Weise, daß an einer bestimmten Stelle der Haufen der dunkleren Entodermzellen (*hy*) in direktem Zu-sammenhang mit der kugeligen Hüllschicht der helleren Ektoderm-zellen (*ep*) bleibt. Diese Stelle entspricht dem ursprünglichen Ur-munde (Prostoma oder Blastoporus). Von dieser bedeutungsvollen Stelle ausgehend, breitet sich später das innere Keimblatt ringsum an der Innenfläche des äußeren aus, dessen Zellschicht die Wand der Hohlkugel bildet; die Ausbreitung schreitet ringsum vom vegetalen Pole fort gegen den animalen Pol hin.

Die cenogenetische Gastrulation der Zottentiere ist in den einzelnen Gruppen dieser höchst entwickelten und jüngsten Unterklasse der Säugetiere noch vielfach durch sekundäre Anpassung modifiziert. So findet z. B. bei vielen Nagetieren (Meerschweinchen, Mäusen u. a.) scheinbar eine zeitweilige *Inversion* oder Umkehr der beiden Keimblätter statt. Diese beruht auf einer Einstülpung der Keimblasenwand durch den sog. „Träger", eine zapfenförmige Wucherung der „Deckschicht" von *Rauber*. Das ist eine dünne Schicht von platten Epithelzellen, die sich bei einigen Nagetieren von der Oberfläche des Blastoderm absondert; sie ist für die allgemeine Deutung der Placentalien-Gastrulation ebenso bedeutungslos, wie die auffallende Abweichung von der gewöhnlichen Kugelform, welche die Keim-

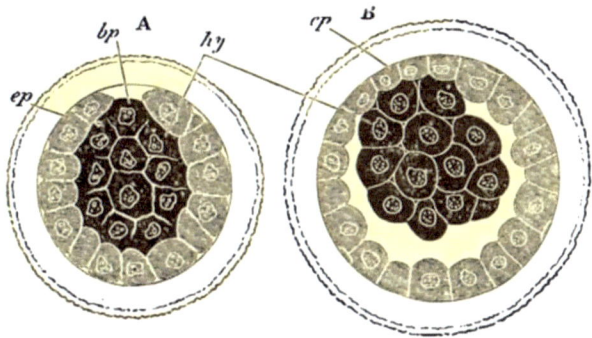

Fig. 76. **Gastrula des Kaninchens.** *A* als solider, kugeliger Zellenhaufen, *B* in die Keimdarmblase sich umwandelnd, *bp* Urmund, *ep* Ektoderm, *hy* Entoderm.

blase bei einigen Huftieren zeigt; bei einigen Schweinen und Wiederkäuern wächst sie zu einem fadenförmigen, langen und dünnen Schlauch aus.

    Somit ist denn auch die Gastrulation der Placentaltiere, die sich am weitesten von derjenigen des Amphioxus, der ursprünglichsten Form entfernt, auf denselben Typus der ursprünglichen Bildung zurückgeführt, auf die Invagination einer modifizierten Blastula. Die besondere Eigentümlichkeit derselben besteht darin, daß der eingestülpte Teil der Keimhaut keinen vollkommen geschlossenen (nur am Urmund offenen) Blindsack darstellt, wie gewöhnlich; sondern daß dieser Blindsack an der ventralen (dem dorsalen Urmunde entgegengesetzten) Wölbung eine weite Oeffnung besitzt; durch diese Oeffnung kommuniziert der entstehende Urdarm von Anfang an mit der Keimhöhle der Blastula. Das

eingestülpte haubenförmige Entoderm wuchert mit freiem, ring-
förmigem Rande an der Innenfläche des Entoderms gegen den
Vegetalpol hin; erst wenn er diesen erreicht und die Innenfläche
der Keimblase vollständig umwachsen hat, erfolgt hier der Schluß
des Urdarms. Jener auffallende direkte Uebergang der Urdarmhöhle in die Furchungshöhle erklärt sich einfach durch die unentbehrliche Annahme, daß bei den meisten Säugetieren die Dottermasse rückgebildet ist, welche die ältesten Formen dieser Klasse
(die Monotremen) und ihre Vorfahren (die Reptilien) noch besitzen.
Somit ist die w e s e n t l i c h e E i n h e i t d e r G a s t r u l a t i o n f ü r
a l l e W i r b e l t i e r e, trotz der auffallenden Unterschiede in den
einzelnen Klassen, nunmehr klar erwiesen.

Um unsere Uebersicht über die wichtigen Vorgänge der Eifurchung und Gastrulation zu vervollständigen, wollen wir nun
schließlich noch einen flüchtigen Blick auf die vierte Hauptform
derselben werfen, auf die o b e r f l ä c h l i c h e Furchung (*Segmentatio
superficialis*, Taf. III, Fig. 25—30). Bei den Wirbeltieren kommt
diese Hauptform gar nicht vor. Dagegen spielt sie die größte
Rolle in dem umfangreichen Stamme der Gliedertiere, bei den
Insekten, Spinnen, Tausendfüßen und Krebsen. Die daraus hervorgehende eigentümliche Form der Gastrula ist die B l a s e n -
g a s t r u l a (*Perigastrula*, Taf. III, Fig. 29).

Bei den Eiern, welche dieser oberflächlichen oder superficialen
Furchung unterliegen, ist ebenso, wie bei den vorher betrachteten
Eiern der Vögel, Reptilien, Fische u. s. w., der Bildungsdotter vom
Nahrungsdotter scharf getrennt; und nur der erstere unterliegt
der Furchung, an welcher der letztere zunächst gar keinen Anteil
nimmt. Während aber bei den „telolecithalen Eiern" mit scheibenförmiger Gastrulation der Bildungsdotter e x z e n t r i s c h, an einem
Pole des einachsigen Eies liegt, und der Nahrungsdotter am anderen
Pole angehäuft ist, so sehen wir dagegen bei den Eiern mit oberflächlicher Furchung den Bildungsdotter auf der ganzen O b e r -
f l ä c h e des Eies ausgebreitet; er umschließt „blasenförmig" den
Nahrungsdotter, welcher z e n t r a l, in der Mitte dieser „centro-
lecithalen Eier" abgelagert ist. Da nun die Furchung bloß den
ersteren, nicht den letzteren betrifft, so muß dieselbe natürlich ganz
„oberflächlich" verlaufen; der Nahrungsvorrat, der in der Mitte
angehäuft ist, bleibt davon unberührt. Im übrigen verläuft sie meist
ganz regelmäßig in geometrischer Progression (Taf. III, Fig. 25—30
stellt einige Zustände derselben auf senkrechten Meridianschnitten
durch die ellipsoiden Eier eines Krebses, *Peneus*, dar).

Der Stammkern oder „erste Furchungskern", welcher ursprünglich im Mittelpunkte der Stammzelle liegt, teilt sich zunächst in 2,
dann in 4 und 8 bis 16 Kerne. Diese wandern zentrifugal aus dem
zentralen Nahrungsdotter aus und verteilen sich in gleichen Abständen im oberflächlichen Bildungsdotter (Taf. III, Fig. 26). Hier
vermehren sie sich fortdauernd durch Teilung (Fig. 27). Schließlich
zerfällt der ganze Bildungsdotter in zahlreiche, kleine und gleichartige Zellen, welche in einer einzigen Schicht an der gesamten
Oberfläche des Eies neben einander liegen und eine oberflächliche
K e i m h a u t bilden (*Blastoderma*, Fig. 28 *b*). Diese Keimhaut ist
eine einfache, vollkommen geschlossene Blase, deren innerer Hohlraum vollständig vom Nahrungsdotter ausgefüllt ist. Nur durch
die chemische Beschaffenheit ihres Inhaltes ist diese wahre „Keimhautblase" oder Blastula (Fig. 28) von derjenigen der archiblastischen
Eier (Taf. II, Fig. 4) verschieden. Bei letzerer ist der Inhalt
Wasser oder eine wasserklare Gallerte: bei ersterer ein dichtes,
an Nahrungsstoff reiches Gemenge von eiweißartigen und fettartigen
Substanzen. Da dieser umfangreiche Nahrungsdotter die Mitte des
Eies schon vor Beginn der Furchung erfüllt, so ist hier natürlich
kein Unterschied zwischen dem Maulbeerkeim und dem Blasenkeim.
Die beiden Stadien der *Morula* und *Blastula* fallen hier vielmehr
in Eines zusammen.

Nachdem die Keimhautblase (Taf. III, Fig. 28) vollkommen ausgebildet ist, erfolgt auch hier die bedeutungsvolle E i n s t ü l p u n g,
welche die Gastrulation bedingt (Fig. 29). Es entsteht an einer
Stelle der Oberfläche eine kreisrunde, grubenförmige Vertiefung,
und diese erweitert sich zu einer Höhle: der Urdarmhöhle der
Gastrula (Fig. 29 *d*); die Stelle der Einstülpung oder Invagination
bildet den Urmund der letzteren (*o*). Der eingestülpte Teil der
Keimhaut, dessen Zellen sich vergrößern und eine schlanke Cylinder-
gestalt annehmen, bildet das Darmblatt und umschließt die Höhle
des Urdarms. Der oberflächliche, nicht eingestülpte Teil der
Keimhaut bildet das Hautblatt; seine Zellen werden durch fortgesetzte Teilung kleiner und mehr abgeplattet. Der Raum zwischen
Hautblatt und Darmblatt (oder der Rest der „Furchungshöhle")
bleibt von Nahrungsdotter erfüllt, der nun allmählich aufgezehrt
wird. Nur dadurch unterscheidet sich unsere B l a s e n g a s t r u l a
(*Perigastrula*, Fig. 29) wesentlich von der ursprünglichen Form der
Glockengastrula (*Archigastrula*, Fig. 6). Offenbar ist die erstere
aus der letzteren im Laufe langer Zeiträume entstanden, indem
sich N a h r u n g s d o t t e r in der Mitte des Eies ansammelte [62]).

Fünfte Tabelle.
Phylogenie der Gastrulation der Wirbeltiere.

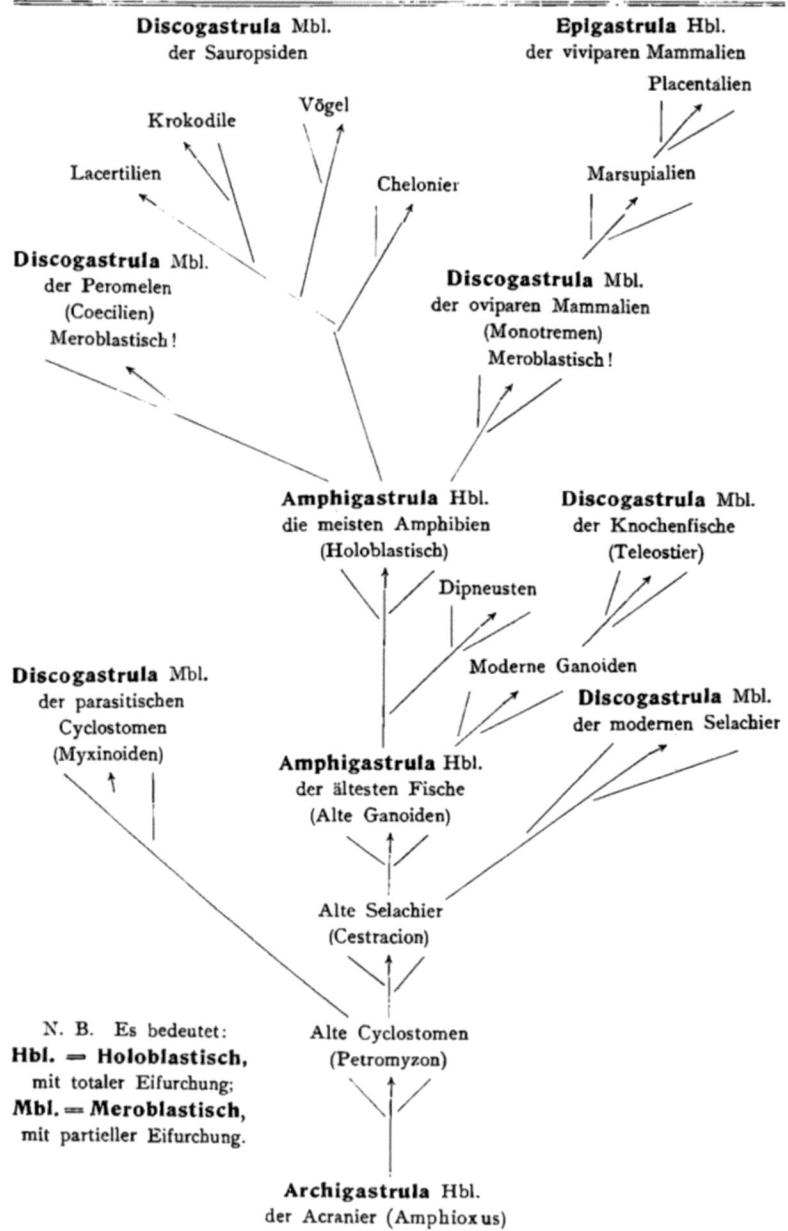

Discogastrula Mbl.
der Sauropsiden

Epigastrula Hbl.
der viviparen Mammalien

Placentalien

Krokodile

Vögel

Lacertilien

Chelonier

Marsupialien

Discogastrula Mbl.
der Peromelen
(Coecilien)
Meroblastisch!

Discogastrula Mbl.
der oviparen Mammalien
(Monotremen)
Meroblastisch!

Amphigastrula Hbl.
die meisten Amphibien
(Holoblastisch)

Discogastrula Mbl.
der Knochenfische
(Teleostier)

Dipneusten

Discogastrula Mbl.
der parasitischen
Cyclostomen
(Myxinoiden)

Moderne Ganoiden

Discogastrula Mbl.
der modernen Selachier

Amphigastrula Hbl.
der ältesten Fische
(Alte Ganoiden)

Alte Selachier
(Cestracion)

N. B. Es bedeutet:
Hbl. = Holoblastisch,
mit totaler Eifurchung;
Mbl. = Meroblastisch,
mit partieller Eifurchung.

Alte Cyclostomen
(Petromyzon)

Archigastrula Hbl.
der Acranier (Amphioxus)

Sechste Tabelle.
Uebersicht über die vier verschiedenen Gastrulationsformen
der Wirbeltiere.

Vier Hauptstufen der Gastrulation	Modus der Eifurchung	Klassen und Ordnungen	Typische Gattungen oder Gruppen
I. Erste Stufe der Gastrulation: **Archigastrula** *(Glockengastrula)*.	Eifurchung total, äqual oder adäqual. **Archigastrula.**	1. Acrania, Schädellose. a) *Prospondylia.* b) *Leptocardia.*	1. *Amphioxus.* Lanzettiere.
Primäre Form der Gastrula. Urdarm leer.	Eier sehr klein, ohne gesonderten Nahrungsdotter.		
II. Zweite Stufe der Gastrulation: **Amphigastrula** *(Haubengastrula)*.	Eifurchung total, inäqual. **Amphigastrula.**	2. Die älteren Rundmäuler. *Cyclostoma hyperoartia.*	2. *Petromyzontes.* Pricken.
Sekundäre Form der Gastrula. Urdarm gefüllt mit gefurchtem Nahrungsdotter.	Eier klein, mit mäßigem Nahrungsdotter, telolecithal.	3. Die ältesten Fische. a) *Proselachii.* b) *Ganoides.* c) *Dipneusta.* 4. Die meisten *Amphibien.*	3a. *Cestracion.* 3b. *Accipenser.* 3c. *Ceratodus.* 4a. *Salamandrina* 4b. *Batrachia.*
III. Dritte Stufe der Gastrulation: **Discogastrula** *(Scheibengastrula)*.	Eifurchung partiell, diskoidal. **Discogastrula.**	5. Die parasitischen Rundmäuler. *Cyclostoma hyperotreta.*	5. *Myxinoides.*
Tertiäre Form der Gastrula. Der Keim bildet eine flache oder linsenförmige Scheibe, welche oben an dem animalen Pole der Eiachse liegt. Urdarm mit großem Dottersack, der außerhalb des Körpers vorragt.	Eier sehr groß, mit sehr voluminösem Nahrungsdotter, telolecithal. Der größte Teil des Nahrungsdotters bleibt bei der Furchung ungeteilt und wird allmählich resorbiert.	6. Die meisten Fische (ausgenommen die ältesten Selachier und Ganoiden). 7. *Peromela.* (Gymnophionen). 8. *Sauropsida.* (Schleicher und Vögel). 9. Die ältesten Säugetiere. *Monotrema.* (Gabeltiere.)	6a. *Squalacei.* 6b. *Lepidosteus.* 6c. *Teleostei.* 7. *Caecilia.* 8a. *Reptilia.* 8b. *Aves.* 9a. *Echidna.* 9b. *Ornithorhynchus.*
IV. Vierte Stufe der Gastrulation: **Epigastrula** *(Säugergastrula)*.	Eifurchung total, inäqual. **Epigastrula.**	10. *Mammalia.* Alle lebenden Säugetiere, mit Ausnahme der Monotremen. (Alle lebendig gebärend.)	10a. *Marsupialia.* Beuteltiere. 10b. *Placentalia.* Zottentiere.
Quartäre Form der Gastrula. Urdarm mit kleiner Dotterblase.	Eier klein, mit rückgebildetem Nahrungsdotter.		

Wir dürfen es als einen Fortschritt von weitreichender Bedeutung betrachten, daß wir so im stande gewesen sind, alle die
zahlreichen und mannigfaltigen Erscheinungen in der Keimung der
verschiedenen Tiere auf diese vier Hauptformen der Eifurchung
und Gastrulabildung zurückzuführen. Von diesen vier Hauptformen
aber konnten wir eine einzige als die ursprüngliche, palingenetische,
die drei anderen hingegen als cenogenetische, davon abgeleitete
Formen erklären. Sowohl die ungleichmäßige, als auch die scheibenförmige und oberflächliche Furchung sind offenbar erst infolge
sekundärer Anpassung aus der primären, ursprünglichen Furchung
entstanden; und als wichtigster Grund für ihre Entstehung ist die
allmähliche Ausbildung eines N a h r u n g s d o t t e r s zu betrachten,
sowie der immer frühzeitiger sich ausbildende Gegensatz zwischen
animaler und vegetaler Eihälfte, zwischen Hautblatt und Darmblatt.

Die zahlreichen und sorgfältigen Untersuchungen, welche in
den letzten Dezennien über die Gastrulation der verschiedensten
Tiere ausgeführt worden sind, haben die hier vorgetragenen, in
den Jahren 1872—1876 zuerst von mir aufgestellten Anschauungen
vollkommen bestätigt. Eine Zeitlang wurden dieselben allerdings
von mehreren Embryologen stark angegriffen. Einige behaupteten,
daß die ursprüngliche Keimform der Metazoen nicht die *Gastrula*,
sondern die *Planula* sei, d. h. eine doppelwandige Blase mit ge-
schlossenem Hohlraum, ohne Mundöffnung; letztere sollte erst nachträglich nach außen durchbrechen. Später zeigte es sich, daß diese
P l a n u l a (— in einigen Gruppen der Nesseltiere verbreitet —) erst
nachträglich aus der Gastrula enstanden ist. Ebenso wurde nachgewiesen, daß die sogenannte D e l a m i n a t i o n, d. h. die Entstehung
der beiden primären Keimblätter durch Flächenspaltung des Blastoderms (z. B. bei *Geryoniden* und anderen Medusen), erst sekundär
durch cenogenetische Zeitverschiebungen aus der ursprünglichen *Invagination* der Blastula hervorgegangen ist. Dasselbe gilt von der
sogenannten I m m i g r a t i o n, wonach einzelne Zellen oder Zellgruppen aus der einfachen Epithelschicht des Blastoderms austreten
und in das Innere der Keimblase einwandern sollten; indem sie sich
an die Innenwand der Keimhaut anlegten und eine zweite innere Epithelschicht bildeten, sollten sie das Entoderm formieren. Bei diesen
wie bei vielen anderen Streitfragen der modernen Embryologie ist die
erste Bedingung für eine naturgemäße Klärung: die scharfe kritische
Unterscheidung der *palingenetischen* (herediven) und der *cenogenetischen* (adaptiven) Prozesse; wird diese richtig durchgeführt, so
bewährt sich überall das B i o g e n e t i s c h e G r u n d g e s e t z.

Zehnter Vortrag.

Die Coelomtheorie.

„Wenn die vergleichende Entwickelungsgeschichte das reichliche, aus zahllosen Einzeluntersuchungen ihr zuströmende Material wissenschaftlich verwerten soll, so muß sie einer doppelten Aufgabe genügen. Wie ihre Schwesterwissenschaft, die vergleichende Anatomie, für die ausgebildeten Tiere, so hat sie für die Keime die morphologisch gleichwertigen Teile festzustellen und über das verwandtschaftliche Verhältnis der Tierformen Klarheit zu verbreiten. Zweitens hat sie aber auch die Prozesse der Entwickelung zum Gegenstand ihrer Beurteilung zu machen und uns in das Wesen dieser Prozesse einen Einblick zu gewähren."   *Oscar Hertwig* (1881).

—

Das Mesoderm oder mittlere Keimblatt. Coelom oder Leibeshöhle. Die vier sekundären Keimblätter. Zwei Grenzblätter und zwei Mittelblätter. Die Coelomtaschen der Wirbeltiere. Palingenetische Coelomation der Acranier. Cenogenetische Coelomation der Cranioten. Coelomula und Chordula. Urmund und Primitivrinne.

Inhalt des zehnten Vortrages.

Literatur:

Ernst Haeckel, 1872. *Die Leibeshöhle und die Darmhöhle der Tiere. — Der Ursprung des Mesoderms und der Geschlechtsorgane. (In: Biologie der Kalkschwämme, VII. Kapitel.) Berlin.*

Thomas Huxley, 1875. *On the classification of the animal kingdom. Quart. Journ. Microsc. Sc., Vol. XV.) London.*

E. Ray-Lankester, 1875. *On the invaginate Planula or diploblastic phase of Paludina vivipara. (Quart. Journ. Microsc. Sc., Vol. XV.) London.*

Francis Balfour, 1875. *Early stages in the development of Vertebrates. (Quart. Journ. Micr. Sc., Vol. XV.) London.*

E. Ray-Lankester, 1877. *Revision of speculations relative to the origin and significance of the germ-layers. (Quart. Journ. Micr. Sc., Vol. XVII.) London.*

Oscar Hertwig, 1880. *Die Chaetognathen. II. Heft der „Studien zur Blättertheorie".*

Derselbe, 1881. *Die Entwickelung des mittleren Keimblattes der Wirbeltiere. Jena.*

Oscar Hertwig und Richard Hertwig, 1881. *Die Coelomtheorie. Versuch einer Erklärung des mittleren Keimblattes. Jena.*

Berthold Hatschek, 1881. *Studien über Entwickelung des Amphioxus. Wien.*

Carl Rabl, 1889. *Theorie des Mesoderms. (Morphol. Jahrb., Bd. XV.) Leipzig.*

Julius Kollmann, 1885. *Gemeinsame Entwickelungsbahnen der Wirbeltiere. — Der Mesoblast und die Entwickelung der Gewebe bei Wirbeltieren. Leipzig.*

Ernst Haeckel, 1894. *Phylogenie des Coeloma (Leibeshöhle). Dorsale und ventrale Coelomtaschen. In: Systematische Phylogenie der Wirbeltiere, § 165—174. Berlin.*

Heinrich Ernst Ziegler, 1898. *Ueber den derzeitigen Stand der Coelomfrage. Leipzig.*

X.

Meine Herren!

Die beiden Blastophylle oder „primären Keimblätter", welche die Gastraeatheorie als die ursprüngliche Grundlage der Körperbildung bei sämtlichen Metazoen nachgewiesen hat, bleiben in dieser einfachsten Form nur bei Coelenterien der niedrigsten Stufe zeitlebens bestehen, bei den *Gastraeaden*, bei *Olynthus*, der Stammform der Spongien, bei *Hydra* und verwandten einfachsten Nesseltieren. Bei allen übrigen Tieren treten später zwischen jenen beiden primären Körperschichten neue Zellenlager auf, welche allgemein unter dem Begriffe des M i t t e l b l a t t e s oder M e s o d e r m a zusammengefaßt werden. Gewöhnlich bilden später die verschiedenen Produkte dieses Mittelblattes die Hauptmasse des Tierkörpers, während sich das ursprüngliche Entoderm oder innere Keimblatt auf die Auskleidung des Darmkanales und seiner drüsigen Anhänge beschränkt; und andererseits das Ektoderm oder das äußere Keimblatt den äußeren Ueberzug des Körpers, die Oberhaut und das Nervensystem liefert.

Bei einigen großen Gruppen niederer Tiere bleibt das mittlere Keimblatt eine einzige zusammenhängende Masse; und diese hat man als d r e i b l ä t t e r i g e Metazoen bezeichnet, im Gegensatze zu jenen zweiblätterigen Gastraeaden und Hydroiden. Dahin gehören z. B. die meisten Schwämme oder Spongien und die Korallen oder Anthozoen. Die Hauptmasse des Körpers besteht bei diesen Tieren aus mesodermalem Stützgewebe und darin eingelagerten Skelet-Gebilden; das entodermale Epithel beschränkt sich auf die Auskleidung des ernährenden Gastrokanalsystems, das ektodermale Epithel auf die Zellendecke der äußeren Oberhaut. Auch bei den Plattentieren oder Platoden (den Strudelwürmern, Saugwürmern und Bandwürmern) gehört der größte Teil des Körpers genetisch einem einheitlichen „Mittelblatte" an, welches zwischen den beiden primären Keimblättern der Gastrula sich entwickelt hat.

Alle diese „dreiblätterigen Tiere" (*Triploblastica*) besitzen,
ebenso wie die zweiblätterigen Coelenterien (*Diploblastica*), noch
keine Leibeshöhle, d. h. noch keine, von den Hohlräumen des
Darmsystems getrennte Körperhöhle; sie werden daher auch als
A c o e l o m i a bezeichnet. Alle höheren Tiere hingegen besitzen
eine solche echte L e i b e s h ö h l e (*Coeloma*) und werden daher
Coelomaria genannt. Bei diesen allen können wir v i e r s e k u n d ä r e
K e i m b l ä t t e r unterscheiden, die aus den beiden primären hervorgehen; alle diese Coelomarien können daher auch jenen Coelenterien
als v i e r b l ä t t e r i g e M e t a z o e n (*Tetrablastica*) gegenübergestellt
werden. Dahin gehören alle echten Wurmtiere (*Vermalia*, nach
Ausschluß der Platoden), und ferner die höheren typischen Tierstämme, die sich aus diesen entwickelt haben: Weichtiere, Sterntiere und Gliedertiere, Manteltiere und Wirbeltiere.

Die L e i b e s h ö h l e (*Coeloma*) ist demnach eine neue Erwerbung
des Tierkörpers, welche phylogenetisch viel jünger ist als das
ältere Darmsystem, und welche sowohl in morphologischer als in
physiologischer Beziehung die größte Bedeutung besitzt. Ich habe
auf diese fundamentale Bedeutung des Coeloms zuerst 1872 in meiner
Monographie der Kalkschwämme hingewiesen, in dem Abschnitte,
welcher „die Leibeshöhle und die Darmhöhle der Tiere" prinzipiell
unterscheidet, und welcher sich unmittelbar an „die Keimblättertheorie und den Stammbaum des Tierreichs" anschließt (die erste
Skizze der Gastraeatheorie, Vol. I, p. 464, 467). Bis dahin hatte
man allgemein jene beiden wichtigsten Höhlen des Tierkörpers
verwechselt oder doch nicht gehörig geschieden; hauptsächlich
deshalb, weil *Leuckart*, der Begründer der Coelenteratengruppe
(1848), diesen niedersten Metazoen keine Darmhöhle, wohl aber
eine Leibeshöhle zugesprochen hatte; in der Tat aber ist das Verhältnis gerade umgekehrt.

Die Darmhöhle, als das ursprüngliche Organ der Ernährung
des vielzelligen Tierkörpers, ist das älteste und wichtigste Organ
aller Metazoen und wird als U r d a r m mit Urmund bei allen zuerst in der Gastrula angelegt; erst viel später entwickelt sich bei
einem Teile der Metazoen zwischen Darmwand und Leibeswand
die Leibeshöhle, die den Coelenteraten noch gänzlich fehlt. Inhalt
und Bedeutung beider Höhlen sind völlig verschieden. Die D a r m -
h ö h l e (*Enteron*) dient zur Verdauung; sie enthält Wasser und
von außen aufgenommene Nahrungsmittel, sowie den daraus durch
Verdauung gewonnenen Speisebrei (Chymus). Die L e i b e s h ö h l e
(*Coeloma*) hingegen, vom Darm ganz getrennt und nach außen

abgeschlossen, hat mit der Verdauung nichts zu tun; sie umschließt den Darm selbst und seine drüsigen Anhänge, und enthält außerdem die Geschlechtsprodukte, sowie eine gewisse Menge Blut oder Lymphe, eine Flüssigkeit, welche durch die Darmwand durchgeschwitzt oder transsudiert ist.

Sobald die Leibeshöhle auftritt, erscheint auch die Darmwand von der umschließenden Leibeswand getrennt, und beide stehen nur noch an bestimmten Stellen in direktem Zusammenhang. Stets lassen sich dann auch verschiedene Gewebeschichten an beiden Wänden unterscheiden, und zwar an jeder mindestens zwei. Diese Gewebeschichten entstehen ursprünglich aus vier verschiedenen einfachen Zellenschichten, und diese letzteren sind die vielbesprochenen

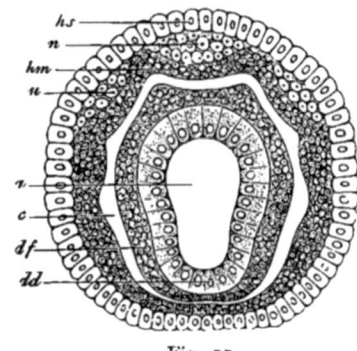

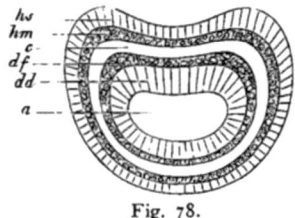

Fig. 78.

Fig. 77.

Fig. 77 und 78. **Schema der vier sekundären Keimblätter, Querschnitte durch Metazoenkeime;** Fig. 77 von einem Anneliden, Fig. 78 von einem Vermalien. *a* Urdarm, *dd* Darmdrüsenblatt, *df* Darmfaserblatt, *c* Leibeshöhle, *hm* Hautfaserblatt, *hs* Hautsinnesblatt, *u* Anlage der Urnieren, *n* Anlage der Nervenplatte.

vier sekundären Keimblätter. Das äußerste von diesen, das Hautsinnesblatt (Fig. 77, 78 *hs*), und das innerste, das Darmdrüsenblatt (*dd*), bleiben zunächst einfache Epithelien oder Deckschichten; jenes begrenzt die Außenfläche des Körpers, dieses die Innenfläche der Darmwand; man nennt daher beide auch Grenzblätter oder *Methorien*. Zwischen beiden liegen die zwei Mittelblätter oder *Mesoblasten*, welche die Leibeshöhle einschließen.

Die vier sekundären Keimblätter beteiligen sich bei allen Coelomarien (bei allen mit einer Leibeshöhle versehenen Metazoen) dergestalt am Aufbau des Leibes, daß die beiden äußeren, fest verbunden, die Leibeswand, die beiden inneren hingegen die Darmwand zusammensetzen; beide Wände sind durch den Hohlraum des Coelom getrennt. Jede der beiden Wände wird aus einem Grenzblatte und einem Mittelblatte zusammengesetzt. Während die

beiden Grenzblätter vorzugsweise Epithelien oder Decken-
gewebe, sowie Drüsen und Nerven liefern, bilden dagegen die beiden
Mittelblätter die Hauptmasse der Fasergewebe, Muskeln
und Bindesubstanzen. Man hat daher auch diese letzteren als
Faserblätter oder Muskelblätter bezeichnet. Das äußere Mittelblatt, welches sich von innen an das Hautsinnesblatt anlegt, ist das
Hautfaserblatt; das innere Mittelblatt, welches sich von außen an
das Darmdrüsenblatt anschmiegt, ist das Darmfaserblatt. Ersteres
wird gewöhnlich kurz als das Parietalblatt, letzteres als das Visceralblatt des Mesoderms bezeichnet. Unter den vielen verschiedenen Bezeichnungen, welche für die vier sekundären Keimblätter
angewendet werden, sind die nachstehenden gegenwärtig die ge-
bräuchlichsten:

1. **Hautsinnesblatt** (Aeußeres Grenzblatt).	I. **Neuralblatt** (*Neuroblast*).	Die beiden sekundären Keimblätter der Leibeswand (*Somatopleura*):
2. **Hautfaserblatt** (Aeußeres Mittelblatt).	II. **Parietalblatt** (*Myoblast*).	I. epitheliales. II. fibröses.
3. **Darmfaserblatt** (Inneres Mittelblatt).	III. **Visceralblatt** (*Gonoblast*).	Die beiden sekundären Keimblätter der Darmwand (*Splanchnopleura*):
4. **Darmdrüsenblatt** (Inneres Grenzblatt).	IV. **Enteralblatt** (*Enteroblast*).	III. fibröses. IV. epitheliales.

Der erste Naturforscher, der die vier sekundären Keimblätter
der höheren Tiere erkannte und scharf unterschied, war *Baer*.
Allerdings wurde er über ihren Ursprung und ihre weitere Bedeutung nicht vollständig klar und deutete im einzelnen ihre verschiedene Verwendung nicht richtig. Aber im großen und ganzen
entging ihm ihre hohe Bedeutung nicht, und er sprach bereits diejenige Ansicht über die Entstehung der beiden Mittelblätter aus,
welche später von der Mehrzahl der Embryologen angenommen
wurde, und welche ich auch in den ersten Auflagen der Anthropogenie vertreten habe [63]). Er leitet nämlich jedes Mittelblatt einzeln
von einem primären Keimblatt (durch Abspaltung) ab, und sagt:
Das äußere oder animale Keimblatt zerfällt in zwei Schichten:
eine Hautschicht und eine Fleischschicht; ebenso zerfällt das innere
oder vegetative Keimblatt in zwei Schichten: eine Gefäßschicht
und eine Schleimschicht. Verglichen mit den neueren, jetzt
üblichen Benennungen, stellt sich diese Ansicht von *Baer* (1828)
in folgendem Schema dar:

A. Die zwei primären Keimblätter (*Blastophylla*).	B. Die vier sekundären Keimblätter (*Blastoplattae*).
I. Aeußeres oder animales Keimblatt (**Hautblatt oder Ektoderm**).	1. Hautsinnesblatt (Hautschicht, *Baer*). Neurales Grenzblatt.
	2. Hautfaserblatt (Fleischschicht, *Baer*). Parietales Mittelblatt.
II. Inneres oder vegetatives Keimblatt (**Darmblatt oder Entoderm**).	3. Darmfaserblatt (Gefäßschicht, *Baer*). Viscerales Mittelblatt.
	4. Darmdrüsenblatt (Schleimschicht, *Baer*). Gastrales Grenzblatt.

Diese Ansicht von *Baer*, welche im Hinblick auf die physiologische Arbeitsteilung der Keimblätter viel innere Wahrscheinlichkeit für sich hatte, mußte später infolge genauerer Beobachtungen aufgegeben werden. Schon 1850 hatte *Remak* im ersten Hefte seiner ausgezeichneten „Untersuchungen über die Entwickelung der Wirbeltiere" die Behauptung aufgestellt, daß in der zweiblättrigen Keimscheibe des frisch gelegten Hühnereies (— unserer *Discogastrula* —), wenige Stunden nach der Bebrütung das untere Keimblatt sich in zwei Blätter spalte, ein mittleres Keimblatt und ein Drüsenblatt. Später sollte dann das mittlere Keimblatt oder „Faserblatt" wiederum durch Spaltung in zwei Blätter zerfallen, in ein inneres „Darmfaserblatt" und ein äußeres „Hautfaserblatt". Das Verhältnis dieser „Dreiblättertheorie" von *Remak* zur ursprünglichen „Vierblättertheorie" von *Baer* ergibt sich aus folgender Uebersicht:

Remaks drei Keimblätter (Dreiblättertheorie).		Die vier sekundären Keimblätter. (Blastoplatten).	Die zwei primären Keimblätter. Von *Baer*.
Aeußeres oder oberes Blatt	I. Aeußeres (oder oberes) Keimblatt (Sensorielles Blatt).	1. Hautsinnesblatt	Animales Blatt, Ektoderm, Hautblatt.
Inneres oder unteres Blatt	II. Mittleres Keimblatt (Motorisch-germinatives Blatt).	2. Hautfaserblatt 3. Darmfaserblatt	
	III. Inneres (oder unteres) Keimblatt Trophisches Blatt).	4. Darmdrüsenblatt	Vegetatives Blatt, Entoderm, Darmblatt.

Die Keimblättertheorie von *Remak*, in deren weiterem Verfolge dieser ausgezeichnete Beobachter zu sehr wichtigen Entdeckungen gelangte, fand bald sehr viel Beifall, um so mehr, als derselbe zuerst die konstituierenden Elementarteile der Keimblätter

klar erkannte und durch Anwendung der Zellentheorie zuerst der
Ontogenie ein histologisches Fundament gab. Die Annahme, daß
die sekundären Keimblätter aus den primären durch Flächen -
spaltung entstehen — worin *Baer* und *Remak* übereinstimmten
— wurde auch von solchen Embryologen angenommen, die in
anderen Punkten abweichende Anschauungen vertraten, so z. B. von
Kölliker, nach welchem „bei den höheren Wirbeltieren das mittlere
Keimblatt vom äußeren abstammt". Diese allgemein ange-
nommenen Spaltungstheorien begannen erst vor vierzig Jahren erschüttert zu werden, nachdem *Kowalevsky* (1871) gezeigt hatte,
daß bei Sagitta (— einem sehr klaren und typischen Gastru-
lations-Objekte —) die beiden mittleren Keimblätter ebenso wie
die beiden Grenzblätter nicht durch Spaltung, sondern durch
Faltung entstehen, und zwar durch sekundäre Einstülpung des
primären inneren Keimblattes. Diese Einstülpung geht vom Urmunde aus, zu dessen beiden Seiten (rechts und links) ein paar
Taschen entstehen; indem diese beiden „Coelomtaschen" oder
Coelomsäcke sich vom Urdarm abschnüren, entsteht eine paarige
Leibeshöhle (Fig. 79, 80).

Dieselbe Art der Coelombildung, wie bei Sagitta, wurde später ·
von *Kowalevsky* auch bei Brachiopoden und anderen Wirbellosen,
sowie beim niedersten Wirbeltiere, dem *Amphioxus*, nachgewiesen;
weitere Belege dafür lieferten namentlich zwei englische Embryologen, denen wir bedeutende Fortschritte in der Ontogenie verdanken, *E. Ray-Lankester* und *F. Balfour*. Auf Grund dieser
und anderer, sowie ausgedehnter eigener Untersuchungen er-
richteten dann 1881 die Gebrüder *Oscar* und *Richard Hertwig* ihre
„Coelomtheorie, Versuch einer Erklärung des mittleren Keimblattes". Um das hohe Verdienst dieser vielfach klärenden und
fördernden Theorie richtig zu würdigen, muß man bedenken, welches
Chaos von widersprechenden Ansichten und entgegengesetzten Be- .
hauptungen damals das „Mesodermproblem" oder die vielumstrittene „Frage vom Ursprung des mittleren Keimblattes" bildete.
Namentlich hatte hier die wunderliche, von ganz naturwidrigen
Voraussetzungen ausgehende „Parablastentheorie" des Leipziger
Embryologen *His* eine entsetzliche Verwirrung angerichtet; nicht
nur alle möglichen, sondern auch verschiedene unmögliche Ansichten über die Entstehung der sekundären Keimblätter, die Entwickelung der Gewebe aus denselben und den Aufbau des Tierkörpers aus diesen Geweben wurden damals ernsthaft und mit
großer Entschiedenheit diskutiert (vergl. den III. Vortrag, S. 57).

In diese grenzenlose Verwirrung brachte die Coelomtheorie
der Gebrüder *Hertwig* zuerst klares Licht, indem sie hauptsächlich folgende Gesichtspunkte feststellte: 1. Die Leibeshöhle entsteht
bei der großen Mehrzahl der Tiere (insbesondere bei allen Wirbeltieren) in derselben Weise wie bei Sagitta; am Urmunde stülpen
sich ein Paar Taschen oder Säcke nach innen, zwischen die beiden
primären Keimblätter hinein; indem diese beiden Taschen sich vom
Urdarm abschnüren, entstehen ein Paar C o e l o m s ä c k e (rechter
und linker); durch ihre Verschmelzung bildet sich eine einfache
Leibeshöhle (Enterocoel). 2. Wenn diese Coelomkeime nicht als
ein Paar hohle Taschen, sondern als s o l i d e Z e l l s c h i c h t e n (in
Form von „ein Paar M e s o d e r m s t r e i f e n") entstehen (wie es
bei den höheren Wirbeltieren geschieht), so liegt eine s e k u n d ä r e
(c e n o g e n e t i s c h e) Abänderung jenes primären (palingenetischen)
Verhältnisses vor; die beiden Wände der Taschen, innere und äußere,
werden durch die räumliche Ausdehnung des großen Nahrungsdotters zusammengepreßt. 3. Daher besteht das M e s o d e r m,
von Anfang an aus z w e i genetisch getrennten Schichten, die
nicht erst durch Spaltung eines primären einfachen Mittelblattes
entstehen (wie man früher nach *Remak* annahm). 4. Diese beiden
Mittelblätter haben bei allen Wirbeltieren und bei der großen
Mehrzahl der wirbellosen Tiere dieselbe fundamentale Bedeutung
für den Aufbau des Tierkörpers: das innere Mittelblatt oder das
„V i s c e r a l m e s o d e r m" (Darmfaserblatt) legt sich an das ursprüngliche Entoderm an und bildet den faserigen, muskulösen
und bindegewebigen Teil der Darmwand (*Splanchnopleura*); dagegen
das äußere Mittelblatt oder das „P a r i e t a l m e s o d e r m" (Hautfaserblatt) legt sich an das ursprüngliche Ektoderm an und bildet
den faserigen, muskulösen und bindegewebigen Teil der Leibeswand (*Somatopleura*). 5. Nur an ihrer Ursprungsstätte, am Urmunde und seiner Umgebung, hängen alle vier sekundären Keimblätter unmittelbar zusammen; von hier breiten sich die paarigen
Mittelblätter, getrennt nach vorne wachsend, zwischen den beiden
primären Keimblättern aus, an die sie sich divergierend anlegen.
6. Die weitere Sonderung oder Differenzierung der vier sekundären
Keimblätter, ihr Zerfall in die verschiedenen Gewebe und Organe
findet vorzugsweise im späteren Vorderteile des Keimes, im
K o p f t e i l e statt und schreitet von da nach hinten fort, gegen
den Urmund hin.

Alle Tiere, bei denen erwiesenermaßen die Leibeshöhle dergestalt aus dem Urdarm entsteht (Wirbeltiere, Manteltiere, Stern-

tiere, Gliedertiere, ein Teil der Wurmtiere), faßten die Gebrüder
Hertwig unter dem Begriff der E n t e r o c o e l i e r zusammen und
stellten ihnen als zwei anderen Hauptgruppen die P s e u d o c o e l i e r
und C o e l e n t e r a t e n gegenüber, erstere mit „falscher Leibeshöhle", letztere überhaupt ohne Leibeshöhle. Zu den Pseudo-
coeliern rechneten sie die Weichtiere und einen Teil der Wurmtiere (Plathelminthen, Bryozoen und Rotatorien); hier sollte die
Leibeshöhle entweder einen Rest der Furchungshöhle darstellen
(Blastocoel) oder sekundär durch Spaltung oder Lückenbildung
in einem soliden Mesoderm entstehen (Schizocoel). Diese prinzipielle Scheidung und die daraus abgeleiteten systematischen
Aufstellungen haben sich indessen später nicht haltbar erwiesen.
Auch die durchgreifenden Unterschiede in der Gewebebildung,
welche die Gebrüder *Hertwig* zwischen Enterocoeliern und Pseudo-
coeliern aufstellten, sind in dieser Ausdehnung nicht vorhanden.
Aus diesen und anderen Gründen ist ihre Coelomtheorie vielfach
angegriffen und teilweise aufgegeben worden. Trotzdem hat sie ein
großes und bleibendes Verdienst für die Lösung der schwierigen
Mesodermfrage, und ein wesentlicher Teil derselben wird sicher
bestehen bleiben. Insbesondere halte ich es für ein großes Ver-
dienst derselben, f ü r a l l e W i r b e l t i e r e d i e g l e i c h e E n t -
w i c k e l u n g s w e i s e d e r b e i d e n M i t t e l b l ä t t e r festgestellt
und sie als cenogenetische Modifikationen auf die ursprüngliche,
bei *Amphioxus* noch heute bestehende, palingenetische Entstehungs-
form zurückgeführt zu haben. Zu demselben Ergebnis ist auch
Carl Rabl (Leipzig) in seiner gedankenreichen „T h e o r i e d e s
M e s o d e r m s" gekommen; ferner *Ray-Lankester, Rauber, Kupffer,
Rückert, Selenka, Hatschek* u. a. Uebereinstimmend geht aus
diesen und vielen anderen, neueren Arbeiten hervor, daß alle die
verschiedenen Formen der Coelombildung, ebenso wie diejenigen
der Gastrulation, in dem großen Tierstamme der Vertebraten einem
und demselben streng erblichen Gesetze folgen; trotz ihrer schein-
baren Verschiedenheit sind alle nur cenogenetische Modifikationen
eines und desselben palingenetischen Typus, und diesen ursprünglichen Typus hat uns der unschätzbare Amphioxus bis auf den
heutigen Tag treu bewahrt.

Ehe wir nun die maßgebende Coelomation des Amphioxus
näher betrachten, wollen wir noch einen Blick auf diejenige des
P f e i l w u r m s (*Sagitta*) werfen, jenes merkwürdigen pelagischen
Wurmtieres, das in so vieler Beziehung für die vergleichende
Anatomie und Ontogenie von Interesse ist. Einerseits die völlige

Durchsichtigkeit des glashellen Körpers und seines Keimes, andererseits die typische Einfachheit seiner palingenetischen Entwickelungs-Verhältnisse lassen die Sagitta für viele wichtige Fragen als ein höchst lehrreiches Beispiel erscheinen. Die Tierklasse der Chätognathen, welche durch die nahe verwandten Gattungen *Sagitta* und *Spadella* vertreten wird, erscheint auch noch in anderer Beziehung als ein höchst merkwürdiger Zweig des formenreichen Würmerstammes. Es war daher sehr dankenswert, daß *Oscar Hertwig* (1880) in einer sorgfältigen Monographie die lehrreiche Anatomie, Systematik und Entwickelungsgeschichte der Chäto-gnathen vollkommen aufklärte.

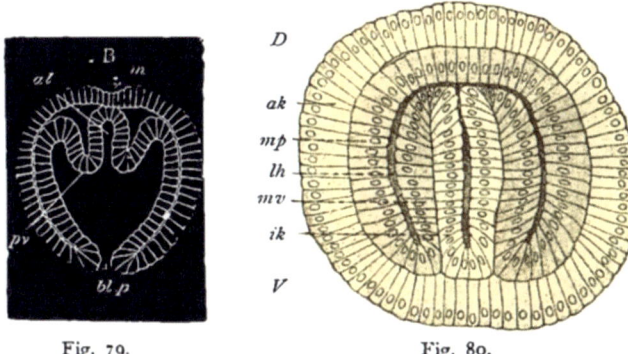

Fig. 79.   Fig. 80.

Fig. 79. **Coelomula von Sagitta** (Gastrula mit ein paar Coelomtaschen). Nach *Kowalevsky*. *bl.p* Urmund, *al* Urdarm, *pv* Coelomfalten, *m* Dauermund.

Fig. 80. **Coelomula von Sagitta**, im Querschnitt nach *Hertwig*. *D* Rück-seite, *V* Bauchseite. *ik* inneres Keimblatt, *mv* Visceral-Mesoblast, *lh* Leibeshöhle, *mp* Parietal-Mesoblast, *ak* äußeres Keimblatt.

Die kugelige Keimblase, welche aus dem befruchteten Ei der Sagitta entsteht, verwandelt sich durch unipolare Einstülpung in eine typische Archigastrula, ganz ähnlich, wie ich es von *Monoxenia* beschrieben habe (vergl. den VIII. Vortrag, S. 166, Fig. 31). Diese eiförmige, einachsige Becherlarve (im Querschnitt kreisrund) wird dadurch zweiseitig (oder dreiachsig), daß aus dem Urdarm ein paar Coelomtaschen hervorwachsen (Fig. 79, 80). Rechts und links bildet sich eine sackförmige Ausstülpung gegen den Oralpol hin (wo später der Dauermund, *m*, entsteht). Beide Säcke sind anfänglich nur durch ein paar Falten des Entoderms getrennt (Fig. 79 *pv*) und hängen noch durch eine weite Mündung mit dem Urdarm zusammen; auch kommunizieren beide noch kurze Zeit auf der Rückenseite (Fig. 80 *D*). Bald aber schnüren sich

beide Coelomtaschen vollständig voneinander und vom Urdarm
ab; zugleich erweitern sie sich so bedeutend blasenförmig, daß sie
den Urdarm ringsum einschließen (Fig. 81). In der Mittellinie
der Rückenseite und der Bauchseite aber bleiben beide Taschen
getrennt, indem hier ihre sich berührenden Wände zu einer dünnen
vertikalen Scheidewand zusammenwachsen, dem G e k r ö s e oder
Mesenterium (*dm* und *vm*). Demnach besitzt Sagitta zeitlebens
eine doppelte oder paarige Leibeshöhle (Fig. 81 *lh*), und der Darm
ist sowohl unten als oben durch ein Gekröse an der Leibeswand
befestigt, unten durch das Ventralmesenterium (*vm*), oben durch
das Dorsalmesenterium (*dm*). Das innere Blatt der beiden Coelomtaschen (Visceral-Mesoblast, *mv*) legt sich an das Entoderm (*ik*) an
und bildet mit ihm die Darmwand. Das äußere Blatt derselben
hingegen (Parietal-Mesoblast, *mp*) legt sich an das Ektoderm (*ak*)

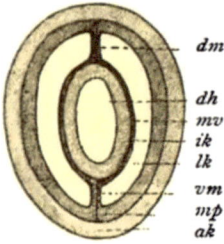

an und bildet mit ihm die äußere Leibeswand. Somit liegt hier bei *Sagitta* die ursprüngliche Coelomation der Enterocoelier
äußerst klar und einfach vor Augen. Diese

Fig. 81. **Querschnitt durch eine junge Sagitta.**
Nach *Hertwig* *dh* Darmhöhle, *ik* und *ak* inneres und
äußeres Grenzblatt, *mv* und *mp* inneres und äußeres
Mittelblatt, *lh* Leibeshöhlen, *dm* und *vm* dorsales und
ventrales Mesenterium.

Die Beschriftungen am Bild: *dm*, *dh*, *mv*, *ik*, *lk*, *vm*, *mp*, *ak*

palingenetische Tatsache ist um so wichtiger, als der größte
Teil der beiden Leibeshöhlen von *Sagitta* sich später in G e -
schlechtsdrüsen umwandelt: der vordere, weibliche Teil in ein
paar Eierstöcke, der hintere, männliche Teil in ein paar Hoden.
    In ähnlicher Weise klar und durchsichtig vollzieht sich nun
auch die C o e l o m a t i o n   d e s   A m p h i o x u s, des niedersten
Wirbeltieres, und der ihnen nächstverwandten, wirbellosen Manteltiere, der Ascidien. Indessen wird bei diesen beiden Tierstämmen,
die wir als C h o r d a t i e r e (*Chordonia*) zusammenfassen können,
jener wichtige Prozeß dadurch verwickelter, daß sich gleichzeitig
damit noch zwei andere bedeutungsvolle Vorgänge verknüpfen, die
Anlage der C h o r d a aus dem Entoderm, und die Sonderung der
M e d u l l a r p l a t t e oder des Nervenzentrums aus dem Ektoderm.
Auch hier hat uns der schädellose Amphioxus die wesentlichsten
Erscheinungen in der ursprünglichen Form durch zähe Vererbung
getreu bis heute erhalten, während bei allen übrigen Vertebraten
(den Schädeltieren) dieselben durch embryonale Anpassung mehr
oder weniger abgeändert sind. Wir müssen daher auch hier wieder

die palingenetischen Keimungsverhältnisse des Lanzettierchens vollständig kennen, ehe wir die cenogenetischen Keimungsformen der Cranioten betrachten.

Die Coelomation des Amphioxus, welche erst *Kowalevsky* im Jahre 1867 entdeckte, ist später durch die sorgfältigen Beobachtungen von *Hatschek* (1881) ganz genau erforscht worden. Danach bilden sich zunächst an der bilateralen, früher von uns betrachteten Gastrula (Fig. 40, S. 175; Fig. 41, S. 176) drei parallele Längsfalten, eine unpaare, ektodermale Falte in der Mittellinie der Rückenfläche, und zwei paarige entodermale Falten zu beiden Seiten der ersteren. Die breite Ektodermfalte, welche zuerst in der Mittellinie der abgeplatteten Rückenfläche auftritt und eine seichte Längs-

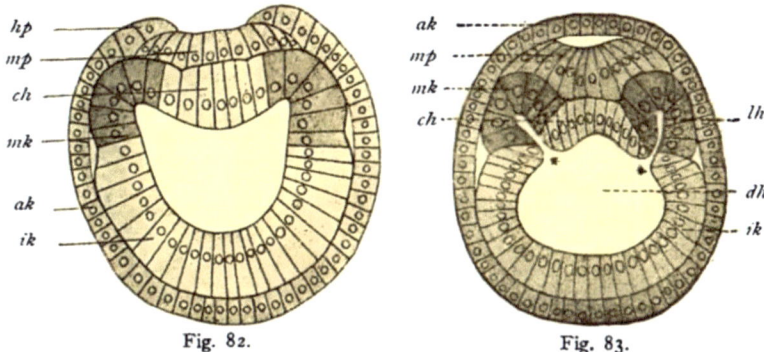

Fig. 82.   Fig. 83.

Fig. 82 und 83. **Querschnitte von Amphioxuslarven.** Nach *Hatschek*. Fig. 82 im Beginne der Coelombildung (noch ohne Ursegmente), Fig. 83 im Stadium mit vier Ursegmenten. *ak, ik, mk* äußeres, inneres, mittleres Keimblatt, *hp* Hornplatte, *mp* Markplatte, *ch* Chorda, * und * Anlage der Coelomtaschen, *lh* Leibeshöhle.

rinne bildet, ist die Anlage des zentralen Nervensystems, des Medullarrohrs; das primäre äußere Keimblatt zerfällt dadurch in zwei Teile, die mediane Markplatte oder Medullarplatte (Fig. 84 *mp*) und die Hornplatte (*ak*), die Anlage der äußeren Oberhaut oder Epidermis. Indem die beiden parallelen Ränder der konkaven Markplatte sich gegeneinander krümmen und unterhalb der Hornplatte verwachsen, entsteht ein cylindrisches Rohr, das Markrohr oder Medullarrohr (Fig. 85 *n*); dieses schnürt sich bald vollständig von der Hornplatte ab. Zu beiden Seiten des Markrohrs, zwischen ihm und dem Darmrohr (Fig. 82—85 *dh*) wachsen aus der Rückenwand des letzteren die beiden parallelen Längsfalten hervor, welche die paarigen Coelomsäcke bilden (Fig. 83 und 84 *lh*). Dieser Teil des Entoderms, welcher also die erste Grundlage des mittleren

Keimblattes bildet, ist in Fig. 82—85 dunkler gezeichnet als der übrige Teil des inneren Keimblattes. Die Stellen der mesodermalen paarigen Faltung sind in Fig. 83 mit Sternchen gezeichnet (* *). Indem an diesen Stellen die basalen Ränder der ausgestülpten Falten verwachsen, entstehen geschlossene Taschen (Fig. 84 im Querschnitt). Der hinterste Teil der beiden parallelen Mesodermfalten stößt ursprünglich an den Rand des Urmundes an und steht hier in Verbindung mit den beiden großen „Urmesodermzellen oder Promesoblasten", die wir früher betrachtet haben (Fig. 41 *p*). Die Keimanlagen, welche aus diesen letzteren entstehen, kann man mit *Rabl* als peristomalen Mesoblast bezeichnen, im Gegensatze zu den Anlagen des ersteren, des gastralen Mesoblasten.

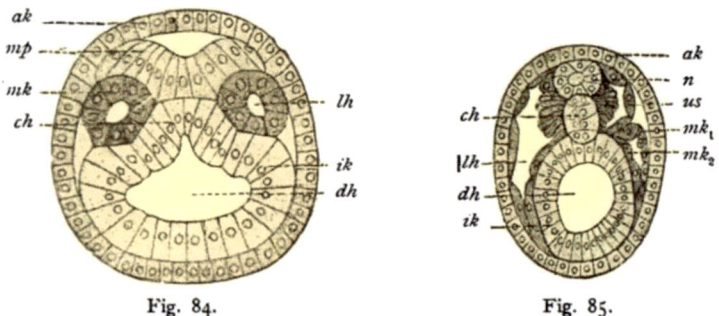

Fig. 84.   Fig. 85.

Fig. 84 und 85. **Querschnitte von Amphioxuskeimen.** Fig. 84 im Stadium mit fünf Somiten, Fig. 85 im Stadium mit elf Somiten. Nach *Hatschek*. *ak* äußeres Keimblatt, *mp* Medullarplatte, *n* Nervenrohr, *ik* inneres Keimblatt, *dh* Darmhöhle, *lh* Leibeshöhle, *mk* mittleres Keimblatt (mk_1 parietales, mk_2 viscerales), *us* Ursegment, *ch* Chorda.

Während dieser bedeutungsvollen Vorgänge wird bereits zwischen beiden Coelomtaschen die Anlage eines dritten hochwichtigen Organes vorbereitet, der Chorda oder des Achsenstabes. Diese ursprüngliche Grundlage des Skelettes, ein solider cylindrischer Knorpelstab, entsteht in der Mittellinie der dorsalen Urdarmwand, aus dem entodermalen Zellenstreifen, welcher hier zwischen beiden Coelomsäcken übrig bleibt (Fig. 82—85 *ch*). Auch die Chorda erscheint zunächst in Gestalt einer flachen Längsfalte oder einer seichten Rinne (Fig. 83, 84); erst nach ihrer Abschnürung vom Urdarm nimmt sie die Gestalt eines soliden cylindrischen Stranges an (Fig. 85). Man könnte also auch sagen, daß die Rückenwand des Urdarms in dieser wichtigen Periode drei parallele Längsfalten bildet: eine unpaare und zwei paarige. Die unpaare mediane Längsfalte wird zur Chorda und liegt unmittelbar unter der medianen Längsrinne des Ektoderms, die zum Medullarrohr wird; die beiden paarigen Längsfalten, rechte und linke, liegen seitlich zwischen der ersteren und letzteren, und werden zu den Coelomtaschen. Der Teil des Urdarms, welcher nach Abschnürung dieser drei dorsalen Primitivorgane übrig bleibt, ist der Dauerdarm (Enteron ˙ oder Mesodaeum); sein Entoderm ist das „Darmdrüsenblatt" oder Enteralblatt (Enteroblast).

Den Keimzustand des Wirbeltier-Organismus, welchen die Amphioxuslarve in dieser Periode (Fig. 86, 87, in der dritten Entwickelungsperiode nach *Hatschek*) uns vor Augen führt, nenne ich C h o r d u l a oder C h o r d a l a r v e. (*Cordula* oder *Cordyla* nannten *Strabo* und *Plinius* junge Fischlarven.) Ich schreibe ihm d i e g r ö ß t e p h y l o g e n e t i s c h e B e d e u t u n g zu, da er bei allen Chordonien (Tunicaten sowohl als Vertebraten) in der gleichen wesentlichen Zusammensetzung wiederkehrt. Obwohl die Ausbildung des großen Nahrungsdotters die Form der Chordula bei den höheren Wirbeltieren stark abändert, bleibt doch ihre wesentliche Zusammensetzung überall dieselbe. Immer liegt auf der Rückenseite des zweiseitigen, wurmähnlichen Körpers das Nervenrohr (m), auf der Bauchseite das Darmrohr (d), zwischen beiden in der Längsachse die Chorda (ch), und zu beiden Seiten die paarigen Coelomtaschen (c). Ueberall entstehen diese Primitivorgane in gleicher Weise aus den Keimblättern, und überall gehen aus ihnen dieselben Organe des entwickelten Chordatieres hervor. Wir dürfen daraus nach den V e r e r b u n g s g e s e t z e n der Descendenztheorie den phylogenetischen Schluß ziehen, daß alle diese C h o r d o n i e n oder *Chordaten* (Manteltiere und Wirbeltiere) von einer uralten gemeinsamen Stammform abstammen, die wir *Chordaea* nennen können. Diese längst ausgestorbene C h o r d a e a würden wir, wenn wir sie noch heute lebend vor uns hätten, als eine besondere Klasse von ungegliederten Wurmtieren ansehen (*Chordaria*). Besonders bemerkenswert ist dabei, daß weder das dorsale Nervenrohr, noch das ventrale Darmrohr, noch auch die zwischen beiden gelegene Chorda eine Spur von Gliederung oder Metamerenbildung zeigt; auch die beiden Coelomsäcke sind anfänglich nicht segmentiert (obwohl dieselben beim Amphioxus schon frühzeitig durch Querfalten in eine Reihe von Somiten zerfallen). Diese ontogenetischen Tatsachen sind von größter Bedeutung für die Erkenntnis jener Ahnenformen der Wirbeltiere, die wir in der Gruppe der ungegliederten Wurmtiere oder *Vermalien* zu suchen haben. Die Coelomtaschen waren bei diesen uralten Chordonien wahrscheinlich Geschlechtsdrüsen.

Phylogenetisch betrachtet, sind die Coelomtaschen jedenfalls älter als die Chorda; denn sie entwickeln sich in gleicher

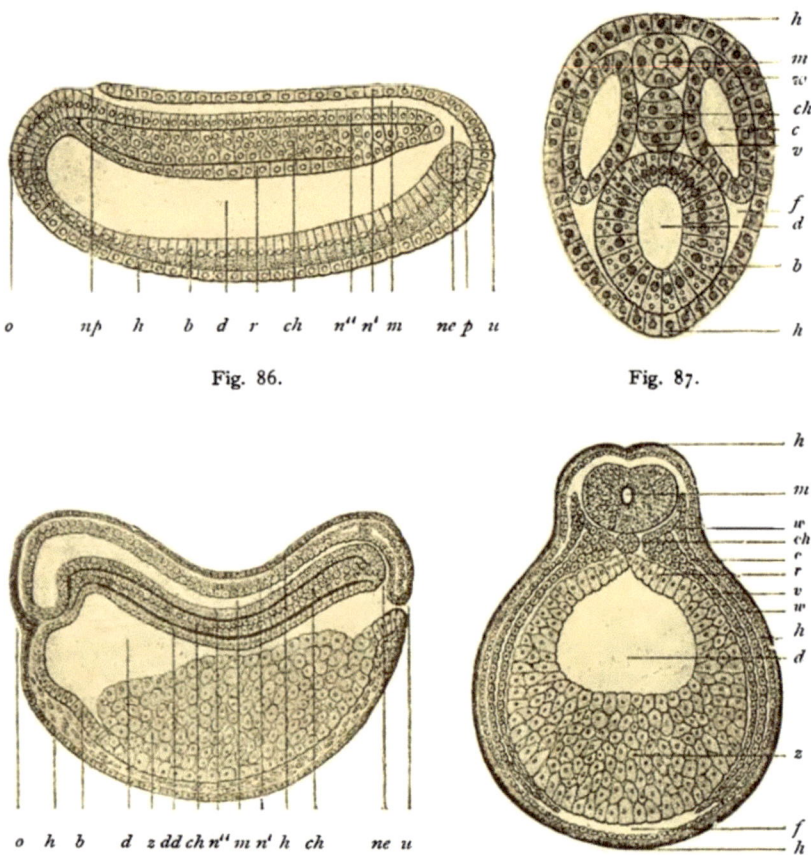

Fig. 86.   Fig. 87.

Fig. 88.   Fig. 89.

Fig. 86 und 87. **Chordula des Amphioxus.** Fig. 86 Medianer Längsschnitt (Ansicht von der linken Seite), Fig. 87 Querschnitt. Nach *Hatschek*. In Fig. 86 sind die Coelomtaschen weggelassen, um die Chorda deutlich zu zeigen. Fig. 87 ist etwas schematisch. *h* Hornplatte, *m* Markrohr, *n* dessen Wand, (*n'* dorsale, *n''* ventrale), *ch* Chorda, *np* Neuroporus, *ne* Canalis neurentericus, *d* Darmhöhle, *r* Darm-Rückenwand, *b* Darm-Bauchwand, *z* Dotterzellen in letzterer, *u* Urmund, *o* Mundgrube, *p* Promesoblasten (Urzellen oder Polzellen des Mesoderms), *w* Parietalblatt, *v* Visceralblatt des Mesoderms, *c* Coelom, *f* Rest der Furchungshöhle.

Fig. 88 und 89. **Chordula der Amphibien** (der Unke). Nach *Goette*. Fig. 88 Medianer Längsschnitt (Ansicht von der linken Seite), Fig. 89 Querschnitt (etwas schematisch). Buchstaben wie in Fig. 86 und 87.

Weise, wie bei den Chordonien, auch bei einer Anzahl von Wirbellosen, die keine Chorda besitzen (so z. B. *Sagitta*, Fig. 79—81).
Auch tritt beim Amphioxus die erste Anlage der Chorda später
auf als diejenige der Coelomsäcke. Wir dürfen daher zwischen
der Gastrula und der Chordula nach dem Biogenetischen Grundgesetze noch eine besondere Zwischenform annehmen, die wir
Coelomula nennen wollen, ein ungegliederter, wurmartiger Körper
mit Urdarm, Urmund und paariger Leibeshöhle, aber noch ohne
Chorda. Auch diese Keimform, die bilaterale C o e l o m u l a (Fig. 84),
kann als die ontogenetische (durch Vererbung erhaltene) Wiederholung einer uralten Stammform der Coelomarien angesehen werden,
der C o e l o m a e a (vergl. den XX. Vortrag).

Während die beiden Coelomtaschen (— vermutlich die G o -
n a d e n oder Geschlechtsdrüsen der C o e l o m a e a —) bei *Sagitta*
und anderen Helminthen durch eine vollständige mediane Scheidewand getrennt bleiben, durch das dorsale und ventrale Mesenterium
(Fig. 81 *dm* und *vm*, S. 242), bleibt dagegen bei den Wirbeltieren
nur der obere Teil dieser vertikalen Scheidewand erhalten und
bildet das dorsale Mesenterium. Dieses „G e k r ö s e" erscheint
später als eine dünne Membran, welche das Darmrohr an der
Chorda (oder an der Wirbelsäule) befestigt. Auf der unteren Seite
des Darmrohres dagegen fließen die beiden Coelomsäcke zusammen,
indem ihre inneren oder medialen Wände verschmelzen und durchbrochen werden. Die Leibeshöhle bildet dann einen einzigen einfachen Hohlraum, in welchem der Darm ganz frei liegt, nur durch
das Gekröse an der Rückenwand aufgehängt (vergl. Taf. IV, Fig. 5).

Die Entwickelung der Leibeshöhle und die Gestaltung der
Chordula bei den h ö h e r e n W i r b e l t i e r e n wird, ebenso wie
diejenige ihrer *Gastrula*, hauptsächlich dadurch abgeändert, daß
der mächtige Nahrungsdotter die Keimanlage zusammenpreßt und
ihren Rückenteil zu scheibenförmiger Ausbreitung zwingt. Diese
cenogenetischen Veränderungen sind anscheinend so bedeutend,
daß man bis vor dreißig Jahren ganz irrtümliche Anschauungen
über jene wichtigen Vorgänge festhielt. Fast allgemein glaubte
man, daß die Leibeshöhle des Menschen und der höheren Wirbeltiere durch S p a l t u n g eines einfachen Mittelblattes entstehe, und
daß dieses letztere durch Abspaltung aus einem oder aus beiden
primären Keimblättern hervorgehe. Erst durch die v e r g l e i c h e n d-
ontogenetischen Untersuchungen der Gebrüder *Hertwig* wurde auch
hier der richtige Weg gefunden. Sie zeigten in ihrer Coelomtheorie (1881), daß a l l e W i r b e l t i e r e e c h t e E n t e r o -

c o e l i e r sind, und daß überall ein paar Coelomtaschen aus dem
Urdarm durch F a l t u n g entstehen. Die cenogenetischen *Chordula*-
Formen der Schädeltiere müssen daher in ähnlicher Weise aus
der palingenetischen Keimform des Amphioxus abgeleitet werden,
wie ich das früher für ihre *Gastrula*-Formen nachgewiesen hatte.
Der Hauptunterschied in der Coelomation der A c r a n i e r
(*Amphioxus*) und der übrigen Wirbeltiere (C r a n i o t e n) besteht
darin, daß die paarigen Coelomausstülpungen des Urdarms bei
den ersteren von Anfang an als hohle, mit Flüssigkeit gefüllte
B l ä s c h e n auftreten, bei den letzteren hingegen als l e e r e
T a s c h e n, deren beide Blätter (inneres und äußeres) aneinander
liegen. Im gewöhnlichen Leben pflegt man eine Rocktasche immer
„T a s c h e" zu nennen, gleichviel ob sie voll oder leer ist. Anders
in der Ontogenie, in deren Literatur überhaupt die gewöhnliche
Logik des gesunden Menschenverstandes nur schwer zur Geltung
gelangt. Hier wird in vielen Lehrbüchern und umfangreichen Abhandlungen der Beweis geführt, daß Blasen, Taschen oder Säcke
nur dann ihren Namen verdienen, wenn sie aufgebläht und mit
klarer Flüssigkeit gefüllt sind. Wenn das nicht der Fall ist (z. B.
wenn der Urdarm der Gastrula mit Dotter erfüllt, oder wenn die
Wände der leeren Coelomtaschen aneinander gerückt sind), dann
sollen jene Blasen keine Hohlräume mehr sein, sondern eigentümliche „solide Anlagen".

Die Entwickelung des mächtigen N a h r u n g s -
d o t t e r s i n d e r B a u c h w a n d d e s U r d a r m s (Fig. 88, 89) ist
die einfache cenogenetische Ursache, welche die sackförmigen
„Coelom - T a s c h e n" der Acranier in die blattförmigen „Coelom-
S t r e i f e n" der Kranioten verwandelte. Um uns davon zu überzeugen, brauchen wir bloß mit *Hertwig* die palingenetische Coelomula des *Amphioxus* (Fig. 83, 84) mit der entsprechenden
cenogenetischen Keimform der Amphibien (Fig. 92—94) zu vergleichen. und das einfache Schema zu konstruieren, welches beide
verknüpft (Fig. 90, 91). Denken wir uns in dem Amphioxuskeim
(Fig. 82—87) die ventrale Hälfte der Urdarmwand durch Ansammlung von Nahrungsdotter ausgedehnt, so müssen dadurch die bläschenförmigen Coelomtaschen (*lh*) zusammengedrückt und genötigt werden,
sich in Gestalt dünner Doppelplatten zwischen Darmwand und
Leibeswand auszubreiten (Fig. 89, 90); diese Ausbreitung geschieht
sowohl in der Richtung nach unten als nach vorn. In unmittelbarem Zusammenhang stehen sie mit diesen beiden Wänden nicht.
Der wirkliche ununterbrochene Zusammenhang der beiden Mittel-

blätter mit den primären Keimblättern findet sich nur ganz hinten, in der Umgebung des Urmundes (Fig. 90 *u*). An dieser bedeutungsvollen Stelle befindet sich ja die K e i m u n g s q u e l l e („*Blastocrene*") oder „Wachstumszone", von welcher die Coelomation (ebenso wie die Gastrulation) ursprünglich ihren Ausgang nimmt.

An den Coelomulakeimen des Wassersalamanders (*Triton*) ist es *Hertwig* gelungen, zwischen den ersten Anlagen der beiden Mittelbänder selbst noch die Reste der Leibeshohlräume nachzuweisen, welche in der schematischen Uebergangsform (Fig. 90, 91)

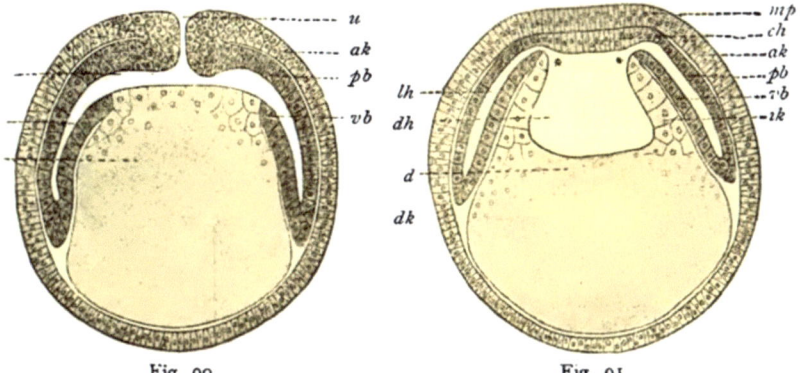

Fig. 90.   Fig. 91.

Fig. 90 und 91. **Schematische Querschnitte durch Coelomula-Keime von Wirbeltieren.** Nach *Hertwig*. Fig. 90 Querschnitt d u r c h den Urmund, Fig. 91 Querschnitt v o r dem Urmund. *u* Urmund, *ud* Urdarm, *d* Dotter, *dk* Dotterkerne, *dh* Darmhöhle, *lh* Leibeshöhle, *mp* Medullarplatte, *ch* Chordaplatte, *ak*, *ik* äußeres und inneres Keimblatt, *pb* parietaler, *vb* visceraler Mesoblast.

vorausgesetzt wurden. Sowohl auf Querschnitten durch den Urmund selbst (Fig. 92) als vor demselben (Fig. 93), weichen die beiden Mittelblätter (*pb* und *vb*) streckenweise auseinander und lassen die paarigen Leibeshöhlen als schmale Spalträume erkennen. Am Urmunde selbst (Fig. 93 *u*) kann man durch diesen von außen in sie hineingelangen. Nur hier am Urmundrande ist der unmittelbare Uebergang der beiden Mittelblätter in die beiden Grenzblätter oder primären Keimblätter nachweisbar.

Auch die Anlage der C h o r d a zeigt bei diesen Coelomulakeimen der Amphibien (Fig. 94) genau dieselben Verhältnisse wie beim Amphioxus (Fig. 82—85). Sie entsteht aus dem entodermalen Zellenstreifen, welcher die mediane Rückenlinie des Urdarmes bildet und den Raum zwischen den beiden flachen Coelomtaschen einnimmt (Fig. 94 *A*). Während sich hier in der Mittellinie des Rückens

das Nervenzentrum anlegt und als „Medullarrohr" vom Ektoderm
abschnürt, erfolgt gleichzeitig, unmittelbar darunter, die Abschnürung
der Chorda vom Entoderm (Fig. 94 *A, B, C*). Unterhalb der
Chorda bildet sich (aus der ventralen Entodermhälfte der Gastrula)
der **Dauerdarm** oder die bleibende Darmhöhle (*Enteron*)
(Fig. 94 *B, dh*). Das geschieht dadurch, daß die beiden dorsalen,

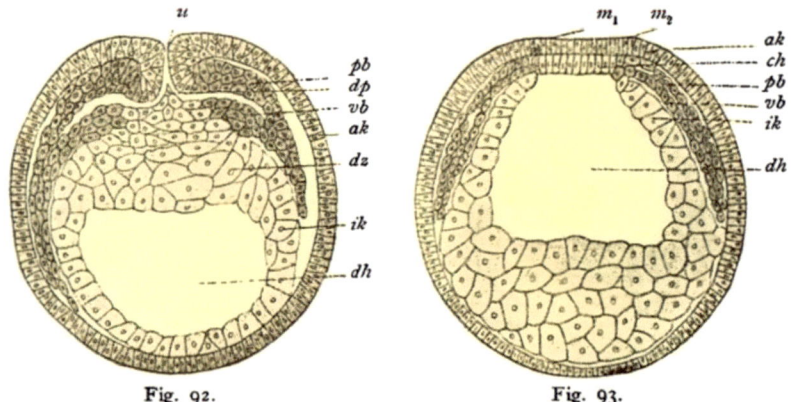

Fig. 92.   Fig. 93.

Fig. 92 und 93. **Querschnitte durch Coelomulakeime von Triton.**
Nach *Hertwig*. Fig. 92 Querschnitt **durch** den Urmund, Fig. 93 Querschnitt **vor**
dem Urmund. *u* Urmund, *dh* Darmhöhle, *dz* Dotterzellen, *dp* Dotterpfropf, *ak* äußeres,
ik inneres Keimblatt, *pb* parietales, *vb* viscerales Mittelblatt, *m* Markplatte, *ch* Chorda.

ursprünglich durch die Chordaplatte (Fig. 94 *A, ch*) getrennten Seiten-
ränder des Darmdrüsenblattes (*ik*) unterhalb der Chorda in der
Mittellinie zusammenwachsen und nunmehr für sich allein die Auskleidung der Darmhöhle (*dh*) bilden (Enteroderm, Fig. 94 *C*). Alle
diese wichtigen Veränderungen vollziehen sich zuerst vorn im Kopfteile des Keimes und schreiten von da nach hinten fort; hier am
hinteren Ende bildet die Umgebung des Urmundes, der bedeutungsvolle **Urmundrand** (das *Properistoma*) noch lange die Keimungsquelle (*Blastocrene*) oder die Neubildungszone für weitere Entwickelung des hinten fortwachsenden Körpers.

Man braucht nur aufmerksam die vorstehenden Figuren (88—94)
vergleichend zu betrachten, um sich zu überzeugen, daß in der
Tat die cenogenetische Coelomation der Amphibien von der palingenetischen Form der Acranier (Fig 82—87) direkt sich ableiten
läßt. Mit Recht konnte daher *Hertwig* auf Grund jener Vergleichung den folgenden wichtigen Satz aufstellen: „Schluß des
bleibenden Darms an der Rückenseite, Abschnürung der beiden

Leibessäcke vom inneren Keimblatt und Entstehung der Chorda dorsalis sind somit bei den Amphibien wie beim Amphioxus Prozesse, die auf das innigste ineinander greifen. Auch hier beginnt die Abschnürung der genannten Teile am Kopfende des Embryo und schreitet langsam nach hinten fort, wo noch lange

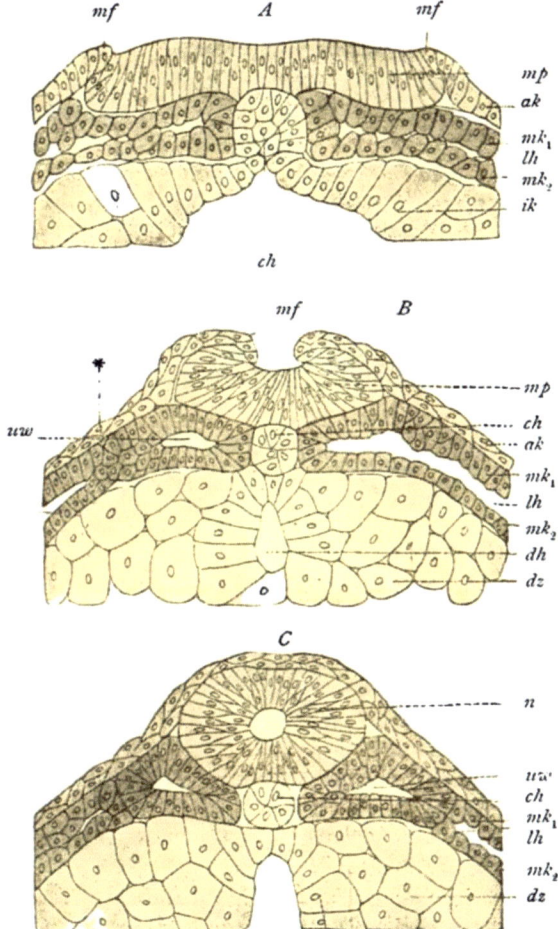

Fig. 94 *A, B, C.* **Querschnitte durch den Rückenteil von drei Tritonkeimen.** Nach *Hertwig.* In Fig. *A* beginnen die Medullarwülste (die parallelen Ränder der Markplatte) sich zu erheben; in Fig. *B* wachsen sie gegen einander; in Fig. *C* sind sie vereinigt und bilden das Medullarrohr. *mp* Medullarplatte, *mf* Medullarfalten, *n* Nervenrohr, *ch* Chorda, *lh* Leibeshöhle, *mk*₁, *mk*₂ parietaler und visceraler Mesoblast, *uw* Ursegmenthöhlen, *ak* Ektoderm, *ik* Entoderm, *dz* Dotterzellen, *dh* Darmhöhle.

Zeit eine Neubildungszone bestehen bleibt, durch deren Vermittelung das Längenwachstum des Körpers bewirkt wird."

Derselbe Satz gilt nun aber auch für die A m n i o t e n, die drei höheren Wirbeltierklassen, obgleich hier durch die kolossale Ausbildung des Nahrungsdotters und die entsprechend stärkere Abplattung der Keimscheibe die Vorgänge der Coelomation noch mehr abgeändert und viel schwieriger zu erkennen sind. Da jedoch die ganze Gruppe der Amnioten erst in verhältnismäßig später Zeit aus der Klasse der Amphibien sich entwickelt hat, muß auch die Coelombildung der ersteren von derjenigen der letzteren direkt abzuleiten sein. In der Tat ist das auch der Fall; selbst schon aus älteren, ganz objektiven Darstellungen läßt sich erraten, daß auch hier die wesentlichen Verhältnisse dieselben bleiben. So bildete *Kölliker* schon vor fünfzig Jahren in der ersten Auflage seiner

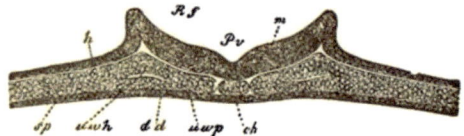

Fig. 95. **Querschnitt durch den Chordulakeim eines Vogels** (von einem Hühnerei am Ende des ersten Tages der Bebrütung). Nach *Kölliker*. *h* Hornplatte (Ektoderm), *m* Medullarplatte, *Rf* Rückenfalten derselben, *Pv* Markfurche, *ch* Chorda, *uwp* medialer (innerer) Teil der Mittelblätter (Medialrand der Coelomtaschen), *sp* lateraler (äußerer) Teil derselben oder Seitenplatten, *uwh* Anlage der Leibeshöhlen, *dd* Darmdrüsenblatt.

„Entwickelungsgeschichte des Menschen" (1861, S. 47) einige Querschnitte des Hühnerkeimes ab, deren Verhältnisse sich ohne weiteres auf die vorher geschilderten zurückführen und im Sinne von *Hertwigs* Coelomtheorie deuten lassen. Ein Querschnitt durch den Keim des bebrüteten Hühnereies gegen Ende des ersten Brütetages zeigt in der Mittellinie der Rückenfläche eine breite ektodermale Medullarrinne (Fig. 95 *Rf*), unterhalb deren Mitte die Chorda (*ch*) und zu beiden Seiten derselben ein paar breite Mesodermblätter (*sp*). Diese enthalten einen engen Spaltraum (*uwh*), der nichts anderes ist als die Anlage der Leibeshöhle. Die beiden Blätter, welche diese einschließen, das obere Parietalblatt (*hpl*) und das untere Visceralblatt (*df*), sind nach außen hin aufeinander gepreßt, aber deutlich unterscheidbar. Noch klarer wird dies etwas später, wenn die Medullarfurche bereits zum Nervenrohr geschlossen ist (Fig. 96 *mr*). Durch eine Längsfalte ist hier das Mesoderm bereits in zwei Abschnitte jederseits zerfallen, eine innere (mediale) Ursegmentplatte (*uw*) und eine äußere (laterale) Seitenplatte; sowohl in der ersteren (*uwh*) als in der letzteren (*mp*) ist der enge Coelomspalt sichtbar. Derselbe erweitert sich später zur sekundären Leibeshöhle, indem das parietale Hautfaserblatt (*hpl*) und das viscerale Darmfaserblatt (*df*) auseinanderweichen.

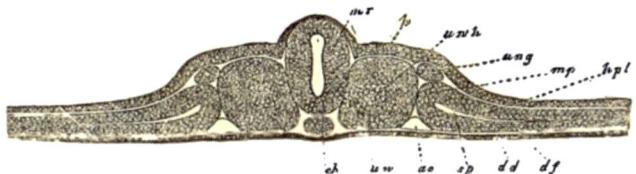

Fig. 96. **Querschnitt durch den Vertebrellakeim des Vogels** (von einem Hühnerei am zweiten Brütetage). Nach *Kölliker*. *h* Hornplatte, *mr* Medullarrohr, *ch* Chorda, *uw* Ursegmente, *uwh* Ursegmenthöhle (medialer Coelomrest), *sp* Laterale Coelomspalte, *hpl* Hautfaserblatt, *df* Darmfaserblatt, *ung* Urnierengang, *ao* Primitive Aorten, *dd* Darmdrüsenblatt.

Von besonderer Wichtigkeit ist dabei die Tatsache, daß die vier sekundären Keimblätter auch hier bereits scharf geschieden und leicht voneinander zu trennen sind. Nur in einem ganz beschränkten Bezirke hängen dieselben eng zusammen und gehen tatsächlich ineinander über; und das ist der Bezirk des U r m u n d e s, welcher bei den Amnioten zu einer dorsalen Längsspalte, der

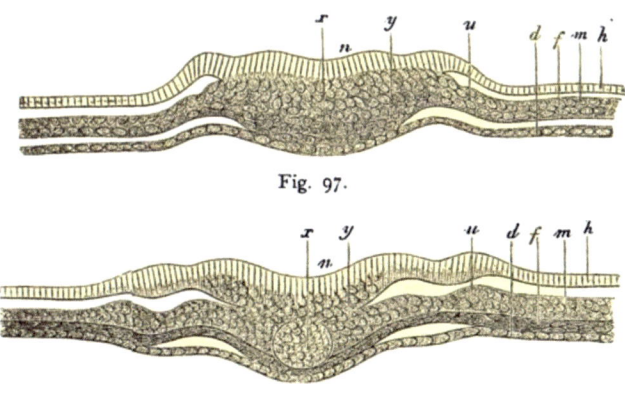

Fig. 97.

Fig. 98.

Fig. 97 und 98. **Querschnitt durch den Primitivstreif (Urmund) des Hühnchens**; Fig. 97 wenige Stunden nach Beginn der Bebrütung, Fig. 98 etwas später (nach *Waldeyer*). *h* Hornplatte, *n* Nervenplatte, *m* Hautfaserblatt, *f* Darmfaserblatt, *d* Darmdrüsenblatt, *y* Primitivstreif oder Achsenplatte, in welcher alle vier Keimblätter zusammenhängen, *x* Anlage der Chorda, *u* Gegend der späteren Urnierenanlage.

Primitivrinne, ausgezogen ist. Die beiden seitlichen Lippen-
ränder derselben bilden den Primitivstreif, der schon längst
als die wichtigste Keimungsquelle und der Ausgangspunkt weiterer
Prozesse erkannt ist (die „Achsenplatte" von *Remak*). Querschnitte
durch diesen Primitivstreif (Fig. 97 und 98) zeigen uns, daß schon
sehr frühzeitig (bei der Discogastrula des Hühnchens schon wenige
Stunden nach der Bebrütung) die beiden primären Keimblätter im
Primitivstreif (*x*) verwachsen, und daß von dieser verdickten
Achsenplatte aus (*y*) die beiden Mittelblätter rechts und links
zwischen die ersteren hineinwachsen. Die beiden Lamellen der
Coelomblätter, das parietale Hautfaserblatt (*m*) und das viscerale
Darmfaserblatt (*f*), erscheinen noch dicht aufeinander gepreßt und

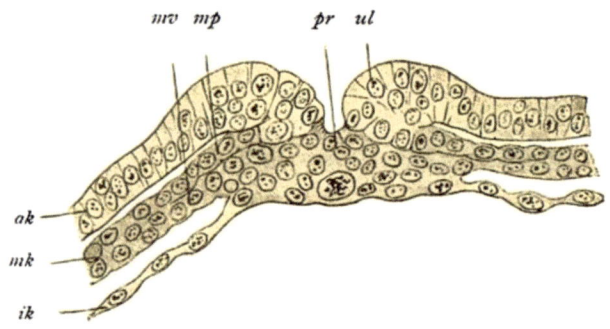

Fig. 99. **Querschnitt durch die Primitivrinne (oder den Urmund)
eines Kaninchens.** Nach *Van Beneden. pr* Urmund, *ul* Urmundlippen (Primitivfalten), *ak* und *ik* äußeres und inneres Keimblatt, *mk* mittleres Keimblatt, *mp* Parietalblatt, *mv* Visceralblatt des Mesoblasten

weichen erst später auseinander, um die Leibeshöhle zu bilden.
Zwischen den inneren (medialen) Rändern der beiden platten
Coelomtaschen liegt die Chorda (Fig. 98 *x*), welche auch hier
aus der Mittellinie der Rückenwand des Urdarms hervorgeht.

Ganz ebenso wie die Coelomation der Vögel und Reptilien
verhält sich auch diejenige der Säugetiere. Das ist von vornherein zu erwarten, da ja auch die eigentümliche Gastrulation der
Säugetiere phylogenetisch aus derjenigen der Reptilien hervorgegangen ist. Hier wie dort entsteht aus dem gefurchten Ei eine
Discogastrula mit Primitivstreif, eine zweiblätterige Keimscheibe
mit langem und schmalem, hinterem Urmund (vergl. S. 219).
Auch hier stehen die beiden primären Keimblätter nur in der Ausdehnung des Primitivstreifs (an der Invaginationsstelle der Blastula)
in unmittelbarem Zusammenhang (Fig. 99 *pr*), und von dieser

Stelle aus (vom Properistom oder Urmundrande) wachsen rechts und links die beiden Mittelblätter *(mk)* zwischen die ersteren hinein. An der schönen Abbildung, welche *Van Beneden* von der Coelomula des Kaninchens gegeben hat (Fig. 99), kann man zugleich sehr deutlich sehen, daß jedes der vier sekundären Keimblätter bloß aus einer einzigen Zellenschicht besteht.

Als eine Tatsache, welche für unsere Anthropogenie die größte Bedeutung und ein hohes allgemeines Interesse besitzt, müssen wir schließlich hervorheben, daß auch die vierblätterige C o e l o m u l a d e s M e n s c h e n ganz dieselbe Bildung wie diejenige des Kaninchens (Fig. 99) besitzt. Ein Querschnitt, welchen Graf *Spee* durch den Urmund oder Primitivstreif einer sehr jungen menschlichen Keimscheibe geliefert hat (Fig. 100), zeigt uns ganz deutlich, daß auch hier die vier sekundären Keimblätter nur im Primitivstreifen

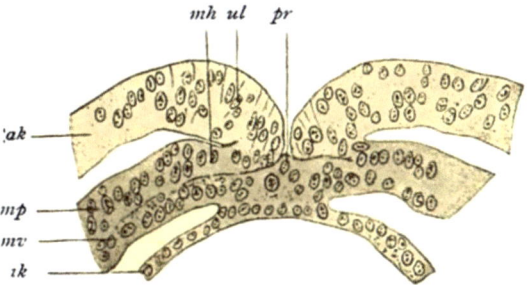

Fig. 100. **Quer-schnitt durch den Urmund (oder die Primitivrinne) eines Menschen** (im Coelomulastadium). Nach Graf *Spee. pr* Urmund, *ul* Urmundlippen (Primitivfalten), *ak* und *ik* äußeres und inneres Keimblatt, *mk* mittleres Keimblatt, *mp* Parietalblatt, *mv* Visceralblatt des Mesoblasten.

untrennbar zusammenhängen, und daß auch hier die plattgedrückten paarigen Coelomtaschen *(mk)* rechts und links vom Urmunde *(pr)* zwischen das äußere *(ak)* und das innere Keimblatt *(ik)* zentrifugul hineinwachsen.   Auch hier besteht das mittlere Keimblatt von Anfang an aus zwei getrennten Zellenschichten, aus dem parietalen *(mp)* und dem visceralen Mesoblasten *(mv)*.

Durch diese übereinstimmenden Ergebnisse der besten neueren Untersuchungen (die noch durch zahlreiche einzelne Beobachtungen vieler, hier nicht erwähnter Forscher bestätigt werden) ist die E i n - h e i t d e s W i'r b e l t i e r s t a m'm e s auch in der C o e l o m a t i o n, ebenso wie in der G a s t r u l a t i o n, erwiesen.   Hier wie dort erscheint der unschätzbare Amphioxus — der einzige lebende Ueberrest der] Acranier — als das ursprüngliche reine Urbild, welches diese wichtigsten Keimungsvorgänge uns in palingenetischer Form durch zähe Vererbung bis heute getreu konserviert hat.   Aus diesem primären Bildungstypus lassen sich alle die verschiedenen

Keimungsformen der übrigen Wirbeltiere, der Cranioten, durch sekundäre Abänderungen cenogenetisch ableiten. Die von mir behauptete allgemeine Entstehung der Gastrula durch Einstülpung der Blastula ist nunmehr für alle Wirbeltiere klar erwiesen; in gleicher Weise aber auch die von *Hertwig* behauptete Entstehung der mittleren Keimblätter durch Einstülpung von ein paar Coelomtaschen, die vom Urmundrande ausgehen. Wie die Gastraeatheorie die Entstehung und die Homologie der zwei primären Keimblätter, so erklärt die Coelomtheorie diejenige der vier sekundären Keimblätter. Immer ist die Ursprungsstätte derselben das „P r o p e r i s t o m a", der ursprüngliche U r m u n d r a n d d e r   G a s t r u l a, an welchem die beiden primären Keimblätter unmittelbar ineinander gehen.

Außerdem ist aber die *Coelomula* deshalb höchst wichtig, weil unmittelbar daraus die *Chordula* hervorgeht, die ontogenetische Wiederholung jener uralten, typischen, ungegliederten Vermalienform, welche zwischen dorsalem Nervenrohr und ventralem Darmrohr eine axiale Chorda besitzt. Diese bedeutungsvolle Chordula (Fig. 86—89) liefert uns einen wertvollen Stützpunkt für unsere Phylogenie; denn sie bezeichnet das wichtige Moment unserer Stammesgeschichte, in welchem sich der Stamm der C h o r d o n i e n (Manteltiere und Wirbeltiere) von den divergierenden übrigen Stämmen der M e t a z o e n (Gliedertieren, Sterntieren, Weichtieren) für immer trennte.

Als C h o r d a e a t h e o r i e hebe ich hier meine Ansicht hervor, daß die charakteristische *Chordula*-Larve der Chordatiere wirklich diese hohe p a l i n g e n e t i s c h e Bedeutung besitzt; sie ist die typische, durch Vererbung erhaltene Wiederholung der uralten gemeinsamen Stammform aller Wirbeltiere und Manteltiere, der längst ausgestorbenen C h o r d a e a. Wir werden auf diese Vermalien-Ahnen, die in der dunkeln Stammesgeschichte der wirbellosen Vorfahren unseres Geschlechtes als strahlende Leuchten hervortreten, im zwanzigsten Vortrage eingehend zurückkommen. (Vergl. hierzu die achte und neunte Tabelle, S. 258, 259, über die sechs Fundamentalorgane und deren Funktionen in der Chordaea.)

Siebente Tabelle.

Uebersicht über die Namen der Keimblätter. Schichtenbau.
(Synonyme der vier sekundären Keimblätter.)

I. Ektoderma.	II. Mesoderma.		III. Entoderma.
Aeußeres Keimblatt.	Mittleres Keimbatt.		Inneres Keimblatt.
Epiblast.	Mesoblast.		Hypoblast.
Ektoblastus.	**Mesoblastus.**		**Endoblastus.**
Sensorisches Blatt (Empfindungsschicht).	Motorisch-germinatives Blatt (Bewegungsschicht und Zeugungsschicht).		Trophisches Blatt (Ernährungsschicht).
Ektoblast.	**Mesoblast und Mesenchym.**		**Endoblast.**
Sinnesblatt.	Muskelblatt	Gefäßblatt.	Schleimblatt.
Neuralblatt.	**Parietalblatt.**	**Visceralblatt.**	**Enteralblatt.**
Aeußeres Grenzblatt.	Aeußeres Mittelblatt.	Inneres Mittelblatt.	Inneres Grenzblatt.
Methorium externum.	*Fibrosum externum.*	*Fibrosum internum.*	*Methorium internum.*
Animales Deckenblatt.	Animales Faserblatt.	Vegetales Faserblatt.	Vegetales Deckenblatt.
Neuroblast.	**Myoblast.**	**Gonoblast.**	**Enteroblast.**
Lamina neurodermalis.	*Lamina inodermalis.*	*Lamina inogastralis.*	*Lamina endogastralis*
Hautsinnesblatt.	Hautfaserblatt.	Darmfaserblatt.	Darmdrüsenblatt.
(Hauptprodukte: Sinneszellen und Nerven; Oberhaut).	(Hauptprodukte: Muskelzellen und Skelett; Lederhaut).	(Hauptprodukte: Geschlechtszellen und Gefäßhaut).	(Hauptprodukte: Drüsenzellen und Darmepithel; Schleimhaut).
Hautschicht.	Fleischschicht.	Gefäßschicht.	Schleimschicht.
Epidermis.	*Myodermis.*	*Haemodermis.*	*Gastrodermis.*
Leibeswand. Somatopleura. Animales Doppelblatt.		**Darmwand.** Splanchnopleura. Vegetales Doppelblatt.	

Achte Tabelle.

Uebersicht über Ursprung und Funktion der sechs Fundamental-
Organe der Chordula (— phyletisch: Chordaea).

N. B. Diese achte und die folgende neunte Tabelle sollen zur Erläuterung
meiner Chordaeatheorie dienen und eine klare Uebersicht über die ursprünglichen
anatomischen und physiologischen Eigenschaften der *Chordaea* geben, sowie über die
palingenetische Beziehung dieser uralten präsilurischen Stammform zu den entsprechenden
Keimformen des Menschen.

Primäre Keimstätte der Primitiv-Organe.	Sekundäre Keimstätte der Primitiv-Organe.	Sechs primitive Organe der Chordaea.	Sechs primitive Lebenstätigkeiten der Chordaea.
Blastophylle Keimblätter.	**Blastoplatten** Keimplatten.	**Morphologische** Urorgane.	**Physiologische** Urfunktionen.
I. Ektoderm (*Epiblast*). Aeußeres Keimblatt.	1. **Cerablast** Hornblatt (*Protektives Blatt*).	1. **Epidermis** Oberhaut und ihre Anhänge.	1. **Protektion** Deckung.
	2. **Neuroblast** Nervenblatt (*Sensitives Blatt*).	2. **Medullarrohr** Nervensystem und Sinnesepithelien.	2. **Sensation** Empfindung.
II. Mesoderm (*Mesoblast*). Mittleres Keimblatt.	3. **Myoblast** Fleischblatt (*Motorisches Blatt*).	3. **Muskelblatt** Muskelsystem (Fleischmasse).	3. **Motion** Bewegung.
	4. **Gonoblast** Zeugungsblatt (*Germinatives Blatt*).	4. **Geschlechtsblatt** Sexualsystem (Gonaden: Ovarien und Spermarien)	4. **Propagation** Fortpflanzung.
III. Entoderm (*Hypoblast*). Inneres Keimblatt.	5. **Chordablast** Chordablatt (*Fulkratives Blatt*).	5. **Chorda** Achsenstab als Centralstütze.	5. **Fulkration** Stützung.
	6. **Enteroblast** Darmdrüsenblatt (*Nutritives Blatt*).	6. **Gastrodermis** Epithelien des Darms und der Darmdrüsen.	6. **Nutrition** Ernährung.

Neunte Tabelle.

Uebersicht über die sechs Fundamentalorgane (A) und die drei Körperhöhlen (B) der Chordula, und ihre Entstehung aus den Keimblättern.

A. Die Fundamentalorgane der Chordula.

Die beiden primären Keimblätter	Sonderung der vier sekundären Keimblätter.	Sechs primitive Embryonalplatten.	Produkte der Keimplatten beim Menschen.
I. Primitive **Urdecke.** Epithel des äußeren oder oberen Keimblattes: **Ektoderm** oder Ektoblast (animales Blatt). **Epiblast**	1. Oberhaut der Chordula (= Ektoderm der Chordaea).	1. Cerablast. Hornplatte (Decken-Ektoblast).	1. Oberhaut, Haare, Nägel.
	2. Dorsaler Medianteil der Oberhaut.	2. Neuroblast. Markplatte (Nervenplatte). Nerven-Ektoblast.	2. Gehirn, Rückenmark, Sinneszellen.
II. Primitiver **Urdarm.** Epithel des inneren oder unteren Keimblattes: **Entoderm** oder Endoblast (vegetales Blatt) **Hypoblast.**	3. und 4. Die beiden Blätter der Coelomtaschen (äußere und innere Lamelle). Paarige Seitenteile der Rückenwand des Urdarms.	3. Parietal-Mesoblast (äußeres Blatt der Coelomtaschen). Muskelplatte.	3. Muskel-System, Skelett-System, Lederhaut.
		4. Visceral-Mesoblast (inneres Blatt der Coelomtaschen). Gefäßplatte.	4. Geschlechts-Drüsen, Gefäß-System, Herz, Blut.
	5. Medianteil der Rückenwand des Urdarms.	5. Chordablast (Chordaplatte) (Achsen-Endoblast).	5. Chorda-Rest (Rudiment) in der Wirbelsäule.
	6. Bauchwand des Urdarms.	6. Enteroblast (Drüsen-Endoblast) (Darm-Epithel).	6. Epithel von Darm, Lunge, Leber u. s. w.

B. Primäre Höhlen im Leibe der Chordula.

I. **Animale Höhle.**	Wand gebildet von **Ektoderm-**Epithelien.	1. Unpaares Nervenrohr.	1. Höhle des Nervenrohrs. **Medullarkanal.**
II. **Vegetale Höhlen.**	Wände gebildet von **Entoderm-**Epithelien.	2a und 2b. Paarige Coelomtaschen.	2a und 2b. Rechte und linke Leibeshöhle. **Coeloma.**
		3. Unpaares Darmrohr.	3. Höhle des Dauerdarms. **Gastrocoel.**

Zehnte Tabelle.

Uebersicht über die vier Hauptgruppen der Metazoen, welche nach der Zahl der Keimblätter unterschieden werden können.

Keimgruppen.	Keimblätter.	Keimformen.	Tierklassen.
I. Einblättrige Tiere. **Monoblastica** (ohne Urdarm).	1. **Blastoderma** (Keimhaut).	**Blastula.** Blasenlarve (mit Keimhöhle oder Blastocoel).	Blastaeaden (Volvocina, Catallacta, Magosphaera).
II. Zweiblättrige Tiere. **Diploblastica** (mit Urdarm).	1. **Ektoderma** (Epiblastus). 2. **Entoderma** (Hypoblastus).	**Gastrula.** Becherlarve (mit Urdarmhöhle und Urmund; Progaster und Prostoma).	Gastraeaden (Pemmatodiscus, Olynthus, Hydra. Die niederen Coelenterien).
III. Dreiblättrige Tiere. **Triploblastica** (mit Darmhöhle — Gastrokanalsystem, — stets ohne After, ohne Leibeshöhle).	1. **Ektoderma** Hautblatt. 2. **Mesoderma** (in Form von Mesenchym) Mittelblatt. 3. **Entoderma** Darmblatt.	**Mesomula.** Massenlarve oder Embryo mit massivem Mesenchym zwischen den beiden primären Keimblättern.	Die meisten Coelenterien (Spongien, Acraspeden, Korallen, Ctenophoren, Platoden). Niederste Coelomarien.
IV. Vierblättrige Tiere. **Tetrablastica** (mit Darmhöhle und mit Leibeshöhle; meistens mit After und mit Blutgefäßen).	1. **Neuralblatt** Hautsinnesblatt Neuroblast. 2. **Parietalblatt** Hautfaserblatt Myoblast. 3. **Visceralblatt** Darmfaserblatt Gonoblast. 4. **Enteralblatt** Darmdrüsenblatt Enteroblast.	**Coelomula.** Taschenlarve oder Embryo mit Darmhöhle und Leibeshöhle. Darmwand aus den beiden inneren Blättern (Darmblättern) gebildet, Leibeswand aus den beiden äußeren (Hautblättern).	Die meisten Coelomarien: Vermalia (große Mehrzahl). Mollusca, Echinoderma, Articulata (Annelides, Crustacea, Tracheata). Tunicata, Vertebrata, (Acrania, Craniota).

Elfter Vortrag.

Die Wirbeltiernatur des Menschen.

„Erkenne Dich selbst! Das ist der Quell aller Weisheit, sagten große Denker der Vorzeit, und man grub den Satz mit goldenen Buchstaben in die Tempel der Götter. Sich selbst zu erkennen, erklärte Linné für den wesentlichen, unbestreitbaren Vorzug des Menschen vor allen übrigen Geschöpfen. In der Tat weiß ich keine Untersuchung, welche des freien und denkenden Menschen würdiger wäre, als die Erforschung seiner selbst. Denn fragen wir uns nach dem Zwecke unseres Daseins, so werden wir ihn unmöglich' außer uns setzen können. Für uns selbst sind wir da!"'

Karl Ernst Baer (1824).

Stammeseinheit der Wirbeltiere. Wesentlicher Charakter der Vertebratenstruktur. Amphioxus und Prospondylus, Urwirbeltiere. Chorda als zentrales Axenskelett. Animaler Rückenleib mit Nervenrohr. Vegetaler Bauchleib mit Darmrohr. Kopfhälfte mit Gehirn und Kiemendarm. Rumpfhälfte mit Rückenmark und Leberdarm. Monophyletische Descendenz der Säugetiere. Ueberzählige Milchdrüsen. Gynäkomastie.

Inhalt des elften Vortrages.

Die Bundesgenossenschaft der vergleichenden Anatomie und Ontogenie. Stellung des Menschen im zoologischen System. Die Typen oder Stämme des Tierreichs. Die phylogenetischen Beziehungen der zwölf Tierstämme. Protozoen und Metazoen. Coelenterien und Coelomarien. Die Einheit des Wirbeltierstammes, mit Inbegriff des Menschen. Wesentliche Charakterzüge der Vertebraten. Amphioxus und das hypothetische Urwirbeltier (Prospondylus). Scheidung des einfachen bilateralen Körpers in Kopf und Rumpf. Achsenstab oder Chorda. Die Antimeren oder symmetrischen Körperhälften. Medullarrohr oder Nervenrohr (Gehirn und Rückenmark). Drei Paar Sinnesorgane (Nasen, Augen, Ohren). Chordascheide (Perichorda). Muskulatur. Lederhaut. Oberhaut. Leibeshöhle. Darmkanal. Kiemendarm in der Kopfhälfte; Leberdarm in der Rumpfhälfte. Kiemen und Lungen. Magen und Dünndarm. Leber. Blutgefäße und Herz. Vornieren (Pronephridien). Segmentale Geschlechtsorgane (Gonaden). Metamerie oder Gliederung der Wirbeltiere. Monophyletische Abstammung der Wirbeltiere, und ebenso der Säugetiere. Der Milchapparat der Mammalien. Ueberzählige Milchdrüsen und Brustwarzen. Hypermastie und Hyperthelie. Gynäkomastie (große milchliefernde Brustdrüsen beim männlichen Geschlecht). Scheinbare Zwitterbildung (Hermaphrodismus).

Literatur:

Johannes Müller, *1833. Handbuch der Physiologie des Menschen. (4. Aufl. 1844.)*

Derselbe, *1835—1843. Vergleichende Anatomie der Myxinoiden. Berlin.*

Carl Gegenbaur, *1874. Grundriß der vergleichenden Anatomie. (2. Aufl. 1878.)*

Derselbe *1898 u. 1901. Vergleichende Anatomie der Wirbeltiere mit Berücksichtigung der Wirbellosen. 2 Bände. Leipzig.*

Thomas Huxley, *1863. Die Stellung des Menschen in der Natur. Leipzig.*

Derselbe, *1873. Handbuch der Anatomie der Wirbeltiere. Breslau.*

Carl Gegenbaur, *1883. Lehrbuch der Anatomie des Menschen. (7. Aufl. 1899.)*

Derselbe, *Morphologisches Jahrbuch. 40 Bände, 1876—1909. Leipzig.*

Richard Semon, *1894—1909. Zoologische Forschungsreisen in Australien und dem Malayischen Archipel. 5 Bände. Jena.*

Robert Wiedersheim, *1884. Vergleichende Anatomie der Wirbeltiere. (7. Aufl. 1909.) Jena.*

Derselbe, *1887. Der Bau des Menschen als Zeugnis für seine Vergangenheit. 4. vermehrte Aufl. 1906. Tübingen.*

Enrico Morselli, *1888. Antropologia generale. L'uomo secondo la teoria dell'evoluzione. Torino.*

Ludwig Hopf, *1907. Das Spezifisch-Menschliche in anatomischer, physiologischer und pathologischer Beziehung. Stuttgart.*

Max Verworn, *1894. Lehrbuch der Physiologie. 5. Aufl. 1908. Jena.*

Ernst Haeckel, *1895. Systematische Phylogenie der Wirbeltiere. Berlin.*

XI.

Meine Herren!

Auf dem labyrinthisch verschlungenen Wege unserer individuellen Entwickelungsgeschichte haben wir jetzt bereits mehrere feste Stützpunkte durch die Erkenntnis jener bedeutungsvollen Keimformen gewonnen, die wir als Cytula, Morula, Blastula, Gastrula, Coelomula, Chordula unterschieden haben. Vor uns liegt aber nunmehr die schwierige Aufgabe, die komplizierte Gestalt des menschlichen Körpers mit allen seinen verschiedenen Teilen, Organen, Gliedern u. s. w. aus der Gestalt der einfachen C h o r d u l a abzuleiten. Die Entstehung dieser vierblätterigen Keimform aus der zweiblätterigen G a s t r u l a haben wir bereits früher betrachtet. Die beiden primären Keimblätter, welche den ganzen Körper der Gastrula bilden, und die beiden, zwischen ihnen entwickelten Mittelblätter der Coelomula sind die vier einfachen Zellschichten oder Epithelien, aus denen allein sich die verwickelte Gestalt des ausgebildeten menschlichen und tierischen Körpers aufbaut. Die Erkenntnis dieses Aufbaues ist so schwierig, daß wir uns zunächst nach einer Bundesgenossin umsehen wollen, die uns über viele Hindernisse hinweghelfen wird.

Diese mächtige Bundesgenossin ist die Wissenschaft der v e r - g l e i c h e n d e n A n a t o m i e. Sie hat die Aufgabe, durch Vergleichung der ausgebildeten Körperformen bei den verschiedenen Tiergruppen die allgemeinen Gesetze der Organisation zu erkennen, nach denen der Tierkörper sich aufbaut; zugleich soll sie durch kritische Abschätzung des Unterschiedsgrades zwischen den verschiedenen Tierklassen und den größeren Tiergruppen die systematischen Verwandtschafts-Verhältnisse derselben feststellen. Während man früher diese Aufgabe in einem teleologischen Sinne auffaßte und in der tatsächlich bestehenden zweckmäßigen Organisation der Tiere nach einem vorbedachten „Bauplane" des Schöpfers suchte, hat sich neuerdings durch Feststellung der

Descendenztheorie die vergleichende Anatomie viel mehr vertieft; ihre philosophische Aufgabe hat sich dahin gesteigert, die Verschiedenheit der organischen Formen durch die Anpassung, ihre Aehnlichkeit durch die Vererbung zu erklären. Zugleich soll sie in der stufenweise verschiedenen Formverwandtschaft den verschiedenen Grad der Blutsverwandtschaft zu erkennen, und den Stammbaum des Tierreiches annähernd zu ergründen suchen. Die vergleichende Anatomie ist hierdurch in die innigste Verbindung einerseits mit der vergleichenden Ontogenie, andererseits mit der Systematik der organischen Körper getreten.

Wenn wir nun fragen, welche Stellung der Mensch unter den übrigen Organismen nach den neuesten Errungenschaften der vergleichenden Anatomie und Systematik einnimmt, wie sich die Stellung des Menschen im zoologischen Systeme durch Vergleichung der entwickelten Körperformen gestaltet, so erhalten wir darauf eine ganz bestimmte und bedeutungsvolle Antwort; und diese Antwort gibt uns für das Verständnis der embryonalen Entwickelung und für ihre phylogenetische Deutung außerordentlich wichtige Aufschlüsse. Seit *Cuvier* und *Baer*, seit den gewaltigen Fortschritten, welche durch diese beiden großen Zoologen in den ersten Decennien des 19. Jahrhunderts herbeigeführt wurden, ist die Ansicht zu allgemeiner Geltung gelangt, daß das ganze Tierreich in eine geringe Anzahl von großen Hauptabteilungen oder Typen zerfällt. Typen nennt man sie, weil ein gewisser typischer oder charakteristischer Körperbau innerhalb jeder dieser Abteilungen sich konstant erhält. Neuerdings, nachdem wir auf diese berühmte Typenlehre die Descendenztheorie angewendet haben, sind wir zur Erkenntnis gelangt, daß dieser gemeinsame „Typus" die Folge der Vererbung ist; alle Tiere eines Typus stehen in dem Verhältnisse unmittelbarer Blutsverwandtschaft zueinander, sind Glieder eines Stammes und können von je einer gemeinsamen Stammform abgeleitet werden. *Cuvier* und *Baer* nahmen vier solche Typen an: die Wirbeltiere (*Vertebrata*), Gliedertiere (*Articulata*), Weichtiere (*Mollusca*) und Strahltiere (*Radiata*). Die drei ersten von diesen vier alten Typen bestehen auch noch heute und können als natürliche phylogenetische Einheiten, als Stämme oder Phylen, im Sinne der Descendenztheorie aufgefaßt werden [64]. Ganz anders steht es mit dem vierten Typus, den Strahltieren. Diese Radiaten, im Anfange des 19. Jahrhunderts noch sehr wenig bekannt, bildeten damals die Rumpelkammer, in welcher man alle niederen, nicht zu jenen drei ersten Typen gehörigen

Tiere zusammenwarf. Als man sie dann im Laufe der letzten sechzig Jahre genauer kennen lernte, ergab sich, daß darunter mindestens vier bis acht verschiedene Typen unterschieden werden müssen. Somit ist die Gesamtzahl der tierischen Stämme oder Phylen jetzt auf acht bis zwölf gestiegen (vergl. den XX. Vortrag).

Diese zwölf Stämme des Tierreichs sind nun aber keineswegs koordinierte, voneinander unabhängige Typen, sondern stehen in bestimmten, teilweise subordinierten Beziehungen zueinander und haben eine sehr verschiedene phylogenetische Bedeutung. Sie dürfen daher nicht einfach in einer Reihe hintereinander aufgeführt werden, wie bis vor vierzig Jahren fast allgemein geschah und auch heute noch in vielen Lehrbüchern geschieht. Vielmehr müssen dieselben in drei subordinierte Hauptgruppen von ganz verschiedenem Werte zusammengefaßt und die einzelnen Stämme nach denjenigen Prinzipien phylogenetisch geordnet werden, welche ich zuerst 1872 in meiner Monographie der Kalkschwämme (I, S. 465) aufgestellt und sodann in den „Studien zur Gastraeatheorie" weiter ausgeführt habe. Demnach haben wir zuerst die einzelligen U r - tiere (*Protozoa*) von den vielzelligen G e w e b t i e r e n (*Metazoa*) zu trennen; nur diese letzteren, nicht jene ersteren, zeigen die wichtigen Vorgänge der Eifurchung und Gastrulation; nur die Metazoen besitzen einen Urdarm, bilden Keimblätter und Gewebe.

Die Metazoen, die Gewebtiere oder Darmtiere, zerfallen dann wieder in zwei Hauptabteilungen, je nachdem sich zwischen den beiden primären Keimblättern eine Leibeshöhle entwickelt oder nicht; wir können diese beiden Hauptgruppen als N i e d e r t i e r e (*Coelenteria*) und O b e r t i e r e (*Coelomaria*) unterscheiden; erstere werden auch oft *Zoophyta* oder *Coelenterata* genannt, letztere *Bilateria* oder *Bilaterata*. Diese Unterscheidung ist um so wichtiger, als die Niedertiere (ohne Coelom) niemals Blut und Blutgefäße besitzen; auch fehlt ihnen stets der After. Die Obertiere hingegen (mit Leibeshöhle) besitzen meistens auch einen After, sowie Blut und Blutgefäße. Zu den Niedertieren oder C o e l e n t e r i e n ge- hören vier Stämme: die Urdarmtiere (*Gastraeades*), die Schwamm- tiere (*Spongiae*), die Nesseltiere (*Cnidaria*) und die Plattentiere (*Platodes*). Hingegen können wir unter den Obertieren oder C o e l o m a r i e n nicht weniger als sechs Stämme unterscheiden: unter diesen bilden die tiefstehenden Wurmtiere (*Vermalia*) die gemeinsame (von den Platoden abgeleitete) Stammgruppe, aus welcher sich die fünf übrigen, typischen Stämme der Coelomarien entwickelt haben: die ungegliederten Weichtiere (*Mollusca*), die fünfstrahligen Sterntiere (*Echinoderma*), die Gliedertiere (*Articu-lata*), die Manteltiere (*Tunicata*) und die Wirbeltiere (*Vertebrata*).

Der Mensch ist seinem ganzen Körperbau nach ein echtes Wirbeltier und entwickelt sich aus dem be-fruchteten Ei genau in derselben charakteristischen Weise, wie alle übrigen Vertebraten. Ueber diese fundamentale Tatsache kann gegenwärtig nicht der mindeste Zweifel mehr bestehen, und ebenso-wenig darüber, daß alle Wirbeltiere eine natürliche phylogenetische Einheit bilden, einen einzigen Stamm. Denn sämtliche Glieder dieses Stammes, vom Amphioxus und den Cyclostomen bis zu den Affen und Menschen hinauf, besitzen dieselbe charakte-ristische Lagerung, Verbindung und Entwickelung der Zentral-organe und entstehen in gleicher Weise aus der gemeinsamen Keimform der Chordula. Ohne nun hier auf die schwierige Frage von der Herkunft dieses Stammes einzugehen, müssen wir doch jetzt schon die wichtige Tatsache feststellen, daß der Vertebraten-stamm zu fünf von den zehn übrigen Stämmen in gar keiner direkten verwandtschaftlichen Beziehung steht; diese fünf entfernteren Phylen sind die Spongien, Cnidarien, Mollusken, Articulaten und Echinodermen. Dagegen bestehen wichtige und zum Teil nähere phylogenetische Beziehungen zu den fünf übrigen Stämmen: zu den Protozoen (durch die Amöben), zu den Gasträaden (durch die Blastula und Gastrula), zu den Platoden und Vermalien (durch die Coelomula), sowie zu den Tunicaten (durch die Chordula) [65]).

In welcher Weise diese phylogenetischen Beziehungen bei dem gegenwärtigen Zustande unserer Kenntnisse zu deuten sind, und welche Stellung demnach die Wirbeltiere im Stammbaum des Tierreichs einnehmen, das werden wir später zu untersuchen haben (im XX. Vortrage). Gegenwärtig wird es unsere nächste Aufgabe sein, die Wirbeltiernatur des Menschen noch schärfer ins Auge zu fassen und vor allem die wesentlichen Eigentümlich-keiten der Organisation hervorzuheben, durch welche sich der Vertebratenstamm von den elf übrigen Stämmen des Tierreichs durchgreifend unterscheidet. Erst durch diese vergleichend-ana-tomischen Betrachtungen werden wir in den Stand gesetzt, uns auf dem schwierigen Wege unserer Keimesgeschichte zurecht zu finden. Denn die Entwickelung selbst der einfachsten und niedrigsten Wirbeltiere aus jener einfachen Chordula (Fig. 86—89) ist immerhin ein so verwickelter und schwer zu verfolgender Vorgang, daß man notwendig die Grundzüge der Organisation des aus-gebildeten Wirbeltieres bereits kennen muß, um den Gang seiner

Entwickelung zu begreifen. Ebenso notwendig ist es aber auch,
daß wir uns bei dieser übersichtlichen anatomischen Charakteristik
des Wirbeltier-Organismus nur an die w e s e n t l i c h e n Tatsachen
halten und alle unwesentlichen beiseite lassen. Wenn ich Ihnen
demnach jetzt zunächst eine ideale anatomische Darstellung von
der Grundgestalt des Wirbeltieres und seiner inneren Organisation
entwerfe, so lasse ich alle untergeordneten Eigenschaften beiseite
und beschränke mich nur auf die wichtigsten Charakterzüge.

Allerdings wird ihnen da wahrscheinlich vieles als sehr „wesentlich" erscheinen, was im Lichte der vergleichenden Anatomie und
Entwickelungsgeschichte nur von untergeordneter, sekundärer Bedeutung, oder selbst ganz unwesentlich ist. Unwesentlich in diesem
Sinne sind z. B. Schädel und Wirbelsäule, unwesentlich sind ferner
die Extremitäten oder Gliedmaßen. Freilich besitzen diese Körperteile eine sehr hohe p h y s i o l o g i s c h e Bedeutung: ja sogar die
höchste! Aber für den m o r p h o l o g i s c h e n Begriff des Wirbeltieres sind sie deshalb unwesentlich, weil sie nur den höheren
Wirbeltieren zukommen, den niederen aber fehlen. Die niedersten
Wirbeltiere haben weder Schädel und Wirbel, noch besitzen sie
Extremitäten oder Gliedmaßen. Auch der menschliche Embryo
durchläuft ein Stadium, in welchem er ebenfalls noch keinen Schädel
und keine Wirbel besitzt, in welchem der Rumpf noch vollständig
einfach erscheint, in welchem von Gliedmaßen, von Armen und
Beinen noch keine Spur vorhanden ist. In diesem Stadium der
Entwickelung gleicht der Mensch und jedes andere höhere Wirbeltier wesentlich derjenigen einfachsten Vertebratenform, welche
nur noch ein einziges, gegenwärtig lebendes Wirbeltier zeitlebens
bewahrt. Dieses einzige niederste Wirbeltier, das die allergrößte
Beachtung verdient, nächst dem Menschen unzweifelhaft das
interessanteste aller Vertebraten, ist das berühmte, schon mehrfach
von uns betrachtete L a n z e t t i e r c h e n oder der A m p h i o x u s
(Taf. XVIII und XIX). Da wir dasselbe später (im XVI. und
XVII. Vortrage) genau untersuchen werden, will ich hier nur ein
paar vorläufige Bemerkungen darüber vorausschicken.

Der A m p h i o x u s lebt im Sande des Meeres vergraben, erreicht eine Länge von 5—7 Centimeter und hat in vollkommen
ausgebildetem Zustande die Gestalt eines ganz einfachen länglich-
lanzettförmigen Blattes. Deshalb wurde er Lanzettierchen genannt.
Der schmale Körper ist von beiden Seiten zusammengedrückt, nach
vorn und hinten fast gleichmäßig zugespitzt, ohne jede Spur von
äußeren Anhängen, ohne Gliederung des Körpers in Kopf, Hals,

Brust, Hinterleib u. s. w. Seine ganze Gestalt ist so einfach, daß
sein erster Entdecker es für eine nackte Schnecke erklärte. Erst
viel später, vor einem halben Jahrhundert, wurde das merkwürdige
kleine Wesen genauer untersucht, und nun stellte sich heraus, daß
dasselbe ein wahres Wirbeltier ist. Neuere Untersuchungen haben
gezeigt, daß dasselbe die größte Bedeutung für die vergleichende
Anatomie und Ontogenie der Vertebraten, also auch für die Phylogenie des Menschen besitzt. Denn der Amphioxus verrät uns das
wichtige Geheimnis des Ursprungs der Wirbeltiere aus den wirbellosen Wurmtieren und schließt sich in seiner Entwickelung und
seinem Körperbau unmittelbar an gewisse niedere Manteltiere, an
die Ascidien an.

Wenn wir nun durch den Körper dieses Amphioxus mehrere
Schnitte legen, erstens senkrechte Längsschnitte durch den ganzen
Körper in der Richtung von vorn nach hinten, und zweitens senkrechte Querschnitte durch denselben von rechts nach links, so bekommen wir anatomische Bilder, die für uns sehr lehrreich sind.
(Vergl. Fig. 101—105 und Taf. XVIII und XIX.) Sie entsprechen
nämlich im wesentlichen dem Ideale, welches wir uns durch Ab-
straktion mit Hülfe der vergleichenden Anatomie und Ontogenie von
dem Urtypus oder dem Urbilde des Wirbeltieres überhaupt
entwerfen können; von der längst ausgestorbenen Stammform,
welcher der ganze Stamm seinen Ursprung verdankt. Da wir die
phylogenetische Einheit des Vertebratenstammes für zweifellos
halten und für alle Wirbeltiere, vom Amphioxus bis zum Menschen
hinauf, die gemeinsame Abstammung von einer uralten Stammform
annehmen, so sind wir auch berechtigt, uns von diesem Urwirbeltiere (*Prospondylus* oder *Vertebraea*) eine bestimmte morphologische Vorstellung zu machen. Wir brauchen an den realen Durchschnitten des Amphioxus nur geringe und unwesentliche Aende-
rungen vorzunehmen, um zu einem solchen idealen anatomischen
Bilde oder Schema von der Urform des Wirbeltieres zu gelangen,
wie uns Fig. 101—105 zeigen. Der Amphioxus weicht so wenig von
dieser Urform ab, daß wir ihn geradezu in gewissem Sinne ebenfalls als ein modifiziertes „Urwirbeltier" bezeichnen können[66].
(Vergl. Taf. XVIII und XIX mit Fig. 101—105.)

Die äußere Gestalt unseres hypothetischen Urwirbeltieres
war jedenfalls sehr einfach und wahrscheinlich derjenigen des
Lanzettierchens mehr oder weniger ähnlich. Der bilaterale oder
zweiseitig-symmetrische Körper wird langgestreckt und seitlich zusammengedrückt gewesen sein (Fig. 101—103), im Querschnitt oval

(Fig. 104, 105). Aeußere Gliederung und äußere Anhänge, in Form von Gliedmaßen, Beinen oder Flossen, fehlten. Dagegen ist vielleicht die Scheidung des Körpers in zwei Hauptabschnitte, Kopf und Rumpf, bei unserem *Prospondylus* deutlicher gewesen als bei seinem ein wenig veränderten Urenkel, dem *Amphioxus*. In beiden Tieren enthält die vordere Körperhälfte oder der K o p f andere Hauptorgane als der R u m p f, und zwar ebensowohl auf der Rückenseite als auf der Bauchseite. Da diese wichtige Scheidung auch bereits bei den Ascidien zu finden ist, jenen bedeutungsvollen wirbellosen Stammverwandten der Wirbeltiere, so dürfen wir annehmen, daß sie bereits bei den P r o c h o r d o n i e n bestand, den gemeinsamen Vorfahren beider Stämme. Sie ist auch bei den jugendlichen Larven der Cyclostomen (Taf. XIX, Fig. 16) sehr ausgesprochen, und das ist um so interessanter, als diese palingenetische Larvenform auch in anderer Hinsicht ein wichtiges Bindeglied zwischen den höheren Wirbeltieren einerseits und den Schädellosen (*Acrania*) andererseits darstellt.

Der K o p f   d e r   A c r a n i e r, oder die vordere Körperhälfte (sowohl des realen Amphioxus, als des idealen Prospondylus), enthält in der Bauchhälfte den Kiemendarm und das Herz, in der Rückenhälfte das Gehirn und die Sinnesorgane. Der R u m p f hingegen, oder die hintere Körperhälfte, schließt in der Bauchhälfte den Leberdarm und die Geschlechtsdrüsen ein, in der Rückenhälfte hingegen das Rückenmark und den größten Teil der Muskulatur.

Auf dem Längsschnitte durch das Urbild des Wirbeltieres (Fig. 101) zeigt sich in der Mitte des Körpers ein dünner und biegsamer, aber fester Stab von cylindrischer Gestalt, welcher vorn und hinten zugespitzt endet (*ch*). Derselbe geht der ganzen Länge nach mitten durch den Körper hindurch und bildet als zentrale Skelettachse die ursprüngliche Grundlage des späteren Rückgrates oder der Wirbelsäule. Es ist der A c h s e n s t a b oder die *Chorda dorsalis*, auch *Chorda vertebralis*, Wirbelstrang, Achsenstrang, Wirbelsaite, Rückensaite, *Notochorda* oder kurzweg *Chorda* genannt. Dieser feste, aber zugleich biegsame und elastische Achsenstab besteht aus einer knorpelartigen Zellenmasse und bildet das innere Achsenskelett oder zentrale Gerüst des Körpers, welches ausschließlich die Wirbeltiere und Manteltiere besitzen, und welches allen übrigen Tieren gänzlich fehlt. Als erste Anlage des Rückgrats besitzt er bei allen Wirbeltieren, vom Amphioxus bis zum Menschen hinauf, überall dieselbe fundamentale Bedeutung. Aber nur beim Amphioxus und den Cyclostomen bleibt der Achsenstab

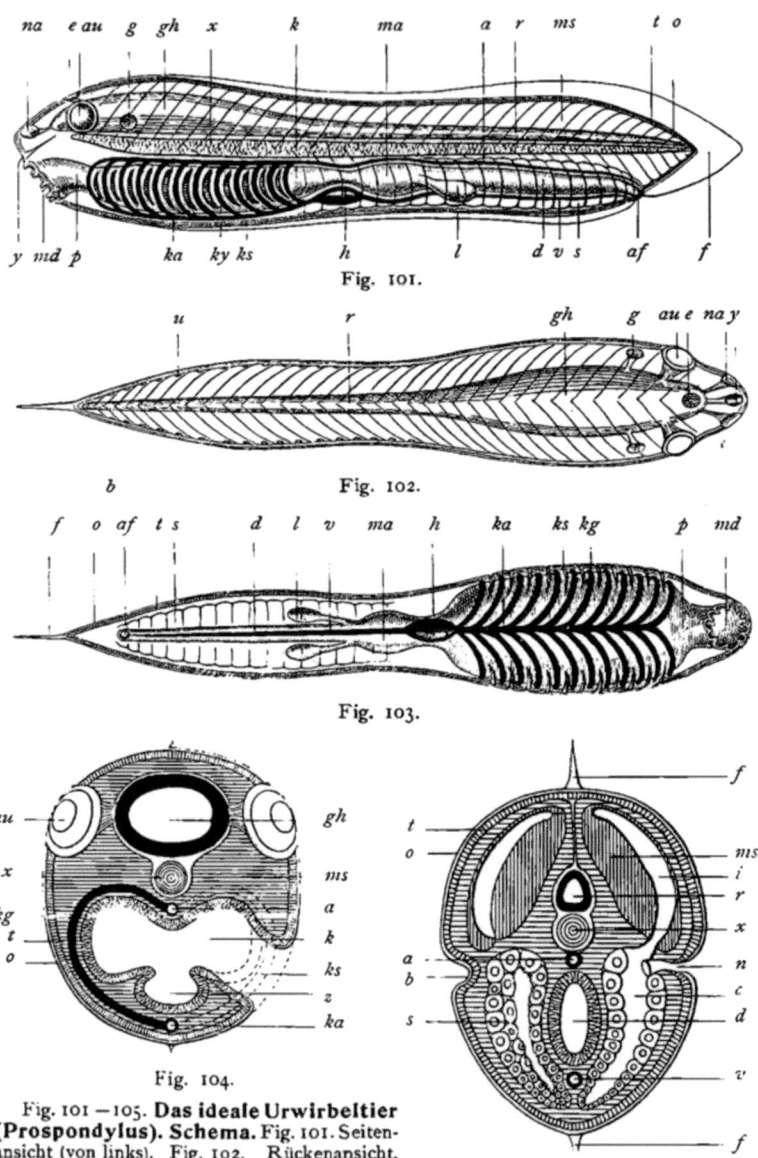

Fig. 101.

Fig. 102.

Fig. 103.

Fig. 104.

Fig. 105.

Fig. 101—105. **Das ideale Urwirbeltier (Prospondylus). Schema.** Fig. 101. Seitenansicht (von links). Fig. 102. Rückenansicht. Fig. 103. Bauchansicht. Fig. 104. Querschnitt durch den Kopf (links durch die Kiementasche, rechts durch die Kiemenspalte). Fig. 105. Querschnitt durch den Rumpf (rechts ist ein Vornierenkanal getroffen). *a* Aorta, *af* After, *au* Auge, *b* Seitenfurche (Urnierengang), *c* Coelom, (Leibeshöhle), *d* Dünndarm, *e* Parietalauge (Epiphysis), *f* Flossensaum der Haut, *g* Gehörbläschen, *gh* Gehirn, *h* Herz, *i* Muskelhöhle (dorsale Coelomtasche), *k* Kiemendarm, *ka* Kiemenarterie, *kg* Kiemengefäßbogen, *ks* Kiemenspalten, *l* Leber, *ma* Magen, *md* Mund, *ms* Muskeln, *na* Nase (Geruchsgrube), *n* Nierenkanälchen, *u* Oeffnungen derselben, *o* Oberhaut, *p* Schlund, *r* Rückenmark, *s* Geschlechtsdrüsen (Gonaden), *t* Lederhaut (Corium), *u* Nierenöffnungen (Poren der Seitenfurche), *v* Darmvene (Hauptvene), *x* Chorda, *v* Hypophysis (Hirnanhang), *z* Schlundrinne oder Kiemenrinne (Hypobranchialrinne).

in seiner einfachsten Gestalt zeitlebens bestehen. Beim Menschen und allen höheren Wirbeltieren hingegen ist er nur im frühesten Keimzustande zu finden und wird später durch die gegliederte Wirbelsäule ersetzt.

Der Achsenstab oder die Chorda ist die reale feste Hauptachse des Wirbeltierkörpers, welche zugleich der idealen Längsachse entspricht und uns zur Orientierung über die allgemeinen Lagerungsverhältnisse der wichtigsten Organe der Vertebraten als feste Richtschnur dient. Wir stellen uns dabei den Wirbeltierkörper in seiner ursprünglichen, natürlichen Lagerung vor, wobei die Längsachse horizontal oder wagerecht liegt, die Rückenseite nach oben, die Bauchseite nach unten (Fig. 101). Wenn wir durch diese Längsachse in ihrer ganzen Länge einen senkrechten Durchschnitt legen, so zerfällt dadurch der ganze Körper in zwei Seitenhälften, welche symmetrisch gleich sind: rechte und linke Hälfte. In beiden Hälften liegen ursprünglich ganz dieselben Organe, in derselben gegenseitigen Lagerung und Verbindung; nur ihr Lagenverhältnis zur senkrechten Schnittebene oder Mittelebene ist gerade umgekehrt; die linke Hälfte ist das Spiegelbild der rechten. Beide Seitenhälften nennen wir Gegenstücke oder Antimeren. In jener senkrechten Schnittebene, welche beide Hälften trennt, geht vom Rücken zum Bauche, entsprechend der Pfeilnaht des Schädels, die Pfeilachse (Sagittalachse) oder Rücken-Bauchachse (Dorsoventralachse). Wenn wir hingegen durch die Chorda einen horizontalen Längsschnitt legen, so zerfällt dadurch der ganze Körper in eine dorsale oder Rückenhälfte, und in eine ventrale oder Bauchhälfte. Diejenige Schnittlinie, welche quer durch den Körper hindurch von der rechten zur linken Seite geht, ist die Querachse, Frontalachse oder Lateralachse[67]). (Vergl. Taf. VI und VII.)

Die beiden Körperhälften des Wirbeltieres, welche durch diese horizontale Querachse und zugleich durch die Chorda getrennt werden, haben eine ganz verschiedene Bedeutung. Die Rückenhälfte ist vorzugsweise der animale Teil des Körpers und enthält den größten Teil der sogenannten animalen Organe, des Nervensystems, Muskelsystems, Skelettsystems u. s. w.; Werkzeuge der Bewegung und Empfindung. Die Bauchhälfte hingegen ist wesentlich der vegetale Teil des Körpers und enthält den größten Teil der vegetalen Organe des Wirbeltieres: das Darm- und Gefäßsystem, das Geschlechtssystem u. s. w.; Werkzeuge der Ernährung und Fortpflanzung. Demnach ist an der Bildung der Rückenhälfte vorzugsweise das äußere, dagegen an der Bildung der Bauchhälfte vorzugsweise das innere Keimblatt beteiligt. Jede der beiden Hälften entwickelt sich in Gestalt eines Rohres und umschließt eine Höhlung, in welcher ein anderes Rohr eingeschlossen ist. Die Rückenhälfte enthält die enge, o b e r h a l b der Chorda gelegene Rückgrathöhle oder den Wirbelkanal, in welchem das röhrenförmige Zentralnervensystem, das M a r k r o h r, liegt. Die Bauchhälfte hingegen enthält die viel geräumigere, u n t e rh a l b der Chorda gelegene Eingeweidehöhle oder Leibeshöhle, in welcher der D a r m k a n a l mit allen seinen Anhängen liegt.

Das M a r k r o h r oder M e d u l l a r r o h r, wie man das zentrale Nervensystem der Wirbeltiere oder das Seelenorgan in seiner ursprünglichen Anlage nennt, besteht beim Menschen und bei allen höheren Wirbeltieren aus zwei sehr verschiedenen Teilen: dem umfangreichen Gehirn, welches im Kopfe innerhalb des Schädels liegt, und dem langgestreckten Rückenmark, welches sich von da aus über den ganzen Rückenteil des Rumpfes erstreckt (Taf. VII, Fig. 11—16 n). Auch bei unserem Urwirbeltier ist diese Zusammensetzung bereits angedeutet. Die vordere Körperhälfte, welche dem Kopfe entspricht, umschließt eine kolbenförmige Blase, das Gehirn (gh); dieses setzt sich nach hinten in das dünnere cylindrische Rohr des Rückenmarks fort (r). Es besteht also dieses hochwichtige Seelenorgan, welches die Empfindung, den Willen und das Denken der Wirbeltiere bewirkt, hier noch in höchst einfacher Gestalt. Die dicke Wand des Nervenrohrs, welches unmittelbar über dem Achsenstabe durch die Längsachse des Körpers verläuft, umschließt einen engen, mit Flüssigkeit erfüllten Zentralkanal (Fig. 101—105 r). In derselben einfachsten Gestalt tritt das Medullarrohr noch heute vorübergehend im Keime aller Vertebraten auf (vergl. Taf. VII, Fig. 11—13), und in derselben einfachsten Form besteht es noch heute zeitlebens beim Amphioxus; nur ist in dessen cylindrischem Markrohr der Unterschied von Gehirn und Rückenmark kaum angedeutet. Das Markrohr des Lanzettierchens verläuft als ein dünnes, langes Rohr von fast gleichem Durchmesser, oberhalb der Chorda, beinahe durch die ganze Länge des Körpers (Taf. XIX, Fig. 15), und nur ganz vorn zeigt eine geringe Anschwellung desselben das Rudiment einer Hirnblase an. Wahrscheinlich hängt diese Eigentümlichkeit des Amphioxus mit der teilweisen Rückbildung seines Kopfes zusammen, da einerseits die Ascidienlarven (Taf. XVIII, Fig. 5), anderseits die jungen Cyclostomen (Taf. XIX, Fig. 16), die Scheidung des blasenförmigen Gehirns oder Kopfmarks von dem dünneren, röhrenförmigen Rückenmark deutlich zeigen.

Auf derselben phylogenetischen Ursache beruht vermutlich auch die mangelhafte Beschaffenheit der S i n n e s o r g a n e des *Amphioxus*, die wir später (im XVI. Vortrage) besprechen werden. *Prospondylus* dagegen hat wahrscheinlich drei Paar Sinnesorgane besessen, wenn auch nur von sehr einfacher Beschaffenheit: ein paariges oder unpaares Geruchsgrübchen, ganz vorne (Fig. 101, 102 *na*), ein Paar Augen (*au*) in der Seitenwand des Gehirns, und dahinter ein Paar einfache Gehörbläschen (*g*). Vielleicht war auch oben auf dem Scheitel noch ein unpaares „Scheitelauge" (Parietalauge oder Pinealauge) vorhanden (*Epiphysis, e*).

In der senkrechten Medianebene (oder der Mittelebene, welche den zweiseitigen Körper in eine rechte und linke Hälfte teilt) liegt bei unseren Schädellosen unterhalb der Chorda das Mesenterium und Darmrohr, oberhalb das Markrohr, und über diesem eine membranöse Scheidewand der beiden Körperhälften oder Antimeren. Mit dieser Scheidewand hängt die bindegewebige Masse zusammen, welche sowohl das Markrohr als die darunter gelegene Chorda ˙scheidenartig umhüllt, und daher C h o r d a s c h e i d e (*Perichorda*) genannt wird; sie entsteht aus jenem dorsalen und medialen Teile der Coelomtaschen, welchen wir beim Embryo der Cranioten als S k e l e t t p l a t t e oder „Sklerotom" kennen lernen werden. Während bei letzteren aus dieser Chordascheide der wichtigste Teil des Skeletts hervorgeht, Wirbelsäule und Schädel, bleibt sie dagegen bei den Acraniern in einfachster Form bestehen als eine weiche Konnektivmasse, von welcher dünne, membranöse Scheidewände zwischen die einzelnen Muskelplatten oder Myotome hineingehen (Fig. 101, 102 *ms*).

Rechts und links von der Chordascheide, beiderseits des Markrohres und des darunter gelegenen Achsenstabes, erblicken wir bei allen Wirbeltieren die mächtigen Fleischmassen, welche die M u s k u l a t u r des Rumpfes zusammensetzen und die Bewegungen desselben vermitteln. Obwohl dieselben bei den entwickelten Wirbeltieren außerordentlich mannigfaltig gesondert und zusammengesetzt sind (entsprechend den vielen differenzierten Teilen des Knochengerüstes), so können wir doch bei unserem idealen Urwirbeltiere nur zwei Paar solcher Hauptmuskeln unterscheiden, welche parallel der Chorda durch die gesamte Länge des Körpers hindurchgehen. Das sind die oberen (dorsalen) und unteren (ventralen) S e i t e n r u m p f m u s k e l n. Die oberen (dorsalen) Seitenrumpfmuskeln oder die ursprünglichen R ü c k e n m u s k e l n (Fig. 105 *ms*) bilden die dicke Fleischmasse des Rückens. Die unteren (ventralen)

Seitenrumpfmuskeln oder die ursprünglichen B a u c h m u s k e l n
bilden dagegen die fleischige Bauchwand. Erstere sowohl als
letztere sind gegliedert und bestehen aus einer Doppelreihe von
Muskelplatten (Fig. 101, 102 *ms*); die Zahl dieser Myotome bestimmt die Zahl der Rumpfglieder oder Metameren. Die Myotome
entwickeln sich ebenfalls aus der verdickten Wand der Coelomtaschen (Fig. 105 *i*).

Nach außen von diesem Fleischrohr finden wir die äußere
feste Umhüllung des Wirbeltierkörpers, welche L e d e r h a u t oder
Leder, C o r i u m oder Cutis genannt wird (Taf. VI, *l*). Diese derbe
und dichte Umhüllung besteht in ihren tieferen Schichten vorzüglich aus Fett und lockerem Bindegewebe, in ihren oberflächlichen
Schichten aus Hautmuskeln und festerem Bindegewebe. Sie geht
als zusammenhängende Decke über die gesamte Oberfläche des
fleischigen Körpers hinweg und ist bei allen Schädeltieren von
beträchtlicher Dicke. Bei unseren Acraniern hingegen ist die Lederhaut nur eine dünne Bindegewebslamelle, eine unbedeutende „Lederplatte" (*Lamella corii*, Fig. 101—105 *l*).

Unmittelbar über der Lederhaut liegt außen die O b e r h a u t
(*Epidermis, o*), die allgemeine Hülle der ganzen äußeren Oberfläche. Aus dieser Oberhaut wachsen bei den höheren Wirbeltieren
die Haare, Nägel, Federn, Krallen, Schuppen u. s. w. hervor. Sie
besteht nebst allen ihren Anhängen und Produkten bloß aus einfachen Zellen und enthält keine Blutgefäße. Ihre Zellen hängen
mit den Endigungen der Empfindungsnerven zusammen. Ursprünglich ist die Oberhaut eine ganz einfache, bloß aus gleichartigen
Zellen zusammengesetzte Decke der äußeren Körperoberfläche, eine
permanente „Hornplatte". In dieser einfachsten Form, als ein-
schichtiges Epithel, wird sie bei allen Vertebraten angelegt und
besteht sie bei den Acraniern zeitlebens. Später verdickt sie sich
bei den höheren Wirbeltieren und sondert sich in zwei Schichten,
eine äußere, festere Hornschicht und eine innere, weichere Schleimschicht; sodann wachsen auch aus ihr zahlreiche äußere und innere
Anhänge hervor, nach außen die Haare, Nägel, Krallen u. s. w.,
nach innen die Schweißdrüsen, Talgdrüsen u. s. w.

Wahrscheinlich erhob sich bei unserem Urwirbeltier in der
Mittellinie des Körpers die Haut in Gestalt eines senkrecht stehen-
den F l o s s e n s a u m e s (*f*). Einen ähnlichen, um den größten Teil
des Körpers herumgehenden Flossensaum besitzen noch heute der
Amphioxus und die Cyclostomen; einen gleichen finden wir am
Schwanze der Fischlarven und Froschlarven oder Kaulquappen vor.

Nachdem wir diese äußeren Körperteile der Wirbeltiere und die animalen Organe betrachtet haben, welche vorzugsweise die Rückenhälfte, oberhalb der Chorda einnehmen, wenden wir uns zu den vegetalen Organen, die größtenteils in der Bauchhälfte, unterhalb des Achsenstabes liegen. Hier finden wir bei allen Schädeltieren eine große Leibeshöhle oder Eingeweidehöhle. Die umfangreiche Leibeshöhle, die den größten Teil der Eingeweide umschließt, entspricht nur einem Teile des ursprünglichen Coeloms, das wir im X. Vortrage betrachtet haben; man kann sie daher als Metacoel unterscheiden. Gewöhnlich wird sie jetzt kurzweg als Coelom bezeichnet; früher hieß sie in der Anatomie „Pleuroperitonealhöhle". Beim Menschen und bei allen übrigen Säugetieren (aber nur bei diesen!) zerfällt dieses Coelom im entwickelten Zustande in zwei verschiedene Höhlen, welche durch eine quere Scheidewand, das muskulöse Zwerchfell, vollständig getrennt sind. Die vordere oder Brusthöhle (Pleurahöhle) enthält die Speiseröhre, das Herz und die Lungen; die hintere oder Bauchhöhle (Peritonealhöhle) enthält Magen, Dünndarm, Dickdarm, Leber, Milz, Nieren u. s. w. Bei den Embryonen der Säugetiere aber bilden diese beiden Höhlen, ehe das Zwerchfell entwickelt ist, eine einzige zusammenhängende Leibeshöhle, ein einfaches Coelom, und so finden wir dieses auch bei allen niederen Wirbeltieren zeitlebens vor. Ausgekleidet ist diese Leibeshöhle mit einer zarten Zellenschicht, dem Coelomepithel. Bei den Acraniern ist das Coelom sowohl dorsal als ventral gegliedert, wie ihre metameren Muskeltaschen und Urogenitalorgane deutlich beweisen (Fig. 105).

Das wichtigste von allen Eingeweiden in der Leibeshöhle ist der ernährende Darmkanal, dasjenige Organ, welches bei der Gastrula den ganzen Körper darstellt. Dasselbe ist bei allen Wirbeltieren ein langes, von der Leibeshöhle umschlossenes, streckenweise mehr oder weniger differenziertes Rohr, und besitzt zwei Oeffnungen: eine Mundöffnung zur Aufnahme der Nahrung (Fig. 101, 103 md) und eine Afteröffnung zur Abgabe der unbrauchbaren Stoffe oder Exkremente (af). An dem Darmkanal (Taf. IV, V d) hängen zahlreiche Drüsen, die von großer Bedeutung für den Wirbeltierkörper sind und alle aus dem Darm hervorwachsen. Solche Drüsen sind die Speicheldrüsen, Lunge, Leber und zahlreiche kleinere Drüsen. Fast alle diese Anhänge fehlen noch den Acraniern; nur ein paar einfache Leberschläuche (Fig. 101, 103 l) waren wahrscheinlich schon bei der Stammform der Wirbeltiere vorhanden. Die

Wandung sowohl des eigentlichen Darmkanales, als aller dieser
Anhänge besteht aus zwei verschiedenen Schichten: die innere,
zellige Auskleidung ist das Darmdrüsenblatt, die äußere,
faserige Umhüllung hingegen entsteht aus dem Darmfaserblatt; sie ist größtenteils aus Muskelfasern zusammengesetzt,
welche die Verdauungsbewegungen des Darmes bewirken, und
aus Bindegewebsfasern, welche eine feste Hülle bilden. Eine Fortsetzung derselben ist das Gekröse oder Mesenterium, ein dünnes,
bandförmiges Blatt, mittelst dessen das Darmrohr an der Bauchseite der Chorda befestigt ist, ursprünglich die dorsale Scheidewand der beiden Coelomtaschen (Taf. VI, Fig. 8 *t*). Der Darmkanal ist bei den Wirbeltieren sowohl im Ganzen als in den
einzelnen Abteilungen mannigfaltig ausgebildet, trotzdem die ursprüngliche Grundlage überall dieselbe und höchst einfach ist. In
der Regel ist das Darmrohr länger (oft vielmal länger) als der
Körper, und daher innerhalb der Leibeshöhle in viele Windungen
zusammengelegt, besonders im hinteren Teile. Außerdem ist dasselbe beim Menschen und den höheren Wirbeltieren in verschiedene, oft durch Klappen getrennte Abteilungen gesondert: Mundhöhle, Schlundhöhle, Speiseröhre, Magen, Dünndarm, Dickdarm
und Mastdarm. Alle diese Teile gehen aus einer ganz einfachen
Anlage hervor, die ursprünglich (wie beim Amphioxus zeitlebens)
als ein ganz gerader cylindrischer Kanal unter der Chorda von
vorn nach hinten läuft (Taf. XIX, Fig. 15, 16).

Da der Darmkanal in morphologischer Beziehung als das älteste
und wichtigste Organ des Tierkörpers angesehen werden kann, so
ist es von Interesse, seine wesentliche Beschaffenheit beim Wirbeltiere scharf ins Auge zu fassen und von allen unwesentlichen Teilen
abzusehen. In dieser Beziehung ist besonders zu betonen, daß der
Darmkanal aller Wirbeltiere eine sehr charakteristische
Trennung in zwei Hauptabteilungen zeigt, eine vordere und
eine hintere Kammer. Die vordere Kammer ist der Kopfdarm
oder Kiemendarm (Fig. 101—103 *p*, *k*) und dient vorzugsweise
zur Atmung. Die hintere Abteilung ist der Rumpfdarm oder
Leberdarm und besorgt die Verdauung (*ma*, *d*). Bei allen Vertebraten bilden sich frühzeitig rechts und links in der vorderen
Abteilung des Kopfdarms eigentümliche Spalten, welche in der
innigsten Beziehung zu dem ursprünglichen Atmungsgeschäfte der
Wirbeltiere stehen, die sogenannten Kiemenspalten (*ks*). Alle
niederen Wirbeltiere, der Amphioxus, die Pricken, die Fische,
nehmen beständig Wasser durch die Mundöffnung auf und lassen

dieses Wasser durch die seitlichen Spalten des Schlundes wieder austreten. Das Wasser, welches durch den Mund eindringt, dient zur Atmung. Der in demselben enthaltene Sauerstoff wird von den Blutkanälen eingeatmet, welche sich auf den zwischen den Kiemenspalten befindlichen Leisten, den „Kiemenbogen", ausbreiten (*kg*). Diese ganz charakteristischen Kiemenspalten und Kiemenbogen finden sich beim Embryo des Menschen und aller höheren Wirbeltiere in früher Zeit seiner Entwickelung ebenso vor, wie sie bei den niederen Wirbeltieren überhaupt zeitlebens bleiben (Taf. VIII—XIII). Die Kiemenbogen und Kiemenspalten sind jedoch bei den Säugetieren, Vögeln und Reptilien niemals als wirkliche Atmungsorgane tätig, sondern entwickeln sich allmählich zu ganz anderen Teilen. Daß sie aber trotzdem anfänglich in derselben Form wie bei den Fischen auftreten, das ist einer der interessantesten Beweise für die Abstammung dieser drei höheren Wirbeltierklassen von den Fischen.

Nicht minder interessant und bedeutungsvoll ist ein Organ, welches bei allen Wirbeltieren aus der Bauchwand des Kiemendarms sich entwickelt, die K i e m e n r i n n e oder Hypobranchialrinne. Bei den Acraniern wie bei den Ascidien besteht dieselbe zeitlebens als eine drüsige, flimmernde Rinne, welche vom Munde aus in der ventralen Mittellinie des Kiemendarms nach hinten läuft und kleine Nahrungskörperchen dem Magen zuführt (Fig. 104 *z*). Bei den Cranioten hingegen entwickelt sich daraus die S c h i l d d r ü s e (*Thyreoidea*), jene vor dem Kehlkopf gelegene Drüse, welche, pathologisch vergrößert, den sogenannten Kropf (*Struma*) bildet.

Aus dem Kopfdarm entstehen aber nicht allein die Kiemen, die Werkzeuge der Wasseratmung bei den niederen Vertebraten, sondern auch die Lungen, die Organe der Luftatmung für die fünf höheren Klassen. Hier bildet sich nämlich aus dem Schlunde des Embryo frühzeitig eine blasenförmige Ausstülpung und gestaltet sich bald zu zwei geräumigen, später mit Luft gefüllten Säcken. Diese Säcke sind die beiden luftatmenden L u n g e n, welche an die Stelle der wasseratmenden Kiemen treten. Jene blasenförmige Ausstülpung aber, aus der die Lungen entstehen, ist nichts anderes als die bekannte luftgefüllte Blase, welche bei den Fischen die S c h w i m m b l a s e heißt und als hydrostatisches Organ oder Schwimmapparat das spezifische Gewicht des Fisches erleichtert. Den niedersten beiden Wirbeltierklassen, den Acraniern und Cyclostomen, fehlt diese Einrichtung noch ganz.

Die zweite Hauptabteilung des Vertebratendarms, der R u m p f -
d a r m oder Leberdarm, welcher die Verdauung besorgt, ist bei den
Acraniern (im Gegensatze zu den Cranioten) sehr einfach gebildet;
er besteht aus zwei verschiedenen Kammern. Die erste Kammer,
unmittelbar hinter dem Kiemendarm, ist der blasenförmig erweiterte
M a g e n (*ma*); die zweite, engere und längere Kammer ist der gerade gestreckte D ü n n d a r m (*d*); er öffnet sich hinten an der
Bauchseite durch den After (*af*). Nahe der Grenze beider Kammern
mündet in die Darmhöhle die L e b e r, in Gestalt eines einfachen
Schlauches oder Blindsackes (*l*); bei *Amphioxus* ist dieselbe unpaar (Taf. XIX, Fig. 15 *lb*); bei *Prospondylus* hingegen war sie
vermutlich paarig (Fig. 101, 103 *l*).

In den engsten morphologischen und physiologischen Beziehungen zum Darmkanal steht das G e f ä ß s y s t e m der Wirbeltiere, dessen wichtigste Bestandteile sich aus dem Darmfaserblatt
entwickeln. Dasselbe besteht aus zwei verschiedenen, aber unmittelbar zusammenhängenden Abteilungen, dem Blutgefäßsystem
und dem Lymphgefäßsystem. In den Hohlräumen des ersteren
ist das rote Blut, in denen des letzteren die farblose Lymphe enthalten. Zum L y m p h g e f ä ß s y s t e m gehören zunächst die eigentlichen Lymphkanäle oder Saugadern, welche durch alle Organe
verbreitet sind und die verbrauchten Säfte aus den Geweben aufsaugen und in das venöse Blut abführen; außerdem aber auch die
Chylusgefäße, welche den weißen Chylus oder Milchsaft, den vom
Darm bereiteten Ernährungssaft, aufsaugen und ebenfalls dem
Blute zuführen.

Das B l u t g e f ä ß s y s t e m der Wirbeltiere ist sehr mannigfaltig ausgebildet, scheint aber ursprünglich bei den Urwirbeltieren
in so einfacher Form bestanden zu haben, wie dasselbe bei den
Ringelwürmern (z. B. den Regenwürmern) und beim Amphioxus
noch heute zeitlebens fortbesteht. Demnach würden vor allem als
w e s e n t l i c h e ursprüngliche Hauptbestandteile desselben z w e i
g r o ß e   u n p a a r e   B l u t k a n ä l e zu betrachten sein, welche in
der Faserwand des Darmes liegen und in der Mittelebene des
Körpers längs des Darmkanals verlaufen, das eine über, das andere
unter demselben. Diese beiden Hauptkanäle geben zahlreiche Aeste
an alle Körperteile ab und gehen vorn und hinten im Bogen ineinander über; wir wollen sie die Urarterie und die Urvene nennen.
Erstere entspricht dem Rückengefäße, letztere dem Bauchgefäße
der Würmer. Die U r a r t e r i e oder P r i n z i p a l a r t e r i e, gewöhnlich *Aorta* genannt (Fig. 101 *a*), liegt oben auf dem Darm, in

der Mittellinie seiner Rückenseite, und führt sauerstoffreiches oder
arterielles Blut aus den Kiemen in den Körper hinein. Die U r -
v e n e oder P r i n z i p a l v e n e (Fig. 103 *v*) liegt unten am Darm, in
der Mittellinie seiner Bauchseite, und wird daher auch *Vena sub-
intestinalis* genannt; sie führt kohlensäurereiches oder venöses Blut
aus dem Körper zu den Kiemen zurück. Vorn an der Kiemenab-
teilung des Darmes hängen beide Hauptkanäle durch mehrere Ver-
bindungsäste zusammen, welche bogenförmig zwischen den Kiemenspalten emporsteigen. Diese „Kiemengefäßbogen" (*kg*) verlaufen
längs der Kiemenbogen und beteiligen sich direkt am Atmungs-
geschäft. Die vordere Fortsetzung der Prinzipalvene, welche an
der Bauchwand des Kiemendarms verläuft und jene Gefäßbogen
nach oben abgibt, ist die K i e m e n a r t e r i e (*ka*). An der Grenze
zwischen beiden Teilen des Bauchgefäßes erweitert sich dasselbe
zu einem kontraktilen spindelförmigen Schlauche (Fig. 101, 103 *h*).
Das ist die einfache Anlage des H e r z e n s, welches sich später
bei den höheren Wirbeltieren und beim Menschen zu einem vier-
kammerigen Pumpwerk gestaltet. Beim *Amphioxus* fehlt das
Herz, wahrscheinlich infolge von Rückbildung. Bei *Prospondylus*
hingegen bestand das ventrale Kiemenherz wahrscheinlich in derselben einfachsten Form, wie wir es noch heute bei den Ascidien
und beim Embryo der Cranioten finden (Fig. 101, 103 *h*).

Die N i e r e n, welche bei allen Wirbeltieren als Werkzeuge
der Ausscheidung oder als Harnorgane tätig sind, zeigen in den
verschiedenen Abteilungen dieses Stammes sehr mannigfalte und
verwickelte Verhältnisse; wir werden dieselben im XXIX. Vortrage
näher betrachten. Hier sei nur kurz erwähnt, daß dieselben bei
unserem hypothetischen Urwirbeltiere wahrscheinlich in ähnlicher
Form bestanden, wie sie noch heute der Amphioxus zeigt; als
sogenannte V o r n i e r e n (*Protonephra*). Diese setzten sich ursprünglich aus einer Doppelreihe von Kanälchen zusammen,
welche die verbrauchten Säfte oder den Harn direkt aus der
Leibeshöhle nach außen abführten (Fig. 105 *n*). Die innere
Mündung dieser V o r n i e r e n k a n ä l c h e n (*Pronephridia*) öffnete
sich mit einem Flimmertrichter in die Leibeshöhle; die äußere
Mündung hingegen in eine Seitenrinne der Epidermis, eine paarige
Längsrinne in der Seitenfläche der äußeren Haut '(Fig. 105 *b*).
Durch Verschluß dieser Rinne in der Seitenlinie rechts und
links entstand der V o r n i e r e n g a n g. Bei allen Cranioten
entwickelt sich derselbe sehr frühzeitig in der Hornplatte (Taf. VI,
Fig. 4 *u*, 5 *u*); beim *Amphioxus* scheint er in einen weiten Raum,

die Mantelhöhle (Atrium) oder den „Peribranchialraum", verwandelt
zu sein (Taf. XVIII, Fig. 13 c).

In nächster Beziehung zu den Nieren stehen die G e s c h l e c h t s -
o r g a n e der Wirbeltiere. Bei den allermeisten Gliedern dieses
Stammes sind Beide zu einem einheitlichen Urogenitalsystem verbunden; nur bei wenigen Gruppen erscheinen Harn- und Ge-
schlechtswerkzeuge getrennt (bei Amphioxus, den Cyclostomen
und einigen Abteilungen der Fischklasse). Beim Menschen, wie
bei allen höheren Wirbeltieren, erscheint der Geschlechtsapparat
oder das „Sexualsystem" aus verschiedenen Teilen zusammengesetzt,
die wir im XXIX. Vortrage betrachten werden. In den niedersten
beiden Klassen unseres Stammes aber, bei den Acraniern und
Cylostomen, bestehen sie bloß aus einfachen Geschlechtsdrüsen
oder G o n a d e n, den E i e r s t ö c k e n (Ovaria) des weiblichen
Geschlechts, und den H o d e n (Spermaria) des männlichen Geschlechts: erstere liefern die Eier, letztere das Sperma. Bei den
Cranioten finden wir immer nur ein Paar solcher Gonaden; beim
Amphioxus hingegen zahlreiche Paare, metamerisch geordnet.
In gleicher Weise werden sie auch bei unserem hypothetischen
Prospondylus bestanden haben (Fig. 101, 103 s). Diese s e g m e n -
t a l e n G o n a d e n p a a r e sind die ursprünglichen V e n t r a l -
h ä l f t e n d e r C o e l o m t a s c h e n.

Die Organe, die wir soeben in unserer allgemeinen Betrachtung
des Urwirbeltieres aufgezählt und bezüglich ihrer charakteristischen
Lagerung untersucht haben, sind diejenigen Teile des Organismus,
welche bei allen Wirbeltieren ohne Ausnahme in denselben gegenseitigen Beziehungen, wenn auch höchst mannigfaltig modifiziert,
wiederkehren. Wir haben dabei vorzugsweise den Querschnitt
des Körpers (Fig. 104, 105) in das Auge gefaßt, weil an diesem
das eigentümliche Lagerungsverhältnis derselben am deutlichsten
in die Augen fällt. Wir müssen jedoch, um unser Urbild zu vervollständigen, nun auch noch die bisher wenig berücksichtigte
G l i e d e r u n g oder Metamerenbildung desselben hervorheben, die
vorzüglich am Längsschnitt (Fig. 101—103) in die Augen fällt. Beim
Menschen, wie bei allen entwickelten Wirbeltieren, ist der Körper
aus einer Reihe oder Kette von gleichartigen Gliedern zusammengesetzt, welche in der Längsachse des Körpers hintereinander
liegen, den Körpersegmenten, Folgestücken oder M e t a m e r e n.
Beim Menschen beträgt die Zahl dieser gleichartigen Glieder
oder Metameren am Rumpfe dreiunddreißig, dagegen bei vielen
Wirbeltieren (z. B. Schlangen, Aalen) mehrere Hundert. Da diese

innere Gliederung oder Metamerie sich vorzugsweise an
der Wirbelsäule und den diese umgebenden Muskeln ausspricht,
nannte man die Gliederabschnitte oder Metameren früher auch
wohl Urwirbel. Indessen wird die Gliederung in erster Linie
keineswegs durch das Skelett bestimmt und verursacht, sondern
vielmehr durch das Muskelsystem und durch die segmentale
Anordnung der Nieren und Gonaden. Nun wird allerdings
die Zusammensetzung aus solchen Urwirbeln oder inneren
Metameren gewöhnlich mit Recht als ein hervorstechender
Charakter der Wirbeltiere hervorgehoben, und die verschiedenartige Sonderung oder Differenzierung derselben ist für die verschiedenen Gruppen der Wirbeltiere von größter Bedeutung.
Allein für die zunächst vor uns liegende Aufgabe, den einfachen
Leib des Urwirbeltieres aus der Chordula abzuleiten, sind die
Gliederabschnitte oder Metameren von untergeordneter Bedeutung,
und wir brauchen erst später darauf einzugehen.

Die charakteristische Zusammensetzung des Wirbeltierkörpers
entwickelt sich aus seiner embryonalen Anlage beim Menschen
genau ebenso wie bei allen anderen Vertebraten. Da nun auf
Grund dieser bedeutungsvollen Uebereinstimmung von allen sachkundigen Naturforschern einstimmig die Monophylie der
Vertebraten angenommen wird, da diese „gemeinsame Abstammung aller Wirbeltiere von einer ursprünglichen Stammform"
als erwiesene historische Tatsache gilt, so ist damit bereits
die „Frage aller Fragen" beantwortet. Wir können aber schon hier
darauf hinweisen, daß diese Antwort ebenso sicher, und noch
präziser, für die Abstammung des Menschen von den Säugetieren
gilt. Denn auch diese höchstentwickelte Klasse der Wirbeltiere
ist monophyletisch und hat sich aus einer gemeinsamen Stammgruppe niederer Vertebraten (Reptilien, noch früher Amphibien)
hervorgebildet. Das geht daraus hervor, daß die Mammalien nicht
nur in einem einzelnen auffallenden Merkmal, sondern in einer
ganzen Gruppe von eigentümlichen Charakteren sich von den
übrigen Klassen des Stammes bestimmt unterscheiden.

Bei den Säugetieren allein ist die Haut mit echten Haaren bedeckt, ist die Brusthöhle von der Bauchhöhle durch ein voll-
kommenes Zwerchfell abgetrennt, ist der Kehlkopf mit einem
Kehldeckel (Epiglottis) versehen. Nur die Säugetiere besitzen in
der Trommelhöhle drei Gehörknöchelchen, was mit einer ganz
eigentümlichen Umbildung ihres Kiefergelenks zusammenhängt.
Ihre roten Blutzellen entbehren des Zellkerns, während dieser bei

allen anderen Vertebraten erhalten bleibt. Endlich findet sich
nur bei den Säugetieren jene merkwürdige Einrichtung der Brutpflege (*Neomelie*), welche der ganzen Klasse mit Recht den Namen
gegeben hat, die Ernährung der Jungen durch die Milch der
Mutter. Die M i l c h d r ü s e n, welche dazu dienen, sind in mehrfacher Beziehung von so hervorragendem Interesse, daß wir auf
die merkwürdigen Verhältnisse ihrer Entwickelung schon hier
einen Blick werfen wollen.

Bekanntlich besitzen die niederen Säugetiere, insbesondere
diejenigen, die mehrere Junge gleichzeitig gebären, eine größere
Anzahl von Milchdrüsen an der Bauchhaut. Die Igel und Schweine
haben 5 Paar, die Mäuse 4—5 Paar, die Hunde und Eichhörnchen
4 Paar, die Katzen und Bären 3 Paar, die meisten Wiederkäuer
und viele Nagetiere 2 Paar Milchdrüsen. jede mit einer Zitze oder
„Milchwarze" (*Mastos*) versehen. Bei den verschiedenen Gattungen
der Halbaffen (*Prosimiae*) ist die Zahl noch sehr wechselnd. Dagegen besitzen die Fledermäuse und die Affen, die in der Regel
nur ein Junges gebären, nur ein Paar Milchdrüsen; und diese
stehen an der Brust, wie beim Menschen.

Diese verschiedenen Zahlen- oder Bildungsverhältnisse des
Milchapparates oder „Gesäuges" (*Mammarium*) haben durch die
neueren Untersuchungen der vergleichenden Anatomie ein besonders hohes Interesse gewonnen. Denn es hat sich gezeigt, daß
beim Menschen, wie bei den Affen, sehr häufig ü b e r z ä h l i g e
M i l c h d r ü s e n vorkommen (*Hypermastie*) und diesen entsprechende
Brustwarzen (*Hyperthelie*), und zwar bei beiden Geschlechtern.
Fig. 106 zeigt vier solche Fälle, *A*, *B*, *C* von drei Frauen, *D* von
einem Manne, sie beweisen, daß alle vorher erwähnten Zahlen-
verhältnisse niederer Säugetiere auch beim Menschen gelegentlich
vorkommen. Fig. 106 *A* zeigt die Brust einer Berlinerin, welche
17 mal schwanger war und welche oberhalb der beiden normalen
Busen noch ein Paar kleine accessorische Büschen besitzt (links
mit zwei Warzen); dieses Vorkommen ist häufig, und das weiche
kleine Polster oberhalb des Busens ist von antiken Bildhauern auf
Venusstatuen nicht selten dargestellt. In Fig. 106 *C* ist dasselbe von
einem 19-jährigen japanischen Mädchen abgebildet, welches außerdem auf jeder Brust zwei Warzen besaß (— im ganzen also drei
Paar). Fig. 106 *D* zeigt einen Mann von 22 Jahren mit vier Paar
Milchwarzen (wie beim Hunde); ein Paar kleine oberhalb und zwei
Paar kleine unterhalb der großen normalen Zitzen. Die Maximal-
zahl von fünf Paaren (— wie beim Schwein und Igel —) besaß

:in polnisches Dienstmädchen von 22 Jahren, das mehrere Male
;eboren hatte; aus jeder Warze trat Milch aus; drei Paar über-
:ählige Warzen saßen oberhalb, ein Paar unterhalb der normalen
;ehr großen Brüste (Fig. 106 B).

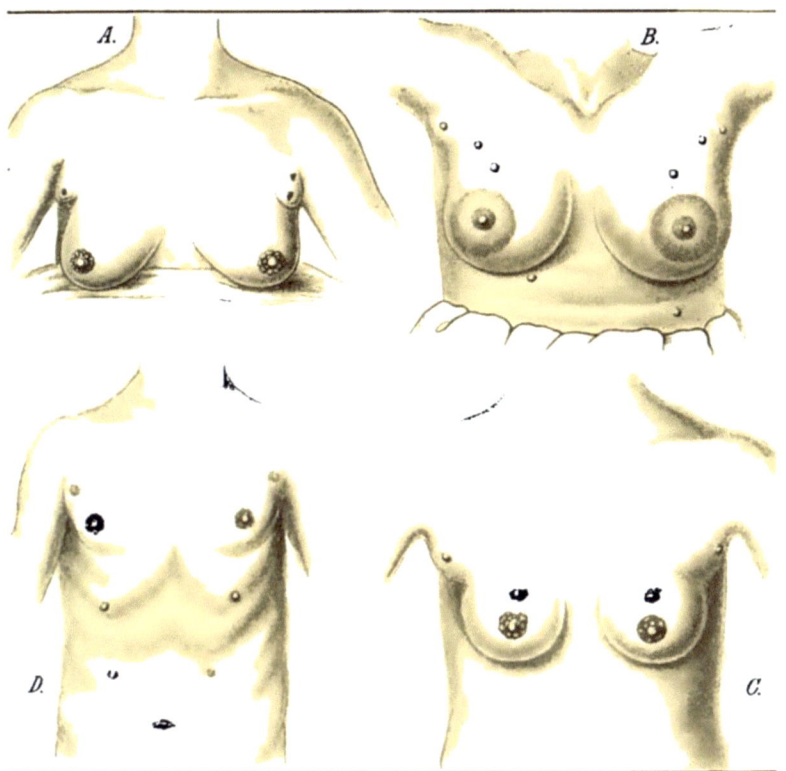

Fig. 106 A, B, C, D. **Beispiele von überzähligen Milchdrüsen und
Zitzen (Hypermastie).** A Ein paar kleine überzählige Brüste (links mit zwei
Warzen, oberhalb der großen normalen; von einer 45-jährigen Berliner Frau, die 17mal
schwanger war (2mal mit Zwillingen). Nach *Hansemann.* B Höchste Zahl: zehn
Brustwarzen (alle Milch gebend), drei Paar oberhalb, ein Paar unterhalb der großen
normalen Brüste; von einem 22-jährigen Dienstmädchen in Warschau. Nach *Neugebaur.*
C Drei Paar Brustwarzen, zwei Paar auf den normalen Milchdrüsen, ein Paar oberhalb;
von einem 19-jährigen japanischen Mädchen. D Vier Paar Brustwarzen: oberhalb der
großen, normalen ein Paar, unterhalb zwei Paar kleine accessorische Warzen; von einem
22-jährigen badischen Soldaten. Nach *Wiedersheim.*

Ausgedehnte neuere Untersuchungen (namentlich bei Rekruten-
Musterungen) haben gelehrt, daß derartige Vorkommnisse ebenso
beim männlichen, wie beim weiblichen Geschlechte, sehr häufig

sind. Die einzige Erklärung derselben gibt die Stammesgeschichte, indem sie sie als R ü c k s c h l ä g e (*Atavismen*) deutet, bewirkt durch latente Vererbung. Die älteren Vorfahren aller Primaten (mit Inbegriff des Menschen) waren niedere Zottentiere, die gleich dem Igel (— einer der ältesten Formen unter den lebenden Placentalien —) zahlreiche Milchdrüsen (fünf oder mehr Paar) an der Bauchhaut besaßen. Während bei den Affen und Menschen normalerweise von den Anlagen derselben nur ein Paar zur Entwickelung gelangt, kommen doch von Zeit zu Zeit auch einige von den rückgebildeten Anlagen wieder zur Entwickelung. Besonders bemerkenswert ist auch die Lage und Anordnung dieser überzähligen Milchorgane; sie bilden, wie namentlich Fig. 106 *B* und *D* deutlich zeigen, z w e i L ä n g s r e i h e n, die nach vorn (gegen die Achselhöhle) auseinandergehen, nach hinten (gegen die Leistengegend) sich der Mittellinie nähern. In denselben zwei „M i l c h l i n i e n" liegen auch ebenso geordnet die zahlreichen Milchdrüsen der polymasten niederen Zottentiere.

Die phylogenetische Erklärung der Polymastie, welche so die vergleichende Anatomie liefert, hat neuerdings eine glänzende Bestätigung durch die Ontogenie gefunden. *Hans Strahl, E. Schmitt* u. a. haben gefunden, daß ganz allgemein beim menschlichen Embryo aus der sechsten Woche (von 15 mm Länge) mikroskopisch die Anlagen von f ü n f P a a r M i l c h d r ü s e n nachzuweisen sind, und daß diese in regelmäßigen Abständen in zwei seitlichen nach vorn divergierenden Linien liegen, welche den Milchlinien oder Milchleisten entsprechen. Nur ein Paar derselben, und zwar das mittelste, kommt normalerweise zur Ausbildung, während die vier anderen rückgebildet werden. Es gibt also beim menschlichen Keime vorübergehend eine n o r m a l e H y p e r t h e l i e, und diese erklärt sich nur durch seine Abstammung von polythelen niederen Primaten (Halbaffen).

Aber auch noch in anderer Beziehung ist die Milchdrüse der Säugetiere ein Gegenstand von hohem morphologischen Interesse. Bekanntlich findet sich dieses Organ der Brutpflege beim Menschen wie bei den höheren Säugetieren in beiden Geschlechtern. Aber gewöhnlich tritt dasselbe nur beim weiblichen Geschlecht in Tätigkeit und liefert die kostbare „Muttermilch"; dagegen ist es beim männlichen Geschlecht viel kleiner und ohne Tätigkeit, ein echtes „rudimentäres Organ", ohne physiologische Bedeutung. Indessen ist ausnahmsweise auch beim Manne der Busen ebenso stark entwickelt, wie beim Weibe, und kann dann auch Milch zur Ernährung des Jungen liefern.

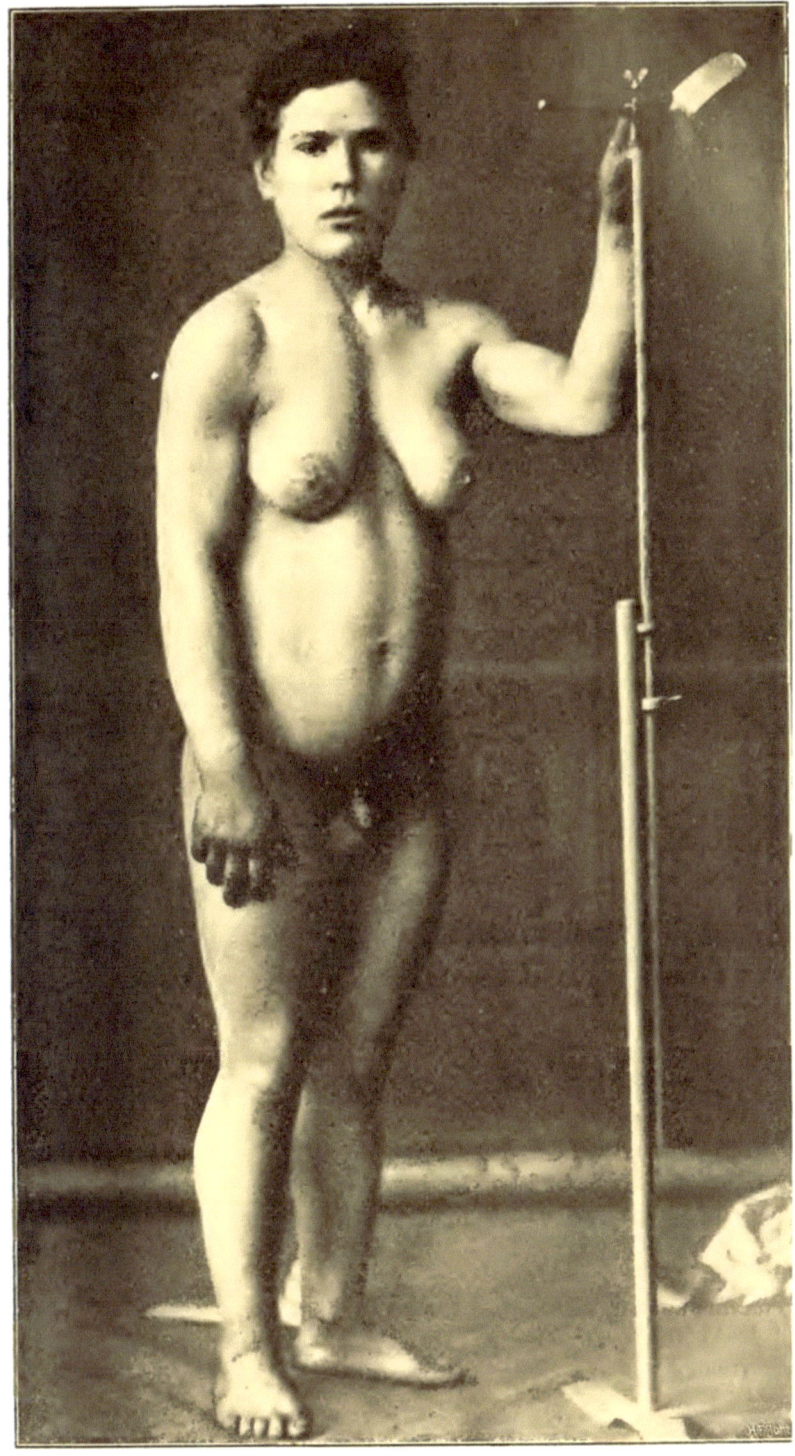

Fig. 107. Ein griechischer Gynaekomast (Photogramm).

Ein ausgezeichneter Fall solcher Gynaekomastie, d. h. von großen milchgebenden Brustdrüsen bei einem Manne, ist in Fig. 107 abgebildet; ich verdanke das Photogramm desselben (nach dem Leben aufgenommen) der Güte des Dr. *Ornstein* in Athen, eines deutschen Arztes, der sich auch durch andere anthropologische Beobachtungen (— z. B. mehrerer Fälle von geschwänzten Menschen —) sehr verdient gemacht hat. Der betreffende *Gynaekomast* ist ein griechischer Rekrut von 20 Jahren, der gleichzeitig normal entwickelte männliche Geschlechtsteile und einen sehr starken weiblichen Busen besitzt. Bemerkenswert ist, daß auch die sonstige Körperbildung Anklänge an die weichen Formen des weiblichen Geschlechts zeigt. Sie erinnert an jene Marmorstatuen von Hermaphroditen, welche die alten griechischen und römischen Bildhauer wiederholt dargestellt haben. Ein echter „Zwittermensch" würde jedoch dieser Mann nur dann sein, wenn er neben den (äußerlich nachweisbaren) Hoden innerlich noch Eierstöcke besäße.

Einen sehr ähnlichen Fall habe ich 1881 während meines Aufenthaltes in Ceylon (in Belligemma) beobachtet. Ein junger Singhalese von 25 Jahren wurde mir als ein merkwürdiges Zwitterwesen vorgeführt, das halb Mann, halb Weib sei; seine stark entwickelte weibliche Brust lieferte reichliche Milch; er wurde als „männliche Amme" zur Ernährung eines neugeborenen Kindes verwendet, dessen Mutter bei der Geburt gestorben war. Die Körperformen des Jünglings waren noch weiblicher und weicher als bei dem in Fig. 107 abgebildeten Griechen. Da die Singhalesen ohnehin von kleiner Statur und sehr zierlichem Körperbau sind, da ferner die Männer sowohl in der Kleidertracht (nackter Oberkörper, Weiberrock um den Unterkörper) als auch in der Haartracht (mit Kamm) vielfach den Frauen gleichen, glaubte ich in dem jungen bartlosen Mann anfänglich eine Frau vor mir zu haben. Die Täuschung war umso leichter, als in diesem merkwürdigen Falle die *Gynaekomastie* mit *Kryptorchismus* verbunden war; d. h. die beiden Hoden hatten ihre ursprüngliche Lage in der Bauchhöhle beibehalten und hatten nicht die normale Wanderung nach unten in den Hodensack vollführt. (Vergl. den XXIX. Vortrag.) Daher erschien der letztere ganz klein, weich und inhaltlos. Auch im Leistenkanal war nichts von Hoden zu fühlen. Dagegen war das männliche Glied zwar klein, aber sonst normal entwickelt (wie in Fig. 107). Unzweifelhaft war also auch dieser scheinbare Hermaphrodit ein wirklicher Mann.

Einen anderen Fall von praktischer Gynaekomastie hatte be-
·reits *Alexander von Humboldt* beschrieben. Er traf in einem
Urwalde von Südamerika einen einsamen Ansiedler, dessen Frau
im Wochenbett gestorben war. Der Mann hatte in seiner Ver-
zweiflung das neugeborene Kind an die Brust gelegt; und der
andauernde Reiz, den die fortgesetzten Saugbewegungen des
Kindes ausübten, hatte die erloschene Tätigkeit der milchabsondern-
den Brustdrüse wieder neu belebt. Vielleicht war auch nervöse
Suggestion dabei wirksam mit im Spiele. Aehnliche Fälle sind
neuerdings mehrfach, auch bei anderen männlichen Säugetieren
(z. B. Schaf- und Ziegenböcken), beobachtet worden.

Das hohe wissenschaftliche Interesse der angeführten Tatsachen
liegt in deren Bedeutung für die V e r e r b u n g s - Frage. Die
Stammesgeschichte des Gesäuges stützt sich teils auf seine Keimesgeschichte (XXIV. Vortrag), teils auf die Tatsachen der vergleichenden Anatomie und Physiologie. Da bei den niederen und älteren
Säugetieren (den Monotremen und den meisten Marsupialien) der
ganze Milchapparat nur dem Weibchen zukommt und dem
Männchen noch fehlt; — da ferner nur bei einigen jüngeren
Beuteltieren Spuren desselben auch beim Männchen auftreten —,
kann es nicht zweifelhaft sein, daß diese wichtigen Organe der
Brutpflege ursprünglich nur den weiblichen Säugetieren zukamen,
und daß sie von diesen durch besondere A n p a s s u n g àn die
Lebensweise erworben wurden. Erst später sind dann allmählich
diese weiblichen Organe durch V e r e r b u n g auf beide Geschlechter
übertragen worden; und sie haben sich gleichmäßig in allen
Personen beiderlei Geschlechts beständig erhalten, obgleich sie im
männlichen Geschlechte keine physiologische Tätigkeit hatten.
Diese normale Permanenz der weiblichen Milchorgane in b e i d e n
Geschlechtern der höheren Säugetiere und des Menschen ist un-
abhängig von jeder Selektion und ein schönes Beispiel für die
vielumstrittene „V e r e r b u n g e r w o r b e n e r E i g e n s c h a f t e n".
Da nach meiner festen Ueberzeugung diese „T r a n s f o r m a t i v e
V e r e r b u n g" eines der wichtigsten Fundamente der Descendenz-
Theorie bleibt, möge dieses sinnfällige Beispiel (— unter vielen
Tausend anderen! —) besonders hervorgehoben werden.

Elfte Tabelle.

Uebersicht über die wichtigsten Organe der Provertebraten
(der hypothetischen Urwirbeltiere) und deren Entwickelung
(Prospondylus).

Vier sekundäre Keimblätter.	Synonyme der Keimblätter.	Fundamental-Organe der Urwirbeltiere.
I. Sinnesblatt (Hautsinnesblatt). Neuroblast. Lamina neuralis. Aeußeres Grenzblatt. *(Empfindung.)*	Hautblatt oder Hautschicht (von *Baer*). Primäres animales Blatt.	1. Oberhaut (Epidermis) (Einfache Zellendecke der äußeren Körperfläche). 2. Nervensystem (Sensorium). 2. A. Markrohr (Nervenzentrum). 2. B. Peripheres Nervensystem. 3. Sinnesorgane (Sensilla). 3. A. Nasen (Geruchsgruben). 3. B. Augen. 3. C. Gehörbläschen (Statocysten).
II. Muskelblatt (Hautfaserblatt). Myoblast. Lamina parietalis. Aeußeres Mittelblatt. *(Bewegung.)*	Fleischblatt oder Fleischschicht (von *Baer*). — (Größtenteils verwendet zur Bildung der Episomiten und der Somatopleura.)	4. Lederhaut (Corium) (Cutisplatte). 5. Rumpfmuskelwand (Motorium) (Metamere Seitenrumpfmuskeln). 6. Chordascheide (Perichorda) (Skelettbasis).
III. Geschlechtsblatt (Darmfaserblatt). Gonoblast. Lamina visceralis. Inneres Mittelblatt. *(Fortpflanzung.)*	Gefäßblatt oder Gefäßschicht (von *Baer*). — (Größtenteils verwendet zur Bildung der Hyposomiten und der Splanchnopleura.)	7. Vornieren (Pronephridia) (Metamere Coelomkanälchen). 8. Geschlechtsdrüsen (Gonades) (Metamere ventrale Coelomtaschen). 9. Gefäßsystem (Vasorium). 9. A. Ventrale Prinzipalvene. Herz. 9. B. Dorsale Aorta (Prinzipalarterie). 10. Darmmuskelwand und Gekröse (Faserwand des Darms, Mesenterium). 10. A. Skelett und Muskulatur der Kiemenbögen (Visceralskelett). 10. B. Muskelwand des Leberdarms.
IV. Drüsenblatt. (Darmdrüsenblatt). Enteroblast. Lamina enteralis. Inneres Grenzblatt. *(Ernährung.)*	Schleimblatt oder Schleimschicht (von *Baer*). Primäres vegetales Blatt.	11. Chorda dorsalis (Notochorda), Achsenstab, ungegliedert. 12. Darmepithelium (Gastrodermis) 12. A. Epithel des Kopfdarms oder Kiemendarms. 12. B. Epithel des Rumpfdarms oder Leberdarms.

Zwölfter Vortrag.

Keimschild und Fruchthof.

„Jeder Naturforscher, der mit offenen Augen in die dunkeln, aber höchst interessanten Labyrinthgänge unserer Keimesgeschichte tiefer eindringt und der im stande
ist, sie kritisch mit derjenigen der übrigen Säugetiere zu vergleichen, wird in derselben
die bedeutungsvollsten Lichtträger für das Verständnis unserer Stammesgeschichte finden.
Denn die verschiedenen Stufen der Keimbildung werfen als palingenetische Ver-
erbungsphänomene ein helles Licht auf die entsprechenden Stufen unserer Ahnenreihe,
gemäß dem Biogenetischen Grundgesetze. Aber auch die cenogenetischen An-
passungserscheinungen, die Bildung der vergänglichen Embryonalorgane — der charakteristischen Keimhüllen, und vor allen der Placenta — geben uns ganz bestimmte
Aufschlüsse über unsere nahe Stammverwandtschaft mit den Primaten."

„Die Welträtsel" (1899).

Keimung der Amnioten. Keim und Dotter. Keimscheibe und
Dottersack. Darmrohr und Dotterdrüse. Keimschild oder
Embryonalanlage. Keimdarmblase der Säugetiere. Fruchthof
und Dauerleib. Stammesgeschichte der Dotterbildung.

Inhalt des zwölften Vortrages.

— — — — — —

Literatur:

M. P. Erdl, *1845. Die Entwickelung des Menschen und des Hühnchens im Ei. (31 Kupfertafeln.) Leipzig.*

Robert Remak, *1850. Bildung der Achsenplatte. Untersuchungen über die Entwickelung der Wirbeltiere, § 12. Berlin.*

Alexander Ecker, *1851—1859. Icones physiologicae. Erläuterungstafeln zur Physiologie und Entwickelungsgeschichte. Leipzig.*

Eduard Van Beneden, *1880. Recherches sur l'embryologie des Mammifères. (Arch. de Biologie, Vol. I—V.) Bruxelles.*

Paul Sarasin und Fritz Sarasin, *1887—1890. Zur Entwickelungsgeschichte und Anatomie der ceylonesischen Blindwühle (Ichthyophis glutinosus). Wiesbaden.*

Emil Selenka, *1883—1886. Studien über Entwickelungsgeschichte der Tiere. Heft I bis IV. — Menschenaffen (Entwickelung und Schädelbau). 1902. Wiesbaden.*

Ludwig Will, *1893—1899. Beiträge zur Entwickelungsgeschichte der Reptilien (Eidechsen, Schildkröten). Jena.*

Alfred Voeltzkow, *1901. Beiträge zur Entwickelungsgeschichte der Reptilien (Krokodile). Frankfurt.*

August Rauber, *1877—1889. Formbildung und Formstörung in der Entwickelung von Wirbeltieren. Leipzig.*

Oscar Hertwig, *1886. Lehrbuch der Entwickelungsgeschichte der Menschen und der Wirbeltiere. 8. Aufl. 1906. Jena.*

H. H. Schauinsland, *1903. Beiträge zur Entwickelungsgeschichte und Anatomie der Wirbeltiere. (56 Tafeln.) Stuttgart.*

XII.

Meine Herren!

Die drei höheren Wirbeltierklassen, welche ich (1866) als Amnioten oder „Amniontiere" zusammengefaßt habe, die Säugetiere, Vögel und Reptilien, unterscheiden sich in vielen Beziehungen ihrer Entwickelung sehr auffallend von den fünf niederen Klassen des Stammes, den Amnionlosen (Anamnia oder Ichthyoda). Alle Amnioten zeichnen sich aus durch den Besitz einer eigentümlichen Keimhülle, des Amnion oder der „Wasserhaut", sowie eines besonderen Keimanhanges, der Allantois. Ferner besitzen alle Amniontiere einen ansehnlichen Dottersack, der bei den Reptilien und Vögeln mit Nahrungsdotter, bei 'den Säugetieren mit einer klaren, diesem entsprechenden Flüssigkeit gefüllt ist. Infolge dieser cenogenetischen Keimbildungen werden die ursprünglichen Entwickelungs-Verhältnisse der Amnioten so eigentümlich abgeändert, daß es sehr schwer fällt, sie auf die palingenetischen Keimungsvorgänge der niederen amnionlosen Wirbeltiere zurückzuführen. Den Weg dahin zeigt uns die Gastraeatheorie, indem sie die Keimung des niedersten Wirbeltieres, des schädellosen Amphioxus, als die ursprüngliche betrachtet und aus ihr durch eine Reihe von allmählichen Abänderungen die Gastrulation und Coelomation der Schädeltiere oder Cranioten ableitet.

Verhängnisvoll für eine naturgemäße Auffassung der wichtigsten Keimungsvorgänge der Vertebraten war besonders der Umstand, daß alle älteren Embryologen, von *Malpighi* (1687) und *Wolff* (1759) bis auf *Baer* (1828) und *Remak* (1850), immer von der Untersuchung des Hühnereies ausgingen und die hier gewonnenen Erfahrungen auf den Menschen und die übrigen Wirbeltiere übertrugen. Nun ist aber dieses „klassische Hauptobjekt der Embryologie", wie wir uns bereits überzeugt haben, eine Quelle der gefährlichsten Irrtümer. Denn der mächtige kugelige Nahrungsdotter des Vogeleies bedingt zunächst die flache, scheibenförmige Ausbreitung der kleinen Gastrula, und weiterhin eine so

19*

eigentümliche Entwickelung dieser kreisrunden dünnen „Keimscheibe", daß die Kämpfe über deren irrtümliche Deutung einen
großen Teil der embryologischen Literatur füllen.

Einer der unglücklichsten hieraus entsprungenen Irrtümer
war die Auffassung eines ursprünglichen Gegensatzes von K e i m
und D o t t e r. Dabei wurde der letztere als ein fremder, außerhalb
des eigentlichen Keimes gelegener Körper betrachtet, während
er in der Tat doch nur einen Teil desselben, ein „embryonales
Ernährungsorgan" darstellt. Viele Autoren ließen „die erste Spur
des Embryo" erst später auftreten, außen auf dem Dotter; bald
wurde die zweiblätterige Keimscheibe selbst, bald nur der mittlere
axiale Teil derselben, im Gegensatze zu dem gleich zu besprechenden „Fruchthofe", als „die erste Anlage des Embryo" aufgefaßt. Im Lichte der Gastraeatheorie ist es kaum nötig, auf das
Verfehlte dieser früher herrschenden Anschauung und der gefähr-
lichen sich daraus ergebenden Trugschlüsse hinzuweisen. In der
Tat ist schon die „erste Furchungszelle" oder die S t a m m z e l l e
d e r K e i m s e l b s t, und alles, was daraus hervorgeht, gehört
zum „E m b r y o". Wie die voluminöse ursprüngliche Dottermasse
im ungefurchten Ei der Vögel nur einen Einschluß der riesig ver-
größerten Eizelle selbst darstellt, so ist auch später der Inhalt
ihres embryonalen Dottersackes (— gleichviel ob er schon gefurcht
oder noch ungefurcht ist —) nur ein Teil des Entoderms, welches
den Urdarm bildet. Das zeigen ganz klar die amphiblastischen
Eier der Amphibien und Cyclostomen, welche den Uebergang von
den archiblastischen dotterlosen Eiern des Amphioxus zu den
großen dotterreichen Eiern der Reptilien und Vögel erläutern.

Gerade bei der kritischen Vergleichung dieser schwierigen
Verhältnisse offenbart sich der u n s c h ä t z b a r e W e r t phylogenetischer Betrachtungen für die Erklärung verwickelter ontogenetischer Tatsachen, und die Notwendigkeit, die c e n o -
g e n e t i s c h e n Erscheinungen von den p a l i n g e n e t i s c h e n zu
trennen. Für die vergleichende Ontogenie der W i r b e l t i e r e ist
dies besonders deshalb klar, weil hier die phylogenetische E i n -
h e i t d e s S t a m m e s auf Grund der wohlbekannten Tatsachen
der Paläontologie und der vergleichenden Anatomie von vornherein feststeht. Würde diese Stammeseinheit, auf der Basis des
Amphioxus, stets im Auge behalten, so würden sich nicht immer
noch jene Irrtümer wiederholen.

Wie die unrichtige Auffassung der Dotterbildung die meisten
und besten älteren Beobachter irre geführt hat, so geschieht das

nicht selten auch noch heute. Ein Beispiel aus neuerer Zeit liefern die schönen Untersuchungen „Zur Entwickelungsgeschichte und Anatomie der ceylonesischen Blindwühle (*Ichthyophis glutinosus*)". Die beiden trefflichen Beobachter *Paul* und *Fritz Sarasin* gelangen in dritten Hefte dieser Forschungen (1889) zu dem Satze, „daß die beiden Keimschichten der Gastrula nicht dem Ektoderm und Entoderm, sondern dem Blastoderm und Dotter der Vertebraten entsprechen", und glauben damit „nunmehr das Fundament für eine vergleichende Entwickelungsgeschichte des Tierreichs gelegt" zu haben. Hiernach „besteht die Gastrula aus zwei Schichten, von denen die innere der Lecithoblast, die äußere das Blastoderm" ist.

Das Mißverständnis der Tatsachen und Begriffe, welches diesen Sätzen zu Grunde liegt, klärt sich auf durch die Erwägung, daß in allen Fällen der Dotter ein Teil der vegetalen Keimhälfte ist. Wie in dem einzelligen Keime (der Stammzelle) der ungefurchte Nahrungsdotter nur eine Inhaltsportion der vegetalen Eizellen-Hemisphäre ist, so müssen wir auch an dem vielzelligen Keime den gefurchten Nahrungsdotter stets als einen Teil der ventralen Urdarmwand betrachten. Der „Dotterkeim" oder *Lecithoblast* von *Sarasin* ist nur ein beschränkter Teil des *Entoderms*, und zwar derjenige Teil, welcher sich in der Bauchwand des Urdarms aus dessen Mittelstück entwickelt; er ist als „Dotterdrüse" (*Lecithadenia*) ebenso nur ein untergeordneter drüsiger Bestandteil des ganzen Darmrohrs, wie später die aus diesem hervorwachsenden Darmdrüsen, Leber, Lunge u. s. w. Hingegen ist der dorsale Keimteil, welchen *Sarasin* als „Blastoderm" jenem ventralen Lecithoblast gegenüberstellt, keineswegs die ursprüngliche (— alle Embryonalzellen umfassende! —) Keimhaut, das wahre „*Blastoderm*", sondern vielmehr der Rest des Entoderms und das ganze Ektoderm.

Wie in diesen, so hat auch noch in vielen anderen Fällen das cenogenetische Verhältnis des Keimes zum Nahrungsdotter bis auf die neueste Zeit eine ganz irrtümliche Auffassung der ersten und wichtigsten Keimungsvorgänge bei den höheren Wirbeltieren bedingt und eine Menge von falschen Gesichtspunkten in deren Ontogenie eingeführt. Bis vor vierzig Jahren ging die Keimesgeschichte der höheren Wirbeltiere allgemein von der Ansicht aus, daß die „erste Anlage des Keimes" eine flache blattförmige Scheibe sei; und gerade deshalb wurden ja auch die Zellenschichten, welche diese Keimscheibe (auch „Fruchthof" genannt) zusammensetzen, als „Keimblätter" bezeichnet. Diese flache Keimscheibe (*Blastodiscus*),

die anfangs kreisrund, später länglich-rund ist, und die am gelegten
Hühnerei oft als Narbe, Hahnentritt oder Cicatricula bezeichnet
wird, liegt an einer Stelle außen auf der Oberfläche des großen
kugeligen Nahrungsdotters auf. Wir haben uns überzeugt, daß
dieselbe nichts anderes ist als die scheibenförmig abgeflachte
G a s t r u l a der Vögel (*Discogastrula*). Im Beginne der Keimung
wölbt die flache Keimscheibe sich nach außen und schnürt sich
nach innen von der darunter gelegenen großen Dotterkugel ab.
Die flachen B l ä t t e r werden dadurch zu R ö h r e n, indem ihre
Ränder sich gegeneinander krümmen und verwachsen (Fig. 108).
Während der Keim auf Kosten des Nahrungsdotters wächst, wird
der letztere immer kleiner; er wird von den Keimblättern völlig
umwachsen. Späterhin bildet der Rest des Nahrungsdotters nur
noch einen kleinen kugeligen Sack, den D o t t e r s a c k oder die
Nabelblase (*Saccus vitellinus* oder *Vesicula umbilicalis*, Fig. 108 *nb*),
Dieser ist vom Darmblatt umschlossen, hängt durch einen dünnen
Stiel, den Dottergang (*Ductus vitellinus*) mit dem mittleren Teile
des Darmrohres zusammen und wird schließlich bei den meisten
Wirbeltieren vollständig in letzteres aufgenommen (*H*). Die Stelle,
an welcher dies geschieht und wo der Darm sich zuletzt schließt,
ist der D a r m n a b e l. Bei den Säugetieren, wo der Rest des
Dottersackes außerhalb liegen bleibt und verkümmert, durchbohrt
der Dottergang bis zuletzt die äußere Bauchwand. Bei der Geburt reißt der „Nabelstrang" hier ab, und die Verschlußstelle bleibt
als „Hautnabel" in der äußeren Haut zeitlebens bestehen.

Indem nun die frühere Keimesgeschichte der höheren Wirbeltiere, vorzugsweise auf das Hühnchen gestützt, den Gegensatz
zwischen Keim (oder Bildungsdotter) und Nahrungsdotter (oder
Dottersack) als einen u r s p r ü n g l i c h e n betrachtete, mußte sie
auch die flache, blattförmige Anlage der Keimscheibe als die
ursprüngliche Keimform ansehen und das Hauptgewicht darauf
legen, daß aus diesen flachen Keimblättern durch Krümmung
hohle Rinnen und durch Verwachsung ihrer Ränder geschlossene
Röhren würden.

Diese Auffassung, welche die ganze Darstellung der Keimesgeschichte der höheren Wirbeltiere bis vor vierzig Jahren beherrschte, war g r u n d f a l s c h. Denn die Gastraeatheorie (1872)
die hier ihre volle Bedeutung entfaltet, belehrt uns, daß das wahre
Sachverhältnis ursprünglich gerade umgekehrt ist. Die b e c h e r -
f ö r m i g e G a s t r u l a, in deren Körperwand die beiden primären
Keimblätter von Anfang an als g e s c h l o s s e n e R ö h r e n auftreten,

ist die ursprüngliche Keimform der sämtlichen Wirbeltiere, wie der sämtlichen wirbellosen Metazoen; und die f l a c h e Keimscheibe mit ihren oberflächlich ausgebreiteten Keimblättern ist eine spätere, sekundäre Keimform, entstanden durch die cenogenetische Ausbildung des großen Nahrungsdotters und die nachträgliche allmähliche Ausbreitung der Keimblätter auf seiner

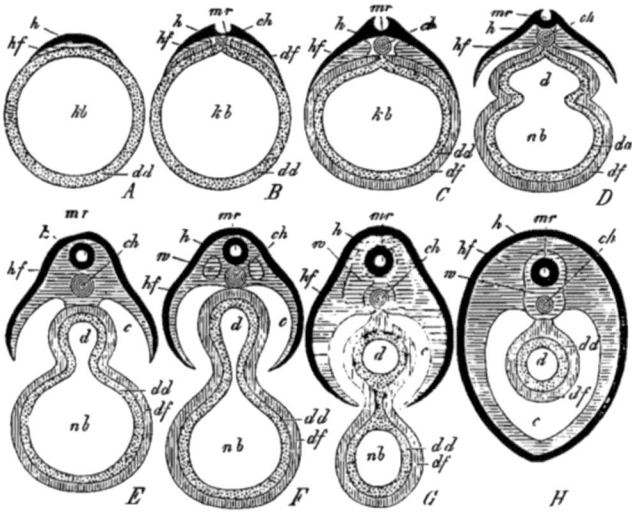

Fig. 108. **Abschnürung des scheibenförmigen Säugetierkeims vom Dottersack im Querschnitt** (schematisch). *A* Die Keimscheibe (*h, hf*) liegt flach an einer Seite der Keimdarmblase (*kb*). *B* In der Mitte der Keimscheibe tritt die Markfurche (*mr*) und darunter die Chorda auf (*ch*). *C* Das Darmfaserblatt (*df*) hat das Darmdrüsenblatt (*dd*) rings umwachsen. *D* Hautfaserblatt (*hf*) und Darmfaserblatt (*df*) trennen sich in der Peripherie; der Darm (*d*) beginnt sich von dem Dottersack oder der Nabelblase (*nb*) abzuschnüren. *E* Das Markrohr (*mr*) ist geschlossen; die Leibeshöhle (*c*) beginnt sich zu bilden. *F* Die Urwirbel (*w*) sondern sich; der Darm (*d*) ist fast ganz geschlossen. *G* Die Urwirbel (*w*) beginnen Markrohr (*mr*) und Chorda (*ch*) zu umwachsen; der Darm (*d*) ist von der Nabelblase (*nb*) abgeschnürt. *H* Die Wirbel (*w*) haben Markrohr (*mr*) und Chorda umwachsen; die Leibeshöhle (*c*) ist geschlossen, die Nabelblase verschwunden. Amnion und seröse Hülle sind weggelassen.
Die Buchstaben bedeuten überall dasselbe: *h* Hornplatte, *mr* Markrohr, *hf* Hautfaserblatt, *w* Urwirbel, *ch* Chorda, *c* Leibeshöhle oder Coelom, *df* Darmfaserblatt, *dd* Darmdrüsenblatt, *d* Darmhöhle, *nb* Nabelblase.

Oberfläche. Die tatsächlich eintretende Krümmung dieser Keimblätter und ihre Verwachsung zu Röhren ist demnach kein ursprünglicher, primärer, sondern ein viel späterer, tertiärer Entwickelungsvorgang. In der Phylogenie der Wirbeltierkeimung würden somit folgende drei historische Stufen der Keimesentwickelung zu unterscheiden sein:

A. Erste Stufe: **Primärer** (palingenetischer) Vorgang der Keimbildung.	B. Zweite Stufe: **Sekundärer** (cenogenetischer) Vorgang der Keimbildung.	C. Dritte Stufe: **Tertiärer** (cenogenetischer) Vorgang der Keimbildung.
Die Keimblätter bilden von Anfang an geschlossene Röhren, indem die einblättrige Hohlkugel (Blastula) durch Einstülpung in die zweiblättrige Gastrula verwandelt ist. Kein Nahrungsdotter. (*Amphioxus.*)	Die Keimblätter breiten sich blattförmig aus, indem sich im ventralen Entoderm Nahrungsdotter anhäuft und aus der Mitte des Darmrohres ein großer Dottersack entwickelt. (*Amphibien.*)	Die Keimblätter bilden eine flache Keimscheibe, deren Ränder sich gegeneinander krümmen, zu einer geschlossenen Röhre verwachsen und vom ventralen Dottersack abschnüren. (*Amnioten.*)

Da diese Auffassung, eine logische Folgerung der Gastraeatheorie, durch die vergleichenden Untersuchungen der Gastrulation in den letzten Decennien vollauf bestätigt worden ist, muß der bisher übliche Gang der Darstellung gerade umgekehrt werden. Der Dottersack ist dann nicht, wie bisher, in ursprünglichem Gegensatze zum Keime oder Embryo zu behandeln, sondern als ein wesentlicher Bestandteil desselben, als ein Teil seines Darmrohres. Der U r d a r m (*Progaster*) der G a s t r u l a hat sich demnach bei den höheren Tieren infolge der cenogenetischen Ausbildung des Nahrungsdotters in zwei verschiedene Teile gesondert: in den Dauerdarm oder N a c h d a r m (*Metagaster*) oder den sogenannten „bleibenden Darmkanal" und in den Dottersack (*Lecithoma*) oder die sogenannte „Nabelblase". Sehr klar wird das durch die vergleichende Ontogenie der Fische und Amphibien bewiesen. Denn hier unterliegt anfänglich noch der ganze Dotter der Furchung und bildet in der Ventralwand des Urdarms eine aus „Dotterzellen" zusammengesetzte „Dotterdrüse". Später wird er aber so groß, daß ein Teil des Dotters ungefurcht bleibt und in dem außerhalb abgeschnürten Dottersack aufgezehrt wird. Wenn wir die Keimesgeschichte des Amphioxus, des Frosches, des Hühnchens und des Kaninchens v e r g l e i c h e n d studieren (Taf. II, III), so kann nach meiner Ueberzeugung über die Berechtigung dieser, seit 1872 von mir vertretenen Auffassung kein Zweifel mehr sein. Demnach werden wir im Lichte der Gastraeatheorie unter allen Wirbeltieren einzig und allein die Bildungs-Verhältnisse des A m p h i o x u s als die u r s p r ü n g l i c h e n, von der palingenetischen Keimungsform nur wenig abweichenden zu betrachten haben. Bei den Cyclostomen und beim Frosche sind

diese Verhältnisse im ganzen noch mäßig cenogenetisch abge-
ändert, sehr stark dagegen beim Hühnchen und am stärksten beim
Kaninchen.   In der Glockengastrula des Amphioxus, wie in der
Haubengastrula des Petromyzon und des Frosches liegen die Keim-
blätter von Anfang an als geschlossene Röhren oder Blasen vor
(Taf. II, Fig. 6, 11).   Hingegen tritt der Keim des Hühnchens
(am frisch gelegten, noch nicht bebrüteten Ei) als flache kreisrunde
Scheibe auf, und es war nicht leicht, die wahre Gastrula-Natur dieser
Keimscheibe zu erkennen: *Rauber* und *Goette* haben diese schwierige
Aufgabe zuerst gelöst.   Indem die Scheibengastrula den kolossalen
kugeligen Dotter umwächst, und indem sich dann der „Nachdarm"
oder bleibende Darm von dem außen befindlichen Dottersack abschnürt, begegnen wir allen den Vorgängen, die wir in Fig. 108
schematisch dargestellt haben; Vorgänge, welche bisher als Haupt-
akte betrachtet wurden, während sie eigentlich nur Nebenakte sind.

Ebenso wie die Sauropsiden (Reptilien und Vögel) verhalten
sich auch die ältesten, eierlegenden Säugetiere, die diskoblastischen
M o n o t r e m e n.   Höchst verwickelt und eigentümlich gestalten
sich dagegen die entsprechenden Vorgänge der Keimung bei den
lebendig gebärenden Säugetieren, den Marsupialien und Placentalien.   Sie sind hier früher ganz unrichtig beurteilt worden;
erst die 1875 veröffentlichten Untersuchungen von *Eduard Van
Beneden*[61]) und die nachfolgenden Beobachtungen von *Selenka,
Kupffer, Rabl* u. a. haben darüber Licht verbreitet und uns gestattet, dieselben mit den Prinzipien der Gastraeatheorie in Einklang zu bringen und auf die Keimung der niederen Wirbeltiere
zurückzuführen.   Obgleich nämlich im Ei der viviparen Säugetiere
gar kein selbständiger, vom Bildungsdotter getrennter Nahrungsdotter existiert, und obgleich demgemäß ihre Furchung eine totale
ist, so bildet sich dennoch bei den daraus entstehenden Embryonen
ein großer „D o t t e r s a c k" (*Lecithoma*), und der sogenannte „eigentliche Keim" breitet sich auf dessen Oberfläche blattförmig aus,
wie bei den Reptilien und Vögeln, die einen großen Nahrungsdotter und partielle Furchung besitzen.   Wie bei den letzteren,
schnürt sich auch bei den Säugetieren die flache, blattförmige
„K e i m s c h e i b e" (*Blastodiscus*) vom Dottersacke ab, ihre Ränder
krümmen sich gegeneinander und verwachsen zu Röhren.

Wie ist nun dieser auffallende Widerspruch zu erklären?   Nur
durch höchst eigentümliche und sonderbare, cenogenetische Modifikationen der Keimung, deren eigentliche Ursachen in der a b -
g e ä n d e r t e n   B r u t p f l e g e   d e r   v i v i p a r e n   S ä u g e t i e r e

liegen. Offenbar hängen dieselben damit zusammen, daß die Vorfahren der lebendig gebärenden Säugetiere eierlegende Amniontiere gleich den heutigen Monotremen waren und erst allmählich
die Sitte des Lebendiggebärens annahmen. Darüber kann kein
Zweifel mehr sejn, seitdem (1884) nachgewiesen wurde, daß selbst
heute noch die Monotremen, die niedersten und ältesten Säugetiere, Eier legen und daß diese sich gleich den diskoblastischen
Eiern der Reptilien und Vögel entwickeln (vergl. S. 219). Ihre
nächsten Nachkommen, die Beuteltiere, gewöhnten sich daran, die
Eier bei sich zu behalten und in ihrem Eileiter auszubilden; dieser
wurde dadurch zum Fruchtbehälter (Uterus). Eine ernährende
Flüssigkeit, welche von der Wand des letzteren abgeschieden wurde
und durch die Wand der Keimblase durchschwitzte, diente nunmehr zur Ernährung des Keimes und verdrängte den Nahrungsdotter, an dessen Stelle sie trat. So wurde der ursprüngliche
Nahrungsdotter der meroblastischen Monotremen allmählich rückgebildet und verschwand zuletzt so vollständig, daß die partielle
Eifurchung bei ihren Nachkommen, den übrigen Säugetieren,
wieder in die totale überging. Aus der *Discogastrula* der
ersteren wurde die eigentliche *Epigastrula* der letzteren.

Nur durch diese phylogenetische Auffassung wird die Bildung
und Entwickelung der eigentümlichen, früher ganz irrig gedeuteten
K e i m b l a s e d e r S ä u g e t i e r e verständlich. Dieser blasenförmige Zustand des Säugetierkeims ist schon vor 200 Jahren
(1677) von *Regner de Graaf* entdeckt worden. Derselbe fand im
Fruchtbehälter des Kaninchens vier Tage nach der Befruchtung
kleine, kugelige, frei liegende, wasserhelle Bläschen, die eine doppelte
Hülle hatten. Aber *Graafs* Darstellung fand keine Anerkennung.
Erst im Jahre 1827 wurden diese Bläschen von *Baer* wieder entdeckt und darauf von *Bischoff* 1842 beim Kaninchen genauer
beschrieben (Fig. 109, 110). Man findet sie beim Kaninchen, beim
Hunde und anderen kleinen Säugetieren schon wenige Tage nach
der Begattung im Fruchtbehälter (Uterus oder Gebärmutter). Es
werden nämlich die reifen Eier der Säugetiere, nachdem sie aus
dem Eierstock ausgetreten sind, entweder schon hier oder gleich
darauf im Eileiter durch die eingedrungenen, beweglichen Spermazellen befruchtet[68]). Ueber Fruchtbehälter und Eileiter vergl. den
XXIX. Vortrag. Innerhalb des Eileiters erfolgt die Furchung
und die Ausbildung der Gastrula. Entweder schon hier im Eileiter,
oder erst nachdem die Gastrula des Säugetieres in den Fruchtbehälter
eingetreten ist, verwandelt sie sich in die kugelige Blase, welche

Fig. 109 von der Oberfläche, Fig. 110 im Durchschnitt zeigt. Die äußere dicke, strukturlose Hülle, welche dieselbe umgibt, ist die veränderte ursprüngliche Eihülle (*Ovolemma* oder *Zona pellucida*),

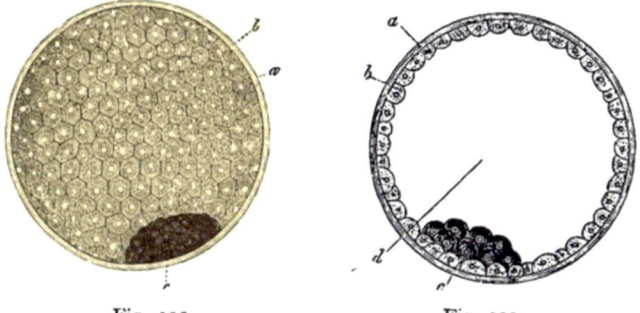

Fig. 109.   Fig. 110.

Fig. 109. **Die Keimdarmblase** (*Blastocystis* oder *Gastrocystis*) vom Kaninchen (sogenannte „Keimblase" oder *Vesicula blastodermica* der Autoren). *a* äußere Eihülle (*Ovolemma*), *b* Hautblatt oder Ektoderm, die gesamte Wand der Keimdotterblase bildend, *c* Haufen von dunklen Zellen, das Darmblatt oder Entoderm darstellend.
Fig. 110. **Dieselbe Keimdarmblase** im Durchschnitt. Buchstaben wie in Fig. 109. *d* Hohlraum der Keimdarmblase. Nach *Bischoff*.

verbunden mit einer Eiweißschicht welche sich äußerlich angelagert hat. Wir nennen diese Hülle von jetzt an die ä u ß e r e E i h a u t, das primäre *Chorion* oder P r o c h o r i o n (*a*). Die davon umschlossene eigentliche Wand der Blase besteht aus einer einfachen Schicht von Ektodermzellen (*b*), welche durch gegenseitigen Druck abgeplattet, meist sechseckig sind; durch ihr feinkörniges Protoplasma schimmert ein heller Kern hindurch (Fig. 111). An einer Stelle (*c*) dieser Hohlkugel liegt innen eine kreisrunde Scheibe an, aus dunkleren und weicheren, mehr rundlichen Zellen gebildet, den trübkörnigen Entodermzellen (Fig. 112).

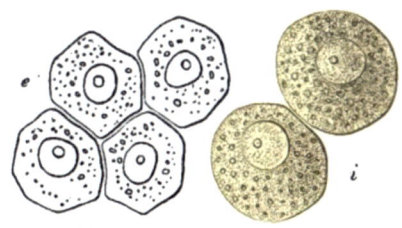

Fig. 111.   Fig. 112.

Fig. 111. **Vier Ektodermzellen** von der Keimdarmblase des Kaninchens.
Fig. 112. **Zwei Entodermzellen** von der Keimdarmblase des Kaninchens.

Die charakteristische Keimform, welche das entstehende Säugetier jetzt besitzt, ist bisher gewöhnlich als „K e i m b l a s e" (*Bischoff*), „sackförmiger Keim" (*Baer*), „bläschenförmige Frucht" oder „Keimhautblase" bezeichnet worden (*Vesicula blastodermica* oder kurz *Blastosphaera*). Die Wand der Hohlkugel, welche aus einer einzigen

Schicht von Zellen besteht, nannte man „Keimhaut" oder *Blasto-derma* und hielt sie für gleichbedeutend mit der gleichnamigen Zellenschicht, welche die Wand der echten Keimhautblase oder *Blastula* beim Amphioxus (Taf. II, Fig. 4) und bei sehr vielen wirbellosen Tieren bildet (z. B. bei Monoxenia, Fig. 31, *F, G*). All-gemein galt früher diese echte Keimhautblase für gleichwertig oder homolog der Keimblase der Säugetiere. Das ist aber durchaus nicht der Fall! Die sogenannte „Keimblase der Säuge-tiere" und die echte Keimhautblase des Amphioxus und vieler Wirbellosen sind gänzlich verschiedene Keimzustände. Die letztere (*Blastula*) ist palingenetisch und geht der Gastrulabildung voraus! Die erstere (*Vesicula blastoder-mica*) hingegen ist cenogenetisch und folgt der Gastrulabildung nach! Die kugelige Wand der Blastula ist eine echte Keim-haut (*Blastoderma*) und besteht aus lauter gleichartigen Zellen (Blastodermzellen); sie ist noch nicht in die beiden primären Keimblätter differenziert. Die kugelige Wand der Säugetier-„Keim-blase" ist hingegen das differenzierte Hautblatt (*Ektoderma*), und an einer Stelle liegt demselben innen eine kreisrunde Scheibe von ganz verschiedenen Zellen an: das Darmblatt (*Entoderma*). Der kugelige, mit klarer Flüssigkeit gefüllte Hohlraum im Innern der echten Blastula ist die Furchungshöhle. Hingegen der ähn-liche Hohlraum im Innern der Säugetierkeimblase ist die Dotter-sackhöhle, die mit der sich bildenden Darmhöhle zusammen-hängt. Diese „Urdarmhöhle" geht bei den Säugetieren unmittelbar in die Furchungshöhle über, infolge der eigentümlichen cenogenetischen Abänderungen ihrer Gastrulation, welche wir früher betrachtet haben (vergl. den IX. Vortrag, S. 222).

Aus allen diesen Gründen ist es durchaus notwendig, die sekundäre „Keimdarmblase" der Säugetiere (*Gastrocystis* oder *Blastocystis*, früher *Vesicula blastodermica* genannt) als einen eigentümlichen, nur dieser Tierklasse zukommenden Keimzustand anzuerkennen und von der primären „Keimhautblase" (*Blastula*) des Amphioxus und der Wirbellosen scharf zu unterscheiden. Die Wand dieser „Keimdarmblase" der Säugetiere besteht aus zwei ver-schiedenen Teilen. Der weitaus größere Teil ist einschichtig, bloß aus dem Ektoderm gebildet. Den kleineren Teil, nämlich die kreis-runde Scheibe, welche aus beiden primären Keimblättern gebildet ist, kann man mit *Van Beneden* Keimdarmscheibe (*Gastro-discus*) nennen. Bei vielen Säugetieren stellt sich schon früh-zeitig eine Art Häutung der Epigastrula ein. Das primäre

Ektoderm ist teilweise vergänglich (eine vorübergehende „Umhüllungshaut" oder „*Rauber*sche Deckschicht"), und wird ersetzt durch ein sekundäres Ektoderm, welches vom Rande der Keimdarmscheibe aus sich entwickelt.

Der kleine, kreisrunde, weißliche und trübe Fleck, den diese „Keimdarmscheibe" an einer Stelle der Oberfläche der hellen und durchsichtigen, kugeligen „Keimdarmblase" bildet, ist den Naturforschern schon seit langer Zeit bekannt und mit der „Keimscheibe" der Vögel und Reptilien verglichen worden. Bald ist sie demnach geradezu „Keimscheibe" (*Discus blastodermicus*) genannt worden, bald Embryonalfleck, („*Tache embryonnaire*"), gewöhnlich F r u c h th o f (*Area germinativa*). Von diesem Fruchthofe geht die weitere Entwickelung des Keimes zunächst aus. Hingegen wird der größere Teil der Keimdarmblase der Säugetiere nicht zur Bildung des späteren Körpers direkt verwendet, sondern zur Bildung der vorübergehenden „Nabelblase". Von dieser schnürt sich der Embryokörper um so mehr ab, je mehr er auf ihre Kosten wächst und sich ausbildet; beide bleiben nur noch durch den Dottergang (den Stiel des Dottersackes) verbunden; und dieser unterhält die unmittelbare Kommunikation zwischen der Höhle der Nabelblase und der sich bildenden Darmhöhle (Fig. 108).

Der Fruchthof oder die K e i m d a r m s c h e i b e der Säugetiere besteht anfänglich (gleich der Keimscheibe der Vögel und Reptilien) bloß aus den beiden primären Keimblättern, Ektoderm und Entoderm. Sehr bald aber tritt in der Mitte der kreisrunden Scheibe zwischen beiden eine dritte Zellenschicht auf, die Anlage des M i t t e l b l a t t e s oder F a s e r b l a t t e s (*Mesoderma*). Dieses „mittlere K e i m b l a t t" besteht, wie wir im X. Vortrage gezeigt haben, von Anfang an aus zwei getrennten epithelialen Lamellen, aus den beiden B l ä t t e r n d e r C o e l o m t a s c h e n, parietalem und visceralem (vergl. S. 255). Nur sind diese beiden dünnen Mittelblätter bei allen Amnioten (infolge der mächtigen Dotterbildung) so fest aufeinander gepreßt, daß sie ein scheinbar einfaches Mittelblatt vorspiegeln. Eigentlich ist also bei allen Amnioten die Mitte des Fruchthofes bereits aus vier Keimblättern zusammengesetzt, aus den beiden Grenzblättern (oder primären Keimblättern) und den dazwischen liegenden beiden Mittelblättern (Fig. 99, 100). Diese vier sekundären Keimblätter sind deutlich zu unterscheiden, sobald am hinteren Rande des Fruchthofs die sogenannte Sichelrinne (oder „Keimsichel") sichtbar wird. In der Peripherie besteht dagegen der Fruchthof der Säugetiere nur aus zwei Keimblättern.

Die übrige Wand der Keimdarmblase besteht anfänglich (— jedoch bei den meisten Säugetieren nur kurze Zeit —) bloß aus einem einzigen, dem äußeren Keimblatte.

Nunmehr wird aber die ganze Wand der Keimdarmblase doppelschichtig. Während nämlich die Mitte des Fruchthofes sich durch die Zellenwucherung der Mittelblätter mächtig verdickt, breitet sich gleichzeitig das innere Keimblatt aus und wächst allseitig am Rande der Scheibe weiter. Ueberall eng an dem äußeren Keimblatte anliegend, wächst es an dessen innerer Fläche allenthalben herum, überzieht zuerst die obere, dann die untere Halbkugel der Innenfläche und kommt endlich in der Mitte der letzteren unten zum Verschluß (vergl. Fig. 113—117). Die Wand der Keimdarmblase besteht demnach jetzt überall aus zwei Zellenschichten: Ektoderm außen, Entoderm innen. Nur in der Mitte des kreisrunden Fruchthofes, welcher durch Wucherung der Mittelblätter immer dicker wird, besteht dieselbe aus allen vier Keimblättern. Gleichzeitig lagern sich auf der Oberfläche der äußeren Eihaut, des Ovolemma oder Prochorion, welches sich von der Keimdarmblase abgehoben hat, kleine strukturlose Zotten oder Wärzchen ab (Fig. 115—117 a).

Wir können nun zunächst sowohl die äußere Eihaut als auch den größten Teil der Keimblase außer acht lassen und wollen unsere ganze Aufmerksamkeit dem F r u c h t h o f e und der vierblätterigen Keimscheibe zuwenden. Denn in dieser allein treten zunächst die wichtigsten Veränderungen auf, welche die Sonderung der ersten Organe zur Folge haben. Es ist dabei ganz gleichgültig, ob wir den Fruchthof des Säugetieres (z. B. des Kaninchens) oder die Keimscheibe eines Vogels oder eines Reptils (z. B. Eidechse oder Schildkröte) untersuchen. Denn bei allen Gliedern der drei höheren Wirbeltierklassen, die wir als Amnioten zusammenfassen, sind die zunächst auftretenden Keimungsvorgänge im wesentlichen ganz gleich. Der Mensch verhält sich darin nicht anders als das Kaninchen, der Hund, das Rind u. s. w.; und bei allen diesen Säugetieren erleidet der Fruchthof im wesentlichen dieselben Veränderungen, wie bei den Vögeln und Reptilien. Bei weitem am häufigsten und am genauesten sind dieselben beim Hühnchen verfolgt, weil wir uns bebrütete Hühnereier aus jeder Altersstufe und jederzeit in beliebiger Menge verschaffen können. Auch die kreisrunde Keimscheibe des Hühnchens geht unmittelbar nach Beginn der Bebrütung (innerhalb weniger Stunden) aus dem zweiblätterigen Zustand in den vierblätterigen über, indem sich von der medianen

Primitivrinne aus zwischen Ektoderm und Entoderm das zweiblätterige Mesoderm entwickelt (Fig. 95—98, S. 252).

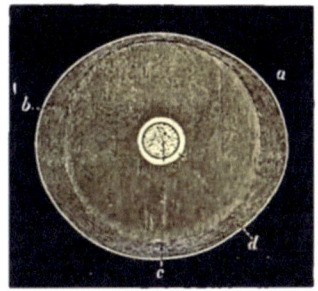

Fig. 113.

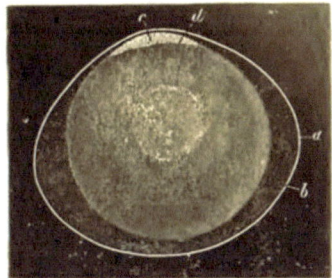

Fig. 114.

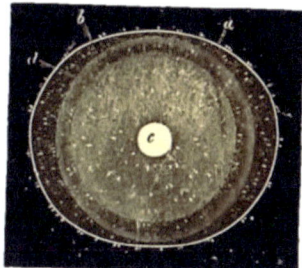

Fig. 115.

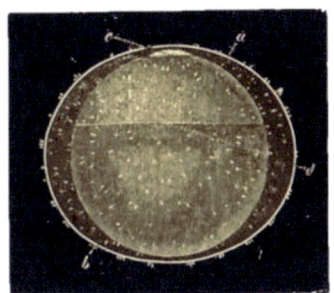

Fig. 116.

Fig. 113. **Kaninchenei** aus dem Fruchtbehälter, von 4 mm Durchmesser. Die Keimdarmblase (*b*) hat sich etwas von der glatten äußeren Eihülle oder dem Ovolemma (*a*) zurückgezogen. In der Mitte der Keimhaut ist die kreisrunde Keimscheibe (Blastodiscus, *c*) sichtbar, an deren Rande (bei *d*) sich die innere Schicht der Keimblase bereits auszubreiten beginnt. (Fig. 113—117 nach *Bischoff*.)

Fig. 114. **Dasselbe Kaninchenei,** von der Seite gesehen (im Profil), Buchstaben wie bei Fig. 113.

Fig. 115. **Kaninchenei** aus dem Fruchtbehälter von 6 mm Durchmesser. Die Keimhaut ist bereits in großer Ausdehnung doppelschichtig (*b*). Die äußere Eihülle (*Ovolemma*) wird zottig oder warzig (*a*).

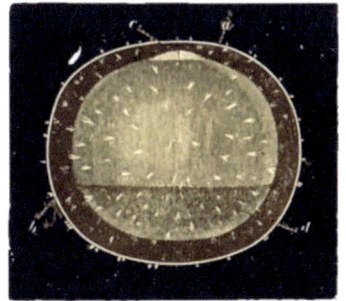

Fig. 117.

Fig. 116. **Dasselbe Kaninchenei** von der Seite gesehen (im Profil). Buchstaben wie bei Fig. 115.

Fig. 117. **Kaninchenei** aus dem Fruchtbehälter, von 8 mm Durchmesser. Die Keimhautblase ist bereits fast ganz doppelschichtig (*k*), nur unten (bei *d*) noch einschichtig.

Die erste Veränderung der kreisrunden Keimscheibe des Hühnchens besteht nun darin, daß die Zellen an ihrem Randteile ringsum sich rascher vermehren und in ihrem Protoplasma sich dunklere Körnchen ansammeln. Dadurch entsteht ein dunklerer Ring, der sich mehr oder weniger scharf von der helleren Mitte der Keimscheibe absetzt (Fig. 118). Letztere bezeichnen wir von jetzt an als hellen Fruchthof (*Area pellucida*), den dunkleren Ring als dunkeln Fruchthof (*Area opaca*). (Bei auffallendem Licht, wie in Fig. 118—120), erscheint umgekehrt der helle Fruchthof dunkel, weil der dunkle Grund mehr durchschimmert; dagegen erscheint der dunkle Fruchthof mehr weißlich.) Die kreisrunde

 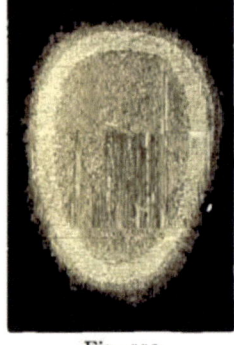

Fig. 118.   Fig. 119.

Fig. 118. **Kreisrunder Fruchthof des Kaninchens,** gesondert in den zentralen hellen Fruchthof *(Area pellucida)* und den peripherischen dunklen Fruchthof *(Area opaca)*. Wegen des durchschimmernden dunklen Grundes erscheint der helle Fruchthof dunkler.

Fig. 119. **Ovaler Fruchthof,** außen der trübe weißliche Saum des dunklen Fruchthofs.

Gestalt des Fruchthofes geht nunmehr in eine elliptische und gleich darauf in eine ovale über (Fig. 119, 120). Das eine Ende erscheint breiter und mehr stumpf abgerundet, das andere schmaler und mehr spitz; ersteres entspricht dem vorderen, letzteres dem hinteren Teile des späteren Körpers. Damit ist schon die charakteristische, zweiseitige oder bilaterale Grundform des Körpers angedeutet, der Gegensatz von Vorn und Hinten, von Rechts und Links. Deutlicher wird dieselbe bald durch den medianen Primitivstreif, der am hinteren Ende auftritt.

Frühzeitig erscheint in der Mitte des hellen Fruchthofes ein trüber Fleck, der ebenfalls aus der kreisrunden Form bald in die länglich-runde oder ovale Gestalt übergeht. Anfangs ist diese schildförmige Trübung nur sehr zart, kaum bemerkbar; bald aber grenzt sie sich deutlicher ab und tritt nunmehr als ein länglichrunder oder ovaler Schild vor, von zwei Ringen oder Höfen umgeben (Fig. 120). Der innere hellere Ring ist der Rest des hellen Fruchthofes, der äußere dunklere Ring ist der dunkle Fruchthof; der trübe schildförmige Fleck selbst aber ist die erste Anlage der Rückenteile des Embryo. Wir bezeichnen ihn kurz als **Keimschild** (*Embryaspis*) oder **Rückenschild** (*Notaspis*) [69]. *Remak* hat ihn „Doppelschild" genannt, weil er durch eine schildförmige

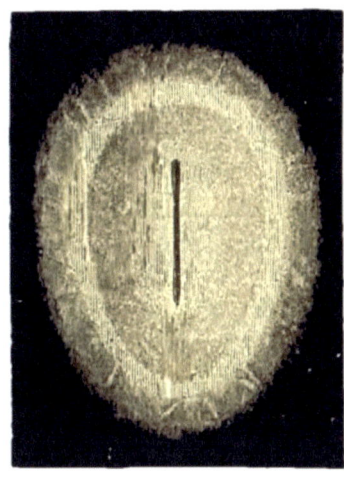 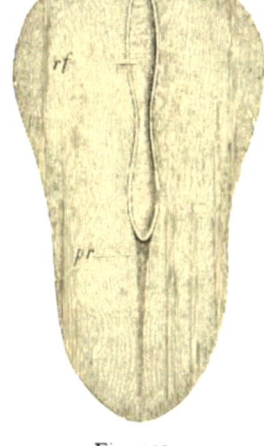

Fig. 120.   Fig. 121.

Fig. 120. Ovale Keimscheibe des Kaninchens, ungefähr 10mal vergrößert. Da die zarte, halb durchscheinende Keimscheibe auf schwarzem Grunde liegt, so erscheint der helle Fruchthof als ein dunklerer Ring, hingegen der (nach außen davon gelegene) dunkle Fruchthof als ein weißer Ring. Weißlich erscheint auch der in der Mitte gelegene ovale Keimschild, in dessen Achse der dunkle Primitivstreif sichtbar ist. (Nach *Bischoff*.)

Fig. 121. Birnförmiger Keimschild des Kaninchens (acht Tage alt), 20mal vergrößert. *rf* Markfurche, *pr* Primitivrinne (Urmund). Nach *Kölliker*.

Verdickung des äußeren und des mittleren Keimblattes entsteht. In den meisten Schriften wird dieser Keimschild als „die erste Keimanlage oder **Embryonalanlage**", als „Urkeim" oder „die erste Spur des Embryo" beschrieben. Aber diese Bezeichnung, die sich auf die Autoritäten von *Baer* und *Bischoff* stützt, ist irrtümlich. Denn in Wahrheit besteht ja der Keim oder Embryo schon in der Stammzelle, in der Gastrula und in allen folgenden Keimzuständen. Hingegen ist der Keimschild bloß die erste Anlage der am frühesten sich besonders ausprägenden **Rückenteile**.

Da die alten Bezeichnungen „E m b r y o n a l a n l a g e und
F r u c h t h o f" in vielfach verschiedenem Sinne gebraucht werden
und dadurch eine verhängnisvolle Verwirrung in der ontogenetischen
Literatur entstanden ist, müssen wir hier ausdrücklich die eigentliche Bedeutung dieser wichtigen Keimteile bei den Amnioten
erläutern. Schon im Jahre 1850 hat *Remak* (§ 12) darauf hingewiesen, daß es ganz falsch ist, den K e i m s c h i l d oder „*Baer*schen
Schild" als den „z u k ü n f t i g e n E m b r y o" oder „die erste Spur
des Embryo" zu bezeichnen. Denn schon die primären Keimblätter
bilden die wahre „Embryonalanlage". Trotzdem hat sich jene
ältere eigentümliche Bezeichnung, dank der großen Autorität von
Baer und *Bischoff*, vielfach bis in die neueste Zeit erhalten. So
sagt z. B. *Kölliker*, einer der angesehensten und einflußreichsten
Embryologen, noch in der neuesten Auflage seiner „Entwickelungsgeschichte des Menschen" (1884, S. 29, 88): „In der Mitte des
hellen Fruchthofes (vom Hühnchen) treten erst später die ersten
Spuren des Embryo auf"; und in der Keimblase des Kaninchens
„erscheint da, wo dieselbe dreiblätterig ist, ein weißer, runder,
undurchsichtiger Fleck, der E m b r y o n a l f l e c k (*Area embryonalis*),
der nichts anderes ist, als d i e e r s t e A n l a g e d e s E m b r y o".
Die Mißverständnisse, die sich an diese und ähnliche Auffassungen
knüpfen, habe viele und schwere Irrtümer in der Deutung der
embryonalen Bildungsverhältnisse herbeigeführt. Diesen gegenüber
muß ich ausdrücklich folgende Sätze hervorheben: 1. Die sogenannte „e r s t e S p u r d e s E m b r y o" der Amnioten, oder der
K e i m s c h i l d (*Embryaspis*), in der Mitte des hellen Fruchthofs,
beruht nur auf frühzeitiger Sonderung und Ausbildung der mittleren
R ü c k e n t e i l e; 2. daher ist die passendste Bezeichnung für dieselbe der Ausdruck R ü c k e n s c h i l d (*Notaspis*), den ich schon
vor langer Zeit dafür vorgeschlagen habe; 3. d e r F r u c h t h o f
(*Area germinativa* oder *Area embryonalis*), in dem frühzeitig die
ersten embryonalen Blutgefäße auftreten, steht nicht als äußerer
„Hof" im Gegensatz zu dem „eigentlichen Embryo", sondern er ist
ein Teil desselben; 4. ebenso ist auch der D o t t e r s a c k oder die
Nabelblase (der „Rest der Keimblase") kein fremder äußerer Anhang des Embryo, sondern ein äußerlich gelegener Teil seines
U r d a r m s, eine embryonale „Darmdrüse"; 5. der R ü c k e n s c h i l d
schnürt sich allmählich von dem Fruchthof und Dottersack ab,
indem seine Ränder, nach unten wachsend, sich gegeneinander
krümmen und zu B a u c h p l a t t e n (*Laminae ventrales*) ausdehnen;
6. der Dottersack und die Gefäße des Fruchthofs, welche sich bald

auf seiner ganzen Oberfläche ausbreiten, sind demnach eigentlich
E m b r y o r g a n e oder „vergängliche Embryonalteile", die nur
vorübergehende Bedeutung für die Ernährung des kcimenden
späteren Leibes besitzen; letzterer kann im Gegensatze dazu als
D a u e r l e i b (*Menosoma*) bezeichnet werden.

Die Beziehung dieser cenogenetischen Bildungsverhältnisse der
Amnioten zu den palingenetischen Keimungsformen der älteren
amnionlosen Wirbeltiere läßt sich in folgendem Satze zusammenfassen: Die ursprüngliche G a s t r u l a , welche bei den Acraniern,
Cyclostomen und Amphibien vollständig in den Keimleib übergeht,
sondert sich bei den Amnioten frühzeitig in zwei Teile: in den
K e i m s c h i l d (*Embryaspis*), welcher die dorsale Anlage des Dauerleibes (*Menosoma*) darstellt, und in die vergänglichen Embryonal-
Organe des F r u c h t h o f s und seiner Blutgefäße, welche bald den
ganzen Dottersack umwachsen. Die Verschiedenheiten, welche die
verschiedenen Klassen des Wirbeltierstammes in diesen wichtigen
Keimungsverhältnissen zeigen, lassen sich nur dann völlig verstehen, wenn wir gleichzeitig einerseits ihre phylogenetischen Beziehungen ins Auge fassen, anderseits die cenogenetischen Veränderungen der Keimanlagen, welche durch die v e r s c h i e d e n e
B r u t p f l e g e , die bald zunehmende, bald abnehmende Masse des
Nahrungsdotters herbeigeführt wurden.

Die Veränderungen, welche diese polyphyletische Zunahme und
Abnahme der ernährenden Dottermasse in der Form der G a s t r u l a
und besonders in der Lage und Gestalt des U r m u n d e s herbeiführte, haben wir bereits im IX. Vortrage besprochen, als wir die
verschiedenen Formen der Gastrulation im Wirbeltierstamme verglichen. Der Urmund oder das Prostoma ist ursprünglich eine
einfache, kreisrunde Oeffnung am Aboralpol der Längsachse; seine
dorsale Lippe liegt oben, die ventrale unten. Beim holoblastischen
A m p h i o x u s ist der Urmund ein wenig exzentrisch, auf die
Rückenseite verschoben (S. 176, Fig. 41). Die Oeffnung erweitert
sich mit dem Wachstum des Nahrungsdotters bei den C y c l o -
s t o m e n und G a n o i d e n; bei den Stören liegt sie fast am Aequator
des kugeligen Eies, die Bauchlippe (*a*) vorn, die Rückenlippe (*b*)
hinten (Fig. 122 *B*). Bei der weitmündigen, kreisrunden Scheibengastrula der S e l a c h i e r oder Urfische, die sich ganz flach auf dem
mächtigen Nahrungsdotter ausbreitet, erscheint der vordere Halb-
kreis der Scheibenperipherie als ventrale, der hintere als dorsale
Lippe (Fig. 122 *A*). Die amphiblastischen A m p h i b i e n schließen
sich unmittelbar an ihre alten Fischahnen an , die Dipneusten

und Ganoiden, weiterhin die ältesten Selachier (Cestracion); sie
haben deren totale inäquale Furchung konserviert, ihr kleiner
Urmund (Fig. 122 C, *ab*) erscheint durch den Dotterpfropf verstopft, liegt auf der Grenze von Rückenfläche und Bauchfläche
des Keimes (am Aboralpol seiner Aequatorialachse) und zeigt daher wiederum eine obere dorsale und untere ventrale Lippe (*a, b*).

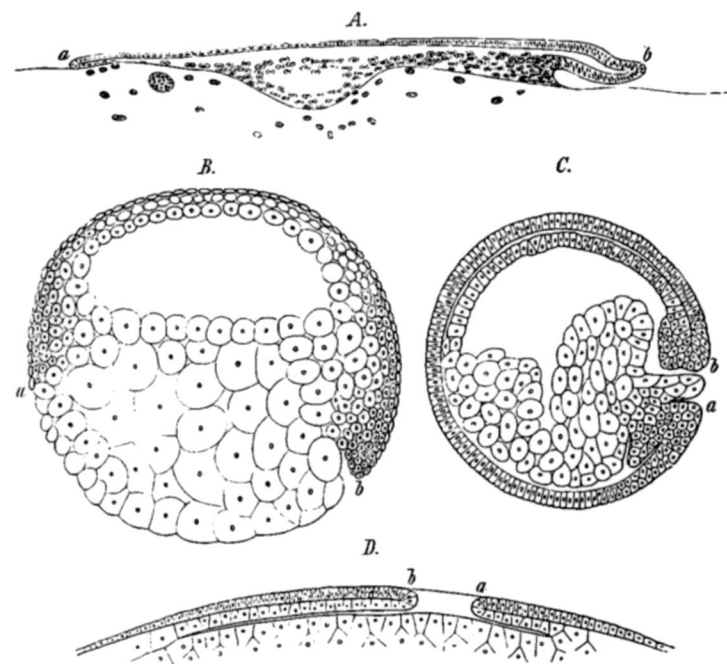

Fig. 122. **Medianer Längsschnitt durch die Gastrula von vier
Wirbeltieren.** Nach *Rabl*. *A* Discogastrula eines Haifisches (*Pristiurus*). *B* Amphi-
gastrula eines Störfisches (*Accipenser*). *C* Amphigastrula eines Amphibiums (*Triton*).
D Epigastrula eines Amnioten (Schema). *a* ventrale, *b* dorsale Lippe des Urmundes.

Eine Ausbildung von mächtigem Nahrungsdotter erfolgte wiederum
bei den Stammformen der Amnioten, den aus Amphibien hervorgegangenen Protamnioten oder Proreptilien (Fig. 122 *D*).
Die Anhäufung der Dottermassen geschah aber hier nur in der
Bauchwand des Urdarms, so daß der hinten gelegene enge Urmund nach oben gedrängt wurde, und als spaltförmige „Primitivrinne" auf den Rücken der scheibenförmigen „*Epigastrula*"
zu liegen kam; daher mußte (umgekehrt wie bei den Selachiern,
Fig. 122 *A*) die dorsale Lippe (*b*) vorn, die ventrale (*a*) hinten

liegen (Fig. 122 *D*). Dieses Verhältnis vererbte sich von da auf **alle Amnioten**, gleichviel ob sie den großen Nahrungsdotter beibehielten (Reptilien, Vögel und Monotremen) oder abermals rückbildeten (die viviparen Säugetiere).

Diese **phylogenetische Beurteilung** der Gastrulation und Coelomation, sowie ihre kritische Vergleichung bei den verschiedenen Wirbeltieren verbreitet klares und volles Licht über viele ontogenetische Erscheinungen, über welche noch vor dreißig Jahren die unklarsten und verworrensten Vorstellungen herrschten. Insbesondere offenbart sich hier deutlich der hohe wissenschaftliche Wert des Biogenetischen Grundgesetzes, der scharfen kritischen Trennung der **palingenetischen** und **cenogenetischen** Prozesse. Den Gegnern dieses Grundgesetzes bleibt daher auch die wahre Bedeutung jener auffallenden Erscheinungen völlig verschlossen. Erstaunliche Beispiele solchen Mangels an jedem tieferen Verständnis liefern namentlich *Wilhelm His* in Leipzig und *Victor Hensen* in Kiel. Trotzdem diese fleißigen Beobachter mehr als dreißig Jahre auf die genaue Beschreibung ontogenetischer Tatsachen verwendet haben, sind ihnen dennoch deren wahre phylogenetische Ursachen völlig verschlossen geblieben. Dasselbe gilt auch für zahlreiche neuere Arbeiter im Gebiete der **Entwickelungsmechanik** und der Experimental-Embryologie. Unter diesen zeichnet sich durch Unklarheit der Vorstellungen und Mangel an naturgemäßem Verständnis der biogenetischen Processe namentlich *Hans Driesch* aus. In seinem fanatischen Eifer gegen die Descendenz-Theorie versteigt sich derselbe zu der Behauptung, daß alle Darwinisten an Gehirnerweichung leiden und daß der Darwinismus die Nasführung einer ganzen Generation bedeute. Durch solche psychopathische Aeußerungen, wie durch seine metaphysischen Spekulationen über „*Neovitalismus*" hat *Driesch* neuerdings in unkundigen Leserkreisen ein gewisses Ansehen gewonnen. Indessen gründet sich dieses hauptsächlich darauf, daß Niemand in seinen verworrenen Theorien irgend einen vernünftigen Sinn zu finden vermag. Diese vitalistischen Phantasie-Gebilde sind ebenso wertlos, wie die angeblich einfachen „*mechanischen*" Erklärungen, welche andere sogenannte „Entwickelungs-Mechaniker" für verwickelte *historische* Vorgänge zu Hülfe nehmen (vergl. S. 53). Hier wie überall in der Keimesgeschichte finden wir den wahren Weg des Verständnisses nur durch die Stammesgeschichte.

Zwölfte Tabelle.

Uebersicht über die Zusammensetzung des Amnioten-Embryo aus Dauerleib (Menosoma) und vergänglichen Keimorganen (Embryorgana).

Bestandteile erster Ordnung des Amniotenkeims.		Bestandteile zweiter Ordnung.	Bestandteile dritter Ordnung.
I. Dauerleib. Menosoma. — Derjenige (kleine) Teil des Amniotenkeims (Mittelteil der Keimscheibe oder Discogastrula), welcher sich zum bleibenden Körper entwickelt.	Keimschild Embryaspis = Embryonalfleck (*Area embryonalis*) oder „Embryonalanlage", oder „Erste Spur des Embryo". — (= Doppelschild [von *Remak*] oder „*Baer*scher Schild".)	I. A. Rückenleib (= Urwirbelplatten). Episoma = Stammzone (Rückenschild).	a. Hirnblase und Kopfplatten. b. Rückenmark und Urwirbelplatten. c. Chorda (axiales Entoderm).
		I. B. Bauchleib (= Seitenplatten). Hyposoma = Parietalzone (Bauchplatten).	a. Bauchplatten (Parietale Seitenplatten, Somatopleura). b. Darmplatten (Viscerale Seitenplatten, Splanchnopleura).
II. Keimorgane. Embryorgana. — Derjenige (große) Teil des Amniotenkeims, welcher keinen Anteil an der Zusammensetzung des bleibenden Körpers nimmt, sondern sich zu vorübergehenden sogenannten „extraembryonalen" Keimorganen ausbildet.	II. A. Dottersack. Lecithoma *Saccus vitellinus.*	II. A 1. Fruchthof Area germinativa oder Gefäßhof (*Area vasculosa*). II. A 2. Nabelblase Vesicula umbilicalis.	a. Heller Fruchthof. *Area pellucida.* b. Dunkler Fruchthof. *Area opaca.* c. Dotter-Fruchthof. *Area vitellina.*
	II. B. Urharnsack. Allantois (= Harnblase der Amphibien).	II. B 1. Intrafötale Allantois. II. B 2. Extrafötale Allantois.	a. Harnblase (*Vesica urinaria*). b. Harngang *Urachus,* c. Gefäßkuchen *Placenta.*
	II. C. Keimhüllen. Embryolemma.	II. C 1. Amnion. Wasserhaut (Fruchtsack).	C 1. Amnionhöhle (*Amniocoelon*).
		II. C 2. Serolemma. Serumhaut („Seröse Hülle"), durch Zottenbildung übergehend in die Zottenhaut. Chorion.	C 2. Serumhöhle *Serocoelon.* (= Exocoeloma oder Interamnionhöhle, oder Extrafötal-Coelom).

Dreizehnter Vortrag.

Rückenleib und Bauchleib.

„Es mag bequemer sein, den altgewohnten Weg weiter zu wandeln, und in der zusammenhangslosen Einzelforschung die einzige wissenschaftliche Aufgabe zu sehen, in jener Häufung des tatsächlichen Materials, welches die Empirie seit langer Zeit anzusammeln begonnen hat. Diese Tatsachen bleiben aber unverwertet, wenn sie nicht synthetisch erfaßt und untereinander in logische Verbindungen gebracht werden. Dies geschieht durch die Morphologie. Sie zeigt der Anatomie die wechselseitigen Beziehungen der Organisationen und lehrt sie in der Entwickelungsgeschichte die niederen Zustände erkennen, aus denen die höheren phylogenetisch hervorgingen."

Carl Gegenbaur (1876).

Urmund oder Primitivrinne. Markfurche und Nervenrohr. Markdarmgang oder neurenterischer Kanal. Sandalenform des Keimschildes. Episoma und Hyposoma, Stammzone und Parietalzone. Darmrohr und Nabelblase. Rückenwand und Bauchwand. Kopfdarm und Beckendarm.

Inhalt des dreizehnten Vortrages.

Literatur:

Carl Gegenbaur, 1876. *Die Stellung und Bedeutung der Morphologie. (Morphol. Jahrb., Bd. I.) Leipzig.*

A. Rauber, 1876. *Primitivrinne und Urmund. Morpholog. Jahrb., Bd. II.) Leipzig.*

Derselbe, 1877—1880. *Primitivstreifen und Neurula der Wirbeltiere — Noch ein Blastoporus. (Zool. Anz. 1883.) Leipzig.*

Hans Strahl, 1881—1884. *Ueber die Entwickelung des Canalis neurentericus. Berlin.*

C. Kupffer, 1882—1887. *Die Gastrulation der Wirbeltiere und die Bedeutung des Primitivstreifs. Ueber den Canalis neurentericus der Wirbeltiere. Berlin.*

C. K. Hoffmann, 1884—1886. *Beiträge zur Entwickelungsgeschichte der Reptilien. (Zeitschr. f. w. Zool., Bd. XL, und Morphol. Jahrb., Bd. XI.) Leipzig.*

Johannes Rückert, 1888. *Ueber die Entstehung der Exkretionsorgane bei Selachiern. (Arch. f. Anat. u. Phys.) Berlin.*

Berthold Hatschek, 1888. *Ueber den Schichtenbau vom Amphioxus. (Anat. Anzeiger, S. 662.)*

Mitsukuri and Ishikawa, 1886—1894. *Gastrulation in Chelonia etc. Journ. Tokyo.*

Carl Rabl, 1892. *Theorie des Mesoderms. Leipzig.*

J. W. van Wijhe, 1889. *Ueber die Mesodermsegmente des Rumpfes und die Entwickelung des Exkretionssystems bei Selachiern.*

Oscar Hertwig, 1901. *Handbuch der vergleichenden und experimentellen Entwickelungslehre der Wirbeltiere. (Großes Sammelwerk.) Jena.*

Heinrich Ernst Ziegler, 1902. *Lehrbuch der vergleichenden Entwickelungsgeschichte der niederen Wirbeltiere. Jena.*

H. H. Schauinsland, 1903. *Beiträge zur Entwickelungsgeschichte und Anatomie der Wirbeltiere. Stuttgart.*

XIII.

Meine Herren!

Die frühesten und jüngsten Keimzustände des Menschen sind uns, aus den früher schon erörterten Gründen, teils noch gar nicht, teils nur sehr unvollkommen bekannt. Da aber die späteren darauf folgenden Keimformen sich beim Menschen genau ebenso verhalten und entwickeln, wie bei allen übrigen Säugetieren, so unterliegt es nicht dem geringsten Zweifel, daß auch jene früheren Vorläufer ganz dieselben sind. Konnten wir uns doch schon an der Coelomula des Menschen (Fig. 100, S. 255), an Querschnitten durch ihren Urmund überzeugen, daß ihre paarigen Coelomtaschen sich ganz ebenso entwickeln, wie beim Kaninchen (Fig. 99); mithin wird auch der besondere Verlauf der Gastrulation ganz derselbe sein.

Ebenso wie bei allen übrigen Säugetieren, bildet sich nun auch beim Menschen der Fruchthof aus, und in dessen axialem Mittelteil der Keimschild (*Embryaspis*), dessen Bedeutung wir im vorhergehenden Vortrage betrachtet haben. In übereinstimmender Weise erfolgen nun auch die nächsten Veränderungen dieses Keimschildes, oder des sogenannten „Embryonalflecks" (*Area embryonalis*, fälschlich früher als „erste Spur des Embryo" aufgefaßt). Diese Veränderungen sind es nun, die wir vor allem weiter ins Auge zu fassen und zu verfolgen haben.

Der wichtigste Teil des ovalen Keimschildes ist zunächst das schmälere hintere Ende; denn in seiner Medianlinie tritt zunächst der Primitivstreif auf (Fig. 124 *ps*). Die schmale Längsrinne oder Medianfurche in demselben, die sogenannte „Primitivrinne", ist, wie wir bereits wissen, der Urmund der Gastrula. Bei den stark cenogenetisch modifizierten Gastrulakeimen der Säugetiere ist dieses spaltförmige Prostoma so lang ausgedehnt, daß es bald die ganze hintere Hälfte des Rückenschildes durchzieht; so bei einem Kaninchenembryo von 6—8 Tagen (Fig. 125 *pr*).

Die beiden wulstigen parallelen Ränder, welche diesen medianen Längsspalt begrenzen, sind die lateralen Urmundlippen, rechte und linke. Somit wird bereits durch diesen Primitivstreifen die zwei

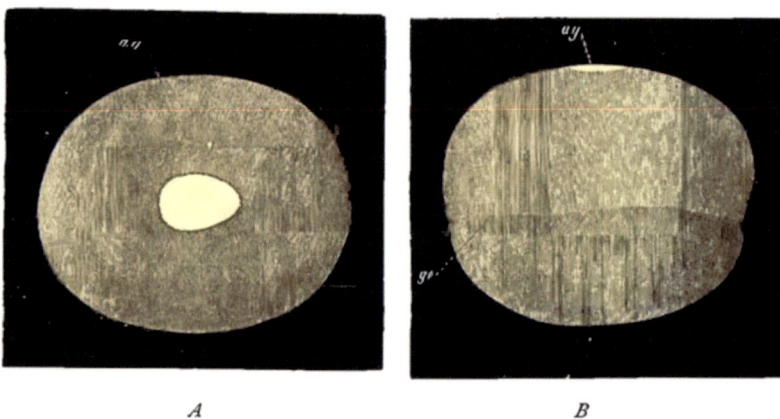

A   B

Fig. 123. **Keimblase eines 7 Tage alten Kaninchens mit ovalem Keimschild** (*ag*). *A* von oben, *B* von der Seite gesehen. Nach *Kölliker*. *ag* Rückenschild (*Notaspis*) oder Embryonalfleck (*Area embryonalis*). In *B* ist die obere Hälfte der Keimblase aus beiden primären Keimblättern gebildet, die untere (bis *ge*) nur vom äußeren.

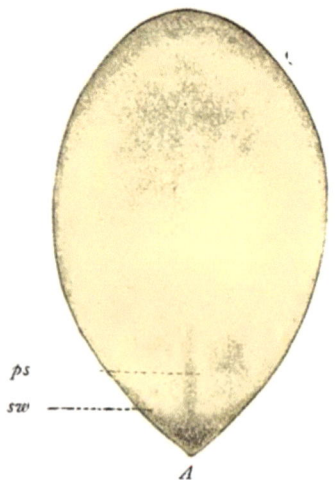

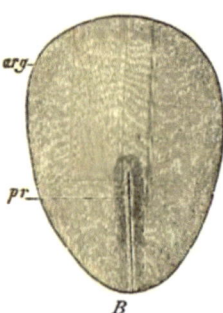

Fig. 124. **Ovaler Keimschild des Kaninchens** (Fig. 124 *A* von 6 Tagen 18 Stunden, Fig. 124 *B* von 8 Tagen). Nach *Kölliker*. *ps* Primitivstreif, *pr* Primitivrinne, *arg* Area germinalis, *sw* sichelförmiger Endwulst.

seitige, dipleure oder bilateral-symmetrische Grundform des Wirbeltieres scharf ausgesprochen. Aus der breiteren und mehr abgerundeten Vorderhälfte des Rückenschildes entsteht der spätere Kopf des Amniontieres.

In dieser vorderen Hälfte des Rückenschildes tritt nun ebenfalls bald eine mediane Längsfurche auf (Fig. 125 *rf*). Das ist die breitere Rückenfurche oder M e d u l l a r r i n n e, die erste Anlage des Zentralnervensystems. Die beiden parallelen „Rückenwülste oder Markwülste", welche dieselbe einschließen, wachsen später über ihr zusammen und bilden das Medullarrohr. Wie Querschnitte zeigen, wird dasselbe bloß vom äußeren Keimblatte gebildet (Fig. 139, 140). Die Urmundlippen hingegen liegen, wie wir wissen, an der wichtigen Stelle, wo das äußere Keimblatt in das innere umbiegt, und von wo zugleich die paarigen Coelomtaschen zwischen beide primäre Keimblätter hineinwachsen.

Die mediane Primitivfurche (*pr*) in der hinteren Hälfte und die mediane Medullarfurche (*rf*) in der vorderen Hälfte des ovalen Rückenschildes sind also ganz verschiedene Bildungen, obgleich bei oberflächlicher Betrachtung die letztere nur die vordere Fortsetzung der ersteren zu sein scheint. Daher wurden auch beide früher allgemein verwechselt, und in der

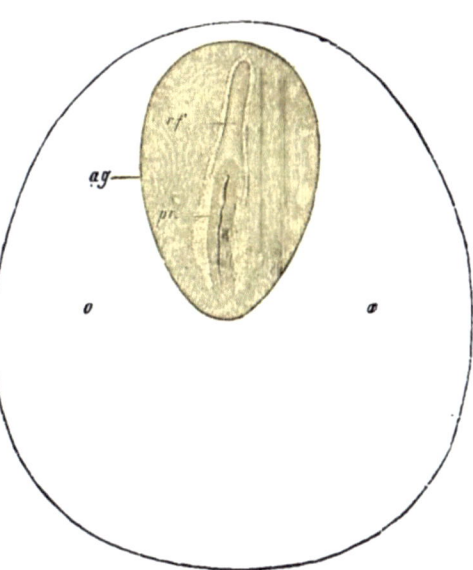

Fig. 125. **Rückenschild** (*ag*) **und Fruchthof** (o) **eines Kaninchenkeims** von 8 Tagen. Nach *Kölliker*. *pr* Primitivrinne, *rf* Rückenfalte.

ältesten, vielfach kopierten Abbildung, welche *Bischoff* (1842) vom ovalen Rückenschilde des Kaninchens gegeben hat (Fig. 120, S. 305), geht eine einfache Längsfurche durch die ganze Länge seiner Mittellinie hindurch. Diese Täuschung war um so verzeihlicher, als tatsächlich schon gleich darauf beide Längsrinnen miteinander in eine sehr merkwürdige Verbindung treten. Die beiden parallelen Rückenwülste nämlich, welche vorn bogenförmig ineinander übergehen, weichen hinten auseinander und umfassen das vordere Ende der Primitivrinne (Fig. 125). Dann wachsen sie so über derselben zusammen, daß

die Primitivrinne (oder der hinterste Hohlraum des Urdarms) unmittelbar in das sich schließende Medullarrohr übergeht. Diese
Uebergangsstelle ist der merkwürdige „Urdarm-Nervengang" oder
„M a r k d a r m g a n g" (*Canalis neurentericus*, Fig. 127 *cn*). Die
verdickte Zellenmasse des Urmundrandes, welche denselben umgibt, ist der n e u r e n t e r i s c h e K n o t e n (oder der sogenannte
„*Hensen*sche Knoten", Fig. 126 *nk*). Die unmittelbare Verbindung,
welche so zwischen den beiden Hohlräumen des Urdarms und des
Nervenrohrs hergestellt wird, besteht übrigens nur kurze Zeit;
bald werden beide durch eine Scheide-
wand definitiv getrennt.

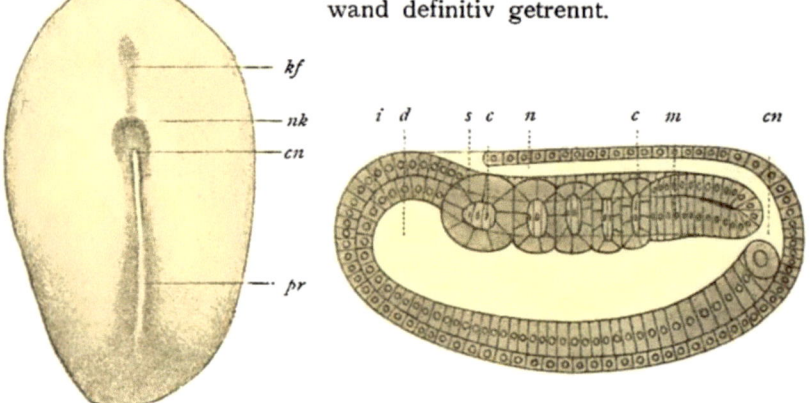

Fig. 126.   Fig. 127.

Fig. 126. **Keimschild eines Kaninchens von acht Tagen.** Nach *Van
Beneden*. *pr* Primitivrinne, *cn* Canalis neurentericus, *nk* Nodus neurentericus (sogenannter „*Hensen*scher Knoten"), *kf* Kopffortsatz (Chorda).
Fig. 127. **Längsschnitt durch die Coelomula vom Amphioxus** (von
der linken Seite). *i* Entoderm, *d* Urdarm, *cn* Markdarmgang, *n* Nervenrohr, *m* Mesoderm, *s* erstes Ursegment, *c* Coelomtaschen. Nach *Hatschek*.

Der rätselhafte C a n a l i s n e u r e n t e r i c u s ist ein uraltes
Keimesorgan und deshalb von so hohem phylogenetischem Interesse, weil er bei a l l e n C h o r d a t i e r e n (ebenso Manteltieren, wie
Wirbeltieren) in gleicher Weise vorübergehend auftritt. Ueberall
berührt oder umfaßt er bogenförmig das Hinterende der Chorda,
welches hier aus der Mittellinie des Urdarms (zwischen den beiden
Coelomlappen der Sichelrinne), nach vorn hin sich entwickelt (als
„Kopffortsatz", Fig. 126 *kf*). Solche uralte, streng erbliche Ein-
richtungen, die heute gar keine physiologische Bedeutung mehr
besitzen, müssen trotzdem als „rudimentäre Organe" unsere höchste
Aufmerksamkeit erregen. Die Zähigkeit, mit der sich der völlig

nutzlose neurenterische Kanal durch die ganze Reihe der Wirbeltiere bis zum Menschen hinauf vererbt, ist ebenso interessant für
die Descendenztheorie im allgemeinen, als für die Stammesgeschichte der Chordatiere im besonderen.

Die Verbindung, welche der Canalis neurentericus (Fig. 127 cn)
zwischen dem dorsalen Nervenrohr (n) und dem ventralen Darmrohr (d) herstellt, zeigt sich beim Amphioxus sehr deutlich im
Längsschnitt der Coelomulalarve, sobald der Urmund an ihrem
Hinterende völlig geschlossen ist (S. 246). Das Medullarrohr besitzt
in diesem Stadium noch eine äußere Oeffnung am Vorderende, den
Neuroporus (Fig. 86 np). Auch diese Oeffnung schließt sich

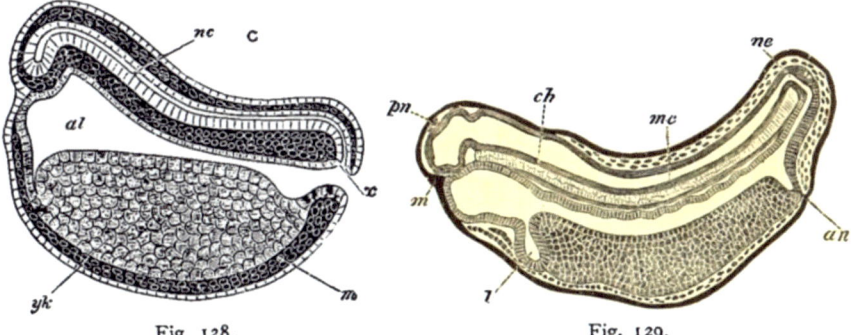

Fig. 128.   Fig. 129.

Fig. 128. **Längsschnitt durch die Chordula eines Frosches.** Nach
Balfour. *nc* Nervenrohr, *x* Canalis neurentericus, *al* Darmrohr, *yk* Dotterzellen,
m Mesoderm.

Fig. 129. **Längsschnitt durch einen Froschkeim.** Nach *Goette.* *m* Mund.
l Leber, *an* After, *ne* Canalis neurentericus, *mc* Medullarrohr, *pn* Zirbeldrüse (Epiphysis), *ch* Chorda.

später. Dann liegen zwei völlig geschlossene Kanäle übereinander,
oben das Markrohr, unten das Darmrohr, beide getrennt durch die
Chorda. Ganz dieselben Verhältnisse, wie diese Acranier, zeigen auch
die stammverwandten Tunicaten, die Ascidien (Taf. XVIII, Fig. 5, 6).

In ganz gleicher Form und Lagerung finden wir den neurenterischen Kanal bei den Amphibien wieder. Ein Längsschnitt
durch eine ganz junge Kaulquappe oder Froschlarve (Fig. 128)
zeigt uns, wie wir von dem noch offenen Urmunde aus (x) ebensowohl in die weite Urdarmhöhle (al) als in das enge darüber gelegene Nervenrohr (nc) hineingelangen können. Etwas später, wenn
sich der Urmund geschlossen hat, stellt dann der enge neurenterische Kanal (Fig. 129 ne) die bogenförmige Verbindung zwischen
dem dorsalen Nervenkanal (mc) und dem ventralen Darmkanal dar.

Bei den Amnioten ist diese ursprüngliche Bogen-
form des neurenterischen Kanals deshalb anfänglich
nicht zu finden, weil hier der Urmund ganz auf die Rückenfläche
der Gastrula hinaufwandert und sich in den gestreckten Längsspalt der „Primitivrinne" verwandelt. Es erscheint daher, von oben
betrachtet, die Primitivrinne (Fig. 131 *pr*) als die geradlinige
Fortsetzung der davor gelegenen jüngeren Medullarfurche (*me*).

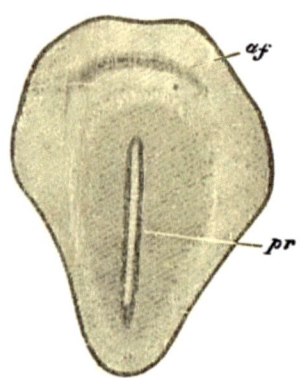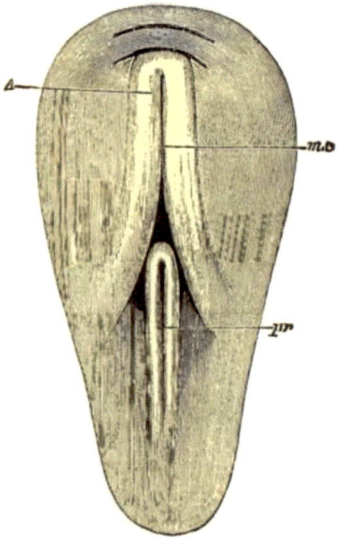

Fig. 130.

Fig. 130 und 131. **Rückenschild
des Hühnchens.** Nach *Balfour.* Die
Medullarfurche (*me*), welche in Fig. 130 noch
nicht sichtbar ist, umfaßt in Fig. 131 mit
ihrem hinteren Ende das vordere Ende der
Primitivrinne (*pr*).

Fig. 131.

Die divergenten hinteren Schenkel der letzteren umfassen das
vordere Ende der ersteren. Später erfolgt hier der vollständige
Verschluß des Urmundes, indem die Rückenwülste, zum Mark-
rohr sich schließend, das Prostoma überwachsen. Dann führt der
Canalis neurentericus als eine enge, bogenförmig absteigende Röhre
(Fig. 132 *ne*) direkt aus dem Markrohr (*sp*) in das Darmrohr (*pag.*).
Unmittelbar vor demselben liegt das Hinterende der Chorda (*ch*).
    Während diese wichtigen Vorgänge im Achsenteile des
Rückenschildes sich vollziehen, verändert sich zugleich seine äußere
Gestalt. Die ovale Form (Fig. 120) wird ähnlich einer Schuhsohle
oder Sandale, leierförmig oder biskuitförmig (Fig. 133). Das mittlere
Drittel wächst nicht so rasch in die Breite wie das hintere, und
noch mehr das vordere Drittel; so erscheint die Anlage des Dauerleibes in der Taille etwas eingeschnürt. Gleichzeitig geht die
länglich-runde Form des Fruchthofes wieder in die kreisrunde über

und es sondert sich deutlicher der innere helle Fruchthof von äußeren dunkleren (Fig. 134 *a*). Der Umkreis des Fruchthofe bezeichnet die Grenze der Blutgefäßbildung im Mesoderm.

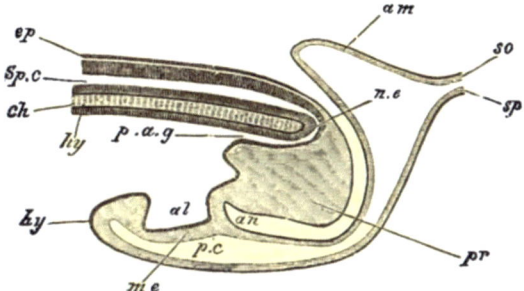

Fig. 132. **Längsschnitt durch das Hinterende eines Hühnerkeims** Nach *Balfour*. *sp* Medullarrohr, durch den neurenterischen Kanal (*ne*) mit dem End darm (*pag*) verbunden, *ch* Chorda, *pr* neurenterischer (*Hensen*scher) Knoten, *al* Allantoi: *ep* Ektoderm, *hy* Entoderm, *so* Parietalblatt, *sp* Visceralblatt, *an* Aftergrube, *am* Amnion

Die charakteristische S a n d a l e n f o r m d e s R ü c k e n s c h i l d e s , welche durch die geringere Breite des mittleren Teile bedingt ist und welche mit einer Geige, Leier oder Schuhsohl verglichen wird, bleibt bei allen Amniontieren längere Zeit be stehen. Alle Säugetiere, Vögel und Reptilien haben in dieser Stadium wesentlich die gleiche Bildung, und ebenso auch noch kürzere oder längere Zeit, nachdem die Abschnürung der Ursegmente in den Coelomlappen begonnen hat (Fig. 135). Der

Fig. 133. **Fruchthof oder Keimscheibe des Kaninchens mit sohlenförmigem Keimschild,** ungefähr 10mal vergrößert. Das helle, kreisrunde Feld (*d*) ist der dunkle Fruchthof. Der helle Fruchthof (*c*) ist leierförmig, wie der Keimschild selbst (*b*). In dessen Achse ist die Rückenfurche oder Markfurche sichtbar (*a*). Nach *Bischoff*.

Keimschild des Menschen nimmt diese Sandalenform bereits i der zweiten Woche seiner Entwickelung an; gegen Ende diese Woche besitzt unser Sohlenkeim eine Länge von ungefähr eine Linie oder zwei Millimetern (Fig. 136). (Vergl. Taf. IV und V

Die vollkommen bilaterale Symmetrie des Wirbeltierkörpers wird schon frühzeitig in der ovalen Form des

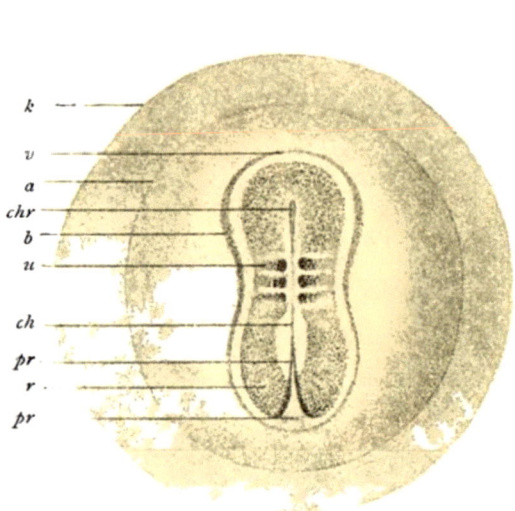

Fig. 134.　　　　　　　　Fig. 135.

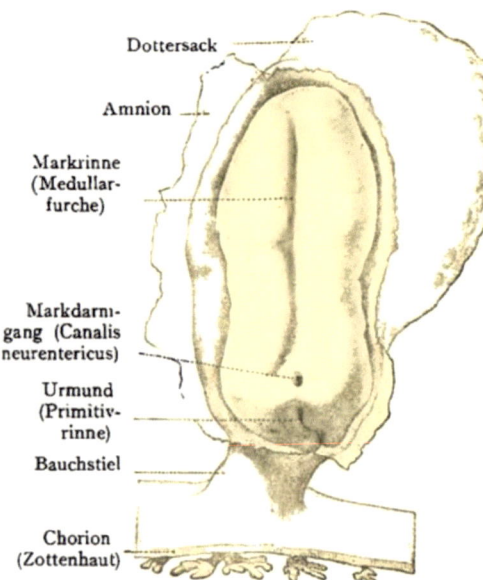

Fig. 136.

Fig. 134. **Keim der Beutel-
ratte** (*Opossum*), 60 Stunden
alt, von 4 mm Durchmesser.
Nach *Selenka*. *k* die kugelige
Keimdarmblase, *a* der kreis-
runde Fruchthof, *b* Grenze der
Bauchplatten, *r* Rückenschild,
v sein Vorderteil, *u* das erste
Ursegment, *ch* Chorda, *chr* ihr
Vorderende, *pr* Primitivrinne
(Urmund).

Fig. 135. **Sandalenförmi-
ger Keimschild eines Ka-
ninchens von acht Tagen,**
mit dem vorderen Teile des
Fruchthofes (*ao* dunkler, *ap* heller
Fruchthof). Nach *Kölliker*. *rf*
Rückenfurche, in der Mitte der
Medullarplatte, *h*, *pr* Primitiv-
rinne (Urmund), *stz* Dorsalzone
(Stammzone), *pz* Ventralzone
(Parietalzone). In dem schmäleren
Mittelteil sind die drei ersten
Ursegmente sichtbar.

- -Fig. 136. **Keim des Menschen im Stadium des San-
dalion,** 2 mm lang, aus dem
Ende der zweiten Woche, 25mal
vergrößert. Nach Graf *Spee*.

Keimschildes (Fig. 120) durch den medianen Primitivstreif angedeutet; sie tritt in der Sandalenform desselben noch schärfer hervor
(Fig. 134—138). Immer deutlicher sondern sich im sohlenförmigen
Keimschilde die axialen Organe der Mittelebene (hinten Primitivstreif, vorn Medullarrohr, darunter
die Chorda), und die lateralen
Organbezirke, welche rechts und
links von jenen symmetrisch sich
entwickeln. In diesen Seitenbezirken
des Keimschildes sondert sich nun
deutlich eine dunklere zentrale und
eine hellere periphere Zone; erstere
wird als „Stammzone" bezeichnet
(Fig. 137 *stz*), letztere als „Parietalzone" (*pz*); aus der ersteren entsteht die dorsale, aus der letzteren
die ventrale Hälfte der Leibeswand.

Die sogenannte „S t a m m -
z o n e" des Amniotenkeims wird
besser als D o r s a l z o n e oder
Rückenschild bezeichnet; denn
aus ihr geht die ganze Rückenhälfte des späteren Körpers (oder
des Dauerleibes) hervor, d. h. der
R ü c k e n l e i b (*Episoma*). Die
sogenannte „P a r i e t a l z o n e" hingegen wird passender V e n t r a l -
z o n e oder Bauchschild genannt;
denn aus ihr entstehen die ventralen „Seitenplatten", welche sich
später von der Keimdarmblase abschnüren und den B a u c h l e i b
(*Hyposoma*) bilden, d. h. die Bauchhälfte des bleibenden Körpers, mit
der Leibeshöhle und dem davon
umschlossenen Darmrohr.

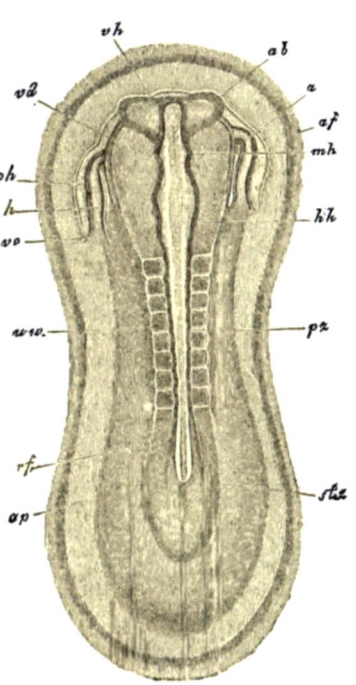

Fig. 137. **Sandalenförmiger
Keimschild eines Kaninchens
von neun Tagen.** Nach *Kölliker*.
(Rückenansicht, von oben.) *stz* Stamm-
zone oder Rückenschild (mit 8 Paar
Ursegmenten), *pz* Parietalzone oder
Bauchzone, *ap* heller Fruchthof, *af*
Amnionfalte, *h* Herz, *ph* Pericardial-
höhle, *vo* Vena omphalo-mesenterica,
ab Augenblasen, *vh* Vorderhirn, *mh*
Mittelhirn, *hh* Hinterhirn, *uw* Urseg-
mente (Urwirbel).

Die sohlenförmigen Keimschilder aller Amniontiere sind noch
auf der Stufe der Bildung, welche Fig. 137 von einem Kaninchen
und Fig. 138 von einer Beutelratte zeigen, so ähnlich, daß man
sie entweder gar nicht oder nur durch ganz untergeordnete
Merkmale in der Größe einzelner Teile unterscheiden kann.

Auch der Sandalenkeim des Menschen ist auf dieser Bildungsstufe nicht von demjenigen anderer Säugetiere zu unterscheiden,
und insbesondere demjenigen des Kaninchens sehr ähnlich. Auf

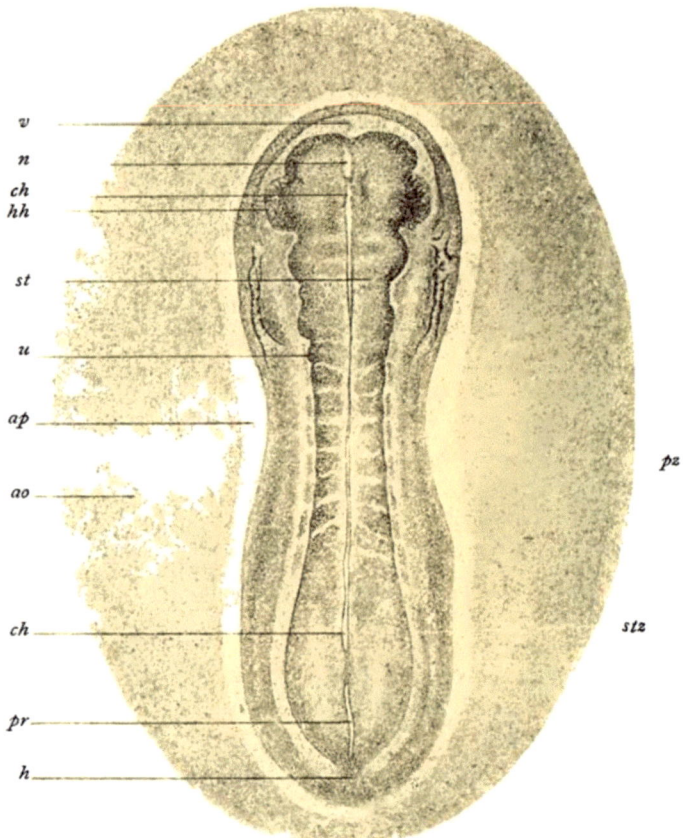

Fig. 138. **Sandalenförmiger Keimschild eines Opossum** (*Didelphys*) **von
drei Tagen** (72 Stunden). Nach *Selenka*. (Rückenansicht, von oben.) *stz* Stammzone oder Rückenschild (mit 8 Paar Ursegmenten), *pz* Parietalzone oder Bauchzone,
ap heller Fruchthof, *ao* dunkler Fruchthof, *hh* Herzhälften, *v* Vorderende, *h* Hinterende. In der Mittellinie schimmert die Chorda (*ch*) durch das helle Medullarrohr (*n*)
durch. *u* Ursegment, *pr* Primitivstreif (Urmund).

Tafel IV und V habe ich deshalb die Sandalenkeime von
sechs verschiedenen Amniontieren zur Vergleichung
nebeneinander gestellt und auf die gleiche Größe reduziert; alle
sind stark vergrößert. Tafel IV zeigt den sandalenförmigen Keim-

Sandalen-Keime von Sauropsiden.

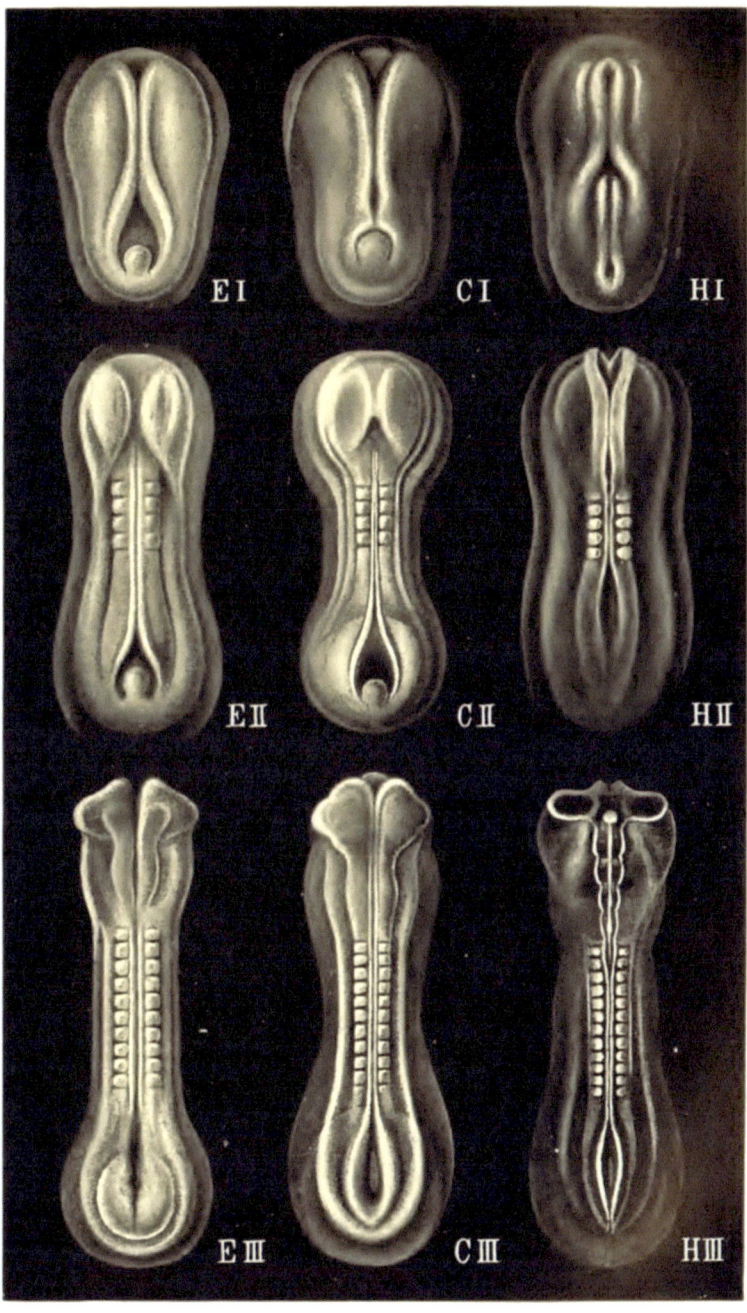

E I   C I   H I

E II   C II   H II

E III   C III   H III

E Eidechse   C Schildkröte   H Huhn
(Lacerta)   (Chelonia)   (Gallus)

Sandalen-Keime von Säugetieren.

Haeckel, Anthropogenie, VI. Aufl.

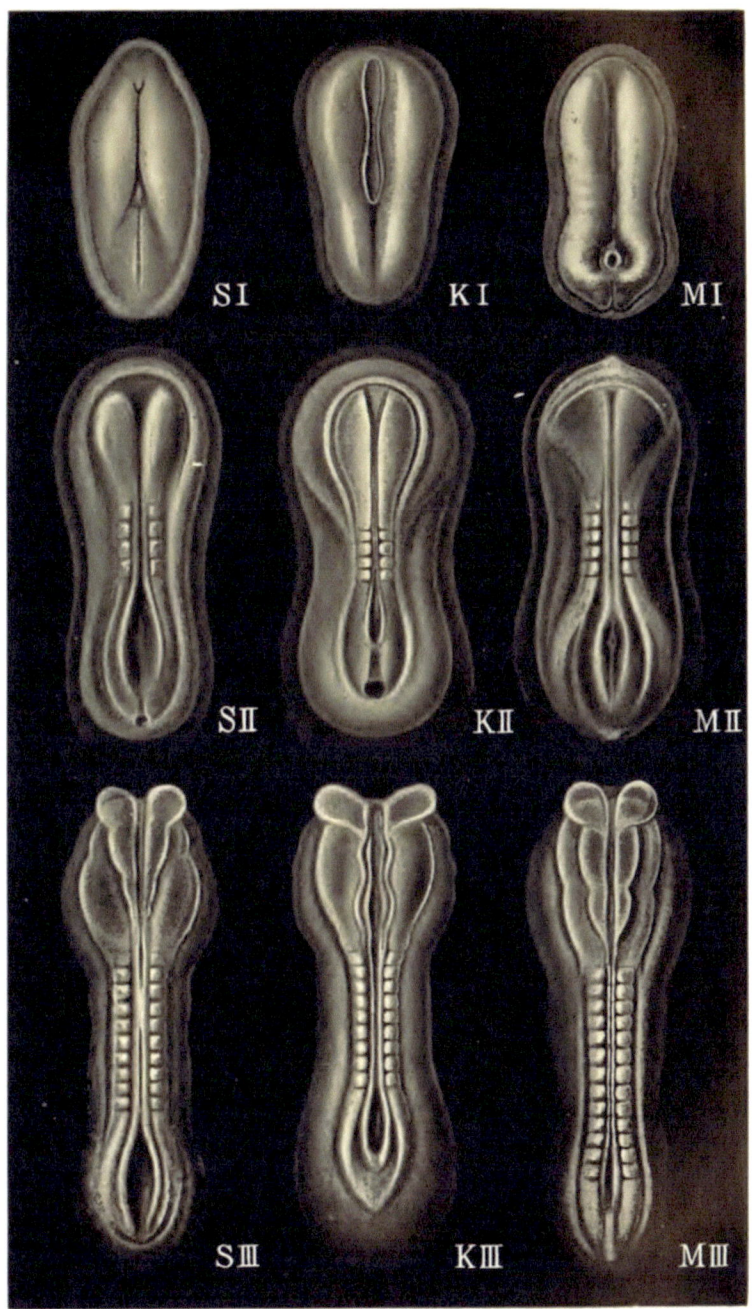

S Schwein
(Sus)

K Kaninchen
(Lepus)

M Mensch
(Homo)

schild (— auf drei Bildungsstufen —) von drei Sauropsiden:
E. Eidechse (*Lacerta*), C. Schildkröte (*Chelonia*), H. Huhn
(*Gallus*); Tafel V zeigt denselben von drei Säugetieren:
S. Schwein (*Sus*), K. Kaninchen (*Lepus*), M. Mensch (*Homo*).

Dagegen erscheint die äußere Form dieser flachen Sandalenkeime der Amnioten sehr verschieden von den entsprechenden
Keimformen der holoblastischen niederen Wirbeltiere, insbesondere
der Acranier (Amphioxus); und dennoch ist der wesentliche
Körperbau der ersteren ganz derselbe, wie derjenige, den wir bei
der Chordula der letzteren finden (Fig. 86—89) und bei den seg-
mentierten Keimformen, die unmittelbar daraus hervorgehen. Der
auffallende äußere Unterschied ist auch hier wiederum dadurch
bedingt, daß bei den palingenetischen Keimen des Amphioxus
(Fig. 86, 87) und der Amphibien (Fig. 88, 89) Darmwand und
Leibeswand von Anfang an geschlossene Röhren bilden, während
dieselben bei den cenogenetischen „Keimscheiben" der Amnioten
durch die kolossale Ausdehnung des Dottersackes zu blattförmiger
Ausbreitung an dessen Oberfläche gezwungen sind.

Um so bemerkenswerter ist es, daß die frühzeitige Scheidung
von Rücken- und Bauchhälfte bei allen Vertebraten sich in gleicher,
streng erblicher Weise vollzieht. Hier wie dort, bei jenen Acraniern
wie bei diesen Craniotcn, sondert sich schon um diese Zeit der
Rückenleib (*Episoma*) vom Bauchleibe (*Hyposoma*). In dem
mittleren oder medialen Körperteile ist ja diese Sonderung schon
früher dadurch erfolgt, daß sich die axiale Chorda zwischen dem
dorsalen Nervenrohr und dem ventralen Darmrohr ausbildet. Aber
in dem äußeren oder lateralen Körperteile wird sie erst dadurch
bewirkt, daß die paarigen Coelomtaschen durch eine frontale Einschnürung jederseits in zwei Stücke zerfallen, in einen dorsalen
Episomiten (Rückensegment oder „Urwirbel") und einen ventralen Hyposomiten (Bauchsegment). Ersterer liefert beim
Amphioxus je eine Muskeltasche, letzterer je eine Geschlechtstasche
oder Gonade. (Vergl. den Querschnitt des Urwirbeltieres, Fig. 104,
105, S. 270, sowie Fig. 3—7 auf Tafel VI.)

Diese wichtigen Sonderungsprozesse im Mesoderm, welche wir
im nächsten Vortrage eingehender betrachten werden, gehen Hand
in Hand mit bedeutungsvollen Veränderungen im Ektoderm,
während das Entoderm zunächst noch wenig sich verändert. Wir
studieren diese Vorgänge am besten auf Querschnitten, welche
wir senkrecht auf die Fläche durch den sohlenförmigen Keimschild
legen. Ein solcher Querschnitt durch einen bebrüteten Hühner-

keim, am Ende des ersten Brütetages, zeigt uns das Darmdrüsenblatt als ein ganz einfaches Epithel, welches blattförmig auf der Außenfläche des Nahrungsdotters ausgebreitet ist (Fig. 139 *dd*). Aus der dorsalen Mittellinie dieses Entoderms hat sich die Chorda (*ch*) abgeschnürt; rechts und links von dieser die beiden Mesoderm-

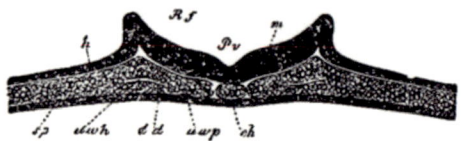

Fig. 139. **Querschnitt durch den Keimschild eines Hühnchens,** am Ende des ersten Brütetages. Nach *Kölliker. h* Hornplatte, *m* Markplatte, die Rückenfurche (*Rf*) bildend, *ch* Chorda, *uwh* Coelomspalte, *uwp* dorsaler Teil des Mesoderms, *sp* ventraler Teil (Seitenplatten), *dd* Darmdrüsenblatt.

hälften oder die paarigen „Coelomtaschen". Ein schmaler Spalt in den letzteren deutet die Leibeshöhle an (*uwh*); durch sie werden die beiden Lamellen der Coelomtaschen getrennt, die untere (viscerale) und die obere (parietale). Die breite, von der Markplatte (*m*) gebildete Rückenfurche (*Rf*) ist noch weit offen, wird aber durch die parallelen Medullarwülste von der lateralen Hornplatte (*h*) geschieden.

Während nun die Medullarwülste höher werden und sich gegeneinander krümmen (Fig. 140 *m*), bildet sich im Mesoderm jederseits eine diesen parallele Längsfurche, die Seitenfurche

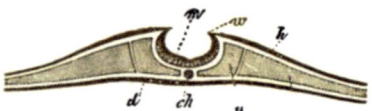

Fig. 140. **Querschnitt durch den Keimschild von einem Hühnchen** am Ende des ersten Brütetages, etwas weiter entwickelt als Fig. 139, ungefähr 20mal vergrößert. Die beiden Ränder der Markplatte (*m*), welche als Markwülste (*w*) die letztere von der Hornplatte (*h*) abgrenzen, krümmen sich gegeneinander. Beiderseits der Chorda (*ch*) haben sich die Ursegmentplatten (*u*) von den Seitenplatten (*sp*) gesondert. *d* Darmdrüsenblatt. Nach *Remak.*

(*Sulcus lateralis*). In dieser Seitenfurche liegt anfangs der „Urnierengang" (Fig. 141 *ung*). Indem die Seitenfurche das Mittelblatt völlig durchschneidet, zerfällt dasselbe in zwei getrennte Abschnitte: der innere oder mediale Teil (*u*) ist die „Ursegmentleiste", welche den größten Teil der „Stammzone" bildet und nachher durch Gliederung in die Somitenkette zerfällt (in Fig. 137 und 138 bereits

mit 8 Paar Somiten); der äußere oder laterale Abschnitt hingegen
ist die „Seitenplatte" (Fig. 140 *sp*); sie erscheint, von oben gesehen, als „Parietalzone" und spaltet sich dann in die beiden Faserblätter. In der vorderen Hälfte des Keimschildes, welche dem
späteren Kopfe entspricht, tritt keine Trennung ein zwischen der
inneren Urwirbelmasse und der äußeren Seitenplatte. Der mediale,
innerste Teil der Seitenplatte, welcher die Ursegmentleiste oder
„Urwirbelplatte" berührt, heißt Mittelplatte (Fig. 141 *mp*).
Unterhalb derselben erscheinen die paarigen ersten Blutgefäße, die
„primitiven Aorten" (*ao*).

Während dieser Vorgänge geschehen bedeutende Veränderungen im Hautsinnesblatte oder im äußeren Keimblatte.
Die fortdauernde Erhöhung und das beständige Wachstum der
beiden Rückenwülste führt nämlich dahin, daß jetzt diese beiden

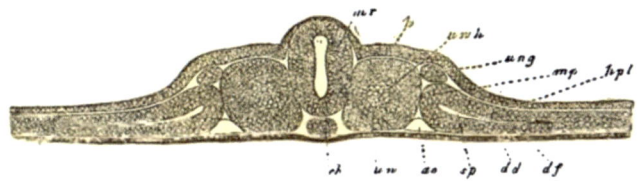

Fig. 141. **Querschnitt durch den Keimschild** (von einem bebrüteten
Hühnchen am zweiten Brütetage), ungefähr 100mal vergrößert. Nach *Kölliker*. *h* Horn-
platte, *mr* Medullarrohr, *ung* Urnierengang, *uw* Ursegmente, *hpl* Hautfaserblatt, *mp*
Mittelplatte, *df* Darmfaserblatt, *sp* Coelomspalte, *ao* primitive Aorta, *dd* Darmdrüsenblatt.

erhabenen Leisten sich mit ihren oberen freien Rändern gegeneinander krümmen, immer mehr nähern (Fig. 140 *w*) und schließlich verwachsen. So entsteht aus der offenen Rückenfurche, deren
obere Spalte enger und enger wird, zuletzt ein geschlossenes cylindrisches Rohr (Fig. 141 *mr*). Dieses Rohr ist von der größten
Bedeutung; es ist die erste Anlage des Zentralnervensystems, des
Gehirns und des Rückenmarkes: das Markrohr oder Medullarrohr (*Tubus medullaris*). Früher hat man diese ontogenetische
Tatsache als ein wunderbares Rätsel angestaunt; wir werden nachher sehen, daß sich dieselbe im Lichte der Descendenztheorie als
ein ganz natürlicher Vorgang herausstellt. Ihre phylogenetische
Erklärung liegt darin, daß das Zentralnervensystem das Organ
ist, durch welches aller Verkehr mit der Außenwelt, alle Seelentätigkeit und alle Sinneswahrnehmungen vermittelt werden; also
muß es sich ursprünglich aus der äußeren Oberfläche des Körpers,
aus der Oberhaut oder Epidermis entwickelt haben. Später schnürt

sich das Markrohr vollständig vom äußeren Keimblatte ab, wird
von den Medialteilen der Urwirbel umwachsen und nach innen
hineingedrängt (Fig. 151). Der übrig bleibende Teil des Hautsinnesblattes (Fig. 141 *h*) heißt nunmehr H o r n p l a t t e oder „Horn-
blatt", weil sich aus ihm die gesamte Oberhaut oder Epidermis
mit den dazu gehörigen Hornteilen (Nägeln, Haaren u. s. w.) entwickelt. (Vergl. Taf. VI und VII nebst Erklärung.)

Sehr frühzeitig scheint sich aus dem Ektoderm noch ein anderes, ganz verschiedenes Organ zu sondern, nämlich der U r -
n i e r e n g a n g (*ung*). Dieser ist ursprünglich ein ganz einfacher,
röhrenförmiger, langer Gang, ein gerader Kanal, der beiderseits
der Urwirbelleisten (an deren äußerer Seite) von vorn nach hinten
läuft (Fig. 141 *ung*). Er entsteht, wie es scheint, seitlich vom Markrohr aus der Hornplatte, in der Lücke, welche zwischen den Urwirbelplatten und den Seitenplatten sich findet. Schon zu der Zeit,
in welcher die Abschnürung des Markrohres von der Hornplatte
erfolgt, wird der Urnierengang in dieser Lücke sichtbar. Nach
anderen Beobachtern soll die erste Anlage desselben nicht vom
Hautsinnesblatte, sondern vom Hautfaserblatte geliefert werden.

Das   innere   Keimblatt   oder   das   D a r m d r ü s e n b l a t t
(Fig. 141 *dd*) bleibt während dieser Vorgänge ganz unverändert.
Erst etwas später zeigt dasselbe eine ganz flache, rinnenförmige
Vertiefung in der Mittellinie des Keimschildes, unmittelbar unter
der Chorda. Diese Vertiefung heißt die D a r m r i n n e oder Darm-
furche. Sie deutet uns bereits das künftige Schicksal dieses Keimblattes an. Indem nämlich diese ventrale Darmrinne sich allmählich
vertieft und ihre unteren Begrenzungsränder sich gegeneinander
krümmen, gestaltet sie sich in ähnlicher Weise zu einem geschlossenen Rohr, dem D a r m r o h r, wie vorher die dorsale Medullarfurche zum Markrohr wurde. Das Darmfaserblatt (Fig. 142 *f*),
welches dem Darmdrüsenblatt (*d*) anliegt, folgt natürlich der
Krümmung des letzteren. Mithin wird von Anfang an die entstehende Darmwand aus zwei Schichten zusammengesetzt, inwendig
aus dem Darmdrüsenblatt, auswendig aus dem Darmfaserblatt.

Die Bildung des Darmrohres ist derjenigen des Markrohres
insofern ähnlich, als in beiden Fällen zunächst in der Mittellinie
eines flachen Keimblattes eine geradlinige Rinne oder Furche entsteht. Darauf krümmen sich die Ränder dieser Furche gegeneinander und verwachsen zu einem Rohre (Fig. 142). Aber doch
sind beide Vorgänge im Grunde sehr verschieden. Denn das Markrohr schließt sich in seiner ganzen Länge zu einer cylindrischen

Röhre, während das Darmrohr in der Mitte offen bleibt und die Höhlung desselben noch sehr lange in Zusammenhang mit der Höhlung der Keimdarmblase steht. Die offene Verbindung zwischen beiden Höhlungen schließt sich erst sehr spät, bei Bildung des Nabels. Die Schließung des Markrohres erfolgt von beiden Seiten her, indem die Ränder der Rückenfurche von rechts und von links her miteinander verwachsen. Die Schließung des Darmrohres hingegen erfolgt nicht bloß von rechts und von links, sondern gleichzeitig auch von vorn und von hinten her, indem die Ränder der Darmrinne von allen Seiten her gegen den Nabel

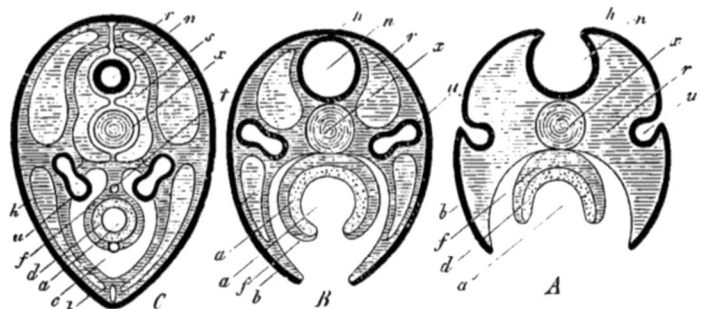

Fig. 142. **Drei schematische Querschnitte durch den Keimschild** des höheren Wirbeltieres, um die Entstehung der röhrenförmigen Organanlagen aus den gekrümmten Keimblättern zu zeigen. In Fig. *A* sind Markrohr (*n*) und Darmrohr (*a*) noch offene Rinnen; die Urnierengänge (*u*) sind noch Seitenrinnen in der Oberhaut (*h*). In Fig. *B* ist das Markrohr (*n*) und die Rückenwand bereits geschlossen, während das Darmrohr (*a*) und die Bauchwand noch offen sind; die Urnierengänge (*u*) sind von der Hornplatte (*h*) abgeschnürt und innen mit segmentalen Urnierenkanälchen in Verbindung. In Fig. *C* ist sowohl oben das Markrohr und die Rückenwand, als unten das Darmrohr und die Bauchwand geschlossen. Aus allen offenen Rinnen sind geschlossene Röhren geworden; die Urnieren sind nach innen gewandert. Die Buchstaben bedeuten in allen drei Figuren dasselbe: *h* Hautsinnesblatt, *n* Markrohr oder Medullarrohr, *u* Urnierengänge, *x* Achsenstab, *s* Wirbelanlage, *r* Rückenwand, *b* Bauchwand, *c* Leibeshöhle oder Coelom, *f* Darmfaserblatt, *t* Urarterie (Aorta), *v* Urvene (Subintestinalvene), *d* Darmdrüsenblatt, *a* Darmrohr. (Vergl. Taf. VI und VII.)

zusammenwachsen. Ueberhaupt steht dieser ganze Vorgang der sekundären Darmbildung bei den drei höheren Wirbeltierklassen im engsten Zusammenhange mit der Nabelbildung, mit der Abschnürung des Embryo von dem Dottersack oder der Nabelblase. (Vergl. Fig. 108, S. 295, und Taf. VII, Fig. 14, 15.)

Um hier Klarheit zu gewinnen, müssen Sie das Verhältnis des Keimschildes zum Fruchthof und zur Keimdarmblase scharf ins Auge fassen. Das geschieht am besten durch Vergleichung der fünf Stadien, welche Fig. 143—147 Ihnen im Längsschnitt vorführen. Der Keimschild (*e*), der anfangs nur wenig über die Fläche

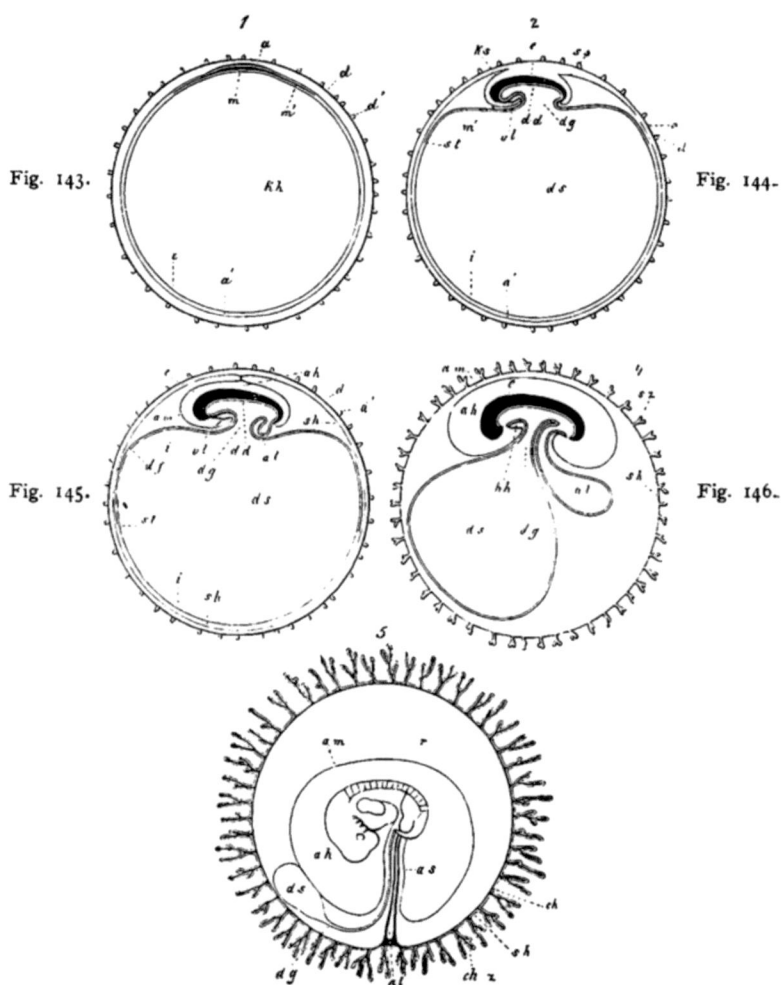

Fig. 147.

Fig. 143—147. **Fünf schematische Längsschnitte durch den reifenden Säugetierkeim und seine Eihüllen.** In Fig. 143—146 geht der Längsschnitt durch die Sagittalebene oder die Mittelebene des Körpers, welche rechte und linke Hälfte scheidet; in Fig. 147 ist der Keim von der linken Seite gesehen. In Fig. 143 umschließt das mit Zotten (d') besetzte Prochorion (d) die Keimblase, deren Wand aus den beiden primären Keimblättern besteht. Zwischen dem äußeren (a) und inneren (i) Keimblatte hat sich im Bezirke des Fruchthofes das mittlere Keimblatt (m) entwickelt. In Fig. 144 beginnt der Embryo (e) sich von der Keimblase (ds) abzuschnüren, während sich rings um ihn der Wall der Amnionfalte erhebt (vorn als Kopfscheide, ks, hinten als Schwanzscheide, ss). In Fig. 145 stoßen die Ränder der Amnionfalte (am) oben über dem Rücken des Embryo zusammen und bilden so die Amnionhöhle (ah); indem sich der Embryo (e) stärker von der Keimblase (ds) abschnürt, entsteht der Darmkanal (dd), aus dessen hinterem Ende die Allantois hervorwächst (al).

des Fruchthofes hervorragt, beginnt bald sich stärker über dieselbe zu erheben und von der Keimdarmblase abzuschnüren. Dabei zeigt der Keimschild, von der Rückenfläche betrachtet, immer noch die ursprüngliche, einfache Sandalenform (Fig. 135 —138). Von einer Gliederung in Kopf, Hals, Rumpf u. s. w., sowie von Gliedmaßen ist noch nichts zu bemerken. Aber in der Dicke ist der Keimschild mächtig gewachsen, besonders im vorderen Teile. Er tritt jetzt als ein dicker, länglich-runder Wulst stark gewölbt über die Fläche des Fruchthofes hervor. Nun beginnt er sich von der Keimdarmblase, mit welcher er an der Bauchfläche zusammenhängt, vollständig abzuschnüren und zu emanzipieren. Indem diese Abschnürung fortschreitet, krümmt sich sein Rücken immer stärker; in demselben Verhältnisse, als der Embryo wächst und größer wird, nimmt die Keimblase ab und wird kleiner, und zuletzt hängt die letztere nur noch als ein kleines Bläschen aus dem Bauche des Embryo hervor (Fig. 147 ds). Zunächst entsteht infolge der Wachstumsvorgänge, die diese Abschnürung bewirken, rings um den Embryokörper auf der Oberfläche der Keimblase eine furchenartige Vertiefung, eine G r e n z f u r c h e, die wie ein Graben den ersteren rings umgibt, und nach außen von diesem Graben bildet sich durch Erhebung der anstoßenden Teile der Keimblase ein ringförmiger Wall oder Damm (Fig. 144 ks).

Um diesen wichtigen Vorgang klar zu übersehen, wollen wir den Embryo mit einer Festung vergleichen, die von Graben und Wall umgeben ist. Dieser Graben besteht aus dem äußeren Teile des Fruchthofes und hört auf, wo der Fruchthof in die Keimdarmblase übergeht. Die wichtige Spaltung in dem mittleren Keimblatte, welche die Bildung der Leibeshöhle veranlaßt, setzt sich peripherisch über den Bezirk des Embryo auf den ganzen Fruchthof fort. Zunächst reicht dieses mittlere Keimblatt bloß so weit, wie der Fruchthof; der ganze übrige Teil der Keimdarmblase besteht anfangs nur aus den zwei ursprünglichen Grenzblättern, dem äußeren und inneren Keimblatt. Soweit also ·der Fruchthof reicht, spaltet

In Fig. 146 wird die Allantois (al) größer, der Dottersack (ds) kleiner. In Fig. 147 zeigt der Embryo bereits die Kiemenspalten und die Anlagen der beiden Beinpaare; das Chorion hat verästelte Zotten gebildet. In allen 5 Figuren bedeutet: e Embryo, a äußeres Keimblatt, m mittleres Keimblatt, i inneres Keimblatt, am Amnion (ks Kopfscheide, ss Schwanzscheide), ah Amnionhöhle, as Amnionscheide des Nabelstranges, kh Keimdarmblase, ds Dottersack (Nabelblase), dg Dottergang, df Darmfaserblatt, dd Darmdrüsenblatt, al Allantois, vl = hh Herzgegend, d Dotterhaut (Ovolemma oder Prochorion), d' Zöttchen desselben, sh seröse Hülle (Serolemma), sz Zotten derselben, ch Zottenhaut oder Chorion, chz Zotten desselben, st Terminalvene, r Pericoelom oder Serocoelom (der mit Flüssigkeit gefüllte Raum zwischen Amnion und Chorion). Nach *Kölliker.* Vergl. Taf.· VII, Fig. 14 und 15.

sich das mittlere Keimblatt ebenfalls in die beiden Ihnen bereits
bekannten Lamellen, in das äußere Hautfaserblatt und in das innere
Darmfaserblatt. Diese beiden Lamellen weichen weit auseinander,
indem sich zwischen beiden eine helle Flüssigkeit ansammelt
(Fig. 145 *am*). Die innere Lamelle, das Darmfaserblatt, bleibt
auf dem inneren Blatte der Keimdarmblase (auf dem Darmdrüsenblatte) liegen. Die äußere Lamelle hingegen, das Hautfaserblatt,
legt sich eng an das äußere Blatt des Fruchthofes, an das Hautsinnesblatt an und hebt sich mit diesem zusammen von der Keimdarmblase ab. Aus diesen beiden vereinigten äußeren Lamellen
entsteht nun eine zusammenhängende Haut. Das ist der ringförmige Wall, welcher rings um den ganzen Embryo immer höher
und höher sich erhebt und schließlich über demselben zusammenwächst (Fig. 144—147 *am*). Um das vorhin gebrauchte Bild der
Festung beizubehalten, stellen Sie sich vor, daß der Ringwall der
Festung außerordentlich hoch wird und die Festung weit über-
ragt. Seine Ränder wölben sich wie die Kämme einer über-
hängenden Felswand, welche die Festung einschließen will; sie
bilden eine tiefe Höhle und wachsen schließlich oben zusammen.
Zuletzt liegt die Festung ganz innerhalb der Höhle, die durch Verwachsung der Ränder dieses gewaltigen Walles entstanden ist.
(Vergl. Fig. 148—152 und Taf. VII, Fig. 14.)

Indem in dieser Weise die beiden äußeren Schichten des
Fruchthofes sich faltenförmig rings um den Embryo erheben und
darüber zusammenwachsen, bilden sie schließlich eine geräumige
sackförmige Hülle um denselben. Diese Hülle führt den Namen
F r u c h t h a u t oder Wasserhaut, A m n i o n (Fig. 147 *am*). Der
Embryo schwimmt in einer wässerigen Flüssigkeit, welche den
Raum zwischen Embryo und Amnion ausfüllt und Amnionwasser
oder F r u c h t w a s s e r genannt wird (Fig. 146, 147 *ah*). Später
kommen wir auf die Bedeutung dieser merkwürdigen Bildung zurück
(XV. Vortrag). Zunächst ist sie für uns von keinem Interesse, weil
sie in keiner direkten Beziehung zur Körperbildung steht.

Unter den verschiedenen Anhängen, deren Bedeutung wir
später erkennen werden, wollen wir vorläufig noch die Allantois
und den Dottersack nennen. Die A l l a n t o i s oder der H a r n -
s a c k (Fig. 145, 146 *al*) ist eine birnförmige Blase, welche aus dem
hintersten Teile des Darmkanales hervorwächst; ihr innerstes Stück
verwandelt sich späterhin in die Harnblase; ihr äußerstes Stück
bildet mit seinen Gefäßen die Grundlage des Gefäßkuchens oder
der Placenta. Vor der Allantois tritt aus dem offenen Bauche des

Embryo der Dottersack oder die Nabelblase hervor (*ds*), der
Rest der ursprünglichen Keimdarmblase (Fig. 143 *kh*). Bei
weiter entwickelten Embryonen, bei denen die Darmwand und die
Bauchwand dem Verschluß nahe ist, hängt dieselbe als ein kleines
gestieltes Bläschen aus der Nabelöffnung hervor (Fig. 146, 147 *ds*).
Ihre Wand besteht aus zwei Schichten: innen aus dem Darmdrüsenblatt, außen aus dem Darmfaserblatt. Sie ist also ein bläschenförmiger Anhang des eigentlichen Darmrohrs, eine „embryonale
Darmdrüse". Je größer der Embryo wird, desto kleiner wird
dieser Dottersack oder *Lecithoma*. Anfänglich erscheint der Embryo nur als ein kleiner Anhang an der großen Keimdarmblase.
Später hingegen erscheint umgekehrt der Dottersack oder der Rest
der Keimdarmblase nur als kleiner beutelförmiger Anhang des
Embryo (Fig. 147 *ds*). Er verliert schließlich alle Bedeutung. Die
sehr weite Oeffnung, durch welche anfangs die Darmhöhle mit der
Nabelblase kommuniziert, wird später immer enger und verschwindet
endlich ganz. Der Nabel, die kleine grubenförmige Vertiefung,
welche man beim entwickelten Menschen in der Mitte der Bauchwand vorfindet, ist diejenige Stelle, an welcher ursprünglich der
Rest der Keimdarmblase, die Nabelblase, in die Bauchhöhle eintrat
und mit dem sich bildenden Darm zusammenhing. (Vergl. Fig. 14
und 15 auf Taf. VII.)

Die Entstehung des Nabels fällt mit dem vollständigen Verschluß der äußeren Bauchwand zusammen. Die Bauchwand der
Amnioten entsteht in ähnlicher Weise, wie die Rückenwand. Beide
werden wesentlich vom Hautfaserblatte gebildet und äußerlich von
der Hornplatte, dem peripherischen Teile des Hautsinnesblattes,
überzogen. Beide kommen dadurch zu stande, daß sich die vier
flachen Keimblätter des Keimschildes durch entgegengesetzte
Krümmung in ein Doppelrohr verwandeln; oben am Rücken den
Wirbelkanal, der das Markrohr umschließt, unten am Bauche die
Wand der Leibeshöhle, welche das Darmrohr enthält (Fig. 142).

Wir wollen zuerst die Bildung der Rückenwand und dann
die der Bauchwand betrachten (Fig. 148—152). In der Mitte der
Rückenfläche des Embryo liegt ursprünglich, wie Sie wissen, unmittelbar unter der Hornplatte (*h*) das Markrohr (*mr*), welches sich
von deren mittlerem Teile abgeschnürt hat. Später aber wachsen
die Urwirbelplatten (*uw*) von rechts und von links her zwischen
diese beiden ursprünglich zusammenhängenden Teile hinein (Fig. 150,
151). Die oberen inneren Ränder beider Urwirbelplatten schieben
sich zwischen Hornplatte und Markrohr hinein, drängen beide

auseinander und verwachsen schließlich zwischen denselben in einer Naht, die der Mittellinie des Rückens entspricht. Die Verschmelzung dieser paarigen „Rückenplatten" und der mediane Schluß der Rückenwand erfolgt ganz nach Art des Markrohres, welches nunmehr von diesem Wirbelrohr umschlossen wird. So entsteht die Rückenwand, und so kommt das Markrohr ganz nach innen zu liegen. Ebenso wächst später die Urwirbelmasse unten rings um die Chorda herum und bildet hier die Wirbelsäule.

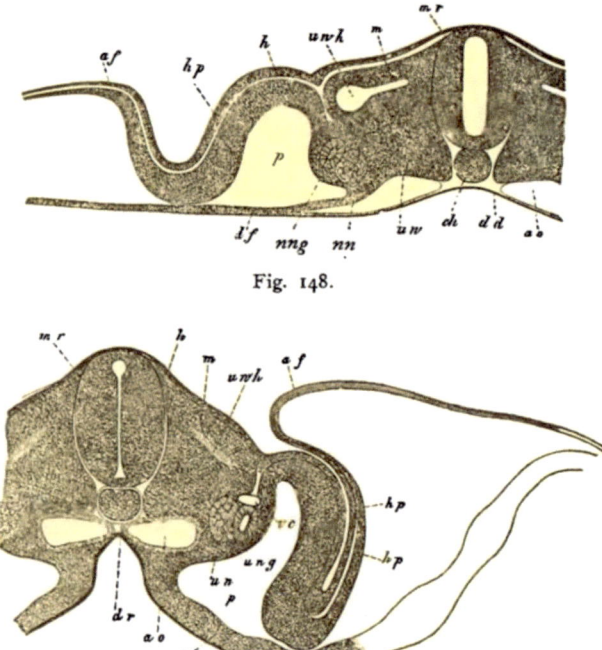

Fig. 148.

Fig. 149.

Fig. 148—151. **Querschnitte durch Embryonen** (von Hühnern). Fig. 148 vom zweiten, Fig. 149 vom dritten, Fig. 150 vom vierten, Fig. 151 vom fünften Tage der Bebrütung. Fig. 148—150, nach *Kölliker*, gegen 100mal vergrößert; Fig. 151 nach *Remak*, etwa 20mal vergrößert. *h* Hornplatte, *mr* Markrohr, *ung* Urnierengang, *un* Urnierenbläschen, *hp* Hautfaserblatt, *m = mu = mp* Muskelplatte, *uw* Urwirbelplatte (*wh* häutige Anlage des Wirbelkörpers, *wb* des Wirbelbogens, *wq* der Rippe oder des Querfortsatzes), *uwh* Urwirbelhöhle, *ch* Achsenstab oder Chorda, *sh* Chordascheide, *bh* Bauchwand, *g* hintere, *v* vordere Rückenmarksnervenwurzel, *a = af = am* Amnionfalte, *p* Leibeshöhle oder Coelom, *df* Darmfaserblatt, *ao* primitive Aorten, *sa* sekundäre Aorta, *vc* Kardinalvenen, *d = dd* Darmdrüsenblatt, *dr* Darmrinne. In Fig. 148 ist der größte Teil der rechten Hälfte, in Fig. 149 der größte Teil der linken Hälfte des Querschnittes weggelassen. Von dem Dottersack oder dem Rest der Keimblase ist unten nur ein kleines Stück Wand gezeichnet. (Vergl. die Querschnitte Taf. VI, Fig. 3—8.)

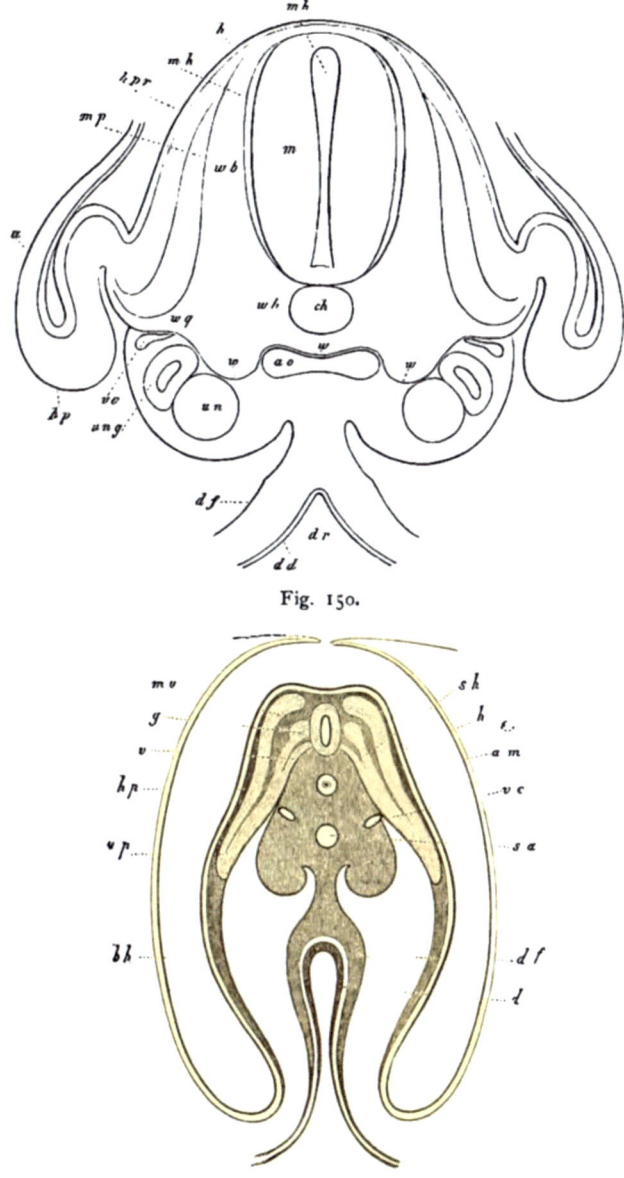

Fig. 150.

Fig. 151.

Hier unten spaltet sich der innere untere Rand der Urwirbelplatten jederseits in zwei horizontale Lamellen, von denen sich die

obere zwischen Chorda und Markrohr, die untere hingegen zwischen Chorda und Darmrohr einschiebt. Indem sich beide Lamellen von beiden Seiten her über und unter der Chorda begegnen, umschließen sie dieselbe völlig und bilden so die röhrenförmige, äußere C h o r d a - s c h e i d e, die skelettbildende Schicht, aus welcher die Wirbelsäule hervorgeht (*Perichorda,* Fig. 142 *C, s*; Fig. 150 *wh,* 151). (Vergl. Fig. 3—8 auf Taf. VI und die folgenden Vorträge.)

Ganz ähnliche Vorgänge wie hier oben am Rücken bei Bildung der Rückenwand treffen wir unten am Bauche bei Entstehung der B a u c h w a n d an (Fig. 142 *b*, Fig. 149 *hp*, Fig. 151 *bh*). Dieselbe bildet sich am flachen Keimschilde der Amnioten aus der oberen Lamelle der „Parietalzone", oder der „parietalen Lamelle der Seitenplatten", welche von der Hornplatte überzogen ist. Rechte und linke Parietalplatte krümmen sich nach unten gegeneinander und wachsen in ähnlicher Weise rings um den Darm zusammen, wie der Darm selbst sich schloß. Der äußere Teil der Seitenplatten bildet die Bauchwand oder die untere Leibeswand, indem an der inneren Seite der vorhin berührten Amnionfalte sich beide Seitenplatten stärker krümmen und von rechts und links her einander entgegenwachsen. Während der Darmkanal sich schließt, erfolgt gleichzeitig von allen Seiten her auch die Schließung der Leibeswand. Also auch die Bauchwand, welche die ganze Bauchhöhle unten umschließt, entsteht wieder aus zwei Hälften, aus den beiden gegeneinander gekrümmten Seitenplatten. Diese wachsen von allen Seiten her gegeneinander zusammen und vereinigen sich endlich in der Mitte im Nabel. Wir haben also eigentlich einen doppelten N a b e l zu unterscheiden, einen inneren und einen äußeren. Der innere oder D a r m n a b e l ist die definitive Verschlußstelle der Darmwand, durch welche die offene Kommunikation zwischen der Darmhöhle und der Höhle des Dottersackes aufgehoben wird (Fig. 108). Der äußere oder H a u t n a b e l ist die definitive Verschlußstelle der Bauchwand, welche auch beim erwachsenen Menschen äußerlich als Grube sichtbar ist. Jedesmal sind zwei sekundäre Keimblätter bei der Verwachsung beteiligt; bei der Darmwand das Darmdrüsenblatt und Darmfaserblatt, bei der Bauchwand das Hautfaserblatt und Hautsinnesblatt.

Mit der Bildung des Darmnabels und dem Verschlusse des Darmrohres hängt die Bildung von zwei Höhlen zusammen, welche wir K o p f d a r m h ö h l e und B e c k e n d a r m h ö h l e nennen. Da der Keimschild anfangs flach in der Wand der Keimblase liegt und sich von der letzteren erst allmählich abschnürt, wird zuerst sein vorderes und sein hinteres Ende selbständig; hingegen bleibt der mittlere Teil der Bauchfläche durch den Dottergang oder Nabelgang (Fig. 152 *m*) mit dem Dottersack verbunden. Dabei tritt die Rückenfläche des Körpers stark gewölbt hervor; das Kopfende hingegen krümmt sich nach unten gegen die Brust, und ebenso hinten das Schwanzende gegen den Bauch. Das sehen wir sehr deutlich an der trefflichen alten, von *Baer* entworfenen schematischen Figur 152, einem medianen Längsschnitt durch den Hühnerkeim, in welchem der Rückenleib oder das Episoma schwarz

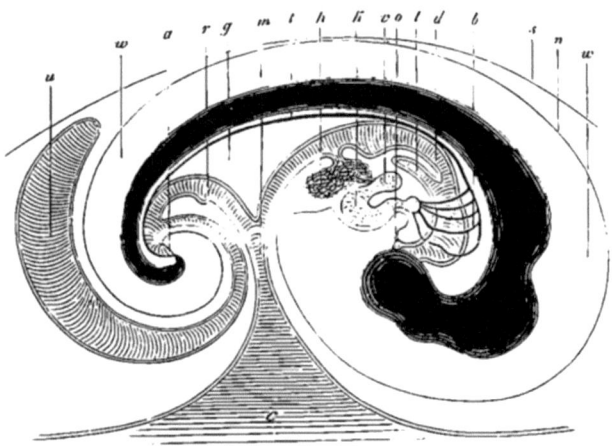

Fig. 152. **Medianer Längsschnitt durch den Embryo** eines Hühnchens (vom fünften Tage der Bebrütung), von der rechten Seite gesehen (Kopf rechts, Schwanz links). Rückenleib (Episoma) schwarz, mit konvexer Rückenlinie. *d* Darm, *o* Mund, *a* After, *l* Lunge, *h* Leber, *g* Gekröse, *v* Herzvorkammer, *k* Herzkammer, *b* Arterienbogen, *t* Aorta, *c* Dottersack, *m* Dottergang, *u* Allantois, *r* Stiel der Allantois, *n* Amnion, *w* Amnionhöhle (Amniocoel), *s* seröse Hülle oder Serolemma. (Nach *Baer*.)

gehalten ist. Der Embryo strebt gleichsam sich zusammenzurollen, wie ein Igel, der sich zum Schutze gegen seine Verfolger zusammenkugelt. Diese starke Rückenkrümmung ist durch das raschere Wachstum der konvexen Rückenfläche bedingt und hängt unmittelbar mit der Abschnürung des Embryo vom Dottersack zusammen. Am Kopfe tritt überhaupt keine Trennung des Hautfaserblattes von dem Darmfaserblatte ein, wie es am Rumpfe der Fall ist, vielmehr bleiben beide als sogenannte „Kopfplatten" verbunden. Indem nun diese Kopfplatten sich schon frühzeitig ganz von der Fläche des Fruchthofes ablösen und zuerst nach unten gegen die Oberfläche der Keimdarmblase, dann nach hinten gegen deren Uebergang in die Darmrinne wachsen, entsteht inwendig im Kopfteile eine kleine Höhle, welche den vordersten, blind geschlossenen Teil des Darmes darstellt. Das ist die kleine Kopfdarmhöhle (Fig. 153 oberhalb *d*); ihre Mündung in den Mitteldarm heißt die „vordere Darmpforte" (Fig. 153 bei *d*). Sie entspricht dem Kiemendarm des *Amphioxus*, welcher nahezu die vordere Hälfte von dessen Körper einnimmt. In ganz ähnlicher Weise krümmt sich hinten das Schwanzende gegen die Bauchseite nach vorn um; die Darmwand umschließt dann hinten eine ähnliche kleine Höhle, deren hinterstes Ende blind geschlossen ist, die Beckendarmhöhle. Ihre Mündung in den Mitteldarm heißt die „hintere Darmpforte".

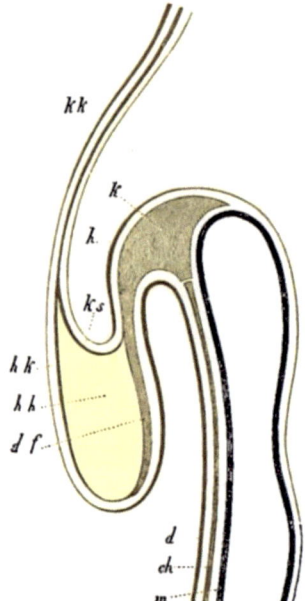

Der Embryo erlangt infolge dieser Vorgänge eine Gestalt, welche man mit einem Holzpantoffel oder noch besser mit einem umgekehrten Kahne vergleicht. Stellen Sie sich einen Kahn oder eine Barke vor, deren beide Enden abgerundet und vorn und hinten mit einem kleinen Verdeck versehen sind; wenn Sie nun

Fig. 153. **Längsschnitt durch die vordere Hälfte** eines Hühnerembryo vom Ende des ersten Brütetages (von der linken Seite gesehen). *k* Kopfplatten, *ch* Chorda. Oberhalb derselben das blinde vordere Ende des Markrohrs (*m*); unterhalb derselben die Kopfdarmhöhle, das blinde vordere Ende des Darmrohres. *d* Darmdrüsenblatt, *df* Darmfaserblatt, *h* Hornplatte, *hh* Herzhöhle, *hk* Herzkappe, *ks* Kopfscheide, *kk* Kopfkappe. Nach *Remak*.

diesen Kahn umdrehen, so daß der gewölbte Kiel nach oben steht, so bekommen Sie ein anschauliches Bild von dieser „Kahnform" des Embryo (Fig. 152). Der nach oben gewendete konvexe Kiel entspricht der Mittellinie des Rückens; die kleine Kammer unter dem Vorderdeck stellt die Kopfdarmhöhle, die kleine Kammer unter dem Hinterdeck die Beckendarmhöhle dar (vergl. Fig. 145, S. 328).

Mit den beiden freien Enden drückt sich nun der Embryo gewissermaßen in die äußere Fläche der Keimblase hinein, während er mit dem mittleren Teile sich aus derselben heraushebt. So kommt es, daß nachher die Dotterblase nur als ein beutelförmiger äußerer Anhang am mittleren Teile der Bauchwand erscheint.

Dieser ventrale Anhang, der dann immer kleiner wird, heißt später Nabelblase. (Vergl. Fig. 146, 147 *ds*; Fig. 151, und Taf. VII, Fig. 14, 15.) Die Höhle dieses Dottersackes oder die Höhle der Nabelblase kommuniziert mit der entstehenden Darmhöhle durch eine weite Verbindungsöffnung, welche sich später zu einem engen langen Kanale auszieht, dem Dottergang (*Ductus vitellinus*, Fig. 152 *m*). Wenn wir uns also in die Höhle des Dottersackes hineindenken, so können wir von da aus durch den Dottergang unmittelbar in den mittleren, noch weit offenen Teil des Darmkanals hineingelangen. Gehen wir von da aus nach vorn in den Kopfteil des Embryo hinein, so gelangen wir in die Kopfdarmhöhle, deren vorderes Ende blind geschlossen ist. Gehen wir umgekehrt von der Mitte des Darmes nach hinten in den Schwanzteil hinein, so kommen wir in die Beckendarmhöhle, deren hinteres Ende ebenfalls blind geschlossen ist. Die erste Anlage des Darmrohrs besteht also jetzt eigentlich aus drei verschiedenen Abschnitten: 1) der Kopfdarmhöhle, welche sich nach hinten (durch die vordere Darmpforte) in den Mitteldarm öffnet, 2) der Mitteldarmhöhle, welche sich nach unten (durch den Dottergang) in den Dottersack öffnet, und 3) der Beckendarmhöhle, welche sich nach vorn (durch die hintere Darmpforte) in den Mitteldarm öffnet.

Sie werden nun fragen: „Wo sind Mund- und Afteröffnung?" Anfangs sind diese noch gar nicht vorhanden. Die ganze primitive Darmhöhle ist vollständig geschlossen und hängt nur in der Mitte durch den Dottergang mit der ebenfalls geschlossenen Höhlung der Keimdarmblase zusammen (Fig. 145). Die beiden späteren Oeffnungen des Darmkanals, die Afteröffnung ebenso wie die Mundöffnung, bilden sich erst sekundär, von außen, und zwar von der äußeren Haut her. Es entsteht nämlich in der Hornplatte, an der Stelle, wo später der Mund liegt, eine grubenförmige Vertiefung von außen her, welche immer tiefer und tiefer wird und dem blinden Vorderende der Kopfdarmhöhle entgegenwächst: das ist die Mundgrube. Ebenso entsteht hinten in der äußeren Haut, an der Stelle, wo sich später der After befindet, eine grubenförmige Vertiefung, welche immer tiefer wird und dem blinden Hinterende der Beckendarmhöhle entgegenwächst: die Aftergrube. Zuletzt berühren diese Gruben mit ihren innersten, tiefsten Teilen die beiden blinden Enden des primitiven Darmkanals, so daß sie nur noch durch eine dünne häutige Scheidewand von ihnen getrennt sind. Endlich wird diese dünne Haut durchbrochen, und nunmehr öffnet sich das Darmrohr vorn durch die Mundöffnung, wie hinten durch die Afteröffnung nach außen (Fig. 146, 152). Anfangs haben wir also, wenn wir von außen in jene Gruben eindringen, wirklich eine Scheidewand vor uns, welche dieselben von der Höhlung des Darmkanals trennt, und erst später verschwindet dieselbe. Mund- und Afteröffnung bilden sich bei allen Wirbeltieren erst sekundär.

Der Rest der Keimdarmblase, den wir als Nabelblase oder Dottersack bezeichnet haben, wird mit der Ausbildung des Darmes immer kleiner und hängt zuletzt nur noch wie ein kleines Beutelchen

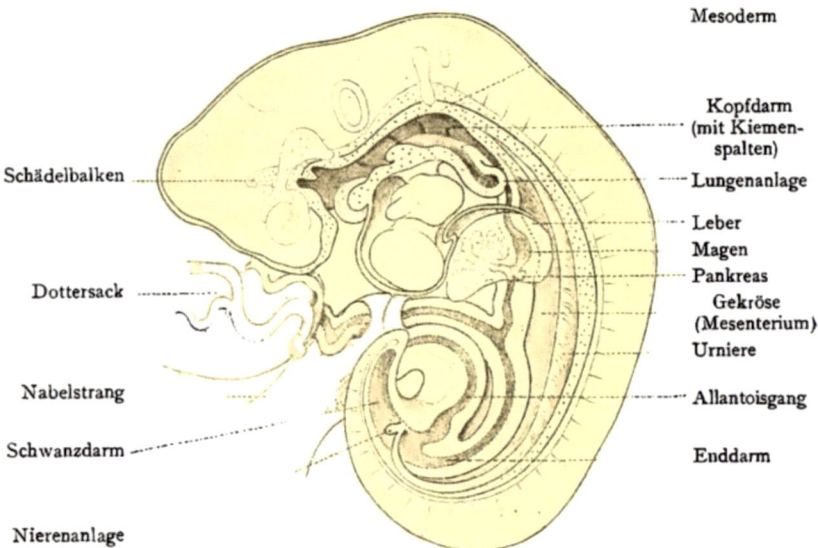

Fig. 154. **Längsschnitt durch einen menschlichen Embryo** aus der vierten Woche, 5 mm lang, 15mal vergrößert. Nach *Kollmann*.

an einem dünnen Stiele, dem Dottergang, aus der Mitte des Darmes heraus (Fig. 147 *ds*). Dieser Dottergang besitzt keine bleibende Bedeutung und wird späterhin gleich dem Dottersack selbst völlig rückgebildet und aufgezehrt. Sein Inhalt wird in den Darm aufgenommen, während der Dottergang selbst zuwächst. Die Stelle, wo er sich am Darm ansetzt, ist der „Darmnabel". Hier erfolgt zuletzt der völlige Verschluß des Darmes. (Vergl. den XV. Vortrag und Fig. 154, sowie Taf. VII, Fig. 14, 15.)

Während dieser wichtigen Vorgänge, die zur Bildung der Darm- wand und Bauchwand führen, erscheinen am Keimschilde der Am- nioten auch noch einige andere bedeutende Veränderungen. Diese betreffen namentlich die Urnierengänge und die ersten Blutgefäße. Die Urnierengänge, welche anfangs ganz oberflächlich unter der Hornplatte oder Oberhaut liegen (Fig. 141 *ung*), rücken bald infolge besonderer Wachstumsverhältnisse tief nach innen hinein (Fig. 148—150 *ung*). Der Weg, den sie dabei nehmen, entspricht der Grenze zwischen Rückenleib (*Episoma*) und Bauchleib (*Hyposoma*), (vergl. Fig. 105 und 156). Während sie zwischen Stammzone und Parietalzone des Amniotenkeimschildes hindurchtreten,

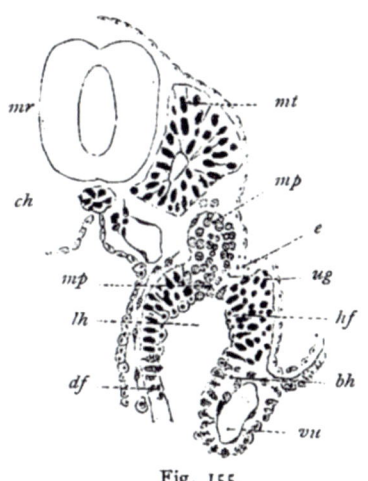

Fig. 155.

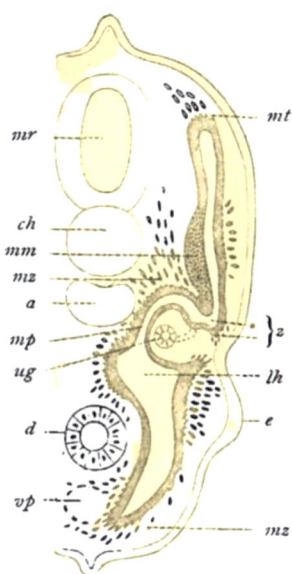

Fig. 155. **Querschnitt durch einen menschlichen Embryo** von 14 Tagen. *mr* Markrohr, *ch* Chorda, *vu* Nabelvene, *mt* Myotom, *mp* Mittelplatte, *ug* Urnierengang, *lh* Leibeshöhle, *e* Ektoderm, *bh* Bauchhaut, *hf* Hautfaserblatt, *df* Darmfaserblatt. Nach *Kollmann*.

Fig. 156.

Fig. 156. **Querschnitt durch einen Haifischkeim.** *(Junger Selachierembryo.)* *mr* Markrohr, *ch* Chorda, *a* Aorta, *d* Darm, *vp* Prinzipalvene (Subintestinalvene), *mt* Myotom, *mm* Muskelmasse des Urwirbels, *mp* Mittelplatte, *ug* Urnierengang, *lh* Leibeshöhle, *e* Ektoderm der Extremitätenanlage, *mz* Mesenchymzellen, *z* Stelle, wo sich Myotom und Nephrotom voneinander abschnüren. Nach *H. E. Ziegler*.

entfernen sie sich immer mehr von ihrer Ursprungsstätte, der Hornplatte, und nähern sich dem Darmdrüsenblatte. Zuletzt liegen sie tief inwendig, beiderseits des Mesenterium, unterhalb der Chorda (Fig. 150 *ung*). Gleichzeitig verändern auch die beiden primitiven Aorten ihre Lage (vergl. Fig. 141—150 *ao*); sie wandern nach innen unter die Chorda und verschmelzen hier schließlich zur Bildung einer einzigen sekundären Aorta, welche unter der Wirbelsäulenanlage sich befindet (Fig. 150 *ao*). Auch die Kardinalvenen,

die ersten venösen Blutgefäßanlagen, rücken weiter nach innen
hinein und liegen später unmittelbar über den Urnieren (Fig. 150 *vc*,
157 *cav*). Ebendaselbst, und zwar an der inneren Seite der Urniere, wird bald die erste Anlage der G e s c h l e c h t s o r g a n e
sichtbar. Der wichtigste Teil dieses Apparates (abgesehen von
allen Anhängen) ist beim Weibe der E i e r s t o c k, beim Manne

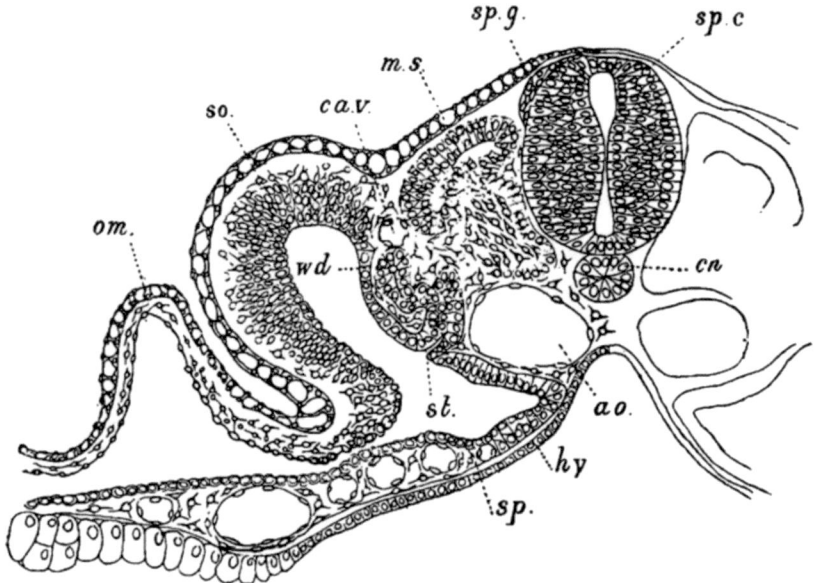

Fig. 157. **Querschnitt durch einen Entenkeim mit 24 Ursegmenten.**
Nach *Balfour*. Aus einer dorsalen Seitenleiste des Medullarrohres (*spc*) sprossen zwischen
ihm und der Hornplatte die Spinalknoten hervor (*spg*), *ch* Chorda, *ao* paarige Aorta,
hy Darmdrüsenblatt, *sp* Darmfaserblatt, mit Durchschnitten von Blutgefäßen, *ms* Muskelplatte, in der Dorsalwand des Myocoel (Episomit). Unter der Kardinalvene (*cav*) ist
der Urnierengang (*wd*) und ein segmentaler Urnierenkanal (*st*) sichtbar. Das Hautfaserblatt der Leibeswand (*so*) setzt sich fort in die Amnionfalte (*om*). Zwischen den
vier sekundären Keimblättern und den aus ihnen entstandenen Anlagen entwickelt sich
embryonale Bindesubstanz mit sternförmigen Zellen und Gefäßanlagen („Mesenchym"
von *Hertwig*).

der Testikel oder H o d e n. Beide entwickeln sich aus einem
kleinen Teile des Coelomepithels, der Zellenbekleidung der Leibeshöhle, und zwar dort, wo sich Hautfaserblatt und Darmfaserblatt
berühren. Erst sekundär tritt diese Keimdrüse in Verbindung mit
den Urnierengängen, welche in ihrer nächsten Nähe liegen und
sich in höchst wichtige Beziehungen zu ihr setzen. (Vergl. den
XXIX. Vortrag und Taf. VI, Fig. 4—8, S. 343.)

Dreizehnte Tabelle.

Uebersicht über die Zusammensetzung des Wirbeltierkörpers aus Rückenleib und Bauchleib, Kopfhälfte und Rumpfhälfte.

Rückenleib und Bauchleib Episoma und Hyposoma.	Kopf und Rumpf Caput und Truncus.	Schädellose. Acrania.	Schädeltiere. Craniota.
I. Rückenleib Episoma (= Rückenschild oder Notaspis beim Amniotenkeim).	**I. A. Kopfhälfte des Rückenleibes (Episoma capitale).**	a. Einfache Urhirnblase. b. Drei Paar einfache Sinnesorgane. c. Kein Urschädel.	a. Gehirn (mit fünf Hirnblasen). b. Drei Paar zusammengesetzte Sinnesorgane. c. Knorpeliger Urschädel.
„Stammzone" (= Urwirbelplatten) (Animale Hemisphäre der Amphigastrula Fig. 43—50, S. 196). Neuralgebiet.	**I. B. Rumpfhälfte des Rückenleibes (Episoma truncale).**	a. Rückenmark. b. Einfache ungegliederte Perichorda. c. Dorsale Rumpfmuskeln mit Myocoel.	a. Rückenmark. b. Segmentale Wirbelsäule. c. Dorsale und ventrale Rumpfmuskeln ohne Myocoel.

Horizontales Frontalseptum zwischen Episom und Hyposom: Axial die endoblastische Chorda, lateral die ektoblastischen Vornierengänge.

II. Bauchleib. Hyposoma (= Seitenplatten und Dottersack nebst Allantois beim Amniotenkeim).	**II. A. Kopfhälfte des Bauchleibes (Hyposoma capitale).**	a. Kopfwand permanent mit zahlreichen Kiemenspalten. b. Segmentale Pronephridien. c. Mundhöhle. Kiemendarm und Hypobranchialrinne. Weder Schwimmblase noch Lunge. Einkammeriges Herz.	a. Kopfwand embryonal mit fünf bis sieben Paar Kiemenspalten. b. Kopfnieren (Pronephros). c. Mundhöhle. Schlund (Rachenhöhle) und Thyreoidea. Schwimmblase oder Lunge. Mehrkammeriges Herz.
„Parietalzone" (= Seitenplatten). (Vegetale Hemisphäre der Amphigastrula Fig. 43—50, S. 196). Gastralgebiet.	**II. B. Rumpfhälfte des Bauchleibes (Hyposoma truncale).**	a. Bauchwand (Bauchplatten) (Parietalblatt der Hyposomiten). b. Viele segmentale Pronephridien. c. Viele segmentale Gonaden. d. Magen. Einfache Leberschläuche. Dünndarm. After.	a. Bauchwand. Bauchplatten (Parietalblatt der Seitenplatten). b. Ein Paar kompakte Nieren. c. Ein Paar Gonaden. d. Magen. Kompakte Leber. Pankreas. Dünndarm. Dickdarm. After.

Alphabetisches Verzeichnis

über die Bedeutung der Buchstaben auf Taf. VI und VII.

[N. B. Das Ektoderm (Hautsinnesblatt) ist durch o r a n g e, das dorsale Mesoderm (im Episoma) durch b l a u e, das ventrale Mesoderm (im Hyposoma) durch r o t e und das Entoderm (Darmdrüsenblatt) durch g r ü n e Farbe bezeichnet.]

a	Afteröffnung (*anus*).	*ks*	Kiemenspalten (Schlundspalten).
ah	Amnionhöhle (Fruchtwasserblase).	*l*	Lederplatte (*corium*).
al	Allantois (Harnsack).	*lb*	Leber (*hepar*).
am	Amnion (Wasserhaut).	*lr*	Luftröhre (*trachea*).
ao	Aorta.	*lu*	Lunge (*pulmo*).
au	Urmund (Prostoma).	*md*	Milchdrüse (*mamma*).
b	Bauchmuskeln.	*mg*	Magen (*stomachus*).
bb	Brustbein (*sternum*).	*mh*	Mundhöhle.
c	Leibeshöhle (*coeloma*).	*mp*	Muskelplatte (*muscularis*).
c,	Brusthöhle (*cavitas pleurae*).	*n*	Nervenrohr (Medullarrohr).
c,,	Bauchhöhle (*cavitas peritonei*).	n_1	Vorderhirn (Großhirn).
cg	Gonocoel (Ventralcoelom).	n_2	Zwischenhirn (Sehhügel).
ch	Achsenstab (*chorda*).	n_3	Mittelhirn (Vierhügel).
cm	Myocoel (Dorsalcoelom).	n_4	Hinterhirn (Kleinhirn).
cn	Markdarmgang (*canalis neurentericus*).	n_5	Nachhirn (Nackenmark).
ct	Coelomtaschen.	*nc*	Gehirn.
cp	Coelompolzellen (Urmesodermzellen).	*nr*	Rückenmark (*medulla spinalis*).
cx	Serocoel (Extrafötalcoelom).	*o*	Mundöffnung (*osculum*).
d	Darmrohr (*tractus*).	*p*	Bauchspeicheldrüse (*pancreas*).
dc	Dickdarm (*colon*).	*q*	Sinnesorgane.
dd	Dünndarm (*ileum*).	*r*	Rückenmuskeln.
df	Darmfaserblatt.	*rp*	Rippen (*costae*).
ds	Dottersack (Nabelblase).	*s*	Schädel (*cranium*).
du	Urdarm.	*sb*	Schambein (*os pubis*).
e	Ektoderm.	*sh*	Schlundhöhle (*pharynx*).
em	Embryo oder Keim.	*sk*	Skelettplatte.
f	Fruchtbehälter (*uterus*).	*sr*	Speiseröhre (*oesophagus*).
g	Geschlechtsdrüsen (Gonaden).	*t*	Gekröse (*mesenterium*).
gp	Geschlechtsplatte (Keimepithel).	*u*	Vornierengang (*Nephroductus*).
h	Hornplatte (*Cerablastus*).	*us*	Vornierenröhren (*Pronephridia*).
hb	Harnblase (*vesica urinae*).	*ur*	Vornierenrinne (*Nephrosulcus*).
hf	Hautfaserblatt.	*uw*	Ursegmente (Urwirbel, Somiten).
hk	Herzkammer (*ventriculus*).	*v*	Urvene (Darmvene).
hl	Linkes (arterielles) Herz.	*vc*	Kardinalvenen.
hr	Rechtes (venöses) Herz.	*vg*	Scheidenkanal (*vagina*).
hv	Herzvorkammer (*atrium*).	*w*	Wirbel (*vertebra*).
hz	Herz (*cor*).	*wb*	Wirbelbogen.
i	Entoderm.	*wk*	Wirbelkörper.
iv	Gallenblase (*vesica fellea*).	*x*	Beine (Gliedmaßen).
z	Keimdrüsen (Geschlechtsdrüsen).	*z*	Zwerchfell (*diaphragma*).

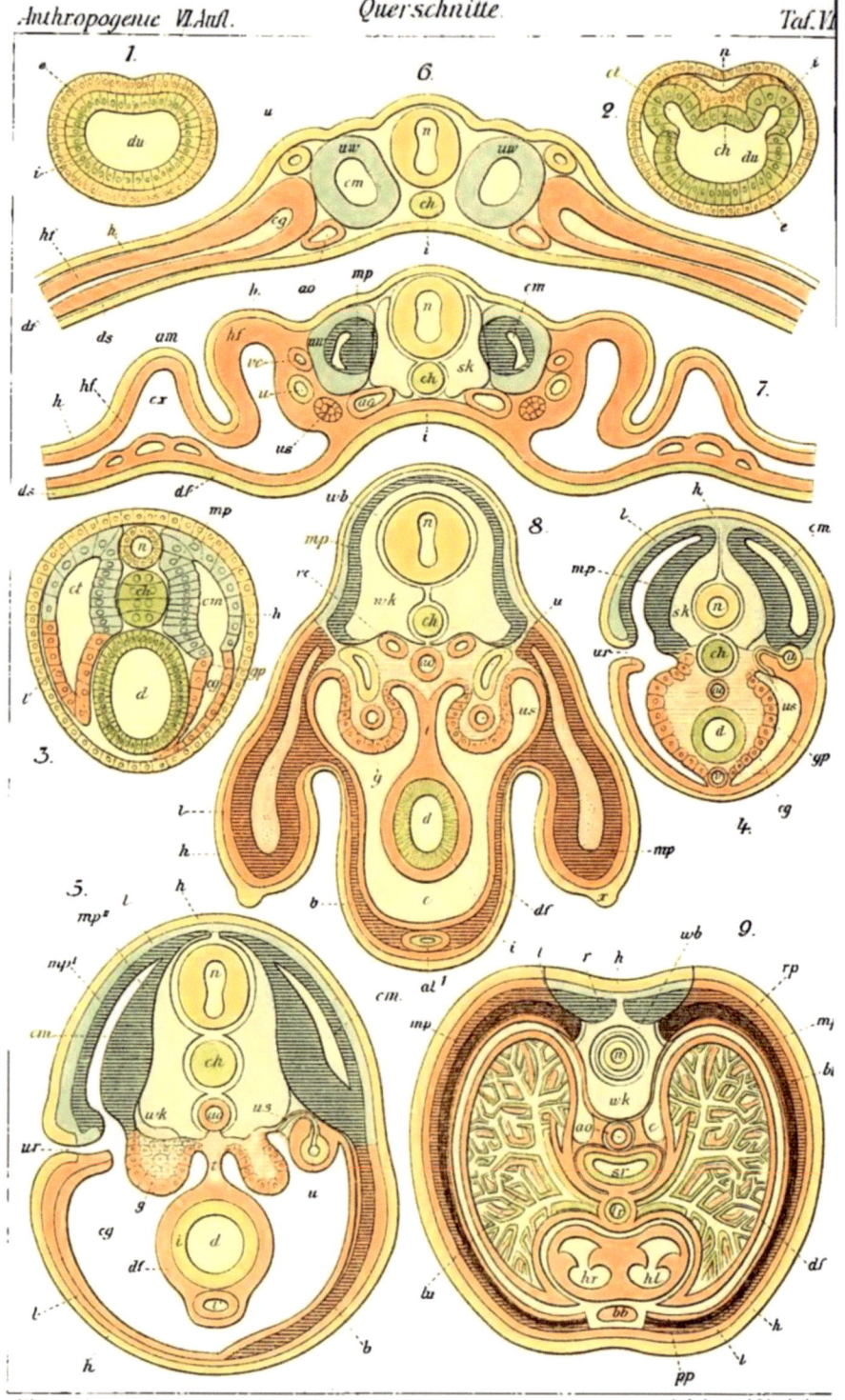

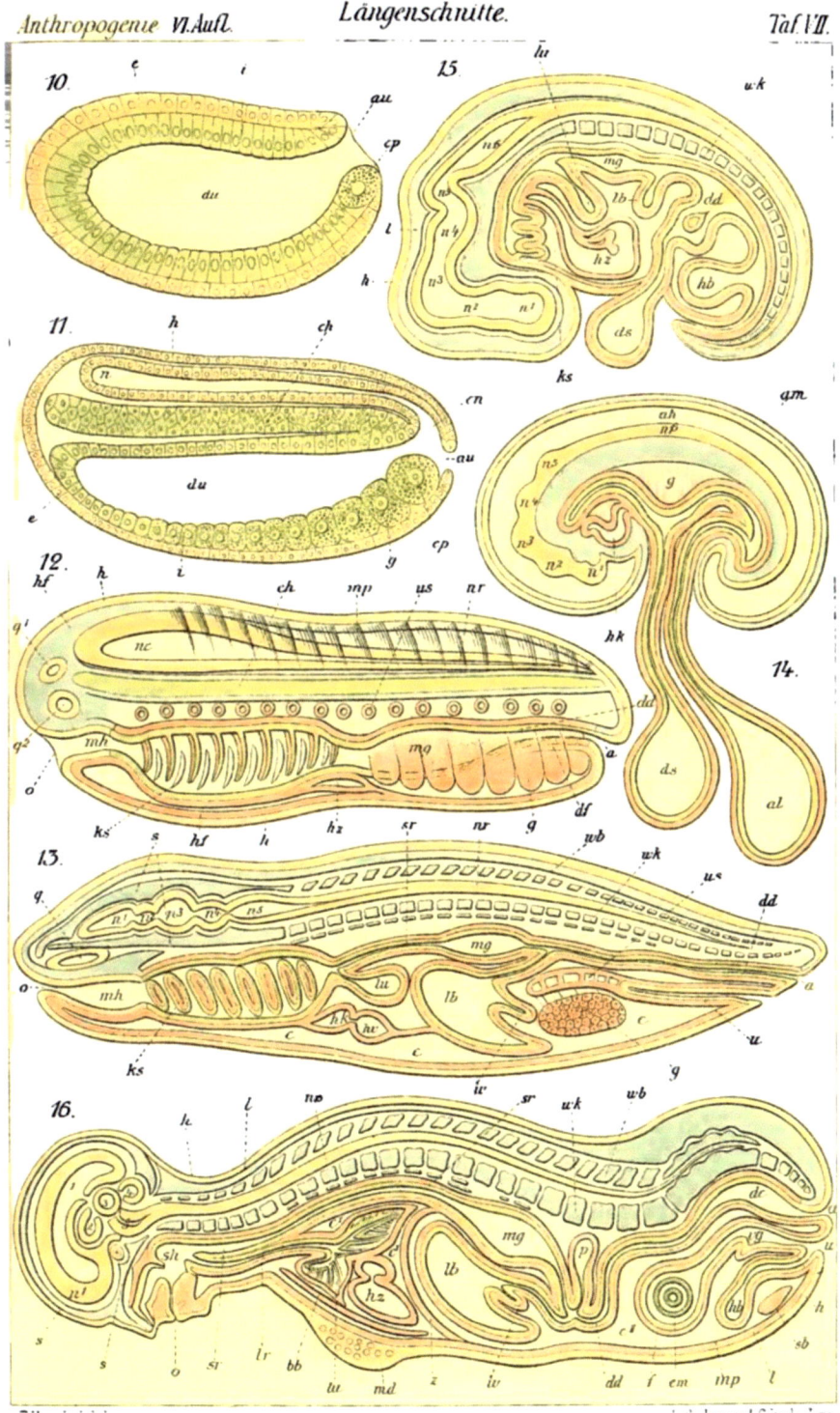

Erklärung von Tafel VI und VII.

Die beiden Tafeln VI und VII sollen den Aufbau des menschlichen Körpers aus den Keimblättern teils ontogenetisch, teils phylogenetisch erläutern; Taf. VI enthält nur schematische Querschnitte (durch die Pfeilachse und die Querachse); Taf. VII enthält nur schematische Längsschnitte (durch die Pfeilachse und die Längsachse), von der linken Seite betrachtet. Ueberall sind die beiden primären Keimblätter und ihre Produkte durch dieselben Farben bezeichnet, und zwar das Hautsinnesblatt orange, das Darmdrüsenblatt grün. Das Mesoderm und seine Produkte sind im Episoma oder Rückenleibe blau, hingegen im Hyposoma oder Bauchleibe rot angegeben. Die Buchstaben bedeuten überall dasselbe. In allen Figuren ist die Rückenfläche des Körpers nach oben, die Bauchfläche nach unten gekehrt.

Tafel VI. Schematische Querschnitte durch Wirbeltiere.

Fig. 1. Querschnitt durch die Gastrula eines Urwirbeltieres (*Amphioxus*, vergl. Fig. 10, Taf. VII, Längsschnitt, und Fig. 40, 41, S. 175). Der ganze Körper ist Darmrohr (*d*), die Wand desselben besteht nur aus den beiden primären Keimblättern.

Fig. 2. Querschnitt durch die Coelomula eines Urwirbeltieres (*Amphioxus*) im Beginne der Coelomation. Die Rückenwand des Urdarms (*du*) sondert sich in die Anlage der medianen Chorda (*ch*) und der paarigen Coelomtaschen (*ct*). Das Nervenrohr (*n*) beginnt sich von der Hornplatte (*e*) abzuschnüren. (Vergl. Fig. 82—84.)

Fig. 3. Querschnitt durch die Chordula (Fig. 86—89, S. 246). Die axiale Chorda (*ch*) liegt zwischen dem dorsalen Nervenrohr (*n*) und dem ventralen Darmrohr (*d*). Die Coelomtasche ist in der linken (jüngeren) Hälfte noch einfach (*ct*); in der rechten (älteren) Hälfte wird sie durch die Seitenfurche in eine dorsale Muskeltasche (Myocoel, *cm*) und eine ventrale Geschlechtstasche (Gonocoel, *cg*) geschieden. *mp* Muskelplatte, *gp* Geschlechtsplatte, *l* Lederplatte, *h* Hornplatte (Oberhaut).

Fig. 4. Querschnitt durch ein ideales Urwirbeltier (*Prospondylus* oder *Vertebraea*, S. 270). Die Coelomtasche ist in der linken (jüngeren) Hälfte noch einfach und öffnet sich nach außen durch ein Vornierenkanälchen (*us*) in die laterale Vornierenrinne (*ur*); in der rechten (älteren) Hälfte ist der Dorsalteil als Muskeltasche (*cm*) geschieden vom Ventralteil als Geschlechtstasche (*cg*); letztere mündet durch ein Vornierenkanälchen (*us*) in den Vornierengang (*u*), der sich von der Hornplatte (*h*) abgeschnürt hat. Rechte und linke Leibeshöhle sind noch getrennt. In der Darmfaserwand zeigen sich die ersten Blutgefäße, oben die Urarterie (Aorta, *ao*), unten die Urvene (Prinzipalvene oder Subintestinalvene, *v*). *ch* Chorda, *n* Markrohr, *d* Darmrohr, *gp* Geschlechtsplatte, *mp* Muskelplatte, *l* Lederplatte, *h* Hornplatte.

Fig. 5. **Querschnitt durch einen Urfischkeim** (Selachierembryo). Die Verhältnisse der Zusammensetzung sind fast dieselben, wie bei dem vorhergehenden Querschnitte des Urwirbeltieres (Fig. 4); nur sind unten bereits rechte und linke Coelomtasche zusammengeflossen. Dadurch ist eine einfache Leibeshöhle entstanden (Metacoel
oder Pleuroperitonealhöhle). Auch ist die Skelettplatte (aus dem Medialteil der dorsalen Coelomtasche entstanden) mehr entwickelt und bildet selbständige „Urwirbel-
hälften" (wk). Wie in Fig. 4, so ist auch in Fig. 5 hypothetisch angenommen, daß
sich das Coelom ursprünglich durch segmentale Kanälchen (Pronephridien) nach außen
öffnet (links!), während später (rechts!) dorsale und ventrale Coelomtaschen sich vollständig abschnüren. (Vergl. den Querschnitt Fig. 156, S. 339.)

Fig. 6. **Querschnitt durch die Keimscheibe eines Amnioten** (oder
höheren Wirbeltieres), mit der Anlage der ältesten Organe. (Vergl. den Querschnitt
des Hühnchenkeims vom zweiten Brütetage, Fig. 141, S. 325). Das Markrohr (n) und
die Urnierengänge (u) sind von der Hornplatte (h) abgeschnürt. Beiderseits der Chorda
(ch) haben sich die Urwirbel (uw) und die Seitenplatten differenziert. Zwischen dem
Hautfaserblatte (hf) und dem Darmfaserblatte (df) ist die erste Anlage der Leibeshöhle
oder des Coeloms sichtbar (cg); darunter die beiden primären Aorten (ao).

Fig. 7. **Querschnitt durch die Keimscheibe desselben Amnioten,** etwas
weiter entwickelt als Fig. 3. (Vergl. den Querschnitt des Hühnchenkeims vom dritten
Brütetage, Fig. 148, S. 332.) Markrohr (n) und Chorda (ch) beginnen bereits von den
Urwirbeln (uw) umschlossen zu werden. Die Urnierengänge (u) sind durch die Lederplatte (l) schon vollständig von der Hornplatte (h) getrennt. c Leibeshöhle, ao Aorten.
Das Hautblatt erhebt sich rings um den Embryo als Amnionfalte (am); dadurch entsteht ein Hohlraum zwischen Amnionfalte und Dottersackwand (ds), das Pericoel (Serocoelom) oder Extrafetalcoelom (cx).

Fig. 8. **Querschnitt durch die Beckengegend** und die Hinterbeine vom
Embryo eines Amnioten (oder höheren Wirbeltieres). (Vergl. den Querschnitt eines
Hünchenkeims vom fünften Brütetage, im XIV. Vortrage.) Das Markrohr (n) ist
bereits ganz von beiden Bogenhälften des Wirbels (wb) umschlossen, ebenso die Chorda
und ihre Scheide von beiden Hälften des Wirbelkörpers (wk). Die Lederplatte (l) hat
sich ganz von der Muskelplatte (mp) gesondert. Die Hornplatte (h) ist an der Spitze
der Hinterbeine (x) stark verdickt. Die Geschlechtsleisten (g) ragen weit in die Leibeshöhle (c) vor und liegen ganz nahe dem Vornierengang (u). Das Darmrohr (d) ist
durch ein Gekröse (t) unterhalb der Hauptaorta (ao) und der beiden Kardinalvenen (vc)
an der Rückenfläche der Leibeswand befestigt. Unten ist mitten in der Bauchwand
der Stiel der Allantois sichtbar (al).

Fig. 9. **Querschnitt durch den Brustkorb des Menschen** (schematisch).
Das Markrohr (n) ist vom entwickelten Wirbel (w) ringförmig umschlossen. Von dem
Wirbel geht rechts und links eine bogenförmige Rippe ab, welche die Brustwand stützt
(rp). Unten auf der Bauchfläche liegt zwischen rechter und linker Rippe das Brust-
bein oder Sternum (bb). Außen über den Rippen (und den Zwischenrippenmuskeln)
liegt die äußere Haut, gebildet aus der Lederplatte (l) und der Hornplatte (h). Die
Brusthöhle (oder der vordere Teil des Coeloms, c) ist größtenteils von den beiden
Lungen (lu) eingenommen, in welchen sich baumförmig die Luftröhrenäste verzweigen.
Diese münden alle zusammen in die unpaare Luftröhre (lr), welche weiter oben am
Halse in die Speiseröhre (sr) einmündet. Zwischen Darmrohr und Wirbelsäule liegt
die Aorta (ao). Zwischen Luftröhre und Brustbein liegt das Herz, durch eine Scheide-
wand in zwei Hälften getrennt. Das linke Herz (hl) enthält nur arterielles, das rechte

(*hr*) nur venöses Blut. Jede Herzhälfte zerfällt durch ein Klappenventil in eine Vorkammer und eine Kammer. Das Herz ist hier schematisch in der (phylogonetisch)
ursprünglich symmetrischen Lagerung (in der Mitte der Bauchseite) dargestellt. Beim
entwickelten Menschen und Affen liegt das Herz unsymmetrisch und schief, mit der
Spitze nach links.

Tafel VII. Schematische Längsschnitte durch Wirbeltiere.

Alle Längsschnitte der Taf. VII sind von der linken Seite gesehen.

Fig. 10. **Längsschnitt durch die Gastrula eines Urwirbeltieres** (*Amphioxus*, vergl. Fig. 1, Taf. VI, Querschnitt, und Fig. 40, 41, S. 176). Die Urdarmhöhle
(*d*) öffnet sich hinten durch den Urmund (*au*). Der Körper besteht bloß aus den
beiden primären Keimblättern. Am Bauchrande des Urmundes ist eine von den beiden
großen Polzellen des Mesoderms sichtbar. (Coelompolzellen, *cp.*)

Fig. 11. **Längsschnitt durch die Chordula** (Fig. 86—89, S. 246). Das
dorsale Markrohr (*n*) ist hinten durch den neurenterischen Kanal (*cn*) mit dem Darmrohr (*du*) verbunden; zwischen beiden liegt die axiale Chorda (*ch*).

Fig. 12. **Seitenansicht eines Urwirbeltieres** (*Prospondylus*, Fig. 101—105,
S. 270); von der linken Seite. Die axiale Chorda (*ch*) trennt Episom und Hyposom.
In der Kopfhälfte ist oben das Gehirn (*nc*), unten der Kiemendarm (*ks*) sichtbar, mit
8 Paar Kiemenspalten; in der Rumpfhälfte oben das Rückenmark (*nr*) und die Muskelplatten (*mp*); unten die segmentalen Gonaden (*g*). *a* After, *o* Mund, *mh* Mundhöhle,
q Sinnesorgane, *hz* Herz.

Fig. 13. **Längsschnitt durch einen Urfisch** (*Proselachius*), einen nächsten
Verwandten der heutigen Haifische und hypothetischen Vorfahren des Menschen. (Die
Flossen sind fortgelassen.) Das Markrohr hat sich in die fünf primitiven Hirnblasen
($n_1 - n_5$) und in das Rückenmark (*nr*) gesondert (vergl. Fig. 15 und 16). Das Gehirn
ist vom Schädel (*s*), das Rückenmark vom Wirbelkanal umschlossen (über dem Rückenmark die Wirbelbogen, *wb*; unter demselben die Wirbelkörper, *wk*; unter letzteren ist
der Ursprung der Rippen angedeutet). Vorn hat sich aus der Hornplatte ein Sinnes-
organ entwickelt (*q*) Das Darmrohr (*d*) hat sich in folgende Teile gesondert: Mundhöhle (*mh*), Schlundhöhle mit acht Paar Kiemenspalten (*ks*), Schwimmblase (= Lunge, *lu*),
Speiseröhre (*sr*), Magen (*mg*), Leber (*lb*) mit der Gallenblase (*iv*), Dünndarm (*dd*) und
Mastdarm mit der Afteröffnung (*a*). Unter dem Enddarm liegt die Geschlechtsdrüse (*g*),
höher die Urniere (*us*). Unter der Schlundhöhle liegt das Herz, mit Vorkammer (*hv*)
und Hauptkammer (*hk*).

Fig. 14. **Längsschnitt durch den Embryo eines Amnioten** (oder höheren
Wirbeltieres), um das Verhalten des Darmrohres zu den Anhängen zu zeigen. In der
Mitte tritt aus dem Darmrohr der langgestielte Dottersack (oder die Nabelblase) hervor
(*ds*); ebenso ragt hinten aus dem Darm die langgestielte Allantois hervor (*al*). Unter
dem Vorderdarm das Herz (*hz*). *ah* Amnionhöhle. Der ventrale Teil des Amnion (*ah*)
umfaßt scheidenartig die Stiele des Lecithom und der Allantois (Nabelstrang).

Fig. 15. **Längsschnitt durch einen menschlichen Embryo** von fünf
Wochen (vergl. Fig. 14). Das Amnion und die Placenta nebst dem Urachus ist weggelassen. Das Markrohr hat sich in die fünf primitiven Hirnblasen ($n_1 - n_5$) und das
Rückenmark (*nr*) gesondert (vergl. Fig. 13 und 16). Das Gehirn umgibt der Schädel
(*s*); unter dem Rückenmark die Reihe der Wirbelkörper (*wk*). Das Darmrohr hat sich
in folgende Abschnitte differenziert: Schlundhöhle mit drei Paar Kiemenspalten (*ks*),

Lunge (*lu*), Speiseröhre (*sr*), Magen (*mg*), Leber (*lb*), Dünndarmschlinge (*dd*), in welche der Dottersack (*ds*) einmündet, Harnblase (*hb*) und Mastdarm. *hz* Herz. Der Rest des Schwanzes ist rechts unten noch deutlich sichtbar.

Fig. 16. **Längsschnitt durch ein erwachsenes menschliches Weib.** Alle Teile sind vollständig entwickelt, um jedoch klar die Verhältnisse der Lagerung und der Beziehung zu den vier sekundären Keimblättern darzustellen, schematisch reduziert und vereinfacht. Am Gehirn haben sich die fünf ursprünglichen Hirnblasen (Fig. 15 $n_1 - n_5$) in der nur den höheren Säugetieren eigentümlichen Weise gesondert und umgebildet: n_1 Vorderhirn oder Großhirn (alle übrigen vier Hirnblasen überwiegend und bedeckend); n_2 Zwischenhirn oder Sehhügel; n_3 Mittelhirn oder Vierhügel; n_4 Hinterhirn oder Kleinhirn; n_5 Nachhirn oder Nackenmark, übergehend in das Rückenmark (*nr*). Das Gehirn ist vom Schädel (*s*), das Rückenmark vom Wirbelkanal umschlossen; über dem Rückenmark der Wirbelbogen und Dornfortsätze (*wb*), unter demselben die Wirbelkörper (*wk*). Das Darmrohr hat sich in folgende hintereinander gelegene Teile gesondert: Mundhöhle, Schlundhöhle (in der früher die Kiemenspalten, *ks*, sich befanden), Luftröhre (*lr*) mit Lunge (*lu*), Speiseröhre (*sr*), Magen (*mg*), Leber (*lb*) mit Gallenblase (*iv*), Bauchspeicheldrüse oder Pankreas (*p*), Dünndarm (*dd*) und Dickdarm (*dc*), Mastdarm mit After (*a*). Die Leibeshöhle oder das Coelom (*c*) ist durch das Zwerchfell (*z*) in zwei getrennte Höhlen zerfallen, in die Brusthöhle (*c*), in welcher vor den Lungen das Herz liegt (*hz*), und in die Bauchhöhle, in welcher die meisten Eingeweide liegen. Vor dem Mastdarm liegt die weibliche Scheide (*vg*), welche in den Fruchtbehälter führt (Uterus oder Gebärmutter, *f*); in diesem entwickelt sich der Embryo, hier angedeutet durch eine kleine Keimblase (*em*). Zwischen Fruchtbehälter und Schambein (*sb*) liegt die Harnblase (*hb*), der Rest des Allantoisstieles. Die Hornplatte (*h*) überzieht den ganzen Körper als Oberhaut und kleidet auch die Mundhöhle, die Afterhöhle und die Höhle der Scheide und des Fruchtbehälters aus. Ebenso ist die Milchdrüse (die Brustdrüse oder Mamma, *md*) ursprünglich aus der Hornplatte gebildet.

Anmerkung. Die *vier Farben*, welche auf den beiden Tafeln VI und VII zur Erläuterung der menschlichen Organogenese verwendet worden sind, entsprechen nur teilweise den vier *sekundären Keimblättern*. Das Hautsinnesblatt ist orange, das Darmdrüsenblatt grün bezeichnet. Dagegen sind alle Organe im *Episoma* blau, im *Hyposoma* rot angegeben — ebensowohl die Produkte des parietalen Mittelblattes (Hautfaserblatt) als des visceralen Mesoderms (Darmfaserblatt).

Vierzehnter Vortrag.

Die Gliederung der Person.

„Für die Gesamtorganisation der Wirbeltiere ist das Auftreten eines inneren Skelettes in bestimmten Lagerungsbeziehungen zu den übrigen Organsystemen, sowie die Gliederung des Körpers in gleichwertige Abschnitte hervorzuheben. Diese Metamerenbildung äußert sich mehr oder minder deutlich an den meisten Organen, und durch ihre Ausdehnung auf das Achsenskelett gliedert sich auch dieses allmählich in einzelne Abschnitte, die Wirbel. Diese sind aber nur als der teilweise Ausdruck einer Gesamtgliederung des Körpers anzusehen, die insofern wichtiger ist, als sie früher auftritt als am anfänglich ungegliederten Achsenskelette. Sie kann daher als primitive oder Urwirbelbildung aufgefaßt werden, an welche die Gliederung des Achsenskelettes als sekundäre Wirbelbildung sich anschließt."

Carl Gegenbaur (1870).

Wirbeltiere und Gliedertiere. Metameren und Somiten. Kopf-segmente und Rumpfsegmente. Gliederung der Acranier und Cranioten. Episomiten (Myotome und Sklerotome). Hypo-somiten (Nephrotome und Gonotome). Ursprüngliche Gliede-rung der Leibeshöhle.

Inhalt des vierzehnten Vortrages.

Metamerie oder Gliederung des höheren Tierkörpers; Zerfall in eine Kette von Segmenten oder Folgestücken. Innere Gliederung der Wirbeltiere und äußere Segmentation der Gliedertiere ähnlich, aber grundverschieden. Beginn der Gliederung der Amnioten in der Mitte des Keimschildes. Zunahme der Somiten oder Ursegmente von vorn nach hinten. Ihre Zahl beim Menschen. Kopfsegmente und Rumpfsegmente. Gliederung des Amphioxus. Abschnürung der Somiten oder der einzelnen Ursegmente vom Vorderende der Coelomtaschen. Teilung jedes Ursegmentes in eine dorsale Hälfte (Myotom) und eine ventrale Hälfte (Gonotom). Segmentierung der Cranioten: Segmentale Urwirbelplatten und ungegliederte Seitenplatten. Differenzierung der Metameren bei den Fischen, Amphibien und Amnioten. Segmentierung des Episoma und Hyposoma. Ursprüngliche Metamerie der Gonaden und Nephridien. Gliederung des Kopfdarms: Kiemenspalten und Kiemenbogen. Primäre und sekundäre Metamerie. Monomere Organe: Herz, Lunge, Leber, Sinnesorgane, Gliedmaßen. Aehnlichkeit der Wirbeltier-Embryonen, und deren phylogenetische Bedeutung.

Literatur:

Johannes Müller, 1835—1845. *Vergleichende Anatomie der Myxinoiden. Berlin.*

Derselbe, 1842. *Ueber den Bau und die Lebenserscheinungen des Amphioxus.*

Carl Gegenbaur, 1858. *Grundzüge der vergleichenden Anatomie. (2. Aufl. 1870.)*

Derselbe, *Vergleichende Anatomie der Wirbeltiere. 1898. Leipzig.*

Ernst Haeckel, 1866. *Allgemeine Strukturlehre oder Individualitätslehre. (III. Buch der Generellen Morphologie.) Berlin.*

Derselbe, 1878. *Die Individualität des Tierkörpers. Jena. Zeitschrift f. Naturw. Bd. XII. Jena.*

Carl Gegenbaur, 1872. *Untersuchungen zur vergleichenden Anatomie der Wirbeltiere. (III. Das Kopfskelett der Selachier, ein Beitrag zur Erkenntnis der Genese des Kopfskelettes der Wirbeltiere.) Leipzig.*

Derselbe, 1887. *Die Metamerie des Kopfes und die Wirbeltheorie des Kopfskelettes. (Morphol. Jahrb., Bd. XIII.) Leipzig.*

Robert Wiedersheim, 1884. *Vergleichende Anatomie der Wirbeltiere. 7. Aufl. 1909.*

Max Fürbringer, 1888. *Untersuchungen zur Morphologie und Systematik der Vögel.*

Arnold Lang, 1889. *Lehrbuch der vergleichenden Anatomie. V. Kapitel: Arthropoden.*

Eduard Meyer, 1890. *Abstammung der Anneliden. (Biol. Centralbl., X, 10.)*

Ernst Gaupp, 1892—1898. *Beiträge zur Morphologie des Schädels. Jena.*

Ernst Haeckel, 1895. *Systematische Phylogenie der Wirbeltiere. I. Kapitel: Generelle Phylogenie, S. 1—50. Berlin.*

Carl Rabl, 1902. *Die Entwickelung des Gesichtes. Tafeln zur Entwickelungsgeschichte der äußeren Körperform der Wirbeltiere. Leipzig.*

F. Keibel, 1897—1908. *Normentafeln zur Entwickelungsgeschichte der Wirbeltiere. 8 Bde. Jena.*

Derselbe, 1902. *Die Entwickelung der äußeren Körperform der Wirbeltier-Embryonen, insbesondere der menschlichen Embryonen aus den ersten 2 Monaten. (In Oscar Hertwig, Handbuch der Entwickelungslehre der Wirbeltiere, Bd. I.) Jena.*

XIV.

Meine Herren!

Der Stamm der Wirbeltiere, aus welchem unser Geschlecht als eine der jüngsten und vollkommensten Früchte des biogenetischen Naturprozesses entsprossen ist, wird mit Recht an die Spitze des Tierreichs gestellt. Dieser Vorrang gebührt ihm nicht allein deshalb, weil tatsächlich der Mensch alle anderen Tiere weit überflügelt und sich zum „Herrn der Schöpfung" emporgeschwungen hat; sondern auch weil der Organismus der Wirbeltiere an Körpergröße, an Zusammensetzung des Körperbaues und Vollkommenheit der Lebenstätigkeiten alle anderen Tierstämme bei weitem übertrifft. Sowohl in morphologischer als in physiologischer Beziehung erhebt sich das Phylum der Vertebraten hoch über alle übrigen, die „wirbellosen Tiere".

Nur ein einziger unter den zwölf Stämmen des Tierreichs kann sich in vieler Beziehung mit dem der Wirbeltiere messen und erreicht in manchen Punkten eine ähnliche, oder selbst höhere Bedeutung; das ist der Stamm der Gliedertiere (*Articulata*), zusammengesetzt aus drei Hauptklassen oder Kladomen: I. Ringelwürmer oder *Annelida* (Regenwürmer, Egel und Verwandte); II. Krustentiere oder *Crustacea* (Krebstiere und Schildtiere); III. Luftrohrtiere oder *Tracheata* (Peripatiden, Tausendfüßer, Spinnen und Insekten). Das Phylum der Artikulaten übertrifft nicht allein die Wirbeltiere, sondern auch alle anderen Tierstämme an Mannigfaltigkeit der Formen, Zahl der Arten, Massenentwickelung der Individuen und allgemeiner Bedeutung für den Haushalt der Natur.

Wenn demnach allgemein die Wirbeltiere einerseits, die Gliedertiere andererseits als die bedeutendsten und die vollkommensten unter den zwölf Stämmen des Tierreichs angesehen werden, so drängt sich uns die Frage auf, ob diese bevorzugte Stellung vielleicht in einer besonderen, beiden gemeinsamen Eigentümlichkeit

ihrer Organisation begründet ist? Die Antwort lautet, daß eine
solche in der Tat existiert: es ist die segmentale Gliederung
oder die transversale Artikulation des Körpers, die wir mit einem
Worte kurz Metamerie nennen. Bei allen Vertebraten und
Artikulaten besteht der entwickelte Körper des Individuums, den
wir als „Person" bezeichnen, aus einer Kette von hintereinander
liegenden Gliedern (Segmenten, Folgestücken oder Metameren);
im Keime oder Embryo werden dieselben als Ursegmente
oder Somiten unterschieden. In jedem dieser Metameren wiederholt sich eine gewisse Gruppe von Organen in ähnlicher Zusammensetzung und Anordnung, so daß wir jedes Segment als eine individuelle Einheit, als ein besonderes, der ganzen Persönlichkeit
subordiniertes „Individuum" ansehen dürfen.

    Die Aehnlichkeit der morphologischen Gliederung und der
daraus entspringenden physiologischen Vervollkommnung in den
beiden Stämmen der Vertebraten und Articulaten hat dazu ver-
leitet, eine direkte phylogenetische Verwandtschaft zwischen beiden
anzunehmen und die ersteren direkt von den letzteren abzuleiten.
Die Ringelwürmer oder Anneliden sollten die unmittelbaren Vorfahren nicht allein der Crustaceen und Tracheaten, sondern auch
der Vertebraten sein. Wir werden uns später (im XX. Vortrage)
überzeugen, daß diese „Annelidentheorie der Vertebraten" vollkommen irrtümlich ist und die wichtigsten Unterschiede und
Gegensätze in der Organisation der beiden großen Tierstämme
ignoriert. Die innere Gliederung der Wirbeltiere ist von der
äußeren Artikulation der Gliedertiere ebenso fundamental verschieden, wie ihre Skelettbildung, ihr Nervensystem, ihr Gefäßsystem u. s. w. Beide haben die Metamerie in ganz verschiedener
Weise ausgebildet. Die ungegliederte Chordula (Fig. 86—89,
S. 246), die wir als eine der wichtigsten palingenetischen Keimformen der Wirbeltiere kennen gelernt haben, und aus der wir
auf eine entsprechende gemeinsame Stammform aller Vertebraten
und Tunicaten schließen, ist als Stammform der Articulaten ganz
undenkbar.

    Alle gegliederten Tiere stammen ursprünglich
von ungegliederten ab; dieser phylogenetische Satz steht
ebenso unerschütterlich fest, wie die ontogenetische Tatsache, daß
jeder gegliederte Tierkörper aus einem ungegliederten Keime hervorgeht. Aber die Organisation dieses Keimes ist in jenen beiden
großen Stämmen grundverschieden. Der palingenetische Chordulakeim aller Vertebraten zeichnet sich aus durch das dorsale

Medullarrohr und den neurenterischen Kanal, welcher am Urmunde in das ventrale Darmrohr übergeht, sowie durch die axiale, zwischen beiden gelegene Chorda. Alle Gliedertiere, sowohl die Anneliden als die Arthropoden (Crustaceen und Tracheaten) zeigen keine Spur von dieser typischen Organisation. Außerdem ist die Entwickelung der wichtigsten Organsysteme in beiden Stämmen geradezu entgegengesetzt, wie aus der XIV. Tabelle hervorgeht. Demnach muß auch die typische Gliederung oder Metamerie in beiden Stämmen unabhängig voneinander erworben sein. Das ist in keiner Beziehung wunderbar, um so weniger, als selbst die Stengelgliederung der höheren Pflanzen analoge Verhältnisse zeigt, und als auch in einzelnen Gruppen anderer Tierstämme ähnliche Segmentierungen auftreten, so z. B. bei den Bandwürmern und bei Gunda (im Stamme der Platoden), bei den Seesternen und Seelilien (im Stamme der Echinodermen), bei den Scyphostomen (im Stamme der Cnidarien) u. s. w.

Die charakteristische innere Gliederung der Wirbeltiere und ihre Bedeutung für die Organisation dieses Stammes tritt uns unmittelbar und am auffallendsten bei der Betrachtung ihres Skelettes entgegen. Denn dessen zentraler und wichtigster Teil, die knorpelige oder knöcherne W i r b e l s ä u l e, zeigt uns die Metamerie der Vertebraten handgreiflich in fester Form; sie besteht aus einer Kette von gleichwertigen, hintereinander gelegenen Knorpel- oder Knochenstücken, die seit uralter Zeit als „Wirbel oder Würfel" (*Vertebrae, Spondyli*) bezeichnet werden. Jeder Wirbel ist in direkter Verbindung mit einem besonderen individuellen Abschnitt des Muskelsystems, des Nervensystems, des Gefäßsystems u. s. w. Die meisten „animalen Organe" nehmen also an dieser „Wirbelbildung oder Vertebration" teil. Wir haben aber früher schon, als wir unsere eigene Vertebratennatur (im XI. Vortrage) betrachteten, uns überzeugt, daß dieselbe innere Gliederung auch schon bei den niedersten Urwirbeltieren, den Schädellosen (Acrania) auftritt, obwohl hier das ganze Skelett nur durch die einfache Chorda vertreten wird und völlig ungegliedert ist. Die primäre Gliederung geht also nicht vom Skelett, sondern vom M u s k e l s y s t e m aus und ist offenbar phylogenetisch durch vollkommenere S c h w i m m b e w e g u n g e n der uralten Chordonier-Ahnen bedingt.

Es ist daher auch unrichtig, die ersten Anlagen der Metameren im Keime der Vertebraten als „U r w i r b e l" (*Protovertebrae*) zu bezeichnen; der Umstand, daß dieselben tatsächlich seit langer Zeit so bezeichnet werden, hat zu vielen Irrtümern und Mißverständnissen

geführt. Wir werden daher die sogenannten „Urwirbel" immer
„Somiten" oder Ursegmente nennen. Will man den Begriff
des „Urwirbels" beibehalten, so sollte er nur für das Sklerotom
verwendet werden, d. h. für jenen kleinen dorsomedialen Teil
der Somiten, aus welchem tatsächlich der spätere „Wirbel" sich
entwickelt.

Der Beginn der Gliederung oder Metamerenbildung fällt bei
allen Wirbeltieren in eine sehr frühe Zeit der Keimbildung und
deutet das hohe phylogenetische Alter dieses Prozesses an. Nachdem die Chordula (Fig. 86—89) ihre charakteristische Zusammensetzung vollendet hat, oft auch schon etwas früher, erscheinen bei
den Amnioten in der Mitte des sohlenförmigen Keimschildes
mehrere Paare von dunklen quadratischen Flecken symmetrisch
verteilt zu beiden Seiten der Chorda (Fig. 134—138). Querschnitte
(Fig. 141 *uw*) zeigen uns, daß dieselben der Stammzone (*Episoma*)
des *Mesoderms* angehören und durch die Seitenfalten von der
Parietalzone (*Hyposoma*) abgeschnürt sind; ihre Form im Querschnitt ist ebenfalls viereckig, fast quadratisch, so daß sich die
Gestalt dieser dunkeln Körperchen als eine nahezu würfelförmige
ergibt. Diese paarigen „Würfel" des medialen Mesoderms sind
die Anlagen der Ursegmente oder Somiten, die früher so genannten „Urwirbel" (Fig. 158—160 *uw*).

Unter den Säugetieren zeigen uns die Embryonen der Beutelratte schon nach 60 Stunden 3 Paar Urwirbel (Fig. 134, S. 320),
nach 72 Stunden 8 Paare (Fig. 138). Langsamer entwickeln sie
sich beim Keime des Kaninchens; dieses besitzt erst im Alter
von 8 Tagen 3 Somiten (Fig. 135), einen Tag später 8 Somiten
(Fig. 137, S. 322). Im bebrüteten Hühnerei treten die ersten Urwirbel schon 30 Stunden nach Beginn der Bebrütung auf (Fig. 158).
Am Ende des zweiten Brütetages ist ihre Zahl schon auf 16—18
gestiegen (Fig. 160). Die Gliederung der mesodermalen Stammzone, welcher die Somiten oder „Urwirbelpaare" ihre Entstehung
verdanken, schreitet also sehr rasch von vorn nach hinten fort, indem
immer neue quere Einschnürungen der sogenannten „Urwirbelplatten" sich bilden, eine hinter der anderen. Das erste Ursegment,
welches beim Keimschilde der Amnioten ungefähr in der Mitte
seiner Länge auftritt, ist also das vorderste; aus diesem ersten
Somit entsteht der erste Halswirbel nebst den zu-
gehörigen Muskeln und Skelettteilen. Daraus ergibt sich erstens,
daß die Vermehrung der Ursegmente in der Richtung von vorn
nach hinten erfolgt, unter stetigem Längenwachstum des hinteren

Körperendes; und zweitens, daß im Beginne der Segmentierung fast die ganze vordere Hälfte des sohlenförmigen Keimschildes der Amnioten dem zukünftigen Kopfe angehört, während der ganze übrige Körper aus seiner hinteren Hälfte entsteht. Wir werden daran erinnert, daß auch beim Amphioxus (wie bei unserem hypothetischen Urwirbeltier, Fig. 101—105) fast die ganze Vorderhälfte dem Kopfe, die Hinterhälfte dem Rumpfe entspricht.

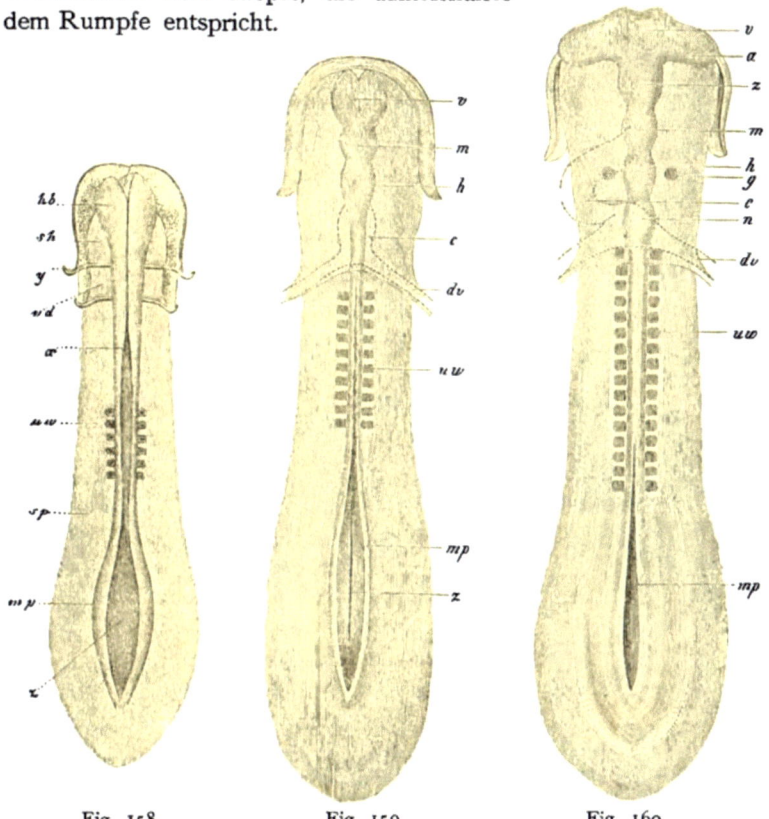

Fig. 158.   Fig. 159.   Fig. 160.

Fig. 158—160. **Sohlenförmiger Keimschild des Hühnchens,** in drei aufeinander folgenden Stufen der Entwickelung, von der Rückenfläche gesehen, ungefähr 20mal vergrößert, etwas schematisch. Fig. 158 mit 6 Urwirbelpaaren. Gehirn eine einfache Blase (*hb*), Markfurche von *x* an noch weit offen; hinten bei *z* sehr erweitert, *mp* Markplatten, *sp* Seitenplatten, *y* Grenze zwischen Schlundhöhle (*sh*) und Kopfdarm (*vd*). Fig. 159 mit 10 Urwirbelpaaren. Gehirn in drei Blasen zerfallen: *v* Vorderhirn, *m* Mittelhirn, *h* Hinterhirn, *c* Herz, *dv* Dottervenen. Markfurche hinten noch weit offen (*z*). Fig. 160 mit 16 Urwirbelpaaren. Gehirn in fünf Blasen zerfallen: *v* Vorderhirn, *z* Zwischenhirn, *m* Mittelhirn, *h* Hinterhirn, *n* Nachhirn, *a* Augenblasen, *g* Gehörblasen, *c* Herz, *dv* Dottervenen, *mp* Markplatte, *uw* Urwirbel.

Das Mesoderm des Kopfes der Amnioten entwickelt sich aus den ungeteilten „K o p f p l a t t e n", welche sich durch Mangel der Gliederung von den „Urwirbelplatten" des dahinter gelegenen Rumpfes auffallend unterscheiden. Wir werden aber sehen, daß jene einfache Beschaffenheit der Kopfplatten keine ursprüngliche, sondern eine cenogenetische ist. Bei niederen Wirbeltieren erscheint auch der Kopfteil deutlich gegliedert, mindestens aus 9 Somiten zusammengesetzt; und beim Embryo einiger palingenetischen Urfische haben sich neuerdings sogar 12—14 Ursegmente des Kopfes nachweisen lassen. Bei den höheren Wirbeltieren sind aber diese „Kopfsomiten" (— ähnlich wie auch die Kopfmetameren der höheren Gliedertiere —) so frühzeitig verschmolzen, daß es erst den scharfsinnigen Untersuchungen von *Gegenbaur* (1872) gelungen ist, sie auf dem Wege der vergleichenden Anatomie nachzuweisen. Später wurde dieser Nachweis mit Hülfe der vergleichenden Ontogenie von Anderen bestätigt; wir werden im XXVI. Vortrage bei der „Schädeltheorie" darauf zurückkommen.

Die Zahl der Metameren, sowie der embryonalen So - miten oder „Ursegmente", aus denen sie hervorgehen, ist bei den Wirbeltieren äußerst verschieden, je nachdem der hintere Körperteil kurz oder durch Ausbildung eines Schwanzes verlängert ist. Beim erwachsenen Menschen ist der R u m p f (mit Inbegriff des rudimentären Schwanzes) aus 33 Metameren zusammengesetzt, deren festes Zentrum in der axialen Wirbelsäule ebenso viele Wirbel bilden (7 Halswirbel, 12 Brustwirbel, 5 Lendenwirbel, 5 Kreuzwirbel, 4 Schwanzwirbel). Dazu müssen aber nun noch m i n d e - s t e n s   n e u n   K o p f w i r b e l gerechnet werden, welche ursprünglich den Schädel (— wie bei allen Schädeltieren —) zusammensetzen. Die Gesamtzahl der Ursegmente unseres menschlichen Körpers würde demnach mindestens 42 betragen; sie würde auf 45—48 steigen, wenn man (nach neueren Untersuchungen) die Zahl der ursprünglichen „Schädelsegmente" auf 12—15 schätzt. Bei den schwanzlosen Menschenaffen oder Anthropoiden ist die Gesamtzahl der Metameren dieselbe wie beim Menschen, oder nur um ein bis zwei Somiten verschieden; viel größer aber ist sie bei den langschwänzigen Affen und den meisten übrigen Säugetieren. Bei langgestreckten Schlangen und Fischen steigt dieselbe auf mehrere Hundert (bisweilen über vierhundert).

Um die wahre Natur und Entstehung der Körpergliederung beim Menschen und den höheren Wirbeltieren richtig zu verstehen, ist es unerläßlich, sie mit derjenigen der niederen Vertebraten

kritisch zu vergleichen und dabei den phylogenetischen Zusammenhang aller Glieder dieses Stammes beständig im Sinne
zu behalten. Dabei liefert uns wieder die palingenetische Entwickelung des unschätzbaren *Amphioxus* den wahren Schlüssel
für die verwickelteren und cenogenetisch modifizierten Keimungs-
Verhältnisse der *Cranioten* oder Schädeltiere. Auch hier wieder
sind es die mustergültigen Untersuchungen von *Hatschek* (Wien),
welche diese bedeutungsvollen, von *Kowalevsky* vor vierzig Jahren
entdeckten Verhältnisse des niedersten Wirbeltieres uns in aller
wünschenswerten Klarheit vor Augen geführt haben. Die
Gliederung des Amphioxus fängt schon sehr frühzeitig
an, früher als bei den Cranioten.
Kaum sind die beiden Coelomtaschen
aus dem Urdarm hervorgewachsen
(Fig. 161 *c*), so beginnt auch schon
das blinde, vorderste Stück derselben
(der vom Urmund, *u*, entfernteste Teil)
sich durch eine Querfalte (*s*) abzuschnüren; das ist das erste Ursegment
(*m*). Gleich darauf beginnt auch der
hintere Teil der Coelomtaschen durch

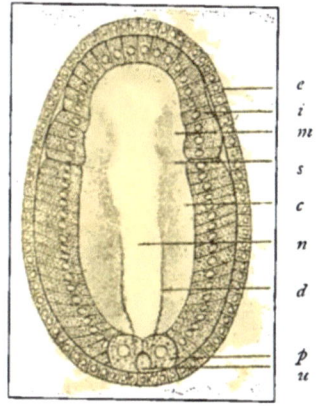

Fig. 161. **Keim des Amphioxus, 16
Stunden alt,** vom Rücken gesehen. Nach
Hatschek. d Urdarm, *u* Urmund, *p* Polzellen des
Mesoderms, *c* Coelomtaschen, *m* deren erstes Ur-
segment, *n* Medullarrohr, *i* Entoderm, *e* Ekto-
derm, *s* erste Segmentfalte.

neue Querfalten in eine Reihe von Stücken zu zerfallen (Fig. 162).
Die transversalen Einschnitte der Coelomsäcke liegen in einer
vertikalen, zur Längsachse des Körpers senkrechten Ebene und
beginnen auf deren Rückenseite (Fig. 163). Von da nach unten
fortschreitend, schneiden sie in dieser Transversalebene vollständig
durch und teilen so jeden Coelomsack in eine Reihe von rundlich-
würfelförmigen Bläschen. Das vorderste von diesen Ursegmenten
(*us₁*) ist das erste und älteste; in Fig. 162 und 163 sind bereits
fünf gebildet. Eines hinter dem anderen schnüren sie sich so rasch
ab, daß 24 Stunden nach Beginn der Entwickelung bereits 8, und
24 Stunden später schon 17 Paare fertig sind. Ihre Zahl nimmt zu,
indem der Keim nach hinten fortwächst und sich verlängert, und
von den beiden Urmesodermzellen aus (am Urmunde) immer neue
Zellen gebildet werden (Fig. 164—166).

23*

Diese typische Gliederung der beiden einfachen Coelomsäcke beginnt beim Lanzettierchen sehr früh, ehe dieselben noch vom Urdarm abgeschnürt sind, so daß anfangs jede Ursegmenthöhle (*us*) noch durch eine enge Oeffnung mit dem Urdarm kommuniziert, ganz ähnlich einer „Darmdrüse". Sehr rasch aber schließt sich diese Oeffnung durch vollständige Abschnürung, und zwar ebenfalls von vorn nach hinten regelmäßig fortschreitend. Die geschlossenen bläschenförmigen Somiten dehnen sich dann stärker aus, so daß ihre obere Hälfte nach oben zwischen Ekto-derm (*ak*) und Nerven-rohr (*n*), die untere Hälfte zwischen Ekto-derm und Darmrohr (*dh*) spaltförmig hin-einwächst (Fig. 167 *c*, linke Hälfte der Figur),

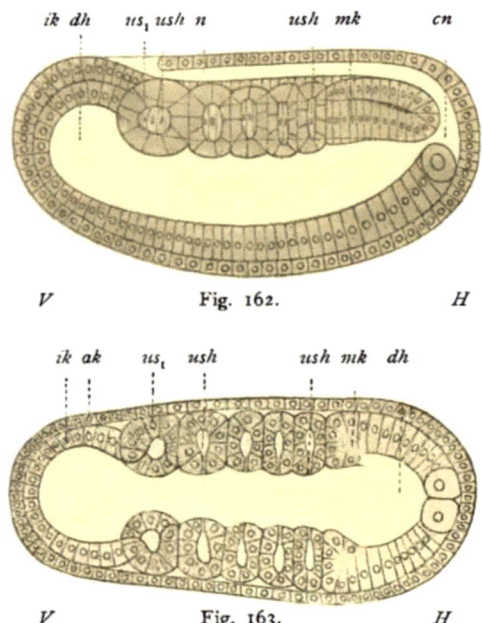

ik dh   us, ush n   ush mk   cn

V   Fig. 162.   H

ik ak   us,   ush   ush mk dh

V   Fig. 163.   H

Fig. 162 und 163. **Keim des Amphioxus, 20 Stunden alt, mit fünf Somiten** (oder „Urwirbel-paaren"). Fig. 162 von der linken Seite, Fig. 163 von der Rückenseite. Nach *Hatschek.* V Vorderende, H Hinter-ende, *ak, mk, ik* äußeres, mittleres, inneres Keimblatt; *dh* Darmrohr, *n* Nervenrohr, *cn* Canalis neurentericus, *ush* Coelomtaschen (oder Ur-segmenthöhlen), *us,* erstes (vorderstes) Ursegment.

Später trennen sich beide Hälften vollständig, indem eine laterale Längsfalte zwischen beiden durchschneidet (*mk₁*, rechte Hälfte von Fig. 167). Die dorsalen Ursegmente (*sd*) liefern die Rumpfmus-kulatur, und zwar in der ganzen Länge des Körpers (Fig. 165); ihre Höhle verschwindet später. Die ventralen Somiten hingegen lassen aus ihrem obersten Abschnitt die Pronephridien oder Vornieren-kanälchen entstehen, aus dem unteren die segmentalen Anlagen der Geschlechtsdrüsen oder Gonaden. Die Scheidewände der muskulösen D o r s a l - Stücke (*Myotome*) bleiben bestehen und be-dingen die dauernde Gliederung des Vertebraten-Organismus. Dagegen die Scheidewände der ausgedehnten V e n t r a l - Stücke

(*Gonotome*) verdünnen sich und verschwinden später teilweise, so daß ihre Hohlräume zu der Bildung des Metacoels oder der einfachen bleibenden Leibeshöhle zusammenfließen.

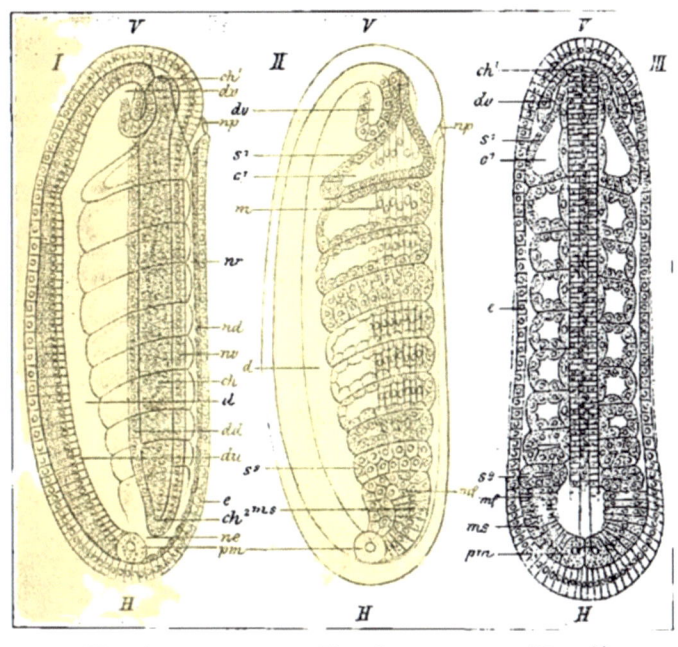

Fig. 164.   Fig. 165.   Fig. 166.

Fig. 164—166. **Keim des Amphioxus, 24 Stunden alt, mit 8 Somiten.** Nach *Hatschek*. Fig. 164 und 165 Seitenansicht (von links), Fig. 166 Rückenansicht. In Fig. 164 sind nur die Umrisse der 8 Ursegmente gezeichnet, in Fig. 165 ihre Höhlen und Muskelwände. *V* Vorderende, *H* Hinterende, *d* Darm, *du* untere, *dd* obere Darmwand, *ne* Canalis neurentericus, *nv* ventrale, *nd* dorsale Wand des Nervenrohrs, *np* Neuroporus, *dv* vordere Darmtasche, *ch* Chorda, *mf* Mesodermfalte, *mp* Polzellen des Mesoderms (*ms*), *e* Ektoderm.

Fig. 167. **Querschnitt durch die Mitte eines Amphioxuskeimes mit 11 Ursegmenten.** Nach *Hatschek*. Links ist das Ursegment noch einfach, rechts bereits durch die Lateralfalte (*mk₁*) in eine dorsale und ventrale Hälfte zerfallen, *ak*, *mk*, *ik* äußeres, mittleres, inneres Keimblatt, *n* Nervenrohr, *ch* Chorda, *dh* Darmrohr, *sd* Dorsalsomit, *sv* Ventralsomit, *c* Coelom.

Fig. 167.

Wesentlich in derselben Weise, wie bei diesem uralten Acranier, vollzieht sich die Körpergliederung, von den Coelomtaschen ausgehend, auch bei allen übrigen Wirbeltieren, den Cranioten. Während

aber dort zuerst die transversale Teilung der Coelomsäcke (durch
vertikale Querfalten) auftritt und dann die dorsoventrale Teilung
(durch die horizontale Längsfalte) nachfolgt, ist es bei den Schädeltieren umgekehrt: zuerst zerfällt hier jede der beiden langgestreckten
Coelomtaschen durch eine laterale Längsfalte in einen dorsalen
Abschnitt (Ursegmentplatten) und in einen ventralen Abschnitt
(Seitenplatten). Nur die ersteren werden dann durch die nachfolgenden vertikalen Querfalten in die einzelnen Ursegmente zer-
legt; die letzteren hingegen (beim Amphioxus vorübergehend
segmentiert) bleiben hier ungeteilt und bilden durch Auseinanderweichen ihrer parietalen und visceralen Platten jederseits eine von
Anfang an einheitliche Leibeshöhle. Unzweifelhaft ist auch in diesem
Falle wieder das Verhalten der jüngeren Cranioten als das cenogenetisch modifizierte zu betrachten und von dem palingenetischen
Keimungsprozesse der älteren Acranier abzuleiten.

Eine interessante Mittelstufe zwischen den Acraniern und den
Fischen bilden in diesen, wie in vielen anderen Beziehungen die
Cyclostomen (Myxinoiden und Petromyzonten, vergl. den
XXI. Vortrag). Insbesondere steht die Entwickelung ihrer Muskel-
segmente (aus den Dorsalsomiten) näher derjenigen des Amphioxus
als der übrigen Wirbeltiere (der Gnathostomen). Das hängt damit zusammen, daß auch den Cyclostomen, ebenso wie den Acraniern, die Wirbelsäule noch fehlt, und daß in beiden Gruppen die
Körpergliederung noch einen sehr einfachen und primitiven Charakter trägt; insbesondere bleibt die Kopfbildung noch auf einer
sehr tiefen Stufe stehen, und paarige Gliedmaßen fehlen vollständig. Viel verwickelter gestalten sich diese Keimungsverhältnisse bei den Fischen, mit denen die lange Reihe der kiefermün-
digen, mit zwei Paar Extremitäten versehenen Wirbeltiere beginnt.

Unter den Fischen sind es vor allen wieder die Selachier
oder Urfische, welche uns in diesen, wie in vielen anderen
phylogenetischen Fragen die wichtigste Auskunft erteilen (Fig. 168,
169). Die sorgfältigen Untersuchungen von *Rückert, Van Wijhe,
H. E. Ziegler* u. a. haben hier wertvolle Aufschlüsse gegeben. Die
Produkte des mittleren Keimblattes werden hier schon teilweise
zu der Zeit deutlich, wo noch die dorsalen Ursegmenthöhlen (oder
Myocoelen, *h*) mit der ventralen Leibeshöhle (*lh*) zusammenhängen
(Fig. 168). In der rechts daneben stehenden Fig. 169, einem wenig
älteren Keime, sind diese Höhlen bereits getrennt. Die äußere
oder laterale Wand des dorsalen Ursegmentes liefert die Lederplatte
oder Cutisplatte (*cp*), die Grundlage der bindegewebigen Lederhaut.

Aus seiner inneren oder medialen Wand dagegen entwickelt sich die Muskelplatte (*mp*, die Anlage der Rumpfmuskulatur) und die Skelettplatte, die Bildungsmasse der Wirbelsäule (*sk*).

Sehr klar ist die Gliederung der Coelomtaschen und die Entstehung der Ursegmente aus ihrer Dorsalhälfte auch bei den Amphibien, insbesondere bei den Wassersalamandern (*Triton*) zu beobachten (vergl. oben Fig. 94 *A*, *B*, *C*; S. 251). Die Höhle der ursprünglich einfachen Coelomsäcke (Fig. 94 *A* und rechte

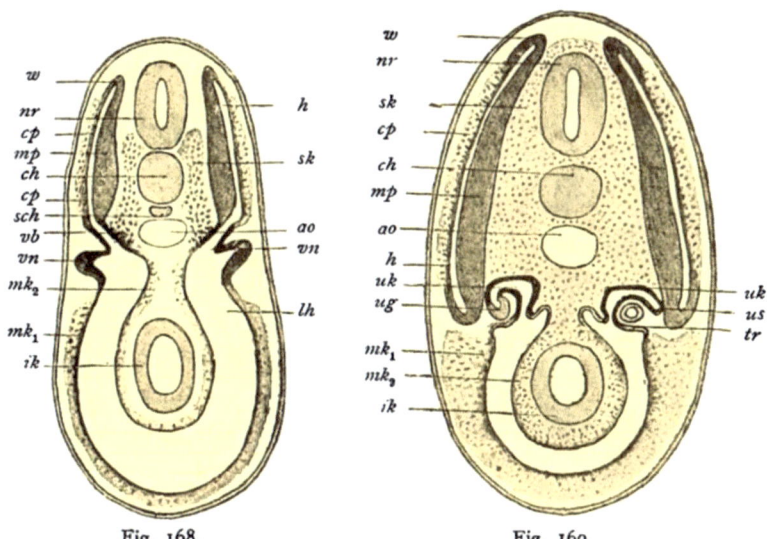

Fig. 168.   Fig. 169.

Fig. 168 und 169. **Querschnitt durch Haifischembryonen** (durch die Gegend der Vorniere). Nach *Wijhe* und *Hertwig*. In Fig. 169 sind die dorsalen Ursegmenthöhlen (*h*) bereits von der Leibeshöhle (*lh*) getrennt, während sie etwas früher (in Fig. 168) noch zusammenhängen. *nr* Nervenrohr, *ch* Chorda, *sch* subchordaler Strang, *ao* Aorta, *sk* Skelettplatte, *mp* Muskelplatte, *cp* Cutisplatte, *w* Verbindung der letzteren (Wachstumszone), *vn* Vorniere, *ug* Urnierengang, *uk* Urnierenkanälchen, *us* Abschnürungsstelle desselben, *tr* Urnierentrichter, *mk* mittleres Keimblatt (*mk₁* parietales, *mk₂* viscerales), *ik* inneres Keimblatt (Darmdrüsenblatt).

Hälfte von *B*) bleibt hier sowohl im dorsalen als im ventralen Segmente sichtbar, auch nachdem beide durch die Lateralfalte getrennt sind (Fig. 94 *C* und linke Hälfte von *B*). Ein horizontaler Längsschnitt oder Frontalschnitt durch einen solchen Salamanderkeim (Fig. 170) zeigt sehr klar die paarige Reihe dieser bläschenförmigen dorsalen Ursegmente, die sich von den ventralen Seitenplatten beiderseits abgeschnürt haben und rechts und links von der Chorda liegen.

Die Metamerie der Amnioten, der drei höheren Wirbeltierklassen, stimmt zwar in allen wesentlichen Vorgängen mit derjenigen der eben betrachteten niederen Vertebraten überein; sie
zeigt aber im einzelnen mehrfache Abweichungen, infolge von

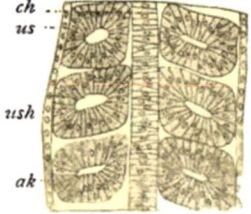

cenogenetischen Störungen, welche in
erster Linie (— gleich der abweichenden
Bildung der Coelomtaschen —) durch die

**Fig. 170. Frontalschnitt (oder horizontaler
Längsschnitt) durch einen Tritonkeim,** mit drei
Paar Ursegmenten. *ch* Chorda, *us* Ursegmente, *ush*
ihre Höhle, *ak* Hornplatte.

Massenentwickelung des mächtigen Nahrungsdotters bedingt sind.
Da durch den Druck des letzteren die beiden Mittelblätter von
Anfang an aufeinander gepreßt erscheinen, und da die solide Anlage
des Mesoderms den ursprünglichen Charakter des hohlen Taschen-
paares anscheinend verleugnet, so treten auch die beiden Mesoderm-
abschnitte, welche jederseits durch die laterale Einfaltung getrennt
werden — die dorsale „Ursegmentplatte“ und die ventrale „Seitenplatte“ — anfänglich als solide Zellplatten auf (Fig. 97—100, S. 253).
Wenn dann in dem sohlenförmigen Keimschilde die Gliederung
der Somitenleisten beginnt und ein Paar Urwirbel hinter dem
anderen sich entwickelt, nach hinten an Zahl stetig wachsend, so

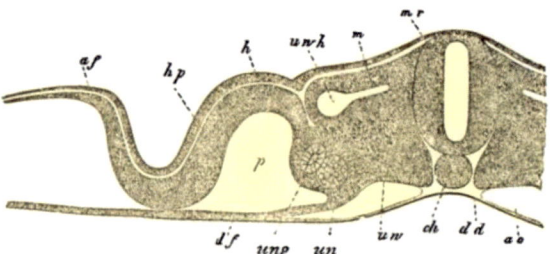

**Fig. 171. Querschnitt durch einen Hühnerkeim vom zweiten Brüte-
tage,** nach *Kölliker*. *mr* Medullarrohr, *ch* Chorda, *uw* Urwirbel, *ung* Urnierengänge,
ao Uraorta, *uwh* Urwirbelhöhle, *un* Urnieren, *h* Hornplatte, *af* Amnionfalte, *hp* Hautfaserblatt, *df* Darmfaserblatt, *p* Coelom, *dd* Dotterdrüsenblatt.

erscheinen auch diese würfelförmigen Somiten (oder die früher
sogenannten „Urwirbel“) als solide Würfel, aus Mesodermzellen
zusammengesetzt (Fig. 141, S. 325). Trotzdem tritt auch an diesen
soliden „Urwirbeln“ vorübergehend eine zentrale
Höhle auf, die „Urwirbelhöhle“ (Fig. 171 *uwh*). Dieser bläschen-

förmige Zustand der Urwirbel ist phylogenetisch von höchstem Interesse; wir dürfen ihn nach der Coelomtheorie als eine durch Vererbung bedingte Wiederholung der bläschenförmigen Dorsal-somiten von Amphioxus (Fig. 161—167) und den niederen Verte-braten (Fig. 168—170) auffassen. Eine physiologische Bedeutung besitzt diese rudimentäre „Urwirbelhöhle" für den Amniotenkeim durchaus nicht; sie verschwindet frühzeitig, indem sie durch Zellen der Muskelplatte ausgefüllt wird.

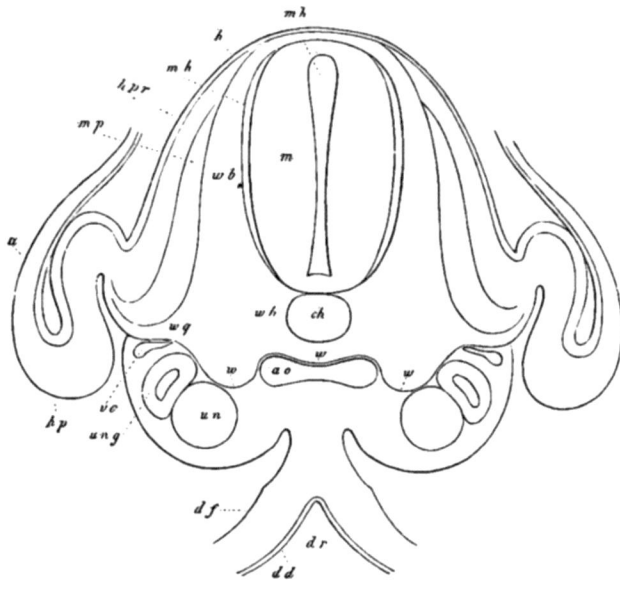

Fig. 172. **Querschnitt durch den Embryo** eines Hühnchens vom vierten Brütetage, etwa 100mal vergrößert. Die Urwirbel haben sich in die äußere Muskel-platte (*mp*) und die innere Skelettplatte gespalten. Letztere beginnt unten als Wirbel-körper (*wh*) die Chorda (*ch*), oben als Wirbelbogen (*wb*) das Markrohr (*m*) zu um-fassen, dessen Höhle (*mh*) schon sehr eng ist. Bei *wq* setzt sich die Muskelplatte in die Bauchwand (*hp*) fort, *hpr* Lederplatte der Rückenwand, *h* Hornplatte, *a* Amnion, *ung* Urnierengang, *un* Urnierenkanälchen, *ao* Urarterie (Aorta), *vc* Kardinalvene, *df* Darmfaserblatt, *dd* Darmdrüsenblatt, *dr* Darmrinne.

Eine weitere Abweichung der Ursegmentbildung zeigen die Amnioten darin, daß die Entwickelung der Muskelplatten von der inneren (medialen) Wand ihrer Somiten hinübergreift auf die äußere (laterale) Wand; daher beteiligt sich hier auch diejenige Zellenschicht des „Hautfaserblattes", welche unmittelbar unter der Cutisplatte (der späteren Lederhaut, Fig. 169 *cp*) liegt, lebhaft an dem weiteren Wachstum der Muskelplatte. Letztere wächst von

hier aus nach allen Seiten, insbesondere auch nach unten in die
lateralen Seitenplatten der Bauchwand (die „Bauchplatten") hinein.
    Der innerste mediale Teil der Ursegmentplatten, welcher un-
mittelbar der Chorda (Fig. 172 *ch*) und dem Medullarrohr (*m*)
anliegt, bildet bei allen höheren Vertebraten die Wirbelsäule (die
den niedersten noch fehlt); er kann daher als Skelettplatte
bezeichnet werden. In jedem einzelnen Urwirbel nennt man sie
„Sklerotom" (im Gegensatz zur außen anliegenden Muskelplatte,
dem „Myotom"). Phylogenetisch betrachtet, sind die Myotome
viel älter als die Sklerotome. Der untere oder ventrale Teil jedes
Sklerotoms (die innere untere Kante des würfelförmigen Urwirbels)
spaltet sich in zwei Lamellen, welche die Chorda umwachsen und
so die Grundlage der Wirbelkörper bilden (*wh*). Die obere Lamelle
dringt zwischen Chorda und Markrohr, die untere zwischen Chorda

 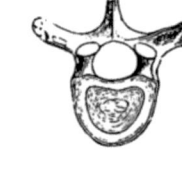 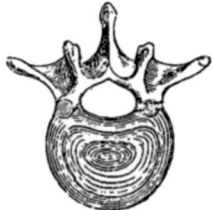

Fig. 173.   Fig. 174.   Fig. 175.

Fig. 173. **Der dritte Halswirbel** des Menschen.
Fig. 174. **Der sechste Brustwirbel** des Menschen.
Fig. 175. **Der zweite Lendenwirbel** des Menschen.

und Darmrohr ein (Fig. 142 *C*, S. 327). Indem nun von rechts und
links her die entgegenkommenden Lamellen von zwei gegenüber-
liegenden Urwirbelstücken sich vereinigen, entsteht eine ringförmige Scheide um dieses Chordastück. Daraus wird später ein
Wirbelkörper, d. h. die massive untere oder Bauchhälfte des
Knochenringes, welcher als „Wirbel" im eigentlichen Sinne das
Markrohr umgibt (Fig. 173—175). Die obere oder Rückenhälfte
dieses Knochenringes, der Wirbelbogen (Fig. 172 *wb*), entsteht
in ganz ähnlicher Weise aus dem oberen Teile der Skelettplatte,
d. h. also aus der inneren oberen Kante des würfelförmigen Urwirbels. Indem von rechts und links her die medialen oberen
Kanten zweier gegenüberstehender Urwirbel über dem Markrohr
zusammenwachsen, erfolgt der Verschluß des Wirbelbogens.
    Der ganze sekundäre Wirbel, der solchergestalt aus der Ver-
wachsung der Skelettplatten von einem Paar Urwirbelstücken

entsteht und in seinem Körper ein Chordastück umschließt, besteht anfangs aus einer ziemlich weichen Zellenmasse; diese geht später über in ein festeres, zweites, knorpeliges Stadium, und endlich in ein drittes, bleibendes, knöchernes Stadium. Diese drei verschiedenen Stadien sind überhaupt am größten Teile des Skeletts der höheren Wirbeltiere zu unterscheiden: zuerst sind die meisten Skeletteile ganz zart, weich und häutig; dann werden sie später im Laufe der Entwickelung knorpelig, und endlich verknöchern sie.

Vorn am Kopfteile des Embryo tritt bei den Amnioten die Spaltung des mittleren Keimblattes in Urwirbel und Seitenplatten überhaupt nicht ein, sondern die dorsalen und ventralen Somiten treten hier von Anfang an verschmolzen auf und bilden die so-genannten „Kopfplatten" (Fig. 153 k, S. 336). Aus diesen entsteht der Schädel, die knöcherne Umhüllung des Gehirns, sowie die Muskeln und die Lederhaut des Kopfes. Der Schädel ent-wickelt sich nach Art der häutigen Wirbelsäule. Es wölben sich nämlich die rechte und die linke Kopfplatte über der Hirnblase zusammen, umschließen unten das vorderste Ende der Chorda, und bilden so schließlich rings um das Hirn eine einfache, weiche, häutige Kapsel. Diese verwandelt sich später in einen knorpeligen Urschädel oder Primordialschädel, wie er bei vielen Fischen zeit-lebens sich erhält. Erst viel später entsteht abermals aus diesem knorpeligen Urschädel der bleibende knöcherne Schädel mit seinen verschiedenen Teilen. Der Knochenschädel des Menschen und aller anderen Amnioten ist viel höher differenziert und eigen-tümlicher umgebildet, als derjenige der niederen Wirbeltiere, der Amphibien und Fische. Da der erstere aber phylogenetisch aus dem letzteren entstanden ist, so müssen wir auch für jenen, ebenso wie für diesen, die ursprüngliche Entstehung aus den Sklerotomen von zahlreichen (mindestens neun) Kopfsomiten annehmen.

Während die typische Gliederung des Wirbeltierkörpers im Episoma oder Rückenleibe überall auf den ersten Blick hervor-tritt und durch die Metamerie der Muskelplatten und Wirbel (— Myotome und Sklerotome —) handgreiflich ausgesprochen ist, erscheint sie dagegen im Hyposoma oder Bauchleibe mehr ver-deckt und teilweise versteckt. Trotzdem sind diese ventralen Hyposomiten der vegetalen Körperhälfte nicht weniger wichtig und bedeutungsvoll als jene dorsalen Episomiten der animalen Körperhälfte. Die Segmentierung betrifft hier in der Bauchhöhle folgende wichtige Organsysteme: 1) die Gonaden oder Geschlechtsdrüsen (Gonotome), 2) die Nephridien oder Nieren

(Nephrotome), 3) den Kopfdarm mit seinen metameren Kiemen-spalten (den Branchiotomen). (Taf. VII, Fig. 12, S. 343.)

Die Metamerie des Hyposoms oder die Gliederung der ventralen Körperhälfte ist namentlich deshalb weniger auffallend, weil hier bei allen Schädeltieren die Gonocoele — d. h. die Höhlen der ventralen Ursegmente, in deren Wand sich die Geschlechts-produkte entwickeln — schon seit uralten Zeiten verschmolzen sind und durch Auflösung ihrer Scheidewände eine einzige große Leibes-höhle gebildet haben. Dieser cenogenetische Vorgang ist so alt, daß das Metacoel in den Seitenplatten der Cranioten überall von Anfang an als ein einfacher ungegliederter Spaltraum auftritt, und daß auch die Anlage der Gonaden (— die Geschlechtsleiste —) fast immer ebenso unsegmentiert erscheint. Um so interessanter ist es, daß nach der wichtigen Entdeckung von *Rückert* diese sexuale Anlage bei den Selachiern noch heute zuerst segmental auftritt, und die einzelnen Gonotome erst sekundär zu einer einfachen Geschlechtsdrüse jederseits verschmelzen.

Amphioxus, als einziger überlebender Repräsentant der Acranier, gibt uns auch hier wieder die wichtigsten Aufschlüsse; denn bei ihm bleiben die Geschlechtsdrüsen — und somit auch die ventralen Leibeshöhlen! — zeitlebens segmentiert. Das ge-schlechtsreife Lanzettierchen trägt rechts und links vom Darm eine Reihe von metameren Säckchen, die beim Weibchen mit Eiern, beim Männchen mit Sperma gefüllt sind. Diese segmen-talen Gonaden sind ursprünglich nichts anderes als wahre Gonotome, getrennte Leibeshöhlen, die aus den Hyposomiten des Rumpfes entstanden sind. Daß man dieselben bisher meistens verkannt und dem Amphioxus irrtümlich eine einfache Leibeshöhle zugeschrieben hat, liegt daran, daß man die letztere mit der großen Mantelhöhle (oder dem Peribranchialraum) verwechselt hat.

Die Gonaden sind insofern die wichtigsten von den segmen-talen Organen des Hyposoms, als sie die phylogenetisch ältesten sind. Denn Geschlechtsdrüsen (als taschenförmige Aussackungen des Gastrokanalsystems) finden sich schon bei den meisten Coel-enterien; auch bei den Cnidarien (Medusen), denen die Nephridien noch fehlen. Letztere treten zuerst (als ein paar einfache „Urnieren-kanäle" oder Exkretionsröhren) bei den Platoden (Turbellarien) auf und haben sich wahrscheinlich von diesen einerseits auf die Articulaten (Anneliden), andererseits auf die ungegliederten Prochor-donien vererbt, und von diesen auf die gegliederten Vertebraten. Die älteste Form des Nierensystems in diesem Stamme bilden die segmentalen Pronephridien oder die „metameren Vornierenkanälchen", in ähnlicher Anordnung, wie sie *Boveri* beim *Amphioxus* entdeckt hat. Das sind kleine Kanälchen, welche in der Frontalebene des Körpers, beiderseits der Chorda, zwischen Episom und Hyposom liegen (Fig. 176 *n*); ihre innere trichterförmige Mündung geht in die einzelnen Leibeshöhlen, ihre äußere auf die Seitenfurche der Oberhaut nach außen. Ursprünglich haben sie wohl eine doppelte Funktion gehabt, die Abführung des Harns aus dem Myocoel der Episomiten und die Ausführung der Geschlechtszellen aus dem Gonocoel der Hyposomiten.

Die interessanten Untersuchungen, welche neuerdings *Rückert* und *Van Wijhe* über die Mesodermsegmente des Rumpfes und das Exkretionssystem der Selachier angestellt haben, lehren uns, daß diese „Urfische"

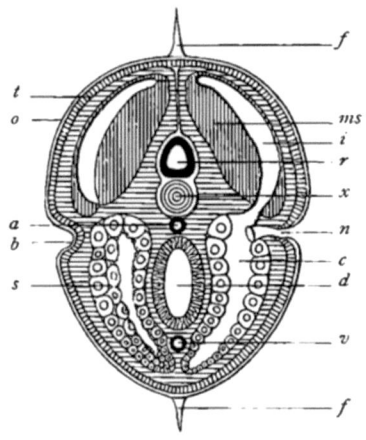

Fig. 176. **Querschnitt durch den Rumpf eines Urwirbeltieres**(*Prospondylus*). *a* Aorta, *b* Seitenfurche (Urnierengang), *d* Dünndarm, *f* Flossensaum der Haut, *i* Muskelhöhle (dorsale Coelomtasche), *ms* Muskeln, *n* Nierenkanälchen, *o* Oberhaut, *r* Rückenmark, *s* Geschlechtsdrüsen (Gonaden), *t* Lederhaut (Corium), *v* Darmvene (Hauptvene), *x* Chorda. (Schema.)

auch hierin sich eng an den Amphioxus anschließen. Der Querschnitt des Haifischembryo in Fig. 168 (S. 359) zeigt uns die dorsale und ventrale Hälfte der Coelomtasche noch in offener Verbindung. In der Mitte des Querschnittes, in der Frontalachse, geht das enge Myocoel (oder die spaltförmige,, Muskelhöhle" des Rückensegmentes) durch einen engen Verbindungskanal (*vb*) unmittelbar über in das weite Gonocoel (*lh*) oder die Leibeshöhle des Bauchsegmentes, aus deren Epithel sich die Geschlechtszellen entwickeln. Jener enge Verbindungskanal (*vb*) wird zum Pronephridium oder „Vornierenkanälchen", welches die Abscheidungsprodukte beider Leibeshöhlen (den Harn der dorsalen Muskelhöhle und die Geschlechtszellen der ventralen Geschlechtshöhle) nach außen führt. Später (Fig. 169, S. 359) trennen sich beide Höhlen durch eine Scheidewand. Dann geht die innere Mündung des Nierenkanales nur noch in die untere, ventrale Höhle. Die äußere Mündung fand auf der äußeren Hautfläche statt, und zwar wahrscheinlich in jener Lateralfurche der

Oberhaut, aus welcher sich bei den Cranioten durch Abschnürung der „Urnierengang" entwickelt (Fig. 171 *ung*). Beim Amphioxus münden sie noch heute, wie *Boveri* entdeckt hat, in den entsprechenden Teil der sekundär entstandenen „Mantelhöhle".

Auch bei allen höheren Wirbeltieren entwickeln sich die Nieren, obwohl später ganz anders gebildet, aus den gleichen Anlagen, welche aus jenen segmentalen Pronephridien der Acranier sekundär hervorgegangen sind. Die Teile des Mesoderms, in welchen ihre ersten Anlagen auftreten, werden gewöhnlich als „Mittelplatten" oder Gekrösplatten, und ihre segmentalen Abschnitte als Mesomeren bezeichnet. Da in dem Coelomepithel dieser Mittelplatten, und zwar nach innen (medialwärts) von den inneren Trichtermündungen der Nephrokanäle, die ersten Spuren der Gonaden auftreten, rechnen wir diesen Bezirk des Mesoderms besser zum Bauchleib oder Hyposoma.

Das wichtigste und älteste Organ des Vertebraten-Hyposoms, der Darmkanal, wird gewöhnlich als ein ungegliedertes, nicht der Segmentierung unterworfenes Organ beschrieben. Man kann aber auch umgekehrt behaupten, daß er das älteste von allen metameren Organen der Wirbeltiere ist; denn die Doppelreihe der Coelomtaschen wächst ja selbst aus der Rückenwand des Urdarms, beiderseits der Chorda, hervor. In dem rasch vorübergehenden Zeitraum, in welchem beim Amphioxuskeime jene segmentalen Coelomsäckchen noch mit dem Urdarm in offener Verbindung stehen, erscheinen sie geradezu wie eine paarige Kette von metameren Darmdrüsen. Aber hiervon abgesehen, zeigt sich bei allen Wirbeltieren ursprünglich eine bedeutungsvolle Gliederung des Kopfdarms, welche dem Rumpfdarm fehlt, die Segmentierung des Kiemendarms, oder die sogenannte „Branchiomerie".

Die Kiemenspalten, welche ursprünglich bei den älteren Acraniern die Wand des Kopfdarms durchbrechen, und die Kiemenbogen, durch welche sie getrennt werden, waren vermutlich ebenso „segmental" und auf die einzelnen Metameren der Kette verteilt, wie die Gonaden im Rumpfdarm, und wie die Nephridien (Fig. 177 *ks*). Auch beim Amphioxus werden dieselben noch heute segmental angelegt. Vielleicht bestand bei den älteren (jetzt längst ausgestorbenen) Acraniern eine Arbeitsteilung der Hyposomiten in der Weise, daß diejenigen des Kopfdarms die Atmung, diejenigen des Rumpfdarms die Zeugung übernahmen. Jene entwickelten sich zu Kiementaschen, diese zu Geschlechtstaschen. Pronephridien können in beiden vorhanden gewesen sein.

Bei den Wirbeltieren der Gegenwart ist die Branchiomerie so abgeändert, und bei den Amnioten so reduziert, daß von vielen Forschern sogar ihre Metamerie geleugnet wird. Bei den Amnioten
ist überdies ihre respiratorische Funktion ganz verloren gegangen.
Trotzdem haben sich in ihrem Keime allgemein gewisse Teile
derselben durch zähe Vererbung erhalten.

Sehr frühzeitig schon zeigen sich beim Embryo des Menschen,
wie aller übrigen Amniontiere, zu beiden Seiten des Kopfes jene
merkwürdigen und wichtigen Gebilde, die wir mit dem Namen
K i e m e n b o g e n und K i e m e n s p a l t e n belegen (Taf. VIII—XIII;
Fig. 178—181 f). Sie gehören zu den charakteristischen und niemals fehlenden Organen des Amniotenkeimes und treten überall an
derselben Stelle und in der gleichen Anordnung und Struktur auf.

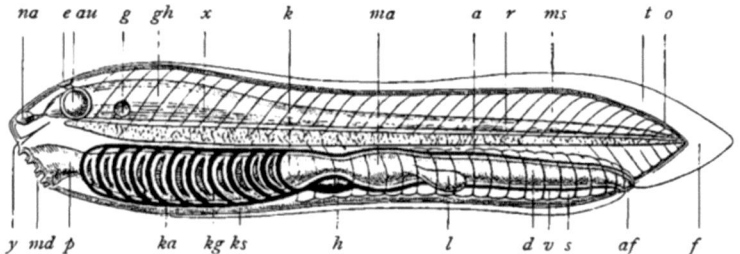

Fig. 177. **Optischer Längsschnitt durch das Urwirbeltier** *(Prospondylus).*
a Aorta, *af* After, *au* Auge, *d* Dünndarm, *e* Parietalauge (Epiphysis), *f* Flossensaum
der Haut, *g* Gehörbläschen, *gh* Gehirn, *h* Herz, *k* Kiemendarm, *ka* Kiemenarterie,
kg Kiemengefäßbogen, *ks* Kiemenspalten, *l* Leber, *ma* Magen, *md* Mund, *ms* Muskeln,
na Nase (Geruchsgrube), *o* Oberhaut, *p* Schlund, *r* Rückenmark, *s* Geschlechtsdrüsen
(Gonaden), *t* Lederhaut (Corium), *v* Darmvene (Hauptvene), *x* Chorda, *y* Hypophysis
(Hirnanhang). (Hypothetisches Schema, wie Fig. 176.)

Es bilden sich nämlich rechts und links in der Seitenwand der
Kopfdarmhöhle, und zwar in deren vorderstem Teile, erst ein
Paar, dann mehrere Paare sackförmiger Ausbuchtungen, welche
die ganze Dicke der seitlichen Kopfwand durchbrechen. Dadurch
verwandeln sie sich in S p a l t e n , durch welche man von außen
frei in die Schlundhöhle eindringen kann. Zwischen diesen
K i e m e n s p a l t e n oder Schlundspalten verdickt sich die Schlund-
wand und verwandelt sich in eine bogenförmige oder sichelförmige
Leiste: K i e m e n b o g e n oder Schlundbogen. In dieser sondern
sich die Muskeln und Skeletteile des Kiemendarms; an ihrer Innenseite steigt später ein Gefäßbogen empor (Fig. 177 *ka*). Die Zahl der
Kiemenbogen und der mit ihnen abwechselnden Kiemenspalten
beträgt bei den höheren Wirbeltieren jederseits 4 bis 5 (Fig. 181 *d*,
f, *f'* , *f"*). Bei einigen Fischen (Selachiern) und bei den Cyclostomen

sind deren noch heute 6 oder 7 permanent zu finden. Die älteren Wirbeltiere haben noch mehr Kiemenspalten besessen.

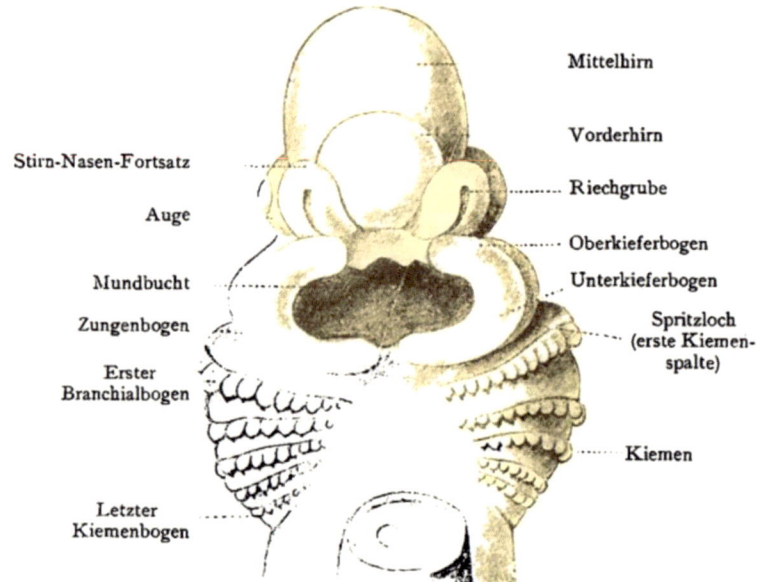

Fig. 178. **Kopf eines Haifischembryo** *(Pristiurus)*, von 8 mm Länge, 20mal vergrößert (nach *Parker*). Ansicht von der Bauchseite.

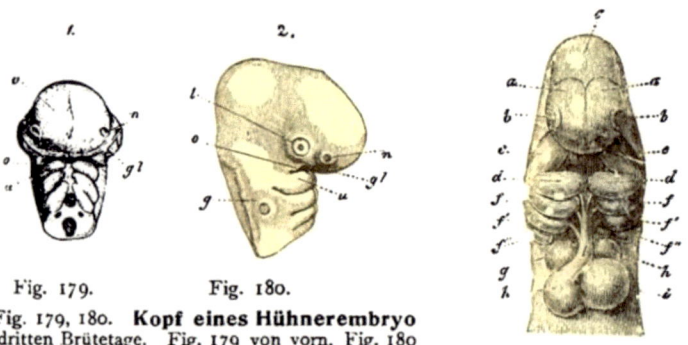

Fig. 179.   Fig. 180.

Fig. 179, 180. **Kopf eines Hühnerembryo** vom dritten Brütetage. Fig. 179 von vorn, Fig. 180 von der rechten Seite. *n* Nasenanlage (Geruchsgrübchen), *l* Augenanlage, Gesichtsgrübchen, Linsenhöhle, *g* Ohranlage (Gehörgrübchen), *v* Vorderhirn, *gl* Augenspalte. Von den drei Paar Kiemenbogen ist der erste in einen Oberkieferfortsatz (*o*) und einen Unterkieferfortsatz (*u*) gesondert. Nach *Kölliker*.

Fig. 181. Fig. 181. **Kopf eines Hundeembryo,** von vorn. *a* die beiden Seitenhälften der vorderen Hirnblase, *b* Augenanlagen, *c* mittlere Hirnblase, *de* das erste Kiemenbogenpaar (*e* Oberkieferfortsatz, *d* Unterkieferfortsatz), *f, f', f''* das zweite, dritte und vierte Kiemenbogenpaar, *g h i k* Herz (*g* rechte, *h* linke Vorkammer; *i* linke, *k* rechte Kammer), *l* Ursprung der Aorta mit drei Paar Aortenbogen, die an die Kiemenbogen gehen. Nach *Bischoff*.

Ursprünglich hatten diese merkwürdigen Gebilde die Funktion von Atmungsorganen: K i e m e n. Bei den Fischen tritt noch heute allgemein das zur Atmung dienende Wasser, welches durch den Mund aufgenommen wird, durch die Kiemenspalten an den Seiten des Schlundes nach außen. Bei den höheren Wirbeltieren verwachsen sie später. Die Kiemenbogen verwandeln sich teilweise in die Kiefer, teilweise in das Zungenbein und die Gehörknöchelchen. Aus der ersten Kiemenspalte wird die Paukenhöhle des Gehörorgans. (Vergl. Taf. I, VIII—XIII, erste und zweite Reihe.)

Die p r i m ä r e Gliederung des Wirbeltierkörpers, welche von den Ursegmenten des Mesoderms ausgeht, betrifft demnach die meisten und wichtigsten Organsysteme desselben; im Episom in erster Linie Muskeln und Skelett, im Hyposom Nieren- und Gonaden, außerdem den Kiemendarm. Dazu kommt nun noch eine s e k u n d ä r e Gliederung anderer Organsysteme, welche von der ersteren abhängig und durch sie bedingt ist. So bemerken wir in späteren Stadien die Entwickelung einer segmentalen Anordnung der peripheren Nerven und Blutgefäße; erstere geht aus vom Episom, letztere vom Hyposom. Besonders wichtig ist hier die T a t s a c h e , daß auch beim Menschen, wie bei allen anderen Wirbeltieren, das S e e l e n o r g a n dieser „sekundären Metamerie" unterliegt. Sie ist beim menschlichen Embryo schon in der vierten Woche deutlich erkennbar, indem die ektodermalen N e r v e n - w u r z e l n an die entsprechenden mesodermalen Muskelplatten der Urwirbel sich anschließen (Fig. 182).

Nur wenige Teile des Vertebraten-Organismus unterliegen gar keiner Metamerie; so die äußere Hautdecke des Körpers, das Integument. Die O b e r h a u t (*Epidermis*) bleibt von Anfang an ungegliedert und geht aus der einheitlich angelegten Hornplatte hervor. Aber auch die darunter liegende L e d e r h a u t (*Cutis*) ist nicht metamer, obwohl sie aus den segmentalen Anlagen der Cutisplatte (der lateralen Lamelle der Episomiten, Fig. 168, 169 *cp*) hervorgeht. Auch in diesen wichtigen Beziehungen stehen die Wirbeltiere in auffallendem und durchgreifendem Gegensatze zu den Gliedertieren.

Außerdem besitzen nun die meisten Vertebraten noch eine Anzahl von ungegliederten oder m o n o m e r e n O r g a n e n, die als l o k a l e P r o d u k t e, durch Anpassung einzelner Körperstellen an bestimmte Spezialfunktionen entstanden sind. Solche sind im Episom die höheren Sinnesorgane, und im Hyposom die Gliedmaßen. das Herz und die Milz, sowie die einzelnen großen Darmdrüsen: Lunge,

Leber, Pankreas u. s. w. Das Herz ist ursprünglich weiter nichts als eine lokale spindelförmige Erweiterung des großen unpaaren Bauchgefäßes oder der Prinzipalvene, und zwar an der Stelle, wo

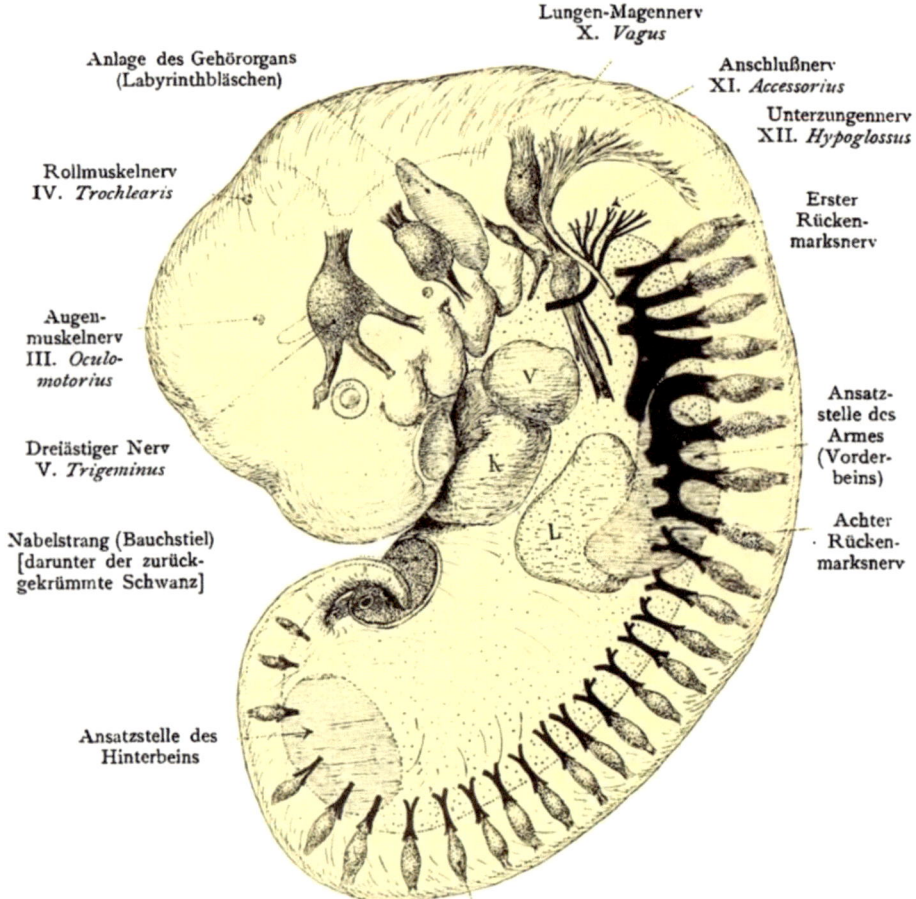

Anlage des Gehörorgans (Labyrinthbläschen)

Rollmuskelnerv
IV. *Trochlearis*

Augen-
muskelnerv
III. *Oculo-
motorius*

Dreiästiger Nerv
V. *Trigeminus*

Nabelstrang (Bauchstiel)
[darunter der zurück-
gekrümmte Schwanz]

Ansatzstelle des
Hinterbeins

Lungen-Magennerv
X. *Vagus*

Anschlußnerv
XI. *Accessorius*

Unterzungennerv
XII. *Hypoglossus*

Erster
Rücken-
marksnerv

Ansatz-
stelle des
Armes
(Vorder-
beins)

Achter
Rücken-
marksnerv

Zwanzigster Rückenmarksnerv

Fig. 182. **Menschlicher Embryo aus der vierten Woche** (26 Tage alt), 6 mm lang, 20mal vergrößert, nach *Moll*. Die Anlagen der Gehirnnerven und die Wurzeln der Rückenmarksnerven sind besonders hervorgehoben. Unterhalb der vier Kiemenbogen (der linken Seite) sieht man das Herz (mit Vorkammer, *V*, und Haupt-kammer, *K*), darunter die Leber (*L*).

die „Subintestinalvene" übergeht in die „Branchialarterie", an der Grenze von Kopf und Rumpf (Fig. 181, 182). Die drei höheren Sinnesorgane, Nase, Auge und Ohr, werden ursprünglich bei allen Cranioten in gleicher Form angelegt, als drei Paar kleine Hautgrübchen an der Seite des Kopfes.

Das Geruchsorgan oder die Nase erscheint in Form von ein paar kleinen Grübchen oberhalb der Mundöffnung, ganz vorn am Kopf (Fig. 180 *n*). Das Gesichtsorgan oder das Auge tritt dahinter an der Seite des Kopfes auf, ebenfalls in Gestalt eines Grübchens (Fig. 180 *l*, 181 *b*), welchem eine ansehnliche blasenförmige Ausstülpung der vordersten Hirnblase jederseits entgegenwächst. Weiter hinten erscheint ein drittes Grübchen an jeder Seite des Kopfes, die erste Anlage des Gehörorganes (Fig. 180 *g*). Von der späteren, höchst bewunderungswürdigen Zusammensetzung dieser Organe ist jetzt noch keine Spur zu bemerken, ebensowenig von der charakteristischen Bildung des Gesichtes (vergl. Taf. I, Fig. 1—5).

Wenn der Embryo des Menschen diese Stufe der Entwickelung erreicht hat, ist er von dem Keime aller höheren Wirbeltiere noch kaum zu unterscheiden (vergl. Taf. I und S. 376). Alle wesentlichen Teile des Körpers sind jetzt angelegt: der Kopf mit dem Urschädel, den Anlagen der drei höheren Sinnesorgane und den fünf Hirnblasen, sowie mit den Kiemenbogen und Kiemenspalten; der Rumpf mit dem Rückenmark, der Anlage der Wirbelsäule, der Kette von Metameren, das Herz und die Hauptblutgefäßstämme, und endlich die Urnieren. Der Mensch ist in diesem Keimzustande bereits ein höheres Wirbeltier, und doch zeigt er noch keine wesentlichen morphologischen Unterschiede von dem Embryo der Säugetiere, der Vögel, der Reptilien u. s. w. (Vergl. S. 376, Taf. VIII—XIII, oberste Querreihe.) Das ist eine ontogenetische Tatsache von der größten Bedeutung! Aus ihr folgen die wichtigsten phylogenetischen Schlüsse.

Nun fehlt aber noch vollständig jede Spur der Gliedmaßen. Obgleich Kopf und Rumpf bereits getrennt, obgleich alle wichtigen inneren Organe angelegt sind, ist doch von Gliedmaßen oder „Extremitäten" in diesem Stadium der Entwickelung noch keine Andeutung vorhanden. Diese entstehen erst später. Auch das ist eine Tatsache von allerhöchstem Interesse. Denn sie beweist uns, daß die älteren Wirbeltiere fußlos waren, wie es die niedrigsten lebenden Wirbeltiere (Amphioxus und die Cyclostomen) noch heute sind. Die Nachkommen dieser uralten fußlosen Wirbeltiere haben erst viel später, im weiteren Laufe ihrer Entwickelung, Extremitäten erhalten, und zwar vier Beine: ein Paar Vorderbeine und ein Paar Hinterbeine. Diese sind überall ursprünglich

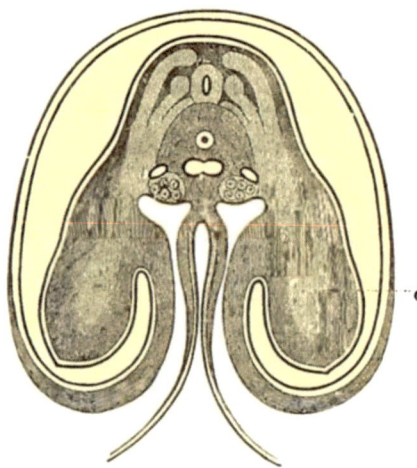

Fig. 183. **Querschnitt durch die Schultergegend** und die Vorderbeine (Flügelanlage) eines Hühnerembryo vom vierten Brütetage, etwa 20mal vergrößert. Neben dem Markrohr sind jederseits drei hellere Stränge in der dunklen Rückenwand sichtbar, welche sich ein Stück weit in die Anlage des Vorderbeines oder Flügels (ε) fortsetzen. Der oberste derselben ist die Muskelplatte, der mittlere ist die hintere, und der unterste ist die vordere Wurzel eines Rückenmarksnerven. Unter der Chorda ist in der Mitte die unpaare Aorta, jederseits derselben eine Kardinalvene sichtbar, und unter dieser die Urnieren. Der Darm ist fast geschlossen. Die Bauchwand setzt sich in das Amnion fort, das den Embryo als geschlossene Hülle umgibt. Nach *Remak*.

ganz gleich angelegt, obgleich sie später höchst verschiedenartig sich ausbilden: bei den Fischen zu den Flossen (Brustflossen und Bauchflossen), bei den Vögeln zu den Flügeln und Beinen, bei den kriechenden Tieren zu Vorderbeinen und Hinterbeinen, bei den Affen und Menschen zu Armen und Beinen. Alle diese Teile entstehen aus derselben ganz einfachen ursprünglichen Anlage, welche aus der Rumpfwand sekundär hervorwächst (Fig. 183, 184). Sie erscheinen überall in Gestalt von zwei Paar kleinen Knospen, die anfangs ganz einfache, rundliche Höcker oder Platten darstellen.

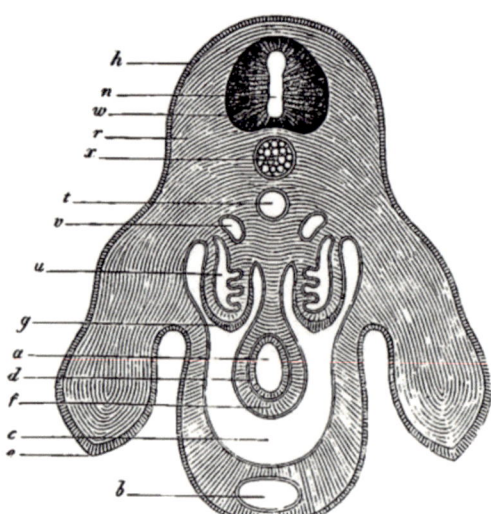

Fig. 184. **Querschnitt durch die Beckengegend** und die Hinterbeine eines Hühnerembryo vom vierten Brütetage, etwa 40mal vergrößert. *h* Hornplatte, *w* Markrohr, *n* Kanal des Markrohres, *u* Urnieren, *x* Chorda, *ε* Hinterbeine, *b* Allantoiskanal in der Bauchwand, *t* Aorta, *v* Kardinalvenen, *a* Darm, *d* Darmdrüsenblatt, *f* Darmfaserblatt, *g* Keimepithel, *r* Rückenmuskeln, *c* Leibeshöhle oder Coelom. Nach *Waldeyer*.

Erst allmählich gestaltet sich jede dieser Platten zu einem größeren Vorsprunge, an welchem ein innerer, schmälerer Teil von einem äußeren, breiteren Teile sich sondert. Letzterer ist die Anlage des Fußes oder der Hand, ersterer die Anlage des Armes oder des Beines. Wie gleichartig die ursprüngliche Anlage der Gliedmaßen bei den verschiedensten Wirbeltieren ist, zeigt Ihnen Taf. VIII—XIII, S. 376.

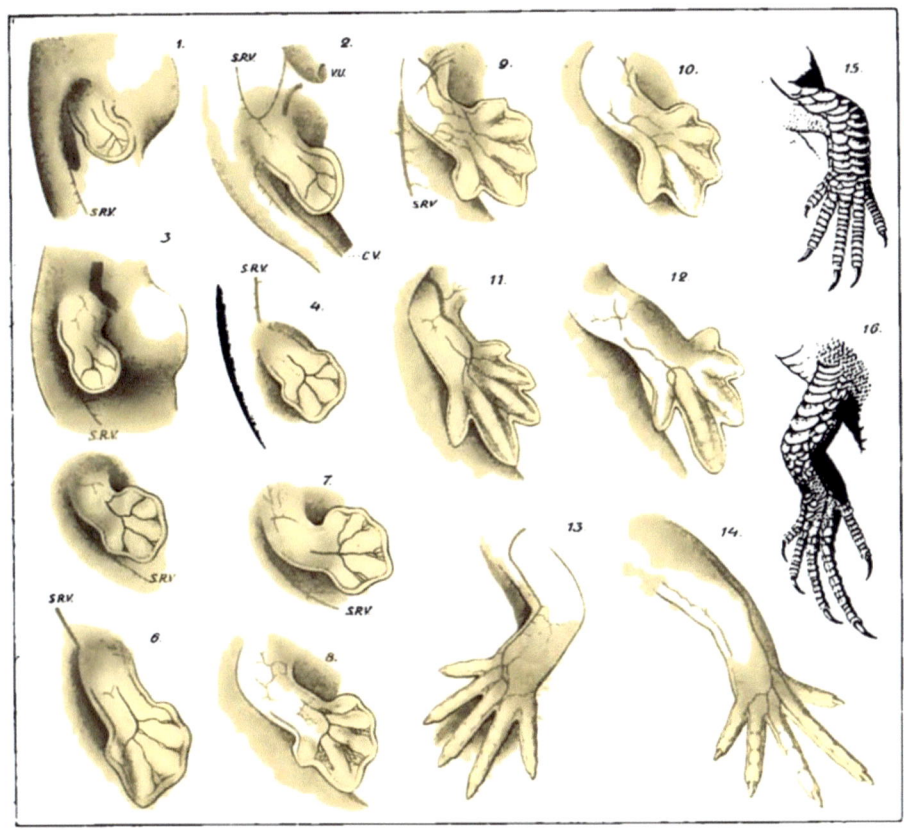

Fig. 185. **Entwickelung der Beine der Eidechse** (*Lacerta agilis*) mit besonderer Beziehung auf deren Blutgefäße. *1, 3, 5, 7, 9, 11* rechtes Vorderbein; *13, 15,* linkes Vorderbein; *2, 4, 6, 8, 10, 12* rechtes Hinterbein; *14, 16* linkes Hinterbein; *SRV* Seitenrumpfvene, *VU* Nabelvene. Nach *Ferdinand Hochstetter*.

Wie sich innerhalb der einfachen flossenförmigen Anlage der Gliedmaßen die fünf Finger oder Zehen, nebst den dazugehörigen Blutgefäßen allmählich sondern, zeigt Fig. 185 an dem Beispiele der Eidechse. Ganz in derselben Weise erfolgt deren Ausbildung

aber auch beim Menschen; bei einem menschlichen Embryo von
fünf Wochen sind bereits die fünf Finger innerhalb der Flossen-
platte deutlich zu unterscheiden (Fig. 186).

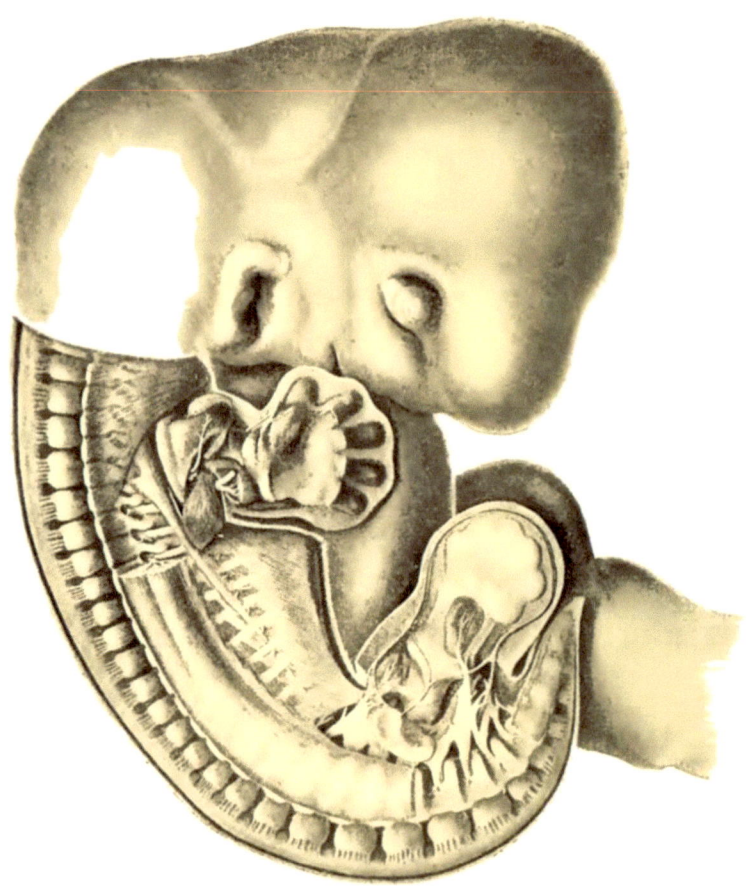

Fig. 186. **Menschenkeim,** 5 Wochen alt, 11 mm lang, von der rechten Seite
gesehen, 10mal vergrößert, nach *Russel Bardeen* und *Harmon Lewis*. Am unverletzten
Kopfe sind Auge, Mund und Ohr sichtbar. Am Rumpfe ist die Hautdecke und ein
Teil der Muskulatur entfernt, so daß die knorpelige Wirbelsäule (links) freiliegt; nach
außen von jedem Wirbel geht (gegen die Rückenhaut hin) die dorsale Wurzel eines
Spinalnerven ab. In der Mitte der unteren Hälfte der Figur ist ein Teil der Rippen
und der dazugehörigen Rippenmuskeln sichtbar. Auch von den beiden Gliedmaßen
der rechten Seite sind Haut und Muskeln teilweise entfernt; die inneren Anlagen der
fünf Finger an der Hand, der fünf Zehen am Fuße, sind innerhalb der flossenförmigen
Platte deutlich, ebenso die starken Nervengeflechte, welche vom Rückenmark zu den
Extremitäten geben. Unterhalb des Fußes springt der Schwanz frei vor, nach außen
davon (rechts) der Anfangsteil des Bauchstiels (Nabelstrang).

Die sorgfältige Untersuchung und denkende Vergleichung der
Embryonen des Menschen und anderer Wirbeltiere in diesem
Stadium der Ausbildung ist höchst lehrreich und offenbart dem un-
befangenen Menschen tiefere Geheimnisse und schwerwiegendere
Wahrheiten, als in den sogenannten „Offenbarungen" sämtlicher

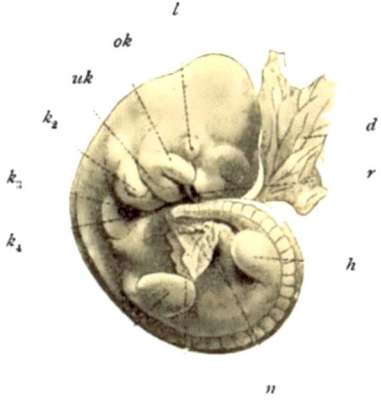

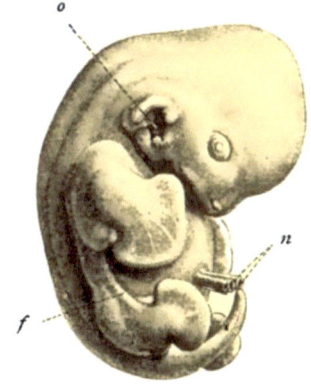

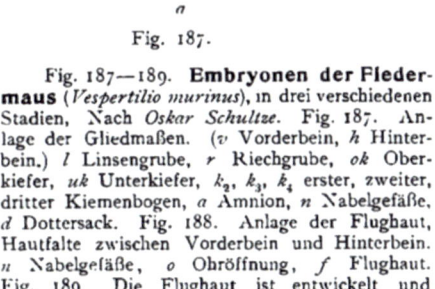

Fig. 187.

Fig. 188.

Fig. 187—189. **Embryonen der Fleder-
maus** (*Vespertilio murinus*), in drei verschiedenen
Stadien, Nach *Oskar Schultze*. Fig. 187. Anlage der Gliedmaßen. (*v* Vorderbein, *h* Hinterbein.) *l* Linsengrube, *r* Riechgrube, *ok* Oberkiefer, *uk* Unterkiefer, k_2, k_3, k_4 erster, zweiter,
dritter Kiemenbogen, *a* Amnion, *n* Nabelgefäße,
d Dottersack. Fig. 188. Anlage der Flughaut,
Hautfalte zwischen Vorderbein und Hinterbein.
n Nabelgefäße, *o* Ohröffnung, *f* Flughaut.
Fig. 189. Die Flughaut ist entwickelt und
zwischen den Fingern der Hände ausgespannt,
die das Gesicht bedecken.

Kirchenreligionen des Erdballes zu-
sammengenommen zu finden sind.
Vergleichen Sie z. B. aufmerksam
die drei aufeinander folgenden Entwickelungsstadien, welche auf den

Fig. 189.

sechs nachstehenden Tafeln VIII—XIII von zwanzig verschiedenen
Amnioten dargestellt sind: 1) Stammreptil (*D*), 2) Eidechse (*E*),
3) Schlange (*A*), 4) Krokodil (*K*), 5) Seeschildkröte (*T*), 6) Flußschildkröte (*I*), 7) Huhn (*G*), 8) Kiwi (*Y*), 9) Strauß (*Z*), 10) Echidna (*V*),
11) Beutelratte (*B*), 12) Delphin (*P*), 13) Schwein (*S*), 14) Reh (*C*),

15) Rind (*R*), 16) Hund (*H*), 17) Fledermaus (*F*), 18) Kaninchen (*L*), 19) Gibbon (*N*), und 20) Mensch (*M*). Wenn wir sehen, daß tatsächlich zwanzig so verschiedene Amniotenarten aus einer und derselben Keimform sich entwickeln, so begreifen wir auch, daß dieselben von einer gemeinsamen Stammform ursprünglich abstammen.

In dem ersten Stadium der Entwickelung (in der ersten Querreihe oben, I), in welchem zwar der Kopf mit den fünf Hirnblasen und Kiemenbogen schon deutlich angelegt ist, die Gliedmaßen aber noch gänzlich fehlen, sind die Embryonen aller Wirbeltiere vom Fische bis zum Menschen hinauf teilweise nur ganz unwesentlich, teilweise noch gar nicht verschieden. Im zweiten Stadium (in der mittleren Querreihe, II), wo die Gliedmaßen angelegt sind, beginnen bereits Unterschiede zwischen den Embryonen der niederen und höheren Wirbeltiere aufzutreten; doch ist der Embryo des Menschen auch jetzt noch kaum von demjenigen der höheren Säugetiere zu unterscheiden. Im dritten Stadium endlich (in der unteren Querreihe III), wo die Kiemenbogen bereits verschwunden und das Gesicht bereits gebildet ist, treten die Differenzen viel deutlicher hervor und werden von nun an immer auffallender. Das sind Tatsachen, deren fundamentale Bedeutung nicht überschätzt werden kann [70]!

Wenn überhaupt ein innerer ursächlicher Zusammenhang zwischen den Vorgängen der Keimesgeschichte und der Stammesgeschichte besteht, wie wir nach den Vererbungsgesetzen annehmen müssen, so ergeben sich aus diesen ontogenetischen Tatsachen unmittelbar die wichtigsten phylogenetischen Schlüsse. Denn die durchgreifende wunderbare Uebereinstimmung in der individuellen Entwickelung des Menschen und der übrigen Wirbeltiere ist nur dadurch zu erklären, daß wir die Abstammung derselben von einer gemeinsamen Stammform festhalten. In der Tat wird diese gemeinsame Descendenz jetzt auch von allen urteilsfähigen Naturforschern zugegeben, welche keine übernatürliche Schöpfung, sondern eine natürliche Entwickelung der Organismen annehmen.

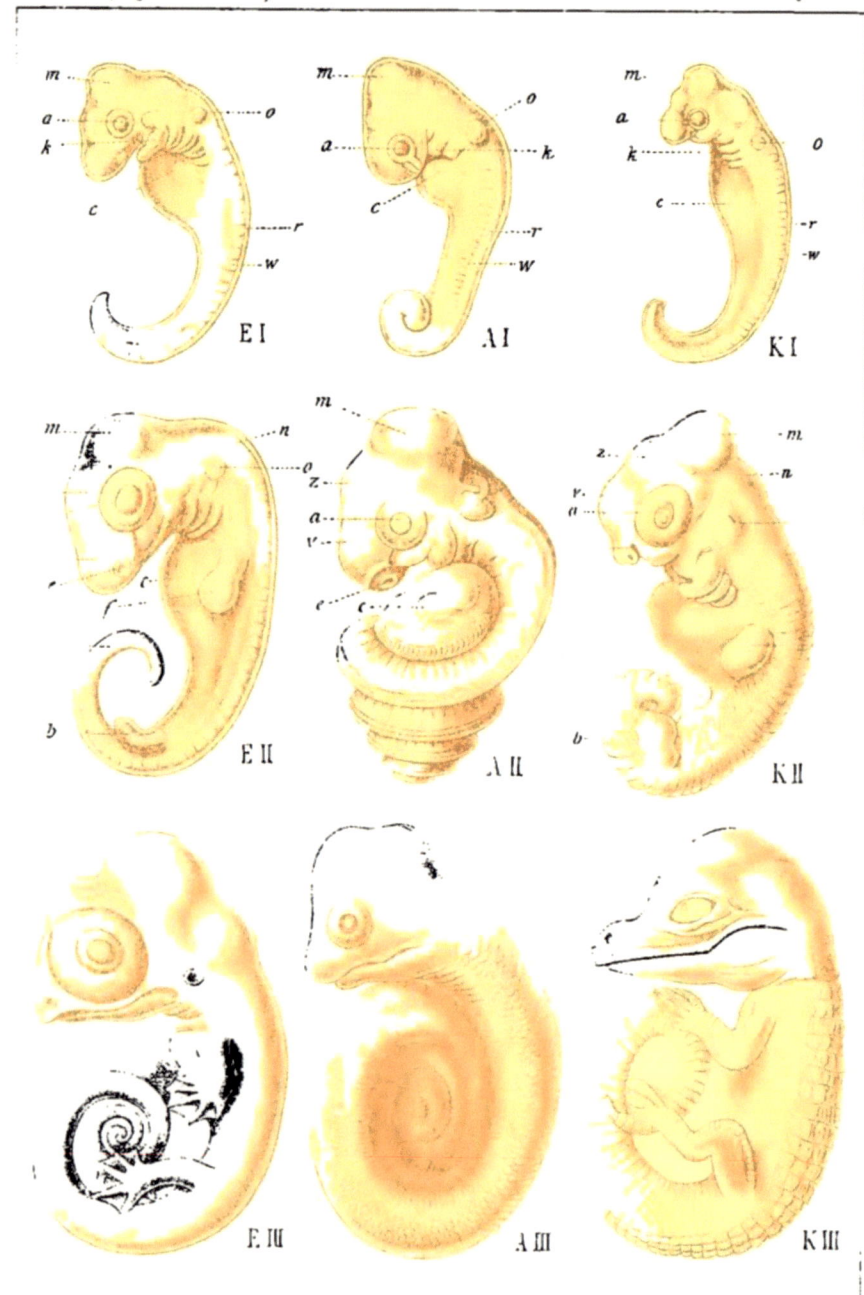

E I   A I   K I

E II   A II   K II

E III   A III   K III

E. Haeckel. del.   Lith.Anst.v.A.Giltsch.Jena

E. Eidechse   **A. Schlange**   **K. Krokodil**
Lacerta.   Coluber.   Alligator.

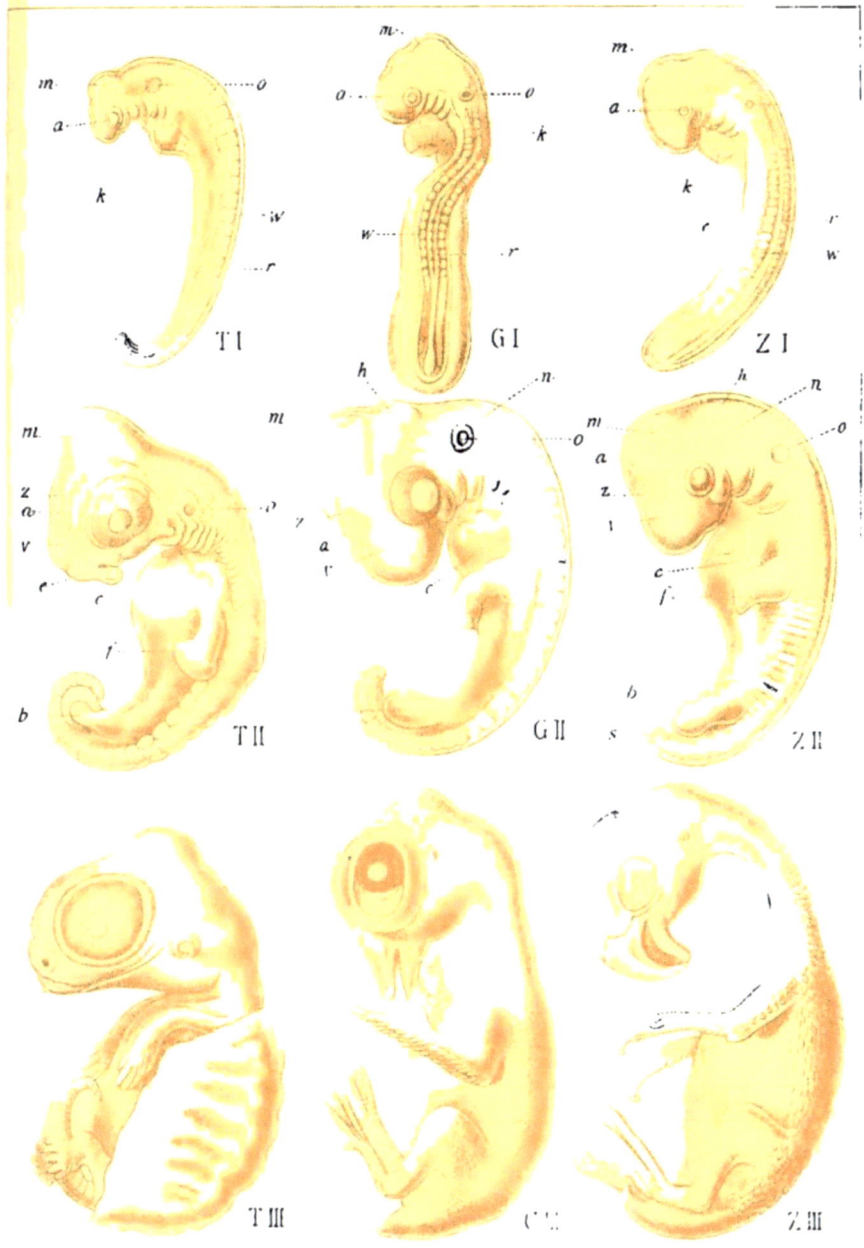

T. Schildkröte
Chelone.

G. Huhn
Gallus.

Z. Strauss
Struthio.

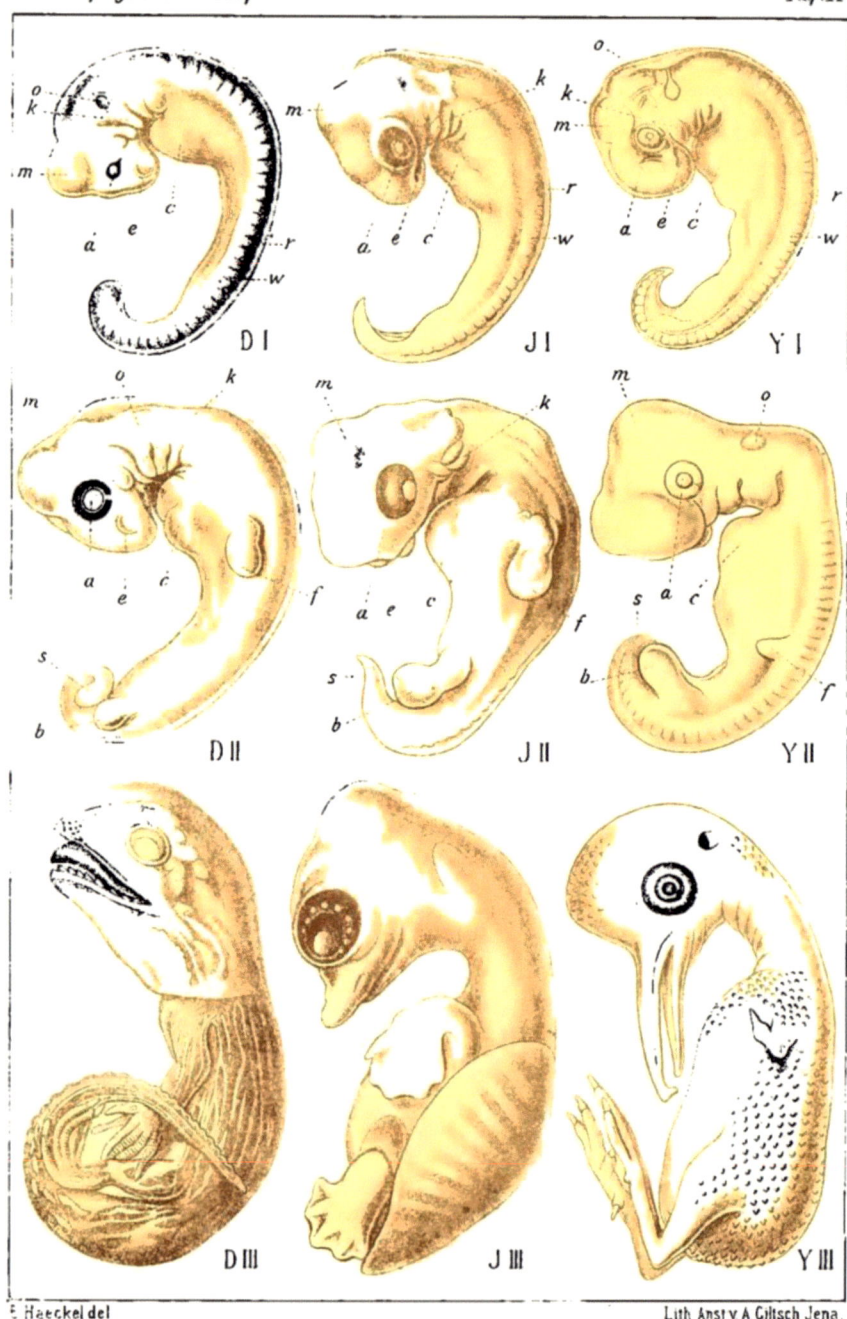

E Haeckel del

Lith Anst v A Giltsch, Jena.

D. Stammreptil
Hatteria.

J. Flussschildkröte
Trionyx.

Y. Kiwi
Apteryx.

Säugethier Keime.

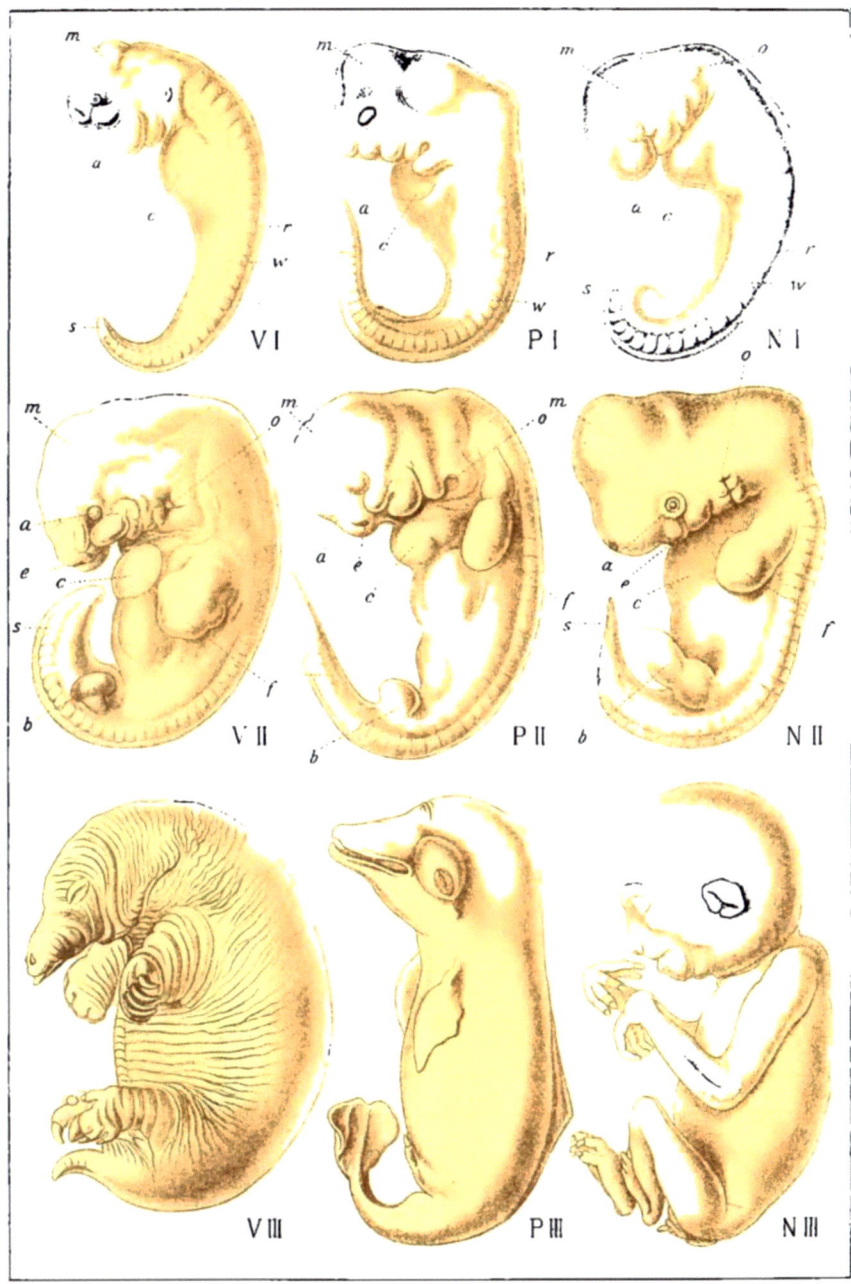

E Haeckel del.   Lith Anst v A Giltsch, Jena.

V. Schnabeligel   P. Delphin   N. Gibbon
Echidna.   Phocaena.   Hylobates.

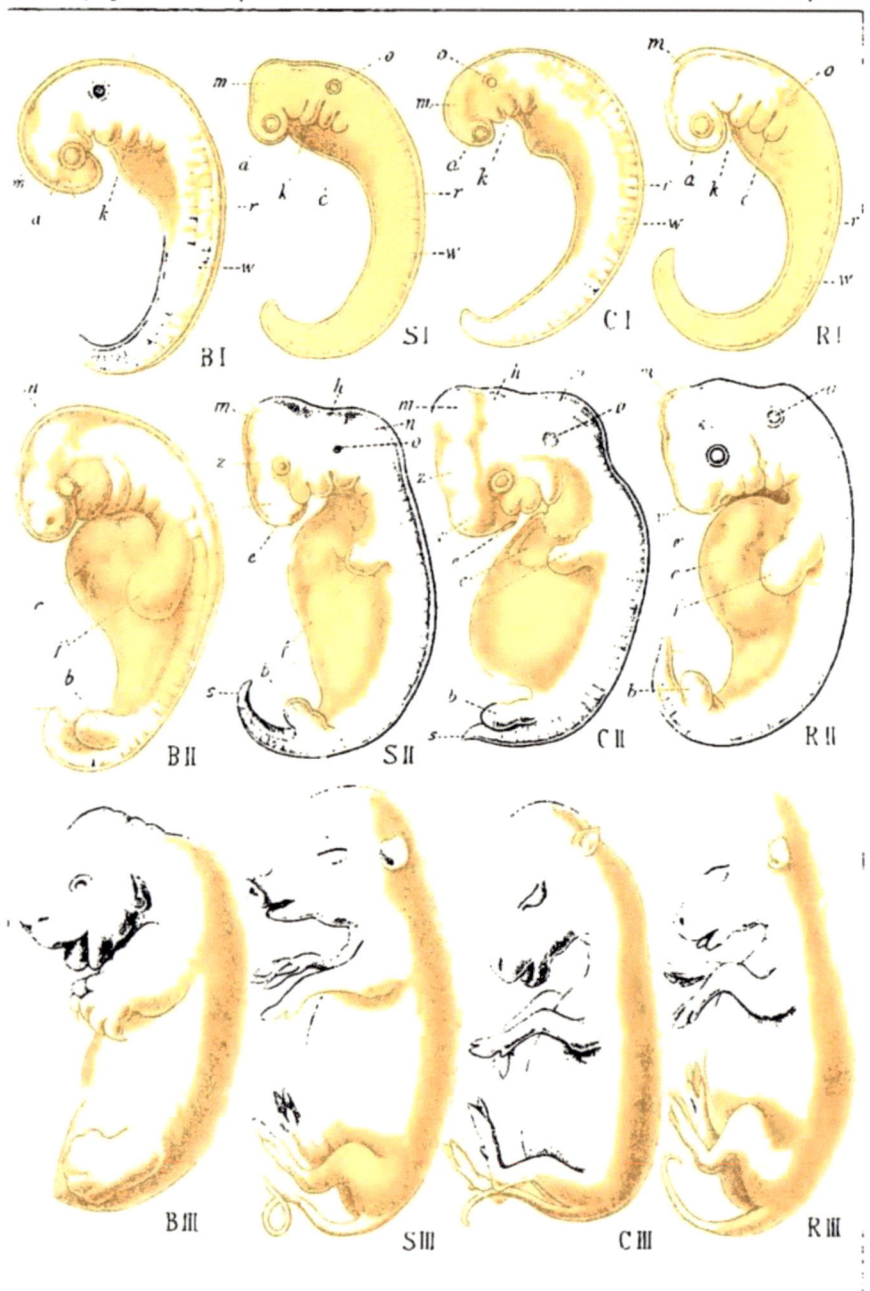

B. Beutelthier   S. Schwein   C. Reh   R. Rind
Didelphys.   Sus.   Capreolus. Bos.

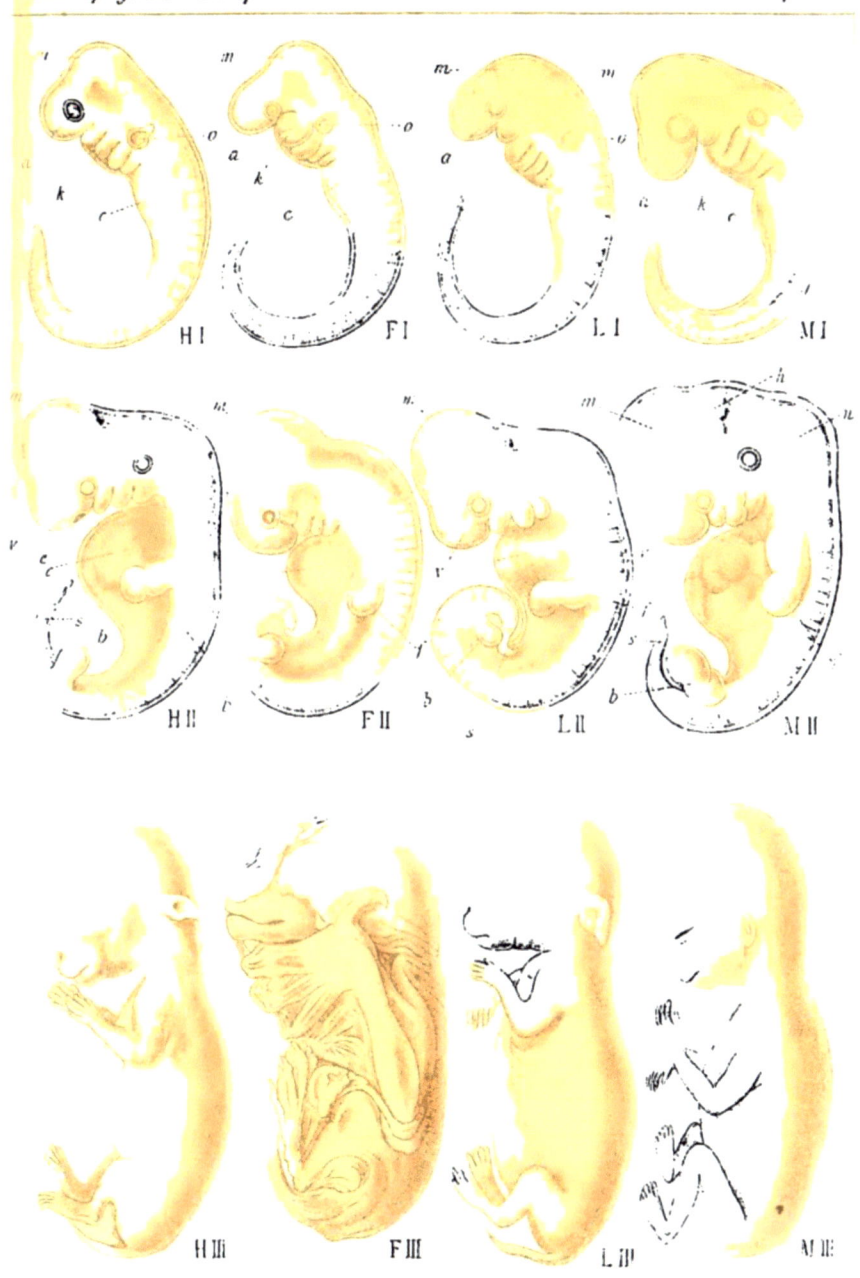

E.Haecke. fe.

H.Hund
Canis.

F. Fledermaus
Rhinolophus.

L.Kaninchen
Lepus.

M.Mensch
Homo.

Erklärung der sechs Tafeln VIII—XIII.

Sechs vergleichende Tafeln von zwanzig Amnioten-Embryonen, aus fünfzehn verschiedenen Ordnungen.

Die sechs Tafeln VIII—XIII sollen die mehr oder minder bedeutende Uebereinstimmung versinnlichen, welche hinsichtlich der wichtigsten Formverhältnisse zwischen dem Embryo des Menschen und dem Embryo der höheren Wirbeltiere (Amnioten) in frühen Perioden der individuellen Entwickelung besteht. Diese Uebereinstimmung ist um so vollständiger, in je früheren Perioden der Entwickelung die Embryonen des Menschen mit denen der übrigen Wirbeltiere verglichen werden. Sie bleibt um so länger bestehen, je näher die betreffenden ausgebildeten Tiere stammverwandt sind, entsprechend dem „Gesetze des ontogenetischen Zusammenhanges systematisch verwandter Formen" (vergl. den folgenden Vortrag, S. 383). Einzelne Figuren der jüngeren Stadien sind etwas schematisch gezeichnet.

Taf. VIII, IX und X stellen die Embryonen von neun verschiedenen Sauropsiden in drei verschiedenen Stadien dar, und zwar von sechs Reptilien und von drei Vögeln.

Taf. XI, XII und XIII zeigen die Embryonen von elf verschiedenen Säugetieren aus den entsprechenden drei Stadien. Die Zustände der drei verschiedenen Entwickelungsstadien, welche die drei Querreihen (I, II, III) darstellen, sind möglichst entsprechend gewählt.

Die erste (oberste) Querreihe, I, stellt ein sehr frühes Stadium dar, mit Kiemenspalten, ohne Beine. Die zweite (mittlere) Querreihe, II, zeigt ein etwas späteres Stadium, mit der ersten Anlage der Beine, noch mit Kiemenspalten. Die dritte (unterste) Querreihe, III, führt ein noch späteres Stadium vor, mit weiter entwickelten Beinen, nach Verlust der Kiemenspalten. Die Hüllen und Anhänge des Embryokörpers (Amnion, Dottersack, Allantois) sind weggelassen. Sämtliche 60 Figuren sind schwach vergrößert, die oberen stärker, die unteren schwächer. Zur besseren Vergleichung sind alle auf nahezu dieselbe Größe in der Zeichnung reduziert. Alle Embryonen sind von der linken Seite gesehen; das Kopfende ist nach oben, das Schwanzende nach unten, der gewölbte Rücken nach rechts gekehrt. Die Buchstaben bedeuten in allen 60 Figuren dasselbe, und zwar v Vorderhirn, z Zwischenhirn, m Mittelhirn, h Hinterhirn, n Nachhirn, r Rückenmark, e Nase, a Auge, o Ohr, k Kiemenbogen, c Herz, w Wirbelsäule, f Vorderbeine, b Hinterbeine, s Schwanz [100]).

1. **Stammreptil** (*Hatteria*) *D.*
2. **Eidechse** (*Lacerta*) *E.*
3. **Schlange** (*Coluber*) *A.*
4. **Krokodil** (*Alligator*) *K.*
5. **Seeschildkröte** (*Chelone*) *T.*
6. **Flußschildkröte** (*Trionyx*) *J.*
7. **Huhn** (*Gallus*) *G.*
8. **Kiwi** (*Apteryx*) *Y.*
9. **Strauß** (*Struthio*) *Z.*
10. **Schnabeligel** (*Echidna*) *V.*
11. **Beutelratte** (*Didelphys*) *B.*
12. **Delphin** (*Phocaena*) *P.*
13. **Schwein** (*Sus*) *S.*
14. **Reh** (*Capreolus*) *C.*
15. **Rind** (*Bos*) *R.*
16. **Hund** (*Canis*) *H.*
17. **Fledermaus** (*Rhinolophus*) *F.*
18. **Kaninchen** (*Lepus*) *L.*
19. **Gibbon** (*Hylobates*) *N.*
20. **Mensch** (*Homo*) *M.*

Vierzehnte Tabelle.

Uebersicht über die fundamentalen Gegensätze in der Organisation
und Gliederung der Vertebraten und Articulaten.
(Vergl. S. 349—352.)

Vertebration der Wirbeltiere. Schädellose (Acranier) und Schädeltiere (Cranioten).	Artikulation der Gliedertiere. (Anneliden, Crustaceen, Tracheaten.)
1. **Epidermis ohne Cuticula,** nicht gegliedert, ohne Chitindecke.	1. **Epidermis mit Cuticularhülle** (aus Chitin gebildet, gegliedert).
2. **Skelett axial, mit Chorda** und mit Chordascheide. (Inneres Achsenskelett.)	2. **Skelett tegmental, ohne Chorda** und ohne Chordascheide. (Aeußeres Hautskelett.)
3. **Muskulatur periskeletal** (aus der Wand hohler Coelomtaschen gebildet, mit Myocoel).	3. **Muskulatur endoskeletal** (aus soliden Mesodermstreifen gebildet, ohne Myocoel).
4. **Nervenzentrum dorsal,** ursprünglich ungegliedert (Rückenmark). (Einfaches Medullarrohr.)	4. **Nervenzentrum ventral,** ursprünglich gegliedert (Bauchmark). (Doppelte Bauchganglienkette.)
5. **Herz ventral,** aus dem Bauchgefäß der Vermalien entstanden.	5. **Herz dorsal,** aus dem Rückengefäß der Vermalien entstanden.
6. **Darm mit Kiemenkammer** (Kopfdarm in einen Kiemenkorb verwandelt, mit Kiemenspalten und ventraler Hypobranchialrinne).	6. **Darm ohne Kiemenkammer** (Kopfdarm niemals mit Kiemenspalten; Hypobranchialrinne fehlt allen Gliedertieren vollständig).
7. **Nephridien** ursprünglich segmental, mit Myocoelverbindung, und mit primärem Vornierengang.	7. **Nephridien** ursprünglich segmental, ohne Myocoelverbindungen und ohne primären Vornierengang.
8. **Gonaden** ursprünglich segmental, aus dem **visceralen Mesoblast** entstanden.	8. **Gonaden** ursprünglich segmental, aus dem **parietalen Mesoblast** entstanden.
9. **Leibeshöhlen** (rechte und linke) frühzeitig durch ein **Frontalseptum** in ein dorsales Myocoel und ein ventrales Gonocoel geteilt (Episomiten und Hyposomiten).	9. **Leibeshöhlen** (rechte und linke) **ohne Frontalseptum**; daher keine Trennung in dorsale Episomiten und ventrale Hyposomiten; kein Gegensatz von Rückenleib und Bauchleib.

Fünfzehnter Vortrag.

Keimhüllen und Keimkreislauf.

„Ist der Mensch etwas Besonderes? Entsteht er in einer ganz anderen Weise als ein Hund, Vogel, Frosch und Fisch? Gibt er damit denen Recht, welche behaupten, er habe keine Stelle in der Natur und keine wirkliche Verwandtschaft mit der niederen Welt tierischen Lebens? Oder entsteht er aus einem ähnlichen Keim, und durchläuft er dieselben langsamen und allmählichen progressiven Modifikationen? Die Antwort ist nicht einen Augenblick zweifelhaft, und ist für die letzten vierzig Jahre nicht zweifelhaft gewesen. Ohne Zweifel ist die Entstehungsweise und sind die früheren Entwickelungszustände des Menschen identisch mit denen der unmittelbar unter ihm in der Stufenleiter stehenden Tiere: ohne allen Zweifel steht er in diesen Beziehungen den Affen viel näher, als die Affen den Hunden."

Thomas Huxley (1863).

***

Menschenkeim und Säugetierkeim. Jüngste menschliche Embryonen. Keimhüllen der Amnioten. Serolemma und Amnion. Chorion. Allantois und Placenta. Dottersack oder Nabelblase. Entstehung des Herzens und der ersten Blutgefässe. Blutkreislauf des Embryo.

Inhalt des fünfzehnten Vortrages.

Die Säugetier-Organisation des Menschen. Der Mensch besitzt denselben Körperbau wie alle anderen Säugetiere, und sein Keim entwickelt sich in derselben Weise wie derjenige der höheren Wirbeltiere. Das Gesetz des ontogenetischen Zusammenhanges systematisch verwandter Formen. Anwendung desselben auf den Menschen. Gestalt und Größe des menschlichen Embryo in den ersten vier Wochen. Der Embryo des Menschen ist im ersten Monate seiner Entwickelung demjenigen anderer Säugetiere fast vollständig gleich gebildet. Im zweiten Monate beginnen erst allmählich einige merkliche Unterschiede aufzutreten. Die Anhänge und Hüllen des menschlichen Embryo. Dottersack oder Nabelblase. Allantois oder Harnsack. Placenta oder Mutterkuchen. Bauchstiel und eigentümliche Placentation des Menschen und der Menschenaffen. Amnion und Serolemma (seröse Hülle). Exocoelom. Das Herz, die ersten Blutgefäße und das Blut bilden sich aus dem Darmfaserblatte. Gefäßblatt und Mesenchym. Das Herz schnürt sich von der Wand des Vorderdarmes ab. Paarige Anlage des Herzens bei den Amnioten, cenogenetisch. Der erste Blutkreislauf des Embryo im Fruchthofe: Dotterarterien und Dottervenen. Der zweite embryonale Blutkreislauf in der Allantois: Nabelarterien und Nabelvenen. Abschnitte der menschlichen Keimesgeschichte.

Literatur:

Alexander Ecker, *1851 — 1859. Icones physiologicae. Erläuterungstafeln zur Physiologie und Entwickelungsgeschichte, Taf. 25—31. Leipzig.*

Albert Kölliker, *1861. Entwickelungsgeschichte des Menschen und der höheren Tiere. 2. Aufl. 1884. (S. 86—188.) Leipzig.*

William Turner, *1877. Some general Observations on the Placenta with special reference to the Theory of Evolution. Journ. of Anat. and Physiol. London.*

Derselbe, *1878. On the Placentation of the Apes with a comparison with that of the Human Female. Phil. Trans., Vol. 169. London.*

Van Beneden und Charles Julin, *1884. Recherches sur la formation des annexes foetales chez les Mammifères. Archiv. de Biol., Tome. V. Bruxelles.*

C. K. Hoffmann, *1884. Grondtrekken der vergelijkende ontwikkelings-geschiedenis. (Mit vielen Literaturangaben.) Leiden.*

Oscar Hertwig, *1886. Lehrbuch der Entwickelungsgeschichte des Menschen (8. Aufl. 1906.) X.—XIII. Kapitel.*

Emil Selenka, *1883—1887. Studien über die Entwickelungsgeschichte der Tiere. (I. Maus. II. Nagetiere. III., IV. Opossum.) Wiesbaden.*

Derselbe, *1890. Zur Entwickelung der Affen. (Berlin. Akad. Sitzungsber. XLVIII.)*

Derselbe, *1900. Entwickelung des Gibbon. Wiesbaden.*

Hans Strahl, *1902. Die Embryonalhüllen der Säuger und die Placenta. III. und IV. Heft von O. Hertwig, Handbuch der Entwickelungslehre der Wirbeltiere. Jena.*

F. Keibel, *1897—1900. Normentafeln zur Entwickelungsgeschichte der Wirbeltiere. Jena.*

H. Schauinsland, *1902. Die Entwickelung der Eihäute der Reptilien und Vögel. III. Heft von O. Hertwig, Handbuch der Entwickelungslehre der Wirbeltiere.*

XV.

Meine Herren!

Unter den vielen interessanten Erscheinungen, welche in dem bisherigen Gange der menschlichen Keimesgeschichte uns aufgestoßen sind, bleibt eine der wichtigsten Tatsachen, daß die Entwickelung des menschlichen Körpers von Anfang an genau in derselben Weise erfolgt, wie bei den übrigen lebendig gebärenden Säugetieren. In der Tat finden sich alle die besonderen Eigentümlichkeiten der individuellen Entwickelung, welche die Säugetiere vor den übrigen Tieren auszeichnen, ebenso auch beim Menschen wieder; schon die Eizelle, mit ihrer eigentümlichen Hülle (*Zona pellucida*, Fig. 14), zeigt bei allen Säugetieren (— abgesehen von den alten eierlegenden Monotremen —) denselben typischen Bau. Man hat schon längst aus dem Körperbau des ausgebildeten Menschen den Schluß gezogen, daß derselbe im Systeme des Tierreiches seinen natürlichen Platz nur in der Klasse der Säugetiere finden könne. Bereits *Linné* stellte ihn hier 1735 in seinem grundlegenden „Systema naturae" mit den Affen in einer und derselben Ordnung (*Primates*) zusammen. Durch die vergleichende Keimesgeschichte wird diese Stellung lediglich bestätigt. Wir überzeugen uns, daß auch in der embryonalen Entwickelung, wie im anatomischen Bau, der Mensch sich durchaus ähnlich den höheren Säugetieren und am ähnlichsten den Affen verhält. Wenn wir nun unter Anwendung des Biogenetischen Grundgesetzes das Verständnis dieser ontogenetischen Uebereinstimmung suchen, so ergibt sich daraus ganz einfach und notwendig die Abstammung des Menschen von einer Reihe anderer Säugetierformen, und zwar zunächst von Herrentieren oder „Primaten". Der gemeinsame Ursprung des Menschen und der übrigen Säugetiere von einer einzigen uralten Stammform kann uns danach nicht mehr zweifelhaft sein; und ebensowenig die nächste Blutsverwandtschaft des Menschen und der Affen.

Die wesentliche Uebereinstimmung in der gesamten Körperform und im inneren Bau ist beim Embryo des Menschen und der
übrigen Säugetiere selbst noch in demjenigen späten Stadium der
Entwickelung vorhanden, in welchem bereits der Säugetierkörper
als solcher unverkennbar ist. (Vergl. S. 376, Taf. VIII—XIII, zweite
Reihe.) Aber in einem etwas früheren Stadium, in welchem bereits die Gliedmaßen, die Kiemenbogen, die Sinnesorgane u. s. w.
angelegt sind, können wir die Embryonen der Säugetiere noch
nicht als solche erkennen und noch nicht von denjenigen der
Vögel und Reptilien unterscheiden. (Taf. VIII—XIII, oberste Querreihe.) Wenn wir noch frühere Stadien der Entwickelung betrachten, so sind wir nicht einmal im stande, irgend einen wesentlichen Unterschied im Körperbau zwischen den Embryonen dieser
höheren Wirbeltiere und denjenigen der niederen, der Amphibien
und Fische, aufzufinden. Gehen wir endlich bis zum Aufbau des
Körpers aus den vier sekundären Keimblättern zurück, so werden
wir durch die Wahrnehmung überrascht, daß diese vier Keimblätter
bei allen Wirbeltieren dieselben sind und überall in gleicher Weise
am Aufbau der Grundorgane des Körpers sich beteiligen. Wenn wir
dann nach der Herkunft dieser vier sekundären Keimblätter fragen,
so finden wir, daß sie überall in gleicher Weise aus den beiden
primären Keimblättern sich entwickeln; diese letzteren aber haben
bei sämtlichen Metazoen (d. h. bei allen Tieren mit Ausnahme
der einzelligen Urtiere) dieselbe Bedeutung. Endlich sehen wir,
daß die Zellen, welche die beiden primären Keimblätter zusammensetzen, überall durch wiederholte Spaltung aus einer einzigen einfachen Zelle, aus der Stammzelle oder befruchteten Eizelle, ihren
Ursprung nehmen.

Diese merkwürdige Uebereinstimmung in den wichtigsten Keimungsverhältnissen des Menschen und der Tiere kann nicht genug
hervorgehoben werden. Wir werden sie später für unsere monophyletische Descendenz-Hypothese, d. h. für die Annahme
der einheitlichen, gemeinsamen Abstammung des Menschen und
aller Metazoen von der Gastraea verwerten. Die ersten Anlagen
der wichtigsten Körperteile und vor allen des ältesten Haupt-
organes, des Darmkanales, sind ursprünglich überall identisch; sie
erscheinen immer in derselben einfachsten Form. Alle die Eigentümlichkeiten aber, durch welche sich die verschiedenen kleineren
und größeren Gruppen des Tierreiches voneinander unterscheiden,
treten im Laufe der Keimesentwickelung erst allmählich nacheinander auf, und zwar um so später, je näher sich die betreffenden

Tiere im System des Tierreichs stehen. Diese letztere Erscheinung läßt sich in einem bestimmten Gesetz formulieren, welches gewissermaßen als Zusatz oder Anhang zu unserem Biogenetischen Grundgesetze betrachtet werden kann. Das ist das Gesetz des ontogenetischen Zusammenhanges systematisch verwandter Tierformen. Dasselbe lautet: Je näher sich zwei erwachsene, ausgebildete Tiere ihrer ganzen Körperbildung nach stehen, je enger dieselben daher im Systeme des Tierreiches verbunden sind, desto länger bleibt auch ihre embryonale Form identisch, desto längere Zeit hindurch sind die Embryonen, die Jugendformen derselben überhaupt gar nicht oder nur durch untergeordnete Merkmale zu unterscheiden. Dieses Gesetz gilt für alle Tiere, deren Keimesgeschichte in der Hauptsache ein erblicher Auszug der Stammesgeschichte ist, bei denen die ursprüngliche Form der Entwickelung durch Palingenesis getreu vererbt wird. Wo hingegen diese letztere durch Cenogenesis oder Entwickelungsstörung abgeändert ist, da finden wir jenes Gesetz beschränkt, und zwar um so stärker, je mehr neue Entwickelungs-Verhältnisse durch Anpassung eingeführt worden sind (vergl. den I. Vortrag, S. 7—12) [71]).

Wenn wir dieses Gesetz des ontogenetischen Zusammenhangs der systematisch (und daher auch phylogenetisch) verwandten Formen auf den Menschen anwenden und mit Beziehung auf dasselbe die frühesten menschlichen Zustände rasch an uns vorübergehen lassen, so fällt uns zuerst im Beginne der Keimesgeschichte die morphologische Identität der Eizelle des Menschen und der übrigen Säugetiere auf (Fig. 1, 14). Alle Eigentümlichkeiten, welche das Ei der viviparen Säugetiere auszeichnen, besitzt auch das menschliche Ei; insbesondere jene charakteristische Bildung seiner Hülle (*Zona pellucida*), welche desselbe von dem Ei aller übrigen Tiere deutlich unterscheidet. Wenn der Embryo des Menschen ein Alter von vierzehn Tagen erreicht hat, bildet er eine kugelige Keimblase (— oder richtiger „Keimdarmblase" —) von ungefähr 4 mm Durchmesser. Eine verdickte Stelle ihrer Wand bildet einen einfachen, sohlenförmigen Keimschild von 2 mm Länge (Fig. 190). Auf der Rückenseite desselben zeigt sich in der Mittellinie die geradlinige Medullarfurche, begrenzt von den beiden parallelen Rückenwülsten oder Markwülsten (*m*). Hinten geht dieselbe durch den neurenterischen Kanal in den Urdarm oder die Primitivrinne über. Von dieser geht die Einstülpung der beiden Coelomtaschen in der gleichen Weise aus, wie bei den übrigen Säugetieren (vergl. Fig. 99. S. 254; Fig. 100, S. 255). In der Mitte des sohlen-förmigen Keimschildes beginnen bald darauf die ersten Ursegmente aufzutreten. Der menschliche Embryo ist in diesem Alter nicht zu unterscheiden von demjenigen anderer Säugetiere, z. B. des Kaninchens und des Hundes.

Eine Woche später, also nach dem Verlaufe von einundzwanzig Tagen, hat der menschliche Embryo bereits die doppelte Länge erreicht; er ist jetzt gegen zwei Linien oder gegen fünf Millimeter lang und zeigt uns bereits in der Seiten-ansicht die charakte-ristische Krümmung des Rückens, die An-schwellung des Kopf-endes, die erste Anlage der drei höheren Sinnes-organe und die An-lage der Kiemenspalten, welche die Seiten des Halses durchbrechen (Fig. 191 III; Taf. XIII, Fig. M I). Hinten aus dem Darme ist die Allantois hervorge-wachsen. Der Embryo ist bereits vollständig vom Amnion umschlos-sen und hängt nur noch in der Mitte des Bauches durch den Dottergang mit der Keimblase zu-sammen, die sich in den Dottersack verwandelt. Es fehlen aber in diesem Entwickelungsstadium noch vollständig die Extremitäten oder Gliedmaßen; weder von Armen noch von Beinen ist eine Spur vorhanden. Das Kopfende hat sich allerdings schon be-deutend vom Schwanzende gesondert oder differenziert; auch treten vorn die ersten Anlagen der Hirnblasen, sowie unten am Vorderarm das Herz schon mehr oder weniger deutlich hervor. Aber ein eigentliches Gesicht ist noch nicht ausgebildet. Auch suchen wir vergebens nach irgend einem besonderen Charakter, welcher in diesem Stadium den menschlichen Embryo von dem

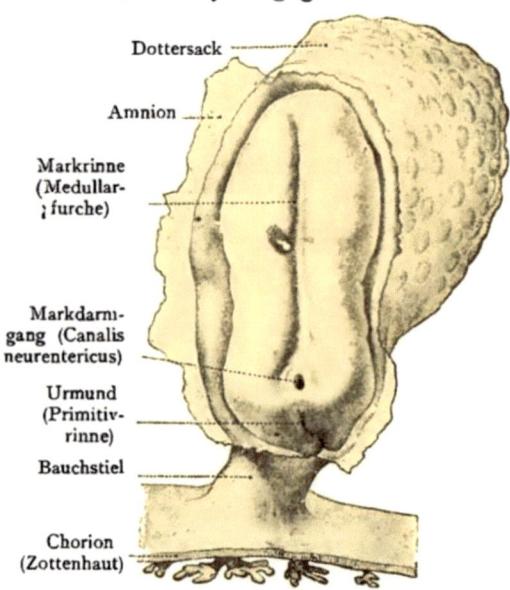

Dottersack

Amnion

Markrinne
(Medullar-
furche)

Markdarm-
gang (Canalis
neurentericus)

Urmund
(Primitiv-
rinne)

Bauchstiel

Chorion
(Zottenhaut)

Fig. 190. **Sandalionkeim des Menschen** (oder „schuhsohlenförmiger Keimschild"), 2 mm lang, aus der zweiten Woche der Entwickelung. (Vergl. Taf. IV und V, S. 321.) Nach Graf *Spee*.

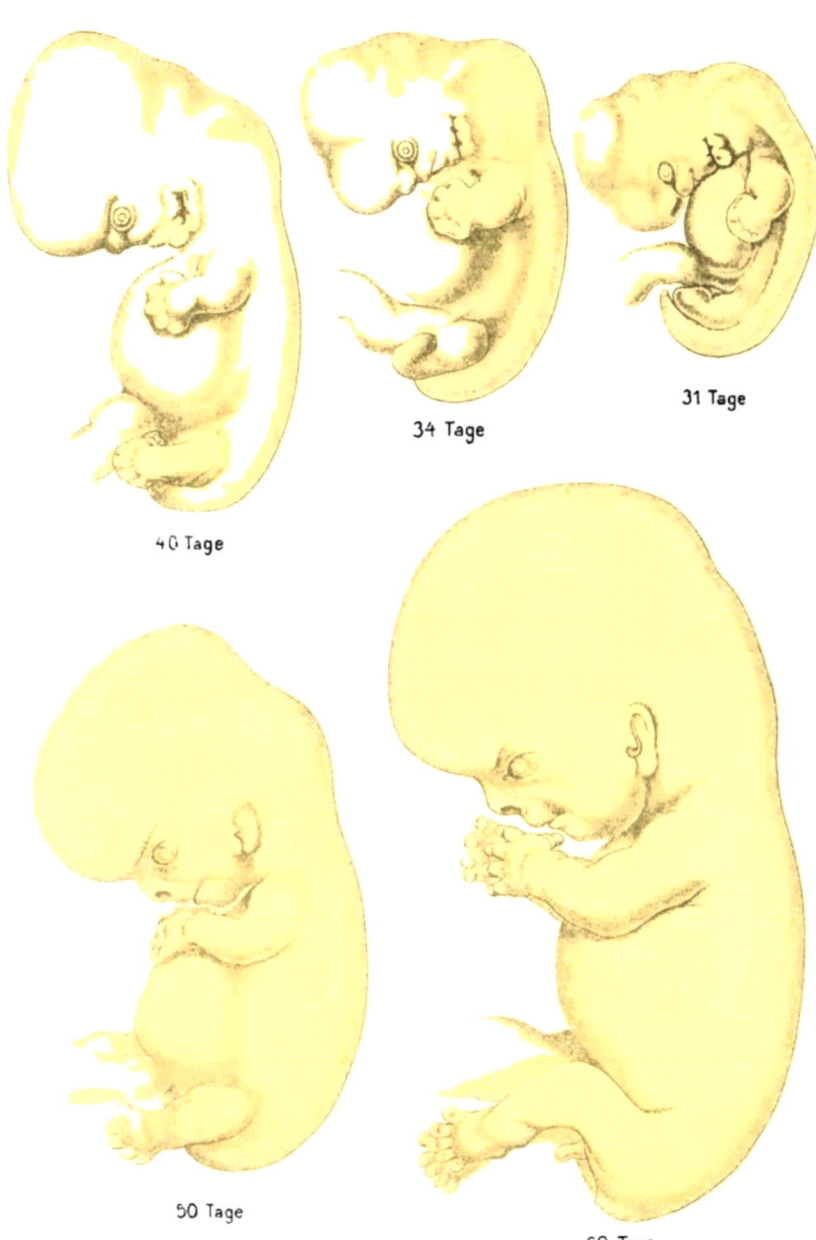

31 Tage

34 Tage

40 Tage

50 Tage

60 Tage

der anderen Säugetiere unterscheiden könnte (vergl. die Figuren
der obersten Reihe auf Taf. VIII—XIII).

Abermals eine Woche später, nach Ablauf der vierten Woche,
am 28.—30. Tage der Entwickelung, hat der menschliche Embryo
eine Länge von vier bis fünf Linien oder ungefähr einem Centimeter erreicht (Fig. 191 IV; Taf. XIII, Fig. *M II*). Wir können
jetzt deutlich den Kopf mit seinen verschiedenen Teilen unterscheiden: im Inneren desselben die fünf primitiven Hirnblasen

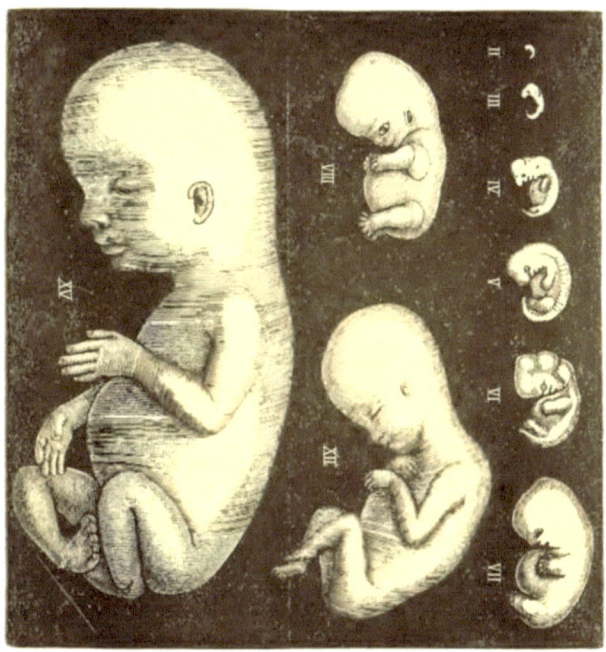

Fig. 191. **Menschliche Keime oder Embryonen aus der zweiten bis
fünfzehnten Woche, in natürlicher Größe,** von der linken Seite gesehen, der
gewölbte Rücken nach rechts gekehrt (größtenteils nach *Ecker*). II. Mensch von
14 Tagen, III. von 3 Wochen, IV. von 4 Wochen, V. von 5 Wochen, VI. von
6 Wochen, VII. von 7 Wochen, VIII. von 8 Wochen, XII. von 12 Wochen,
XV. von 15 Wochen.

(Vorderhirn, Mittelhirn, Zwischenhirn, Hinterhirn, und Nachhirn);
unten am Kopfe die Kiemenbogen, welche die Kiemenspalten
trennen; an den Seiten des Kopfes die Anlagen der Augen, ein
Paar Grübchen der äußeren Haut, denen ein Paar einfache Bläschen
aus der Seitenwand des Vorderhirns entgegenwachsen (Fig. 192,
193 *a*). Weit hinter den Augen, über dem letzten Kiemenbogen,

ist die bläschenförmige Anlage des Gehörorganes sichtbar. Die
Anlagen der Gliedmaßen sind jetzt bereits deutlich abgesetzt: vier

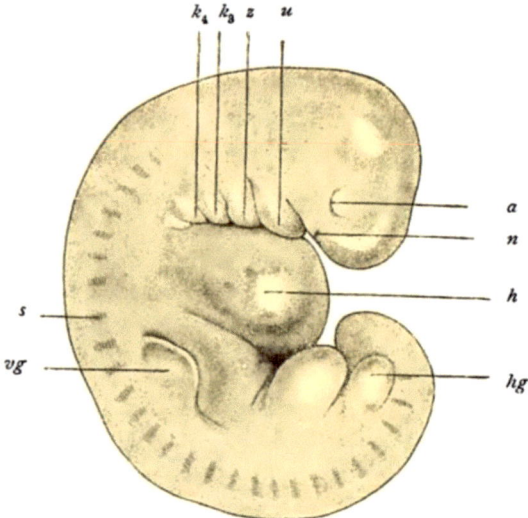

Fig. 192. **Sehr junger Menschenembryo aus der vierten Woche,**
6 mm lang (der Gebärmutter einer Selbstmörderin 8 Stunden nach ihrem Tode ent-
nommen), nach *Rabl.* *n* Nasengrübchen, *a* Auge, *u* Unterkiefer, *z* Zungenbeinbogen,
k₃, *k₄* dritter und vierter Kiemenbogen, *h* Herz, *s* Ursegmente, *vg* Vordergliedmaße
(Arm), *hg* Hintergliedmaße (Bein), zwischen beiden der Bauchstiel.

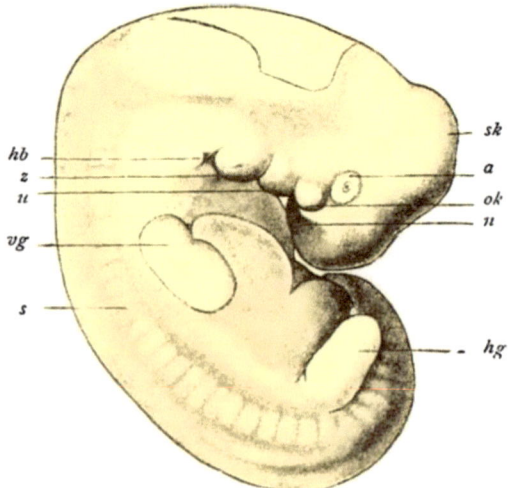

Fig. 193. **Menschenembryo aus der Mitte der fünften Woche,** 9 mm
lang, nach *Rabl.* Buchstaben wie in der Fig. 192; außerdem: *sk* Scheitelkrümmung,
ok Oberkiefer, *hb* Halsbucht.

ganz einfache Knospen von der Gestalt einer rundlichen Platte, ein Paar Vorderbeine (*vg*) und ein Paar Hinterbeine (*hg*), die ersteren ein wenig größer als die letzteren. In sehr starker, fast rechtwinkeliger Krümmung geht der sehr große Kopf in den Rumpf über. Dieser hängt in der Mitte der Bauchseite noch mit der Keimdarmblase zusammen; allein der Embryo hat sich schon stärker von derselben abgeschnürt, so daß sie bereits als Dottersack heraushängt. Wie der vordere Teil, so ist auch der hintere Teil des Körpers sehr stark gekrümmt, so daß das zugespitzte Schwanzende gegen den Kopf hin gerichtet ist. Der Kopf ist mit dem Gesichtsteil ganz auf die noch offene Brust herabgesunken. Die Krümmung wird bald so stark, daß der Schwanz fast die Stirn berührt (Fig. 191 V; Fig. 193). Man kann dann eigentlich drei oder vier besondere Krümmungen an der gewölbten Rückenseite unterscheiden, nämlich eine S c h e i t e l k r ü m m u n g oder „vordere Kopfkrümmung" in der Gegend der zweiten Hirnblase, eine N a c k e n k r ü m m u n g oder „hintere Kopfkrümmung" am Anfang des Rückenmarks, und eine S c h w a n z k r ü m m u n g am hintersten Ende. Diese starke Krümmung teilt der Mensch nur mit den drei höheren Wirbeltierklassen (den Amniontieren), während sie bei den niederen viel schwächer oder gar nicht ausgesprochen ist. Der Mensch hat in diesem Alter von vier Wochen einen recht ansehnlichen Schwanz, der doppelt so lang als das Bein ist. Ein senkrechter Längsschnitt durch die Mittelebene eines solchen Schwanzes (Fig. 194) zeigt uns, daß das hintere Ende des Rückenmarkes (*m*) oben bis in die Spitze des Schwanzes reicht, ebenso die darunter gelegene Chorda (*Ch*), als terminale Fortsetzung der Wirbelsäule. Von dieser letzteren sind die Anlagen der sieben Schwanzwirbel sichtbar: mit *32* ist der dritte, mit *36* der siebente Coccygalwirbel bezeichnet. Unter der Wirbelsäule sieht man die hintersten Enden der beiden großen Blutgefäße des Schwanzes, der Prinzipalarterie (*Aorta caudalis* oder *Arteria sacralis media, Ao*) und der Prinzipalvene (*Vena caudalis* oder *sacralis media*). Darunter liegt die Oeffnung des Afters (*an*) und des Sinus urogenitalis (*S. ug.*). Aus diesem anatomischen Bau des menschlichen Schwanzes ergibt sich zweifellos, daß derselbe das R u d i m e n t e i n e s A f f e n s c h w a n z e s ist, der letzte erbliche Ueberrest eines längeren behaarten Schwanzes, der sich von unseren tertiären Primatenahnen durch V e r e r b u n g bis auf den heutigen Tag erhalten hat.

Nicht selten kommt es vor, daß auch noch äußere Ueberreste dieses Schwanzes bestehen bleiben und weiter wachsen. Solche

„Schwanzmenschen" sind nach den zuverlässigen, durch Photogramme illustrierten Angaben des Generalarztes *Bernhard Ornstein* in Griechenland nicht selten; sie haben vielleicht zu den alten Sagen von den Satyrn Veranlassung gegeben. Eine große Anzahl solcher Fälle hat 1884 *Max Bartels* in einer Abhandlung über „Die geschwänzten Menschen" (im Archiv für Anthropologie,

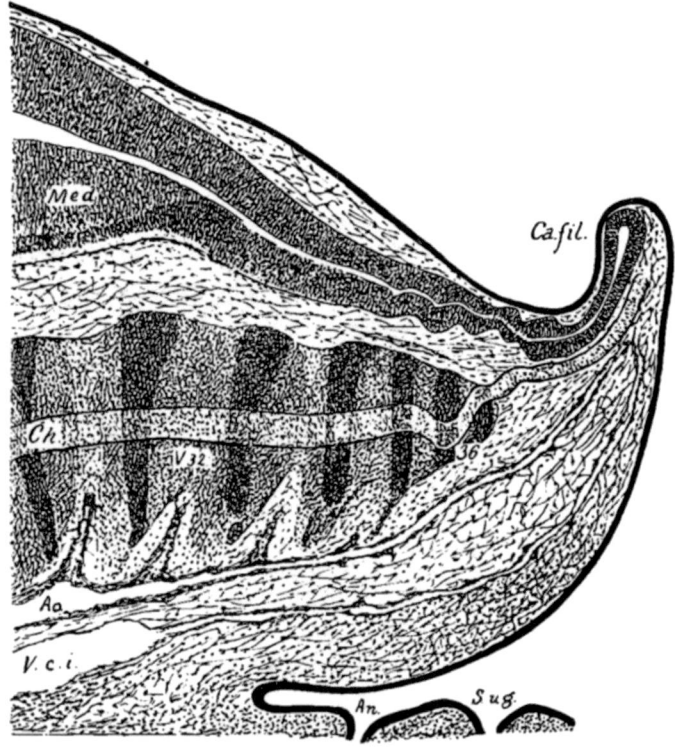

Fig. 194. **Medianer Längsschnitt durch den Schwanz eines Menschen-Embryo von 14 mm Länge.** Nach *Ross Granville Harrison.* *Med* Markrohr, *Ca. fil.* Schwanzfaden, *Ch* Chorda, *Ao* Schwanzarterie, *Vci* Schwanzvene, *an* After, *Sug* Sinus urogenitalis.

Bd. XV) zusammengestellt und kritisch beleuchtet. Oft sind diese atavistischen Menschenschwänze beweglich; bald enthalten sie bloß Muskeln und Fett, bald auch Rudimente der kaudalen Wirbelsäule; sie erreichen eine Länge von 20—25 cm und darüber. Sehr genau hat 1901 *Granville Harrison* einen solchen „Schweineschwanz" untersucht, der bei einem 6 Monate alten Kinde operativ entfernt

/urde. Der Schwanz wurde im Affekt, wenn das Kind schrie der gereizt wurde, lebhaft bewegt, in der Ruhe eingezogen Fig. 195 *A—C*).

Nach der Ansicht vieler Reisenden und Anthropologen ist ,ei manchen isoliert lebenden Stämmen (namentlich im südöstlichen ,sien und Insulinde) die atavistische Schwanzbildung erblich, so ,aß man von einer besonderen Rasse oder „Art" von Schwanz-,enschen (*Homo caudatus*) sprechen könnte. Für *Bartels* ist es

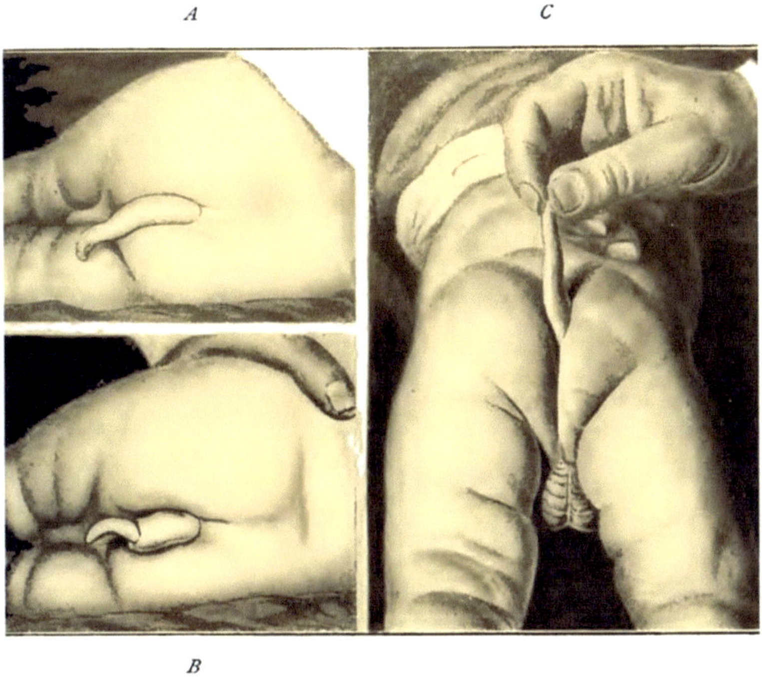

Fig. 195. **Schwanz eines sechs Monate alten Knaben.** *A* ausgestreckt, *!* zusammengezogen, *C* heraufgezogen. Nach *Granville Harrison*.

gar kein Zweifel, daß mit dem Fortschreiten unserer geographischen nd ethnographischen Kenntnisse jener in Betracht kommenden ,änder ganz sicher die Schwanzmenschen werden gefunden werden" Archiv für Anthropologie, Bd. XV, S. 129).

Wenn wir den menschlichen Embryo im einmonatlichen Alter ffnen (Fig. 196), so finden wir in der Leibeshöhle bereits den)armkanal angelegt und von der Keimblase größtenteils abge-chnürt. Mund- und Afteröffnung sind auch schon vorhanden.

Aber die Mundhöhle ist noch nicht von der Nasenhöhle getrennt, und das Gesicht überhaupt noch nicht gebildet. Hingegen zeigt das Herz bereits alle vier Abteilungen; es ist sehr groß und füllt fast die ganze Brusthöhle aus (Fig. 196 *ov*). Hinter ihm liegen die ganz kleinen Anfänge der Lungen versteckt. Sehr groß sind

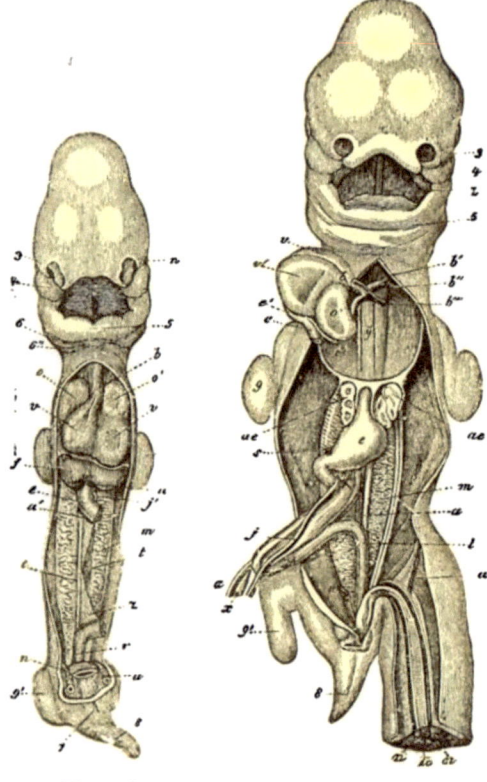

Fig. 196.   Fig. 197.

Fig. 196. Menschlicher Embryo, vier Wochen alt, von der Bauchseite, geöffnet. Brustwand und Bauchwand sind weggeschnittten, so daß der Inhalt der Brusthöhle und Bauchhöhle frei liegt. Auch sind sämtliche Anhänge (Amnion, Allantois, Dottersack) entfernt, ebenso der mittlere Teil des Darmes. *n* Auge, *3* Nase, *4* Oberkiefer, *5* Unterkiefer, *6* zweiter, *6'* dritter Kiemenbogen, *ov* Herz (*o* rechte, *o'* linke Vorkammer; *v* rechte, *v'* linke Kammer), *b* Ursprung der Aorta, *f* Leber, (*u* Nabelvene), *e* Darm (mit der Dotterarterie, bei *a'* abgeschnitten), *j'* Dottervene, *m* Urniere, *t* Anlage der Geschlechtsdrüse, *r* Enddarm, (nebst dem Gekröse, *z*, abgeschnitten), *n* Nabelarterie, *u* Nabelvene, *7* After, *8* Schwanz, *9* Vorderbein, *9'* Hinterbein. Nach *Coste.*

Fig. 197. Menschlicher Embryo, fünf Wochen alt, von der Bauchseite, geöffnet (wie Fig. 196). Brustwand, Bauchwand und Leber sind entfernt. *3* äußerer Nasenfortsatz, *4* Oberkiefer, *5* Unterkiefer, *z* Zunge, *v* rechte, *v'* linke Herzkammer, *o'* linke Herzvorkammer, *b* Ursprung der Aorta, *b', b'', b'''* erster, zweiter, dritter Aortenbogen, *c, c', c''* Hohlvenen, *ae* Lungen (*y* Lungenarterie), *e* Magen, *m* Urnieren (*j* linke Dottervene, *s* Pfortader, *a* rechte Dotterarterie, *n* Nabelarterie, *u* Nabelvene) *x* Dottergang, *i* Enddarm, *8* Schwanz, *9* Vorderbein, *9'* Hinterbein. Die Leber ist entfernt. Nach *Coste.*

die Urnieren (*m*), welche den größten Teil der Bauchhöhle erfüllen und von der Leber (*f*) bis zum Beckendarm hinreichen. Sie sehen also, daß jetzt, am Ende des ersten Monats, alle wesentlichen Körperteile bereits fertig angelegt sind. Dennoch sind auch in diesem Stadium noch keine Merkmale vorhanden, durch welche sich der menschliche Embryo von dem des Hundes oder des

Kaninchens, des Rindes oder des Pferdes, kurz von dem aller höheren Säugetiere wesentlich unterschiede. Alle diese Embryonen besitzen jetzt noch im ganzen die gleiche oder doch eine höchst ähnliche Gestalt; sie sind von dem Menschen höchstens durch die gesamte Körpergröße oder durch ganz unbedeutende Unterschiede in der Größe der einzelnen Teile verschieden. So ist z. B. der Kopf im Verhältnisse zum Rumpfe beim Menschen ein wenig größer als beim Rinde. Der Schwanz ist beim Hunde etwas länger als beim Menschen. Aber das alles sind, wie Sie sehen, ganz geringfügige Differenzen. Hingegen ist die ganze innere Organisation, die Form, Lage und Zusammensetzung der einzelnen Körperteile beim Embryo des Menschen von vier Wochen und bei den Embryonen der anderen Säugetiere aus den entsprechenden Stadien im wesentlichen dieselbe.

Anders verhält es sich schon im zweiten Monate der menschlichen Entwickelung. Fig. 191 stellt einen Menschenkeim bei VI von 6 Wochen, bei VII von 7 Wochen und bei VIII von 8 Wochen in natürlicher Größe dar. Jetzt beginnen allmählich die Unterschiede mehr hervorzutreten, welche den menschlichen Embryo von demjenigen des Hundes und der niederen Säugetiere trennen. Schon nach 6, und noch mehr nach 8 Wochen sind bereits bedeutende Differenzen sichtbar, namentlich in der Kopfbildung (Taf. XIII, Fig. *M III* etc.). Die Größe der einzelnen Abschnitte des Gehirns ist jetzt beträchtlicher beim Menschen; der Schwanz umgekehrt erscheint kürzer. Andere Unterschiede sind zwischen dem Menschen und den niederen Säugetieren in der relativen Größe innerer Teile zu finden. Aber auch in dieser Zeit ist der menschliche Keim von dem Embryo der nächstverwandten Säugetiere, der Affen, namentlich der anthropomorphen Affen, noch sehr wenig verschieden. Die Merkmale, durch welche wir den Embryo des Menschen von demjenigen der Affen sofort unterscheiden können, treten erst später deutlicher hervor. Selbst in einem weit vorgeschritteneren Stadium der Entwickelung, wo wir den menschlichen Embryo gegenüber demjenigen der Huftiere augenblicklich erkennen, ist derselbe dem Embryo der höheren Affen noch höchst ähnlich. Endlich erscheinen später auch jene Merkmale, und wir können während der letzten vier Monate des menschlichen Embryolebens, vom sechsten bis neunten Monate der Schwangerschaft, den menschlichen Embryo auf den ersten Blick sicher von demjenigen aller übrigen Säugetiere unterscheiden. Dann machen sich auch bereits die Unterschiede der verschiedenen Menschenrassen

geltend, namentlich hinsichtlich der Schädelbildung und der Gesichtsbildung. (Vergl. den XXIII. Vortrag.)

Die auffallende Aehnlichkeit, welche zwischen den Embryonen
des Menschen und der höheren Affen sehr lange Zeit besteht, verschwindet übrigens bei den niederen Affen viel früher. Am längsten
bleibt sie natürlich bei den großen anthropomorphen Affen bestehen
(Gorilla, Schimpanse, Orang, Gibbon). Die physiognomische Aehnlichkeit in der Gesichtsbildung, durch welche uns diese Menschenaffen in früher Jugend überraschen, nimmt jedoch mit dem zu-
nehmenden Alter immer mehr ab. Dagegen bleibt sie zeitlebens
bei dem merkwürdigen N a s e n a f f e n von Borneo bestehen (*Nasalis
larvatus,* Taf. XXIII). Seine schön geformte stattliche Nase wird
mancher Mensch, bei dem dieses Organ zu kurz geraten, mit Neid
betrachten. Wenn nun das Gesicht dieses
Nasenaffen mit demjenigen von besonders
affenähnlichen Menschen (z. B. der berüchtigten Miss Julia Pastrana, Fig. 198)
vergleicht, so wird der erstere als eine
höhere Entwickelungsform gegenüber den
letzteren erscheinen. Bekanntlich sind viele
Menschen der Ansicht, daß gerade in ihrer
G e s i c h t s b i l d u n g sich das „E b e n b i l d
G o t t e s" unverkennbar abspiegele. Wenn
der Nasenaffe diese sonderbare Ansicht teilt,
dürfte er darauf wohl mehr Anspruch erheben als jene kurznasigen oder mit Stumpf-
nase versehenen Menschen.

Fig. 198. **Der Kopf der
Miss Julia Pastrana.**
Nach einer Photographie
von *Hintze.*

Diese stufenweise fortschreitende Sonderung, die zunehmende
Divergenz der menschlichen von der tierischen Form, welche auf
dem Gesetze des ontogenetischen Zusammenhanges der systematisch verwandten Formen beruht, offenbart sich nun nicht allein
in der Bildung der äußeren Körperform, sondern ebenso auch in
der Gestaltung der inneren Organe. Sie offenbart sich ferner
ebenso in der Gestaltung der H ü l l e n und A n h ä n g e, die wir
außen um den Embryo herum finden, und welche wir jetzt zunächst
etwas näher betrachten wollen. Zwei von diesen Anhängen, das
Amnion und die Allantois, kommen nur den drei höheren Wirbeltierklassen zu, während der dritte, der Dottersack, sich bei den
meisten Wirbeltieren findet. Dieser Umstand ist von hoher Bedeutung und liefert uns wesentliche Anhaltspunkte zur Feststellung
des menschlichen Stammbaumes.

Was nun zunächst die äußere Eihülle betrifft, welche das ganze im Fruchtbehälter der Säugetiere eingebettete Ei umschließt, so verhält sich diese beim Menschen ebenso wie bei den höheren Säugetieren. Ursprünglich ist das Ei, wie Sie sich erinnern werden, von dem glashellen, strukturlosen *Ovolemma* oder der *Zona pellucida* umschlossen (Fig. 1, 14). Aber sehr bald, schon in den ersten Wochen der Entwickelung, tritt an deren Stelle die bleibende Zottenhaut *(Chorion)*. Dieselbe entsteht aus dem äußeren Faltenblatte des Amnion, dem *Serolemma* oder der sogenannten „serösen Hülle", deren Bildung wir sogleich betrachten werden. Bei ihrer Entstehung ist die „seröse Hülle" eine ganz einfache, glatte, rings geschlossene Blase; sie umgibt den Embryo mit seinen Anhängen wie ein weiter, überall geschlossener Sack; der Zwischenraum zwischen beiden, mit klarer, wässeriger Flüssigkeit erfüllt, ist das *Serocoelom* oder die Interamnionhöhle („extra-embryonale Leibeshöhle"). Aber frühzeitig bedeckt sich die glatte Außenfläche des Sackes mit sehr zahlreichen kleinen Zotten, die eigentlich hohle Ausstülpungen von der Form eines Handschuhfingers sind (Fig. 199, 204, 217 *chz*). Dieselben verästeln sich und wachsen in die entsprechenden Vertiefungen hinein, welche die schlauchförmigen Drüsen der Schleimhaut des mütterlichen Fruchtbehälters bilden. So erhält das Ei seine bleibende feste Lage (Fig. 199—207).

Schon an menschlichen Eiern von 8—12 Tagen ist diese äußere Eihaut, die wir kurzweg Zottenhaut nennen werden, allenthalben mit kleinen Zotten bedeckt und bildet eine Kugel oder ein Sphäroid von 6—8 Millimeter Durchmesser (Fig. 199—201). Indem sich im Inneren eine größere Menge von Flüssigkeit ansammelt, dehnt sich die Zottenhaut immer mehr aus, so daß der Embryo nur einen kleinen Teil vom inneren Raum der Eiblase erfüllt. Zugleich werden die Zotten des Chorion immer zahlreicher und größer. Ihre Aeste verzweigen sich stärker. Während die Zotten anfänglich die ganze Oberfläche bedecken, werden sie später auf dem größten Teile derselben rückgebildet; sie entwickeln sich dafür um so stärker an einer Stelle, dort nämlich, wo sich aus der Allantois die Placenta bildet.

Wenn wir das Chorion eines menschlichen Embryo von drei Wochen öffnen, so finden wir an der Bauchseite des Keimes einen großen, runden, mit Flüssigkeit gefüllten Sack. Das ist der Dottersack oder die sogenannte „Nabelblase", deren Entstehung wir schon früher kennen gelernt haben. Je größer der Embryo wird, desto kleiner wird umgekehrt der Dottersack. Später erscheint sein Rest nur noch als ein kleines, birnförmiges Bläschen, das, an einem langen, dünnen Stiel befestigt, aus dem offenen Bauch des Keimes hervorhängt (Fig. 207). Dieser Stiel ist der Dottergang und wird beim Verschlusse des Nabels endlich vom Körper getrennt. Die Wand des Nabelbläschens besteht, wie Sie sich erinnern werden, aus einer inneren Lamelle, dem Darmdrüsenblatte,

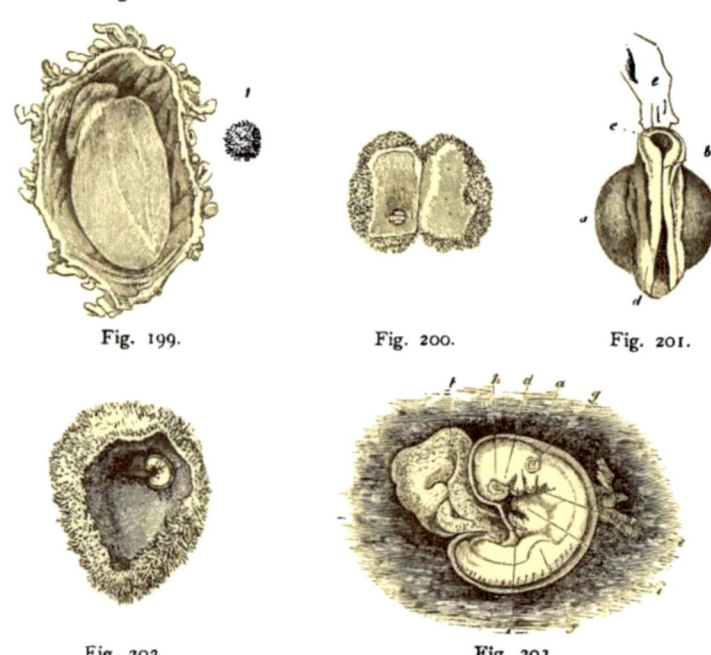

Fig. 199.   Fig. 200.   Fig. 201.

Fig. 202.   Fig. 203.

Fig. 199. **Menschliches Ei** von 12—13 .Tagen (?), nach *Allen Thomson*, 1. Nicht geöffnet, in natürlicher Größe. 2. Geöffnet und vergrößert. Innerhalb der äußeren Zottenhaut (Chorion) liegt auf der großen Keimdarmblase links oben der kleine gekrümmte Keim.

Fig. 200. **Menschliches Ei** von 10 Tagen, nach *Allen Thomson*, in natürlicher Größe und geöffnet; in der rechten Hälfte oben rechts der kleine Keim.

Fig. 201. **Menschlicher Keim** von 10 Tagen, aus dem vorigen Ei genommen, zehnmal vergrößert. *a* Dottersack, *b* Nackenteil (wo die Markfurche schon geschlossen ist), *c* Kopfteil (mit offener Markfurche), *d* Hinterteil (mit offener Markfurche), *e* ein Fetzen vom Amnion.

Fig. 202. **Menschliches Ei** von 20—22 Tagen, nach *Allen Thomson*, in natürlicher Größe, geöffnet. Die äußere Zottenhaut bildet eine geräumige Blase, an deren Innenwand der kleine Keim (rechts oben) durch einen kurzen Nabelstrang befestigt ist.

Fig. 203. **Menschlicher Keim** von 20—22 Tagen, aus dem vorigen Ei genommen, vergrößert. *a* Amnion, *b* Dottersack, *c* Unterkieferfortsatz des ersten Kiemenbogens, *d* Oberkieferfortsatz desselben, *e* zweiter Kiemenbogen (dahinter noch zwei kleinere). Drei Kiemenspalten sind deutlich sichtbar. *f* Anlage des Vorderbeins, *g* Gehörbläschen, *h* Auge, *i* Herz.

und einer äußeren Lamelle, dem Darmfaserblatte. Sie ist also aus denselben Bestandteilen wie die Darmwand selbst zusammengesetzt und bildet in der Tat eine unmittelbare Fortsetzung derselben. Bei den Vögeln und Reptilien, wo der Dottersack viel

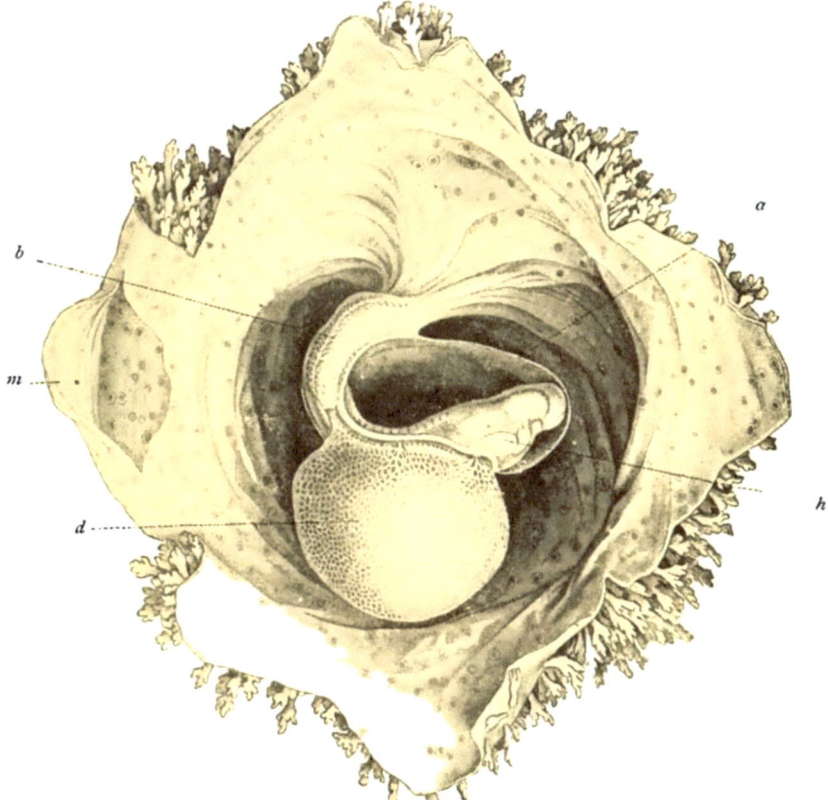

Fig. 204. **Menschlicher Keim von 16—18 Tagen,** nach *Coste*, vergrößert. Der Embryo ist vom Amnion (*a*) umschlossen und liegt mit diesem frei in der geöffneten Fruchtblase. Der Bauch ist durch den großen Dottersack (*d*) herabgezogen und durch den kurzen und dicken Bauchstiel (*b*) an der Innenwand der Fruchthülle befestigt. Daher ist die normale konvexe Rückenkrümmung (Fig. 203) hier in die abnorme konkave verwandelt. *h* Herz, *m* parietales Mesoderm. Die Tüpfel an der Außenwand des Serolemma sind die Wurzeln der verästelten Chorionzotten, die am Rande frei vortreten.

größer ist, enthält er eine beträchtliche Menge von Nahrungsmaterial, eiweiß- und fettartigen Stoffen. Diese treten durch den Dottergang in die Darmhöhle ein und dienen zur Ernährung;

ebenso bei den eierlegenden Schnabeltieren oder Monotremen. Bei
den übrigen, lebendig gebärenden Säugetieren hat der Dottersack
eine viel geringere Bedeutung für die Ernährung des Keimes und
wird bereits in früher Zeit rückgebildet.

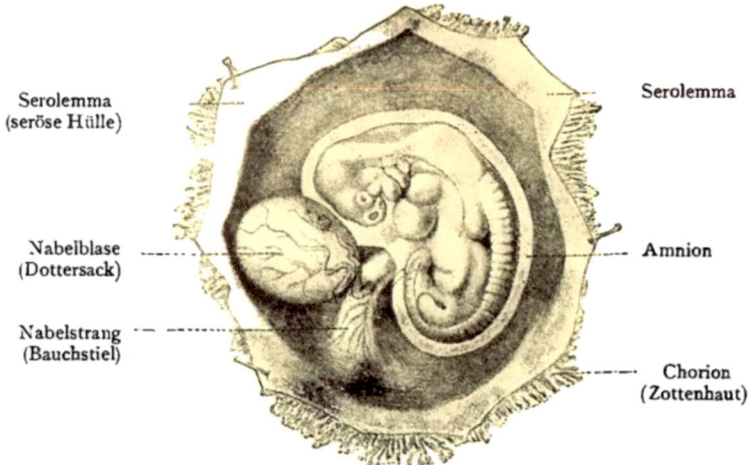

Serolemma
(seröse Hülle)

Serolemma

Nabelblase
(Dottersack)

Amnion

Nabelstrang
(Bauchstiel)

Chorion
(Zottenhaut)

Fig. 205. **Menschlicher Embryo** aus der vierten Woche, $7^1/_2$ mm lang,
innerhalb des aufgeschnittenen Chorion liegend.

Hinter dem Dottersack bildet sich schon frühzeitig am Bauche
des Säugetierembryo ein zweiter Anhang, der für diesen eine viel

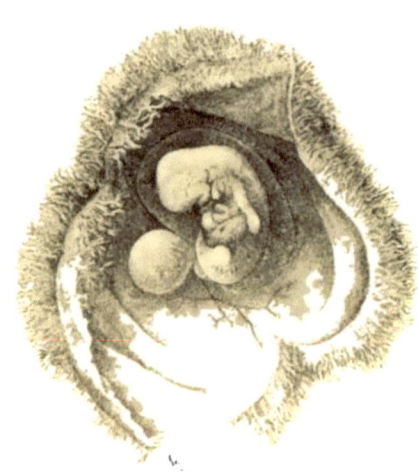

größere Bedeutung besitzt.
Das ist die Allantois oder
der „Urharnsack", ein
wichtiges embryonales Or-
gan, welches nur den drei
höheren Wirbeltierklassen
zukommt. Bei allen Am-
nioten wächst die Allantois
schon frühzeitig aus dem
hinteren Ende des Darm-
kanales, aus der Beckendarmhöhle hervor (Fig. 208 *r*, *u*,
Fig. 209 *ALC*).

Fig. 206. **Menschlicher Embryo** aus der vierten Woche, mit
seinen Hüllen, ähnlich Fig. 205, aber
etwas älter. Der Dottersack ist etwas
kleiner, Amnion und Chorion größer.

Fig. 207. **Menschlicher Embryo mit seinen Hüllen,** sechs Wochen alt. Die äußere Hülle des ganzen Eies bildet das mit verästelten Zotten dicht bedeckte Chorion, hervorgegangen aus der serösen Hülle. Der Embryo ist von dem zartwandigen Amnionsack umschlossen. Der Dottersack ist auf ein kleines birnförmiges „Nabelbläschen" reduziert; der dünne Stiel desselben, der lange „Dottergang" ist im Nabelstrang eingeschlossen. In letzterem liegt hinter dem Dottergang der viel kürzere Stiel der Allantois, deren innere Lamelle (Darmdrüsenblatt) bei den meisten Säugetieren ein ansehnliches Bläschen darstellt, während die äußere Lamelle sich an die Innenwand der äußeren Eihaut anlegt und hier die Placenta bildet. (Halbschematisch.)

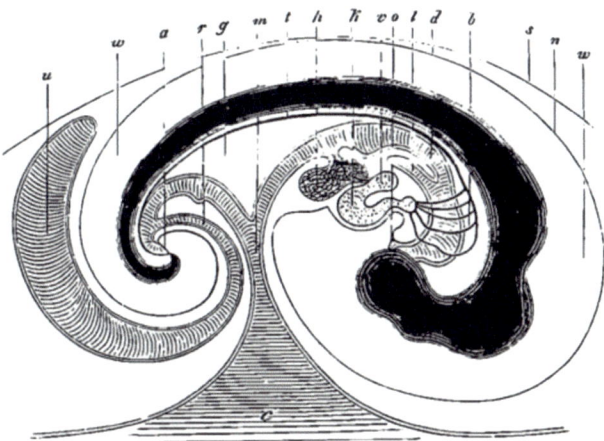

Fig. 208. **Medianer Längsschnitt durch den Embryo** eines Hühnchens (vom fünften Tage der Bebrütung), von der rechten Seite gesehen (Kopf rechts, Schwanz links). Rückenleib (Episoma) schwarz, mit konvexer Rückenfläche. *d* Darm, *o* Mund, *a* After, *h* Leber, *g* Gekröse, *l* Lunge, *v* Herzvorkammer, *k* Herzkammer, *b* Arterienbogen, *t* Aorta, *c* Dottersack, *m* Dottergang, *u* Allantois, *r* Stiel der Allantois, *n* Amnion, *w* Amnionhöhle, *s* seröse Hülle. Nach *Baer.*

Die Allantois entstand als eine Verlängerung der H a r n b l a s e
der A m p h i b i e n ; sie ist bei den von diesen abstammenden
P r o t a m n i o t e n (— den Stammformen der Amniontiere —) aus
dem Coelom des Embryo hervorgewachsen und hat nunmehr an
dessen Ernährung teilzunehmen. Ihre erste Anlage erscheint als ein
kleines Bläschen am Rande der Beckendarmhöhle, stellt eine Ausstülpung des Darmes dar und besitzt also ebenfalls (wie der Dottersack) eine zweiblätterige Wand. Die Höhlung des Bläschens ist
ausgekleidet von dem Darmdrüsenblatte, und die äußere Lamelle

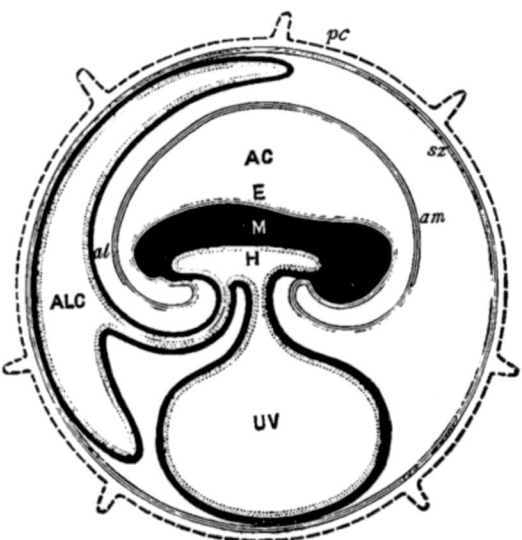

Fig. 209. **Schema der Embryoorgane der Säugetiere** (Keimhüllen und
Keimanhänge). Nach *Turner*. *E*, *M*, *II* äußeres, mittleres und inneres Keimblatt des
Keimschildes, der im medianen Längsschnitt, von der rechten Seite gesehen, gedacht
ist. *am* Amnion, *AC* Amnionhöhle, *UV* Dottersack oder Nabelblase, *ALC* Allantois,
al Pericoelom oder Serocoelom (Interamnionhöhle), *sz* Serolemma (oder seröse Hülle),
pc Prochorion (mit Zotten).

der Wand wird gebildet von dem verdickten Darmfaserblatte. Das
kleine Bläschen wird größer und größer, und wächst zu einem
ansehnlichen, mit Flüssigkeit gefüllten Sacke heran, in dessen
Wand sich mächtige Blutgefäße ausbilden. Bald erreicht derselbe
die Innenwand der Eihöhle und breitet sich daselbst auf der
inneren Fläche des Chorion aus (Fig. 209 *ALC*). Bei vielen Säugetieren wird die Allantois so groß, daß sie schließlich den ganzen
Embryo mit den übrigen Anhängen als weite Hülle umgibt und
sich über die ganze innere Fläche der Eihaut ausdehnt. Wenn

man ein solches Ei anschneidet, kommt man zunächst in einen
großen, mit Flüssigkeit gefüllten Hohlraum: das ist die Höhle der
Allantois; und erst wenn man diese Hülle entfernt hat, kommt
man auf die Amnionblase, welche den eigentlichen Embryokörper
einschließt.

Die weitere Entwickelung der Allantois zeigt in den drei
Unterklassen der Säugetiere wichtige Verschiedenheiten. Die
beiden niederen Subklassen, Monotremen und Beuteltiere, behalten
noch die einfachere Bildung ihrer Vorfahren, der Reptilien, bei.

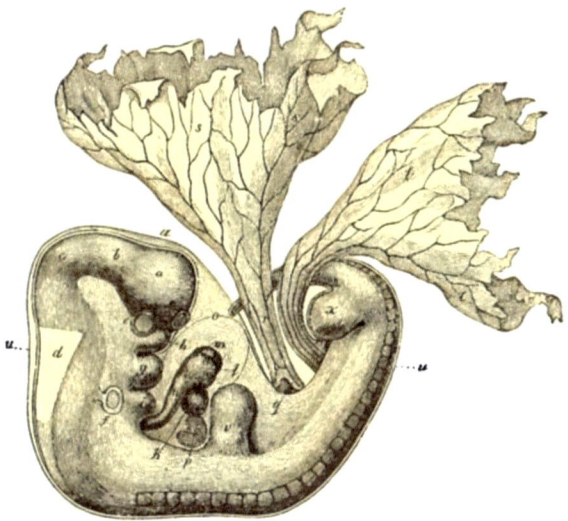

Fig. 210. **Hundeembryo**, von der rechten Seite, *a* erste, *b* zweite, *c* dritte,
d vierte Hirnblase, *e* Auge, *f* Gehörbläschen, *gh* erster Kiemenbogen (*g* Unterkiefer,
h Oberkiefer), *i* zweiter Kiemenbogen, *k l m* Herz (*k* rechte Vorkammer, *l* rechte,
m linke Kammer), *n* Aorta-Ursprung, *o* Herzbeutel, *p* Leber, *q* Darm, *r* Dottergang,
s Dottersack (abgerissen), *t* Allantois (abgerissen), *u* Amnion, *v* Vorderbein, *x* Hinterbein.   Nach *Bischoff*.

Die Wand der Allantois und des sie überkleidenden Serolemma
bleibt hier, wie auch bei den Vögeln, glatt und bildet keine Zotten.
Bei der dritten Subklasse der Mammalien hingegen bildet das
Serolemma durch Ausstülpung an seiner äußeren Oberfläche zahlreiche hohle Zotten und wird daher nun als Zottenhaut (*Chorion*
oder *Mallochorion*) bezeichnet. Das Darmfaserblatt der Allantois,
mit den Aesten der Nabelgefäße reichlich ausgestattet, dringt in
diese serösen Zotten des „primären Chorion" ein und bildet so das
„sekundäre Chorion". Die embryonalen Blutgefäße desselben treten

in innige Wechselbeziehung zu den benachbarten mütterlichen Blutgefäßen des umgebenden Fruchtbehälters (*Uterus*), und so entsteht der mächtige Ernährungsapparat des Embryo, welchen man als Gefäßkuchen oder Mutterkuchen (*Placenta*) bezeichnet.

Der Stiel der Allantois, welcher den Embryo mit der Placenta verbindet und die starken Nabelblutgefäße vom ersteren zur letzteren führt, wird vom Amnion überzogen und bildet mit dieser

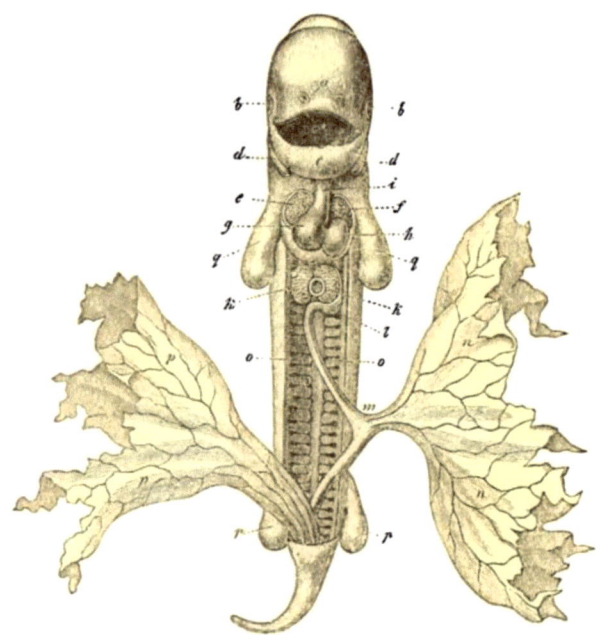

Fig. 211. **Hundeembryo,** 25 Tage alt, von der Bauchseite, geöffnet (wie Fig. 196 und 197). Brustwand und Bauchwand sind entfernt. *a* Nasengruben, *b* Augen, *c* Unterkiefer (erster Kiemenbogen), *d* zweiter Kiemenbogen, *e f g h* Herz (*e* rechte, *f* linke Vorkammer, *g* rechte, *h* linke Kammer), *i* Aorta (Ursprung), *kk* Leber (in der Mitte zwischen beiden Lappen die durchschnittene Dottervene), *l* Magen, *m* Darm, *n* Dottersack, *o* Urnieren, *p* Allantois, *q* Vorderbeine, *r* Hinterbeine. Der krumme Embryo ist gerade gestreckt. Nach *Bischoff*.

Amnionscheide und dem Stiel des Dottersackes zusammen den sogenannten Nabelstrang (Fig. 212 *al*). Indem das blutreiche und mächtige Gefäßnetz der kindlichen Allantois sich an die mütterliche Schleimhaut des Fruchtbehälters innig anschmiegt, und indem sich die Zwischenwand zwischen den mütterlichen und kindlichen Blutgefäßen stark verdünnt, entsteht jener merkwürdige Ernährungsapparat des kindlichen Körpers, der für die

Placentaltiere (*Placentalia* oder *Choriata*) charakteristisch ist; wir werden auf die besondere Bedeutung desselben später zurückkommen (vergl. den XXIII. Vortrag).

In den einzelnen Ordnungen der Säugetiere erleidet die Placenta mancherlei Umbildungen, die zum Teil von großer phylogenetischer Bedeutung und systematisch verwertbar sind. Nur eine von diesen muß besonders hervorgehoben werden, die wichtige, erst 1890 von *Selenka* festgestellte Tatsache, daß die eigentümliche Placentation des Menschen nur den Menschenaffen oder Anthropoiden zukommt. Bei dieser höchstentwickelten Gruppe der Säugetiere bleibt die Allantois sehr klein, verliert frühzeitig ihre Höhle und erfährt sodann, im Zusammenhang mit dem Amnion, ganz eigenartige Veränderungen. Der Nabelstrang entwickelt sich hier aus einem sogenannten „Bauchstiel". Noch vor kurzem betrachtete man diesen als eine ganz besondere, nur dem Menschen eigentümliche Bildung. Jetzt wissen wir durch *Selenka*, daß der vielbesprochene Bauchstiel nichts anderes ist als der Allantoisstiel, vereinigt mit dem verlagerten Amnionstiel und dem rudimentären Dottersackstiel.

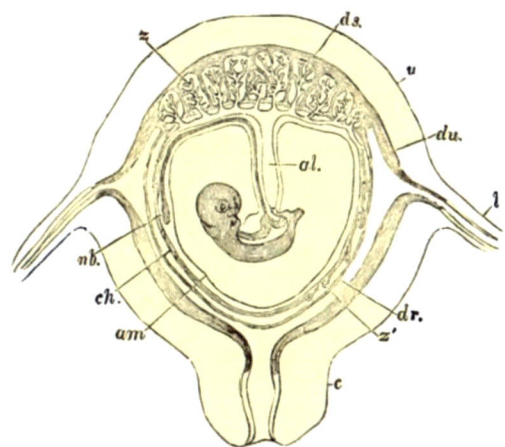

Fig. 212. **Schematischer Frontalschnitt durch die schwangere menschliche Gebärmutter.** Nach *Longet.* Der Embryo ist aufgehängt am Nabelstrange, der den Allantoisstiel (*al*) einschließt. *nb* Nabelblase, *am* Amnion, *ch* Chorion, *ds* Decidua serotina, *dv* Decidua vera, *dr* Decidua reflexa, *z* Zotten der Placenta, *c* Cervix uteri, *u* Gebärmutter.

Ganz dieselbe Bildung wie beim Menschen zeigt er auch beim Orang und Gibbon (Fig. 213 bis 216) und höchst wahrscheinlich auch beim Schimpanse und Gorilla; sie ist demnach nicht ein Gegenbeweis, sondern ein neuer schlagender Beweis für die nahe Blutsverwandtschaft der Menschenaffen und des Menschen.

Die Allantois ist also für den Stammbaum des Menschen in dreifacher Beziehung von besonderem Interesse; erstens weil dieser

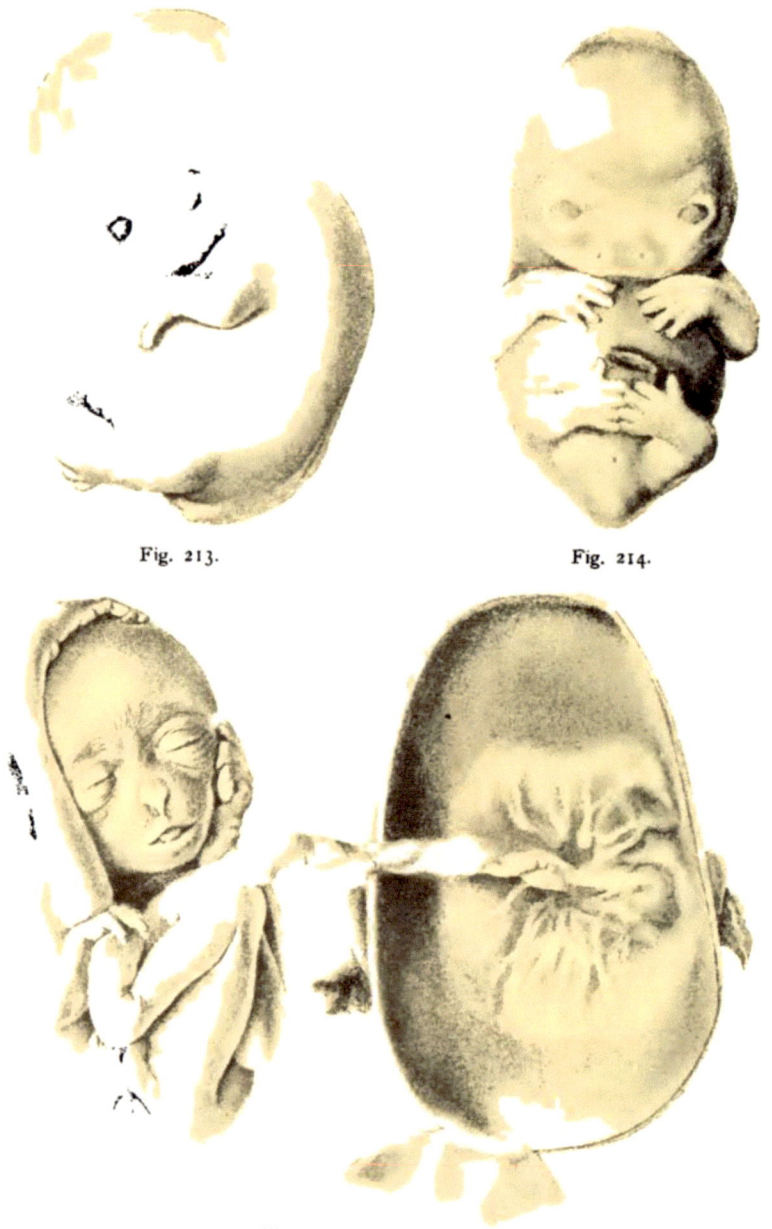

Fig. 213. Fig. 214.

Fig. 215.

Fig. 213—215. **Embryonen des Kalawet-Gibbon** von Borneo (*Hylobates concolor*), nach *Emil Selenka*. Fig. 213 Embryo von 17 mm Kopfsteißlänge, 4mal vergrößert; von der linken Seite; Fig. 214 derselbe von vorn gesehen. Fig. 215 Embryo von 100 mm Kopfsteißlänge, in $^8/_4$ natürl. Größe, in derselben Lage, in welcher er sich im Uterus befand; mit diesem ist er noch durch den Nabelstrang verbunden. Vom aufgeschnittenen Uterus ist nur die Rückenhälfte abgebildet, an deren mittlerem Teile die Placenta angeheftet ist.

Anhang den niederen Wirbeltierklassen überhaupt fehlt und nur bei den drei höheren Klassen des Stammes, den Reptilien, Vögeln und Säugetieren, zur Entwickelung kommt; zweitens, weil die Placenta aus der Allantois sich nur bei den Placentalien oder den höheren Säugetieren und dem Menschen entwickelt, nicht aber bei den niederen Säugetieren (Beuteltieren und Monotremen); drittens endlich, weil die merkwürdigen Eigentümlichkeiten der menschlichen Placentabildung nur bei den Menschenaffen sich wiederfinden, nicht aber bei den übrigen Placentalien.

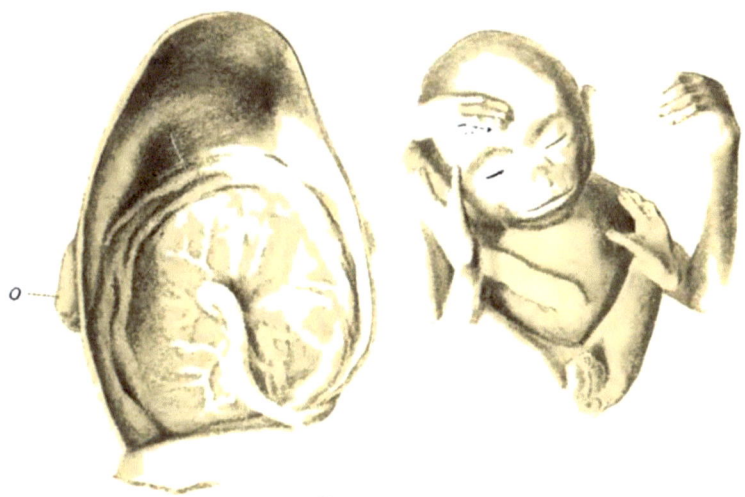

Fig. 216. **Männlicher Embryo des Siamang-Gibbon** (*Hylobates siamanga*) von Sumatra, in ⅔ natürlicher Größe; links daneben der aufgeschnittene Uterus, von dem nur die Rückenhälfte dargestellt ist (die Bauchhälfte abgeschnitten). Der Embryo ist herausgenommen und die Gliedmaßen auseinandergeklappt; durch den Nabelstrang hängt er noch mit der Mitte der kreisrunden Placenta zusammen, die innen am Uterus angeheftet ist. Sowohl dieser Embryo, als der vorige (Fig. 215) nehmen im Fruchtbehälter die Kopflage ein, die auch beim Menschen die normale ist.

Nur allein bei den Menschenaffen oder Anthropoiden (— beim asiatischen Gibbon und Orang, wahrscheinlich auch beim afrikanischen Schimpanse und Gorilla —) findet jene eigentümliche Ausbildung der Placenta statt, die den Menschen auszeichnet (Fig. 217). Frühzeitig schon tritt hier eine enge Verwachsung ein zwischen der Zottenhaut des Embryo (*Chorion frondosum*) und der Stelle der mütterlichen Uterusschleimhaut, an der sie sich anheftet. Die blutgefäßhaltigen Zotten des Chorion wachsen in das blutreiche Gewebe der letzteren so hinein, daß man beide nicht mehr trennen kann, und daß sie zusammen eine einheitliche kuchenartige Masse bilden. Dieser „Gefäßkuchen" wird bei der Geburt als „Nachgeburt" ausgestoßen; dabei wird zugleich der untrennbar mit der Zottenhaut verwachsene Teil der Gebärmutterschleimhaut entfernt; man bezeichnet ihn deshalb als A b f a l l h a u t (*Decidua*), oder auch als „S i e b h a u t", weil sie siebartig durchlöchert ist. Eine solche Decidua kommt der Mehrzahl

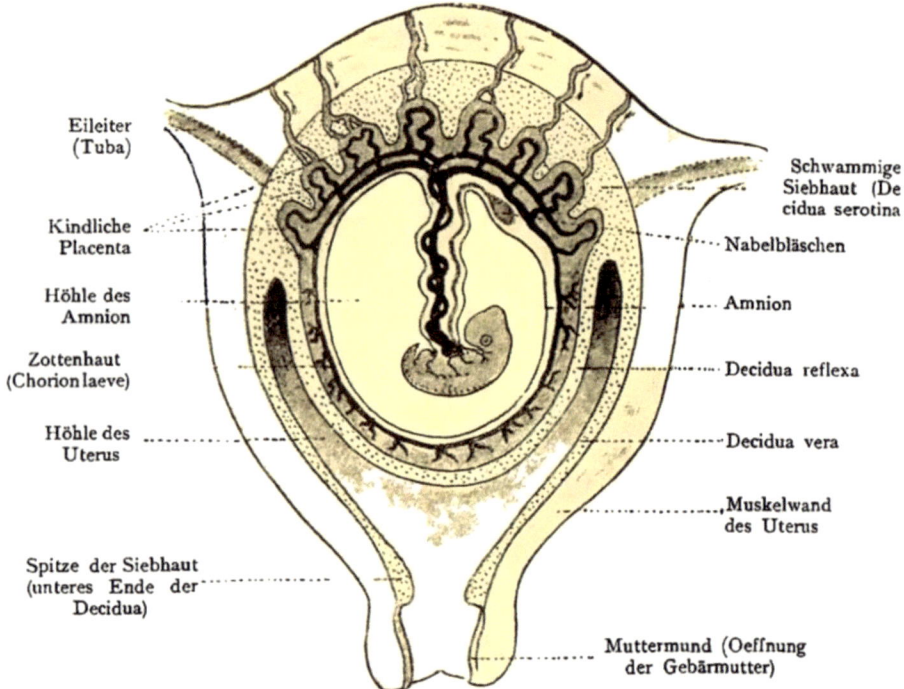

Fig. 217. **Frontalschnitt durch die schwangere menschliche Gebärmutter.** Nach *Turner.* In der Mitte der Amnionhöhle hängt der Embryo (einen Monat alt) am Bauchstiel oder Nabelstrang, der ihn mit der Placenta (oben) verbindet.

der höheren Placentaltiere zu; aber nur beim Menschen und den Menschenaffen zerfällt sie in drei verschiedene Teile: äußere, innere und placentale Decidua. Die äußere oder wahre Siebhaut (*Decidua externa* s. *vera*, Fig. 212 *du*, Fig. 218 *g*) ist derjenige Teil der Uterusschleimhaut, welcher die innere Fläche der Gebärmutterhöhle überall da auskleidet, wo die letztere nicht mit der Placenta zusammenhängt. Die placentale oder schwammige Siebhaut (*Decidua placentalis* s. *serotina*, Fig. 212 *ds*, Fig. 218 *d*)

ist weiter nichts als der Mutterkuchen selbst oder der mütterliche
Teil des Gefäßkuchens (*Placenta uterina*), nämlich derjenige Teil
der Uterusschleimhaut, welcher auf das innigste mit den Chorionzotten des Fruchtkuchens (*Placenta foetalis*) verwächst. Die i n n e r e
o d e r f a l s c h e S i e b h a u t endlich (*Decidua interna* s. *reflexa*,
Fig. 212 *dr*, Fig. 218 *f*) ist derjenige Teil der Uterusschleimhaut,
welcher als eine besondere dünne Hülle den übrigen Teil der Eioberfläche, die zottenlose glatte Eihaut (*Chorion laeve*), eng anliegend umschließt. Der Ursprung dieser drei verschiedenen

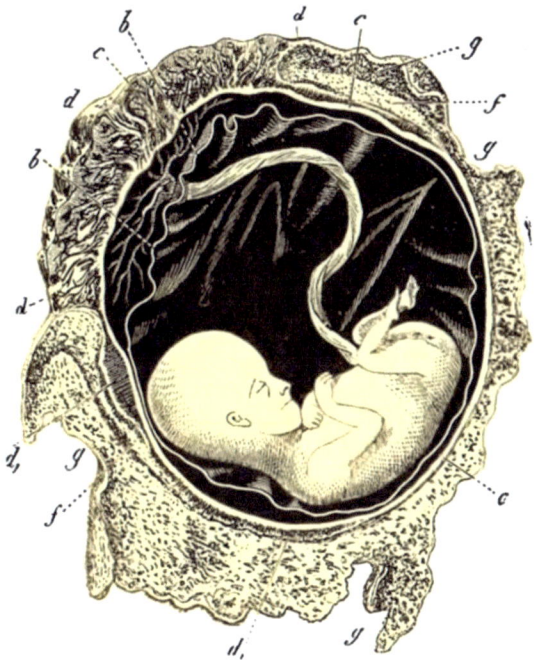

Fig. 218. **Menschenkeim, 12 Wochen alt, mit seinen Hüllen**, in
natürlicher Größe. Vom Nabel desselben geht der Nabelstrang zur Placenta, *b* Amnion,
c Chorion, *d* Placenta, *d'* Zottenreste am glatten Chorion, *f* innere Siebhaut (Decidua
reflexa), *g* äußere Siebhaut (Decidua vera). Nach *Bernhard Schultze*.

Hinfallhäute, über den man früher ganz falsche (noch jetzt in der
Benennung erhaltene) Vorstellungen hatte, liegt klar vor Augen:
die äußere *Decidua vera* ist die eigentümlich umgewandelte und
später abfallende oberflächliche Schicht der ursprünglichen Schleimhaut des Fruchtbehälters. Die placentale *Decidua serotina* ist
derjenige Teil der vorigen, welcher durch das Hineinwachsen der
Chorionzotten ganz umgestaltet und zur Placentalbildung ver-

wendet wird. Die innere *Decidua reflexa* endlich entsteht dadurch, daß eine ringförmige Falte der Schleimhaut (an der Grenze von *D. vera* und *D. serotina*) sich erhebt und über der Frucht (nach Art des Amnion) bis zum Verschlusse zusammenwächst.

Die eigentümlichen anatomischen Verhältnisse, durch welche die menschlichen Eihäute sich auszeichnen, finden sich ganz in derselben Weise nur bei den höheren Affen wieder. Die niederen Affen, sowie die übrigen Discoplacentalien, zeigen mehr oder weniger beträchtliche Verschiedenheiten, und zwar meistens einfachere Verhältnisse. Das gilt namentlich von der feineren Struktur der Placenta selbst, von der Verwachsung der Chorionzotten mit

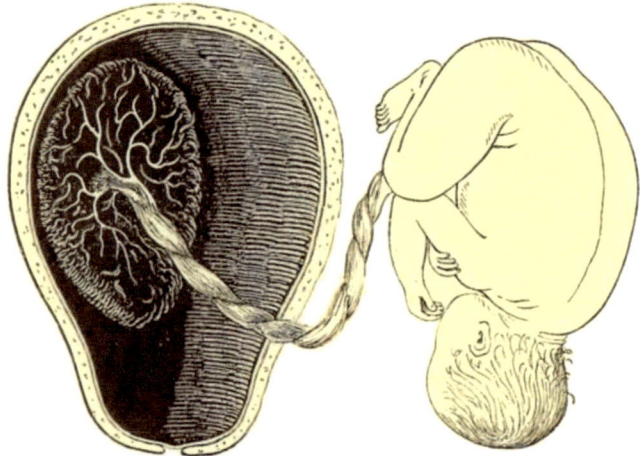

Fig. 219. **Reifer Menschenkeim** (am Ende der Schwangerschaft in seiner natürlichen Lage, aus der Höhle des Fruchtbehälters herausgenommen). An der Innenfläche des letzteren (links) die Placenta, welche durch den Nabelstrang mit dem Nabel des Kindes zusammenhängt. Nach *Bernhard Schultze.*

der Decidua serotina. Die reife menschliche Placenta ist eine kreisrunde (seltener länglich-runde) Scheibe von weicher, schwammiger Beschaffenheit, 6—8 Zoll Durchmesser, ungefähr ein Zoll Dicke und 1—1½ Pfund Gewicht. Ihre konvexe äußere (mit dem Uterus verwachsene) Fläche ist sehr uneben und zottig. Ihre konkave innere (der Eihöhle zugewendete) Fläche ist ganz glatt und vom Amnion überzogen. Gewöhnlich nahe der Mitte entspringt aus der Placenta der Nabelstrang (*Funiculus umbilicalis*), dessen Entstehung aus dem Bauchstiel wir kennen gelernt haben. Derselbe ist ebenfalls scheidenartig vom Amnion überzogen, welches an seinem Nabelende unmittelbar in die Bauchhaut übergeht (Fig. 218). Der reife Nabelstrang ist ein cylindrischer, spiralig um seine Achse gedrehter Strick, meistens ungefähr 20 Zoll lang und einen halben Zoll dick. Er besteht aus einem gallertigen Bindegewebe (der „Whartonschen Sulze"), in welchem sich die Reste der Dottergefäße, sowie die mächtigen Nabelgefäße befinden: die beiden Nabelarterien, welche das Blut des Embryo in die Placenta führen, und die starke Nabelvene, welche das Blut aus

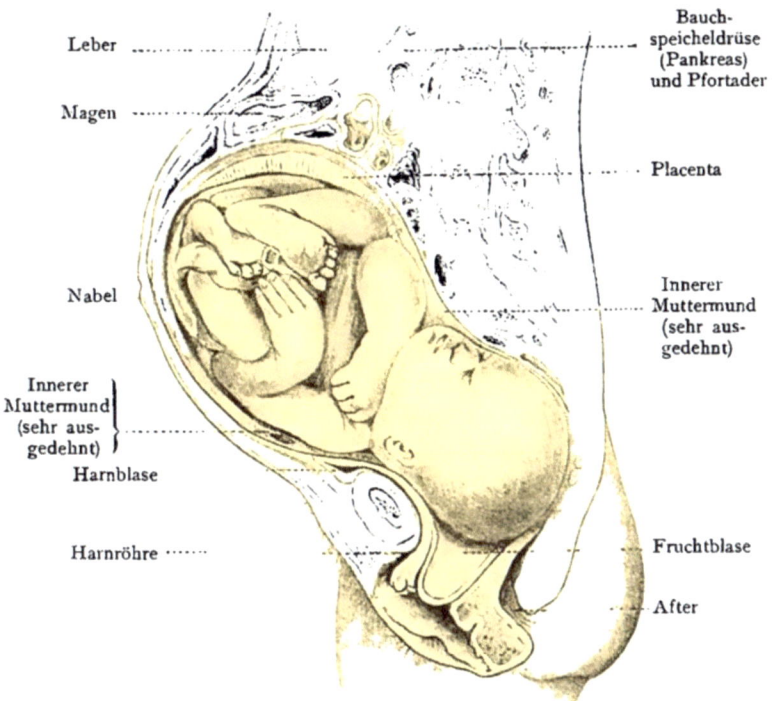

Leber

Magen

Nabel

Innerer
Muttermund
(sehr aus-
gedehnt)

Harnblase

Harnröhre

Bauch-
speicheldrüse
(Pankreas)
und Pfortader

Placenta

Innerer
Muttermund
(sehr aus-
gedehnt)

Fruchtblase

After

Fig. 220. **Medianschnitt durch die untere Rumpfhälfte einer hoch-schwangeren Frau.** Der Kopf des Kindes (in der normalen Kopflage) steht bereits fest im Becken. Die Fruchtblase (apfelgroß) steht noch unverletzt in der Scheide; das Fruchtwasser ist noch nicht abgegangen. Nach *Braune*.

der letzteren zum Herzen zurückführt. Die zahllosen feinen Aeste dieser kindlichen Nabelgefäße treten in die verästelten Chorionzotten der fötalen Placenta ein und wachsen schließlich mit diesen auf höchst eigentümliche Weise in die weiten, bluterfüllten Hohlräume hinein, welche in der uterinen Placenta sich ausbreiten und mütterliches Blut enthalten. Die sehr verwickelten und schwierig zu erkennenden anatomischen Beziehungen, welche sich hier

zwischen der kindlichen und mütterlichen Placenta entwickeln,
finden sich in dieser Weise nur beim Menschen und bei den
Menschenaffen vor, während sie sich bei allen anderen Deciduaten
mehr oder weniger verschieden gestalten. Auch der Nabelstrang
ist beim Menschen und bei den Affen verhältnismäßig länger als
bei allen übrigen Säugetieren.

Bis vor kurzem herrschte die Ansicht, daß sich der menschliche Embryo durch die eigentümliche Bildung einer soliden Allantois und eines besonderen „Bauchstiels" auszeichne, und daß
der Nabelstrang aus diesem in anderer Weise entstehe als bei den
übrigen Säugetieren. Die Gegner der mißliebigen „Affen-Theorie"
legten darauf großes Gewicht und glaubten damit endlich ein wichtiges Merkmal gefunden zu haben, welches den Menschen allen
anderen Placentaltieren gegenüberstelle. Durch die bedeutungsvollen, 1890 veröffentlichten Entdeckungen des ausgezeichneten
Zoologen *Selenka* ist aber nachgewiesen, daß der Mensch
jene besonderen Eigentümlichkeiten der Placentation mit den Menschen-Affen teilt, während sie den
übrigen Affen fehlen! Während also unsere Gegner darin einen
gewichtigen Gegenbeweis gegen „die Abstammung des
Menschen vom Affen" finden wollten, erkennen wir jetzt darin
umgekehrt einen bedeutungsvollen Beweis für die Wahrheit
dieser pithecoiden Descendenz.

Die neuen Tatsachen, welche *Selenka* auf seiner, zu diesem
Zwecke unternommenen zoologischen Forschungsreise nach Indien
entdeckt hat, sind von so grundlegender Bedeutung und gestatten
so weitreichende Schlüsse, daß ich seine Resultate hier wörtlich
folgen lasse: „Einige Embryonalorgane kommen bei Affen und
Menschen teils frühzeitiger, teils später zur Entfaltung, als dies bei
anderen Säugetieren der Fall ist. Zu den vorfrühen Bildungen
gehören 1) die zahlreichen Chorionzotten; 2) die Coelomsäcke, durch
deren Ausbreitung frühzeitig der Dottersack abgehoben und das
Amnion geschlossen wird; 3) der Allantoisstiel. — Umgekehrt erscheinen als zeitlich zurückbleibende Gebilde: 1) der Dottersack. Zwar schnürt er sich früh von der Keimblasenwand ab,
aber sein Gefäßnetz entwickelt sich erst spät. Da er seiner ursprünglichen Funktion als Atem- und Nährorgan gänzlich enthoben
ist, muß er als rudimentäres Organ betrachtet werden. In das
Chorion entsendet er niemals Gefäße, denn alle Blutbahnen des
Chorions sind ausschließlich Allantoisgefäße; 2) verzögert ist ferner
das Auftreten einer Allantois-Höhle, und 3) die Differenzierung

des Fruchthofes. — Als eigenartige Sonderbildungen wären zu nennen: 1) das lockere Gewebe der Somatopleura, welches das Chorion austapeziert; 2) der persistierende Amnionstiel; 3) die Ausweitung des Amnions und seine Verwachsung mit dem Chorion; 4) die Degradierung des Dottersackes zum rudimentären Organ; 5) die Anlage zweier, einander gegenüberliegender Placenten, von denen die eine jedoch rudimentär bleiben kann; 6) Festheftung des nichtplacentalen Teiles der Fruchtkapsel — sei dieselbe Chorion laeve oder Decidua reflexa — an die umgebende Uteruswand."

Ebenso wie die Allantois, gehört zu den charakteristischen Eigentümlichkeiten der drei höheren Wirbeltierklassen auch der dritte, früher schon erwähnte Anhang des Embryo, das Amnion, die sogenannte „Fruchthaut oder Wasserhaut". Das Amnion haben wir kennen gelernt bei Gelegenheit der Abschnürung des Embryo von der Keimdarmblase (S. 327). Wir fanden, daß die Wände derselben sich rings um den embryonalen Körper herum in Form einer ringförmigen Falte erheben. Vorn tritt diese Falte hoch hervor in Form der sogenannten „Kopfkappe oder Kopfscheide" (Fig. 222 *ks*); hinten wölbt sie sich ebenfalls stark empor als „Schwanzkappe oder Schwanzscheide" (*ss*); seitlich rechts und links ist die Falte anfangs niedriger und heißt hier „Seitenkappe oder Seitenscheide" (Fig. 226). Alle diese „Kappen oder Scheiden" sind nur Teile einer zusammenhängenden ringförmigen Falte, welche ringsherum den Embryo umgibt. Diese wird höher und höher, steigt wie ein großer Ringwall empor und wölbt sich endlich grottenartig über dem Körper des Embryo zusammen. Die Ränder der Ringfalte berühren sich und verwachsen miteinander (Fig. 227). So kommt denn zuletzt der Embryo in einen dünnhäutigen Sack zu liegen, der mit dem Amnionwasser gefüllt ist (Fig. 224, 225 *ah*).

Nachdem der völlige Verschluß des Sackes erfolgt ist, löst sich die innere Lamelle der Falte, welche die eigentliche Wand des Amnionsackes bildet, vollständig von der äußeren Lamelle ab. Diese letztere legt sich an die äußere Eihaut oder das „Prochorion" inwendig an, verdrängt dasselbe und bildet nun selbst die bleibende äußere Umhüllung des Embryo, von *Baer* als „Seröse Hülle" beschrieben. Dieses Serolemma besteht, ebenso wie die dünne Wand des Amnionsackes, aus zwei Schichten, dem neuralen und parietalen Keimblatte. Das letztere ist hier allerdings sehr dünn und zart, läßt sich aber doch deutlich als eine direkte Fortsetzung des Hautfaserblattes erkennen. Natürlich ist, jenem Faltungsvorgange entsprechend, das parietale Mittelblatt beim Serolemma

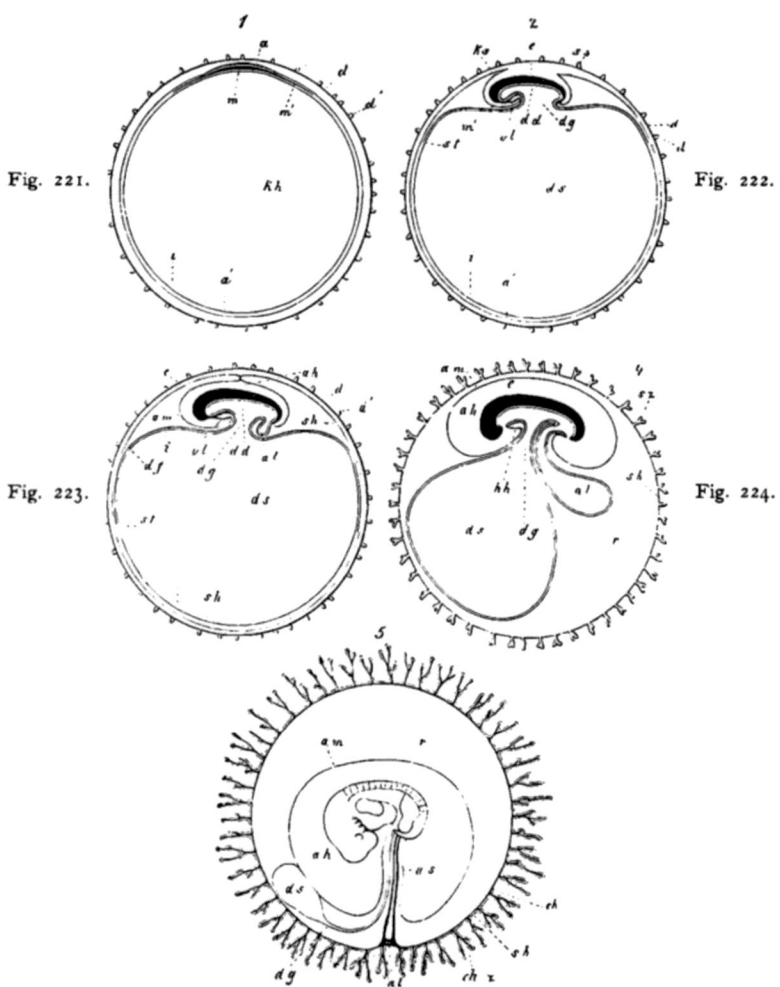

Fig. 225.

Fig. 221—225. **Fünf schematische Längsschnitte durch den reifenden Säugetierkeim und seine Eihüllen.** In Fig. 221—224 geht der Längsschnitt durch die Sagittalebene oder die Mittelebene des Körpers, welche rechte und linke Hälfte scheidet; in Fig. 225 ist der Keim von der linken Seite gesehen. In Fig. 221 umschließt das mit Zotten (d') besetzte Prochorion (d) die Keimblase, deren Wand aus den beiden primären Keimblättern besteht. Zwischen dem äußeren (a) und inneren (i) Keimblatte hat sich im Bezirke des Fruchthofes das mittlere Keimblatt (m) entwickelt. In Fig. 222 beginnt der Embryo (e) sich von der Keimblase (ds) abzuschnüren, während sich rings um ihn der Amnionfalte erhebt (vorn als Kopfscheide, ks, hinten als Schwanzscheide, ss). In Fig. 223 stoßen die Ränder der Amnionfalte (am) oben über dem Rücken des Embryo zusammen und bilden so die Amnionhöhle (ah); indem sich der Embryo (e) stärker von der Keimblase (ds) abschnürt, entsteht der Darmkanal (dd), aus dessen hinterem Ende die Allantois hervorwächst (al).

nach innen, dagegen beim Amnion nach außen gekehrt. Der
Zwischenraum zwischen demselben und der Allantois ist das Pericoelom oder die Inter-
amnionhöhle (die extra-
embryonale Leibeshöhle,
Fig. 209 *al*, S. 398).

Fig. 226.

**Fig. 226. Querschnitt
durch den Embryo** eines
Hühnchens (etwas hinter der
vorderen Darmpforte) vom Ende
des ersten Brütetages. Oben ist
die Markrinne, unten die Darmrinne noch weit offen. Jederseits is die Anlage der Leibeshöhle zwischen Hautfaserblatt
und Darmfaserblatt sichtbar.
Rechts und links davon nach
außen beginnen sich die Seiten-
kappen des Amnion zu erheben.
Nach *Remak*.

**Fig. 227. Querschnitt
durch den Embryo** eines
Hühnchens in der Nabelgegend
(vom fünften Brütetage). Die
Amnionfalten (*am*) berühren sich
beinahe oben über dem Rücken
des Embryo. Der Darm (*d*) geht
unten noch offen in den Dottersack über, *df* Darmfaserblatt,
sh Chorda, *sa* Aorta, *vc* Kardinalvenen, *bh* Bauchwand, noch
nicht geschlossen, *v* vordere,
g hintere Rückenmarks-Nerven-
wurzeln, *mu* Muskelplatte, *hp*
Lederplatte, *h* Hornplatte. Nach
Remak.

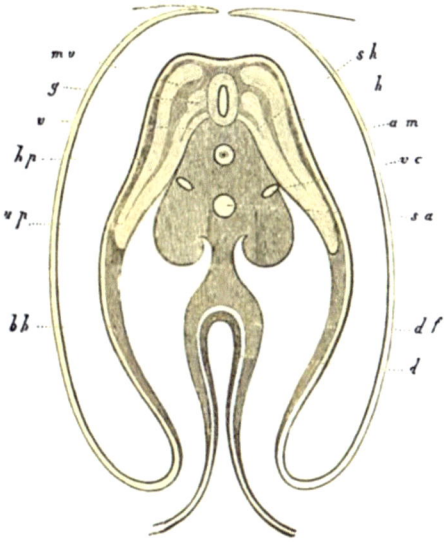

Fig. 227.

Die phylogenetische Ursache dieser ontogenetischen Amnion-
Formation ist zunächst mechanisch darin zu suchen, daß der Leib
des Embryo in den darunter gelegenen Dottersack allmählich ein-
gesunken ist, wobei sich eine Hautfalte ringsum abgelöst hat. Das
Heranwachsen der letzteren zu einem vollständig geschlossenen,

In Fig. 224 wird die Allantois (*al*) größer; der Dottersack (*ds*) kleiner. In Fig. 225
zeigt der Embryo bereits die Kiemenspalten und die Anlagen der beiden Beinpaare; das
Chorion hat verästelte Zotten gebildet. In allen 5 Figuren bedeutet: *e* Embryo, *a* äußeres
Keimblatt, *m* mittleres Keimblatt, *i* inneres Keimblatt, *am* Amnion (*ks* Kopfscheide,
ss Schwanzscheide), *ah* Amnionhöhle, *as* Amnionscheide des Nabelstranges, *kh* Keimdarmblase, *ds* Dottersack (Nabelblase), *dg* Dottergang, *df* Darmfaserblatt, *dd* Darmdrüsenblatt, *al* Allantois, *vl* = *hh* Herzgegend, *d* Dotterhaut (Ovolemma oder Prochorion), *d'* Zöttchen desselben, *sh* seröse Hülle (Serolemma), *sz* Zotten derselben, *ch* Zottenhaut oder Chorion, *chz* Zotten desselben, *st* Terminalvene, *r* Pericoelom oder Serocoelom
(der mit Flüssigkeit gefüllte Raum zwischen Amnion und Chorion). Nach *Kölliker*.
Vergl. Taf. VII, Fig. 14 und 15.

mit Flüssigkeit gefüllten Sacke ist mittelst der Selektionstheorie durch den großen Nutzen zu erklären, den eine so vollkommene Schutzeinrichtung dem zarten Keimleibe gewährt.

Von den drei eben besprochenen blasenförmigen Anhängen des Amnioten-Embryo besitzt das Amnion zu keiner Zeit seiner Existenz Blutgefäße. Dagegen sind die beiden anderen Blasen, Dottersack und Allantois, mit mächtigen Blutgefäßen versehen, welche die Ernährung des embryonalen Körpers vermitteln. Hier dürfte es nun am Orte sein, etwas über den ersten Blutkreislauf des Embryo überhaupt zu bemerken und über das Zentralorgan desselben, das Herz. Die ersten Blutgefäße und das Herz, sowie auch das erste Blut selbst, entwickeln sich aus dem Darmfaserblatte. Deshalb wurde das letztere auch von früheren Embryologen geradezu „Gefäßblatt" genannt.

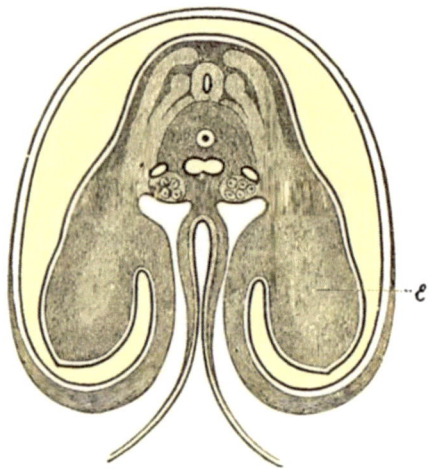

Fig. 228. **Querschnitt durch den Embryo** eines Hühnchens in der Schultergegend (vom fünften Brütetage). Der Schnitt geht mitten durch die Anlagen der Vorderbeine (oder Flügel, *E*). Die Amnionfalten sind oben über dem Rücken des Embryo vollständig zusammengewachsen. Nach *Remak*. Vergl. im übrigen Fig. 225, Fig. 226 und Fig. 227; sowie Taf. VII, Fig. 14.

Die Benennung ist in einem gewissen Sinne ganz richtig. Nur ist sie nicht so zu verstehen, als ob alle Blutgefäße des Körpers aus diesem Blatte hervorgingen, oder als ob das ganze Gefäßblatt nur für die Bildung von Blutgefäßen verwendet würde. Beides ist nicht der Fall. Blutgefäße können auch in anderen Teilen, insbesondere in den verschiedenen Produkten des Hautfaserblattes, selbständig sich bilden. Das Gewebe, welches die Blutgefäße zusammensetzt, gehört zu jenen sekundären Produkten des Mesoderms, welche nicht als epitheliale Platten sich abspalten, sondern überall in Lücken zwischen den Epithelprodukten der Keimblätter auftreten können und von *Hertwig* unter dem Begriffe des Zwischenblattes oder Mesenchyms abgetrennt werden. Das innere Gefäßepithel soll jedoch nach einigen Angaben aus dem Entoderm entstehen.

Das Herz und die Blutgefäße, sowie überhaupt das ganze Gefäßsystem, gehören keineswegs zu den ältesten Teilen des tierischen Organismus. Schon *Aristoteles* hatte angenommen, daß das Herz beim bebrüteten Hühnchen zuerst von allen Teilen gebildet werde; und viele spätere Schriftsteller teilten diese Annahme. Das ist aber keineswegs der Fall. Vielmehr sind die wichtigsten Körperteile, namentlich die vier sekundären Keimblätter, Markrohr und Chorda, längst angelegt, ehe die erste Spur des Blutgefäßsystems erscheint. Diese Tatsache ist, wie wir später sehen werden, ganz im Einklang mit der Phylogenie des Tierreichs. Die Niedertiere oder C o e l e n t e r i e n (Gastraeaden, Spongien, Cnidarien, Platoden), zu welchen auch ein Teil unserer älteren tierischen Vorfahren gehört, besitzen weder Blut, noch Herz. Erst verhältnismäßig spät sind aus diesen blutlosen Coelenterien die Vermalien oder Wurmtiere entstanden, und noch später aus den gefäßlosen niederen Vermalien (*Rotatorien*) die höheren Wurmtiere, bei denen sich ein blutführendes Gefäßsystem einfachster Form entwickelte (*Frontonien*); von letzteren stammen die viel jüngeren Wirbeltiere ab.

Die ersten Blutgefäße des Säugetier-Embryo kennen Sie bereits aus den früher von uns untersuchten Querschnitten (Fig. 148—151, S. 332). Es sind das erstens die beiden U r a r t e r i e n oder „primitiven Aorten", welche in den engen Längsspalten zwischen Urwirbeln, Seitenplatten und Darmdrüsenblatt liegen (Fig. 141 *ao*, 148 *ao*); und zweitens die beiden H a u p t v e n e n oder „Kardinalvenen", welche etwas später nach außen von ersteren, oberhalb der Urnierengänge, auftreten (Fig. 149—157 *cav*, S. 340).

In ganz derselben Weise und in Zusammenhang mit diesen ersten Gefäßen entsteht aus dem Darmfaserblatte auch das H e r z , und zwar in der unteren Wand des Vorderdarmes, weit vorn an der Kehle. wo das Herz bei den Fischen zeitlebens liegt. Das Herz der Wirbeltiere ist ursprünglich nichts als eine lokale Erweiterung jenes medianen venösen Bauchgefäßes, welches an der unteren Wand des Darmes verläuft, und welches wir früher bei unserem Urwirbeltiere als P r i n z i p a l v e n e kennen gelernt haben (Fig. 101, 103 *v*, S. 270). Das einfache spindelförmige Herz, welches hier an der Grenze von Kopf und Rumpf anzunehmen ist, tritt an derselben Stelle, gleich hinter dem Kiemendarm, auch bei den Embryonen der Schädeltiere auf, so bei den Cyclostomen (Taf. XIX, Fig. 16 *h*) und bei den Fischen. Durch die Kontraktion seiner Muskelwand wird das venöse Blut, welches die Subintestinalvene zuführt, in die Kiemenarterie (an der Unterseite des Kiemendarms) nach vorn getrieben.

Auch bei den Amphibien ist diese einfache Anlage des Herzens **unpaar**. Bei den Amnioten hingegen tritt die erste Anlage **paarig** auf, in Gestalt von zwei getrennten Herzhälften (Fig. 137 *h*). Beide Hälften rücken aber bald zusammen und verschmelzen in der ventralen Mittellinie der Kopfdarmwand zu einem einfachen unpaaren Schlauch. Jene paarige Anlage ist eine spätere c e n o - g e n e t i s c h e Erscheinung, mechanisch bedingt durch die flache Ausbreitung des Keimschildes auf der voluminösen Dotterblase.

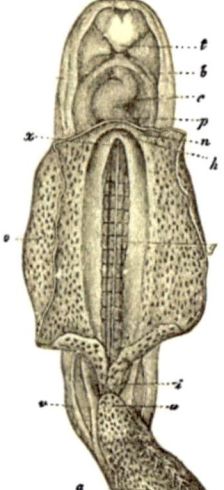

Die einfache spindelförmige Anlage des Herzens, die sich von der Bauchwand des Kopfdarms abschnürt, besteht aus beiden Keimblättern der Darmwand, indem eine kleine Ausstülpung des Darmdrüsenblattes in den Schlauch aufgenommen wird. Aus dieser entsteht das E n d o c a r d, die epitheliale innere Zellenauskleidung des Herzens. Seine dicke Muskelwand dagegen, das M y o c a r d, wird durch die Zellen des Darmfaserblattes oder des visceralen Mittelblattes

Fig. 229. **Menschlicher Embryo** von 14 bis 18 Tagen, von der Bauchseite geöffnet. Unter dem Stirnfortsatz des Kopfes (*t*) zeigt sich in der Herzhöhle (*p*) das Herz (*c*) mit der Basis der Aorta (*b*). Der Dottersack (*o*) ist größtenteils entfernt (bei *x* Einmündung des Vorderdarmes). *g* primitive Aorten (unter den Urwirbeln gelegen), *i* Enddarm, *a* Allantois (*u* deren Stiel), *v* Amnion. Nach *Coste*.

gebildet. Aus diesen gehen auch die roten Blutzellen hervor, sowie die ersten Gefäßanlagen, die mit dem Herzen zusammenhängen. Auch diese sind anfangs solide runde Zellenstränge. Dann höhlen sie sich aus, indem Flüssigkeit in ihrer Achse abgesondert wird. Einzelne Zellen lösen sich ab, schwimmen frei in der Flüssigkeit umher und werden so zu Blutzellen. Das gilt ebensowohl von den A r t e r i e n oder „Schlagadern" (die das Blut aus dem Herzen wegführen), als von den V e n e n oder „Blutadern" (welche das Blut zum Herzen zurückleiten). Die weißen Blutzellen (Lymphzellen oder Leukocyten) sind Wanderzellen, welche frei im Mesenchym zu entstehen und erst sekundär in die Blutgefäße einzuwandern scheinen.

Anfänglich liegt das Herz aller Wirbeltiere in der Bauchwand des Kopfdarms selbst, oder in dem ventralen Mesenterium („Herzgekröse"), durch welches diese eine Zeit lang mit der Leibeswand zusammenhängt. Bald aber schnürt sich das Herz von seiner Ursprungsstätte ab und kommt nun frei in eine Höhle zu liegen, die Herzbeutelhöhle (Fig. 230 c). Kurze Zeit hängt es noch durch die dünne Platte des Mesocardium oder Herzgekröses (gh) mit ersterer zusammen. Nachher liegt es ganz frei in der Herzbeutelhöhle und steht nur noch durch die von ihm ausgehenden Gefäßstämme mit der Darmwand in direkter Verbindung (Fig. 230).

Das vordere Ende des spindelförmigen Herzschlauches, der bald eine S-förmig gekrümmte Gestalt annimmt (Fig. 232), spaltet sich in einen rechten und linken Ast. Diese beiden Röhren sind bogenförmig nach oben gekrümmt und stellen die beiden ersten Aortenbogen dar. Sie steigen

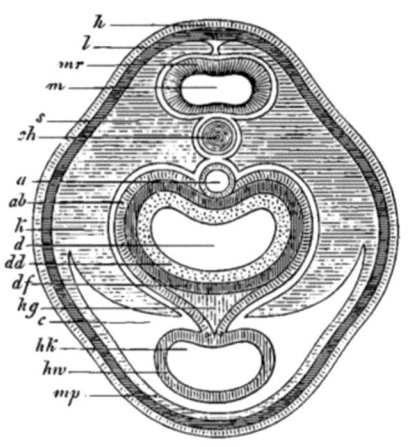

Fig. 230. **Schematischer Querschnitt durch den Kopf** eines Säugetierembryo. *h* Hornplatte, *m* Markrohr (Hirnblase), *mr* Wand desselben, *l* Lederplatte, *s* Schädelanlage, *ch* Chorda, *k* Kiemenbogen, *mp* Muskelplatte, *c* Herzhöhle, vorderster Teil der Leibeshöhle (Coelom), *d* Darmrohr, *dd* Darmdrüsenblatt, *df* Darmmuskelplatte, *hg* Herzgekröse, *hw* Herzwand, *hk* Herzkammer, *ab* Aortenbogen, *a* Querschnitt des Aortenstammes.

in der Wand des Vorderdarmes empor, den sie gewissermaßen umschlingen, und vereinigen sich dann oben, an der oberen Wand der Kopfdarmhöhle, zu einem großen unpaaren Arterienstamm, der unmittelbar unter der Chorda nach hinten verläuft und der Aortenstamm genannt wird (Fig. 231 *Ao*). Das erste Aortenbogenpaar steigt an der Innenwand des ersten Kiemenbogenpaares empor und liegt also zwischen dem ersten Kiemenbogen (*k*) nach außen und dem Vorderdarm (*d*) nach innen, gerade so wie diese Gefäßbogen beim erwachsenen Fische zeitlebens liegen. Der unpaare Aortenstamm, welcher aus der oberen Vereinigung dieser beiden ersten Gefäßbogen hervorgeht, spaltet sich alsbald wieder in zwei parallele Aeste, die beiderseits der Chorda nach hinten verlaufen. Das sind die Ihnen bereits bekannten „primitiven Aorten", die auch hintere

Wirbelarterien heißen (*Arteriae vertebrales posteriores*). Hinten geben nun diese beiden Arterienstämme jederseits unter rechten Winkeln 4—5 Aeste ab, welche aus dem Embryokörper hinüber in den Fruchthof treten und Nabelgekrös-Arterien (*Arteriae omphalo-mesentericae*) oder Dotter-Arterien (*Arteriae vitellinae*) heißen. Sie stellen die erste Anlage eines Fruchthof-Kreislaufes dar. Die erste Gefäßbildung geht also über den Embryokörper hinaus

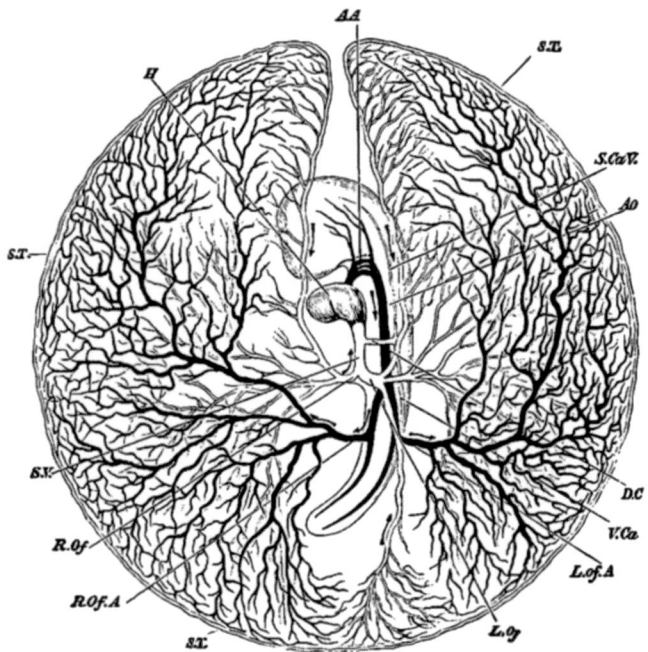

Fig. 231. **Dottergefäße im Fruchthofe des Hühnerkeims,** am Ende des dritten Brütetages, nach *Balfour*. Der abgelöste Fruchthof ist von der Bauchseite gesehen; die Aorten sind schwarz, die Venen hell gezeichnet. *H* Herz, *AA* Aortenbogen, *Ao* Aortenstamm, *ROfA* rechte Dotterarterie, *ST* Sinus terminalis, *LOf* und *ROf* linke und rechte Dottervene, *SV* Sinus venosus, *DC* Ductus Cuvieri, *ScaV* und *VCa* vordere und hintere Kardinalvene.

und erstreckt sich bis zum Rande des Fruchthofes. Anfangs bleiben sie auf den dunklen Fruchthof oder den sogenannten „Gefäßhof" (*Area opaca* oder *Area vasculosa*) beschränkt. Später aber dehnen sie sich über die ganze Oberfläche der Keimdarmblase aus. Der ganze Dottersack erscheint zuletzt von einem Gefäßnetze überzogen. Diese Blutgefäße haben die Aufgabe, Nahrungsstoffe aus dem Inhalte des Dottersackes zu sammeln und dem embryonalen Körper zuzuführen. Das geschieht durch Venen, durch rückführende

Gefäße, welche erst vom Fruchthofe und später vom Dottersacke in das hintere Ende des Herzens hineintreten, Diese Venen heißen Dottervenen (*Venae vitellinae*); sie werden auch häufig Nabelgekrösvenen (*Venae omphalomesentericae*) genannt.

Der erste Blutkreislauf des Embryo (Fig. 231—234) zeigt also bei den drei höheren Wirbeltierklassen folgende einfache Anordnung: Das ganz einfache schlauchförmige Herz (Fig. 234 *d*) spaltet sich vorn sowohl als hinten in zwei Gefäße. Die hinteren Gefäße sind die zuführenden Dottervenen. Sie nehmen Nahrungssubstanz aus der Keimdarmblase (S. 300) oder dem Dottersack auf und führen diese dem Embryokörper zu. Die vorderen Gefäße sind die abführenden Kiemenbogen-Arterien, welche als aufsteigende Aortenbogen das vordere Darmende umschlingen;

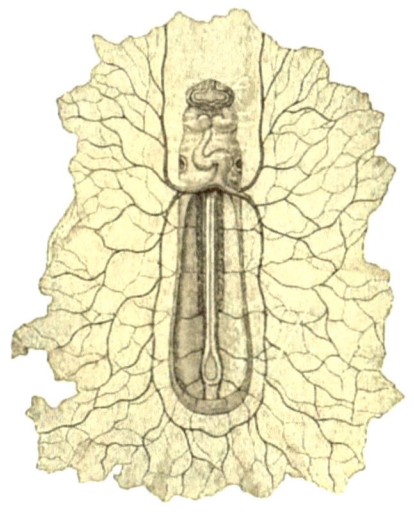

Fig. 232. **Kahnförmiger Keim des Hundes,** von der Bauchseite, etwa 10mal vergrößert. Vorn ist unter der Stirn das erste Paar Kiemenbogen sichtbar; darunter das S-förmig gebogene Herz, neben welchem seitlich die beiden Gehörbläschen liegen. Hinten spaltet sich das Herz in die beiden Dottervenen, die sich im (ringsum abgerissenen)Fruchthof ausbreiten. Im Grunde der offenen Bauchhöhle liegen zwischen den Urwirbeln die primitiven Aorten, von denen fünf Paar Dotterarterien ausgehen. Nach *Bischoff.*

sie vereinigen sich in dem Aortenstamm. Die beiden Aeste, die aus der Spaltung dieser Hauptarterie entstehen, die „primitiven Aorten", geben rechts und links die Dotterarterien ab, welche aus dem Embryokörper austreten und in den Fruchthof übergehen. Hier und in der Peripherie der Nabelblase unterscheidet man zwei Schichten von Gefäßen, die oberflächliche Arterienschicht und die untere Venenschicht. Beide hängen zusammen. Anfangs ist dieses Gefäßsystem nur über die Peripherie des Fruchthofes bis zu dessen Rande ausgedehnt. Hier am Rande des dunklen Gefäßhofes vereinigen sich alle Aeste in einer großen Randvene (*Vena terminalis*, Fig. 234 *a*), Später verschwindet diese Vene, sobald im Laufe der Entwickelung die Gefäßbildung weiter geht, und dann überziehen die Dottergefäße den ganzen Dottersack. Mit der

Rückbildung des Nabelbläschens werden natürlich auch diese Gefäße rückgebildet, welche bloß in der ersten Zeit des Embryolebens von Bedeutung sind.

An die Stelle dieses ersten Dottersack-Kreislaufes tritt später der zweite Blutkreislauf des Embryo, derjenige der Allantois. Es entwickeln sich nämlich mächtige Blutgefäße auf der Wand des Urharnsackes oder der Allantois, ebenfalls aus dem Darmfaserblatte. Diese Gefäße werden größer und größer und hängen auf das engste

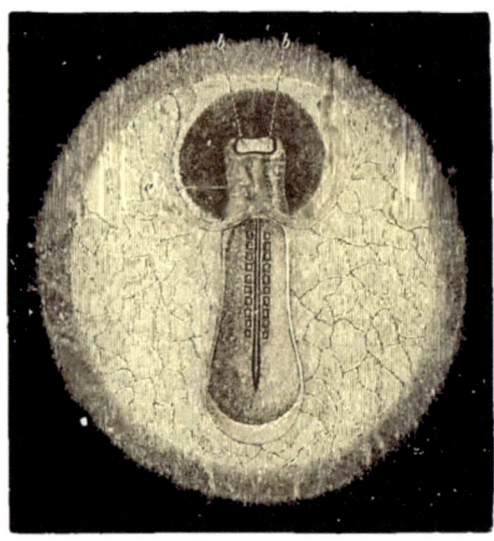

Fig. 233. **Keimschild und Fruchthof** eines Kaninchens, bei dem die erste Anlage der Blutgefäße erscheint, von der Bauchseite gesehen, etwa 10mal vergrößert. Das hintere Ende des einfachen Herzens (*a*) spaltet sich in zwei starke Dottervenen, welche in dem dunklen (auf dem schwarzen Grunde hell erscheinenden) Fruchthofe ein Gefäßnetz bilden. Am Kopfende sieht man das Vorderhirn mit den beiden Augenblasen (*b, b*). Die dunklere Mitte des Keimes ist die weit offene Darmhöhle. Beiderseits der Chorda sind 10 Urwirbel sichtbar. Nach *Bischoff*.

mit den Gefäßen zusammen, welche sich im Körper des Embryo selbst entwickeln. So tritt allmählich die sekundäre Allantois-Zirkulation an die Stelle der ursprünglichen, primären Dottersack-Zirkulation. Nachdem die Allantois bis an die Innenwand des Chorion herangewachsen ist und sich in die Placenta verwandelt hat, vermitteln ihre Blutgefäße allein die Ernährung des Embryo. Sie heißen Nabelgefäße (*Vasa umbilicalia*) und sind ursprünglich doppelt: ein Paar Nabelarterien und ein Paar Nabelvenen.

Die beiden Nabelvenen (*Venae umbilicales*, Fig. 196 *u*, S. 390),
welche Blut aus der Placenta zum Herzen hinführen, münden anfänglich in die vereinigten Dottervenen ein. Später vergehen die
letzteren und zugleich verschwindet die rechte Nabelvene ganz,
so daß nunmehr bloß ein einziger, mächtiger Venenstamm, die
linke Umbilikalvene, alles ernährende Blut von der Placenta in

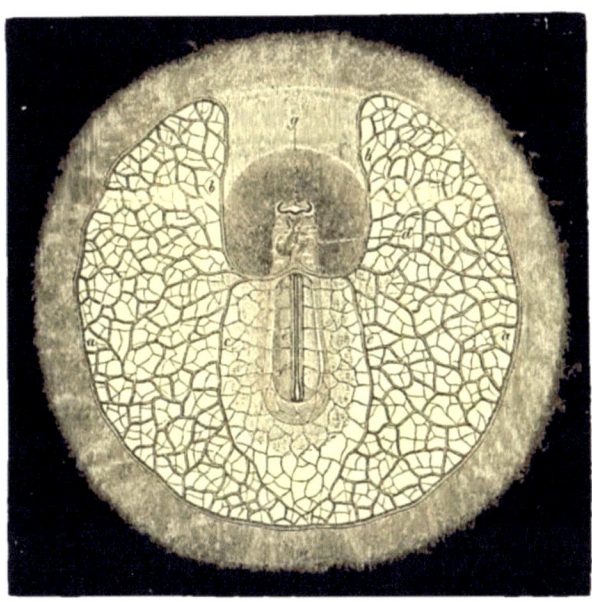

Fig. 234. **Keimschild und Fruchthof** eines Kaninchens, bei dem das erste
Blutgefäßsystem völlig ausgebildet ist, von der Bauchseite gesehen, etwa 5 mal vergrößert.
Das hintere Ende des S-förmig gekrümmten Herzens (*d*) spaltet sich in zwei starke
Dottervenen, von denen jede einen vorderen Ast (*b*) und einen hinteren Ast (*c*) abgibt.
Die Enden derselben vereinigen sich in der ringförmigen Grenzvene (*a*). In dem Fruchthofe ist das gröbere (tiefer gelegene) venöse Netz und das feinere (mehr oberflächlich
gelegene) arterielle Netz sichtbar. Die Dotterarterien (*f*) münden in die beiden primitiven Aorten (*e*). Der dunkle Hof, welcher wie ein Heiligenschein den Kopf umgibt,
entspricht der Vertiefung der Kopfklappe. Nach *Bischoff*.

das Herz des Embryo führt. Die beiden Arterien der Allantois
oder die Nabelarterien (*Arteriae umbilicales*, Fig. 196 *n*,
197 *n*) sind weiter nichts als die letzten, hintersten Enden der
beiden primitiven Aorten, die sich später mächtig entwickeln.
Erst nach Beendigung des neunmonatlichen Embryolebens, wenn
der menschliche Embryo durch den Geburtsakt als selbständiges
physiologisches Individuum in die Welt tritt, hört die Bedeutung

dieses Nabelkreislaufes auf. Der Nabelstrang (Fig. 212 *al*), in welchem jene mächtigen Blutgefäße vom Embryo zur Placenta gehen, wird mit der letzteren als sogenannte „Nachgeburt" entfernt, und gleichzeitig mit der Lungenatmung erscheint nun eine ganz neue, auf den Körper des Kindes allein beschränkte Form des Blutkreislaufes.

Die vollkommene Uebereinstimmung, welche der Mensch mit den Menschenaffen in diesen wichtigen Verhältnissen des embryonalen Blutkreislaufes, in der besonderen Bildung der Placenta und des Nabelstranges zeigt, besitzt eine hohe phylogenetische Bedeutung. Denn wir müssen daraus auf eine nahe „Blutsverwandtschaft" des Menschen und der anthropomorphen Affen schließen, auf eine gemeinsame Abstammung derselben von einer und derselben ausgestorbenen Gruppe niederer Affen. Auch für diese ontogenetischen Verhältnisse, ebenso wie für alle anderen morphologischen Beziehungen, gilt der bedeutungsvolle Pithecometrasatz von *Huxley*: „Die Unterschiede in der Bildung jedes Körperteiles sind zwischen dem Menschen und den Menschenaffen geringer als zwischen den letzteren und den niederen Affen".

Dieses wichtige „*Huxley*sche *Gesetz*", als dessen schwerwiegendster Folgeschluß sich „die Abstammung des Menschen vom Affen" ergibt, hat neuerdings eine ebenso interessante als unerwartete Bestätigung von seiten der experimentellen Physiologie des Blutes erfahren. Die Versuche von *Hans Friedenthal* in Berlin haben gelehrt, daß das Blut des Menschen bei der Mischung mit dem Blute der niederen Hundsaffen giftig auf dieses einwirkt: Das Serum des ersteren zerstört die Blutzellen des letzteren. Dagegen ist das nicht der Fall, wenn das Blut des Menschen mit demjenigen der Menschenaffen gemischt wird. Da wir nun aus vielen anderen Versuchen wissen, daß die Mischung von zwei verschiedenen Blutarten nur bei nahe verwandten Tieren einer Familie ohne Nachteil möglich ist, so ergibt sich daraus ohne weiteres die enge „Blutsverwandtschaft der Menschenaffen und des Menschen" im eigentlichsten Sinne des Wortes.[72])

Die heute noch lebenden Menschenaffen (*Anthropoides*) sind nur noch als ein schwacher Ueberrest einer formenreichen Familie von Ostaffen (oder *Catarhinen*) zu betrachten, aus welchen gegen Ende der Tertiärzeit der Mensch hervorgegangen ist. Sie zerfallen in zwei geographisch getrennte Gruppen: die asiatischen und afrikanischen Anthropoiden; in jeder Gruppe werden zwei Gattungen unterschieden. Das älteste von diesen vier Genera ist

der Gibbon (*Hylobates*, Fig. 235); acht bis zwölf verschiedene
Arten desselben leben noch in Ostindien.   Vier davon habe ich

Fig. 235. **Lar-Gibbon oder weißhändiger Gibbon** (*Hylobates lar = H. albi-
manus*) vom Festlande von Hinter-Indien. (Aus *Brehms* Tierleben.)

auf meiner Reise nach Insulinde (1901) beobachtet, und ein
Exemplar des aschgrauen Gibbon (*Hylobates leuciscus*) mehrere
Monate in meiner Wohnung, im Garten von Buitenzorg auf Java,

lebend gehalten. Die interessanten Sitten und Gewohnheiten dieses
Menschenaffen (— den die Malayen für einen verwilderten Nachkommen von verirrten Menschen halten —) habe ich in meinen

Fig. 236. **Junger Orang** (*Satyrus orang*), schlafend.

„Malayischen Reisebriefen" geschildert („Insulinde", 1901, Kapitel IX,
Fig. 69, 71). Derselbe zeigte in psychologischer Beziehung viel
Aehnlichkeit mit den kleinen Kindern meiner malayischen Haus-
bewohner, mit denen er spielte und engste Freundschaft schloß.

Die zweite, größere und stärkere Gattung der asiatischen Menschenaffen ist der O r a n g (*Satyrus*); er lebt nur noch auf den Inseln Borneo und Sumatra. *Selenka,* der neuerdings auf Grund eines reichen Materials sehr gründliche „Studien über Entwickelung und Schädelbau der Menschenaffen" (1899) veröffentlicht

Fig. 237. **Wilder Orang** (*Dyssatyrus auritus*). Nach *R. Fick* und *Leutemann.*

hat, unterscheidet 10 Rassen des Orang, die aber auch als „Lokale Varietäten oder Species" betrachtet werden können. Sie verteilen sich auf zwei Subgenera oder Genera; die eine Gruppe: *Dyssatyrus* (Orang-Bentan, Fig. 237) zeichnet sich durch robuste Gliedmaßen und die Bildung sehr eigentümlicher, stark vorspringender Wangenpolster beim alten Männchen aus; diese fehlen der anderen Gruppe, dem gewöhnlichen Orang-Utan (*Eusatyrus,* Fig. 236, 238).

Auch unter den beiden Gattungen der schwarzen afrikanischen
Menschenaffen (Schimpanse und Gorilla) sind neuerdings mehrere
Species unterschieden worden. Im Genus *Anthropithecus* (— oder
Anthropopithecus, früher *Troglodytes* —) sind der kahlköpfige
Schimpanse, *A. calvus* (Fig. 239) und der gorilla-ähnliche *A. mafuca*

Fig. 238. **Kopf eines alten männlichen Orang-Utang** (*Satyrus orang*),
ohne Wangenpolster. (Aus *Brehms* Tierleben.)

(Fig. 241) sehr auffallend von dem gewöhnlichen *A. niger*
(Fig. 240) verschieden, nicht allein in Größe und Proportion
mehrerer Körperteile, sondern auch in der besonderen Gestalt
des Kopfes, namentlich der Ohren und Lippen, sowie in Behaarung und Färbung. Der noch jetzt fortdauernde Streit, ob
diese verschiedenen Formen von Schimpanse und Orang „bloße

Lokal-Varietäten" oder „wirkliche gute Arten" seien, ist ganz müßig; denn hier, wie bei allen ähnlichen Streitigkeiten der

Fig. 239. **Der kahlköpfige Schimpanse** (*Anthropithecus calvus*). Weibchen. Diese neue, 1897 von *Frank Beddard* als *Troglodytes calvus* beschriebene Art unterscheidet sich vom gewöhnlichen *A. niger* (Fig. 240) durch die Kopfbildung, Färbung und mangelhafte Behaarung sehr wesentlich.

Systematiker, fehlt es vollständig an einem klaren und haltbaren *Begriffe der Species*, der sogenannten „Guten Art".

Von dem größten und berühmtesten aller Menschenaffen, dem Gorilla, hat neuerdings *Paschen* im Hinterlande von Kamerun eine Riesenform erlegt, die nicht nur durch ihre ungewöhnliche

Fig. 240. **Weiblicher Schimpanse** (*Anthropithecus niger*). (Aus *Brehm.*)

Größe und Stärke, sondern auch durch eigentümliche Schädelbildung sich von der gewöhnlichen Art (*Gorilla gina*, Fig. 242) zu unterscheiden scheint. Dieser Riesen-Gorilla (*Gorilla gigas*, Fig. 243, 244) ist 2 Meter und 7 Centimeter lang; die Spannweite seiner kolossalen Arme beträgt 280 Centimeter; sein gewaltiger Brustkasten ist doppelt so breit als derjenige eines starken Mannes.

Der gesamte Körperbau dieser großen Menschenaffen ist demjenigen des Menschen nicht nur höchst ähnlich, sondern im wesentlichen derselbe. „Dieselben 200 Knochen, in der gleichen Anordnung und Zusammensetzung, bilden unser inneres Knochengerüst; dieselben 300 Muskeln bewirken unsere Bewegungen; dieselben Haare bedecken unsere Haut; dieselben Gruppen von

Fig. 241. **Weiblicher Mafuka** (*Anthropithecus mafuca*). (Aus *Brehm.*) Vergl. *Robert Hartmann*. Die menschenähnlichen Affen, 1883, S. 203.

Ganglienzellen setzen den kunstvollen Wunderbau unseres Gehirns zusammen; dasselbe vierkammerige Herz ist das zentrale Pumpwerk unseres Blutkreislaufes" (Welträthsel S. 43). Die wirklich vorhandenen Unterschiede in der Gestalt und Größe der einzelnen Teile erklären sich aus dem verschiedenen Wachstum derselben, bedingt durch die Anpassung an verschiedene Lebensweise und ungleichartigen Gebrauch der einzelnen Organe. Hierdurch allein schon wird die vielbestrittene *„Abstammung des Menschen vom*

Affen" morphologisch bewiesen; wir werden später (im XXIII. Vortrage) darauf zurückkommen. Wir wollten aber schon jetzt auf diese bedeutungsvolle Lösung der „Frage aller Fragen" hinweisen, weil die soeben besprochene Gleichheit in der Bildung der Keimhüllen und des Keimkreislaufes dafür einen besonders gewichtigen

Fig. 242. **Weiblicher Gorilla** *(Gorilla gina).* (Aus *Brehm.*)

Beweis liefert. Dieselbe ist auch deshalb sehr lehrreich, weil sie zeigt, daß auch *cenogenetische* Bildungen unter Umständen einen hohen phylogenetischen Wert erlangen können. Sie liefert, in Zusammenhang mit den anderen vorher erörterten Tatsachen, eine neue und glänzende Bestätigung für unser allgemein gültiges Biogenetisches Grundgesetz.

Fig. 243. **Männlicher Riesen-Gorilla** (*Gorilla gigas*), aus Yaunde, im Hinterlande von Kamerun. Erlegt von *H. Paschen*, ausgestopft von *Umlauff*.

Fig. 244. **Riesen-Gorilla** (*Gorilla gigas*), von drei Negern gehalten, erlegt und hotographiert von *H. Paschen* im Hinterlande von Kamerun, bei Yaunde. (Aus dem fuseum *Umlauff* in Hamburg, angekauft für 20 000 Mark vom „*Rothschild-Museum*'' ι Tring bei Loudon.) Die Gesamtlänge des Körpers, vom Scheitel bis zur mittelsten ehe, beträgt 2,07 Meter; die Spannweite der horizontal ausgespannten Arme, von fittelfinger zu Mittelfinger, 2,8 Meter.

Fünfzehnte Tabelle.

Uebersicht über die Keimplatten der Wirbeltiere (*Lamellae embryonales*) und ihre Bedeutung für die Fundamentalorgane und Gewebe.

Keimblätter. Blastophylle. *Laminae embryonales.*	Keimplatten. Blastoplatten. *Lamellae embryonales.*	Fundamental- Organe der Wirbeltiere.	Gewebe der Wirbeltiere.
A. Ektoderm. Aeußeres Keim- blatt. Epiblast oder Ektoblast. Oberes Grenzblatt. Hautblatt.	1. **Hornplatte** *Lamella cornualis.*	1. **Oberhaut.** Epidermis.	Epithelialgewebe der Oberhaut, der Mundhöhle und der Aftergrube.
	2. **Markplatte** *Lamella medullaris.*	2. **Nervensystem** Medullarrohr.	Ganglienzellen und Nervenfasern.
	3. **Sinnesplatten** (lokale Produkte des Sinnesblattes).	3. **Sinnesorgane** Sensilla.	Differenzierte Sinnesepithelien.
C. I. Episomiten (Epimeren). Dorsale Somiten. Ursegmente der Rückenhälfte. „Stammzone" der Amnioten.	4. **Cutisplatte** *Lamella corialis.*	4. **Corium** (Leder- **haut**).	Cutis, Bindegewebe und glatte Muskeln des Mesenchyms.
	5. **Muskelplatte** *Lamella muscularis.*	5. **Seiten-Rumpf- muskeln** (Myotome).	Animales Muskelge- webe (quergestreift).
	6. **Skelettplatte** (Sklerotome) *Lamella skeletalis.*	6. **Chordascheide** und ihre Fortsätze (Perichorda).	Stützgewebe des Skeletts, Knorpel und Knochen.
C. II. Hyposomiten (Hypomeren). Ventrale Somiten. Ursegmente der Bauchhälfte. „Seitenplatten" der Amnioten.	7. **Vornieren- kanälchen** *Nephrotoma.*	7. **Pronephridien.** Vornierenkanäle (und spätere Ur- nieren und Nieren).	Harnepithel der Pronephridien und der späteren Nierenkanälchen.
	8. **Geschlechts- platte** *Gonotoma.*	8. **Gonaden** (Ovarien und Spermarien).	Gonidien (Eizellen und Sperma- zellen).
	9. **Gefäßstränge** *Vasa sanguifera.*	9. **Dorsalarterie** (Aorta) und Ven- tralvene (Herz).	Gewebe der Gefäß- wände. Lymphzellen.
	10. **Gekrösplatte** *Lamella mesenterica.*	10. **Mesenterium** und Darmmuskel- wand.	Glatte Muskeln und Mesenchym des Darms.
B. Entoderm. Inneres Keimblatt. Hypoblast oder Endoblast. Unteres Grenzblatt. Darmblatt.	11. **Chordaplatte** *Endoblastus chordalis.*	11. **Chorda (Achsenstab)** *Chorda dorsalis.*	Chordagewebe.
	12. **Darmdrüsen- platte** *Lamella enteralis.*	12a. **Kopfdarm,** Cephalogaster Kiemendarm.	12a. Respiratorisches Epithel des Schlun- des und Kiemen- korbes, der Hypo- branchialrinne und der Lungen.
		12b. **Rumpfdarm,** Hepatogaster, Leberdarm.	12b. Digestives Epi- thel von Magen, Leber, Dünndarm und Dickdarm.

(Seitlich in der Mesoderm-Spalte, vertikal:) **C. Mesoderm: Produkte der Coelomtaschen.**

Erklärung von Tafel XV und XVI.

Menschliche Embryonen in den Keimhüllen.

Die sechs Figuren dieser beiden Tafeln sind kopiert aus den schönen Tafeln über „Die Entwickelung des Menschen und des Hühnchens im Eie", welche von Professor *Erdl* in München in Stahl gestochen und 1845 veröffentlicht wurden. Alle sechs Figuren stellen menschliche Embryonen in natürlicher Größe vor, umgeben von ihren Keimhüllen. In den ersten vier Figuren (aus der zweiten bis sechsten Woche der Entwickelung) ist die Zottenhaut (Mallochorion) aufgeschnitten, und man sieht den kleinen Embryo umschlossen vom Amnion. Das kleine Nabelbläschen (oder der rudimentäre Dottersack) hängt an einem dünnen Stiele aus dem Bauche des Embryo hervor und liegt im Pericoelom oder Serocoelom (der extraembryonalen Leibeshöhle). Vergl. auch Taf. XIV und S. 385.

Taf. XV, Fig. 1. **Ein menschlicher Embryo mit den Keimhüllen von ungefähr 10 Tagen,** in natürlicher Größe (*Erdl*, Taf. III, Fig. 1).

Taf. XV, Fig. 2. **Ein menschlicher Embryo mit den Keimhüllen von ungefähr 14 Tagen,** in natürlicher Größe (*Erdl*, Taf. III, Fig. 2).

Taf. XV, Fig. 3. **Ein menschlicher Embryo mit den Keimhüllen von 3 Wochen,** in natürlicher Größe (*Erdl*, Taf. III, Fig. 3).

Taf. XV, Fig. 4. **Ein menschlicher Embryo mit den Keimhüllen von 6 Wochen,** in natürlicher Größe (*Erdl*, Taf. III, Fig. 5).

Taf. XV, Fig. 5. **Ein menschlicher Embryo von 12 Wochen,** innerhalb der Keimhüllen, in natürlicher Größe (*Erdl*, Taf. XI, Fig. 2). Der Embryo ist vollständig in dem mit Fruchtwasser gefüllten Amnionsack eingeschlossen, wie in einem Wasserbade. Der Nabelstrang, welcher vom Nabel des Embryo zum Chorion hingeht, ist scheidenartig von einer Fortsetzung des Amnion überzogen, welches an seiner Anheftungsstelle Falten schlägt. Oben bilden die dicht zusammengedrängten und verästelten Chorionzotten den Gefäßkuchen oder die Placenta. Der untere Teil des Chorion (aufgeschnitten und in viele zarte Falten gelegt) ist glatt und zottenlos. Unter demselben hängt noch in gröberen Falten die ebenfalls aufgeschnittene und ausgebreitete „Decidua des Uterus" oder die „hinfällige Haut des Fruchtbehälters" herab. Kopf und Gliedmaßen sind schon bedeutend entwickelt.

Taf. XVI. **Ein menschlicher Embryo von 5 Monaten,** in natürlicher Größe (*Erdl*, Taf. XIV). Der Embryo ist von dem zarten durchsichtigen Amnion umschlossen, welches vorn durch einen Schnitt geöffnet ist, so daß Gesicht und Gliedmaßen an der Schnittöffnung frei hervorschauen. Der Rücken ist gekrümmt, die Gliedmaßen angezogen, so daß der Embryo in der Eihöhle möglichst wenig Raum einnimmt. Die Augenlider sind geschlossen. Vom Nabel aus geht der dicke Nabelstrang schlangenförmig gewunden, über die rechte Schulter auf den Rücken und von dort zur schwammigen Placenta (rechts unten). Die äußere, dünne, vielfach in Falten gelegte Hülle ist die äußere Eihaut oder das Chorion.

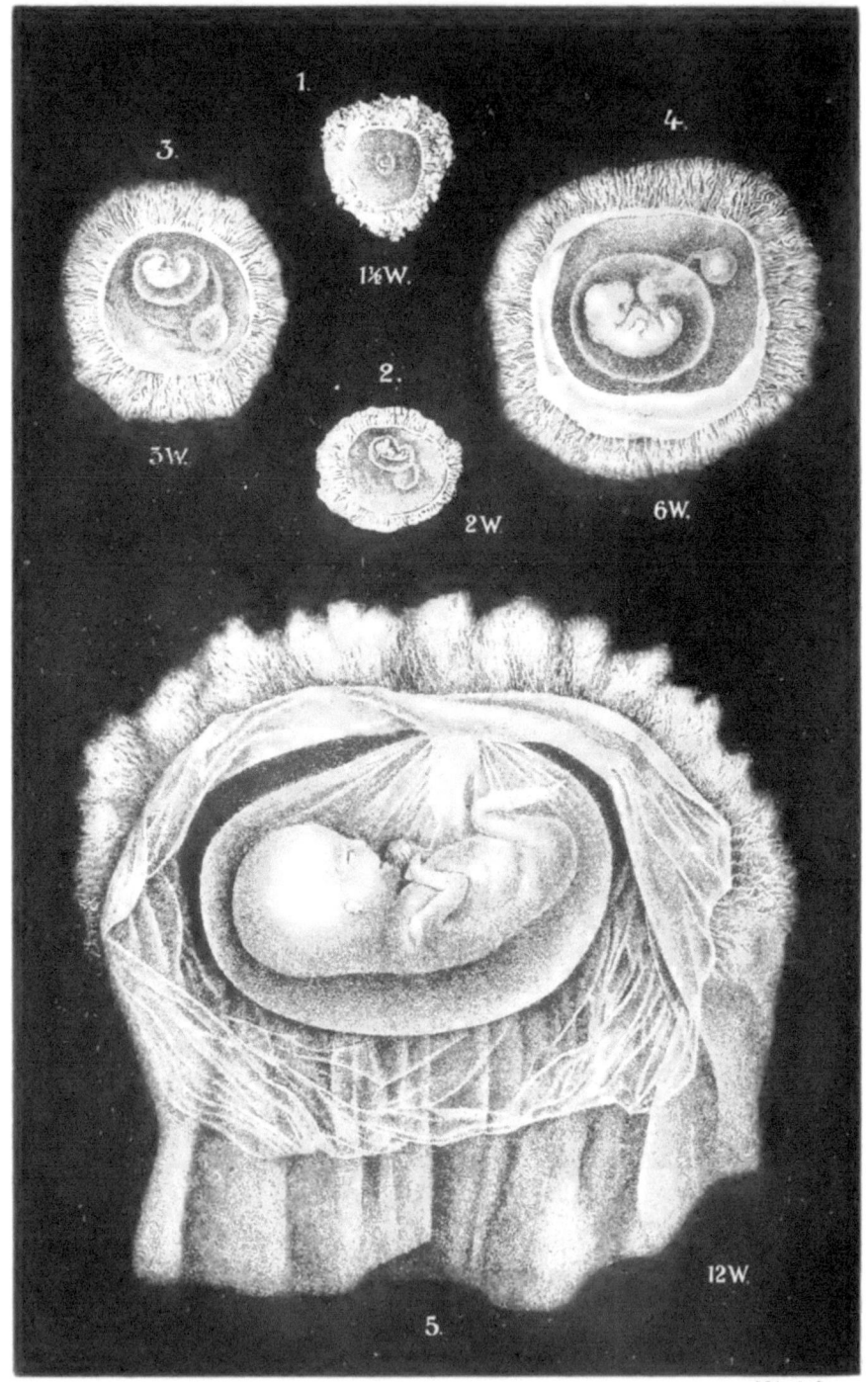

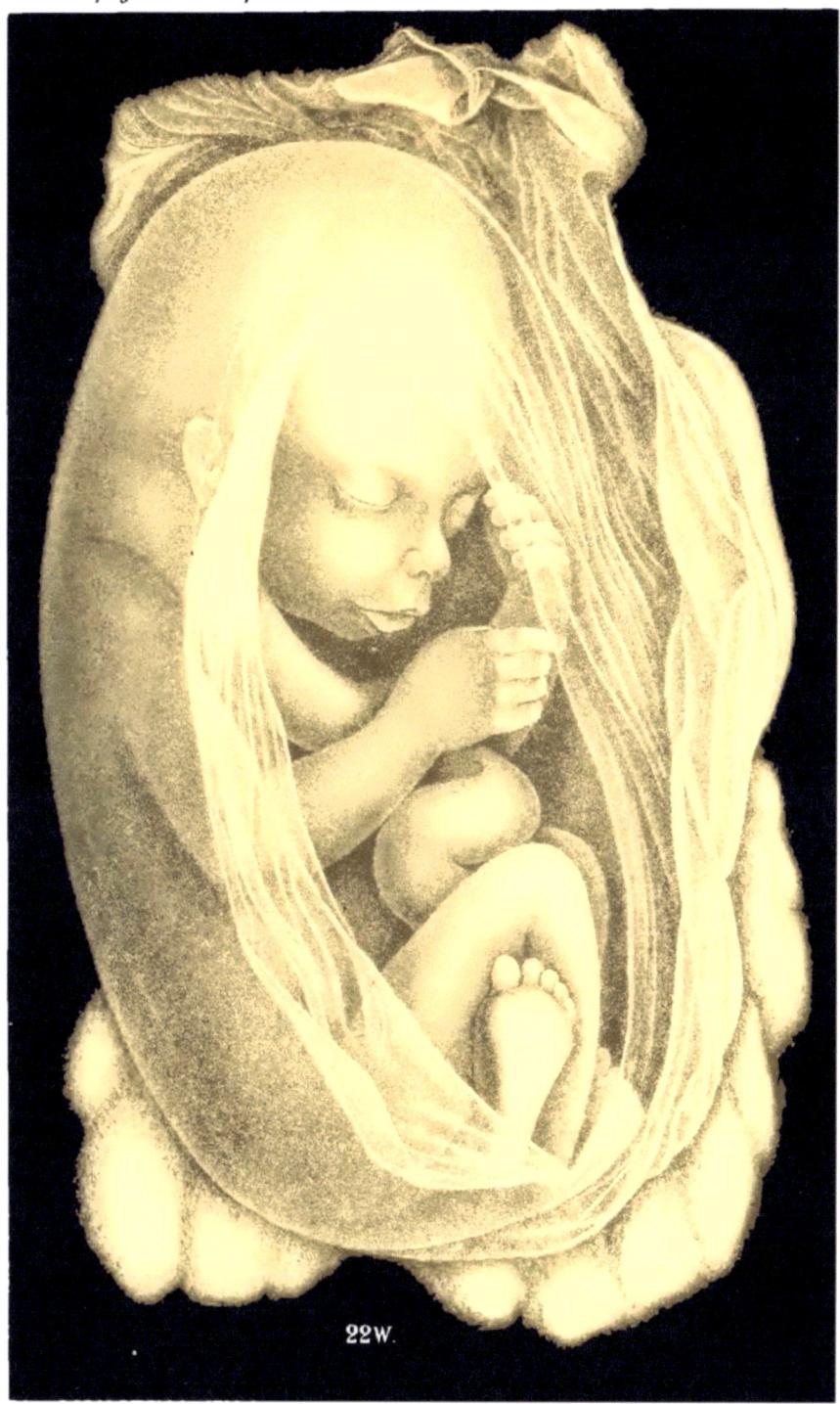

22W.